新世纪高校机械工程系列教材

# 画法几何与工程制图

## （石油、化工院校适用）


主　编　孙培先

副主编　王慧艺　牛文杰

参　编　刘丽娟　娄　晖　袁宝民

主　审　范波涛



机械工业出版社

本书是根据机械类专业“画法几何与工程制图课程教学基本要求”，吸收了教学内容和教学方法的改革成果，并结合石油、化工类专业的特点编写而成的。

本书由画法几何、绘图基础和工程图样三部分组成。基本内容包括：点线面的投影，投影变换，曲线与曲面，立体及其交线，轴测投影；组合体的视图，机件的表达方法；标准件与常用件，零件图与装配图，展开图与焊接图，管路布置图、化工设备图，计算机绘图与造型技术等内容。

该书突出学科特点和内容特点，注重了空间分析、形体分析、投影规律、表达特点、作图方法、注意问题等的归纳和总结，以便于自学。

本书适用于石油、化工高等院校的机械与近机类各专业的画法几何与工程制图教材。也适合于成人高等教育、函授大学等的有关专业使用。可供相应的工程技术人员参考。

**图书在版编目（CIP）数据**

画法几何与工程制图/孙培先主编．—北京：机械工业出版社，2004.8
（2020.1 重印）
新世纪高校机械工程系列教材．石油、化工院校适用
ISBN 978-7-111-14357-4

Ⅰ．画…　Ⅱ．孙…　Ⅲ．①画法几何－高等学校－教材 ②工程制图－高等学校－教材　Ⅳ．TB23

中国版本图书馆 CIP 数据核字（2004）第 034066 号

机械工业出版社（北京市百万庄大街 22 号　邮政编码 100037）
责任编辑：高文龙　版式设计：霍永明　责任校对：张晓蓉
封面设计：姚　毅　责任印制：常天培
北京捷迅佳彩印刷有限公司印刷
2020 年 1 月第 1 版第 9 次印刷
184mm×260mm · 19.75 印张 · 485 千字
标准书号：ISBN 978-7-111-14357-4
定价：48.00 元

电话服务　　　　　　　　　　网络服务
客服电话：010－88361066　　机　工　官　网：www. cmpbook. com
　　　　　010－88379833　　机　工　官　博：weibo. com/cmp1952
　　　　　010－68326294　　金　　书　　网：www. golden－book. com
**封底无防伪标均为盗版**　　机工教育服务网：www. cmpedu. com

# 新世纪高校机械工程系列教材
# 编审委员会

# 前　言

随着科学技术的迅猛发展，要求高等教育必须培养出高素质的创新型人才。面对教育改革与发展的形势和任务，组织编写了《画法几何与工程制图》教材。本书是按照教育部教学指导委员会制定的关于“画法几何与工程制图课程教学基本要求”，在继承传统制图精华的基础上，结合近年来《画法几何与工程制图》课程教学改革的实践而编写的。

本书内容经过悉心的组织与精选，符合加强基础、注重实践、培养能力的精神。编写中力求作到：拓宽投影理论基础，增强形体分析手段，突出图物转换规律，结合专业图形特点，加强计算机绘图实践。

该书仍以点、线、面、体的投影理论为基础，培养空间想象和分析能力。重点叙述了空间与平面间的绘图和读图的基本原理和方法，及不同结构形体的各种表达方法与技巧。教材中除机械工程零、部件图样的绘制与阅读的内容以外，还编写了具有石油、化工专业特色的焊接构件图、管路布置图、化工设备图、计算机绘图与造型等内容，以满足不同专业的教学需求。教材采用了最新颁布的《技术制图与机械制图》国家标准中的有关规定。

该书在完成图与物的相互转换过程中，突出了空间分析、形体分析、投影规律、表达特点、作图方法、注意问题等的归纳和总结。这样在学习中可使分析问题有思路，解题作图有方法，易找规律和特点，便于记忆和掌握。为便于自学，在文字叙述上力求简洁通俗，在形式上尽量采取图文并茂，由投影图与直观图对照的表现手法，以加深对内容的理解，有助于空间构思与表达能力的提高。

本书适用于石油、化工高等院校的画法几何与工程制图课程 80～110 学时的教学要求，教学中可根据专业要求和学时数的不同酌量取舍。该书也适用于函授大学、高等职业教育、成人高等教育的相应专业使用，也可供工程技术人员参考。

为了满足教学需要，我们研制了与该书内容相一致的电子讲稿，使教学更生动形象；另外编写了一本《画法几何与工程制图习题集》与本书配套使用。

本书由石油大学孙培先主编，王慧艺、牛文杰任副主编。参加编写工作的有孙培先、王慧艺、牛文杰、刘丽娟、娄晖、袁宝民等。

本书由山东工程图学会理事长、山东大学教授范波涛主审。经石油大学刘衍聪教授审阅。得到工程与计算机图学老师们的关心和支持，在此表示真诚的感谢。

因编写水平有限，书中存在的错误与不当之处，热情欢迎读者给予批评指正。

（山东　淄博石油大学　孙培先　257061　13021560295）

编者

2004 年 2 月

# 目　　录

# 绪　论

## 一、本学科的研究对象

在现代科学技术飞速发展的时代，人们常在分析、研究事物的客观规律，以及构思、设计和图解空间几何问题的过程中，广泛地应用投影的基本理论与方法。在工程技术活动中，通常按照一定的方法、规律和技术规定，在图纸上正确地表示出机器、建筑、设备、零件、仪表及物体的结构、形状、大小、材料、规格和性能等内容，这种图纸资料就称之为工程图样，它是工程技术人员用来设计、表达和交流技术思想的工具。因此，图样成为当今信息社会的重要载体，工程图样常被称为工程界的技术语言。

在机械工程上常用的图样有零件图、装配图、展开图和焊接图。在石油化工工程中，常用的图样有管路安装图、工艺流程图和化工设备图。在房屋建筑工程中，常有建筑施工图、结构施工图和设备施工图等。在进行机器设备的设计和改进时，要通过图样来表达设计思想和要求；在制造机器过程中的加工、检验、装配等各个环节，都要以图样作为依据；在使用机器时，也要通过图样来帮助了解机器的结构和性能。因此，工程图样是设计、制造、使用机器过程中的一种重要的工程技术文件。

随着计算机图形学的普及和发展，图形处理和绘制手段则发生了大的变革，工程界已逐步利用计算机来绘制工程图样，从而大大的提高了绘图的质量与速度。了解计算机绘图的基本知识，掌握计算机绘图的基本技能，也是工程制图的一个重要组成部分。

本课程主要是研究投影的基本理论与方法，完成由‘物到图’和由‘图到物’的转换过程，即研究空间与平面间物体的相互转换规律。画法几何与工程制图的理论与方法，是根据投影规律和技术规定来绘制和阅读工程图样的一门科学，是解决工程技术问题的一种重要工具，每一个工程技术人员都必须学习和掌握这门科学技术。

## 二、学习本课程的目的

画法几何与工程制图是高等工科院校中一门既有系统理论，又有较强实践的重要技术基础课程。本课程的主要内容包括：画法几何、制图基础和工程技术图样三大部分。

画法几何部分主要学习正投影法的形成和规律、表达空间线面关系和几何体形状的原理和方法，培养空间想象和分析能力。制图基础部分重点掌握各视图间的对应规律和机件的表达方法，提高空间构形创新能力和绘图技术。工程技术图样部分熟悉机械零部件的表达特点和内容，了解不同专业图样的绘制方法和规定；掌握阅读机械工程装配图和零件图的基本技能，以及阅读其他专业图样的方法和步骤。

通过这门技术基础课程的学习，目的是掌握现代科学技术知识和手段，培养既有绘制和阅读工程图样的能力，又具有较强空间形象思维能力的创新型人才。

学习本课程的主要目的和任务是：

1）研究正投影的基本理论与方法。

2）学习工程制图技术的规定和知识。

3）掌握绘制和阅读工程图样的基本技能。

4）培养空间分析和解决工程问题的综合能力。

随着学习和实践经验的积累，逐步达到学习目的。为后继课程的学习和研究解决工程技术问题打下坚实的基础，以适应现代化建设的需要。

## 三、本课程的学习方法

由于工程制图是研究空间三维形体与平面图形之间的对应关系，这也是工程制图学与其他学科间的最大区别。因此，在本课程的学习中，必须要有适合该课程特点的学习方法作指导，以顺利完成该课程的学习任务。

1）要学习好这门课程，必须要抓住其空间思维与形象思维的学科特点。利用投影原理反复进行空间与平面间相互转换过程的想象和理解。分析空间形体与平面图形间的对应关系和规律，通过空间的分析和形象思维活动，达到空间与平面间的对立和统一。

2）利用投影的基本理论与方法，进行由物到图、又由图到物的对应练习。通过表达绘图和阅读图形的反复实践，以掌握绘图与读图的基本技能和空间想象能力的提高。因此，在学习过程中必须坚持进行多画、多读和多想象的综合训练。

3）在学习本课程的过程中，必须抓住课程的内容特点。对学习的每部分内容要善于归纳其投影规律、表达特点和作图方法，以加深对所学内容的理解。这样既便于熟练掌握理论知识和实际运用，又能较快地提高工程制图的学习效率。

4）在学习中必须要培养耐心细致的工作作风，树立严肃认真的工作态度，坚持理论联系实际的学风，养成刻苦自学的良好习惯。并注意熟悉制图国家标准和有关技术规定，逐步提高绘制和阅读工程图样的能力，提高构思与创新能力。

# 第一篇　画法几何

## 第一章　点和直线的投影

### 第一节　投影基本知识

在现代工程建设中所使用的图样都是采用投影的方法绘制出来的。如我们处在阳光或路灯下时，地面上就出现了人们的影子，这就是投影的一种自然现象。通过长期的实践和总结，逐渐形成了科学的投影方法——中心投影法、平行投影法。不同的投影方法有其不同的特性，从而决定了不同投影方法的应用领域。

#### 一、中心投影法

如图 1－1 所示，建立一个以 $S$ 为投影中心，由 $S$ 发出的光线为投影线，以 $P$ 为投影面的投影体系，这样在投影面 $P$ 上就得到了三角板 $ABC$ 的投影 $abc$。由于投影线是从一中心点发出的，所以这种得到投影 $abc$ 的方法称中心投影法。由图中可见，随着三角板 $ABC$ 与 $P$ 面距离的改变，其投影 $\triangle abc$ 的大小也随之在改变。

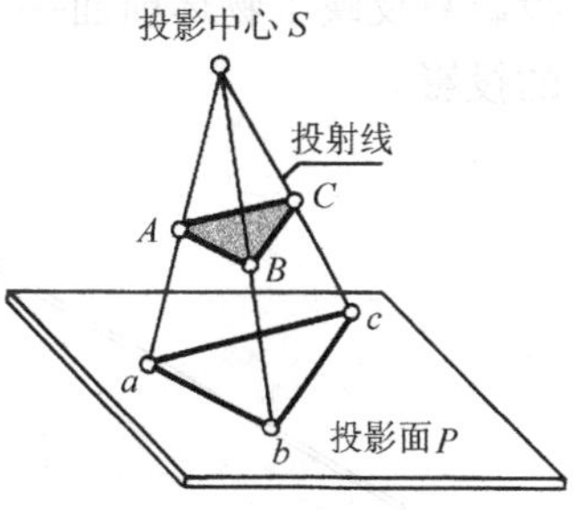

图 1－1　中心投影法

因此，中心投影法所具有的投影特点：

●投影的大小随着物体与投影面距离的变化而变化。

由于中心投影不能反映物体的实际大小，作图也比较复杂，所以，中心投影常作工程中的辅助图样，一般仅在摄影、效果图、透视图中使用。

#### 二、平行投影法

若将投影中心 $S$ 移至无限远时，投影线则互相平行，这样在投影面 $P$ 上所得到空间三角板 $ABC$ 的投影 $abc$ 的方法称为平行投影法，如图 1－2 所示。可见，当三角板 $ABC$ 与 $P$ 面距离改变时，其投影 $abc$ 的大小不变。

因此，平行投影法所具有的投影特点：

●物体在投影体系中平行移动时，其投影的形状和大小都不变。

平行投影法按投影方向与投影面的相对位置，又可分为图 1－2 中展示的：图 a 正投影法和图 b 斜投影法两种。

如图 1－2a 所示，用一束互相平行且与投影面垂直的投影线，将物体向投影面进行投影的方法称正投影法。所得到的投影称为正投影。通常的工程图样都是采用正投影法绘制出来的。

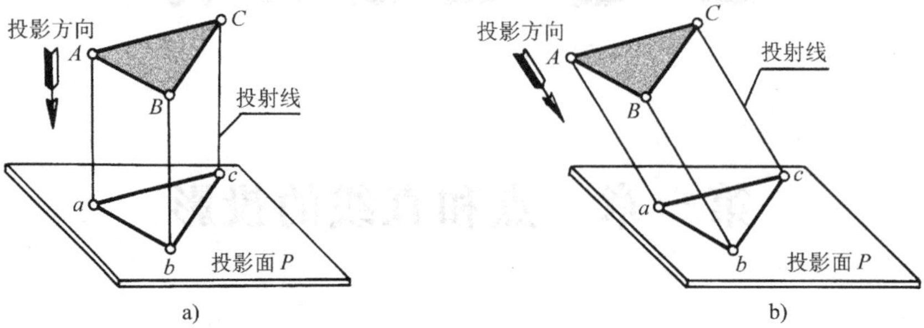


图 1－2　平行投影法

## 三、建立多面投影体系

在图 1－3a 中可见，处在同一条投影线上的空间点 $A_1$、$A_2$、$A_3$，在 $V$ 面上的正投影均为 $a'$，所以，仅有点的一个投影不能唯一确定空间点的位置。在图 b 中两个形状不同的物体，其正投影却是完全相同的，这也说明仅有一个投影不能确切地表达物体的形状，因为这一个投影只反映了物体前面一个方向的情况。所以，要把物体的形状表达清楚，常需要两个以上的投影。

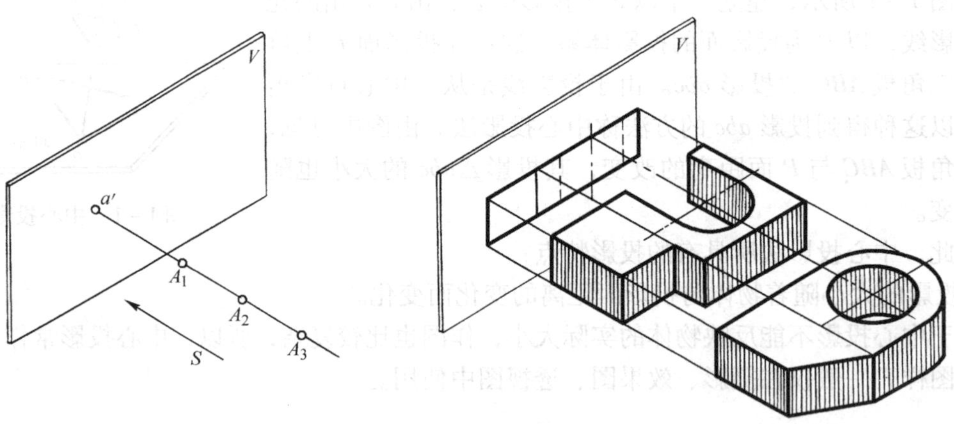


图 1－3　单面投影

为确切地表达点的位置和物体的形状，必须建立由多个投影面构成的投影体系。如图 1－4a所示，将处在前方的投影面称为正投影面，记作 $V$ 面；将与正投影面垂直且在其下方的称为水平投影面，记作 $H$ 面；由投影面 $V$、$H$ 就建立起一个互相垂直的两面投影体系。并将正投影面 $V$ 与水平投影面 $H$ 的相交线称为投影轴，记作 $x$ 轴。

如图 1－4b 所示，在正投影面 $V$ 和水平投影面 $H$ 的右边加一个侧投影面，记作 $W$ 面，使投影面 $W$ 与 $V$、$H$ 分别垂直。这样由投影面 $V$、$H$、$W$ 就建立起一个互相垂直的三面投影体系。且投影面 $H$ 与 $W$ 交有投影轴 $y$，投影面 $V$ 与 $W$ 交有投影轴 $z$。

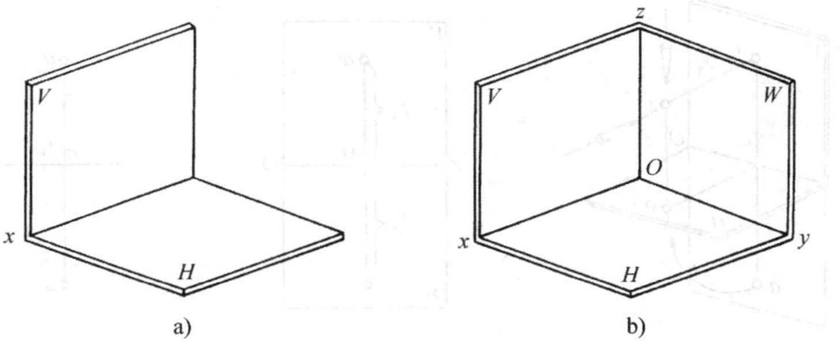


图 1－4　多面投影体系

## 四、直线和平面的投影特点

在正投影法中，直线和平面有以下三个重要特点：

1）物体上凡是与投影面平行的直线和平面，其投影反映实长或实形

如图 1－5a 中直线 $AB /\!/ H$ 面，其投影 $ab$ 反映直线 $AB$ 的实长；平面 $\triangle CDE /\!/ H$ 面，其投影 $cde$ 反映平面 $\triangle CDE$ 的实形。

2）物体上凡是与投影面相垂直的直线和平面，其投影都具有积聚性

如图 1－5b 中所示，空间直线 $AB \perp H$ 面，其投影成一点 $a$（$b$）；平面 $\triangle CDE \perp H$ 面，其在 $H$ 面上的投影 $cde$ 积聚成一直线。

3）物体上凡是与投影面倾斜的直线和平面，其投影成缩小的类似形

如图 1－5c 中的直线 $AB$ 和平面 $\triangle CDE$ 都与 $H$ 面倾斜，其直线 $AB$ 的投影变短为 $ab$，平面 $\triangle CDE$ 的投影缩小为类似形 $\triangle cde$。

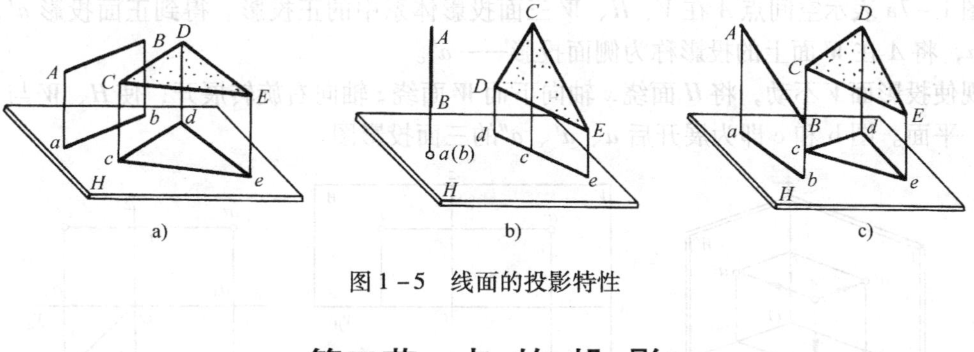


图 1－5　线面的投影特性

# 第二节　点 的 投 影

立体都是由表面的轮廓形状所确定的，图 1－3b 中所示立体在 $V$ 面上的投影图，就是绘制出该立体表面轮廓上所有线、面的投影。下面主要介绍空间几何的基本元素——点的投影。

## 一、点的两面投影

如图 1－6a 所示，将处在两面投影体系中的空间点 $A$ 分别向 $V$、$H$ 投影面进行的正投影。现将点 $A$ 在 $V$ 投影面上的正投影称为正面投影—— $a'$，而在 $H$ 投影面上的正投影称为水平投影—— $a$。

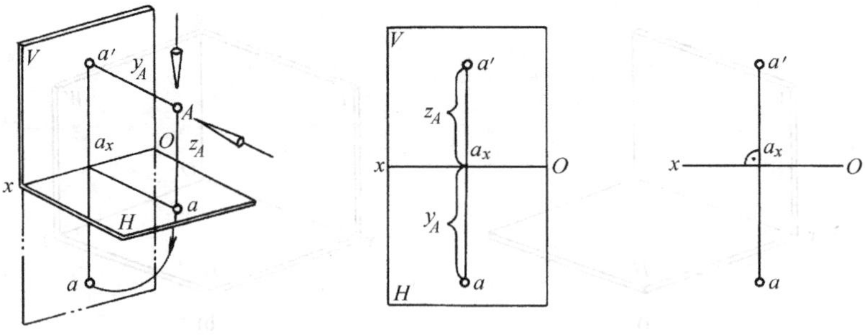

a)　　b)　　c)

图 1－6　点的两面投影

点的正投影实际上就是：通过空间点的投影面垂直线与投影面的交点。

若将两投影画在同一平面内，使 $V$ 面保持不动，将 $H$ 面绕 $x$ 轴向下展开使与 $V$ 面重合。图 1－6b 和 c 所示，即为将两投影 $a'$、$a$ 展开画在同一平面内的投影图。

由图 1－6 可见，因为 $Aa' \perp V$、又 $Aa \perp H$，所以 $a'a \perp xO$，并交 $x$ 轴于 $a_x$ 点，必有 $a'a_x \perp aa_x$。展开后 $a'a_x$ 与 $aa_x$ 重合，且两投影连线 $a'a$ 垂直于 $x$ 轴。

可见空间点 $A$ 到 $V$ 面的距离 $Aa' = aa_x$，点 $A$ 到 $H$ 面的距离 $Aa = a'a_x$。

从而得到点的两面投影规律：

1）空间点的两面投影连线必定垂直于其间的投影轴；即：影连线⊥投影轴。

2）点到该投影面的距离等于另一个投影到轴的距离；即：点面距＝影轴距。

## 二、点的三面投影

图 1－7a 表示空间点 $A$ 在 $V$、$H$、$W$ 三面投影体系中的正投影。得到正面投影 $a'$，水平投影 $a$，将 $A$ 在 $W$ 面上的投影称为侧面投影——$a''$。

现使投影面 $V$ 不动，将 $H$ 面绕 $x$ 轴向下而 $W$ 面绕 $z$ 轴向右旋转展开，使 $H$、$W$ 与 $V$ 面重合成一平面。图 b 和 c 即为展开后 $a$、$a'$、$a''$的三面投影图。

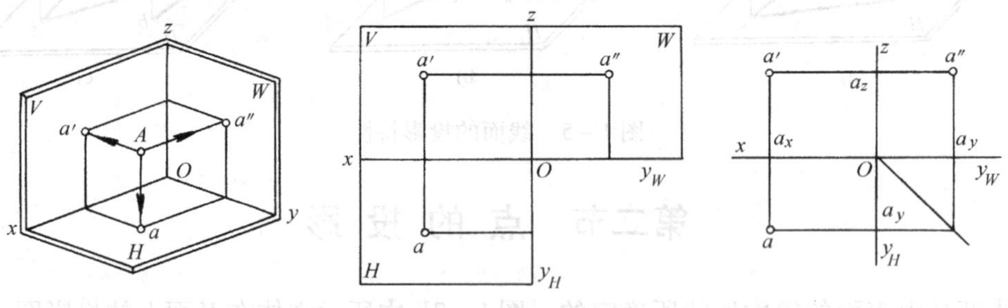

a)　　b)　　c)

图 1－7　点的三面投影

由分析可见，在三面投影体系中点的投影规律：

1）点的其中任意两面投影的连线垂直于相应的投影轴。即

$$a'a \perp x \qquad a'' \perp y \qquad a'a'' \perp z$$

2）点到该投影面之距等于另一个投影到相应轴的距离。即

$$Aa'' = a'a_z = aa_y = x,\ Aa' = aa_x = a''a_z = y,\ Aa = a'a_x = a''a_y = z$$

根据点的三面投影规律，由点的两面投影可以作出第三投影。

［**例题1**］　如图1－8所示，已知$A$点的两个投影$a'$和$a$，求作$a''$。

作图：①在图1－8中，先过$a'$作连线垂直于$z$轴，另过$O$画45°斜线；

②再过$a$作连线垂直于$y_H$轴，遇斜线作连线垂直于$y_W$轴，连线交点则为$a''$。

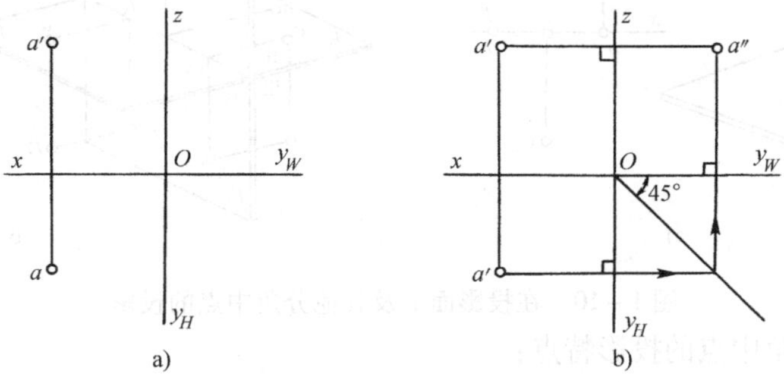


图1－8　由两投影求第三投影

## 三、点的坐标与投影

在三面投影体系中，由于点的一个投影可反映出该点的两个坐标，而两个投影则可反映出该点的三个坐标。因此，由空间点的三个坐标值（$x$，$y$，$z$）可作出其三面投影。

［**例题2**］　已知点$A$（20，15，10）与$B$（10，10，5）的坐标值，试作出点$A$和$B$的三面投影$a$、$a'$、$a''$及$b$、$b'$、$b''$。

作图：①先画出$x$、$y$、$z$三根相互垂直的投影轴，并在投影轴上标出单位，如图1－9所示。

②由点的坐标值$x=20$作$V$、$H$投影连线垂直于$x$轴，由$y=15$作$y_H$和$y_W$轴的垂直连线，由$z=10$作$V$、$W$投影连线垂直于$z$轴，由所作出的两投影连线即可相应交出点$A$的投影$a$、$a'$、$a''$。

③同理，由$B$点的坐标值（10，10，5），可作出$B$点的三面投影$b$、$b'$、$b''$。

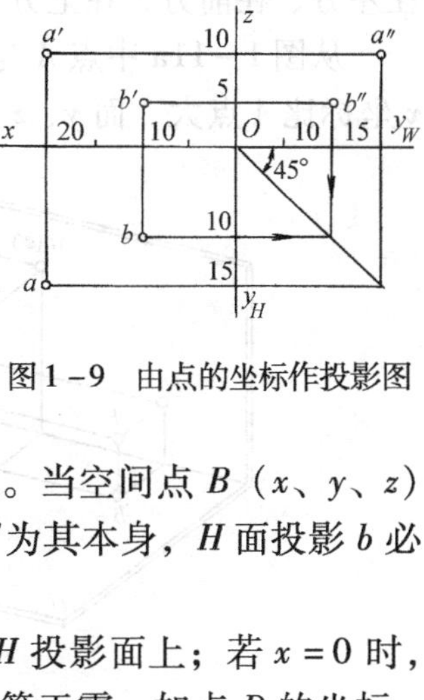


图1－9　由点的坐标作投影图

在图1－10a中，展示了投影面和投影轴上点的两面投影情况。当空间点$B$（$x$、$y$、$z$）的坐标值$y=0$时，说明$B$点在$V$投影面上。该点$B$的$V$面投影$b'$为其本身，$H$面投影$b$必在$x$轴上。

同理可知，若点$C$（$x$、$y$、$z$）的坐标值$z=0$时，点一定在$H$投影面上；若$x=0$时，则点一定在$W$投影面上。若点的三个坐标中，其中有两个坐标值等于零，如点$D$的坐标$y=0$、$z=0$时，说明该点$D$在$x$投影轴上。

因此，投影面及投影轴上点的投影特点：

1）投影面上点的该面投影为其本身，另两个投影必定在相应的投影轴上。

2）投影轴上点的两面投影为其本身，另一个投影必在该投影轴的原点上。

在图1－10b中，展示了点在其他分角中的两面投影情况。投影面$V$（$V_1$）、$H$（$H_1$）将空间分成Ⅰ、Ⅱ、Ⅲ、Ⅳ四个分角，点$B$、$C$、$D$分别在Ⅱ、Ⅲ、Ⅳ分角中，其在$V$（$V_1$）面上的正投影为$b'$、$c'$、$d'$，在$H$（$H_1$）面上的正投影为$b$、$c$、$d$。将前半$H$面向下，而后

半 $H_1$ 面向上绕 $x$ 轴旋转使与 $V$（$V_1$）面重合，便得到点在不同分角中的两面投影图。

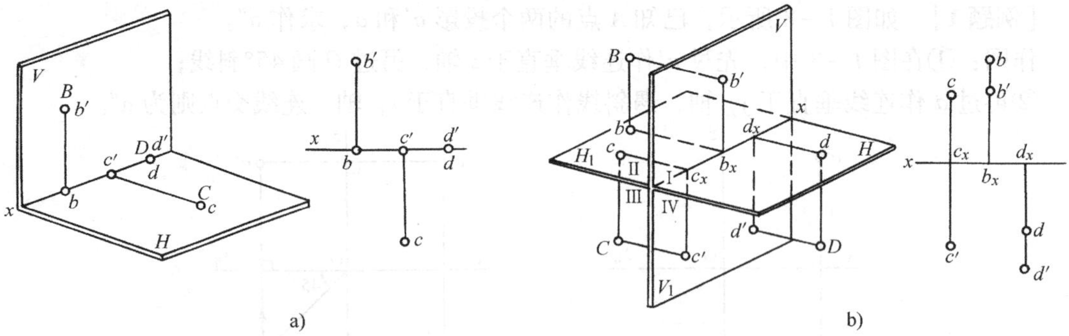


图 1-10　在投影面上及其他分角中点的投影

可见，不同分角中点的投影特点：

1）第Ⅱ分角中点的正面投影和点的水平投影同时在 $x$ 轴的上方。

2）第Ⅲ分角中点的正面投影在 $x$ 轴下方而水平投影在 $x$ 轴上方。

3）第Ⅳ分角中点的正面投影和点的水平投影同时在 $x$ 轴的下方。

## 四、两点的相对位置

两点在空间的相对位置，可由两点的坐标关系来确定。两点的左、右相对位置由 $x$ 坐标确定，前、后相对位置由 $y$ 坐标确定，上、下相对位置由 $z$ 坐标确定；两点中坐标值大的即在左方、在前方、在上方，而坐标值小的即在右方、在后方、在下方。

从图 1-11a 中点 $A$ 与 $B$ 的位置可知，点 $B$ 在 $A$ 点的左方、后方和下方，这说明 $B$ 点的 $x$ 坐标比 $A$ 点大，而 $y$、$z$ 坐标比 $A$ 点小。因此，由两点的坐标差也可确定 $B$ 点的投影。

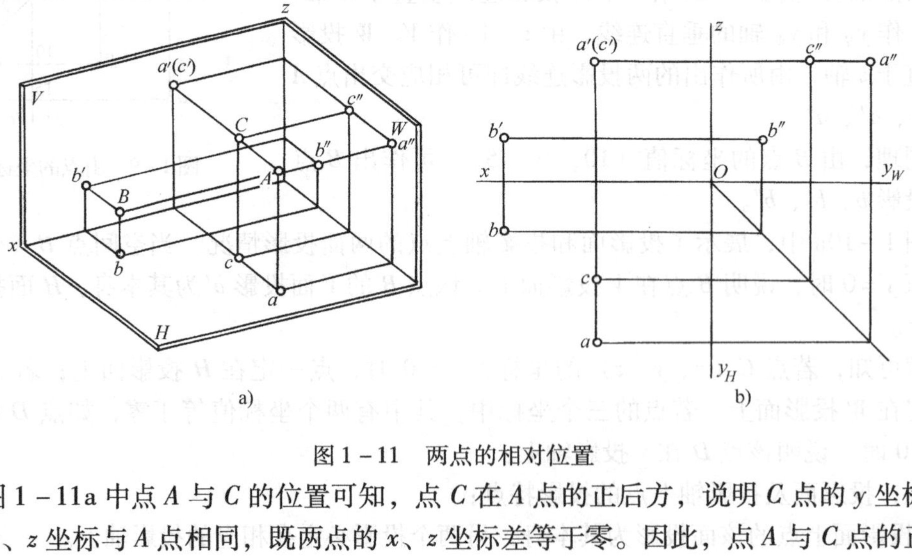


图 1-11　两点的相对位置

从图 1-11a 中点 $A$ 与 $C$ 的位置可知，点 $C$ 在 $A$ 点的正后方，说明 $C$ 点的 $y$ 坐标比 $A$ 点小，而 $x$、$z$ 坐标与 $A$ 点相同，既两点的 $x$、$z$ 坐标差等于零。因此，点 $A$ 与 $C$ 点的正面，投影 $a'$ 和 $c'$ 相重合，称为重影点。因空间点 $C$ 在 $A$ 点的正后方，其正面投影（$c'$）加括弧表示不可见。

重影点可见性的判断，要由两点对该投影面垂直坐标的大小来确定，对该投影面坐标大的其投影可见，而坐标小的则不可见。图 1-11b 为两点的相对位置和重影点的投影图。

## 第三节　直线的投影

空间直线的投影可认为：过直线上各点的投影线所构成的投射面与投影面的交线。因此，直线的投影一般仍为直线，可由直线上两端点同面投影的连线来确定。

### 一、直线的投影特性

直线相对于投影面的位置可分为三种：即投影面的平行线、投影面的垂直线和投影面的倾斜线。前两种称为特殊位置直线，后一种称为一般位置直线，各自具有不同的投影特性。

**1. 投影面平行线**

若直线在三面投影体系中仅平行于一个投影面时，则该直线为投影面的平行线。其中：平行于 $V$ 面的直线称正平线，平行于 $H$ 面的直线称水平线，平行于 $W$ 面的直线称侧平线。

图 1－12 展示了正平线 $AB$ 的立体图和三面投影图，从中可以分析出其投影特性。

因为直线 $AB$ 平行于 $V$ 面，即线上各点的 $y$ 坐标相等，因此 $a'b' /\!/ AB$，$a'b' = AB$。又因直线上各点到 $V$ 面的距离等于另一投影到轴的距离，所以 $ab /\!/ Ox$，$a''b'' /\!/ Oz$。

由以上分析的结果可知：$a'b'$ 与 $Ox$、$Oz$ 轴间的夹角，即为直线 $AB$ 对 $H$、$W$ 投影面的真实倾角 $\alpha$、$\gamma$。显然，直线 $AB$ 对 $V$ 投影面的倾角 $\beta = 0$。

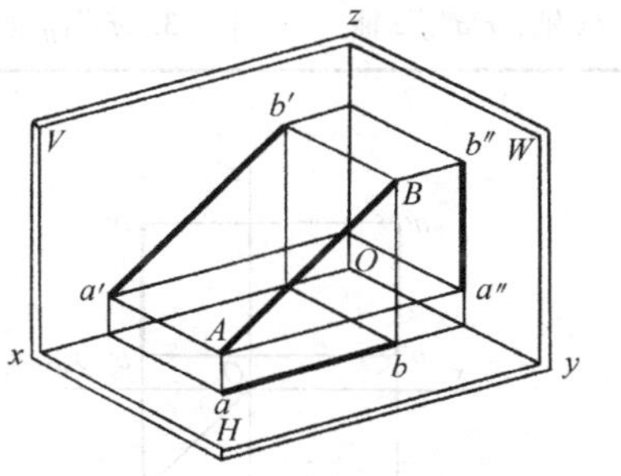

a)

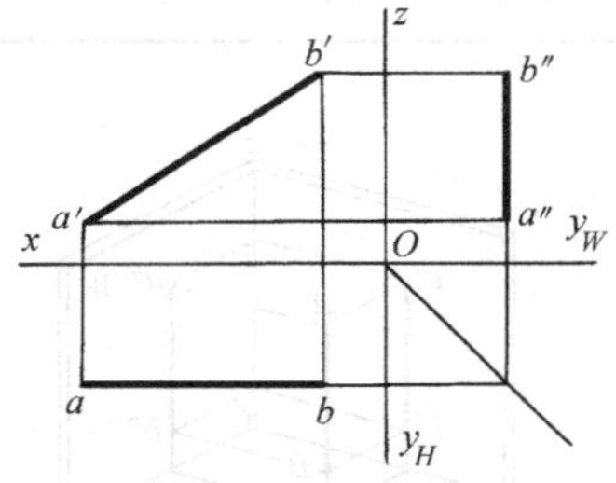

b)

图 1－12　正平线的投影

同理，可以分析出水平线和侧平线所具有的投影性质。

所以，投影面的平行线具有下列投影特性：

1）在所平行的投影面上的投影反映直线的真实长度。

2）另外两个投影与相应的投影轴平行，且长度变短。

3）反映实长的投影，呈现对另两投影面的真实倾角。

表 1－1 中列出了投影面平行线的立体图、投影图及投影特性。

**2. 投影面垂直线**

若直线在三面投影体系中垂直于一个投影面时，则该直线为投影面的垂直线。其中：垂直于 $H$ 面的直线称铅垂线，垂直于 $V$ 面的直线称正垂线，垂直于 $W$ 面的直线称侧垂线。

图 1－13 展示了铅垂线 $AB$ 的立体图和三面投影图，从中可分析出其投影特性。因为直线 $AB$ 垂直于 $H$ 面，其线上各点的 $x$、$y$ 坐标相等，因此 $AB$ 的水平投影积聚成一点 $a$（$b$）。又因 $AB \perp H$，必然 $V /\!/ AB /\!/ W$，因此 $a'b' \perp Ox$，$a''b'' \perp Oy_W$，$a'b' = AB = a''b''$。另外可知，铅垂线 $AB$ 对投影面的倾角 $\alpha = 90°$，$\beta = \gamma = 0$。

**表 1－1　投影面平行线的投影特性**

| 名称 | 水平线（$AB/\!/H$） | 正平线（$AB/\!/V$） | 侧平线（$AB/\!/W$） |
|---|---|---|---|
| 轴侧图 | 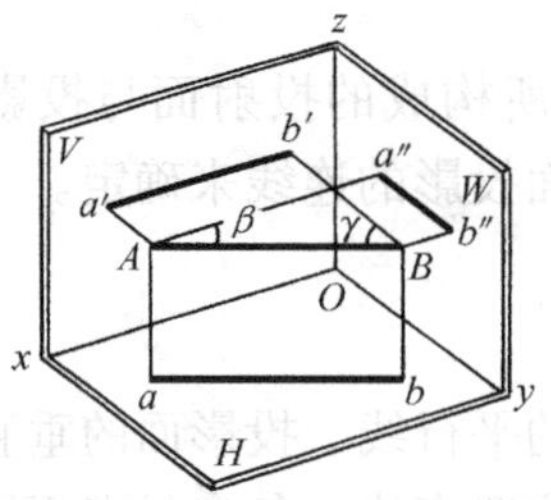 | 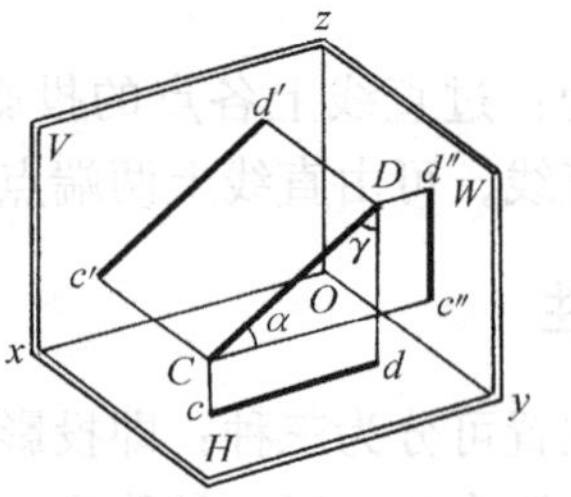 | 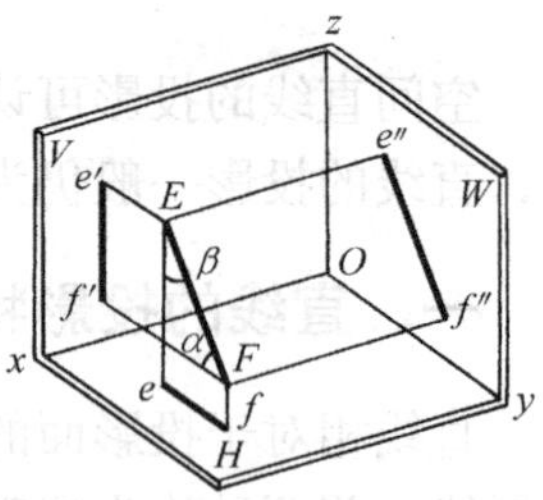 |
| 投影图 | 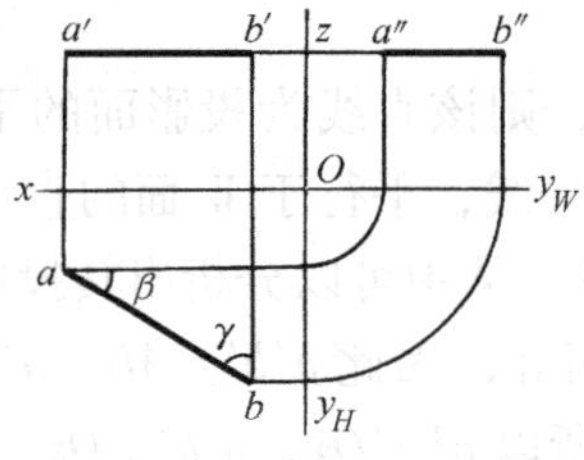 | 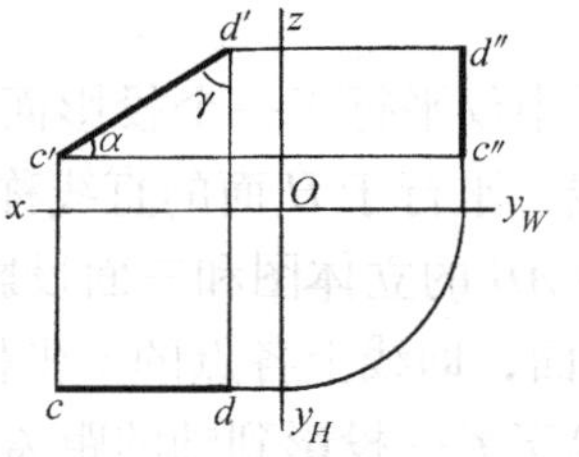 | 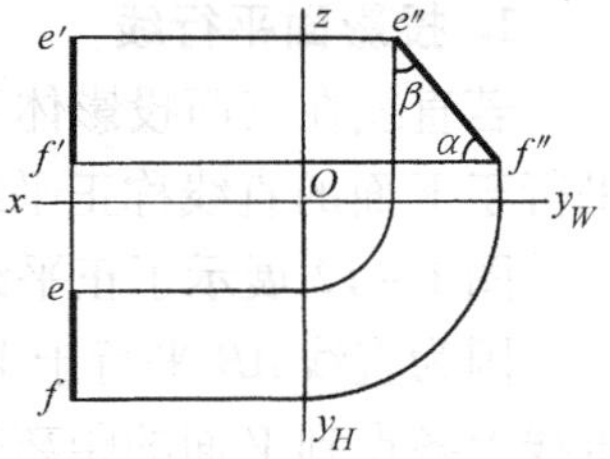 |
| 投影特性 | 1. $ab=AB$<br>2. $ab$ 与 $x$、$y_H$ 轴夹 $\beta$、$\gamma$ 角<br>3. $a'b'/\!/x$ 轴，$a''b''/\!/y_W$ 轴 | 1. $c'd'=CD$<br>2. $c'd'$ 与 $x$、$z$ 轴夹 $\alpha$、$\gamma$ 角<br>3. $cd/\!/x$ 轴，$c''d''/\!/z$ 轴 | 1. $e''f''=EF$<br>2. $e''f''$ 与 $y_W$、$z$ 轴夹 $\alpha$、$\beta$ 角<br>3. $ef/\!/y_H$ 轴，$e'f'/\!/z$ 轴 |

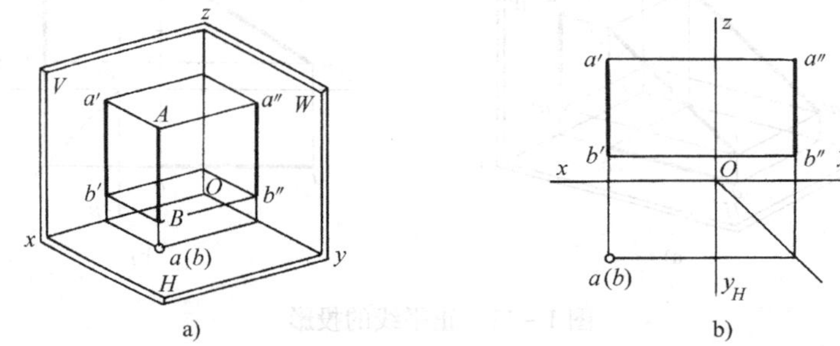

a)　　　　b)

图 1－13　铅垂线的投影

同理，可以分析出正垂线和侧垂线所具有的投影性质。

所以，投影面的垂直线具有下列投影特性：

1）在所垂直的投影面上的投影具有积聚性，投影成一点。

2）另外两投影与相应的轴垂直，且反映直线的真实长度。

表 1－2 中列出了投影面垂直线的立体图、投影图及投影特性。

**3. 一般位置的直线**

既不平行也不垂直投影面的直线称一般位置直线。图 1－14a 为一般位置直线 $AB$ 在三面投影体系中的正投影，先要分别作出直线两端点 $A$、$B$ 的投影（$a$，$a'$，$a''$）、（$b$，$b'$，$b''$），然后将其同面投影连接起来即可。

图 1－14b 中所示为展开的一般位置直线 $AB$ 的三面投影图，可见三面投影 $ab$、$a'b'$、$a''b''$与投影轴都倾斜，投影既不反映实长也不反映与投影面的真实倾角。

**表 1－2　投影面垂直线的投影特性**

| 名称 | 正垂线（$AB \perp V$） | 铅垂线（$AB \perp H$） | 侧垂线（$AB \perp W$） |
|---|---|---|---|
| 轴侧图 | 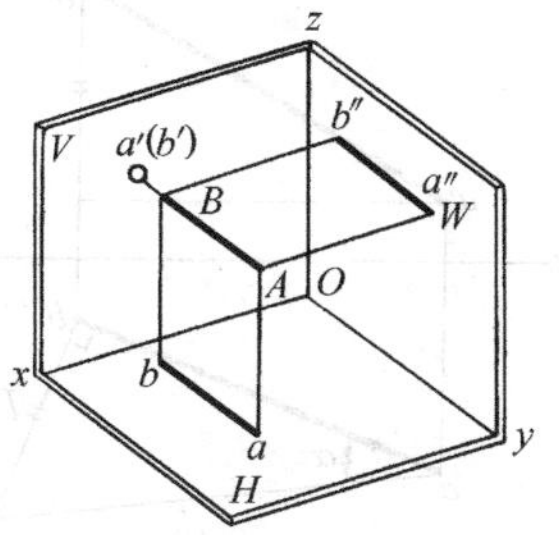 | 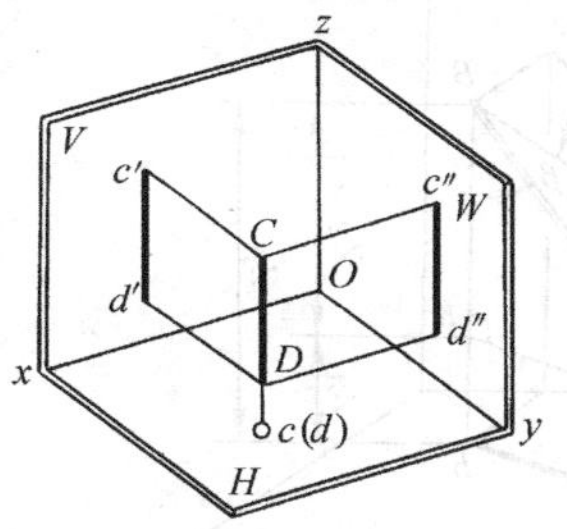 | 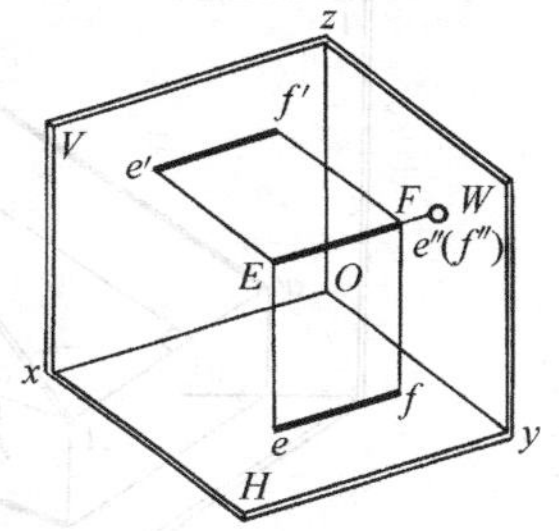 |
| 投影图 | 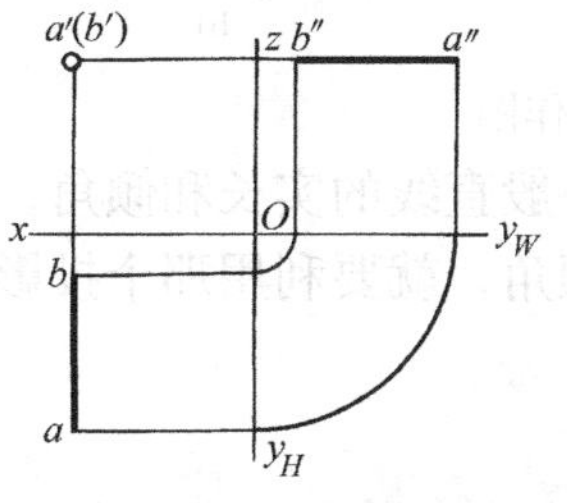 | 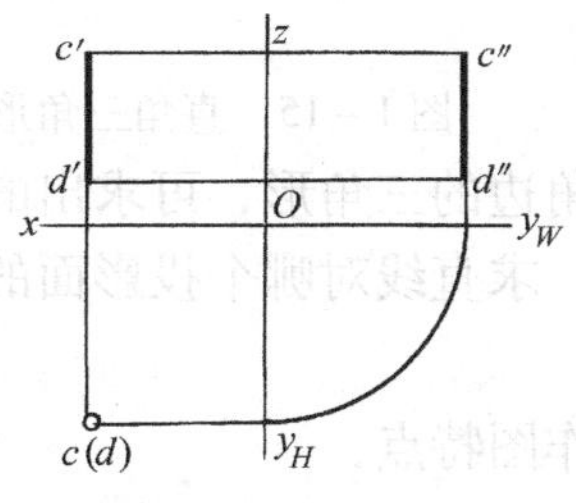 | 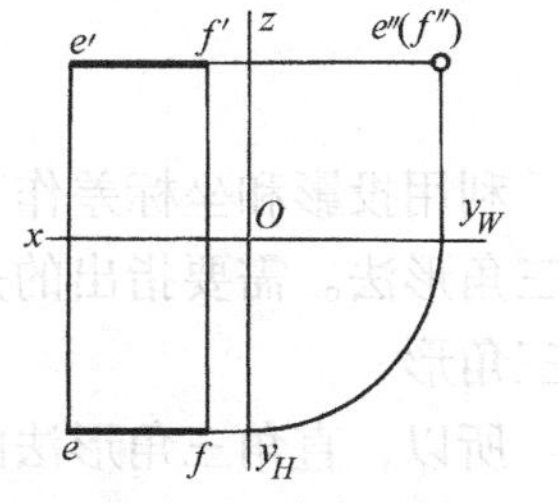 |
| 投影特性 | 1. $a'$（$b'$）积聚为一点<br>2. $ab \perp x$ 轴；$a''b'' \perp z$ 轴<br>3. $ab = a''b'' = AB$ | 1. $c$（$d$）积聚为一点<br>2. $c'd' \perp x$ 轴；$c''d'' \perp y_W$ 轴<br>3. $c'd' = c''d'' = CD$ | 1. $e''$（$f''$）积聚为一点<br>2. $e'f' \perp z$ 轴；$ef \perp y_H$ 轴<br>3. $ef = e'f' = EF$ |

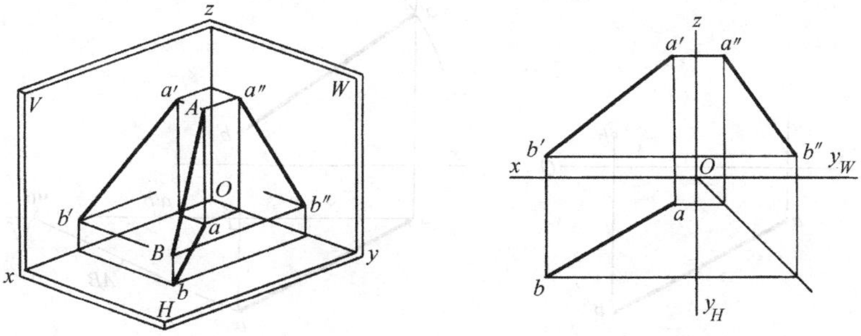

a)　　　　b)

图 1－14　一般直线的投影

所以，一般位置直线具有如下投影特性：

1）一般位置直线的三面投影既不反映实长也没积聚性。

2）直线的三面投影与三个坐标轴都倾斜，且长度变短。

3）投影与投影轴之间不反映直线与投影面的真实夹角。

## 二、线段的实长及倾角

特殊位置的平行线和垂直线，在投影中可直接反映直线的实长和对投影面的倾角，而一般位置直线的投影则不能。这里介绍用直角三角形法求一般直线的实长和倾角。

图 1－15a 为空间一般位置直线的投影过程，在过 $AB$ 的铅垂投射面 $ABba$ 内，作 $AK /\!/ ab$，得到直角 $\triangle AKB$。在该直角三角形中：直角边 $AK = ab$、$BK = Bb - Aa$，斜边 $AB$ 为实长，

$AB$ 与 $AK$ 的夹角，就是直线 $AB$ 对 $H$ 面的倾角 $\alpha$。图 b 为用直角三角形法求直线 $AB$ 的实长和 $\alpha$ 角的过程。

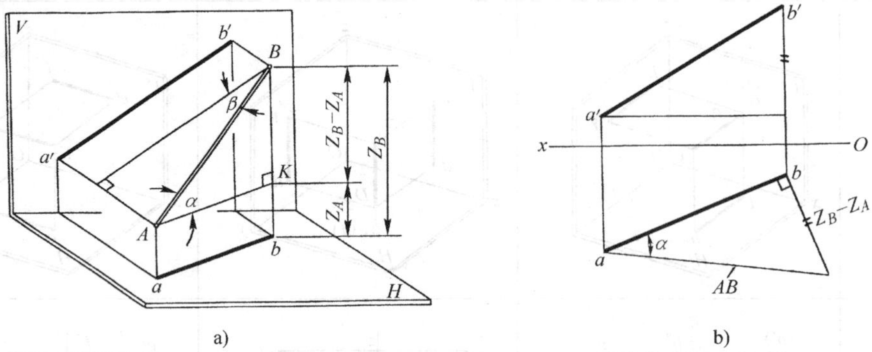


图 1－15　直角三角形法作图

利用投影和坐标差作直角边的三角形，可求出的一般直线的实长和倾角，这种方法称直角三角形法。需要指出的是：求直线对哪个投影面的倾角，就要利用那个投影作为一直角边作三角形。

所以，直角三角形法的作图特点：

1）用直线的一个投影作一直角边，另一直角边为直线两端点对该投影面的坐标差；

2）其三角形的斜边为直线的实长，斜边与投影边间夹角为对该投影面的真实倾角。

［**例题 3**］　已知 $AB$ 的投影 $ab$ 及 $b'$，且 $AB=33\text{mm}$，求作正面投影 $a'b'$，如图 1－16a 所示。

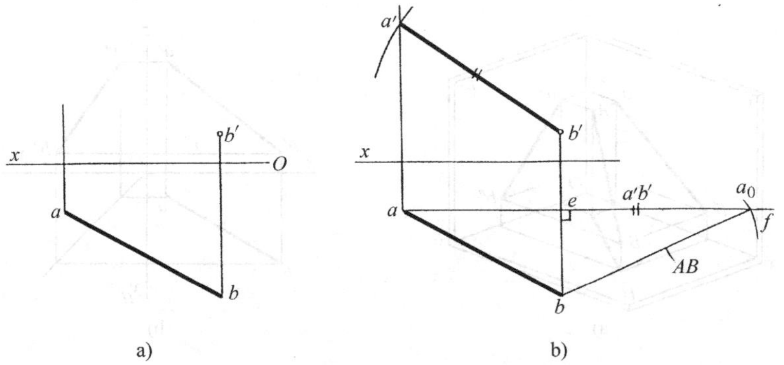


图 1－16　求直线的正面投影

分析：由水平投影 $ab$ 和 $AB$ 的实长，只要求出 $AB$ 的正面投影 $a'b'$ 的长度，或正面投影两端点对 $H$ 面的坐标差 $a_z'-b_z'$，即可作出正面投影 $a'b'$。因此，可用直角三角形法求作，图 b 即为求正面投影 $a'b'$ 长度的作图过程。

作图：①以水平投影的 $y$ 坐标差 $be$ 作为一条直角边，并过其端点 $e$ 作直线 $ef\perp be$ 线。

②以 $b$ 为圆心，以半径为 33mm 作弧，圆弧与 $ef$ 线交出另一直角边 $e\,a_0$ 即投影 $a'b'$。

③以投影 $b'$ 为圆心，以 $e\,a_0$ 为半径作弧交出 $a'$，连接投影 $a'$ 和 $b'$ 即完成正面投影 $a'b'$。

## 三、直线上的点

### 1. 点分线段成定比

从图 1－17 中可见，空间点 $E$ 在直线 $AB$ 上，其投影 $e$ 在 $ab$ 上，$e'$ 在 $a'b'$ 上。反之，如

果 $E$ 点的投影在直线 $AB$ 的同面投影上，那么点 $E$ 必定在空间直线 $AB$ 上。

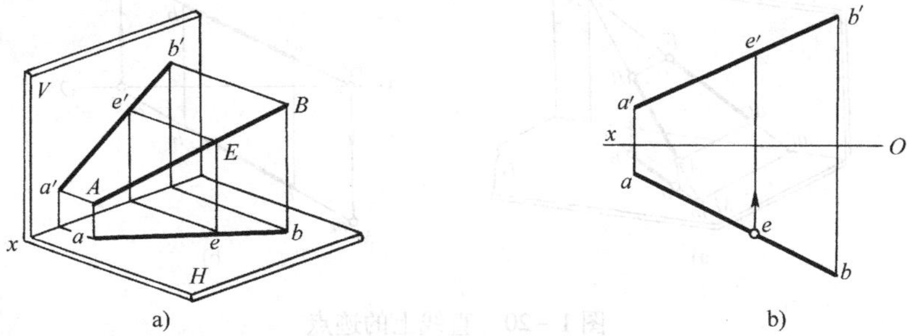


图 1－17　直线上的点

直线 $AB$ 被点 $E$ 分割成 $AE$ 与 $EB$ 两段，可证：$AE: EB = ae: eb = a'e': e'b'$。同理，可知点 $E$ 的侧面投影 $e''$ 必在 $a''b''$ 上，且 $AE: EB = a''e'': e''b''$。

所以，直线上的点具有下列投影特性：

1）直线上点的投影必然在该直线段的同面投影上。

2）点分割空间线段之比等于线段的同面投影之比。

**[例题 4]**　试在直线 $AB$ 上取一点 $D$，使 $AD: DB = 3:2$，如图 1－18 所示。

分析：因点分割空间线段之比等于其投影之比，即 $AD: DB = ad: db = a'd': d'b' = 3:2$。

作图：①过投影 $a$ 任作一斜线度量五等份，按比例 $aD_0: D_0B_0 = 3:2$，确定 $D_0$、$B_0$ 点。②过点 $B_0$ 作连线 $B_0b$，再过点 $D_0$ 作线 $D_0d /\!/ B_0b$，由交点 $d$ 对应作出 $d'$。

**[例题 5]**　已知 $AB$ 直线上点 $E$ 的正面投影 $e'$，求作水平投影 $e$，如图 1－19 所示。

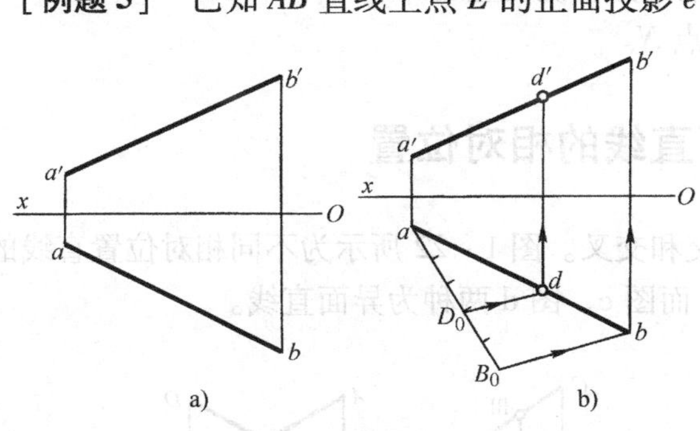


图 1－18　直线上取点

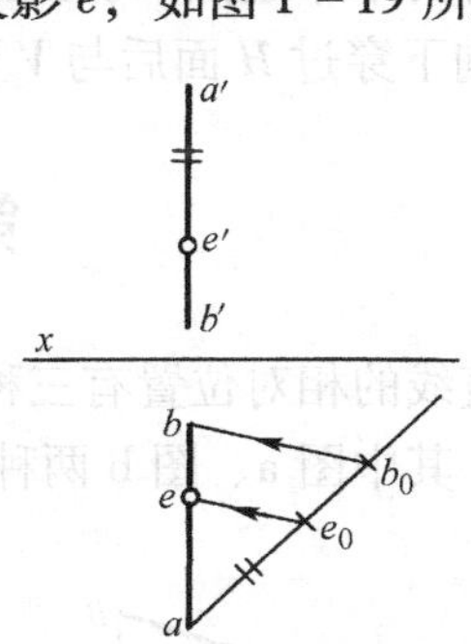


图 1－19　求直线上点的投影

分析：由投影可知 $AB$ 为侧平线，由 $e'$ 不能直接对应作出投影 $e$，因此可用定比法求作。

作图：过投影 $a$ 任作一斜线并量取 $V$ 面投影 $a'e'b' = ae_0b_0$，再连 $b_0b$ 并作 $e_0e /\!/ b_0b$ 即可。也可先作出直线 $AB$ 的侧面投影 $a''b''$，由 $e'$ 对应先求出 $e''$，而后再对应求出水平投影 $e$。

**2. 直线的迹点**

直线与投影面的交点称为该直线的迹点。直线与 $H$ 投影面的交点称为水平迹点，以 $M$ 表示；直线与 $V$ 面的交点称为正面迹点，以 $N$ 表示；直线与 $W$ 面的交点称为侧面迹点，以 $S$ 表示。

在图 1－20a 中可见，空间直线 $AB$ 分别延长交有水平迹点 $M$ 和正面迹点 $N$。其中：迹点 $M$ 的 $V$ 面投影 $m'$ 必在 $x$ 轴上又在 $a'b'$ 上，而 $H$ 面投影 $m$ 在 $ab$ 上又与 $M$ 重合；迹点 $N$ 的 $H$ 面投影 $n$ 在 $x$ 轴上又在 $ab$ 上，而 $V$ 面投影 $n'$ 在 $a'b'$ 上又与 $N$ 重合。

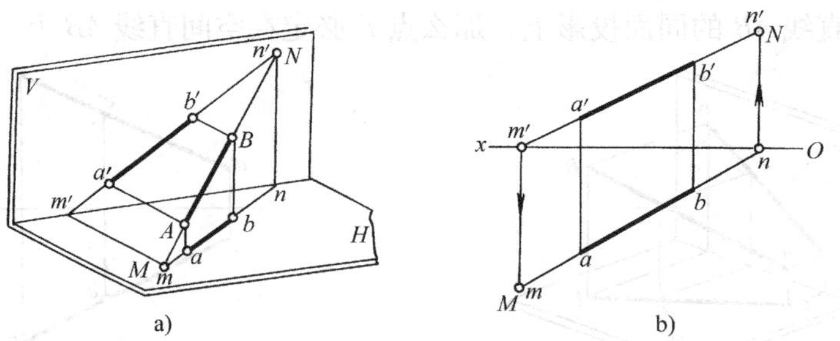


图 1－20　直线上的迹点

图 1－20b 为求作迹点投影的过程：首先延长 $AB$ 的正面投影 $a'b'$ 与 $x$ 轴交出水平迹点 $M$ 的正面投影 $m'$，再由 $m'$ 引 $x$ 轴的垂线与投影 $ab$ 的延长线交出 $m$，即 $m$ 与 $M$ 重合。同理，延长 $AB$ 的水平投影 $ab$ 与 $x$ 轴交出正面迹点 $N$ 的水平投影 $n$，再由 $n$ 引 $x$ 轴的垂线与投影 $a'b'$ 的延长线交出 $n'$，即 $n'$ 与 $N$ 重合。

由分析可见，直线迹点的基本特性：

1）迹点即在空间直线上又在投影面上，它是直线和投影面的公有点。

2）直线的该面迹点的另外一个投影同时在轴上和直线的对应投影上。

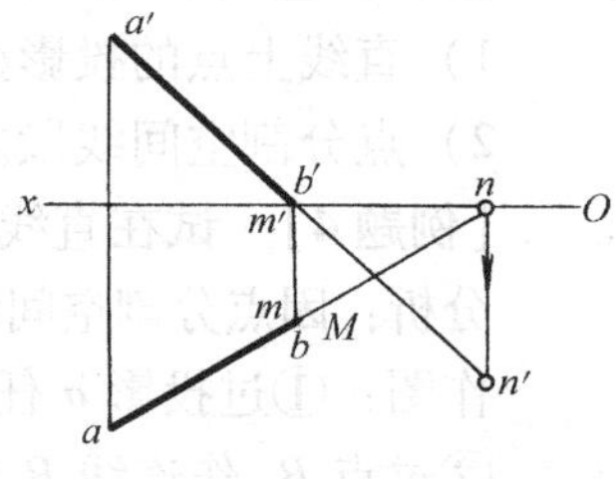


图 1－21　直线迹点的投影

从图 1－21 的投影中可见，因为 $b'$ 在 $x$ 轴，所以 $AB$ 直线的端点 $B$ 即为水平迹点 $M$。正面迹点 $N$ 在 $x$ 轴下方，说明直线 $AB$ 经 $B$ 点向下穿过 $H$ 面后与 $V$ 面相交产生迹点 $N$。

## 第四节　两直线的相对位置

两直线的相对位置有三种：平行、相交和交叉。图 1－22 所示为不同相对位置直线的投影情况，其中图 a、图 b 两种为同面直线，而图 c、图 d 两种为异面直线。

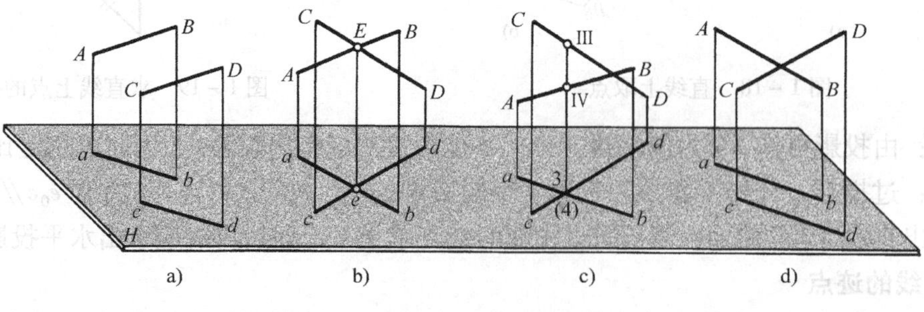


图 1－22　两直线的相对位置

a）平行两直线　b）相交两直线　c）交叉两直线　d）交叉两直线

### 一、平行两直线

平行两直线的投影可认为，过空间平行两直线上各点的投影线，所构成的两个平行投射面与投影面的交线。因为两平行面与第三个平面的交线一定互相平行，如图 1－23 所示。

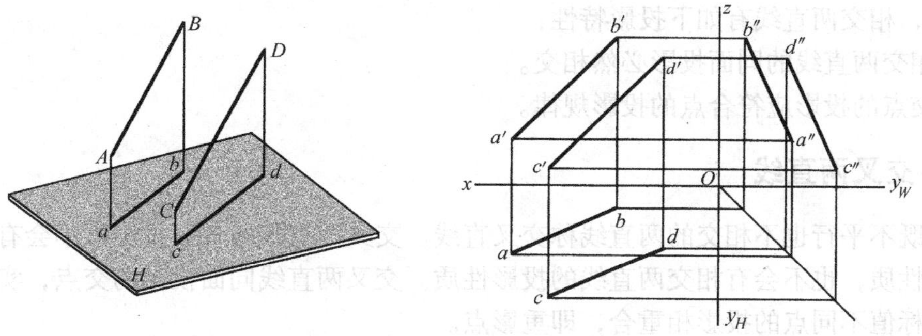


a) b)

图 1 – 23 平行两直线的投影

图 1 – 23a 展示了空间平行两直线 *AB*、*CD* 的投影图，其在 *H* 面上的投影 *ab* 和 *cd* 必然平行。从图 b 的三面投影可见 $ab // cd$，$a'b' // c'd'$，$a''b'' // c''d''$。

一般情况下两面投影分别相互平行时，则可判定空间两直线相互平行。但是，如图 1 – 24 投影所示，两直线 *EF* 和 *MN* 同时平行于 *W* 投影面，这时必须要看 *W* 面的投影情况，其 *W* 投影如果平行，则直线 $EF // MN$，否则不平行。显然，该图的 *EF* 和 *MN* 两直线不平行。

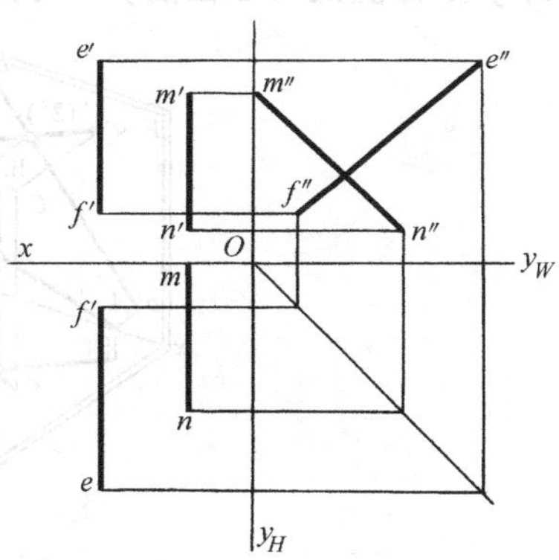


图 1 – 24 两侧平线的投影

所以，平行两直线的投影特性：

1）两平行直线的每一个同面投影必然相互平行。

2）各同面投影之比相等，线端的投影方向一致。

## 二、相交两直线

相交两直线的交点为一共有点，该点的投影应具有直线上点的投影性质。因此，相交两直线共有点的投影，一定是两直线同面投影的交点。

图 1 – 25a 展示了空间相交两直线 *AB*、*CD* 的投影图，两交线在 *H* 面上的投影 *ab* 和 *cd* 也相交有 *k* 点。在图 b 的三面投影中可见，两直线交点 *K* 的投影 *k*、*k′*、*k″*，分别为直线 *AB* 与 *CD* 同面投影的交点。

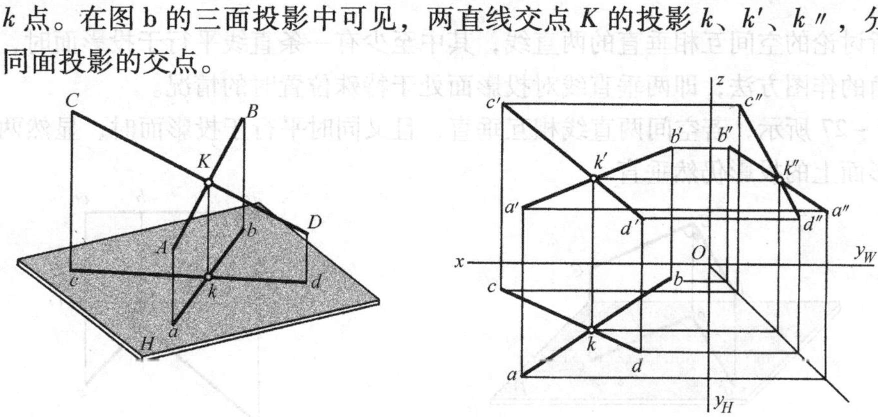


a) b)

图 1 – 25 相交两直线的投影

所以，相交两直线有如下投影特性：

1）相交两直线的同面投影必然相交。

2）交点的投影应符合点的投影规律。

## 三、交叉两直线

空间既不平行也不相交的两直线称交叉直线。交叉两直线的各面投影既不会有平行两直线的投影性质，也不会有相交两直线的投影性质。交叉两直线同面投影的交点，实际上是两直线上坐标值不同点的投影相重合，即重影点。

图 1－26a 为交叉两直线的投影。对 $V$ 面重影点可见性的判断，需要由 $y$ 坐标值来确定，即 $y$ 坐标值大的Ⅰ在前，1′可见，$y$ 坐标值小的Ⅱ在后，（2′）不可见。

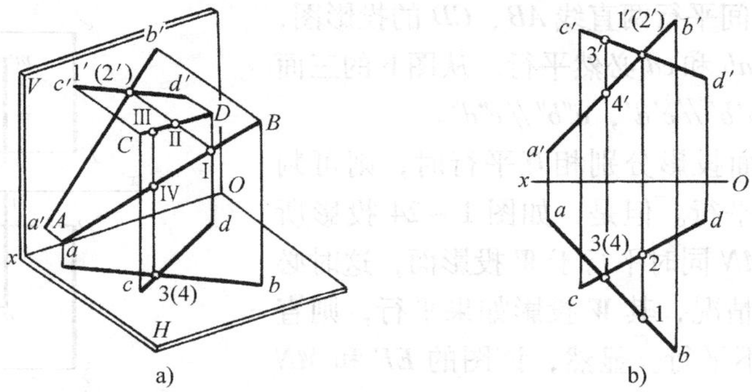


图 1－26　交叉两直线的投影

对 $H$ 面上重影点的可见性，需要由 $z$ 坐标值的大小来判断，即 $z$ 坐标值大的可见，小的不可见。如图 b 中，$z$ 坐标值大的 3′在上，3 可见，而 $z$ 坐标值小的 4′在下，（4）不可见。

同理，对 $W$ 投影面上重影点的可见性，需要由 $x$ 坐标值的大小来判断。

所以，交叉两直线有如下投影特性：

1）交叉两直线的同面投影至少有一个相交，且两面投影交点的连线不垂直于投影轴。

2）交叉直线重影点可见性的判断，要由两重影点距该投影面的坐标值的大小来确定。

## 四、垂直两直线

这里所讨论的空间互相垂直的两直线，其中至少有一条直线平行于投影面时，其投影直接反映直角的作图方法，即两垂直线对投影面处于特殊位置时的情况。

如图 1－27 所示，若空间两直线相互垂直，且又同时平行于投影面时，显然两直线在所平行的投影面上的投影仍然垂直。

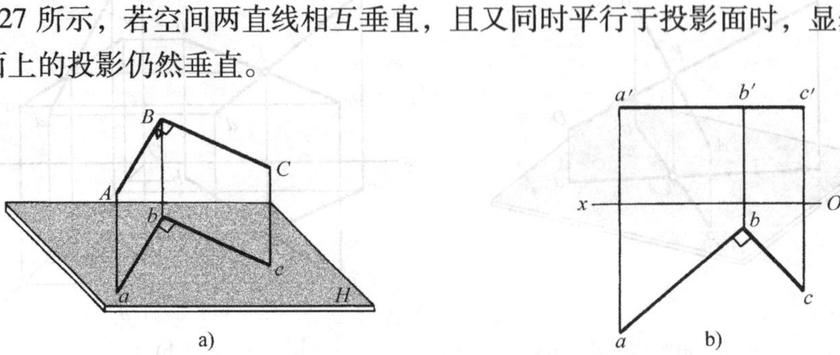


图 1－27　平行于投影面的两垂线

在图 1-28a 中所示，空间直线 $AB \perp CD$，其中 $AB /\!/ H$ 面，而 $CD$ 倾斜于 $H$ 面，$ab$ 和 $cd$ 分别为两垂直线 $AB$ 和 $CD$ 在 $H$ 面上的投影。由于 $AB \perp CD$，又 $AB \perp Bb$，则 $AB \perp CcdD$ 面。因 $ab /\!/ AB$，则 $ab \perp CcdD$ 面，所以投影 $ab \perp cd$。

在图 1-28b 的两面投影图中，由于 $a'b' /\!/ x$ 轴，必然 $AB /\!/ H$ 面，所以两垂直线 $AB$ 和 $CD$ 在 $H$ 面上的投影成直角，即 $ab \perp cd$。

因此，有直角投影定理：

●若空间两垂直线中有一条平行于投影面时，那么两垂线在该投影面上的投影呈直角。

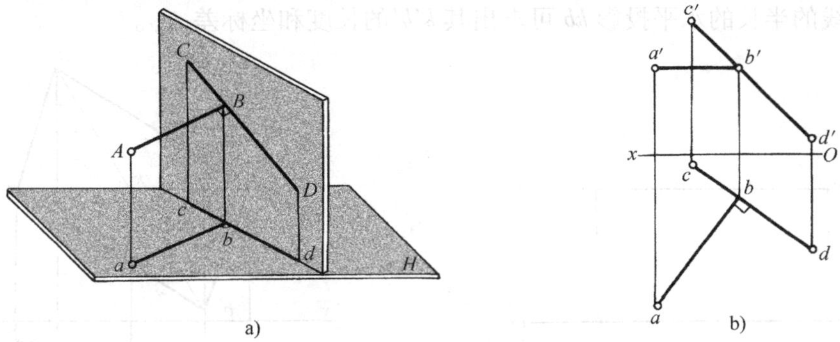


图 1-28　两垂直线的投影

需要指出的是：空间两垂直交叉直线的投影，同样具有这样的直角投影定理。

**[例题 6]**　如图 1-29a 所示，试作出点 $A$ 到直线 $CD$ 的距离 $AB$ 的两面投影 $ab$ 及 $a'b'$。

分析：点 $A$ 到直线 $CD$ 的距离 $AB \perp CD$，因为 $cd /\!/ Ox$ 轴，即 $CD /\!/ V$ 面，根据直角投影定理，$AB$ 与 $CD$ 的正面投影 $a'b' \perp c'd'$。

作图：①先过 $a'$ 作投影 $a'b' \perp c'd'$，求出交点 $b'$。

②再由 $b'$ 在 $cd$ 线上对应作出 $b$，即可作出投影 $ab$。

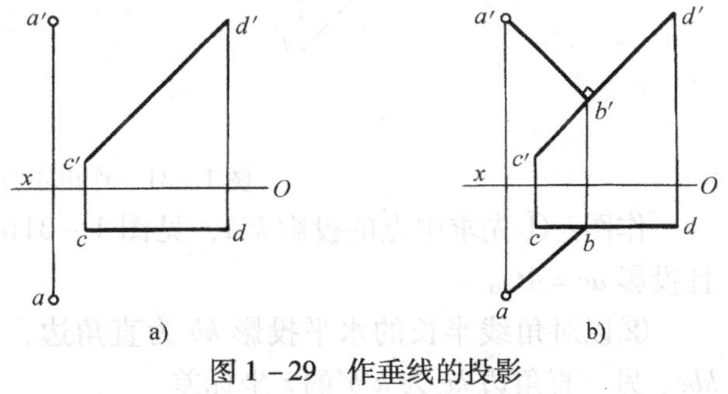


图 1-29　作垂线的投影

**[例题 7]**　试作出交叉两直线 $AB$、$CD$ 的公垂线 $EF$ 的两面投影，如图 1-30a 所示。

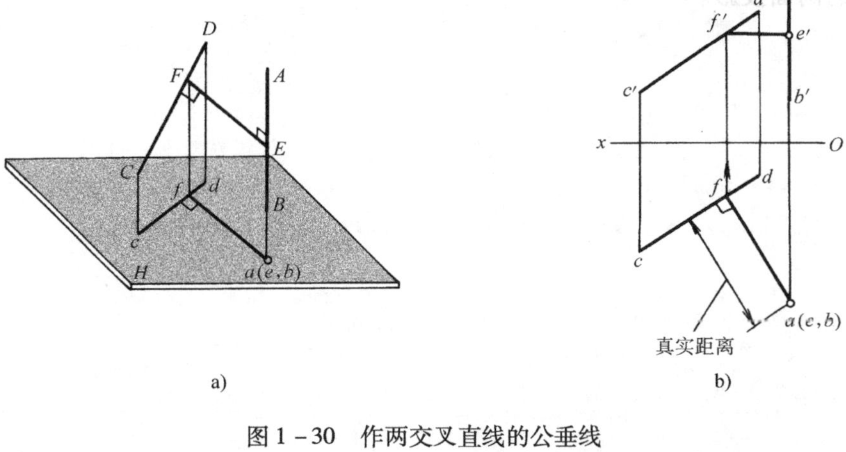


图 1-30　作两交叉直线的公垂线

分析：由图1－30a可见，因$EF \perp AB$，直线$AB \perp H$面，必有$EF /\!/ H$面。又因$EF \perp CD$，且$EF /\!/ H$面，根据直角投影定理，直线$EF$与$CD$的水平投影$ef \perp cd$。

作图：①先过积聚性投影$a$（$b$）作投影$ef \perp cd$，求出交点$f$，如图1－30b的作图。

②由交点$f$在投影$c'd'$上求出$f'$，再由$f'$点作投影$e'f' /\!/ Ox$轴。即完成作图。

［**例题8**］　图1－31a为正方形▱$ABCD$对角线的投影，试完成正方形的两面投影。

分析：空间正方形对角线一定相交垂直且等长，由图1－31a可见$a'c' /\!/ x$轴，对角线$AC$为水平线，因此两对角线的水平投影$ac \perp bd$。又因$BD = AC = ac$，且对角线的半长$KB = kc$，由对角线的半长的水平投影$kb$可求出其$k'b'$的长度和坐标差$z_{k'b'}$。

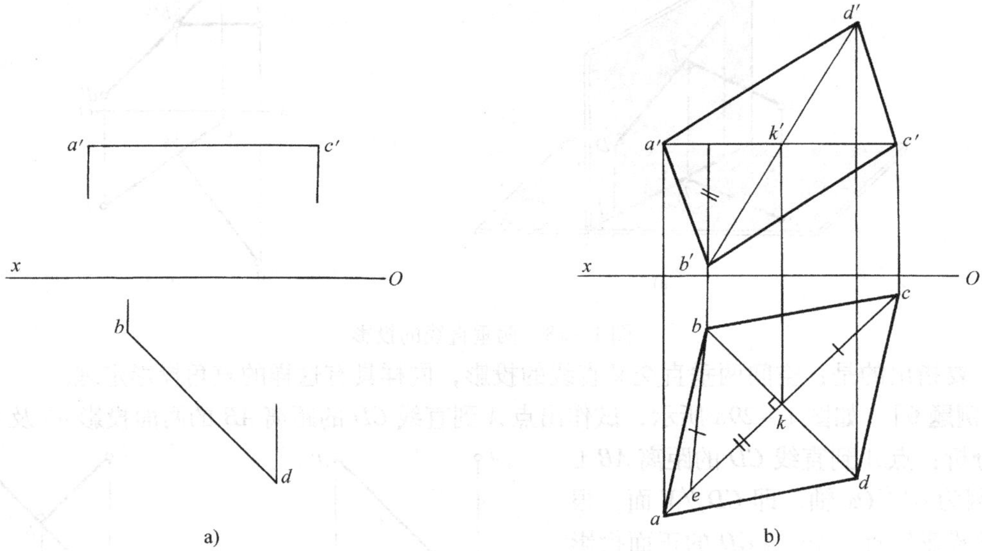


图1－31　作出正方形的两面投影

作图：①先求中点的投影$k'k$，见图1－31b，并过$k$作对角线$AC$的水平投影$ac \perp bd$，且投影$ac = AC$。

②以对角线半长的水平投影$kb$为直角边，以对角线的半长$kc$为斜边作一直角三角形$kbe$，另一直角边$ke$为$k'b'$的$z$坐标差。

③过$k'$作对角线$BD$的正面投影$b'd'$，由对边互为平行连接对角线的端点，即完成正方形▱$ABCD$的两面投影。

# 第二章　平面的投影

空间平面可以由不同的几何元素来确定，常用其构成元素的投影来表示，如图 2－1 所示。平面也是构成立体表面的重要元素，本章主要介绍平面的投影特性和空间位置关系。

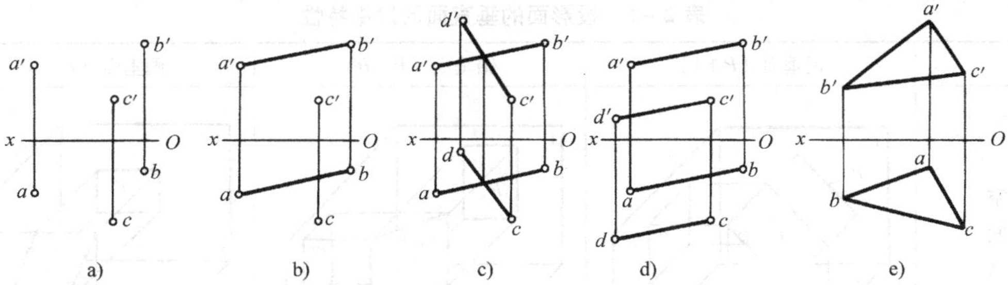

图 2－1　平面的表示法

## 第一节　平面的投影

平面相对于投影面的位置可分为三种：即投影面的垂直面、投影面的平行面和一般位置平面，前两种称为特殊位置平面。它们各自具有不同的投影特性。

### 一、投影面的垂直面

在三面投影体系中，若平面仅垂直于一个投影面时，称该平面为投影面的垂直面。其中：垂直于 $H$ 投影面的平面称铅垂面，垂直于 $V$ 面的平面称正垂面，垂直于 $W$ 面的平面称侧垂面。

图 2－2 展示了铅垂面的立体图和三面投影图，从图中分析可见，平面 $\triangle ABC$ 垂直于 $H$ 面，并与 $V$、$W$ 面都倾斜。因此过 $\triangle ABC$ 的投射面与 $H$ 面相交一直线，该直线 $abc$ 即为 $\triangle ABC$ 平面在 $H$ 面上积聚性的投影。

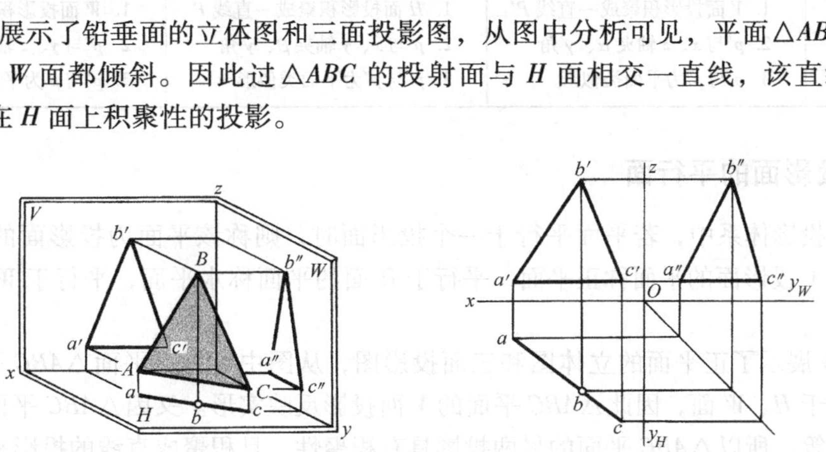

图 2－2　铅垂面的投影

另外，平面积聚性的投影 $abc$ 与 $Ox$、$Oy$ 轴的夹角，即为 $\triangle ABC$ 平面对 $V$、$W$ 投影面的

真实倾角 $\beta$、$\gamma$。可知其 $\alpha=90°$。

同理，可以分析出正垂面和侧垂面所具有的投影性质。

所以，投影面的垂直面具有以下投影特性：

1）平面在所垂直的投影面上的投影具有积聚性，投影成一直线。

2）平面在所倾斜的两投影面上的投影为类似形，图形面积缩小。

3）积聚性的投影与轴的夹角，即平面对相应投影面的真实倾角。

表 2－1 列出了投影面的垂直面的立体图、投影图及投影特性。

**表 2－1　投影面的垂直面的投影特性**

| | 正垂面（$P\perp V$） | 铅垂面（$P\perp H$） | 侧垂面（$P\perp W$） |
|---|---|---|---|
| 空间情况 | 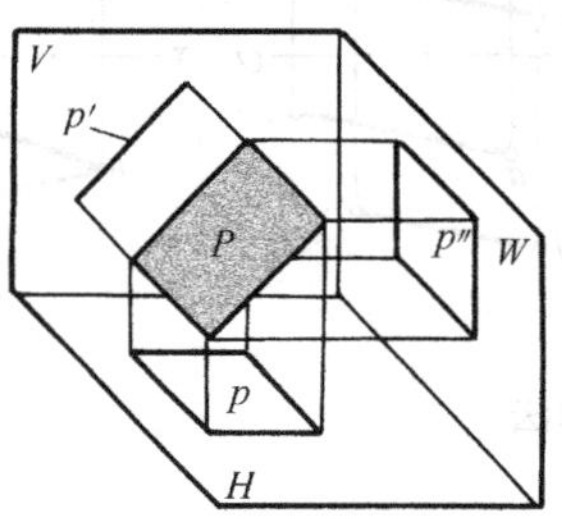 | 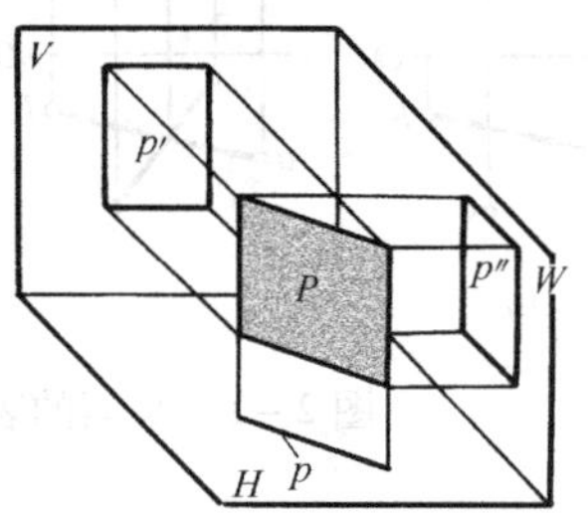 | 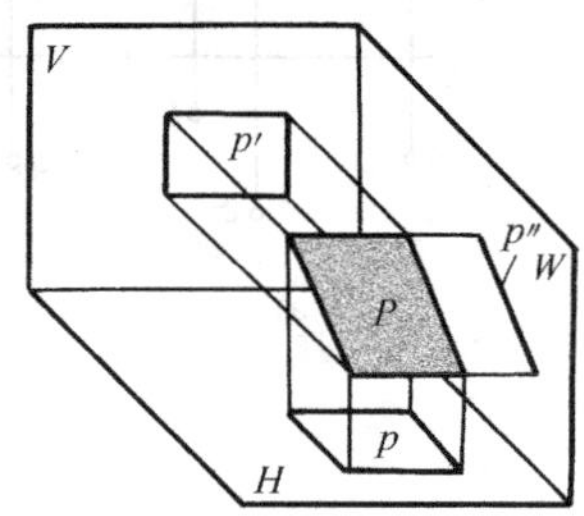 |
| 投影图 | 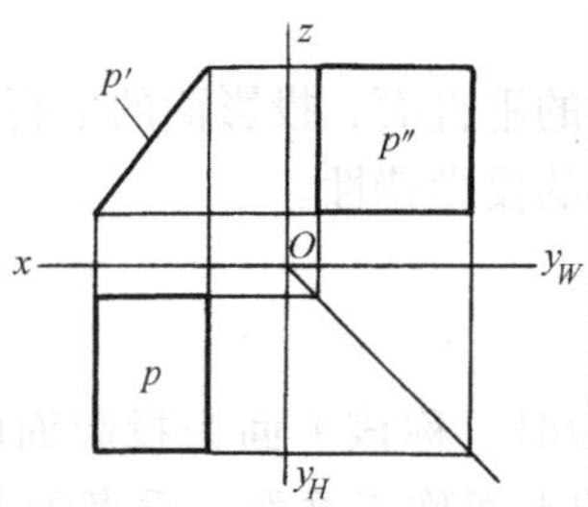 | 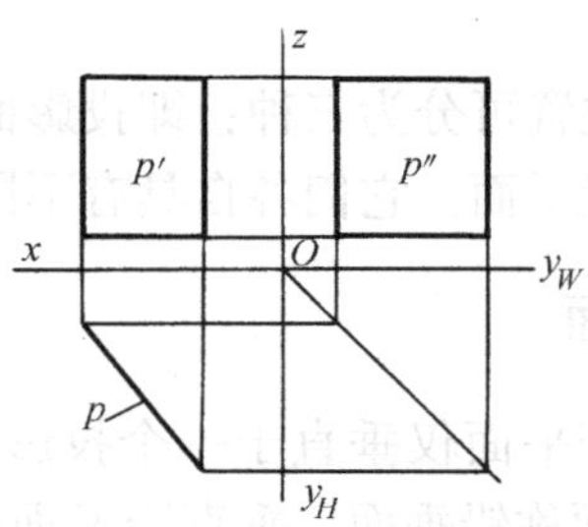 | 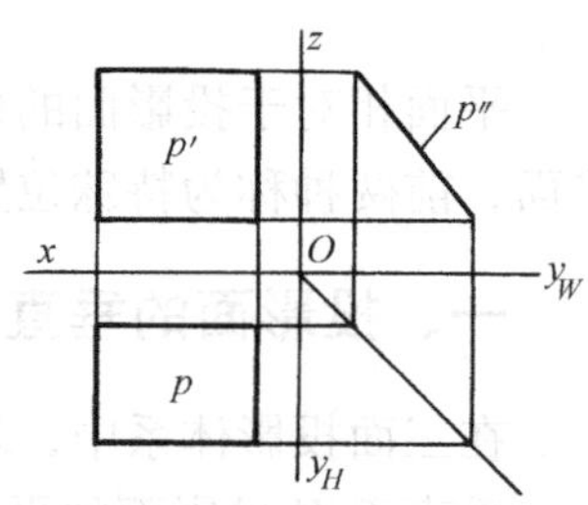 |
| 投影特性 | 1. $V$ 面投影积聚成一直线 $P'$<br>2. $p'$ 与 $x$、$z$ 轴夹 $\alpha$、$\gamma$ 角<br>3. $p$ 与 $p''$ 为平面类似形 | 1. $H$ 面投影积聚成一直线 $P$<br>2. $p$ 与 $x$、$y$ 轴夹 $\beta$、$\gamma$ 角<br>3. $p'$ 与 $p''$ 为平面类似形 | 1. $W$ 面投影积聚成一直线 $p''$<br>2. $p''$ 与 $y$、$z$ 轴夹 $\alpha$、$\beta$ 角<br>3. $p'$ 与 $p$ 为平面类似形 |

## 二、投影面的平行面

在三面投影体系中，若平面平行于一个投影面时，则称该平面为投影面的平行面。其中：平行于 $V$ 投影面的平面称正平面，平行于 $H$ 面的平面称水平面，平行于 $W$ 面的平面称侧平面。

图 2－3 展示了正平面的立体图和三面投影图，从图中可见，平面 $\triangle ABC$ 平行于 $V$ 面，并同时垂直于 $H$、$W$ 面，因此 $\triangle ABC$ 平面的 $V$ 面投影反映实形。又因 $\triangle ABC$ 平面上各点到 $V$ 面的距离相等，所以 $\triangle ABC$ 平面的另两投影具有积聚性，且积聚成直线的投影平行于相应的投影轴。

可知：$\triangle ABC$ 平面对投影面的倾角 $\beta=0°$，$\alpha=\gamma=90°$。

同理，可以分析出水平面和侧平面所具有的投影性质。

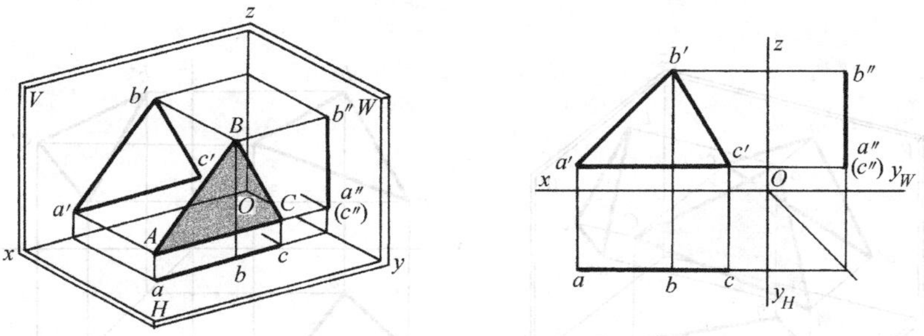


a)　　　　　　　　b)

图 2－3　正平面的投影

所以，投影面的平行面具有下列投影特性：

1）平面在所平行的投影面上的投影反映实形。

2）另两投影积聚成直线，且平行于相应的轴。

表 2－2 列出了投影面的平行面的立体图、投影图及投影特性。

**表 2－2　投影面的平行面的投影特性**

| | 正平面（$P/\!/V$） | 水平面（$P/\!/H$） | 侧平面（$P/\!/W$） |
|---|---|---|---|
| 空间情况 | 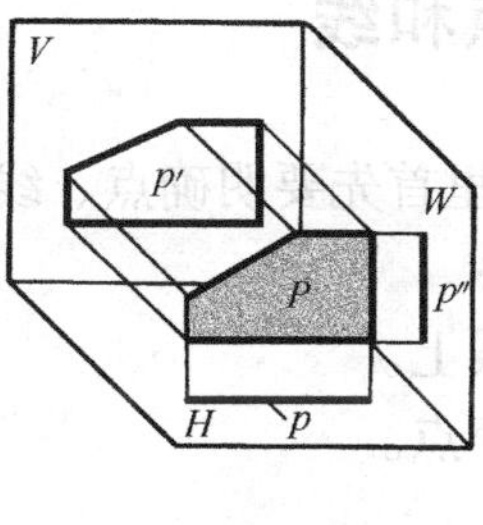 | 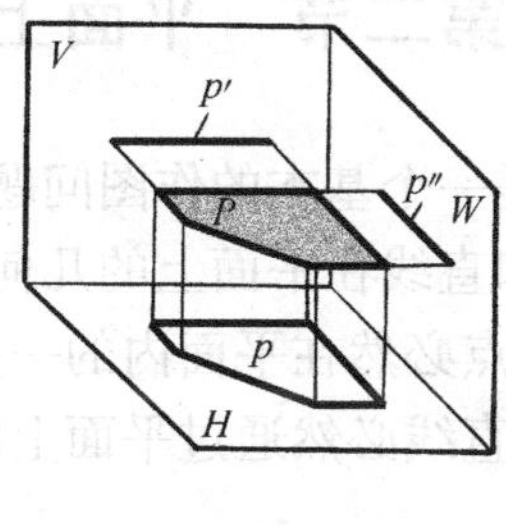 | 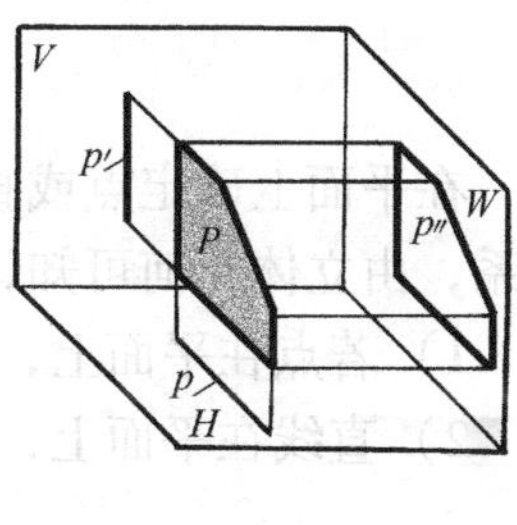 |
| 投影图 | 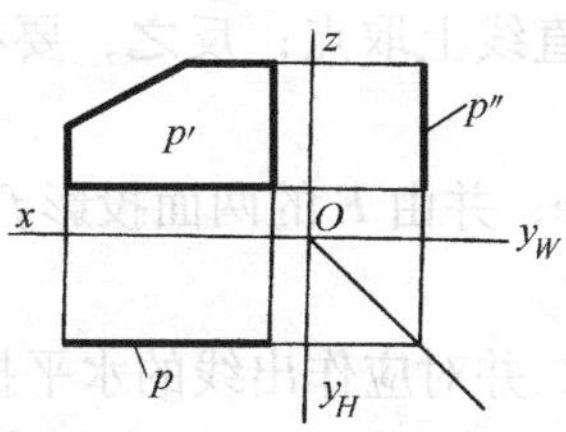 | 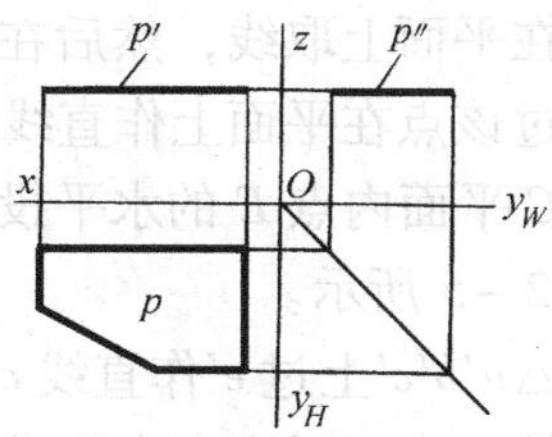 | 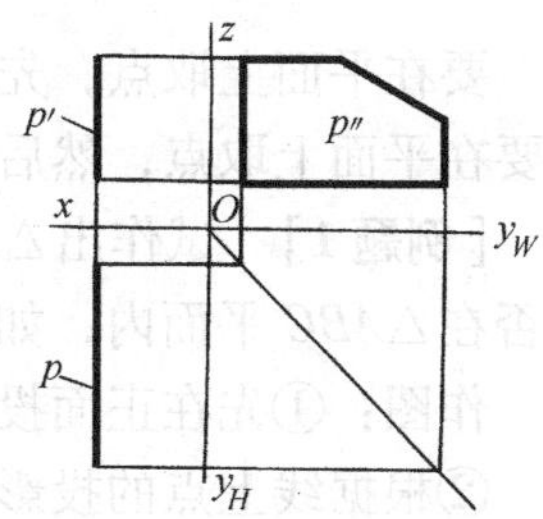 |
| 投影特性 | 1. $V$ 面投影 $p'$ 反映实形<br>2. $H$、$W$ 面投影积聚成直线<br>3. $p/\!/Ox$；$p''/\!/Oz$ | 1. $H$ 面投影 $p$ 反映实形<br>2. $V$、$W$ 面投影积聚成直线<br>3. $p'/\!/Ox$；$p''/\!/Oy_W$ | 1. $W$ 面投影 $p''$ 反映实形<br>2. $V$、$H$ 面投影积聚成直线<br>3. $p'/\!/Oz$；$p/\!/Oy_H$ |

## 三、一般位置的平面

在三面投影体系中，既不垂直也不平行投影面的平面，称一般位置的平面。因此，一般位置的平面的三面投影，既没有垂直面的投影性质，也不具有平行面的投影性质。

在图 2－4 中，展示了空间一般位置平面△$ABC$ 的立体图和三面投影图。

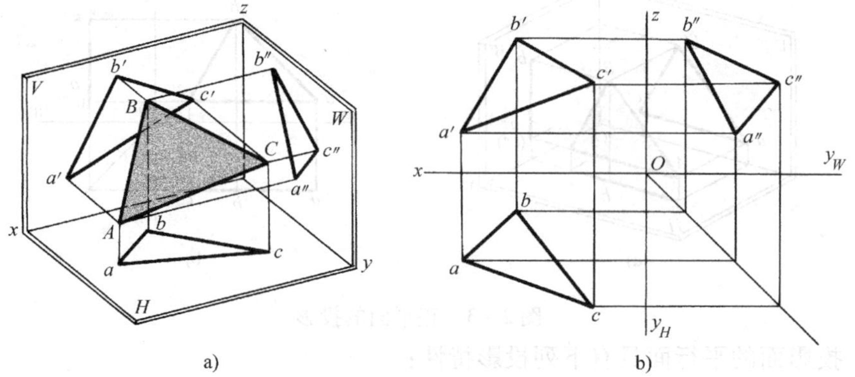


图 2－4　一般位置平面的投影

从图中可见，一般位置平面具有如下投影特性：

1）一般位置平面的三面投影既不反映实形也没有积聚性。

2）其三面投影均为空间平面的类似形，且投影面积缩小。

## 第二节　平面上的点和线

在平面上确定点或直线是一个基本的作图问题。这里首先要明确点、线、面之间的几何关系，由立体几何可知，点和直线在平面上的几何条件：

1）若点在平面上，则该点必然在平面内的一条直线上。

2）直线在平面上，则该直线必然通过平面上的两个点。

### 一、平面上取点和线

要在平面上取点，先要在平面上取线，然后在该直线上取点；反之，要在平面上取线，先要在平面上取点，然后通过该点在平面上作直线。

**[例题1]**　试作出△*ABC* 平面内点 *E* 的水平投影 *e*；并由 *F* 的两面投影 *f*、*f*′，判断点 *F* 是否在△*ABC* 平面内，如图 2－5 所示。

作图：①先在正面投影△*a*′*b*′*c*′上过 *e*′作直线 *c*′1′，并对应作出线的水平投影 *c*1。

②根据线上点的投影特性，由 *e*′对应在水平投影 *c*1 线上作出 *e*，即完成作图。

③过投影 *f*′在△*a*′*b*′*c*′上作直线 *c*′2′，并对应作出其水平投影 *c*2。若投影 *f* 在 *c*2 线上，说明 *F* 点在△*ABC* 平面内，反之不在。

**[例题2]**　已知五边形 *ABCDE* 平面的部分投影，试完成平面的水平投影，如图 2－6 所示。

作图：①在平面的正面投影上连接两点成 *c*′*e*′直线，并作面上的连线 *d*′*a*′交 *c*′*e*′线于 1′点；再作面上的连线 *d*′*b*′交 *c*′*e*′线于 2′点。

②由投影 1′对应在水平投影 *ce* 线上作出 1，由 2′对应在水平投影 *ce* 线上作出 2；并由水平面上点的投影 *d* 分别向 1 和 2 作出连线 *d*1 和 *d*2。

③由正面投影 *a*′和 *b*′对应作出水平投影 *a* 和 *b*，并连接 *eabc* 线即完成水平投影 *abcde*。

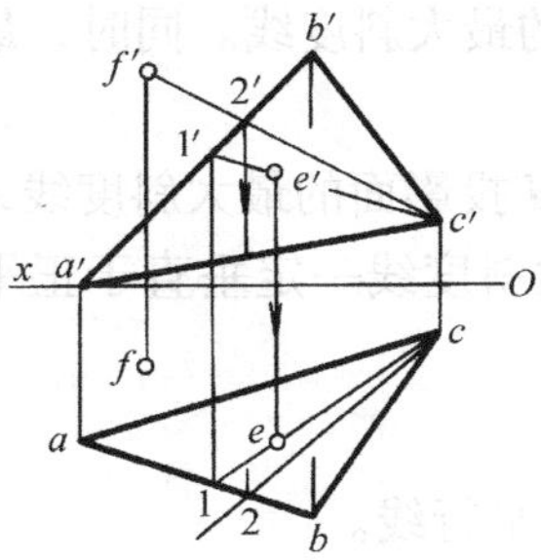


图 2－5　平面上点的投影

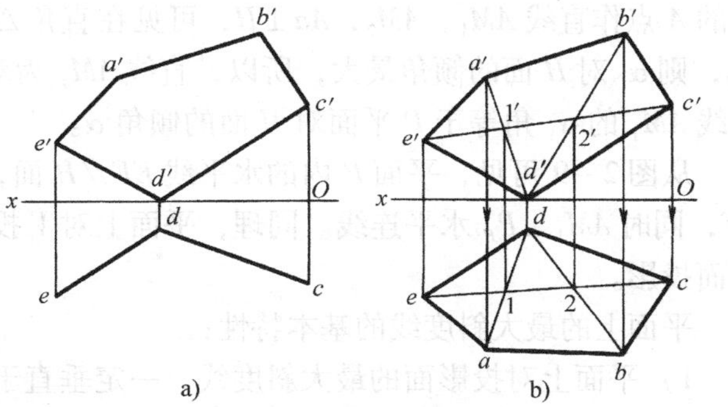


图 2－6　补作五边形平面的投影

## 二、平面上的特殊直线

平面上不同位置的直线，它对投影面的倾角各不相同。其中：一种对投影面倾角为零的为投影面平行线；另一种对投影面倾角最大的为投影面的最大斜度线。

**1. 平面上的投影面平行线**

平面上平行于投影面的直线，对所平行的投影面的倾角为零，在所平行的投影面上的投影反映实长，另两投影与相应的轴平行。如图 2－7 所示，平面△*ABC* 内的水平线 *AE* 的正面投影 *a′e′*∥*x* 轴，其水平线投影 *ae* = *AE*；平面△*ABC* 内的正平线 *AF* 的水平投影 *af*∥*x* 轴，其正面投影 *a′f′* = *AF*。

［**例题 3**］　试在四边形 *ABCD* 平面内取一点 *K*，使 *K* 点距离 *H* 面 10mm、距 *V* 面为 15mm，作出 *K* 点的两面投影，如图 2－8 所示。

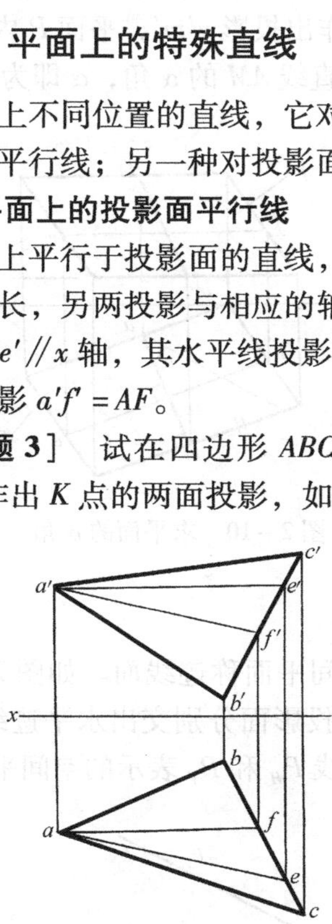


图 2－7　平面内的平行线

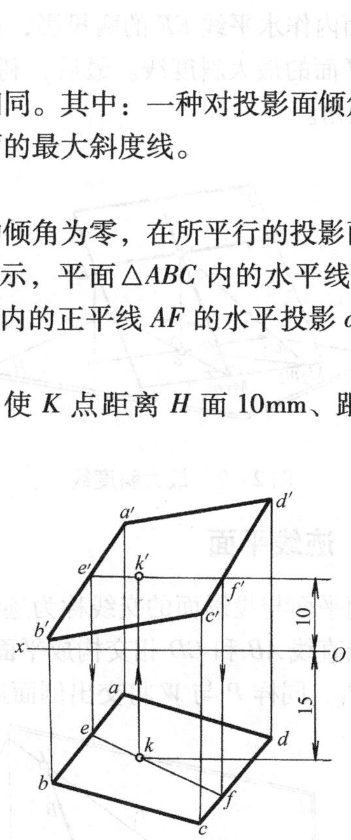


图 2－8　平面内点的作图

分析：平面上距离 *H* 面 10mm 的各点必然形成一条水平线，距 *V* 面 15mm 的各点必然形成一条正平线，这两条特殊直线的交点即为所求的 *K* 点。

作图：①在平面 *ABCD* 的正面投影上取一条距离 *H* 面 10mm 的水平线 *e′f′*，并在平面上作出该直线的水平投影 *ef*。点 *K* 必然在 *EF* 直线上。

②根据 *K* 点距 *V* 面 15mm，作一条与 *x* 轴平行且距离为 15mm 的正平线，该正平线与 *EF* 的水平投影 *ef* 的交点即为水平投影 *k*，由 *k* 对应在 *e′f′* 上作出 *k′* 即完成作图。

**2. 平面上的最大斜度线**

平面上投影面的最大斜度线，其对该投影面的倾角为最大。如图 2－9 所示，由平面 *P*

内的 $A$ 点作直线 $AM_1$、$AM_2$，$Aa \perp H$，可见在直角 $\triangle AM_1a$ 和 $\triangle AM_2a$ 中 $\alpha_1 > \alpha_2$。因为 $AM_1 \perp P_H$，则 $\alpha_1$ 对 $H$ 面的倾角最大，所以，直线 $AM_1$ 为对 $H$ 投影面的最大斜度线。同时，最大斜度线 $AM_1$ 的 $\alpha_1$ 角等于 $P$ 平面对 $H$ 面的倾角 $\alpha$。

从图 2－9 可见，平面 $P$ 内的水平线 $EF /\!/ H$ 面，因此，对 $H$ 投影面的最大斜度线 $AM_1 \perp EF$，同时 $AM_1 \perp P_H$ 水平连线。同理，平面上对 $V$ 投影面的最大斜度线一定垂直于正平线的正面投影。

平面上的最大斜度线的基本特性：

1）平面上对投影面的最大斜度线，一定垂直于该投影面的平行线。

2）对投影面最大斜度线的倾角，完全等于平面对该投影面的倾角。

图 2－10 中所示，为利用最大斜度线求平面倾角的作图。为求 $P$ 平面对 $H$ 面的倾角 $\alpha$，先在 $P$ 面内作水平线 $EF$ 的两投影，再作 $am \perp ef$，并对应作出投影 $a'm'$，平面 $P$ 内的 $AM$ 直线为对 $H$ 面的最大斜度线。最后，利用直角三角形法求出直线 $AM$ 的 $\alpha$ 角，$\alpha$ 即为 $P$ 平面对 $H$ 面的倾角。

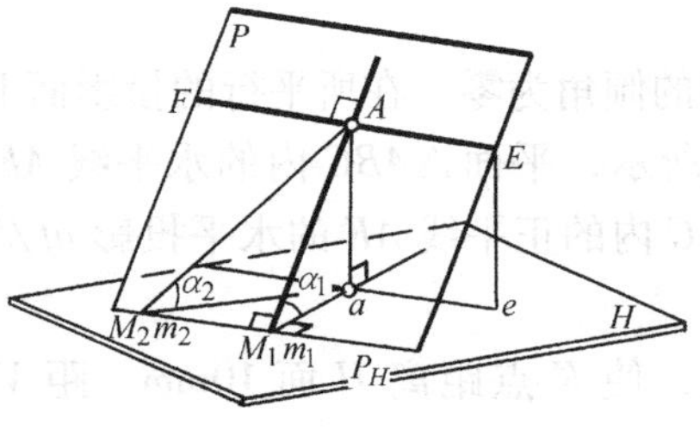


图 2－9　最大斜度线

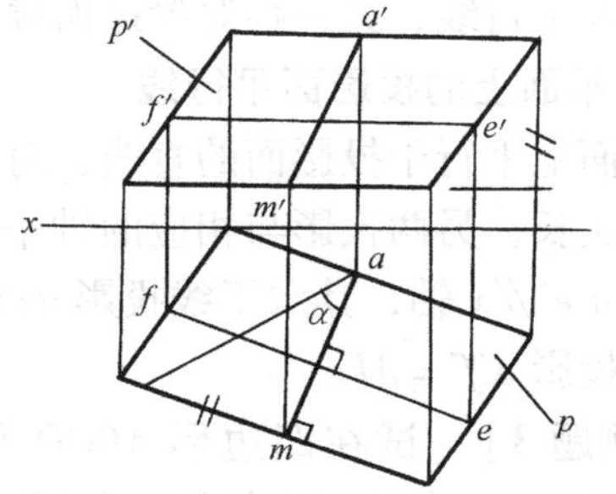


图 2－10　求平面的 $\alpha$ 角

## 三、迹线平面

空间平面与投影面的交线称为迹线，用迹线表示的空间平面称迹线面。如图 2－11a 所示，空间直线 $AB$ 和 $CD$ 相交构成平面 $P$，平面 $P$ 与 $H$、$V$ 投影面分别交出水平迹线 $P_H$、正面迹线 $P_V$，同样 $P$ 与 $W$ 将交出侧面迹线 $P_W$。图 a 为用迹线 $P_H$ 和 $P_V$ 表示的空间平面 $P$。

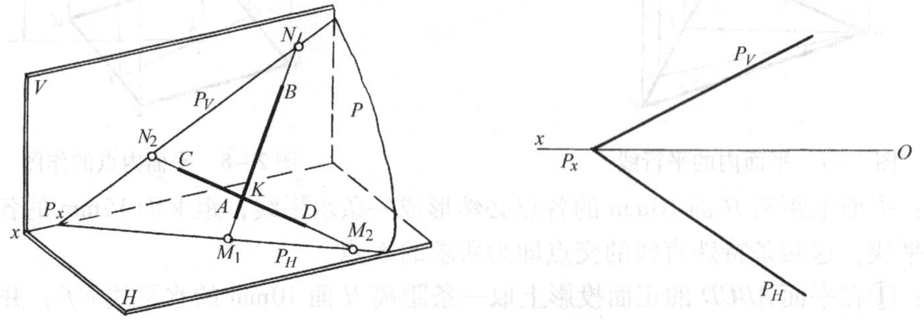


图 2－11　平面的迹线表示法

图 2－12 中为用迹线表示的平行面，可知水平面 $P$ 没有水平迹线，正面迹线 $P_V$ 与积聚性的正面投影重合，且 $P_V /\!/ x$ 轴；在图中的正平面 $E$ 的水平迹线 $E_H /\!/ x$ 轴。所以，平面与所平行的投影面没有迹线，另两迹线与相应的轴平行。

图 2－13 中为用迹线表示的垂直面，可知铅垂面 $Q$ 的水平迹线 $Q_H$ 与积聚性的水平投影重合，且迹线 $Q_V \perp x$ 轴。通常垂直面仅画出所垂直的投影面上的迹线，与轴垂直的迹线一般不画出来；如在图中用迹线表示的铅垂面 $G_H$ 和正垂面 $F_V$。

需要注意的是：由于迹线是平面与投影面的公有线，迹线在该投影面上的投影与其本身重合，另两个投影与相应的投影轴重合。

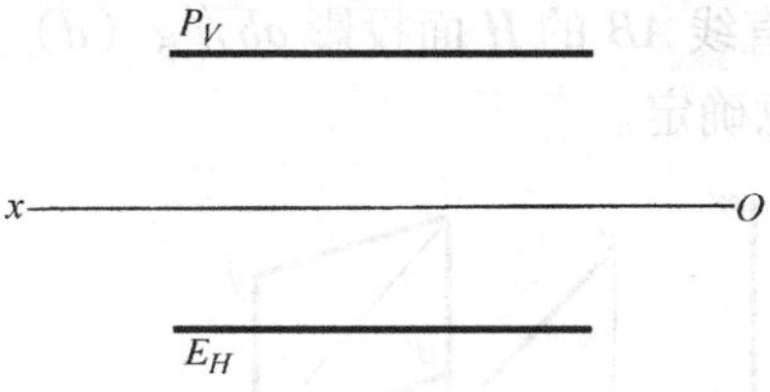


图 2－12　平行面的迹线表示法

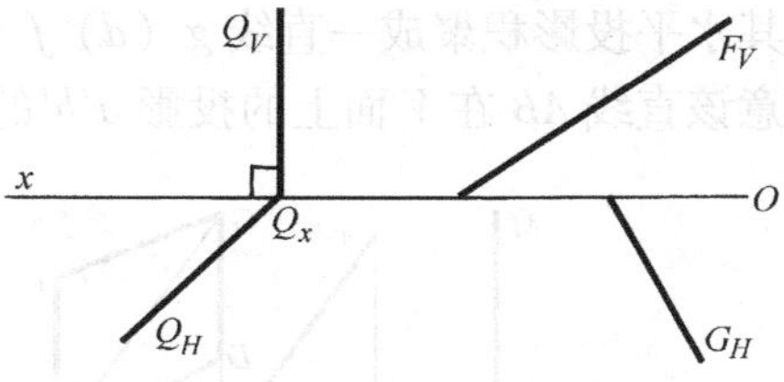


图 2－13　垂直面的迹线表示法

**［例题 4］**　如图 2－14 所示，由 $Q$ 面上直线 $EF$ 的投影 $e'f'$，求作直线的水平投影 $ef$。

分析：直线 $EF$ 在 $Q$ 平面上，必通过 $Q$ 面上的两个点，只要求出 $EF$ 两个端点的对应投影，即可求出直线的水平投影。

作图：①图 b 为面上取点法，分别求出直线 $EF$ 端点的水平投影 $e$ 和 $f$，然后连接。

②图 c 为直接求出直线 $EF$ 的延长线ⅠⅡ的投影，再由 $e'f'$ 对应求出水平投影 $ef$。

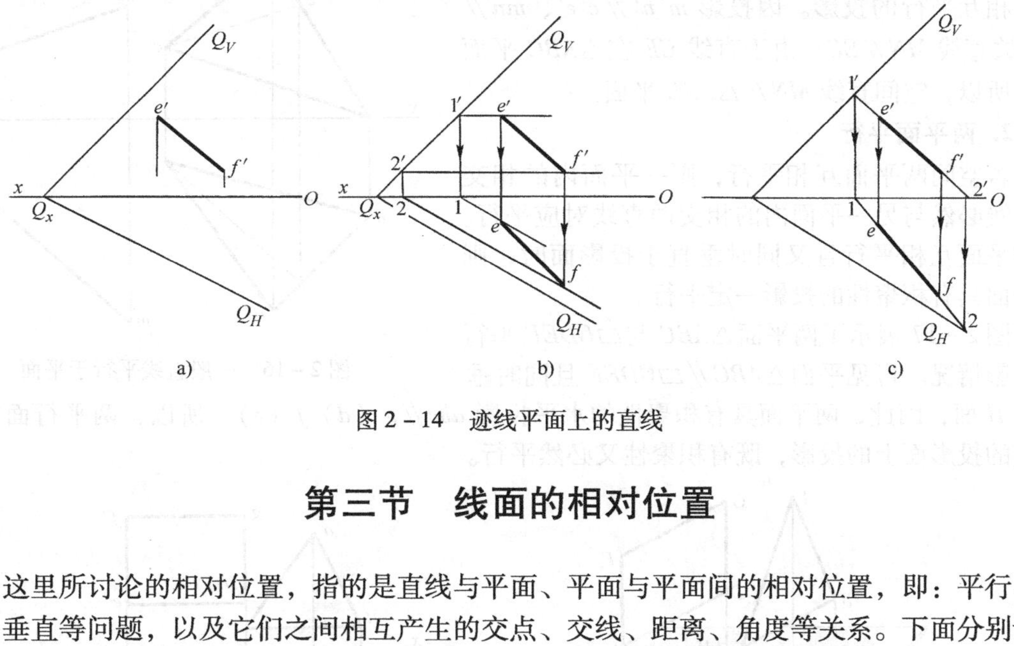


图 2－14　迹线平面上的直线

## 第三节　线面的相对位置

这里所讨论的相对位置，指的是直线与平面、平面与平面间的相对位置，即：平行、相交、垂直等问题，以及它们之间相互产生的交点、交线、距离、角度等关系。下面分别讨论直线与平面、平面与平面之间的位置关系和作图方法。

### 一、平行问题

空间直线与平面、平面与平面平行，具有下列几何关系：

1）若直线与平面平行，则该直线必平行于平面上的一条直线。

2）若空间两平面互相平行，两平面内必有一对直线对应平行。

**1. 直线与平面平行**

如果空间直线与平面平行，则该直线一定与平行面上的一条直线平行；当平面垂直于投影面时，则平行直线的投影必然与平面具有积聚性的投影平行。

如图2－15a所示，直线$MN$与▱$GDEF$平面的$H$面投影都具有积聚性，说明直线$MN$//▱$GDEF$；又直线$AB$//$GE$线，因此，直线$AB$//$GDEF$平面。由图b可见，因▱$GDEF \perp H$面，其水平投影积聚成一直线$g$（$d$）$f$（$e$），所以，直线$AB$的$H$面投影$ab$//$g$（$d$）$f$（$e$）；应注意该直线$AB$在$V$面上的投影$a'b'$的方向可以任意确定。

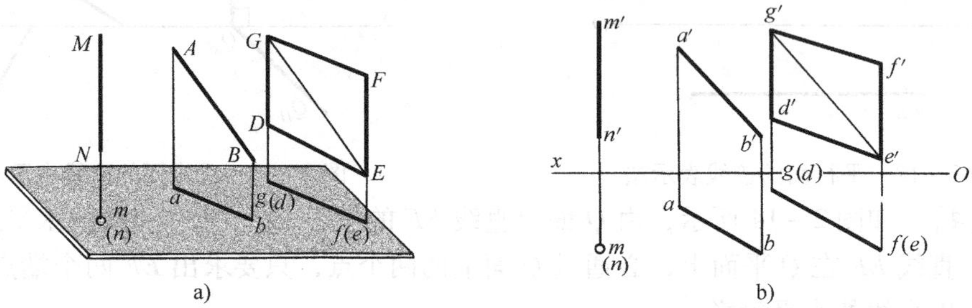

图2－15　直线与平面平行

在图2－16中，展示了一般直线$MN$与△$ABC$平面相互平行的投影。因投影$m'n'$//$c'e'$、$mn$//$ec$，故直线$MN$//$EC$；由于直线$CE$在△$ABC$平面上，所以，空间直线$MN$//△$ABC$平面。

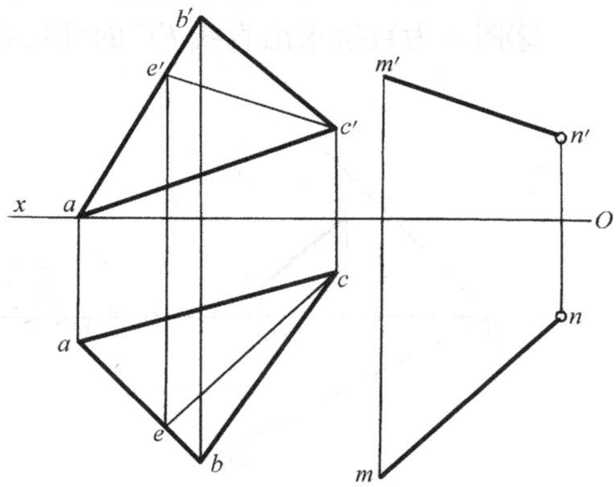

图2－16　一般直线平行于平面

**2. 两平面平行**

若空间两平面互相平行，则一平面内的相交两直线必然与另一平面内的相交两直线对应平行。当两平面互相平行且又同时垂直于投影面时，则两平面具有积聚性的投影一定平行。

图2－17展示了两平面△$ABC$与▱$GDEF$平行的投影情况。可见平面△$ABC$//▱$GDEF$且同时垂直于$H$面，因此，两平面具有积聚性的水平投影$abc$//$g$（$d$）$f$（$e$）。所以，两平行面在所垂直的投影面上的投影，既有积聚性又必然平行。

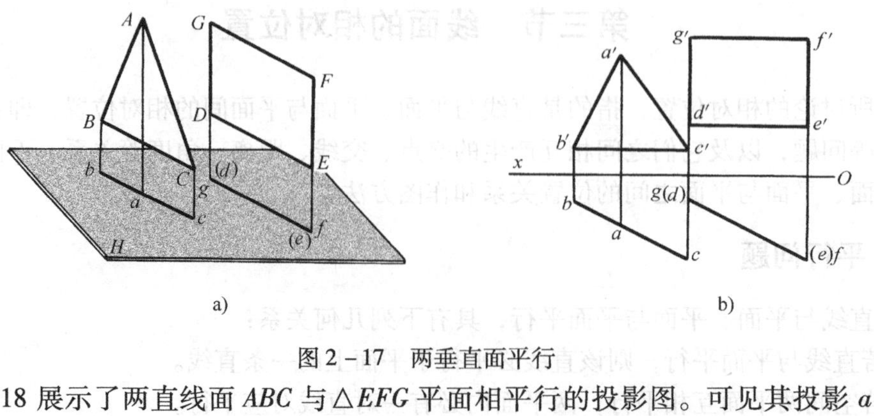

图2－17　两垂直面平行

图2－18展示了两直线面$ABC$与△$EFG$平面相平行的投影图。可见其投影$a'b'$//$e'f'$、$ab$//$ef$，又有$a'c'$//$g'l'$、$ac$//$gl$，因此直线$AB$//$EF$、$AC$//$G$Ⅰ；由于相交两直线$AB$、$AC$与

△*EFG* 平面上的两直线对应平行，所以，空间平面 *ABC*∥△*EFG*。

## 二、相交问题

### 1. 直线与平面相交

空间直线与平面相交产生交点，交点即是线面的共有点。若空间直线或平面其中之一与投影面垂直时，那么可利用积聚性的投影直接作图。

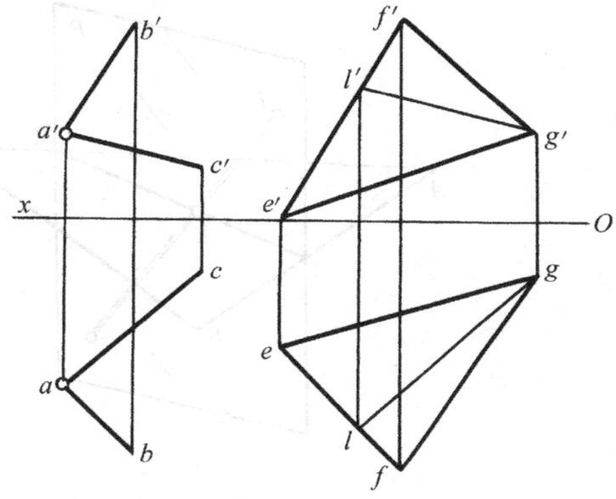


图 2－18　两一般面平行

在图 2－19a 中所示，空间直线 *AB* 与▱*DEFG* 平面相交，其线、面的交点为 *K*，可见▱*DEFG*⊥*H* 面，其水平投影积聚成一直线 *d*（*e*）（*f*）*g*。因共有点 *K* 的水平投影 *k* 既要在 *d*（*e*）（*f*）*g* 上又要在 *ab* 上，因此投影 *d*（*e*）（*f*）*g* 与 *ab* 交出 *k*，由 *k* 对应在 *a′b′* 上可确定交点的 *V* 面投影 *k′*。

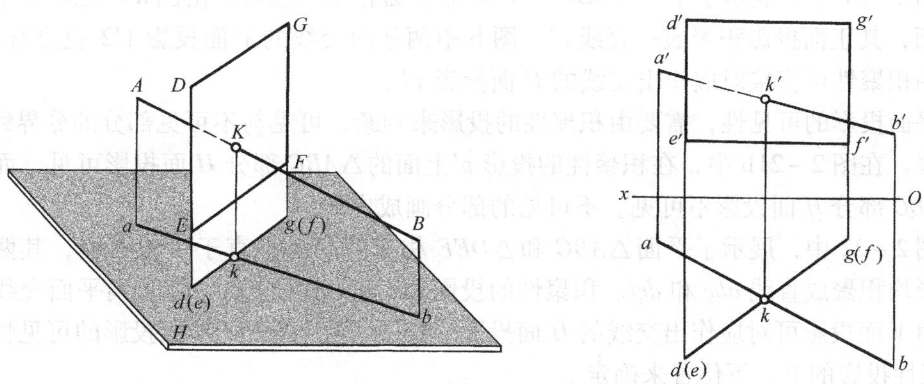


a)　　　　　　b)

图 2－19　直线与平面相交

直线 *AB* 的 *V* 面投影 *a′b′* 的可见性，要由其 *H* 面投影来判断。图 b 中在▱*DEFG* 积聚性投影 *d*（*e*）（*f*）*g* 前面的 *b′k′* 可见，而在投影 *d*（*e*）（*f*）*g* 后面的 *a′k′* 不可见，应画成虚线，交点 *k′* 为可见与不可见的分界点。

若空间直线和平面都处于一般位置时，可利用辅助平面法求出交点。如图 2－20a 所示，包含空间直线 *EF* 作辅助平面 *P* 垂直于投影面，平面 *P* 与△*ABC* 平面相交一直线ⅠⅡ，直线 *EF* 与ⅠⅡ的交点 *K* 就是 *EF* 与△*ABC* 的交点。图 b 是包含直线 *EF* 作铅垂面 *P*，求直线 *EF* 与△*ABC* 平面交点 *K* 的投影作图。

因此，求作直线和平面交点的方法步骤：

1）过直线作一辅助平面垂直于投影面。

2）作出辅助平面与已知平面间的交线。

3）求直线与两平面交线的投影共有点。

空间直线和平面的交点是唯一的，且是可见与不可见的分界点。图中其他投影的交点必然为重影点，其可见性应利用重影点的坐标大小来判断，如图 2－20b 中所示。

### 2. 两平面相交

空间平面与平面相交产生交线，交线即相交两平面的共有线。若空间平面其中之一与投影面垂直时，那么可利用积聚性作出交线的投影。

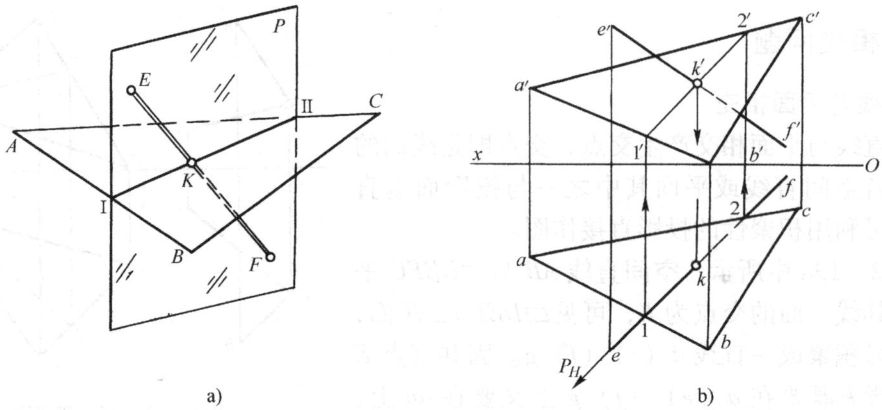

图 2－20　一般直线与平面相交

在图 2－21 中，展示了平面△*ABC* 与 *P* 矩形平面相交的投影。由图 a 可见矩形平面 *P* 垂直于 *V* 面，其正面投影积聚成一直线 *p′*。图 b 中两平面交线的 *V* 面投影 1′2′也重合在 *p′*上，这时利用积聚性可直接对应作出交线的 *H* 面投影 12。

两平面投影的可见性，需要由积聚性的投影来判断，可见与不可见部分的分界线为两平面的交线。在图 2－21b 中，在积聚性的投影 *p′*上面的△*ABC* 部分 *H* 面投影可见，而在 *p′*下面的△*ABC* 部分 *H* 面投影不可见。不可见的部分画成虚线。

在图 2－22 中，展示了平面△*ABC* 和△*DEF* 相交并同时垂直于 *V* 投影面，其两平面的正面投影均积聚成直线 *abc* 和 *def*。积聚性的投影 *abc* 和 *def* 的交点，即是两平面交线的 *V* 面投影。由 *V* 面投影可对应作出交线的 *H* 面投影 *mn*。同样，两平面 *H* 面投影的可见性，要由 *V* 面积聚性投影的上、下位置来确定。

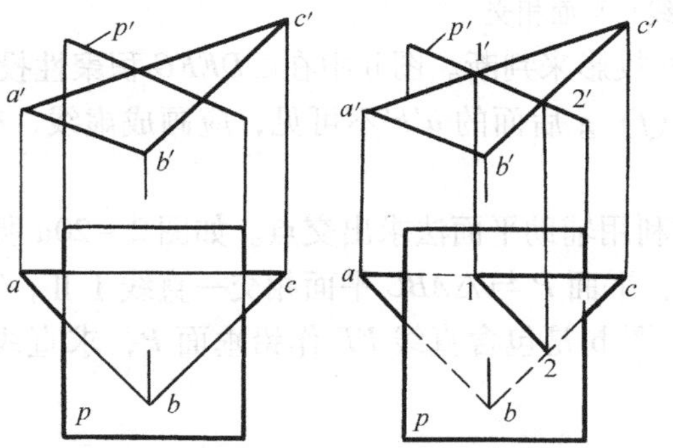

图 2－21　两平面相交

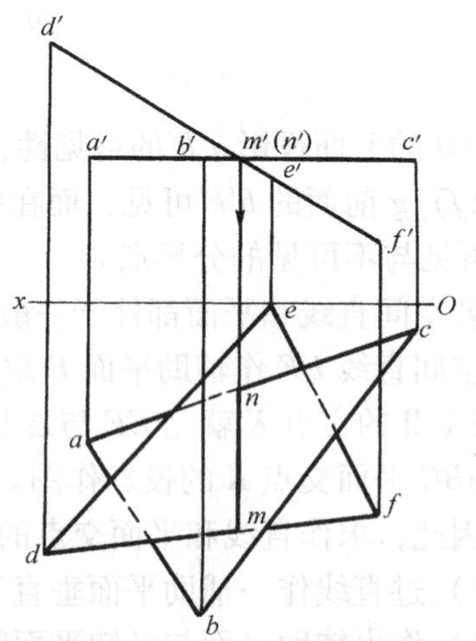

图 2－22　两正垂面相交

对两个一般位置平面交线的投影，可利用求直线与平面交点的方法求作，即分别求出一平面上两条直线与另一平面的交点，两交点同面投影的连线即为所求。

在图 2－23a 中，展示了两个一般位置平面交线 *KM* 的投影。求交线的方法为作一辅助平面同时与两个平面相交，两交线的交点既是两一般位置平面交线上的点。如图 b 中先作一

水平面 $S$ 与两平面分别交出 Ⅰ Ⅱ 和 Ⅲ Ⅳ 两条交线，其水平投影交出 $k$，对应作出正面投影 $k'$；同样，作水平面 $Q$ 求出交点 $M$ 的两投影，两交点同面投影的连线，即为两一般位置平面交线的投影。

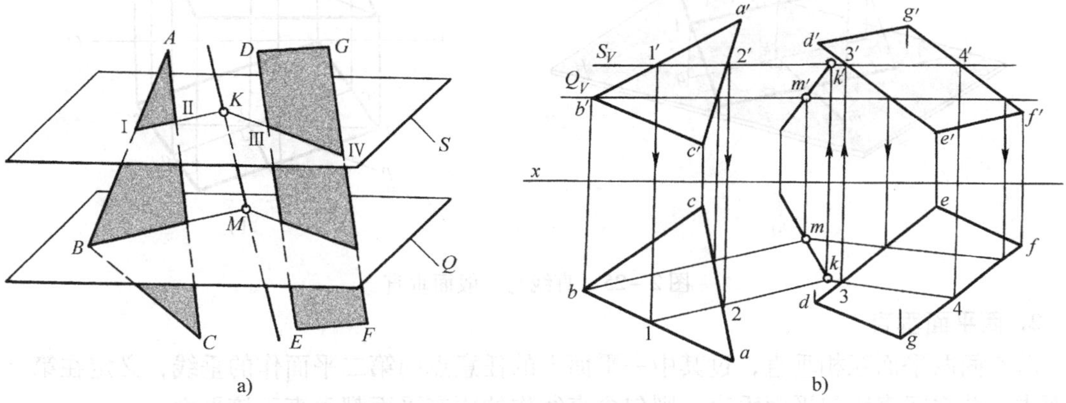


图 2－23　两一般位置平面相交

## 三、垂直问题

空间直线与平面、平面与平面垂直，具有下列几何关系：

1）若直线垂直于平面，则该直线必然垂直于平面内的所有直线。

2）两平面若互相垂直，则一平面内必有一直线垂直于另一平面。

### 1. 直线与平面垂直

如果空间直线与平面垂直，则该直线垂直于平面上的所有直线，也必然垂直于平面上的投影面平行线。若平面为投影面的垂直面时，那么直线与平面在该投影面上的投影必然也相互垂直。

在图 2－24 中，空间直线 $AB \perp \square GDEF$ 平面，其平面 $\square GDEF$ 的水平投影具有积聚性，即平面垂直于 $H$ 面，则直线 $AB$ 必平行 $H$ 面，其 $H$ 面投影 $ab /\!/ AB$，所以，直线 $AB$ 与 $\square GDEF$ 平面的 $H$ 面投影 $ab \perp g\ (d)\ f\ (e)$。另外，直线 $AB$ 在 $V$ 面上的投影 $a'b' /\!/ Ox$ 轴。

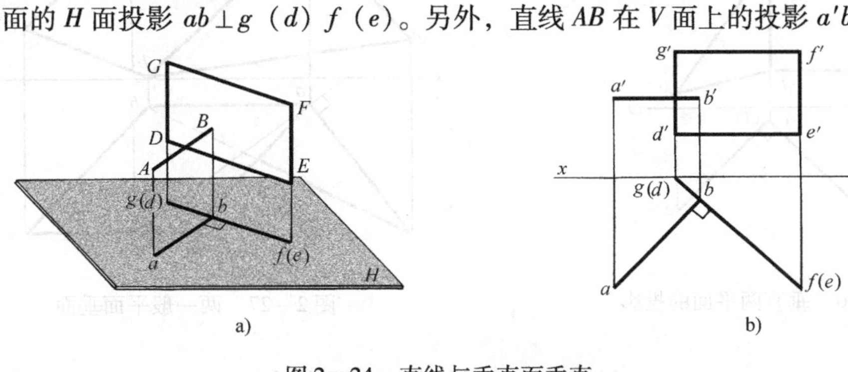


图 2－24　直线与垂直面垂直

在图 2－25 中，展示了空间直线 $MK \perp P$ 平面的投影情况。可见直线的端点 $K$ 为垂足，直线 $MK$ 即垂直于 $P$ 面上的水平线 $AB$，根据直角投影定理，其水平投影 $mk \perp ab$；同理，垂线 $MK$ 的正面投影必垂直于 $P$ 平面上正平线的正面投影。在图 b 的投影中，因 $a'b' /\!/ Ox$ 必有 $mk \perp ab$，因 $cd /\!/ Ox$，故 $m'k' \perp c'd'$。

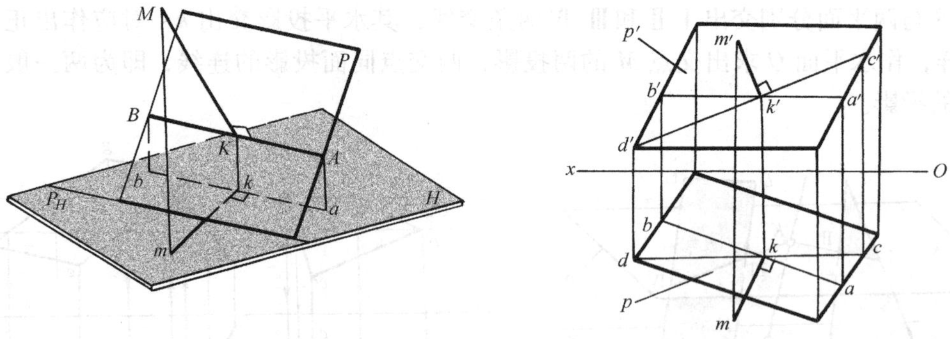


a)　　　　b)

图 2-25　直线与一般面垂直

**2. 两平面垂直**

若空间两平面互相垂直，过其中一平面上的任意点向第二平面作的垂线，必定在第一个平面内；若空间直线与平面垂直，则包含直线作的所有平面都垂直于该平面。

图 2-26 展示了互相垂直的两平面▱*ABCD* 与△*ECD* 的两面投影，可见▱*ABCD* 与△*ECD* 同时垂直于 *H* 投影面，其水平投影积聚成直线 *a*（*b*）*c*（*d*）及 *ec*（*d*），且投影必然 *a*（*b*）*c*（*d*）⊥*ec*（*d*）。所以，当垂直两平面同时垂直于投影面时，其在该面上的投影既有积聚性又必然垂直。

在图 2-27 中，展示了两一般相垂直的平面△*ABE* 与▱*ABCD* 的投影。可见△*ABE* 平面上的直线 *AE* 的正面投影 *a′e′*⊥*a′b′*，而水平投影 *ae*⊥*af*，*a′b′*为▱*ABCD* 上正平线的 *V* 投影，*af* 为其面上水平线的 *H* 投影，故直线 *AE*⊥▱*ABCD* 平面，因此，包含 *AE* 直线的平面△*ABE* ⊥▱*ABCD* 平面。

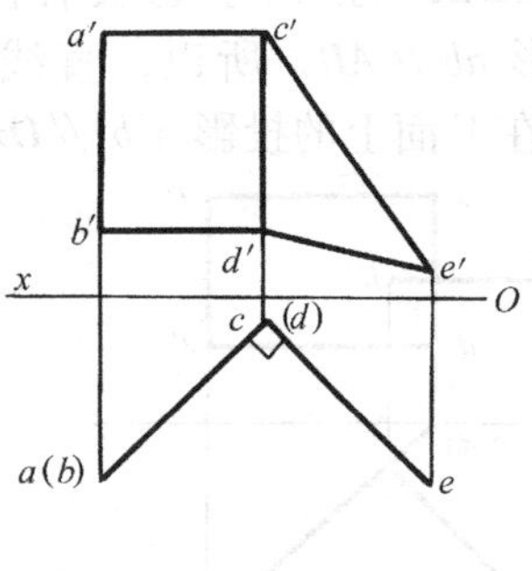


图 2-26　垂直两平面的投影

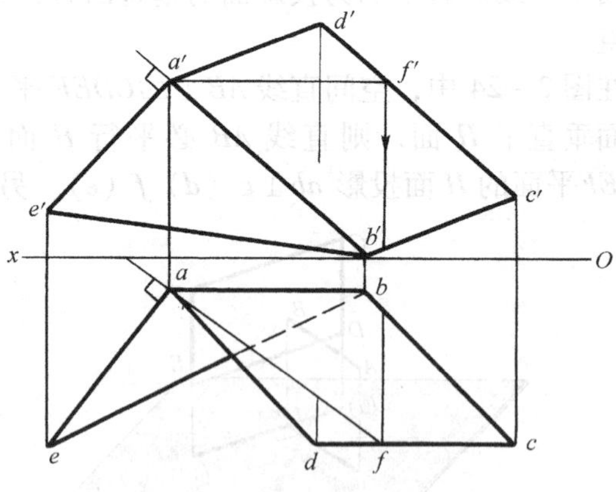


图 2-27　两一般平面垂直

# 第四节　综合问题分析

空间几何元素的相互位置，可以用其投影图清晰地表达出来。就空间几何元素之间的平行、相交、垂直、距离、角度等综合关系，以及图解过程举例分析如下。

**[例题 5]**　求作直线 *EF* 与 *ABCD* 平面交点 *K* 的两面投影，并判断可见性，其作图过程

如图 2-28 中所示。

分析：可见直线 $EF \perp V$ 面，其投影积聚成一点 $e'$（$f'$）。交点 $K$ 的 $V$ 面投影既要在 $e'$（$f'$）上，又要在 $a'b'c'd'$ 的一直线上，因此 $k'$ 与 $e'$（$f'$）重合。

作图：①首先在 $e'$（$f'$）上标出交点的投影 $k'$，连 $a'k'$ 交 $b'c'$ 于 $1'$ 点，并对应在 $bc$ 上求作 1。

② 在水平投影中连 $a1$ 直线，投影 $a1$ 与 $ef$ 的共有点 $k$，即为线与面交点 $K$ 的投影。

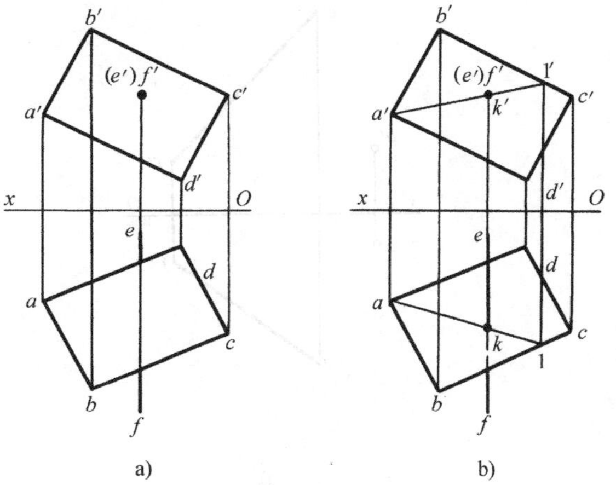

图 2-28 求直线与平面的交点

［例题 6］ 试过空间点 $A$ 作三角形平面，使 $\triangle ABC$ 平面既平行于 $MN$ 又垂直于 ▱$DEFG$ 平面，如图 2-29 所示。

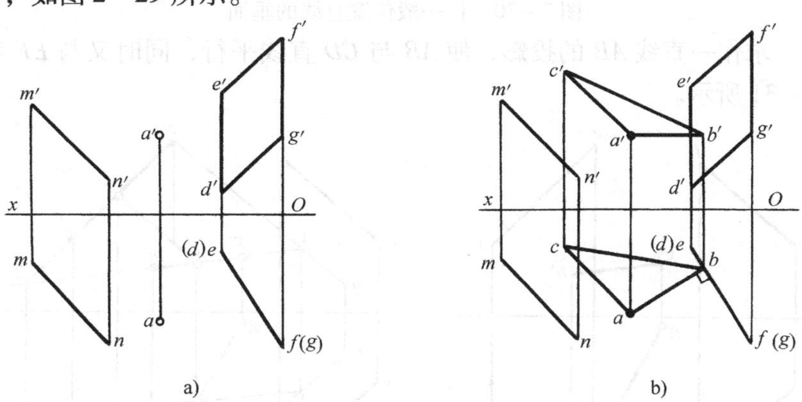

图 2-29 过 $A$ 点作平面

分析：因为平面▱$DEFG$ 垂直于 $H$ 面，其水平投影积聚成一直线 $d$（$e$）$f$（$g$）。若过点 $A$ 作直线 $AB \perp$ ▱$DEFG$ 平面，那么过直线 $AB$ 的所有平面都垂直于▱$DEFG$ 平面。此时必有线 $AB$ $/\!/ H$ 面。

由于过 $A$ 的平面还要平行于 $MN$，根据直线平行于平面的几何条件，作 $AC /\!/ MN$ 即可。由 $\triangle ABC$ 构成的平面即平行于 $MN$ 又垂直于▱$DEFG$。

作图：①先过 $A$ 点的 $H$ 面投影 $a$ 作投影 $ab \perp d$（$e$）$f$（$g$），并确定垂足 $b$。

②然后过 $A$ 点作面垂直线 $AB$ 的 $V$ 面投影 $a'b'$，其正面投影 $a'b' /\!/ Ox$ 轴。

③再过 $A$ 点的投影对应作出 $ac /\!/ mn$、$a'c' /\!/ m'n'$，连接两投影 $abc$ 与 $a'b'c'$ 即可。

［例题 7］ 求作空间点 $A$ 到直线 $EF$ 的垂直距离 $AK$，如图 2-30 所示。

分析：空间点 $A$ 到 $EF$ 直线的距离，既是点 $A$ 与 $EF$ 直线垂直相交线段的实长，该线段必在过 $A$ 点且垂直于 $EF$ 直线的平面上。一般位置直线 $EF$ 的垂面也是一般位置，则 $EF$ 直线必与垂面上的投影面平行线垂直，因此，可利用直角投影定理作图。

作图：①首先过点 $A$ 作垂面上的水平线 $AB$，即 $a'b' /\!/ Ox$ 轴，必有 $ab \perp ef$。

②再过点 $A$ 作垂面上的正平线 $AC$ 的两面投影，即 $ac /\!/ Ox$ 轴，必有 $a'c' \perp e'f'$。

③求直线 $EF$ 与平面 $\triangle ABC$ 的交点 $K$ 的投影，且利用直角三角形法求出点到直线的距离

AK 的实长。

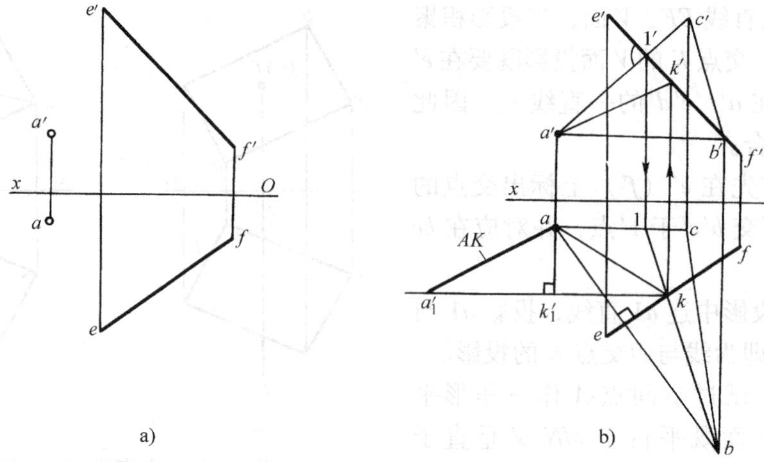


图 2 - 30　作一般位置直线的垂面

［**例题 8**］　求作一直线 *AB* 的投影，使 *AB* 与 *CD* 直线平行，同时又与 *EF* 和 *GH* 两直线相交，如图 2 - 31 所示。

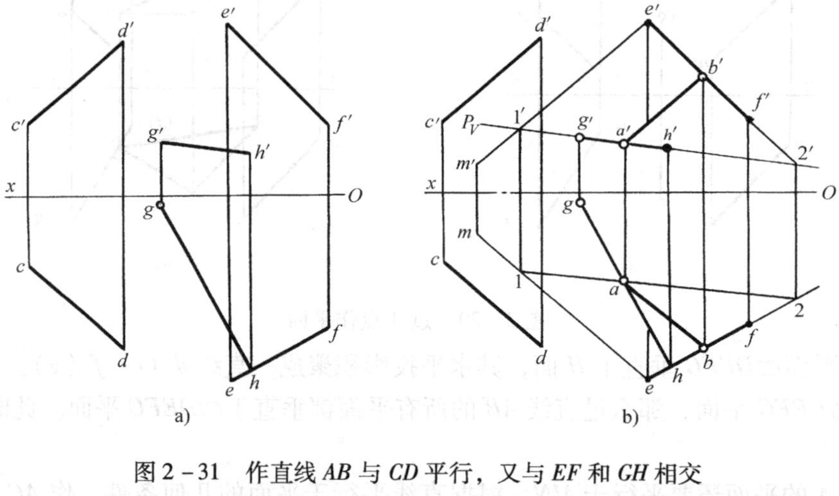


图 2 - 31　作直线 *AB* 与 *CD* 平行，又与 *EF* 和 *GH* 相交

分析：所求的直线 *AB* 应在平行于 *CD* 直线的平面上，若包含交叉一直线作 *CD* 直线的平行面，该面上必有一组 *CD* 的平行线，其中有一条与交叉两直线相交，该直线必然过另一条交叉直线与平行面的交点，这条直线既是 *AB*。因此，可利用线面平行和相交的投影特性来作图。

作图：①先包含 *EF* 作 *CD* 直线的平行面，即过端点 *E* 作直线 *EM*∥*CD*，则所作平面 *FEM*∥*CD* 直线。

②然后求作另一条交叉直线 *GH* 与 *FEM* 平面的交点 *A*，其正面投影 *a′* 和水平投影 *a*。

③再过 *A* 点作直线 *AB*∥*CD*，分别作出投影 *ab*∥*cd*、*a′b′*∥*c′d′* 即完成作图。

# 第三章 投影变换

## 第一节 概 述

从前面的讨论可知，若空间的直线或平面和投影面处于一般位置时，其投影不反映其实形及角度，也不具有积聚性；当它们和投影面处于特殊位置时，其投影可直接反映实形或具有积聚性。当要解决一般位置几何要素的度量和定位问题时，如能把它们由一般位置变换为特殊位置，问题就容易解决了，这正是投影变换的目的。投影变换的基本方法有以下两种。

### 一、换面法

空间几何要素的位置保持不动，用新的投影面来代替旧的投影面，使空间几何要素对新投影面处于有利于解题的平行或垂直的位置，然后作出其在新投影面上的投影，这种方法称为换面法。

如图 3－1 所示，空间三角形平面在 $V/H$ 两面投影体系中，垂直于 $H$ 面但并不反映实形。现作新的投影面 $V_1$ 平行于空间三角形平面，且 $V_1 \perp H$ 面，这样 $V_1$ 与 $H$ 构成新的相互垂直的两面投影体系 $V_1/H$。当我们将三角形平面向 $V_1$ 面进行正投影，则 $V_1$ 面上的投影反映了三角形平面的真实形状。

显然，用换面法解题时，新投影面必须满足以下原则：

1）新投影面必须对空间几何元素处于有利于解题的特殊位置。

2）必须垂直于原有的一个投影面，以构成新的两面投影体系。

### 二、旋转法

投影体系中的投影面保持不动，而改变几何元素的位置，使空间几何要素绕某一轴线旋转到有利于解题的平行或垂直的位置，然后作出其旋转后的新投影，这种方法称为旋转法。

如图 3－2 所示，铅垂面△$ABC$，若以垂直于 $H$ 面的边 $AB$ 作旋转轴，将△$ABC$ 绕 $AB$ 边旋转，使△$ABC$ 旋转为正平面 $ABC_1$，此时，△$ABC_1$ 的正面投影反映△$ABC$ 的实形。

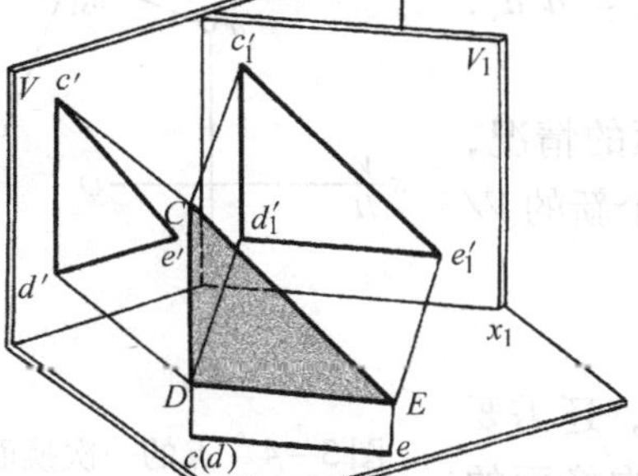


图 3－1 换面的基本方法

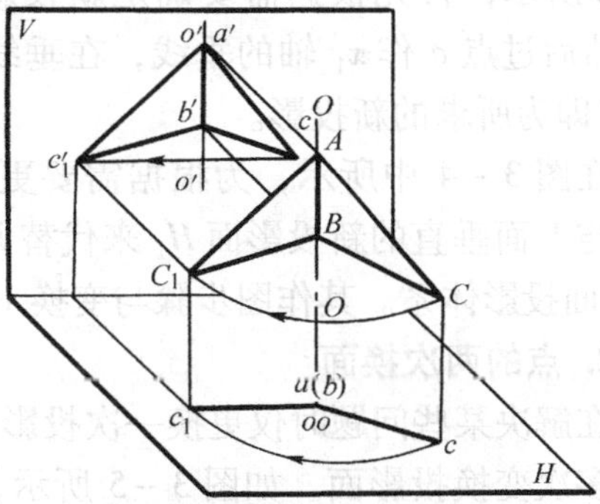


图 3－2 旋转的基本方法

## 第二节　换　面　法

空间点是最基本的几何元素，因此，必须首先掌握点的投影变换规律和作图方法。

### 一、点的投影变换规律

**1. 点的一次换面**

如图 3－3a 所示，现使水平投影面 $H$ 保持不变，用与 $H$ 面垂直的新投影面 $V_1$ 来代替 $V$ 面，建立一个新的 $V_1/H$ 两面投影体系，$V_1$ 面与 $H$ 面的交线 $x_1$ 作为新的投影轴，空间点 $A$ 在 $V_1$ 面上的投影用 $a_1'$表示。

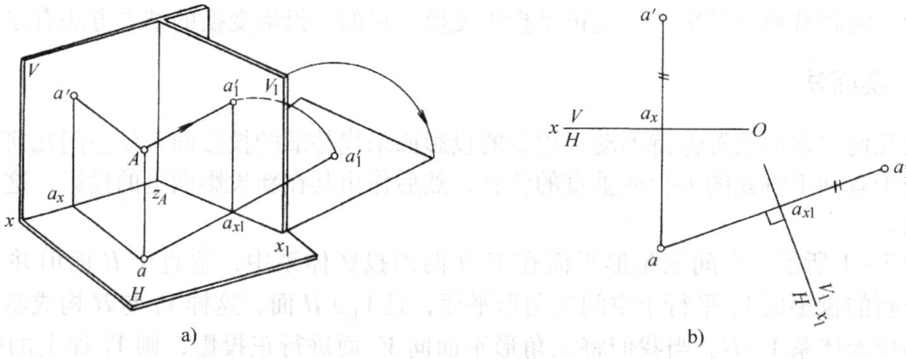

图 3－3　点的一次换面 $V_1/H$

在新的投影面展开时，$V_1$ 面绕 $x_1$ 轴旋转到与 $H$ 面重合，使投影 $a$ 和 $a_1'$处在同一平面内，得到 $V_1/H$ 两面投影体系中新的投影 $a$ 和 $a_1'$，用该投影同样可以确定点 $A$ 的空间位置。

由图 3－3a 可知，点的新投影 $a_1'$的位置与原投影 $a$ 和 $a'$之间的关系：即点的投影 $a_1'$与 $a$ 的连线 $aa_1' \perp x_1$ 轴，$a_1'$与 $a'$的位置保持着 $a_1'a_{x1} = a'a_x = Aa$ 的关系。

根据以上分析，可总结出点的投影变换规律：

1）点的新投影与不变投影的连线必然垂直于新的投影轴。

2）新投影到新轴的距离等于被替换的投影到旧轴的距离。

利用上述规律可以由点的两个旧投影求作出新投影，如图 3－3b 所示，首先根据需要确定新投影轴的位置，作出新轴 $x_1$，然后过点 $a$ 作 $x_1$ 轴的垂线，在垂线上截取 $a_1'a_{x1} = a'a_x$，则 $a_1'$即为所求的新投影。

在图 3－4 中所示，为根据需要更换水平投影面的情况，即用与 $V$ 面垂直的新投影面 $H_1$ 来代替 $H$ 面，建立一个新的 $V/H_1$ 两面投影体系。其作图步骤与变换 $V$ 面时相类似。

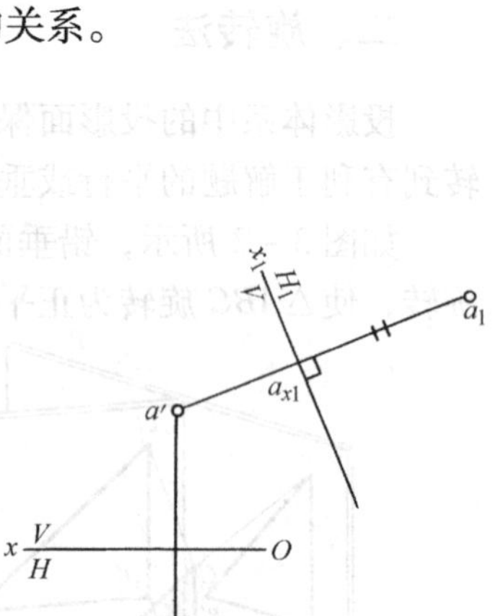

图 3－4　点的一次换面 $V/H_1$

**2. 点的两次换面**

在解决某些问题时仅更换一次投影面有时并不够，还需要连续多次变换投影面。如图 3－5 所示，为点 $A$ 的两次换面的空间投影分析及作图过程。

在图 3-5 中，展示了点 $A$ 的两次换面过程，第一次用 $V_1$ 面替换 $V$ 面，第二次用 $H_2$ 面替换 $H$ 面。在第二次换面中，新投影面 $H_2$ 必须与第一次替换上来的投影面 $V_1$ 垂直，以构成互相垂直的新的两面投影体系 $V_1/H_2$，又由 $V_1$ 与 $H_2$ 交出新的投影轴 $x_2$。

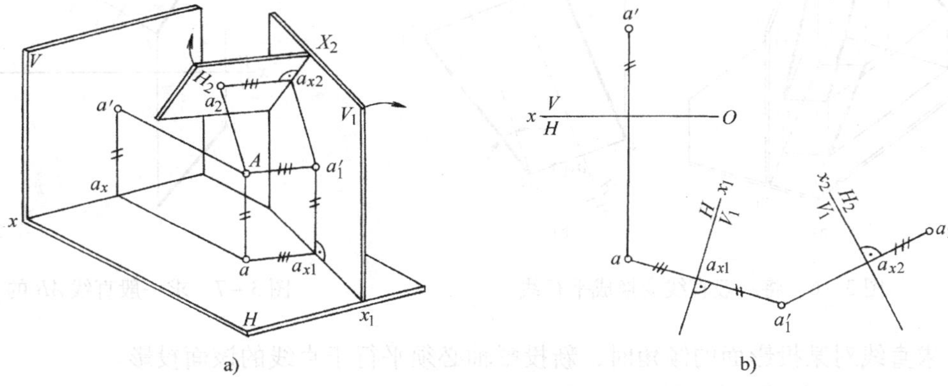

图 3-5　点的两次换面

在第二次换面中，求作点 $A$ 在 $H_2$ 面上的新投影时，则以 $V_1/H$ 体系中的投影 $a$ 和 $a_1'$ 作为旧投影，运用点的换面法规律作出投影 $a_2$。如图 3-5b，在 $V_1/H$ 旧体系中，$aa_1' \perp x_1$ 轴，$a_1'a_{x1} = a'a_x$；在 $V_1/H_2$ 新体系中，$a_1'a_2 \perp x_2$ 轴，$a_2a_{x2} = aa_{x1}$。

在需要两次换面时，根据实际情况确定更换投影面的先后顺序。也可以先换 $H$ 面而后换 $V$ 面，即由 $V/H$ 体系先更换成 $V/H_1$ 体系，再由 $V/H_1$ 体系更换成 $V_2/H_1$ 体系。

注意必须：在多次换面时，投影面的更换必须交替进行。

## 二、换面法的基本作图

换面法中有四个基本作图问题，主要是解决将一般位置直线和平面变换成投影面特殊位置的问题。在直线和平面的换面过程中，只要按点的换面规律，将直线或平面上的点元素进行变换作图即可。

**1. 将一般直线变换成投影面平行线**

在图 3-6a 中的直线 $AB$ 为一般位置。若将一般直线变换成投影面平行线，先使新投影面 $V_1 /\!/ AB$，且 $V_1 \perp H$ 面，则 $V_1$ 面与 $H$ 面交有 $x_1$ 轴。在新的两面投影体系 $H/V_1$ 中，因直线 $AB /\!/ V_1$ 面，过 $AB$ 直线的铅垂投射面 $ABab /\!/ V_1$ 投影面，所以 $x_1 /\!/ ab$。

具体作图方法如图 3-6b 所示，首先作新投影轴 $x_1$，使 $x_1 /\!/ ab$，$x_1$ 轴与 $ab$ 间的距离可以任取。然后根据点的投影变换规律，作出两端点 $A$、$B$ 在 $V_1$ 面上的投影 $a_1'$、$b_1'$，将 $a_1'$ 及 $b_1'$ 连接起来，即为 $AB$ 直线在 $V_1$ 面上的投影 $a_1'b_1'$。可见新投影 $a_1'b_1'$ 即反映直线 $AB$ 的实长，投影 $a_1'b_1'$ 与 $x_1$ 轴的夹角，为直线 $AB$ 对 $H$ 面的真实倾角 $\alpha$。

若要求直线 $AB$ 对 $V$ 面的倾角 $\beta$，新的投影轴 $x_1 /\!/ a'b'$，所求投影 $a_1b_1$ 与 $x_1$ 轴的夹角即为 $\beta$ 角，其作图方法如图 3-7 所示。

因此，将一般位置直线变换成投影面平行线的作图特点：

1）新投影轴必须平行于直线的一个投影，可求出该直线的实长和倾角

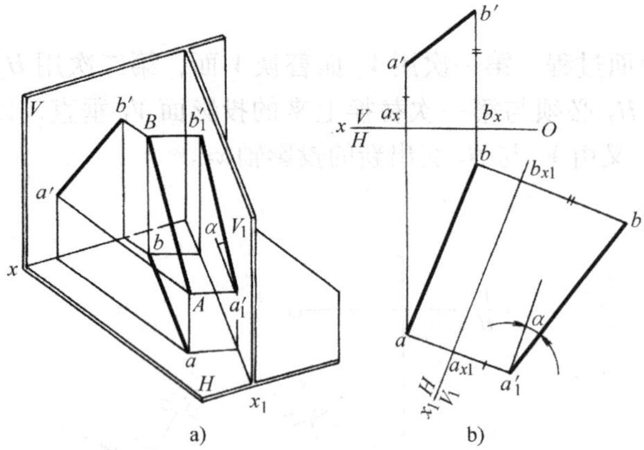


图 3-6 将一般直线变换成平行线

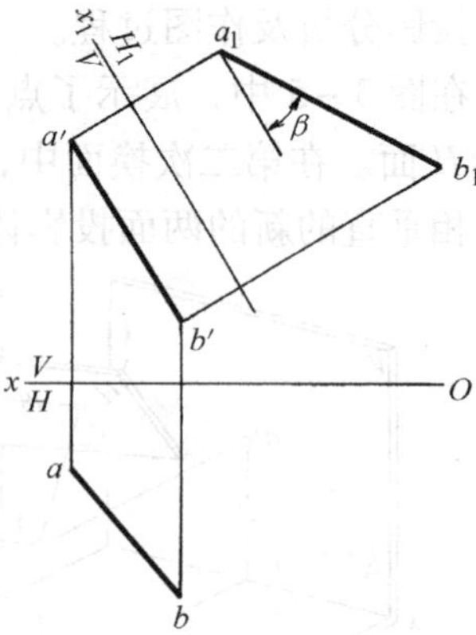


图 3-7 求一般直线 $AB$ 的 $\beta$ 角

2）求直线对某投影面的倾角时，新投影轴必须平行于直线的该面投影。

**2. 将平行线变换成投影面的垂直线**

在图 3-8 中直线 $CD$ 为水平线。若将平行线变换成投影面的垂直线，须使新投影面 $V_1 \perp CD$，必然 $V_1 \perp H$ 面，且 $V_1$ 面与 $H$ 面交有 $x_1$ 轴。在新的两面投影体系 $V_1/H$ 中，直线 $CD$ 为 $V_1$ 面的垂直线，其投影具有积聚性。

可见新的投影轴 $x_1$ 与直线 $CD$ 的 $H$ 面投影 $cd$ 垂直，即 $x_1 \perp cd$。作图时运用点的换面法规律，作出 $CD$ 直线在 $V_1$ 面上具有积聚性的投影 $c_1'd_1'$。

所以，将平行线变换成投影面垂直线的作图特点：

●新投影轴必须与反映直线实长的投影垂直。

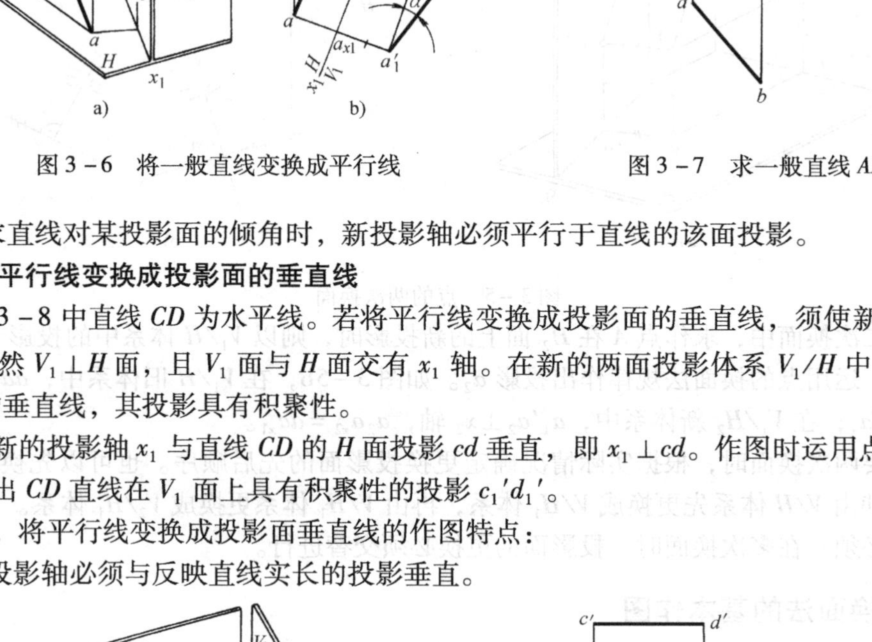


图 3-8 将水平线变换成垂直线

从以上的分析和作图可知，若要将一般位置直线变换成投影面垂直线，需要两次变换。首先将一般直线变换成投影面的平行线，然后再将新的平行线变换成投影面的垂直线。

**3. 将一般平面变换成投影面的垂直面**

图 3-9 所示，为将一般位置平面△$ABC$ 变换成投影面垂直面的情况。由于新投影面既要垂直于△$ABC$ 平面，又要垂直于一原有投影面，因此，新轴必须垂直于△$ABC$ 平面内对原投影面的平行线。而后利用投影面平行线一次变换成垂直线的方法作图。可知，当平面上一直线垂直于投影面时，该平面也必然同时垂直于这个投影面。

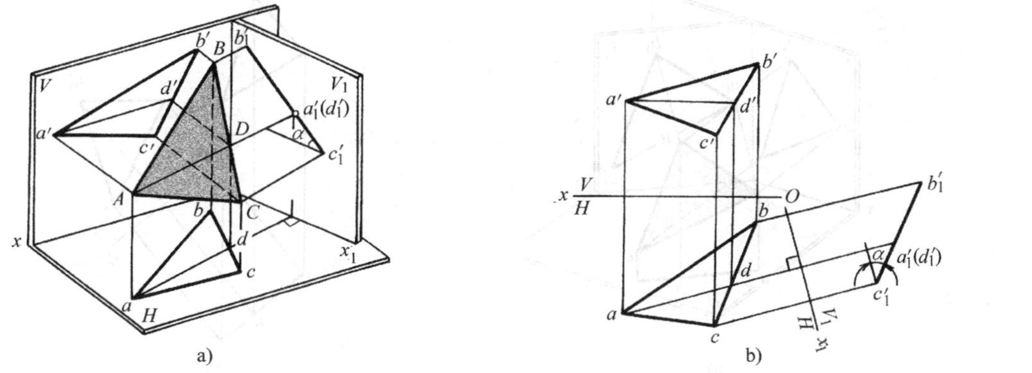


图 3 – 9　将一般平面变换成垂直面

在图 3 – 9 中，首先在△*ABC* 平面内取水平直线 *AD*，其投影 $a'd' /\!/ Ox$ 轴，$ad = AD$，因此新的投影轴 $x_1 \perp ad$。其直线 *AD* 在新投影面 $V_1$ 上的投影具有积聚性，同时平面△$ABC \perp V_1$ 面，在 $V_1$ 面上的投影积聚成 $a_1'b_1'c_1'$直线。所以，平面△*ABC* 成为新体系 $V_1/H$ 中投影面的垂直面。

可见，平面△*ABC* 具有积聚性的投影 $a_1'b_1'c_1'$ 与 $x_1$ 轴的夹角，为△*ABC* 对 *H* 投影面的真实倾角 $\alpha$。若要求平面△*ABC* 对 *V* 面的倾角 $\beta$，必须在△*ABC* 平面内取一条正平线 *aI*，如图 3 – 10 所示。该平面在 $H_1$ 面上积聚性的投影 $a_1b_1c_1$ 与 $x_1$ 轴的夹角即为 $\beta$ 角。

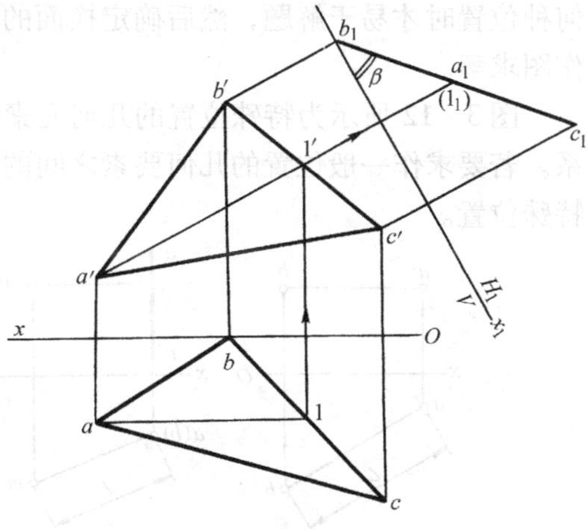


图 3 – 10　求一般平面的 $\beta$ 角

所以，将一般位置平面变换成投影面垂直面的作图特点：

1）取投影面平行线，使新投影轴垂直于反映直线实长的投影。

2）若求平面对某一投影面的倾角，必须取该投影面的平行线。

**4. 将垂直面变换成投影面的平行面**

如图 3 – 11 所示，平面△*ABC* 的水平投影 *abc* 积聚成一直线，故△$ABC \perp H$ 面。要使新投影面平行于△*ABC* 平面，那么新投影面必然也垂直于 *H* 面。因此新的投影轴 $x_1 /\!/ abc$。

作图时需用平行于△*ABC* 的新投影面 $V_1$ 替换 *V* 面，新投影轴 $x_1 /\!/ abc$，然后对应在新投影体系 $V_1/H$ 中作出 $V_1$ 面上的投影 $a_1'b_1'c_1'$。新投影 $a_1'b_1'c_1'$即反映△*ABC* 平面的实形。

所以，将垂直面变换成投影面平行面的作图特点：

●新的投影轴必须与具有积聚性的投影平行。

从以上的分析和作图可知，若要将一般位置平面变换成投影面的平行面，需要两次变换。首先将一般位置平面变换成投影面的垂直面，然后，再将新的垂直面变换成投影面的平行面。

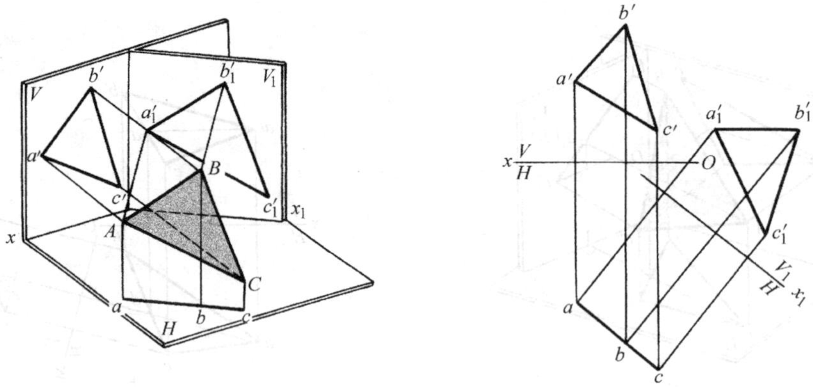


图 3－11　将垂直面变换成平行面

## 第三节　换面法的应用

在应用换面法解题时，首先分析几何元素之间的空间相互关系及位置，使几何元素处于何种位置时才易于解题，然后确定换面的具体步骤，并应用换面的基本作图方法和特点进行作图求解。

图 3－12 所示为特殊位置的几何元素的投影，可直接反映其空间实形、距离、角度等关系。若要求作一般位置的几何要素之间的空间关系，可将其变换成为有利于展示真实关系的特殊位置。

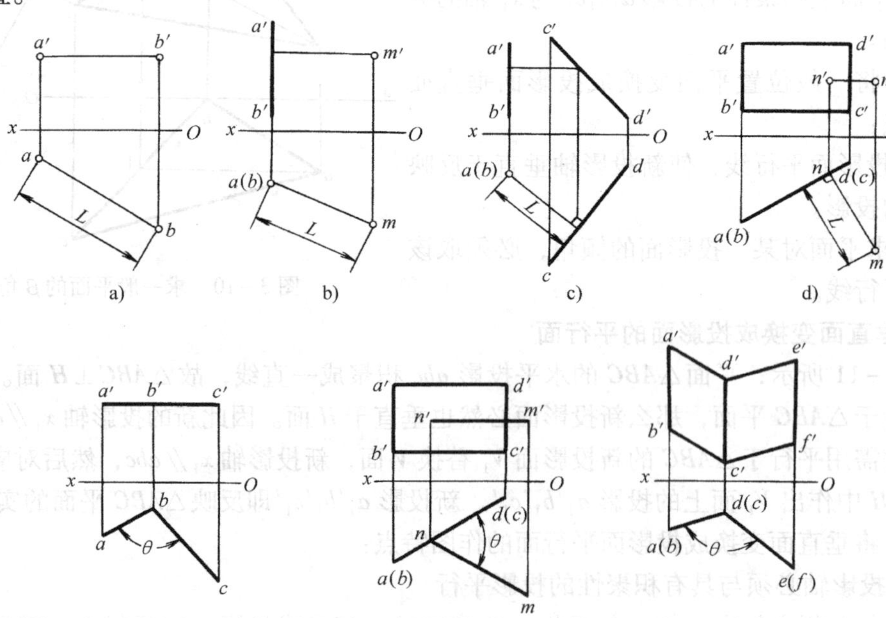


图 3－12　空间特殊位置关系的投影

a）两点间的距离　b）点与直线的距离　c）两交叉直线的距离　d）点与平面的距离　e）两相交直线的夹角　f）直线与平面的夹角　g）两相交平面的夹角

**[例题1]** 已知多边形 $ABCDEF$ 对 $H$ 面的倾角 $\alpha=45°$，试完成多边形的正面投影，如图 3-13 所示。

分析：由图 3-13a 给出多边形的水平投影及 $a'b'$，由 $a'b'/\!/x$ 轴可知边 $AB/\!/H$ 面；则 $AB$ 必然垂直于一铅垂投影面，多边形平面也垂直于该投影面，其具有积聚性的投影与轴真实夹角 $\alpha$。

作图：①首先用 $V_1$ 替换 $V$ 面，使新投影轴 $x_1\perp ab$，则边线 $AB$ 在 $V_1$ 面上的投影积聚成一点 $a_1'$（$b_1'$）。

②过 $a_1'$（$b_1'$）作与 $x_1$ 轴成45°的直线，与水平线投影对应平面积聚性的投影 $a_1'$（$b_1'$）$c_1'd_1'$（$e_1'$）$f_1'$。

③由投影 $abcdef$ 作垂直于 $x$ 轴的连线，分别对应度量 $a_1'$（$b_1'$）$c_1'd_1'$（$e_1'$）$f_1'$的坐标，返回作出多边形平面的正面投影 $a'b'c'd'e'f'$，并连接即可。

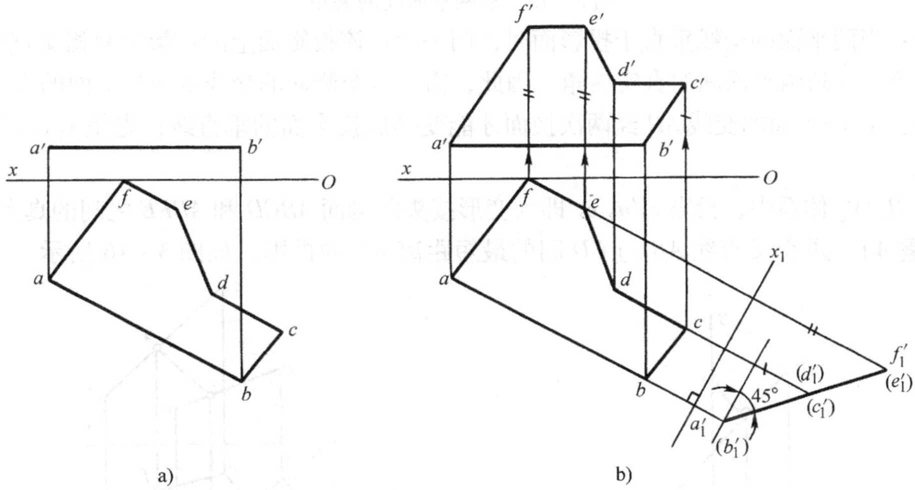



图 3-13 求平面的正面投影

**[例题2]** 已知点 $A$ 与直线 $BC$ 的投影，求点 $A$ 到 $BC$ 直线间的距离 $AF$ 的投影，如图 3-14 所示。

分析：空间点到直线的距离必有 $AF\perp BC$，两垂直相交线段的实长就是距离。图中 $BC$ 为一般位置直线，若 $BC$ 为投影面的平行线时，其垂线 $AF$ 可利用直角投影定理作出投影。因此，可用换面法把 $BC$ 线变成投影面的平行线。

作图：①先使轴 $x_1/\!/bc$ 投影，则 $BC/\!/V_1$ 面，求出 $V_1$ 面上的投影 $a_1'$及 $b_1'c_1'$，其 $b_1'c_1'=BC$。

②过 $a_1'$作垂线 $a_1'f_1'\perp b_1'c_1'$，由投影 $f_1'$返回作出投影 $f$ 和 $f'$，连接 $af$ 及 $a'f'$即可。

另外，使点 $A$ 与 $BC$ 构成一平面，该平面反映实形时，也可反映点 $A$ 到 $BC$ 的距离。为此，需要两次换面，先连△$ABC$ 面并将变成垂直面，再把垂直面变成平行面，作出垂线距离并返回，即可求出 $H/V$ 体系中距离的两面投影。

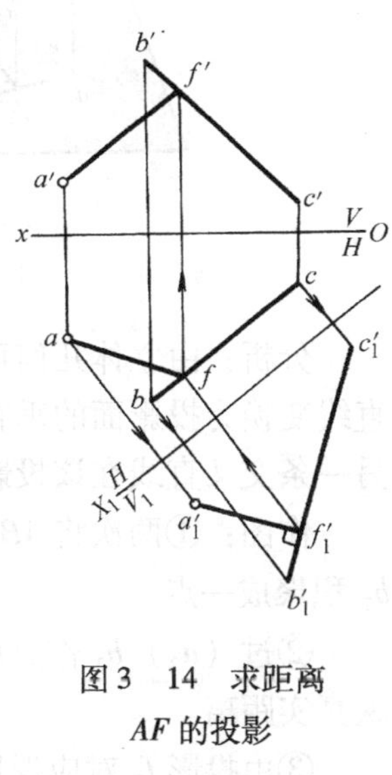



图3-14 求距离 $AF$ 的投影

［**例题 3**］ 求变形接头两侧面 $ABCD$ 和 $ABFE$ 之间的夹角，如图 3－15 所示。

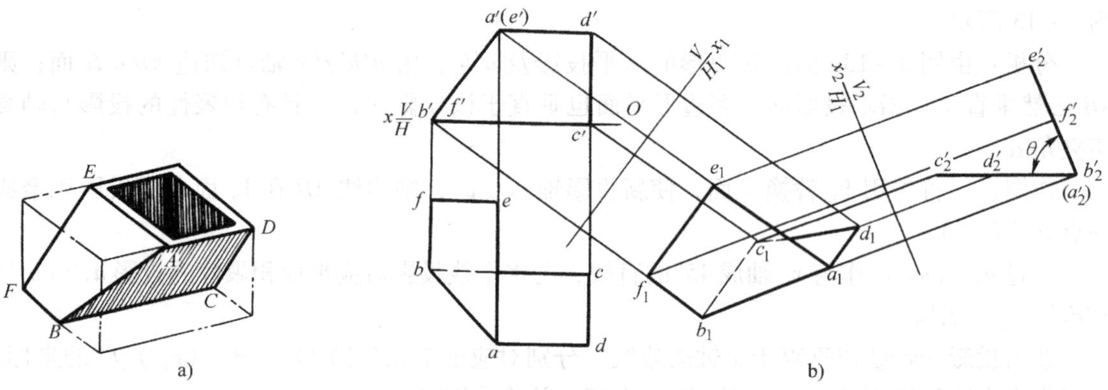


图 3－15 求两平面间的夹角

分析：当两平面的交线垂直于投影面时，两平面在该投影面上的投影为两相交直线，它们之间的夹角即反映两平面间的真实夹角。因此，需要将两侧面的交线变成投影面的垂直线。

作图：① 两平面的交线 $AB$ 经两次换面才能变换成投影面的垂直线；先使 $x_1 /\!/ a'b'$，再将 $x_2 \perp a_1b_1$。

②在 $H_1/V_2$ 体系中，投影 $c_2'a_2'e_2'$即为变形接头两侧面 $ABCD$ 和 $ABFE$ 之间的真实夹角 $\theta$。

［**例题 4**］ 求交叉直线 $AB$ 与 $CD$ 间的最短距离 $EF$ 的投影，如图 3－16 所示。

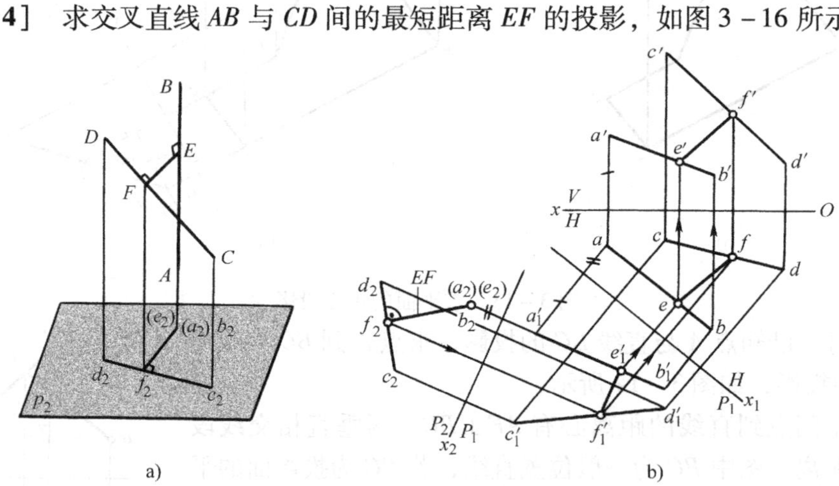


图 3－16 求交叉两直线的公垂线

分析：由立体几何可知，两交叉直线的最短距离是它们的公垂线。因此，可将其中一条直线变换为投影面的垂直线，则公垂线成为该投影面的平行线。按直角投影特性，公垂线与另一条交叉直线在该投影面上的投影成直角，如图 3－16a 所示。

作图：①两次将 $AB$ 线变换成投影面垂直线，先 $x_1 /\!/ ab$ 求出 $a_1'b_1'$，再 $x_2 \perp a_1'b_1'$，$(a_2)$ $b_2$ 积聚成一点。

②过 $(a_2)$ $b_2$ 作直线 $e_2f_2 \perp c_2d_2$，$e_2f_2$ 即为公垂线在该投影面上的投影，且 $e_2f_2 = EF$ 反映真实距离。

③由投影 $f_2$ 对应返回求出交点 $f_1'$，作投影 $e_1'f_1' /\!/ x_2$ 轴，继续返回作出最短距离的投影 $ef$ 和 $e'f'$。

## 第四节　旋转法及其应用

旋转法就是投影面不动，通过旋转使几何元素对投影面处于有利于解题的特殊位置。这里只讨论几何要素绕垂直于投影面的轴旋转。

### 一、点的旋转规律

如图 3－17a 中所示，点 $A$ 绕垂直于 $H$ 面的轴 $OO$ 旋转，点 $A$ 到 $OO$ 轴的垂足为 $O$，点 $A$ 的旋转轨迹为以 $O$ 为中心的圆，该圆所决定的平面 $P /\!/ H$ 面，所以圆在 $H$ 面上的投影反映实形。而 $P$ 面在 $V$ 面上的投影为平行于 $x$ 轴的直线。若将点 $A$ 旋转某一角度 $\theta$ 到新位置 $A_1$，其旋转轨迹的水平投影是以 $o$ 为圆心，以 $oa$ 为半径的圆弧 $aa_1$，其正面投影是平行于 $x$ 轴的直线 $a'a_1'$，图 3－17b 为投影的旋转作图法。

图 3－18 所示为点 $A$ 绕垂直于 $V$ 面的轴旋转时的作图法，点的旋转轨迹在 $V$ 面上的投影为一圆，在 $H$ 面上的投影为平行于 $x$ 轴的直线。

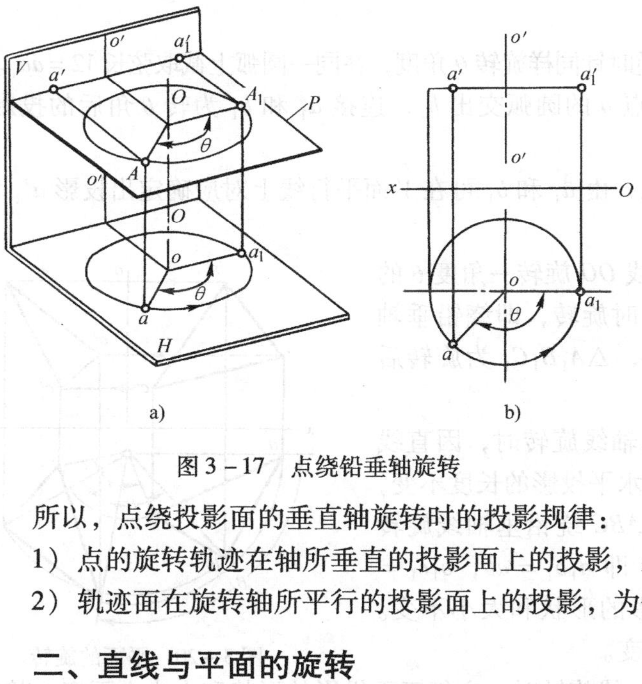


图 3－17　点绕铅垂轴旋转

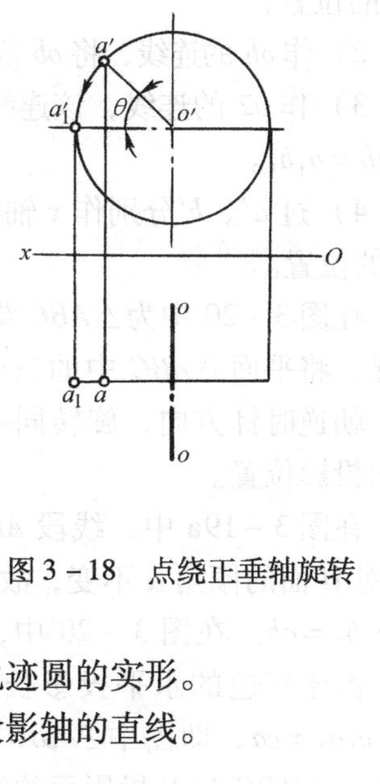


图 3－18　点绕正垂轴旋转

所以，点绕投影面的垂直轴旋转时的投影规律：

1）点的旋转轨迹在轴所垂直的投影面上的投影，必反映轨迹圆的实形。

2）轨迹面在旋转轴所平行的投影面上的投影，为平行于投影轴的直线。

### 二、直线与平面的旋转

**1. 旋转规律**

因为直线可以由两点来确定，因此，直线的旋转可归结为直线上两个点的旋转。如图 3－19a 中所示，将直线上 $AB$ 两端点同时绕铅垂轴 $OO$、朝逆时针方向、转同一 $\theta$ 角度，可得到直线旋转后 $A_1B_1$ 的位置。直线在旋转过程中，直线 $AB$ 的倾角 $\alpha$ 大小不变，两端点的旋转轨迹分别为与轴线垂直的水平圆。

在图 3－19b 所示，为斜线 $AB$ 绕铅垂轴 $OO$ 朝逆时针方向转 $\theta$ 角度的作图。由于直线两端点的旋转轨迹圆和转角 $\theta$ 在 $H$ 面上的投影均反映实形，直线的投影长度也不变。按点的旋转规律作图步骤如下：

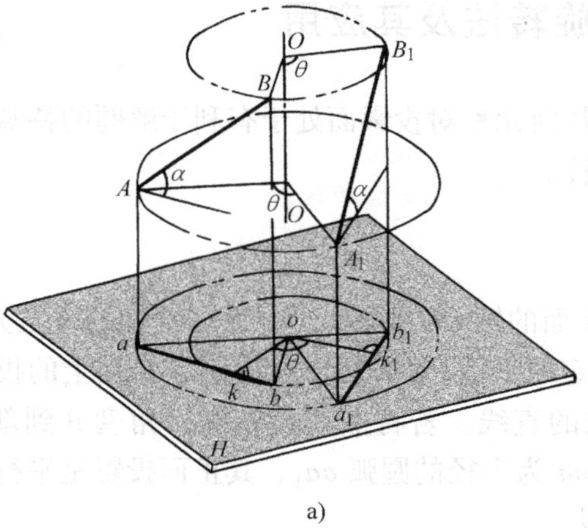

a)

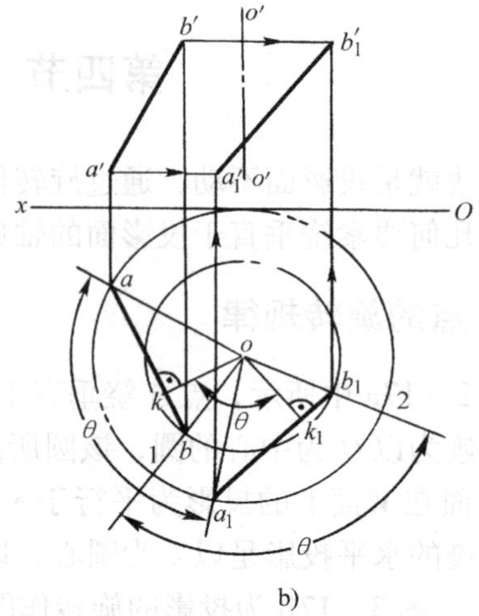

b)

图 3－19　直线绕铅垂轴旋转

1）画出铅垂轴的投影 $o$ 及 $o'o'$，作 $oa$ 的连线，将 $oa$ 绕中心 $o$ 逆时针旋转 $\theta$ 角度，确定 $oa_1$ 的位置，

2）作 $ob$ 的连线，将 $ob$ 绕中心 $o$ 逆时针同样旋转 $\theta$ 角度，在同一圆弧上截取弦长 $12 = aa_1$。

3）作 $o2$ 的连线，该连线与过端点 $b$ 的圆弧交出 $b_1$，连接 $a_1$ 和 $b_1$ 为转 $\theta$ 角后的投影，且 $ab = a_1b_1$。

4）过 $a'$、$b'$分别作 $x$ 轴的平行线，由 $a_1$ 和 $b_1$ 可在 $V$ 面平行线上对应确定出投影 $a'_1$ 和 $b'_1$ 的位置。

在图 3－20 中为$\triangle ABC$ 绕铅垂轴线 $OO$ 旋转一角度 $\theta$ 的情况。将平面$\triangle ABC$ 中的三个角点同时旋转，即绕铅垂轴线、朝逆时针方向、旋转同一 $\theta$ 角度，$\triangle A_1B_1C_1$ 为旋转后新的投影位置。

在图 3－19a 中，线段 $AB$ 绕铅垂轴线旋转时，因直线 $AB$ 对 $H$ 面的倾角 $\alpha$ 不变，故线段 $AB$ 水平投影的长度不变，即 $a_1b_1 = ab$。在图 3－20 中，平面$\triangle ABC$ 绕铅垂轴线旋转时，由于三边的水平投影长度不变，即 $a_1b_1 = ab$，$b_1c_1 = bc$，$c_1a_1 = ca$，即图中$\triangle ABC$ 水平投影的形状和大小不变。因此，$\triangle ABC$ 对 $H$ 投影面的倾角 $\alpha$ 不变。

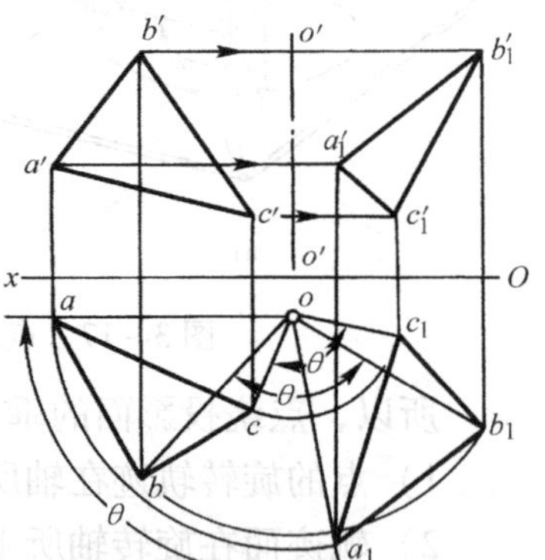

图 3－20　平面的旋转

同理可推出，线段或平面绕正垂轴线旋转时，它们正面投影的形状和大小也不变，其对 $V$ 面的倾角 $\beta$ 也不变。

所以，直线或平面绕投影面的垂直轴旋转，具有以下旋转规律：

1）旋转时直线与平面上各点必须绕同一轴线、朝同一方向、转同一角度。

2）在轴线所垂直的投影面上的投影大小不变，对该投影面的倾角也不变。

**2. 不指明轴旋转**

根据直线与平面旋转时的三同规律和不变性，有时为使作图清晰，可将旋转后的投影转移到某个合适的位置。作图时只要使一投影形状和大小不变，而另一个投影仍按照旋转对应规律作图。这种不必指明旋转轴位置的作图方法，称为不指明旋转轴法，又称平移法，如图

3－21a 所示。

若需确定旋转轴，可作 $C$、$C_1$ 和 $B$、$B_1$ 的中垂面，其交线即为垂直轴 $OO$，投影作图如图 3－21b 所示。

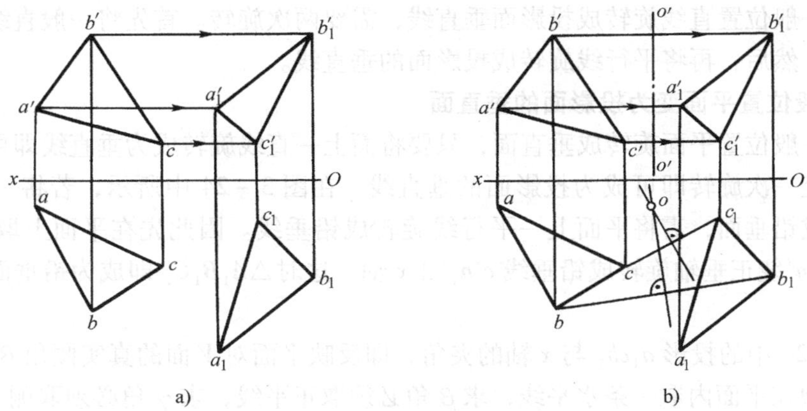

图 3－21　绕不指明轴旋转

## 三、四个基本问题

### 1. 将一般位置直线变为投影面的平行线

在图 3－22 中，$AB$ 为一般位置直线，若将其旋转成正平线，其水平投影应旋转成 $ab /\!/ x$ 轴的位置，故应选择铅垂线作旋转轴。为了作图方便，让 $OO$ 轴过端点 $A$，这样只要旋转另一端点 $B$ 即可完成。其正面投影 $a'b_1'$ 反映实长，投影 $a'b_1'$ 与 $x$ 轴夹角，既是直线 $AB$ 对 $H$ 面的倾角 $\alpha$。

可见，将一般位置直线旋转成平行线的作图特点：

●求直线对某个投影面的倾角，旋转轴必须垂直于该投影面。

### 2. 将投影面平行线变为投影面的垂直线

如图 3－23 所示，要将正平线 $AB$ 旋转成投影面垂直线，必须使反映实长的正面投影 $a'b' \perp x$ 轴，故应选择正垂线 $OO$ 为旋转轴。为作图方便，使 $OO$ 轴过 $B$ 点，当旋转后的投影 $a_1'b' \perp x$ 轴时，水平投影积聚为 $a_1$（$b$）。此时，正平线 $AB$ 旋转成铅垂线。

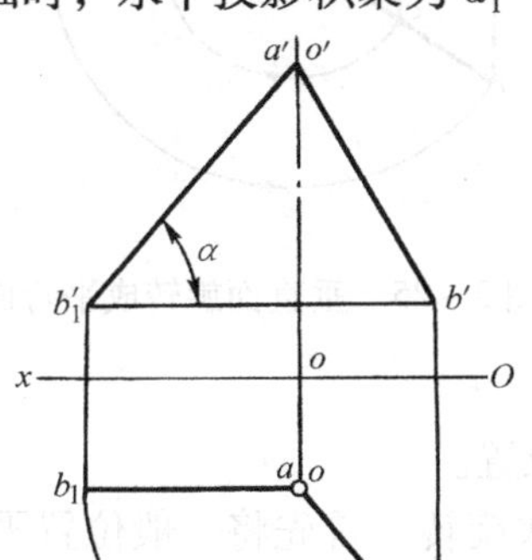

图 3－22　一般线旋转成平行线

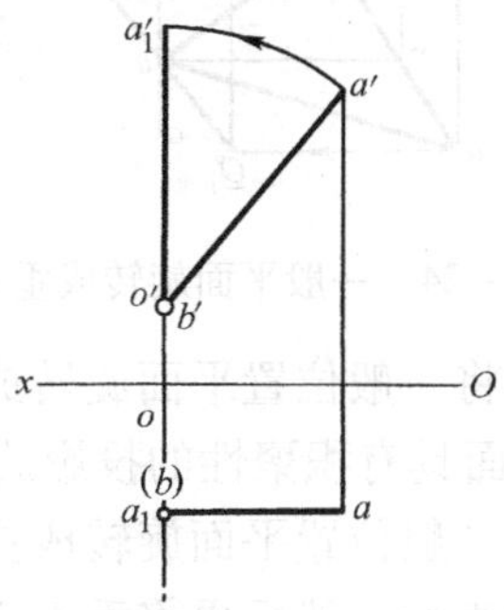

图 3－23　平行线旋转成垂直线

可见，将平行线旋转成垂直线的作图特点：

1）旋转轴必须垂直于直线实长所在的那个投影面。

2）将反映直线实长的投影旋转成与投影轴线垂直。

若要将一般位置直线旋转成投影面垂直线，需要两次旋转。首先将一般直线旋转成投影面的平行线，然后，再将平行线旋转成投影面的垂直线。

**3. 将一般位置平面变为投影面的垂直面**

若要将一般位置平面旋转成垂直面，只要将面上一直线旋转成为垂直线即可。由前述可知，平行线经一次旋转即可成为投影面的垂直线。在图 3－24 中所示，若将一般位置平面△$ABC$ 旋转成铅垂面，需将平面上一平行线旋转成铅垂线。因此先在平面上取一正平线 $cn$ // $x$ 轴，将 $c'n'$绕正垂轴旋转成铅垂线 $c'n_1' \perp x$ 轴，这时△$A_1B_1C_1$ 即成为铅垂面，水平投影具有积聚性。

在图 3－24 中的投影 $a_1cb_1$ 与 $x$ 轴的夹角，即反映平面对 $V$ 面的真实倾角 $\beta$。由此可知，若求 $\alpha$ 角必须在平面内取一条水平线，求 $\beta$ 角必须取正平线，求 $\gamma$ 角必须取侧平线。

可见，将一般位置平面旋转成垂直面的作图特点：

1）在平面上取一条投影面的平行线，将该线变成垂直线。

2）求对某个投影面的倾角，必须取对该投影面的平行线。

**4. 将投影面垂直面变为投影面的平行面**

如图 3－25 所示，将铅垂面△$ABC$ 旋转成正平面。作图时选择垂直于 $H$ 面且过 $B$ 点的旋转轴，使具有积聚性的投影 $a_1cb_1$ // $x$ 轴，此时该平面即为正平面，其正面投影△$a_1bc_1$ 反映实形。

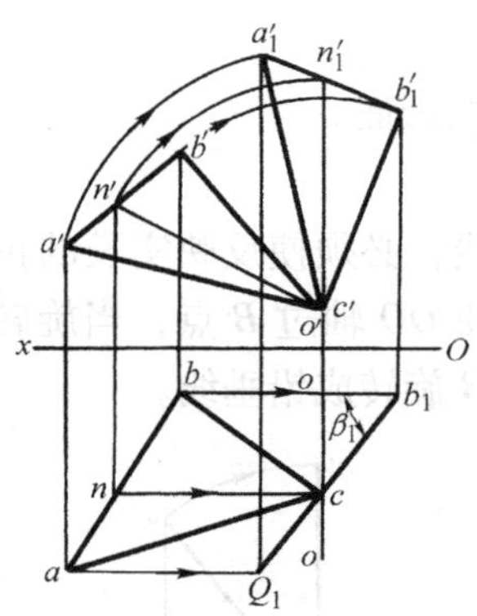


图 3－24　一般平面旋转成垂直面

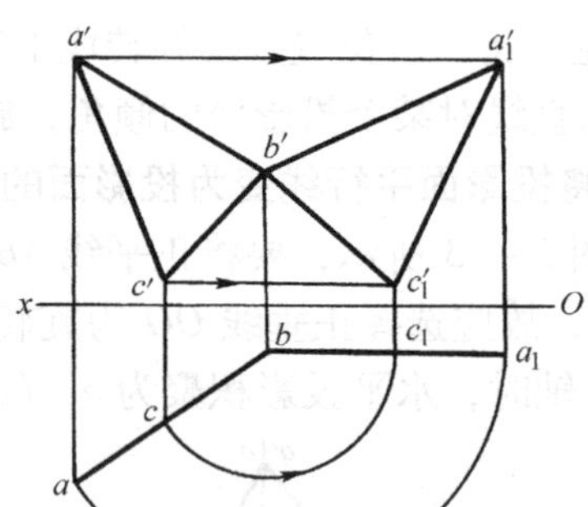


图 3－25　垂直面旋转成平行面

可见，将一般位置平面旋转成垂直面的作图特点：

●将平面具有积聚性的投影旋转到平行于投影轴的位置。

若要将一般位置平面旋转成投影面平行面，需要两次旋转。首先将一般位置平面旋转成投影面的垂直面，然后再将垂直面旋转成投影面的平行面。

## 四、应用举例

［**例题 5**］　过点 $A$ 作直线 $AK$ 与已知直线 $BC$ 垂直相交，如图 3－26 所示。

分析：可将直线 $BC$ 旋转成投影面的平行线，再利用直角投影定理过点 $A$ 作其垂线。

作图：①用不指明轴作图法，将直线 $BC$ 绕铅垂轴旋转成正平线 $B_1C_1$，其投影 $b_1c_1 // x$ 轴，$A$ 点的新位置为 $A_1$。

②由点的投影 $a_1'$作垂线 $a_1'k_1' \perp b_1'c_1'$，由垂足的正面投影 $K_1'$对应作出水平投影 $a_1k_1$。

③将垂足 $K$ 返回到 $BC$ 上，即作 $k_1'k' // x$ 轴与 $b'c'$交出 $k'$，对应求出 $k$，连 $a'k'$和 $ak$ 即为垂线 $AK$ 的两投影。

**[例题 6]** 试将点 $D$ 绕所设 $OO$ 轴旋转到已知平面△$ABC$ 上，如图 3－27 所示。

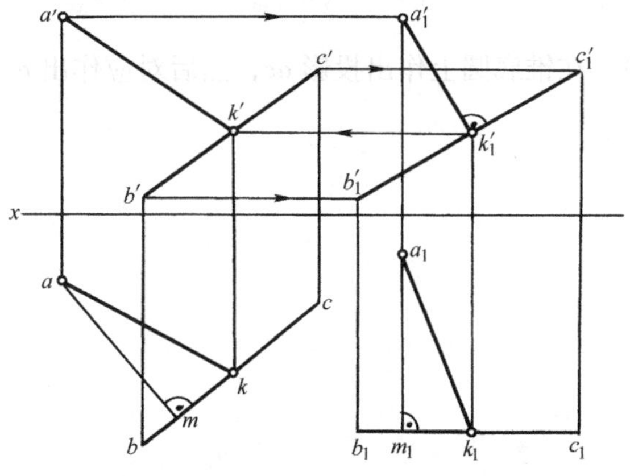


图 3－26　过点 $A$ 作 $BC$ 的垂线

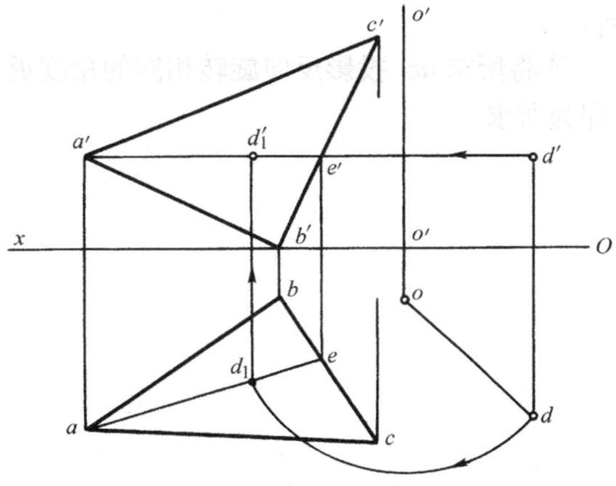


图 3－27　旋转点 $D$ 到平面 $ABC$ 上

分析：点 $D$ 绕 $OO$ 轴的旋转轨迹为一水平圆周，此圆周所确定的平面必与平面 $ABC$ 交于距 $H$ 面等高的一条水平线上。因此，欲求旋转后的 $D_1$ 的投影，必先作出与点 $D$ 等高的水平线 $EF$。

作图：①在平面△$ABC$ 上作一条水平线 $EF$，它与 $H$ 面的距离等于 $D$ 点到 $H$ 面的距离。

②将点 $d$ 绕铅垂轴 $OO$ 旋转到水平线 $EF$ 上，点 $d_1$ 即为所求，并对应求出正面投影 $b_1'$。

**[例题 7]** 试过 $A$ 点作直线 $AC \perp AB$，并使直线 $AC$ 与 $H$ 面的倾角 $\alpha = 45°$，且点 $C$ 在 $H$ 面内，求直线 $AC$ 的两面投影。如图 3－28 所示。

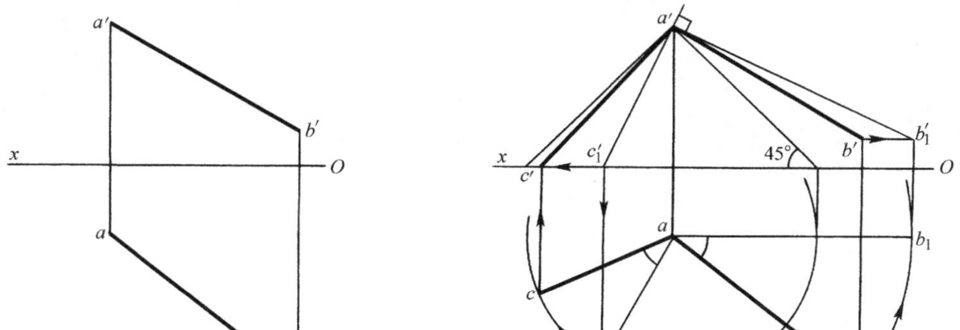


a)　　b)

图 3－28　作直线 $AC \perp AB$ 的两面投影

分析：与 $H$ 面倾角 $\alpha = 45°$的直线 $AC$，必在轴线过 $A$ 点且垂直于 $H$ 面的锥面上，锥底圆在 $H$ 面内。锥面上的一直线 $AC \perp AB$，若直线 $AB$ 绕锥轴旋转成正平线时，其 $AC$ 与 $AB$ 的正面投影反映直角，$AC$ 在旋转过程中的倾角 $\alpha$ 不变。将所求 $AC_1$ 的投影返回即可对应作出 $AC$ 的两面投影。

作图：①过投影 $a'$作直线与 $x$ 轴夹 45°角，且使锥底在 $x$ 轴上，锥底的水平投影为反映实形的圆。

②将 $ab$ 绕锥轴旋转成正平线，即使 $ab_1 /\!/ x$ 轴，在过 $b'$的水平线上对应求出 $b_1'$。并连接出 $a'b_1'$线。

③作锥面素线 $a'c_1' \perp a'b_1'$，使锥底圆上 $c_1'$在 $x$ 轴上，对应在水平投影的锥底圆上求出 $ac_1$。

④将所求 $ac_1$ 投影反向旋转相同的角度返回，在锥底圆上作出投影 $ac$，然后对应作出 $a'c'$即为所求。

# 第四章　工程曲线与曲面

## 第一节　曲线概述

在现代工程技术中，曲线和曲面得到了广泛的应用，如在机电产品、化工设备、汽车设计、建筑艺术、飞机与船舶等的造型，都充分体现了曲线与曲面应用的广阔前景。

在解析几何中，研究如何用方程表示曲线，然后根据方程研究曲线的几何特性。在工程制图中，是用投影来表示曲线，在此基础上研究曲线投影后的不变性质。

### 一、曲线的形成与分类

曲线可以看作是一动点在运动过程中连续改变其运动方向所形成的轨迹，也可以看成是两个曲面相交或曲面与一个平面相交所形成的交线。

按点的运动有无规律，曲线可以分成规则曲线和不规则曲线。工程上通常研究的是规则曲线，规则曲线又分为平面和空间两种曲线：

1）平面曲线——构成曲线的所有点都处在同一个平面内时。

2）空间曲线——曲线上任意连续四点都不在同一个平面内。

例如圆、椭圆、双曲线等都是平面曲线；而各种螺旋线以及两个曲面在一般情况下相交所形成的交线等，都属于空间曲线。

### 二、曲线的投影及性质

曲线是点的运动轨迹，因而不论平面曲线或空间曲线，只要画出曲线上一系列点的投影，将各点的同面投影顺序连接起来，并且用规定的图线反映出必要的形成要素，就可得到曲线的投影图。

曲线投影的一般性质：

1）若为平面曲线，当曲线所在的平面倾斜于投影面时，则该投影为同性质的曲线，如图4－1a；当曲线所在的平面平行于投影面时投影反映实形（如图4－1b），而垂直投影面时则投影为一直线（如图4－1c）。

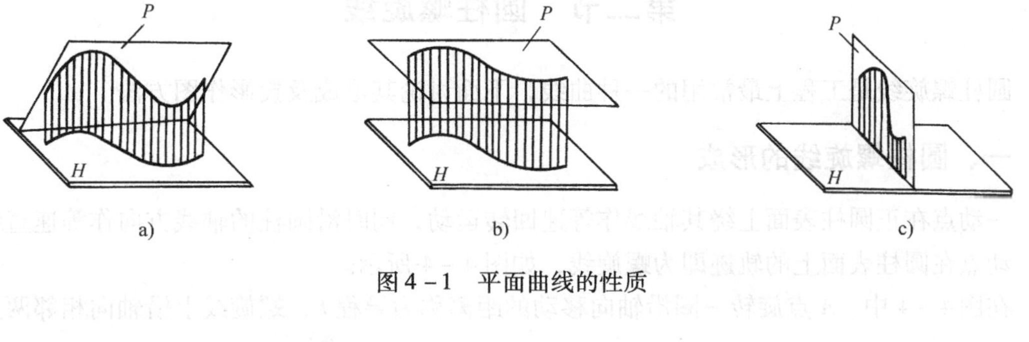


图4－1　平面曲线的性质

2）若为空间曲线，则其投影永远为曲线。当一直线在空间与一曲线相交，其投影也必然相交；当一直线在空间与一曲线相切时，其投影也必然相切，如图 4－2 所示。

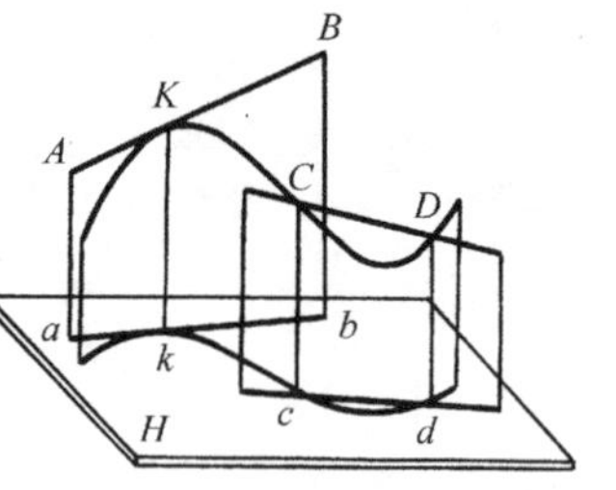


图 4－2　空间曲线的性质

## 三、圆的投影

例如图 4－3a 所示，设已知圆 $O$ 所在的平面 $P \perp V$，$P$ 面与 $H$ 面的倾角为 $\alpha$，圆心为 $O$，直径为 $\phi$。此时：

1）由于圆 $O$ 所在的平面 $P$ 为正垂面，故其正面投影积聚为直线段，长度为直径 $\phi$。该直线段与 $Ox$ 的夹角为 $\alpha$，如图 4－3b 所示。

2）因为 $P$ 面倾斜于 $H$ 面，故圆的水平投影为椭圆。圆心 $O$ 的水平投影为椭圆的中心 $o$。椭圆的长轴是通过圆心 $O$ 的水平直径 $AB$ 的水平投影 $ab$，椭圆的短轴则为与 $AB$ 垂直的直径 $CD$ 的水平投影 $cd$，且 $cd = CD \cdot \cos\alpha$，如图 4－3c 所示。

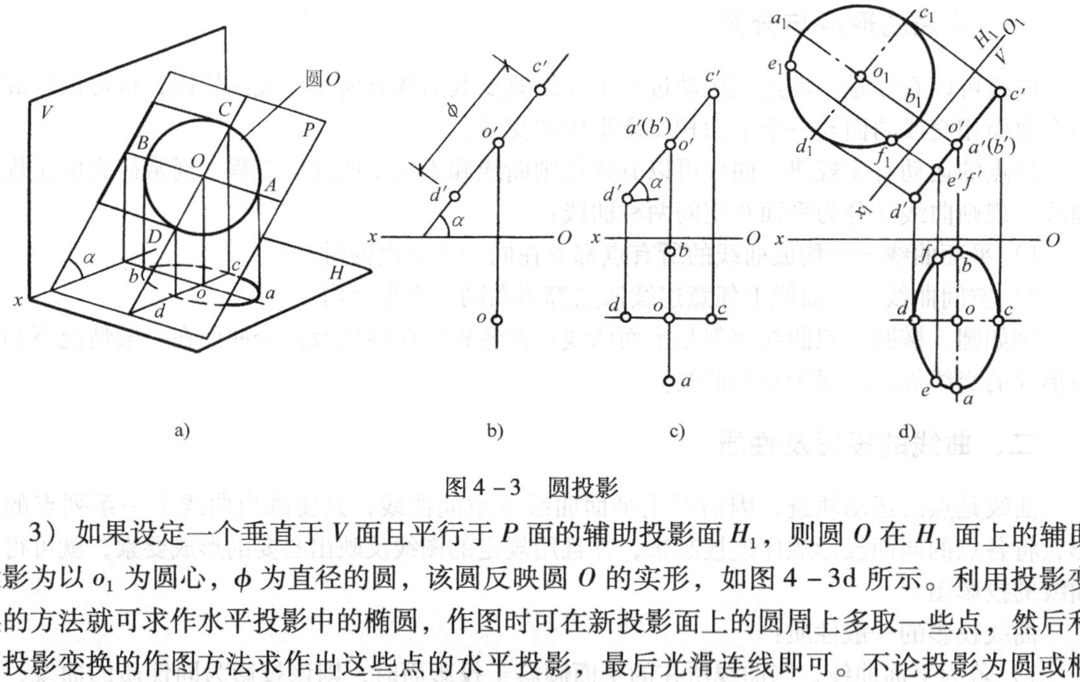

a)　　b)　　c)　　d)

图 4－3　圆投影

3）如果设定一个垂直于 $V$ 面且平行于 $P$ 面的辅助投影面 $H_1$，则圆 $O$ 在 $H_1$ 面上的辅助投影为以 $o_1$ 为圆心，$\phi$ 为直径的圆，该圆反映圆 $O$ 的实形，如图 4－3d 所示。利用投影变换的方法就可求作水平投影中的椭圆，作图时可在新投影面上的圆周上多取一些点，然后利用投影变换的作图方法求作出这些点的水平投影，最后光滑连线即可。不论投影为圆或椭圆，必须采用点画线表示其圆心位置及直径等形成要素。

# 第二节　圆柱螺旋线

圆柱螺旋线是工程上最常用的一种曲线，下面讨论其形成及投影作图方法。

## 一、圆柱螺旋线的形成

一动点在正圆柱表面上绕其轴线作等速回转运动，同时沿圆柱的轴线方向作等速直线运动，动点在圆柱表面上的轨迹即为螺旋线，如图 4－4 所示。

在图 4－4 中，$A$ 点旋转一圈沿轴向移动的距离称为导程 $L$，螺旋线上沿轴向相邻两点之

间的距离称为螺距 $P$；当圆柱的轴线为铅垂线时，螺旋线的可见部分自左向右上升时为右螺旋线，如图 4－4a 所示；反之称为左螺旋线，如图 4－4b 所示。

如果两个或两个以上的动点同时在一个圆柱面上作同样的螺旋运动，则形成双线螺旋线、三线螺旋线等，统称为多线螺旋线，其线数用 $n$ 表示。从螺旋线的形成可以看出，螺旋线的形状决定于圆柱的直径、导程和旋向，因此称这三者为圆柱螺旋线的三要素。

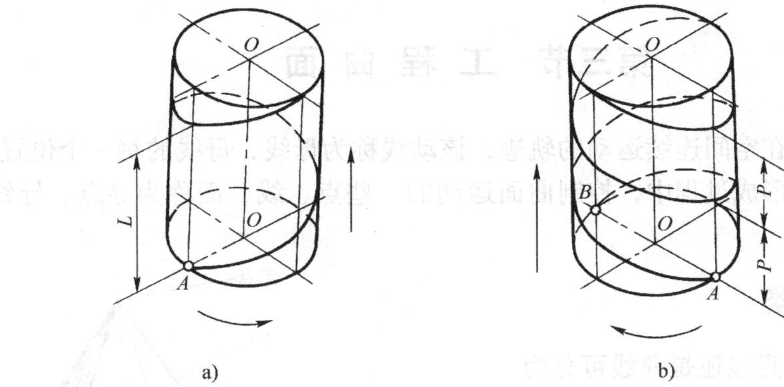


图 4－4　圆柱螺旋线

## 二、圆柱螺旋线的作图

假设圆柱螺旋线为右旋，圆柱直径为 $d$，导程为 $L$。其作图步骤如下：

1）作出直径为 $d$ 的圆柱的正面投影及水平投影，并在其正面投影上将导程等分，如图 4－5a 中分 12 等份，并作出等分线；同时将圆柱的水平投影圆也等分成相同的份数。

2）从圆周的分点向正面投影上的导程的相应等分线作投影连线，其交点就是螺旋线上各点的正面投影，如图 4－5a 中点 0′、1′、2′、…。

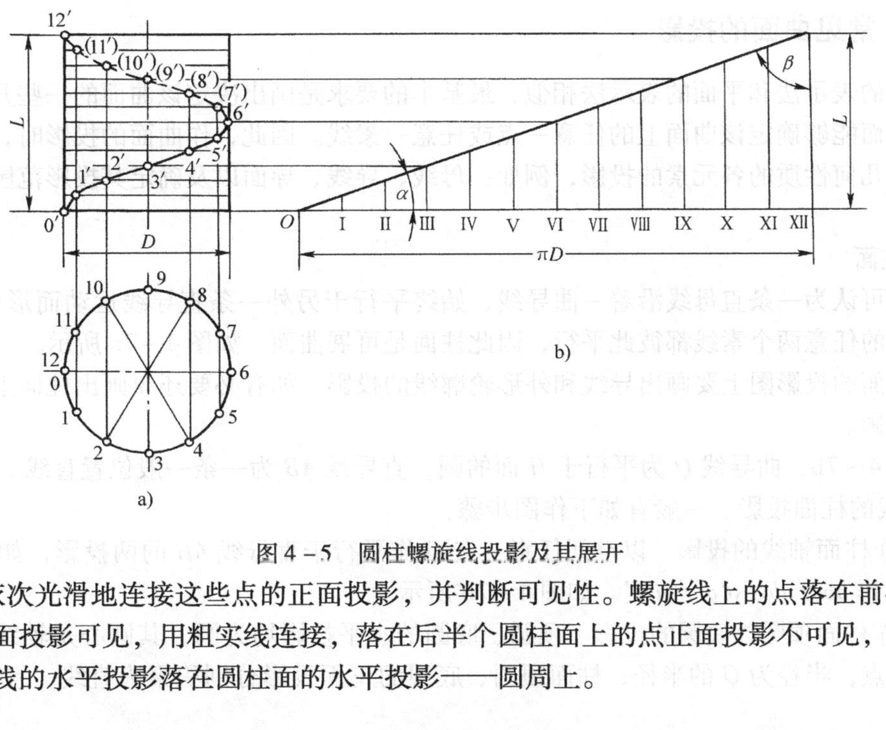


图 4－5　圆柱螺旋线投影及其展开

3）依次光滑地连接这些点的正面投影，并判断可见性。螺旋线上的点落在前半个圆柱面，其正面投影可见，用粗实线连接，落在后半个圆柱面上的点正面投影不可见，用虚线连接。螺旋线的水平投影落在圆柱面的水平投影——圆周上。

如果将螺旋线展开在平面上，则螺旋线在平面上成为一条直线，如图 4－5b 所示。以该直线为斜边可构成一直角三角形，其一条直角边为圆柱面周长 $\pi D$，另一直角边为导程 $L$，则螺旋线在一个导程内的长度为 $\sqrt{(\pi D)^2+L^2}$。螺旋线的升角 $\alpha$，即斜边与底边的夹角为：$\alpha=\arctan\frac{L}{\pi D}$。斜边与另一个直角边的夹角称作螺旋角 $\beta$，可见 $\beta=90°-\alpha$。

## 第三节　工 程 曲 面

曲面为一条动线在空间连续运动的轨迹，该动线称为母线，母线的每一个位置称为该曲面的素线。曲面在其形成过程中，控制曲面运动的一些点、线、面称为导点、导线、导面，如图 4－6 中所示。

### 一、曲面的分类

**1. 曲面按母线为直线还是曲线可分为**

（1）直线面—曲面母线是直线。

（2）曲线面—曲面母线为曲线。

**2. 曲面按是否能无变形地展成一平面而分为**

（1）可展曲面　曲面可以无变形地展开成一个平面，属可展曲面。例如直线面在该情况下，曲面中连续的两直素线相互平行或相交。

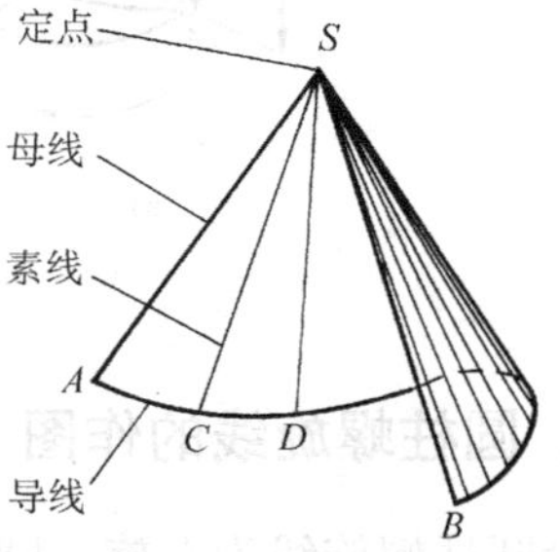


图 4－6　曲面的形成及要素

（2）不可展曲面　曲面不能无变形地展开为一个平面时，属不可展曲面。此时，曲面中的连续两素线不在同一个平面内。

### 二、常见曲面的投影

曲面的表示法和平面的表示法相似，最基本的要求是画出决定该曲面的一些几何要素的投影，从而能够确定该曲面上的任意一点或任意一素线。因此，作曲面的投影时，需要作出决定曲面几何性质的各元素的投影，例如：母线、导线、导面以及确定其投影范围的外形轮廓线等。

**1. 柱面**

柱面可认为一条直母线沿着一曲导线，始终平行于另外一条直导线运动而形成的曲面。由于柱面的任意两个素线都彼此平行，因此柱面是可展曲面，如图 4－7a 所示。

在柱面的投影图上要画出导线和外形轮廓线的投影，如有必要还要画出柱面上其他几个导线的投影。

如图 4－7b，曲导线 $Q$ 为平行于 $H$ 面的圆，直导线 $AB$ 为一条一般位置直线。作以 $Q$ 和 $AB$ 为导线的柱面投影，一般有如下作图步骤：

1）作柱面轴线的投影　以空间任意一点 $O$ 作平行于直母线 $AB$ 的两投影，如以 $H$ 面上的一点 $O$ 作 $oo /\!/ ab$、$o'o' /\!/ a'b'$。如图 4－7b 所示。

2）作柱面顶圆、底圆的投影　顶圆、底圆的水平投影均为圆，其圆心是轴线两端点的水平投影点，半径为 $Q$ 的半径；柱面顶圆、底圆的正面投影分别积聚为直线，且平行于 $Ox$

轴，长度等于 $Q$ 的直径。当柱面底圆一部分被柱面所遮挡，不可见时应画成虚线。

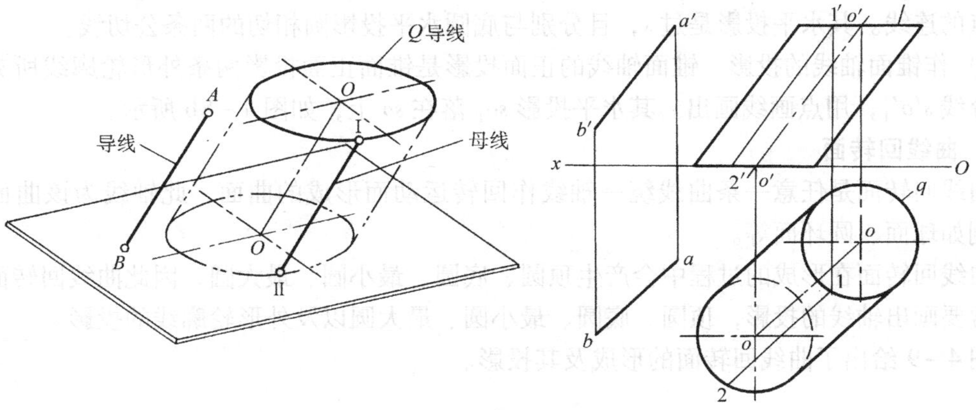


a)　　　　　　　　　　　　b)

图 4－7　柱面的形成及投影

3）作柱面投影的外形轮廓线　柱面正面投影的外形轮廓线是分别连接顶圆、底圆正面投影最左、最右点的连线。柱面水平投影的外形轮廓线是与顶圆、底圆相切的两条公切线。柱面两投影的外形轮廓线分别与轴线的两投影平行。

**2. 锥面**

锥面可以看成由一条直母线沿着一条曲导线，且始终通过一定点运动所形成的。该定点为导点，即锥面的顶点。由于锥面的任意两条素线均相交于导点，因此锥面为可展曲面，如图 4－8a 所示。

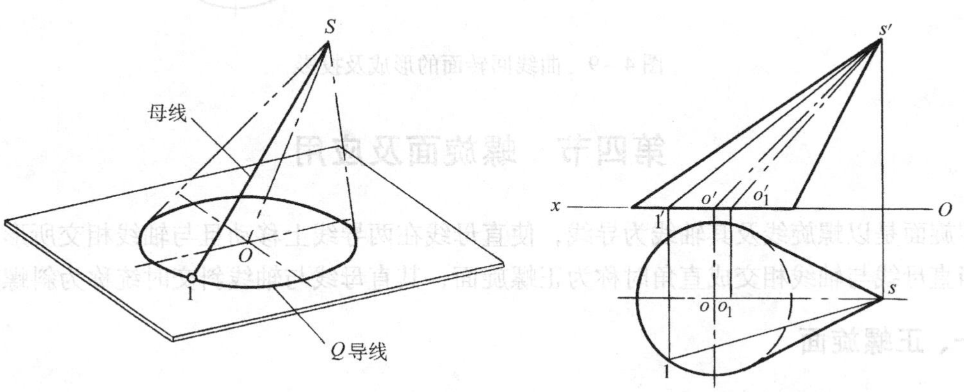


a)　　　　　　　　　　　　b)

图 4－8　锥面的形成及投影

假设以 $S1$ 为直母线，以圆心为 $O$ 的水平圆 $Q$ 为曲导线，$S$ 为导点，$S$ 和 $Q$ 的中心 $O$ 的连线为一正平线，由此形成的锥面如图 4－8a 所示。作该锥面投影需要画出锥顶（导点）、导线以及锥面外形轮廓线的投影，一般有如下作图步骤：

1）作锥面底圆的投影　锥面底圆的水平投影为以 $o$ 为圆心的圆，其正面投影积聚成一条过 $o'$ 点的直线，且长度等于水平圆的直径。

2）作锥顶 $S$ 与 $O$ 连线的投影　该连线是一条正平线，其两投影用点画线画出。

3）作锥面两投影的轮廓线　正面投影的外形轮廓线是分别连接 $s'$与底圆正面投影最左、最右点的连线。其水平投影是过 $s$，且分别与底圆水平投影圆相切的两条公切线。

4）作锥面轴线的投影　锥面轴线的正面投影是锥面正面投影两条外形轮廓线所夹角度的平分线 $s'o'_1$，用点画线画出。其水平投影 $so_1$ 落在 $so$ 上，如图 4－8b 所示。

**3. 曲线回转面**

曲线回转面是任意一条曲线绕一轴线作回转运动而形成的曲面，此轴线为该曲面的导线，例如球面、圆环面等。

曲线回转面在形成的过程中会产生顶圆、底圆、最小圆、最大圆，因此曲线回转面的投影通常要画出轴线的投影，顶圆、底圆、最小圆、最大圆以及外形轮廓线的投影。

图 4－9 给出了曲线回转面的形成及其投影。

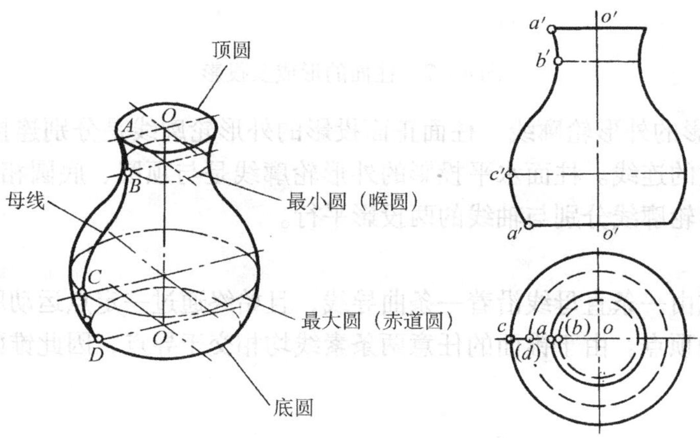


图 4－9　曲线回转面的形成及投影

## 第四节　螺旋面及应用

螺旋面是以螺旋线及其轴线为导线，使直母线在两导线上移动且与轴线相交所形成的轨迹。当直母线与轴线相交成直角时称为正螺旋面，其直母线与轴线斜交时统称为斜螺旋面。

### 一、正螺旋面

**1. 正螺旋面的形成**

图 4－10a 所示的是轴线垂直水平面，直母线平行于水平面的正螺旋面。正螺旋面是不可展曲面。其中 $A_0A_1A_2$ 为圆柱螺旋线，$O_0O_1O_2$ 为其轴线，母线沿此两导线运动，其始终与轴线垂直相交。当母线 $O_0A_0$ 移动到 $O_1A_1$ 位置时，端点 $A_0$ 转过一个角度，并上升一个高度到达 $A_1$ 点，与此同时，母线上的各点例如 $B_0$ 点也转过一个角度，上升同一高度到达 $B_1$ 点，这说明正螺旋面母线上任意点的运动轨迹均为螺旋线，其导程相同而直径不同。

图 4－10b 所示，为一正螺旋面中部有一个同轴线的小圆柱体的情况，正螺旋面与小圆柱体表面的交线，也是一条与螺旋导线具有相同导程的螺旋线。

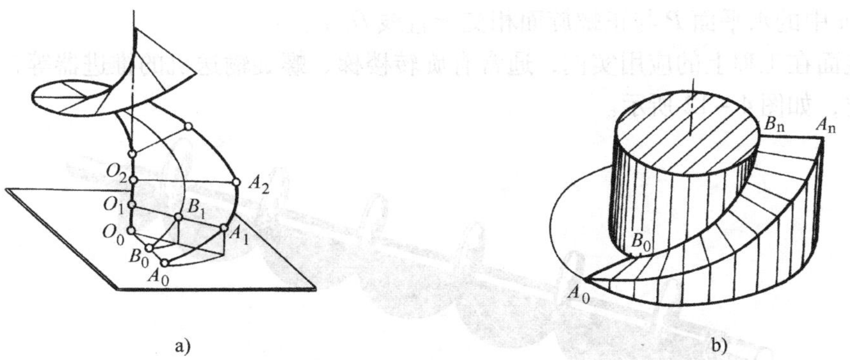


图 4－10　正螺旋面

**2. 正螺旋面的作图**

要表示正螺旋面的投影，一般需要画出其曲导线——螺旋线、直导线——轴线及若干个直素线。如图 4－11 中所示，假设正螺旋面上螺旋线的导程为 $L$，轴线为铅垂线 $OO$，可参考如下作图步骤：

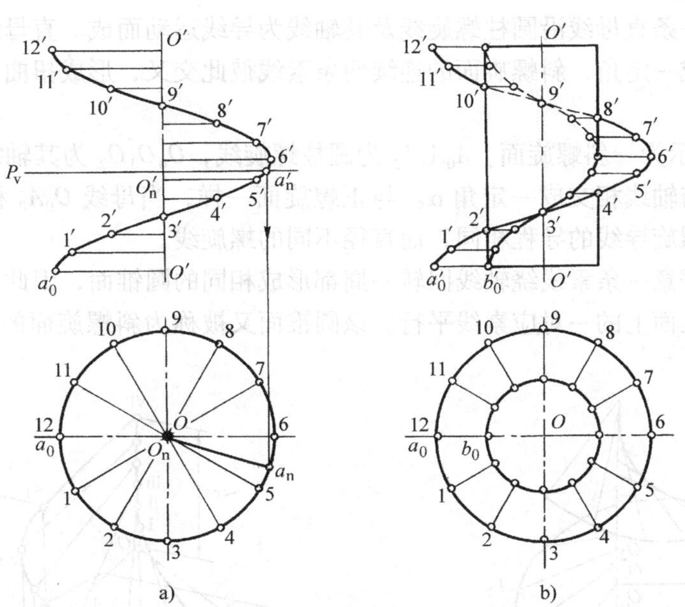


图 4－11　正螺旋面的投影图

1）先画出轴线 $OO$ 的两面投影；作螺旋线的水平投影圆，用粗实线画出螺旋线的正面投影，它正是正螺旋面的外形轮廓线，参见上节画法。

2）将一个导程 $L$ 内的轴线和螺旋线分成若干份，轴线分点和螺旋线上对应分点的连线就是诸个素线，分别用细实线画出即形成正螺旋面。

3）如果正螺旋面缠绕在一个圆柱面上，则正螺旋面和圆柱面的交线为一个内螺旋线，该螺旋线的导程与原外螺旋线的导程相等。此时，应画出圆柱及两条螺旋线的投影，正螺旋面 由一个导程 $L$ 内的两条螺旋线若干个分点对应点的连线构成。另外注意正螺旋面和圆柱面投影之间的遮挡关系。

由于正螺旋面的素线垂直于轴线，故垂直于轴线的平面与正螺旋面的交线为一直线，例如图 4－11a 中的水平面 $P$ 与正螺旋面相交于直线 $O_nA_n$。

正螺旋面在工程上的应用实例，通常有旋转楼梯、螺旋输送机的推进器等，螺旋推进器通常称绞龙，如图 4－12 所示。

图 4－12　螺旋推进器

## 二、斜螺旋面

### 1. 斜螺旋面的形成

斜螺旋面由一条直母线沿圆柱螺旋线及其轴线为导线运动而成。直母线在运动过程中始终与轴线相交且成一定角，斜螺旋面的连续两条素线彼此交叉，形成扭曲面，因此，斜螺旋面是不可展曲面。

图 4－13a 所示为一斜螺旋面，$A_0A_1A_2$ 为圆柱螺旋线，$O_0O_1O_2$ 为其轴线，母线沿此两导线运动，且始终与轴线相交成一定角 $\alpha$。与正螺旋面一样，当母线 $O_0A_0$ 移动时，母线上任意点的轨迹是与螺旋导线的导程相同，而直径不同的螺旋线。

斜螺旋面上任意一条素线绕轴线回转一周都形成相同的圆锥面，因此，斜螺旋面上任意一条素线与该圆锥面上的一对应素线平行。该圆锥面又被称为斜螺旋面的导锥面，如图 4－13b 所示。

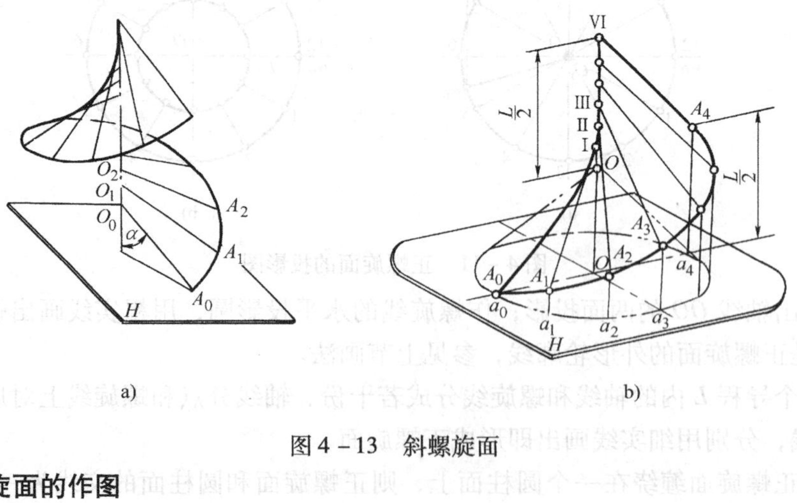


图 4－13　斜螺旋面

### 2. 斜螺旋面的作图

斜螺旋面的作图与正螺旋面一样，需要画出曲导线——圆柱螺旋线、直导线——圆柱轴线，及画出若干条直素线，但斜螺旋面的外形轮廓线为直素线的包络线。

假设斜螺旋面上螺旋线的导程为 $L$，其轴线为铅垂线 $OO$，母线与轴线的夹角为 $\alpha$，其投影如图 4－14 所示，作图步骤如下：

1）首先用点画线画出轴线 $OO$，用粗实线画出螺旋线的投影，然后用细实线画出导锥面的投影，如图 4－14a 所示。

2）在正面投影和水平投影上将螺旋线对应等分成若干份，同时从导锥面的锥顶开始，在一个导程 $L$ 内将轴线也分成相同的若干份。

3）用细实线将螺旋线和轴线上的对应等分点连线，这些连线既是斜螺旋面上的直素线，最后用粗实线画出斜螺旋面上直素线正面投影的包络线。

4）如果斜螺旋面缠绕在一圆柱面上，则斜螺旋面和圆柱面的交线也是一条螺旋线，该螺旋线与原螺旋线有相同的导程，如图 4－14c 所示。作图时还应作出圆柱面与斜螺旋面上的交线——内螺旋线的投影；斜螺旋面上的直素线为两条螺旋线对应等分点之间的连线。另外，应注意斜螺旋面和圆柱面之间的投影遮挡关系，如图 4－14b 所示。

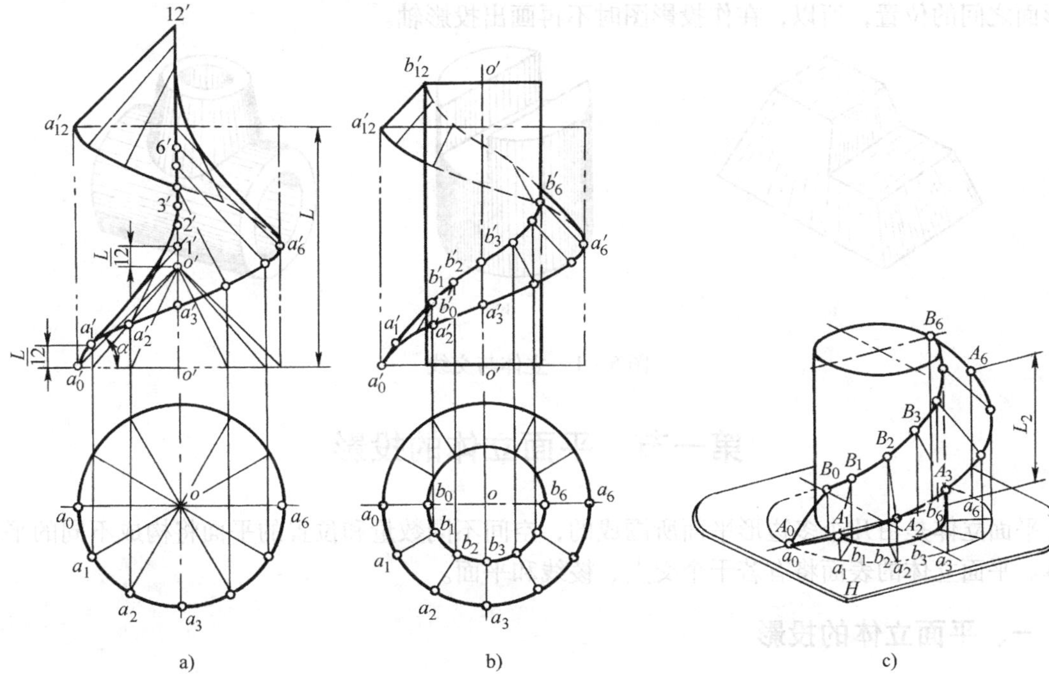


图 4－14　斜螺旋面的投影

图 4－15 所示为起传动作用的梯形螺纹，是斜螺旋面在工程上的应用实例。

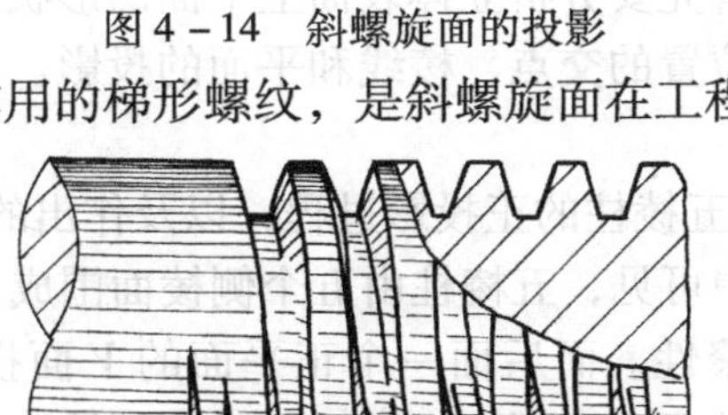

图 4－15　梯形螺纹

# 第五章　立体及其交线

基本立体一般分为平面立体和曲面立体，它们都是由两个以上的表面围成的。立体表面均为平面的称平面立体，立体表面包含曲面的称为曲面立体。

如图 5－1 所示，基本立体经过平面切割或两立体相交，在其表面上则产生了交线。本章主要介绍基本立体的投影，以及立体表面上交线的投影作图。

应注意的是：由于这里只研究立体的形状及其表面上线、面间的关系，并不讨论立体与投影面之间的位置，所以，在作投影图时不再画出投影轴。

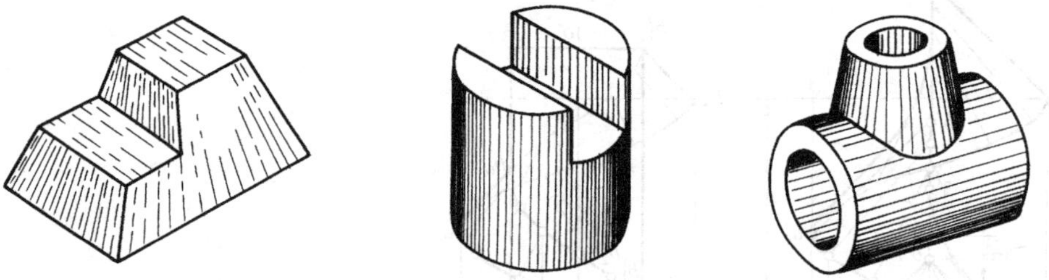

a)　　b)　　c)

图 5－1　立体与交线

## 第一节　平面立体的投影

平面立体是由几个多边形平面所围成的，空间不同数量和位置的平面将构成不同的平面立体。平面立体的表面将有若干个交点、棱线和平面。

### 一、平面立体的投影

绘制平面立体的投影，首先要分析立体表面上平面的形状，以及线面间的位置关系，然后分别作出立体表面上不同位置的交点、棱线和平面的投影。

**1. 棱柱的投影**

在图 5－2 中，展示了正五棱柱的正投影过程，以及作出的三面投影图。

空间分析：从图 5－2a 中可见，五棱柱由五个侧棱面围成，其中有一个正平面和四个铅垂面，其水平投影均具有积聚性。而后面一个正平面的 $V$ 面投影反映实形，其侧面投影也具有积聚性。而四个铅垂面的正面和侧面投影，均为面积缩小的类似形。五棱柱的顶面和底面都是水平面，其水平投影反映实形，正面和侧面投影都具有积聚性。

作图步骤：

1）画五棱柱三面投影的中心线、对称线，并作五棱面具有积聚性的水平投影——正五边形。

2）作出五棱柱顶面和底面在 $V$、$W$ 投影面上具有积聚性的投影，确定棱柱的高度。

3）由积聚性的水平投影，对应作出棱柱五个侧棱面上的棱线在 $V$、$W$ 投影面上的投影。

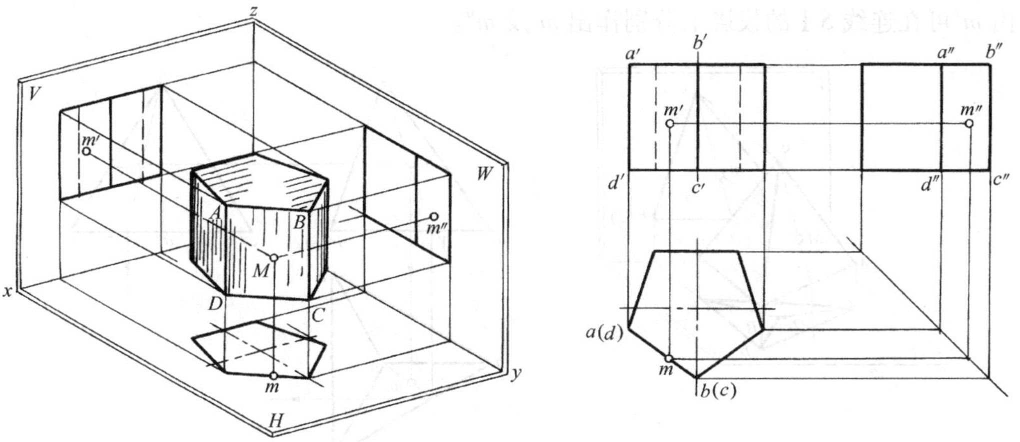


a)　　b)

图 5 - 2　五棱柱的投影

图 5 - 2 中五棱柱表面上的 *M* 点在棱面 *ABCD* 上，由于棱面 *ABCD* 的水平投影积聚成一直线 *ab*（*c*）（*d*），则 *M* 点的水平投影必然在面积聚性的投影上。若已知 *M* 点的正面投影 *m*′，可利用积聚性对应作出水平投影 *m* 及侧面投影 *m*″。

按上述方法，可以作出三棱柱、六棱柱等立体的投影，如图 5 - 3 所示。

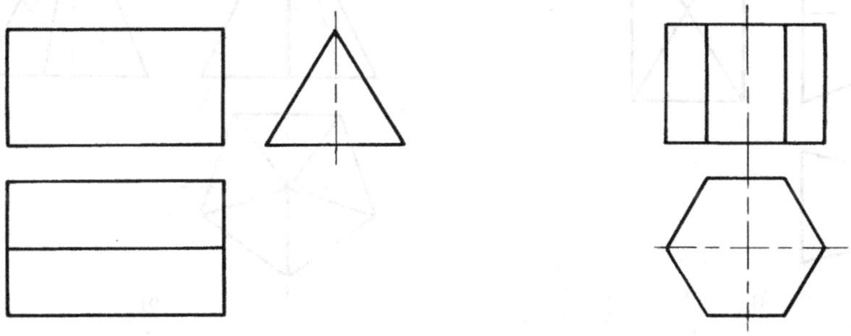

a)　　b)

图 5 - 3　三棱柱和六棱柱的投影

**2. 棱锥的投影**

在图 5 - 4 中，展示了三棱锥的两面投影过程，以及所作出的三面投影图。

空间分析：从图 5 - 4a 中可见，三棱锥由四个平面所围成，其中锥底面△*ABC* 为水平面，正面和侧面投影具有积聚性。而右侧面△*BCS* 为正垂面，其正面投影具有积聚性。棱锥左边有前后两个侧面△*ASB*、△*ASC* 均为一般位置平面，所以其三面投影均为类似形。

作图步骤：①画出锥底面△*ABC* 水平实形的投影△*abc*，同时作出其正面和侧面具有积聚性的投影 *a*′*b*′*c*′和 *a*″*b*″*c*″；

②作出三棱锥顶点 *S* 的三面投影 *s*、*s*′、*s*″；并作出平行于 *V* 面的棱线 *AS* 的三面投影 *as*、*a*′*s*′、*a*″*s*″。

③作正垂面△*BSC* 的三面投影 *b*′*s*′（*c*′）、*bsc* 和 *b*″*s*″*c*″；同时也完成了前后侧棱面△*ASB*、△*ASC* 的三面投影。

图 5 - 4 中三棱锥表面上的 *M* 点，若已知 *M* 点的正面投影 *m*′求另两投影。由投影 *m*′可知其是棱面△*ASB* 上的点，过 *m*′作连线 *s*′*m*′交 *a*′*b*′于 1′点，并对应作出连线的投影 *s*1 及 *s*″

1″，由 $m'$ 可在连线 SⅠ 的投影上分别作出 $m$ 及 $m''$。

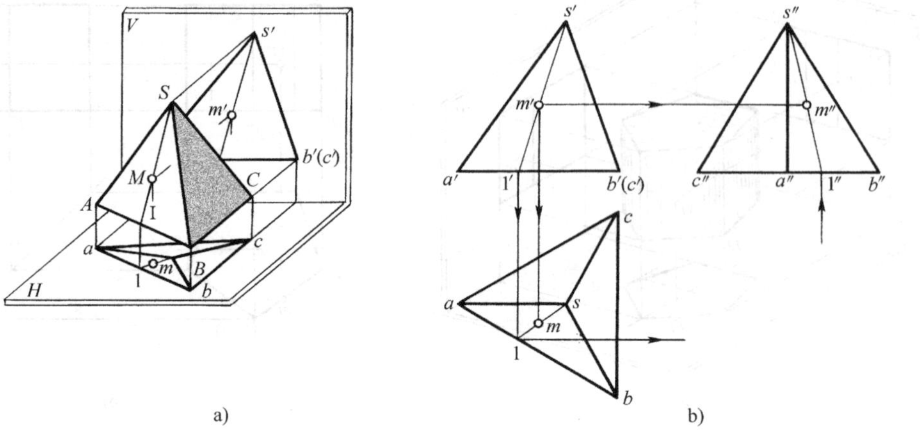


图 5－4　三棱锥的投影

按上述方法，可以作出（如图 5－5 中展示的）四棱锥、五棱锥等立体的投影。

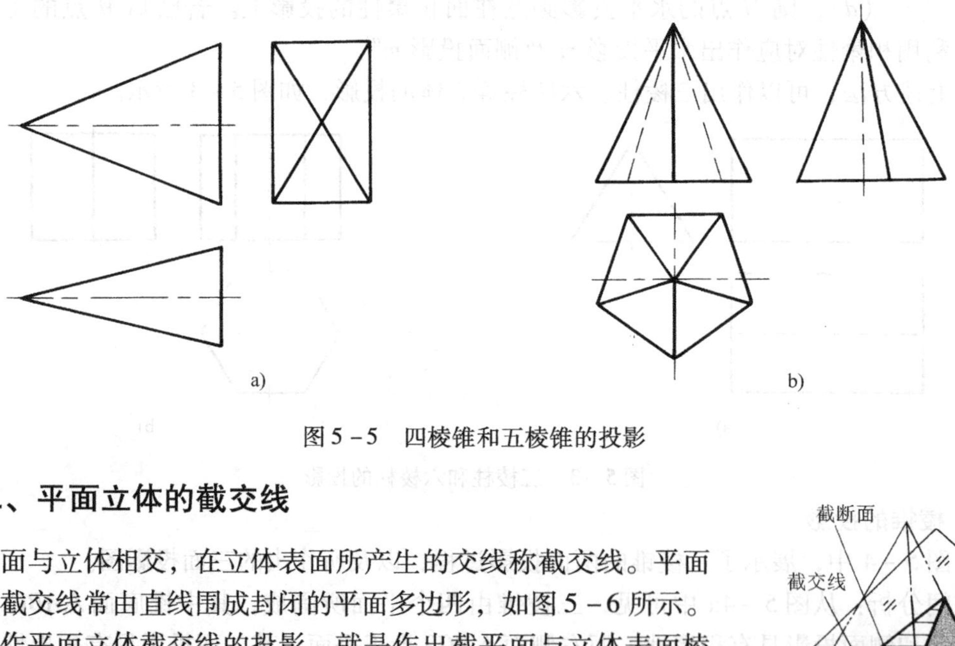


图 5－5　四棱锥和五棱锥的投影

## 二、平面立体的截交线

平面与立体相交，在立体表面所产生的交线称截交线。平面立体的截交线常由直线围成封闭的平面多边形，如图 5－6 所示。

求作平面立体截交线的投影，就是作出截平面与立体表面棱线的交点，以及作截平面与立体表面相交产生的直线的投影。

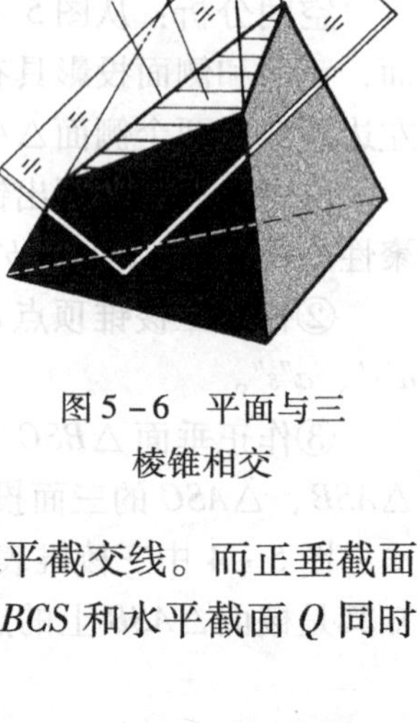


图 5－6　平面与三棱锥相交

**1. 平面与棱锥相交**

如图 5－7 所示，求作三棱锥正面投影被 $Q$、$P$ 两面截切以后交线的三面投影图。

空间分析：从图 5－7a 中可见，三面投影所表达的基本形体为图 5－4 中的三棱锥。其正面投影被水平截面 $Q$ 和正垂截面 $P$ 切去顶部，与三棱锥表面所截得交线的正面投影与之重合。水平截面 $Q$ 与棱线 $AS$ 有交点，又与前后△$ABS$ 及△$ACS$ 两平面交出两条水平截交线。而正垂截面 $P$ 与前后△$ABS$ 及△$ACS$ 交出两条一般位置截交线，与右边正垂面△$BCS$ 和水平截面 $Q$ 同时截出两条正垂截交线。作图步骤见图 5 -7b 所示。

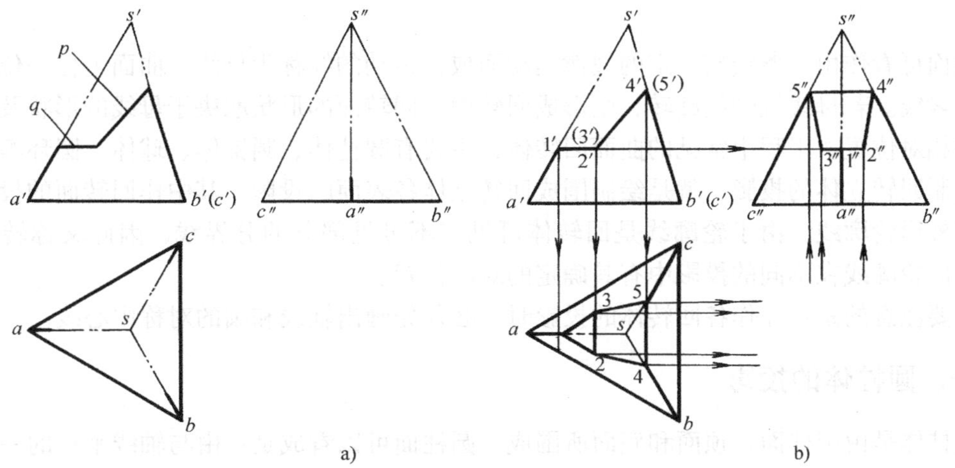


图 5 -7　作三棱锥被截切后交线的投影

作图步骤：① 作水平截面 $Q$ 与 $a's'$的交点 $1'$，又与正截面 $P$ 交有正垂线 $2'$（$3'$）；并对应在 $as$ 上求出 1，且过 1 作底边 $ab$ 及 $ac$ 的平行线 1 2 和 1 3，其侧面投影积聚成直线 $2''1''3''$。

②然后作正截面 $P$ 与正垂面△$BCS$ 交出正垂线 $4'$（$5'$），并对应在△$bcs$ 上求出 4 5，在 $\Delta b''c''s''$上求出 $4''5''$。再作截面 $P$ 与△$ABS$ 及△$ACS$ 交出的截交线 2 4、3 5 及 $2''4''$、$3''5''$。

**2. 平面与棱柱相交**

如图 5 -8 所示，求作五棱柱被 $P$ 和 $Q$ 面截切后，所形成立体的侧面投影图。

空间分析：由两面投影可见，五棱柱由一个正平面和四个铅垂面围成，其顶面和底面均为水平面。五棱柱的正面投影被截平面 $P$ 和 $Q$ 截切，其中 $P\perp V$、$Q /\!/ W$，两截面与五棱柱截交线的正面投影与之重合。截平面 $Q$ 的水平投影积聚成直线，交线的投影与之重合，且截面 $Q$ 与 $P$ 交一正垂线。若作正截面 $P$ 与各侧棱面的交线，应先求出截面 $P$ 与侧棱线的交点。

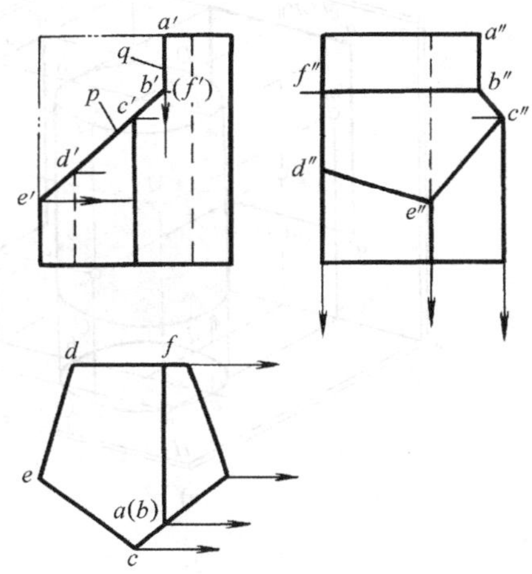


图 5 -8　五棱柱被截切后的投影

作图步骤：①先作出五棱柱的侧面投影，由正面及水平面对应作五棱柱的顶面、底面和正平面积聚成直线的侧面投影，并由水平投影对应作出立体上各棱线的侧面投影。

②作截平面 $Q$ 积聚成直线的水平投影，并由积聚投影对应作出 $Q$ 面与五棱柱侧棱面交线 $AB$ 的侧面投影 $a''b''$，以及截面 $Q$ 与 $P$ 所交正垂线的侧面投影 $b''f''$。

③作正截面 $P$ 与五棱柱侧棱线交点 $C$、$D$、$E$ 的侧面投影 $c''d''e''$，且将同一棱面上的点顺序连接即可。

## 第二节　曲面立体的投影

曲面可看作由一条线按一定的规律运动而成，运动的线称为母线，曲面上任一位置的母线称为素线。若母线绕轴线旋转，则形成回转面。回转面的形状取决于母线的形状及母线与轴线的相对位置。工程中常见的曲面回转体，主要有圆柱体、圆锥体、球体、圆环等。

绘制回转立体的投影，就是绘制围成回转立体各表面的投影。其中作回转面的投影就是画出其外形轮廓线。由于轮廓线是回转体可见与不可见部分的分界线，因此又称转向轮廓线。转向轮廓线在不同的投影中有其确定的对应位置。

需要注意的是：在作各回转体的投影时，必须先画出轴线和圆的对称中心线。

### 一、圆柱体的投影

圆柱体是由圆柱面、顶面和底面所围成。圆柱面可以看成是：由与轴线平行的一直母线绕其轴线回转而成。在图 5－9 中，展示了圆柱体的投影过程和三面投影图。

空间分析：从图 5－9a 中可见，圆柱的轴线为铅垂线，圆柱面上所有的素线都垂直于水平面，所以其水平投影积聚成一圆，而正面和侧面投影为不同方向的转向轮廓线。圆柱的顶面和底面为水平面，其水平投影反映圆的实形，而正面和侧面投影积聚成直线，长度等于圆的直径。

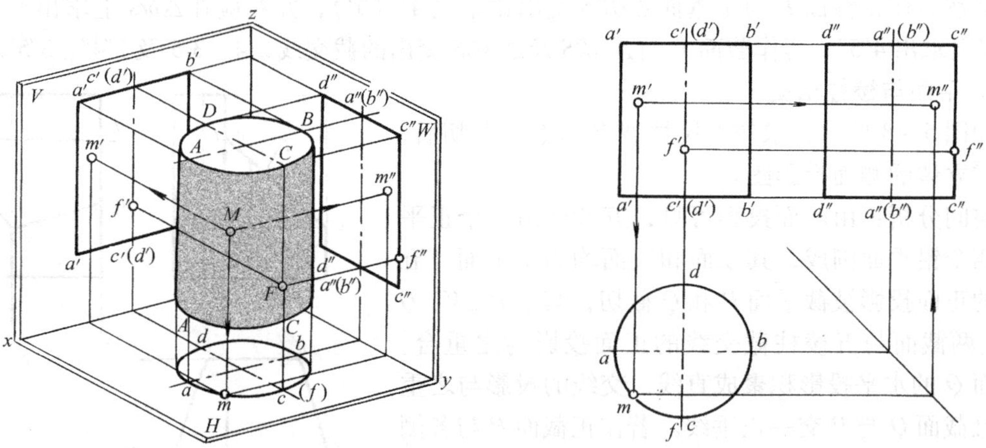

a)　　　　b)

图 5－9　圆柱的投影

作图步骤：①画出圆柱的轴线及对称中心线的投影——点划线，并作出圆柱面具有积聚性的水平投影圆如图 5－9b 所示。

②作出圆柱的顶面和底面积聚成直线的正面投影和侧面投影，其长度等于圆的直径。

③画出前半柱面与后半柱面转向轮廓线的正面投影 $a'a'$ 与 $b'b'$；再画出左半柱面与右半柱面转向轮廓线的侧面投影 $c''c''$ 与 $d''d''$。

从图 5－9b 中可见，圆柱面上 $F$ 点的正面投影 $f'$ 在柱面的中心线上，说明 $F$ 为左半与右半柱面转向轮廓线上的特殊点，可直接对应在 $c''c''$ 上求出 $f''$，而在柱面积聚性的圆上可对应出 $f$。

圆柱面上的点 $M$ 为柱面上一般位置点，若已知其正面投影 $m'$，可在积聚性的水平投影

圆上确定 $m$，并由 $y$ 坐标对应作出侧面投影 $m''$。

## 二、圆锥体的投影

圆锥体是由圆锥面和锥底面所围成。圆锥面可看成是：由一条与轴线相交的直母线，绕其轴线回转而成。在图 5－10 中，展示了圆锥体的投影过程和三面投影图。

空间分析：从图 5－10a 中可见，圆锥的轴线为铅垂线，圆锥面上所有的素线都交轴线于 $S$ 点。圆锥面的正面和侧面投影为不同方向的转向轮廓线。圆锥的底面为水平面，其水平投影反映锥底圆的实形，而正面和侧面投影积聚成直线，长度等于圆的直径。

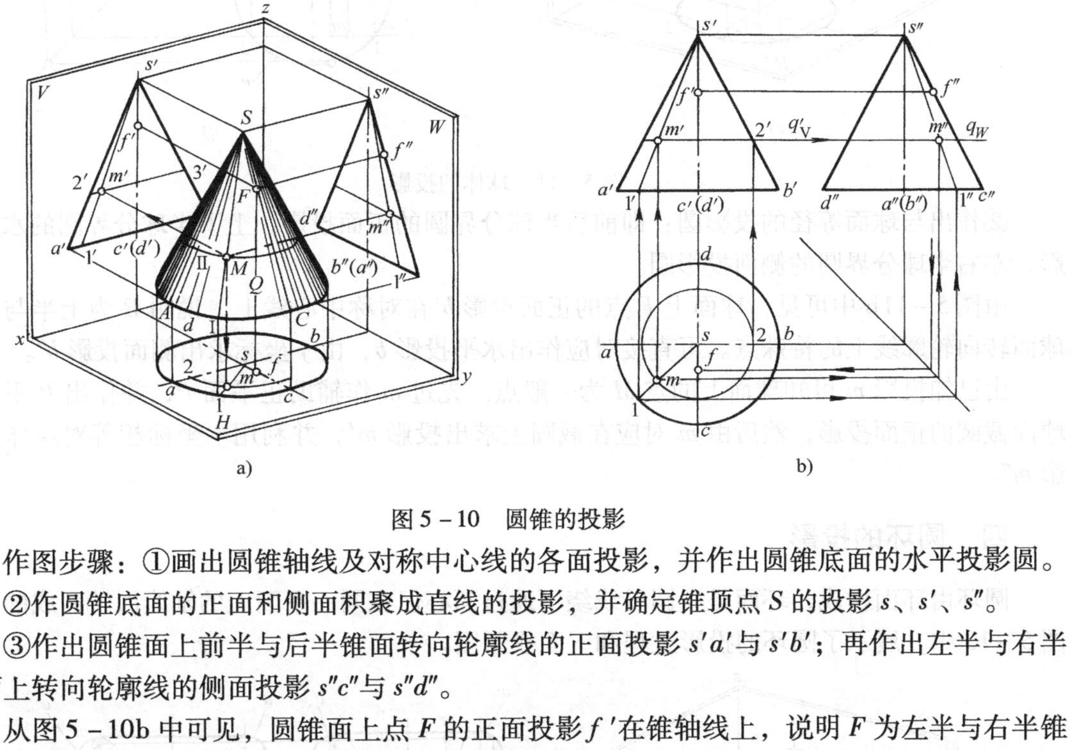

图 5－10　圆锥的投影

作图步骤：①画出圆锥轴线及对称中心线的各面投影，并作出圆锥底面的水平投影圆。

②作圆锥底面的正面和侧面积聚成直线的投影，并确定锥顶点 $S$ 的投影 $s$、$s'$、$s''$。

③作出圆锥面上前半与后半锥面转向轮廓线的正面投影 $s'a'$ 与 $s'b'$；再作出左半与右半锥面上转向轮廓线的侧面投影 $s''c''$ 与 $s''d''$。

从图 5－10b 中可见，圆锥面上点 $F$ 的正面投影 $f'$ 在锥轴线上，说明 $F$ 为左半与右半锥面上转向轮廓线上的特殊点。可直接对应作出侧面投影 $f''$，并由 $y$ 坐标关系对应求出水平投影 $f$。

由已知投影 $m$ 可知锥面上的点 $M$ 为一般点，先过 $M$ 与锥顶 $S$ 作辅助线 $S$Ⅰ，并作出 $S$Ⅰ的正面和侧面投影 $s'1'$ 及 $s''1''$，然后由 $m$ 对应求出投影 $m'$ 及 $m''$ 即可。也可利用辅助平面 $Q$ 的截圆作出锥面上一般点 $M$ 的投影。

## 三、球体的投影

球体的表面为球面。球面可认为是：以半圆为母线绕其直径回转一周而成；或空间一动点与定点等距离运动的轨迹。在图 5－11 中，展示了圆球体的投影过程和三面投影图。

空间分析：从图 5－11a 中可见，球的三面正投影都是大小相同的圆，圆的直径等于球的直径。三面投影圆为球面上不同方向的转向轮廓线，且在各投影中有其确定的位置与之对应。

作图步骤：①依球面直径确定三面投影的位置，画出圆球体三面投影圆的对称中心线。

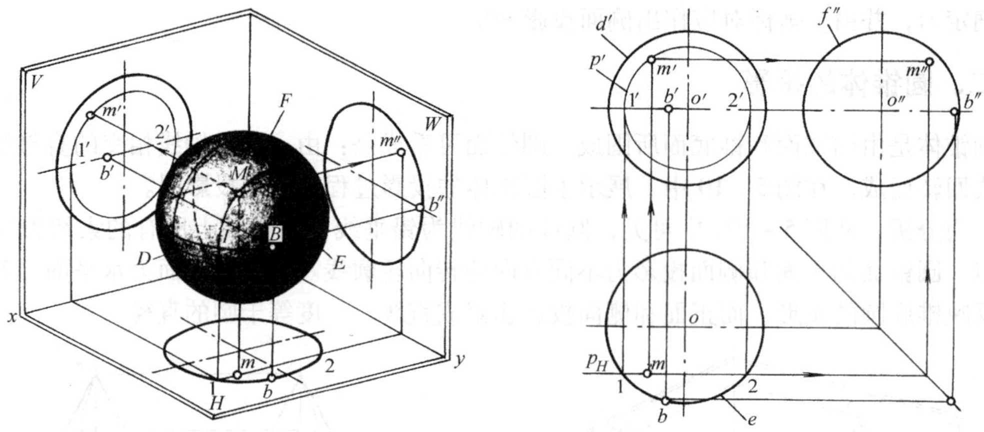


图 5－11　球体的投影

②作出与球面等径的投影圆：即前后半球分界圆的正面投影，上下半球分界圆的水平投影，左右半球分界圆的侧面投影圆。

由图 5－11b 中可见，球面上 $F$ 点的正面投影 $b'$ 在对称中心线上，说明 $B$ 为上半与下半球面转向轮廓线上的特殊点。可直接对应作出水平投影 $b$，由 $y$ 坐标求出侧面投影 $b''$。

由已知投影 $m$ 可知球面上的点 $M$ 为一般点。先过 $m$ 作辅助正平面 $P$，并作出 $P$ 平面与球面截圆的正面投影，然后由 $m$ 对应在截圆上求出投影 $m'$，并利用 $y$ 坐标相等对应作出投影 $m''$。

## 四、圆环的投影

圆环由环面构成，环面是一圆母线绕不通过圆心但在同一平面上的轴线回转而成的。在图 5－12 中，展示了圆环的投影过程和三面投影图。

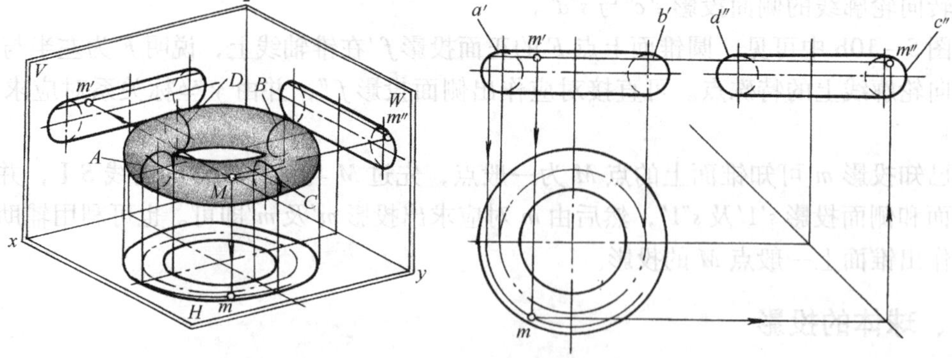


图 5－12　圆环的投影

如图 5－12a 所示，环面轴线垂直于 $H$ 面，在正面投影上左右两圆是圆环面上平行于 $V$ 面的 $A$、$B$ 两圆的投影，它们是前、后半环面的外形轮廓线；侧面投影的两圆是圆环上平行于 $W$ 面的 $C$、$D$ 两圆的投影，它们是左、右半环面的外形轮廓线；水平投影上画出最大和最小圆，它们是上、下半环面的外形轮廓线；正面和侧面投影顶与底两直线是环面最高、最低圆的投影，它们是区分内、外半环面的外形轮廓线。

如图 5 – 12b 中所示，若已知环面上 $M$ 点的正面投影 $m'$，可过 $m'$ 点作辅助水平面 $Q$ 的截圆，求出 $m$、$m''$。

实际上的回转体有时是由上述圆柱、圆锥、圆球、圆环等全部或部分组合而成的。在画组合回转体时，在不同的投影面上，要画出不同基本立体的外形轮廓线，并要注意对各形体光滑过渡处轮廓线的连接。

## 第三节　平面与曲面体相交

在机件上常遇到平面与曲面立体相交的情况，平面与曲面立体表面相交产生的截交线，常为封闭的平面曲线，它是截平面与曲面立体表面的共有线，如图 5 – 13 所示。

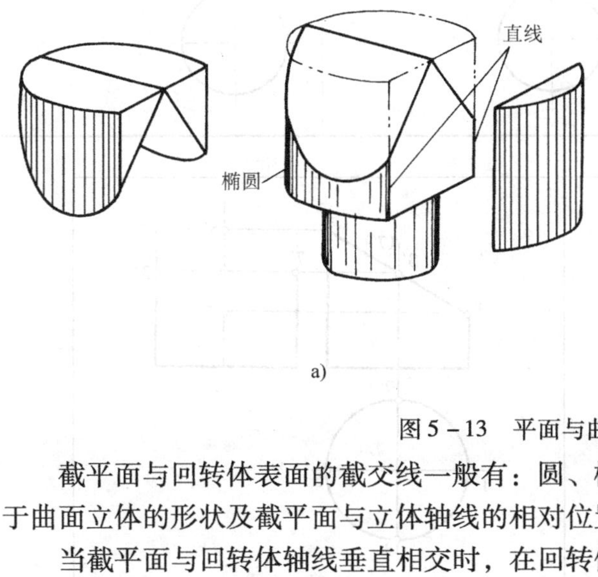


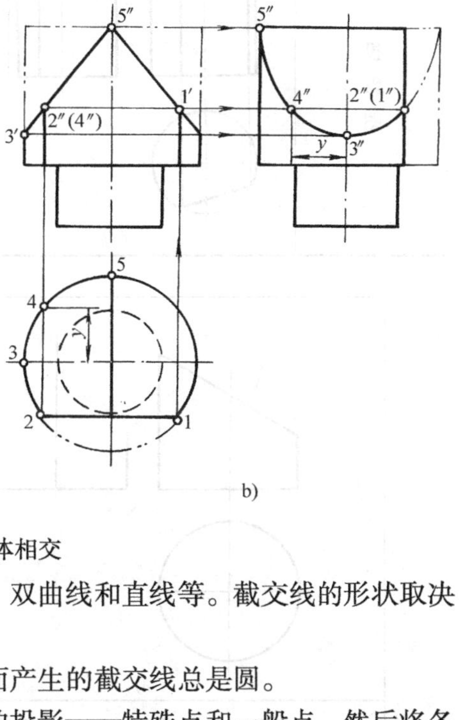


图 5 – 13　平面与曲面立体相交

截平面与回转体表面的截交线一般有：圆、椭圆、双曲线和直线等。截交线的形状取决于曲面立体的形状及截平面与立体轴线的相对位置。

当截平面与回转体轴线垂直相交时，在回转体表面产生的截交线总是圆。

求作截交线的投影，就是求出截交线上一系列点的投影——特殊点和一般点，然后将各点圆滑连接起来，并判断其可见性。

### 一、平面与圆柱相交

根据截平面与圆柱轴线的相对位置不同，则截面与圆柱面相交会产生不同的截交线。在表 5 – 1 中列出了不同截面位置时，所产生截交线的立体图和投影图。

求作圆柱表面的截交线时，一般利用圆柱面积聚性的投影圆直接求点。根据求出的一般点和特殊点，圆滑连接即可作出截交线的投影。

**［例题 1］**　作出圆柱体被正垂面 $P$ 截切以后的侧面投影，如图 5 – 14 所示。

分析：由图中投影可知立体为圆柱面，其轴线垂直于 $H$ 面，所以水平投影积聚成一圆。圆柱面被与其轴线倾斜的正垂面 $P$ 截切，截交线为椭圆。截交线的正面投影与截面 $P$ 重合，其水平投影与圆柱面积聚性的圆重合，而交线的侧面投影仍为椭圆，须求出共有点作出。

**表 5－1　平面与圆柱面的交线**

| 截面位置 | 平行于轴线 | 垂直于轴线 | 倾斜于轴线 |
|---|---|---|---|
| 形状交线 | 矩形 | 圆 | 椭　圆 |
| 立体图 | 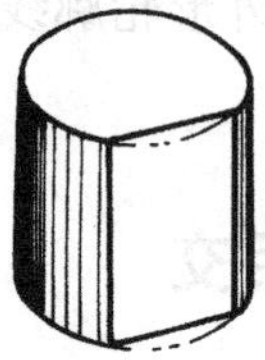 | 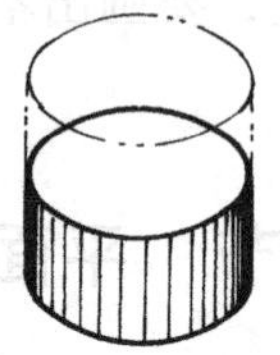 | 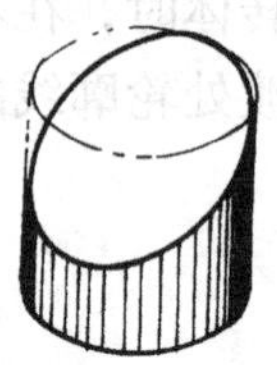 |
| 投影图 | 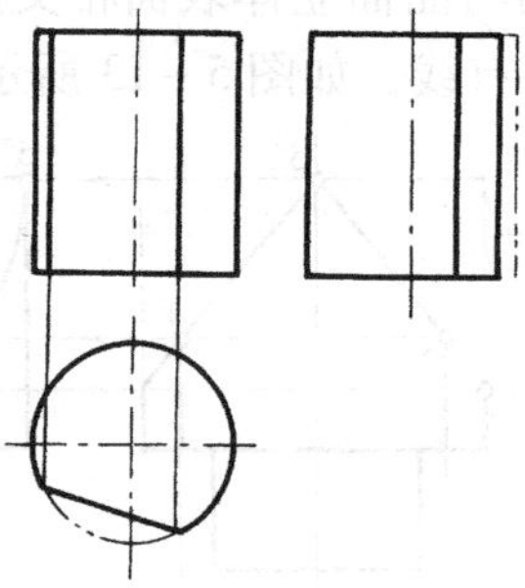 | 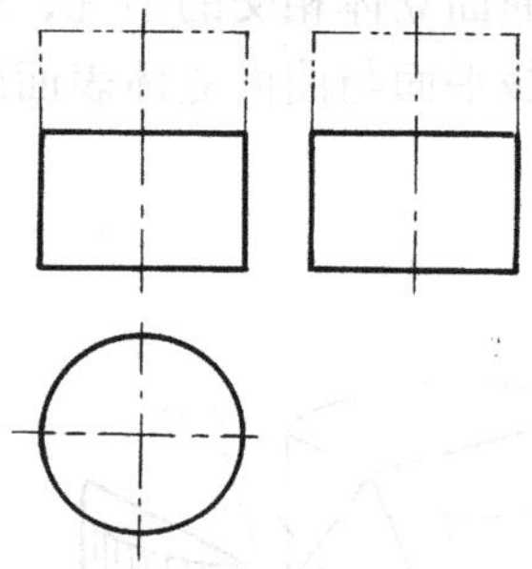 | 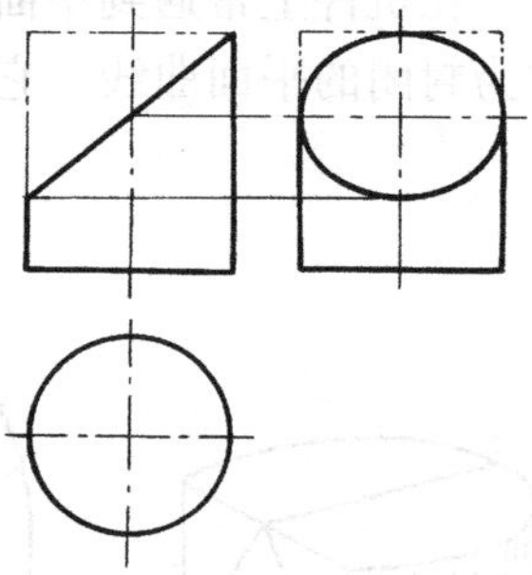 |

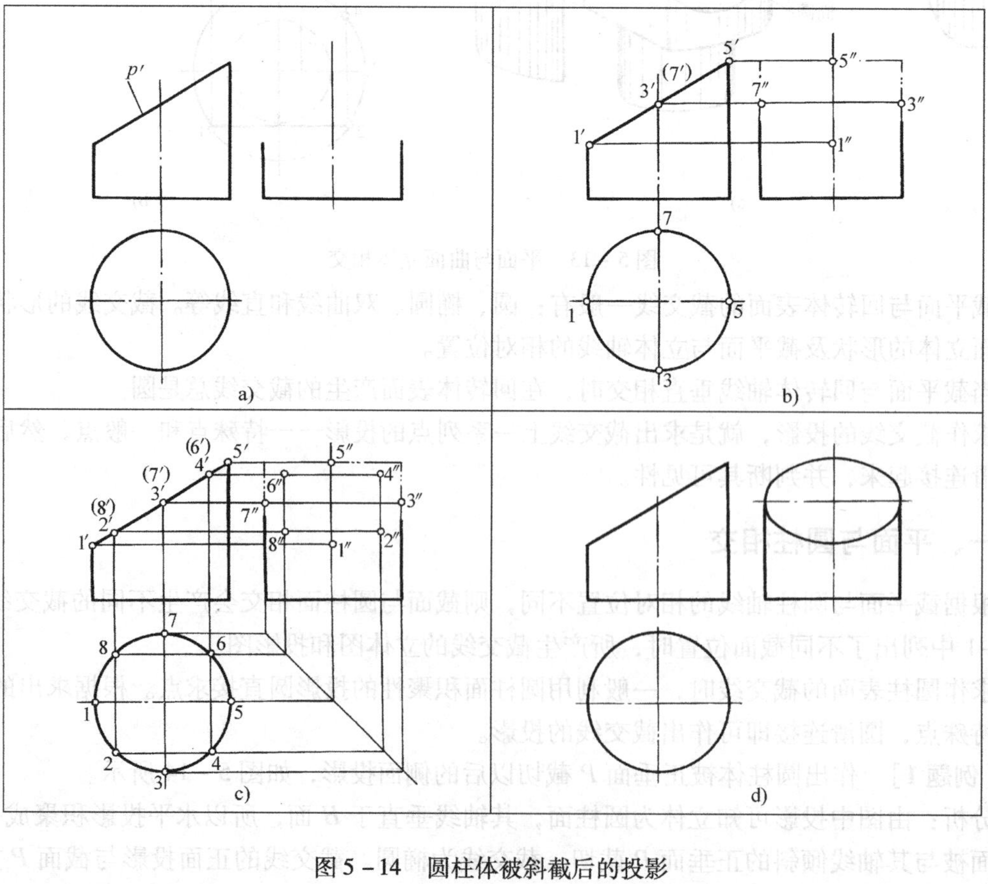


图 5－14　圆柱体被斜截后的投影

作图：①首先作圆柱面的侧面投影，即用细实线作出圆柱顶面与底面所积聚成的直线，及画出前后轮廓线的侧面投影，如图 5－14b 中所示，

②作截交线的侧面投影时，要先求出轮廓线上的特殊点，即由最低、最左点 1′对应求出 1″，由最高、最右点 5′对应求出 5″，再由最前点 3′、及最后点（7′）求出侧面投影 3″、7″。

③再利用圆柱面积聚性求一般点，如图 5－14c 所示，即由 2′（8′）及 4′（6′）对应求出投影 2、8 及 4、6，再由 $y$ 坐标对应作出侧面投影 2″、8″、4″、6″。

④最后，将所求的截交线上特殊点的侧面投影，及一般点的侧面投影顺序地连接起来并加粗，注意轮廓线加粗到特殊点 3″、7″为止。

**［例题 2］** 完成圆柱体左边被切凹形口，右边被切出凸台以后的水平投影，如图 5－15 所示。

分析：由投影可知基本立体为圆柱面，其轴线垂直于 $W$ 面，所以侧面投影积聚成一圆。圆柱面被与其轴线平行的两水平面，及与其轴线垂直的侧平面截切，其截交线为矩形及部分圆，截交线的正面投影均与截面重合。水平截面的侧面投影积聚成直线，其矩形交线的侧面投影与之重合，水平投影反映实形。而侧平面所截交线的侧面投影与积聚性的部分圆重合，其水平投影与截平面积聚性的投影重合。

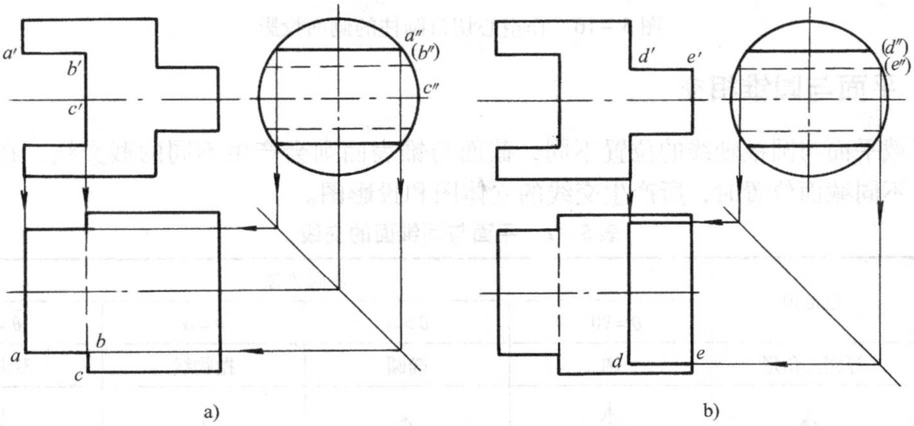


图 5－15　圆柱体被截切后的投影

作图：①先画出圆柱轮廓的水平投影，由圆柱侧面积聚性的投影圆，分别对应作出水平截面与圆柱面截交直线的水平投影，画出与轴线平行的交线，重合且前后对称。

②圆柱左端被截面中间切口，其侧平截面积聚性的水平投影不可见部分画成虚线，其前后两段圆弧投影成直线 $bc$，且应画成粗实线。应注意前后被切掉的轮廓线部分不再画出。

③圆柱右端上下被对称切出凸台，其侧平截面所截交线的水平投影可见，画成粗实线。

**［例题 3］** 已知空心切口圆柱的正面投影和水平投影，作出空心圆柱被切口后的侧面投影。如图 5－16 所示。

分析：空心圆柱的切口是由两个侧平面和一个水平面截切圆柱而成，其截口左右对称、前后对称。侧截面平行于圆柱轴线，与圆柱的内外表面的交线均为直线，且水平投影具有积聚性，侧面投影反映实形。水平截面垂直于圆柱轴线，与圆柱内外表面的截交线均为圆弧，其水平投影与积聚性的圆重合，侧面投影与水平截面重合。

作图：① 首先作空心圆柱面的侧面投影，并利用水平投影的积聚性和 $y$ 坐标，先作出侧截面与圆柱外表面的交线 $a''b''$，外表面轮廓线被截掉，且投影前后对称。

②作出侧截面与圆柱内表面的交线，由水平投影 $cd$ 和 $y$ 坐标作出（$c''$）（$d''$），内表面轮廓线被截掉，且投影前后对称。截交线和剩余轮廓线的高度与正面投影对齐。

③水平截面与其截交线的侧面投影成直线且重合，注意 $f''b''$为粗实线，而 $b''$（$d''$）为虚线。

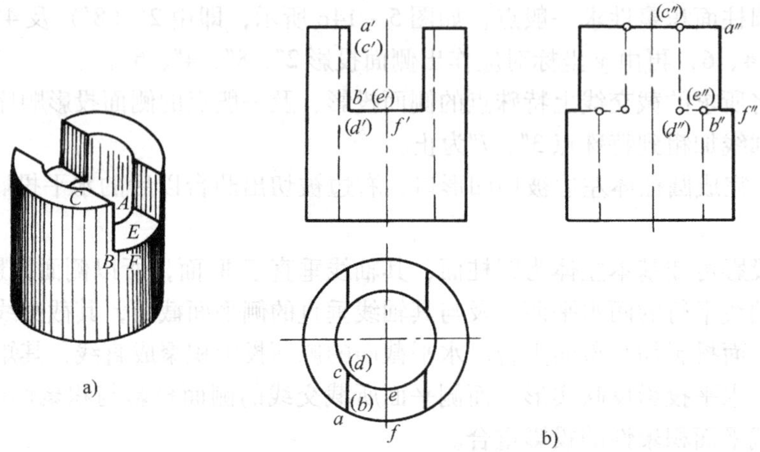

图 5－16　作空心切口圆柱的侧面投影

## 二、平面与圆锥相交

根据截平面与圆锥轴线的位置不同，截面与锥表面则会产生不同的截交线。在表 5－2 中列出了不同截面位置时，所产生交线的立体图和投影图。

表 5－2　平面与圆锥面的交线

| 截面位置 | 过锥顶 | 不过锥顶 | | | |
|---|---|---|---|---|---|
| | | $\theta=90°$ | $\theta>\alpha$ | $\theta=\alpha$ | $\theta=0$ |
| 交线形状 | 等腰三角形 | 圆 | 椭圆 | 抛物线 | 双曲线 |
| 立体图 | 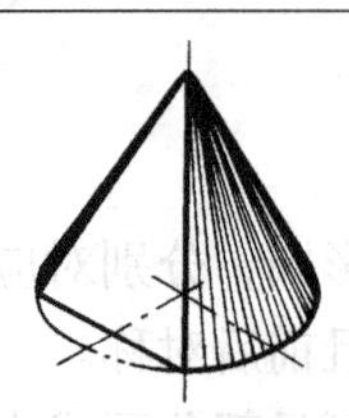 | 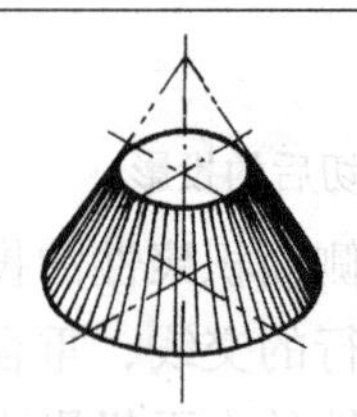 | 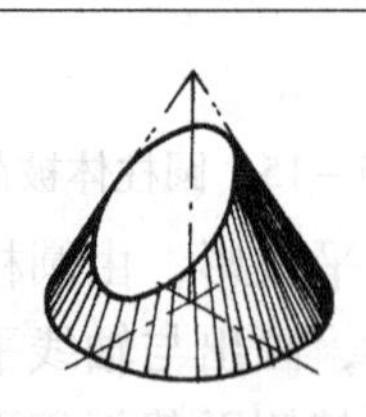 | 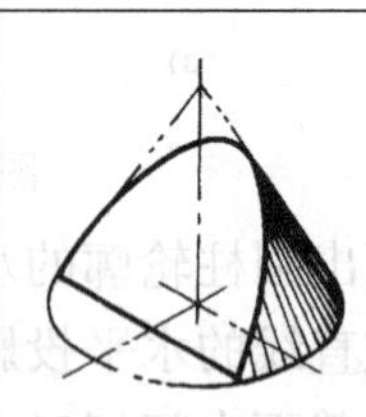 | 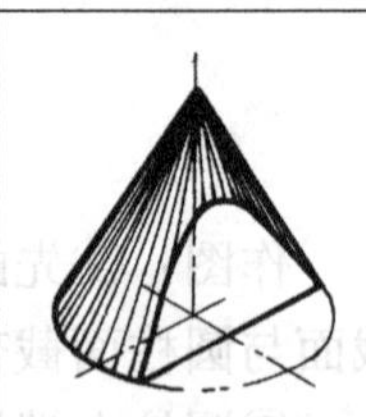 |
| 投影图 | 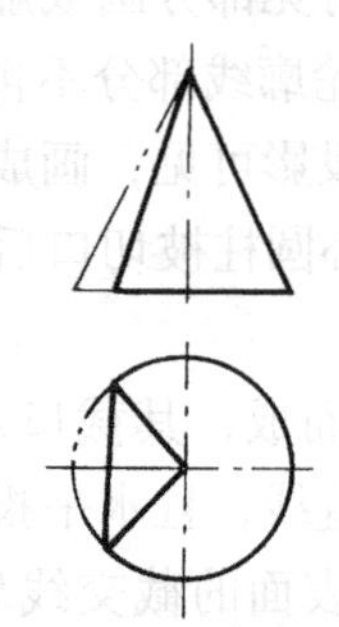 | 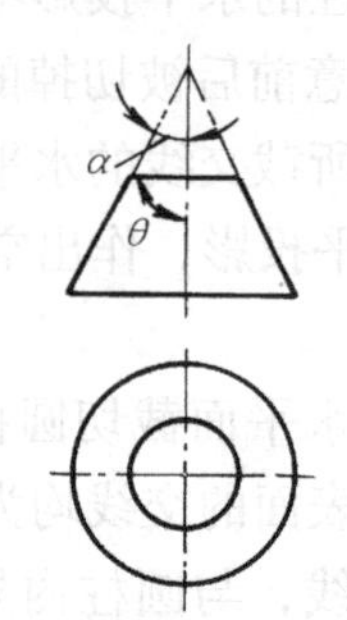 | 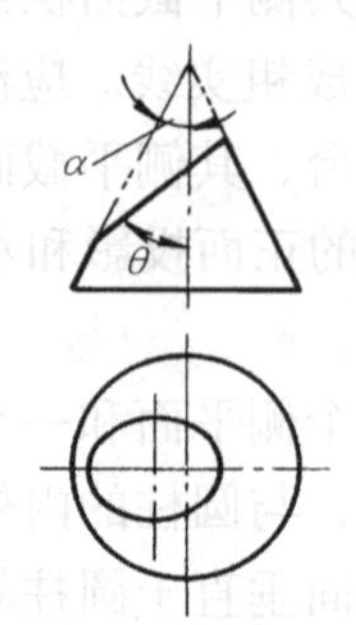 | 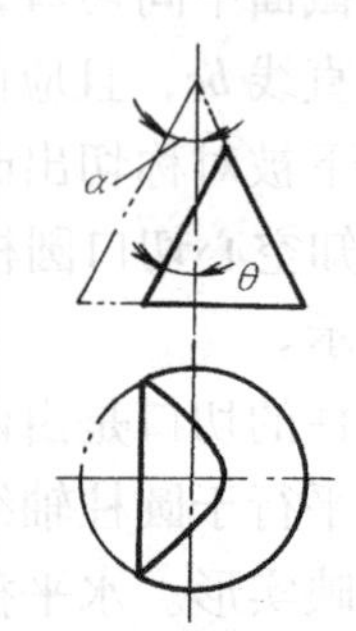 | 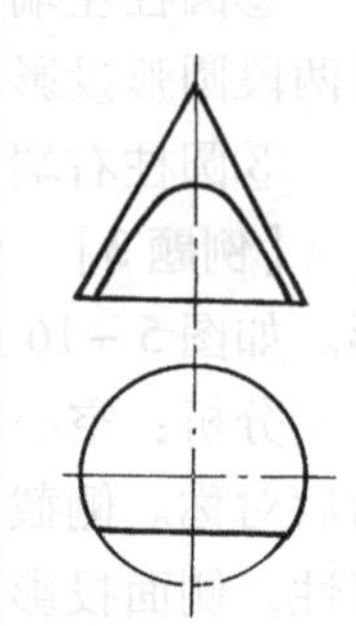 |

[**例题4**] 求作圆锥被 $Q$ 与 $P$ 平面截切以后，所截交线的投影，如图 5－17 所示。

分析：从图中可见基本立体为圆锥，其轴线垂直于 $H$ 面。圆锥面被水平面 $Q$ 和正垂面 $P$ 截切，其交线圆弧和抛物线的正面投影与截面重合。且 $Q$ 和 $P$ 两截平面相交一正垂线。截面 $Q$ 的侧面投影积聚成一直线，交线圆弧的侧面投影与之重合，而水平投影反映部分圆的真实形状。截面 $P$ 的侧面投影和水平投影均为曲线，须求点作出。

作图：①首先画出截面 $Q$ 与圆锥面交线圆弧的水平投影，圆弧画至截面 $Q$ 与 $P$ 的交线 12 处，并作交线圆弧侧面积聚成直线的投影，其直线 $1'2'$长度等于水平投影 12 的长度。

②然后作截面 $P$ 交锥面转向轮廓线上的特殊点。即由最高、最右点 $7'$求出投影 7 及 $7''$，由左右转向轮廓线上的点 $5'$（$6'$）求出投影 $5''$及 $6''$，并对应求出水平投影 5 和 6。

③再作辅助平面求一般点。过交线上的点 $3'$（$4'$）作辅助水平面 $R$，此 $R$ 截面与锥面交线为圆，水平投影反映圆的实形。由 $3'$（$4'$）对应求出投影 3、4 及 $3''$、$4''$。此时Ⅲ、Ⅳ为三面共点。

④最后，将所求交线上的特殊点和一般点顺序连接起来，即完成圆锥被截切后的投影。

在图 5－18 中所示，为圆锥被正平面 $P$ 截切，用辅助圆（水平截面）法作交线投影的作图过程。

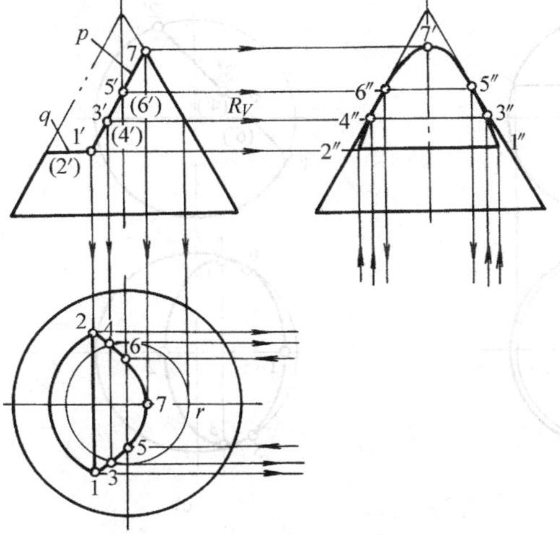


图 5－17 圆锥被截切后的投影

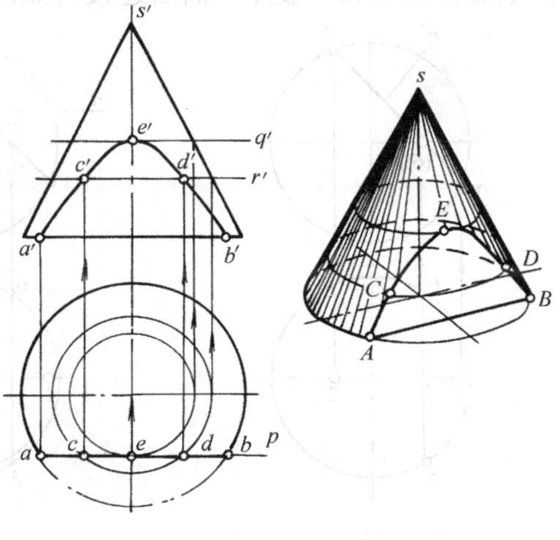


图 5－18 圆锥被正平面 $P$ 截切

## 三、平面与圆球相交

截平面与圆球任意位置相交，所产生的截交线都是圆。圆交线在截平面所平行的投影面上的投影反映实形，另两投影与截平面积聚成直线的投影重合，如图 5－19 所示。

[**例题5**] 作出半圆球体被切口以后交线的投影，如图 5－20 所示。

分析：由图 5－20 可见，半球面被水平面和两侧平面截出凹槽，所截交线的正面投影与截平面重合。水平截面与球面相交两段水平圆弧，其水平投影反映圆弧的实形；而两侧平截面与球面分别截出平行于侧面的两圆弧，其两圆弧侧面实形的投影重合。水平截面与两侧平截面相交出两条正垂线。

作图：①先画出水平面所截两段圆弧的水平实形的投影，而水平截面的侧面投影积聚成直线，中间不可见部分画成虚线，其两端交线弧的投影与之重合且可见。

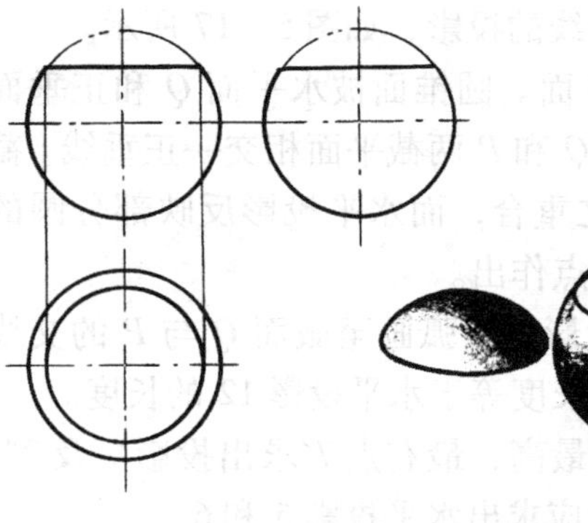

图 5－19　平面与圆球相交

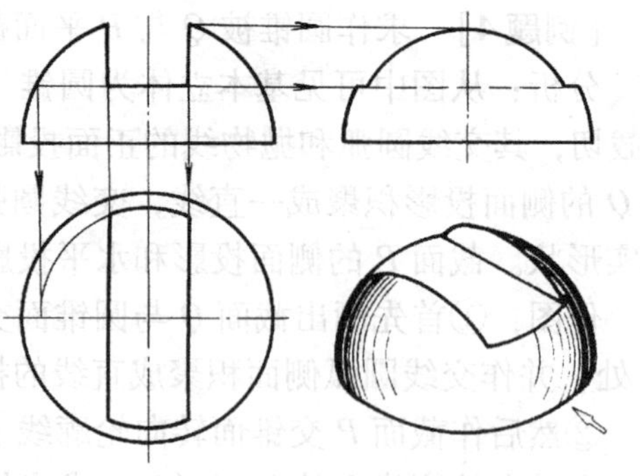

图 5－20　球被切口后的投影

②然后作两侧平面所截圆弧的侧面实形的投影，两侧平截面的水平投影积聚成两直线，其交线的水平投影与之重合。

**［例题 6］**　完成圆球被正垂面 $P$ 截切以后的水平投影，如图 5－21 所示。

分析：可见正垂面 $P$ 截切球面交线形状为圆，其正面投影与截面 $P$ 重合。由于截面 $P$ 与水平投影面倾斜，因此截交线圆在水平面上的投影为椭圆。要作出该投影椭圆，必须求出椭圆上的特殊点和一般点，而后连接各点即可作出投影椭圆。

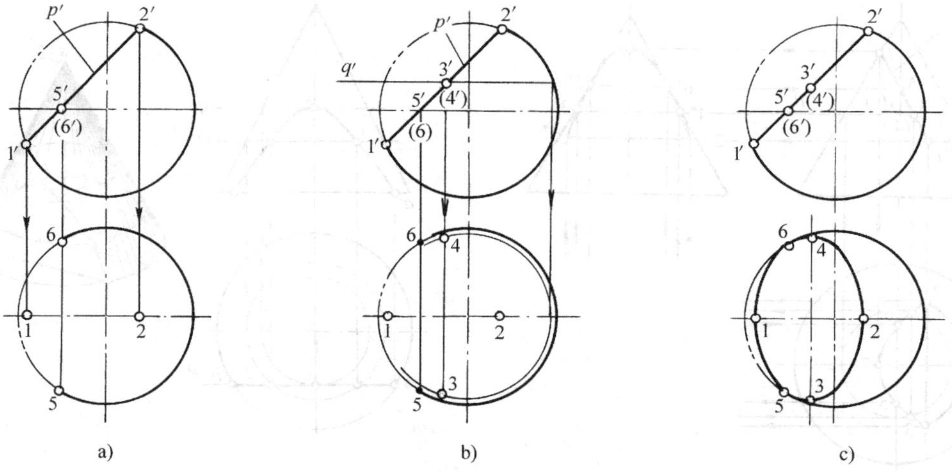


图 5－21　球被截切后的水平投影

作图：①先求球面转向轮廓线上的特殊点。即由前后转向轮廓线上的最底、最左点 1′，和最高、最右点 2′，对应求出水平投影 1 和 2。

②再由中心线上的 5′（6′）投影，对应求出上下转向轮廓线上点的水平投影 5 和 6。

③取 1′2′的中点 3′（4′），且过 3′（4′）作辅助水平面 $Q$ 与球面相交，其交线圆的水平投影反映实形。由 3′（4′）对应在交线圆上求出 3、4，直线段 34 为投影椭圆的长轴。

④可利用辅助平面的方法再求些一般点，然后顺序连接各点并判别可见性。

## 四、立体的组合截切

有两个以上的基本体便可构成组合体，平面与组合体截切一般会产生几段不同的交线，相邻两段交线的分界点必在组合体的分界线上。因此，作组合截切时应先确定各立体的形状，及确定相邻立体间的分界线，然后分别作出各自的截交线。

**[例题7]** 作出组合立体被截切后的侧面投影和水平投影，如图5－22所示。

分析：由图可见组合体是由圆锥和圆柱构成的，锥与柱的轴线重合且垂直于侧面。水平截面$Q$平行于立体轴线，截交线分别为双曲线和矩形，其水平投影反映实形，侧面投影与$Q$截面积聚性的投影重合。而正垂截面$P$与立体轴线倾斜，截交线为椭圆的一部分，其侧面投影与圆柱面积聚性的投影重合，水平投影为椭圆曲线。截平面$Q$与$P$相交一正垂线$BC$，各截交线的正面投影重合于$Q$及$P$截面的投影。

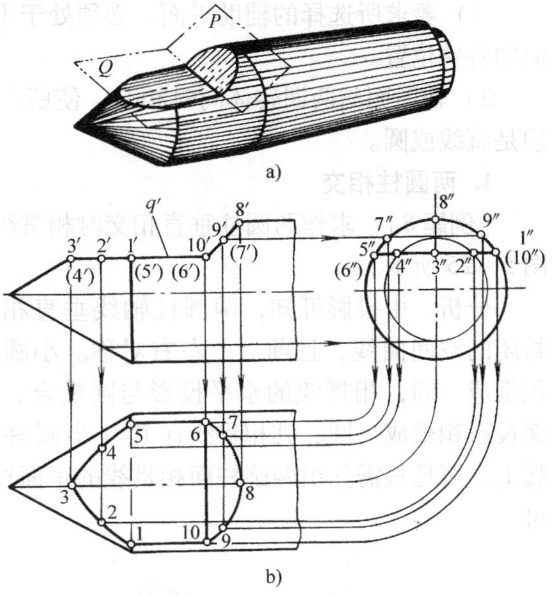

图5－22　组合立体被截切后的投影

作图：①先画出截面$Q$所截交线的侧面投影，其重合于$Q$截面。并由10′（6′）及10″6″对应求出10和6，且过10、6作出圆柱面上截交直线的投影。

②再由锥面上交线特殊点3′对应求出3，另两特殊点1、5在锥柱分界线上。并过2′（4′）作辅助侧平面，由交线圆对应求出投影2″、4″及2、4。顺序连接各点作出双曲线的水平投影。

③另由柱面上交线特殊点8′对应求出8，并由9′（7′）在圆柱面积聚性投影上求出9″7″，且利用$y$坐标可对应作出投影9及7。顺序连接各点则可作出椭圆曲线的水平投影。

通过以上的分析和作图，可知作回转体表面截交线的方法步骤：

1）分析回转体的投影特点并想清立体的形状。

2）确定截面与立体的相对位置并分析截交线。

3）利用外形线或积聚性求作交线上的特殊点。

4）作辅助平面求出截交线上一般点的各投影。

5）顺序圆滑连接交线上的各点并判别可见性。

## 第四节　两回转体表面相交

通常见到两回转立体表面相交的情况，如图5－23。两回转立体表面相交产生的交线称为相贯线，它是两立体表面的共有线，一般是封闭的空间曲线，特殊情况下是平面曲线或直线。

求作两立体表面相贯线的投影，实质上就是求出相贯线上一系列共有点的投影。只要求出相贯线上一系列的特殊点和一般点，然后顺序连接各点即可作出两立体的相贯线。



图5－23　相贯线的实例

### 一、辅助平面求点法

相贯线的辅助平面求点法，就是利用三面共点的原理求相贯线上的共有点，其作图原理如图 5－24 所示。可见辅助平面的选择原则：

1）要求所选择的辅助平面，必须处于平行或垂直于投影面的特殊位置。

2）辅助面与两回转体同时相交，使所产生的两截交线必须是直线或圆。

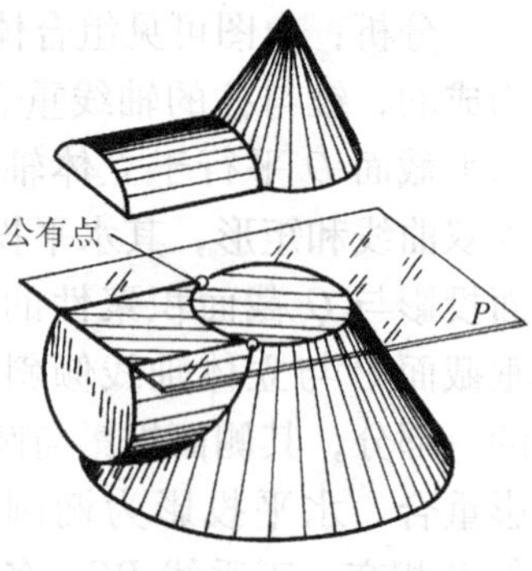


图 5－24　辅助平面法的作图原理

**1. 两圆柱相交**

［**例题 8**］　求作两圆柱垂直相交时相贯线的正面投影，如图 5－25 所示。

分析：由投影可知，两圆柱轴线垂直相交，其相贯线为封闭的空间曲线，且前后、左右对称。小圆柱面的水平投影积聚成一圆，相贯线的水平投影与圆重合。而大圆柱面的侧面投影积聚成一圆，其相贯线在其与小圆柱所共有的一段圆弧上。可见只需作出两圆柱面相贯线的正面投影。辅助平面选择水平面、正平面、侧平面均可。

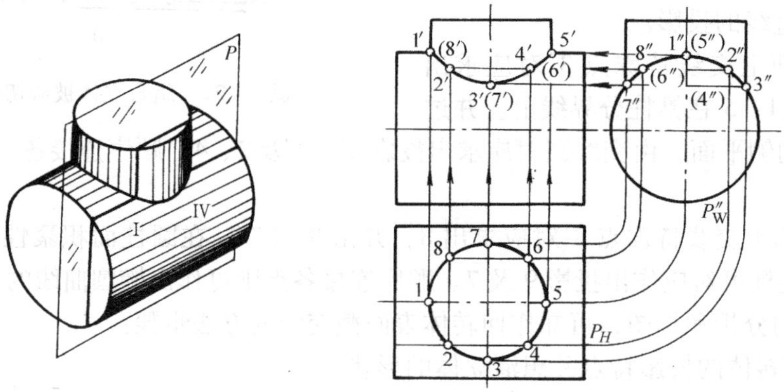


a)　　b)

图 5－25　两圆柱正交的相贯线

作图：①先确定两转向轮廓线相交的特殊点 1′、5′，并由小圆柱外形线与大圆柱面积聚圆的交点 3″、7″，对应作出正面投影 3′（7′）。

②再作辅助正平面 $P$，截面 $P$ 与两圆柱面的截交线都为直线，利用圆柱具有积聚性的正面投影和侧面投影，对应所截出两直线的交点 2′、4′即相贯线上的点。

③顺序连接各点则完成相贯线的投影。

在图 5－26 中为两空心圆柱相交的情况，其内外表面均产生了相贯线。圆柱孔内表面交线的投影一般不可见，求作方法与图 5－25 中的作图法类同，其作图过程这里不再叙述。

表 5－3 中列出了常见的圆柱正交时，内、外不同表面相贯线的投影。

［**例题 9**］　求作两圆柱轴线偏交时，圆柱表面相贯线的投影，如图 5－27 所示。

分析：两圆柱轴线垂直但不相交，相贯线是一条封闭的空间曲线，且左右对称。由于小圆柱的水平投影积聚为圆，其相贯线的水平投影与之重合；半圆柱面的侧面投影积聚为半圆，相贯线的投影则为一段共有的圆弧。现在只需求作相贯线的正面投影。

作图：①作相贯线的特殊点。在图 b 中利用圆柱面具有积聚性的水平投影和侧面投影，确定小圆柱转向轮廓线上的点 1′、2′、3′、6′及大圆柱转向轮廓线上的点 4′、5′。

②求相贯线上的一般点。在图 c 中作辅助正平面 $P$，截面 $P$ 与两圆柱面的截交线都为直线，同一截平面内两直线的交点 7′、8′即为相贯线上的点。

③依次光滑连接各点并判断可见性。2′、3′是可见与不可见的分界点，将 2′7′1′8′3′连线为粗实线，而 2′4′6′5′3′用虚线连接。

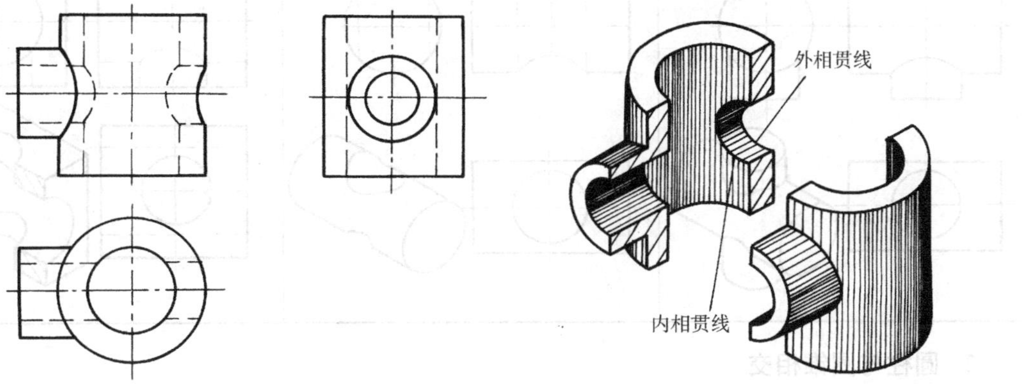


图 5－26　两空心圆柱的相贯线

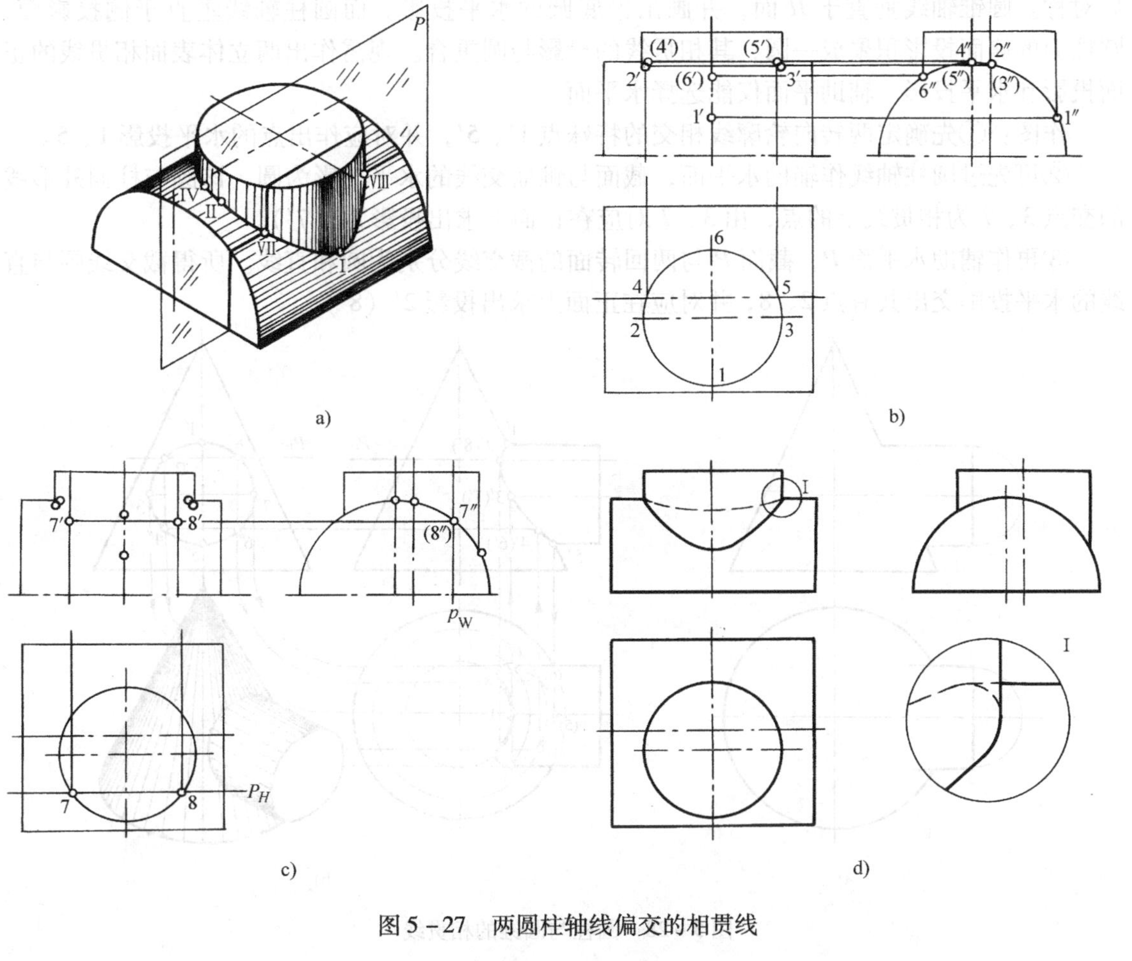


图 5－27　两圆柱轴线偏交的相贯线

**表 5－3　圆柱内、外不同表面相贯线的投影**

| 两实心圆柱相交 | 圆柱与柱孔相交 | 两圆柱孔相交 |
|---|---|---|
| 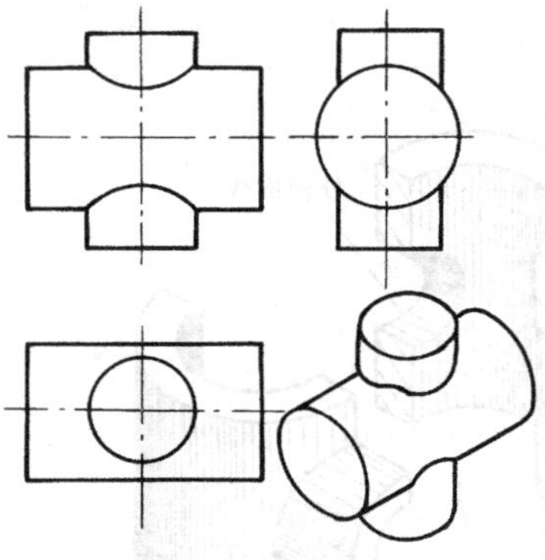 | 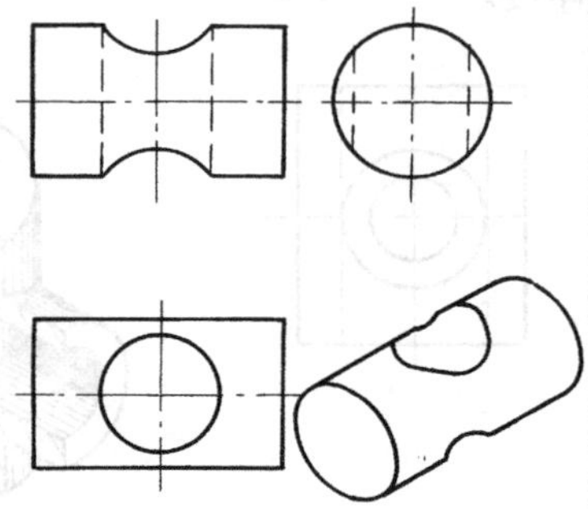 | 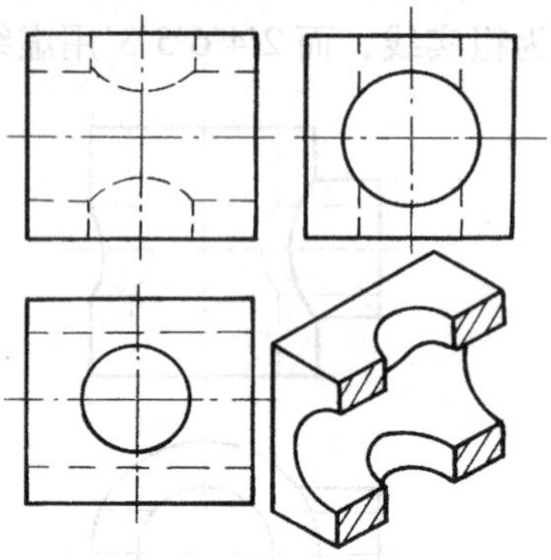 |

## 2. 圆柱与圆锥相交

［**例题 10**］　作出圆柱与圆锥表面相贯线的三面投影，如图 5－28 所示。

分析：从投影图 a 可见，圆柱与圆锥轴线垂直相交，其相贯线为封闭的空间曲线，且前后对称。圆锥轴线垂直于 $H$ 面，并画出锥底圆的水平投影。而圆柱轴线垂直于侧投影面，圆柱面的侧面投影积聚成一圆，其相贯线的投影与圆重合。现需作出两立体表面相贯线的正面投影和水平投影。辅助平面仅能选择水平面。

作图：①先确定两转向轮廓线相交的特殊点 1′、5′，并对应作出点的水平投影 1、5。

②可先过圆柱轴线作辅助水平面，截面与锥面交线的水平投影为圆，该圆与柱面外形线的交点 3、7 为相贯线上的点，由 3、7 对应在正面上求出投影 3′（7′）。

③再作辅助水平面 $P$，截面 $P$ 与两回转面的截交线分别为圆和直线。所得截交线圆与直线的水平投影交出共有点 2、8，并对应在正面上求出投影 2′（8′）。

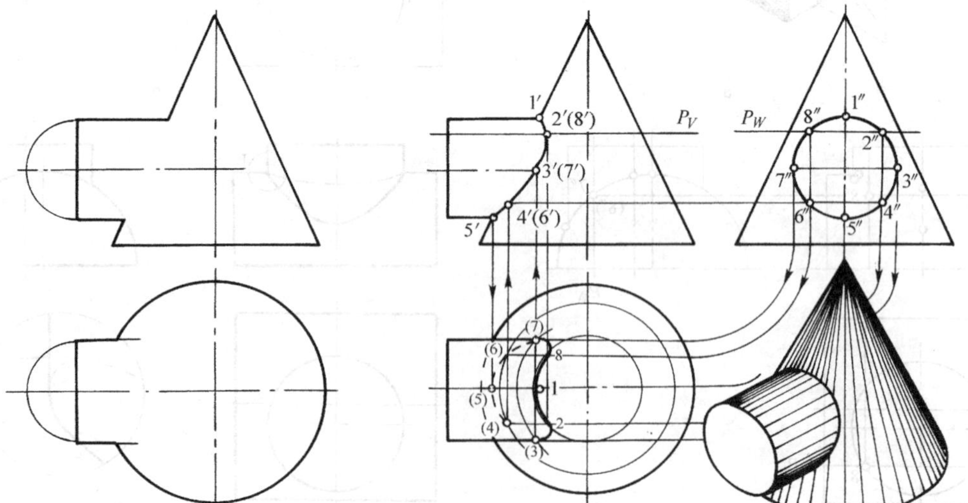


图 5－28　圆柱与圆锥的相贯线

④同样用作辅助水平面的方法，可求出相贯线上点的投影 4、6 及 4′、6′。顺序连接各点则完成相贯线的投影，注意下半圆柱面交线的水平投影不可见画成虚线。

**3. 圆锥与球相交**

**[例题 11]** 作出圆锥台与半球表面相贯线的三面投影，如图 5－29 所示。

分析：从投影可见，圆锥台轴线垂直于 $H$ 面，但并不过球心。而圆锥台与半球有共同的前后对称面，其相贯线前后对称且为封闭的空间曲线。辅助平面可选择水平面和一个过锥轴线的侧平面，求出一般点作出两立体表面相贯线的三面投影。

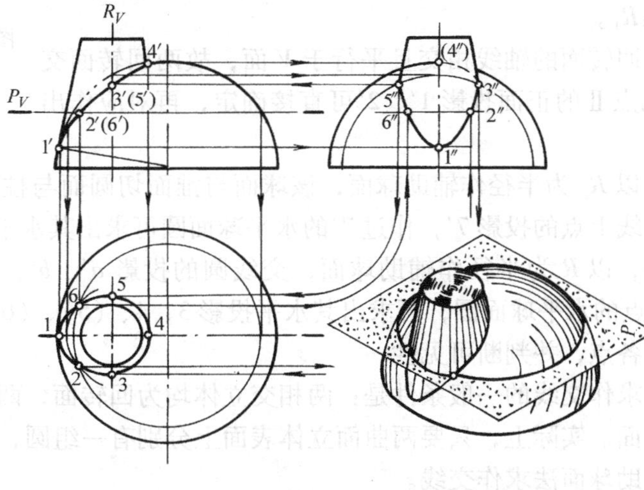


图 5－29　圆锥台与半球的相贯线

作图：①先确定两转向轮廓线相交的特殊点 1′、4′，并对应求出投影 1、4 及 1″、4″。

②过圆锥轴线作辅助侧平面，截面与锥面交在前后外形线上，而与球面交一侧平圆，该圆与锥面外形线有交点的投影 3″、5″，由此可对应求出投影 3′（5′）及 3、5。

③再作辅助水平面 $P$，截面 $P$ 与两回转面的截交线分别为两圆。所得两截交线的水平投影圆交出共有点 2、6，并对应求出正面投影 2′（6′）及侧面 2″、6″。

④同样用作辅助水平面的方法，可求出相贯线上其他一般点的投影，顺序圆滑连接各点则完成相贯线的投影。注意右半圆锥面交线的侧面投影不可见，应画成虚线。

通过以上的分析和作图，可知作立体表面相贯线的方法步骤：

1）想清立体的形状并确定两立体的相对位置。

2）利用外形线或积聚性求作交线上的特殊点。

3）作辅助平面求出相贯线上一般点的各投影。

4）顺序圆滑连接交线上的各点并判别可见性。

## 二、辅助球面求点法

辅助球面法是用球面作为辅助面，其基本原理是：当球心在回转面轴线上时，该球面与回转面相交，其相贯线为垂直于回转轴的圆，若回转面的轴线平行于某一投影面时，则该圆在投影面上的投影为垂直于回转轴线的直线；若两回转面轴线相交，则以轴线的交点为球心作一球面，球面与两回转面的交线分别为圆，由于两圆均在同一球面上，因此，两圆的交点即为两回转立体表面的共有点。辅助球面求交线的基本原理如图 5－30 所示。

［**例题 12**］ 作出圆锥台与圆柱轴线倾斜相交，表面相贯线的两面投影，如图 5－31 所示。

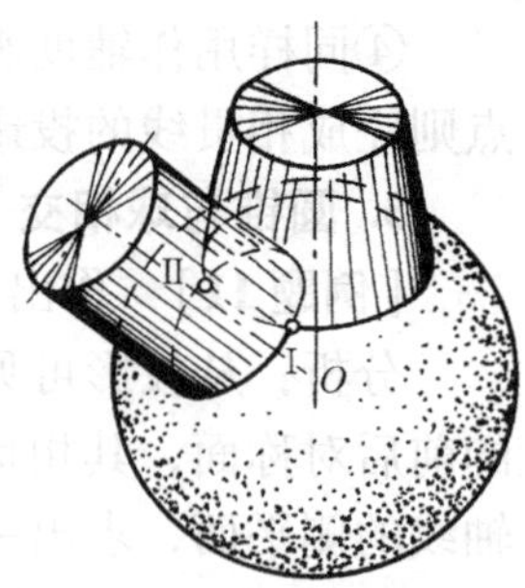

图 5－30 辅助球面法求交线的原理

分析：在图 5－31 中所示，为一圆柱面与圆锥面倾斜相交，因不便于应用辅助平面法求共有点，可采用辅助球面法。这时以两回转面轴线的交点为定球心，以适当半径作一球面，该球面与圆锥面及圆柱面相交于圆的正面投影均成直线，其交点即为两回转面的共有点。若变化球面的半径可求出一系列共有点，辅助球面的半径 $R$ 必须在 $R_1$、$R_2$ 之间，即 $R_2 \leqslant R \leqslant R_1$。

作图：①由于两回转面的轴线相交且平行于 $V$ 面，故两回转面交线的最高点Ⅰ和最低点Ⅱ的正面投影 1′、2′可直接确定，再对应作出水平投影 1、2。

②以 $o'$为圆心，以 $R_2$ 为半径作辅助球面，该球面与锥面切圆而与柱面交圆的正面投影均成直线；求得相贯线上点的投影 7′，作过 7′的水平球面圆可求出其水平投影 7。

③再以 $o'$为圆心，以 $R$ 为半径作辅助球面，交线圆的投影 $a'$、$b'$、$c'$交出一般点 3′和 5′，再分别作过这些点的水平球面圆，可求出其水平投影 3、4、(5)、(6)。

④依次光滑连接各点，并判断可见性。

应用辅助球面法求作交线的一般条件是：两相交立体均为回转面，两回转轴线必须相交且同时平行于一投影面。实际上，只要两曲面立体表面上分别有一组圆，若使两圆处在同一球面上，即可利用辅助球面法求作交线。

图 5－32 所示，即为利用变球心的辅助球面法，求作两回转立体表面交线的作图过程。

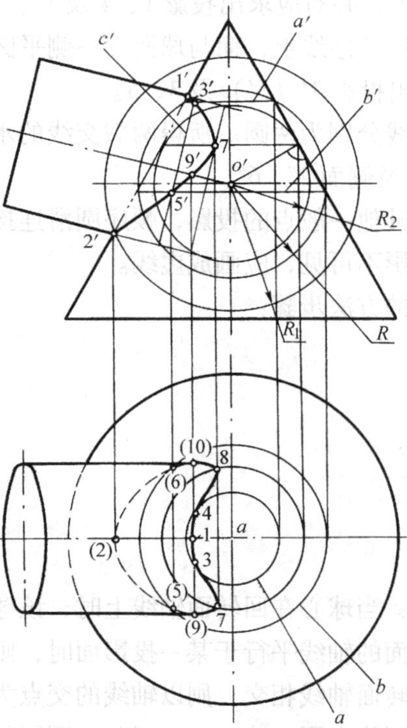

图 5－31 用同心球面法求相贯线

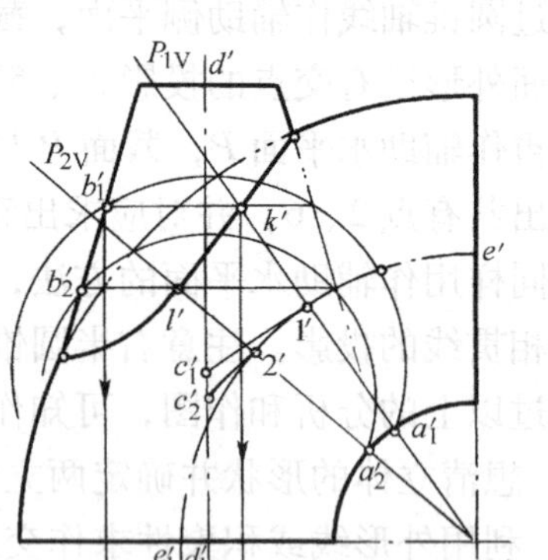

图 5－32 用变心球面法求相贯线

## 三、相贯线的特殊情况

两回转面的相贯线，一般情况下是空间曲线，但特殊情况下会是平面曲线或直线。在回转轴线平行的投影面上，相贯线可投影成为直线。

1）当两圆柱轴线平行或两圆锥共顶时，其相贯线为直线；两个同轴线回转面相贯，其交线必定是与其轴线垂直的圆，在回转轴线平行的投影面上，相贯线圆的投影为直线，其长度等于交线圆的直径。表5-4中所示为相贯线为直线和圆的实例。

**表5-4　相贯线为直线和圆的实例**

| | 两圆柱轴线平行相交 | 两圆锥共顶相交 |
|---|---|---|
| 交线为直线 | 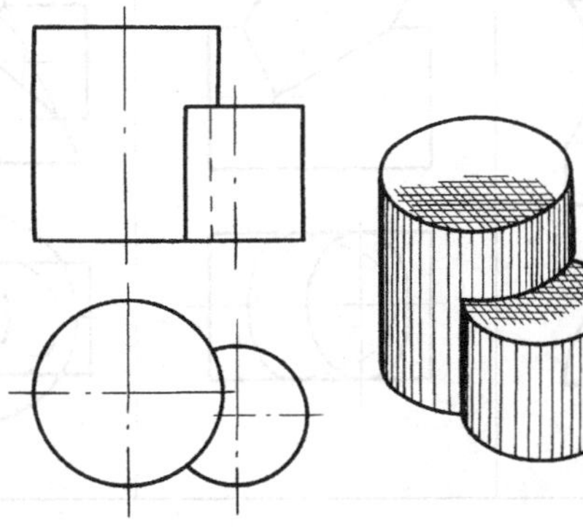 | 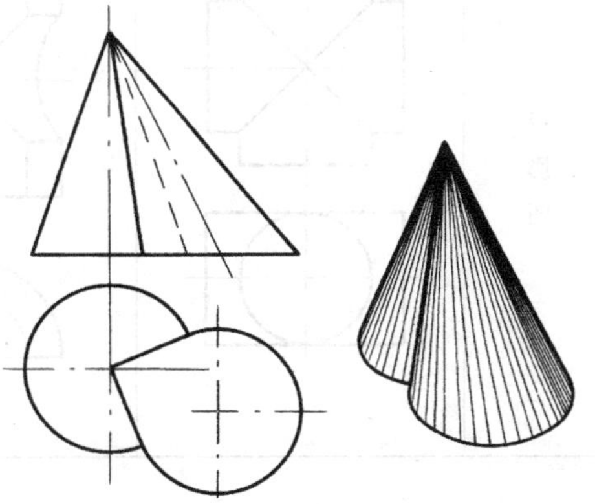 |
| | 圆柱与球共轴相交 | 圆锥与球共轴相交 |
| 交线为圆 | 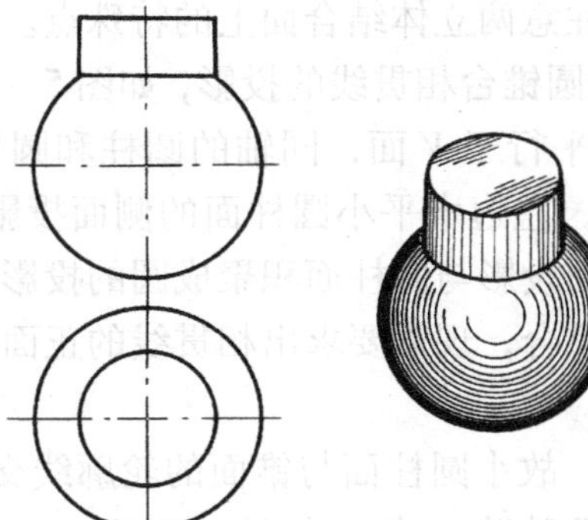 | 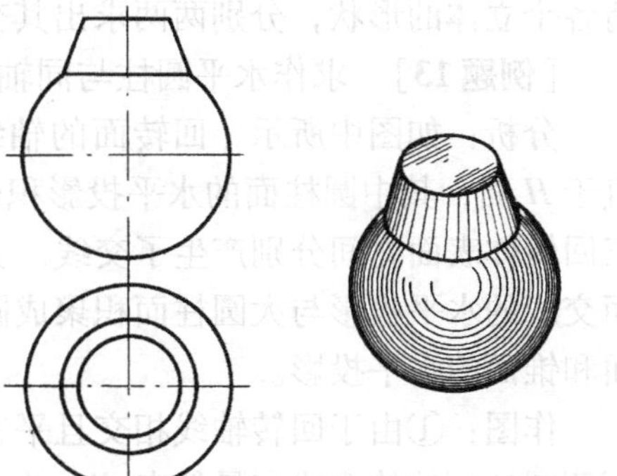 |

2）当两回转面轴线相交且公切于一球面时，其相贯线为平面曲线——椭圆；在回转轴线平行的投影面上，相贯线椭圆的投影为直线。如表5-5所示，直径相等的两圆柱、两圆孔、圆柱与圆锥相贯，其相贯线均为平面曲线椭圆的实例。

**表 5－5　相贯线为椭圆的实例**

| | 两等径圆柱相交 | 两等径柱孔相交 | 两等径圆柱斜交 | 圆柱与圆锥相交 |
|---|---|---|---|---|
| 立体图 | 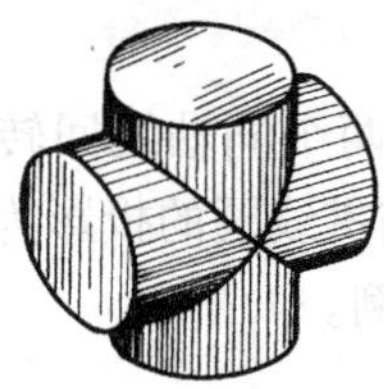 | 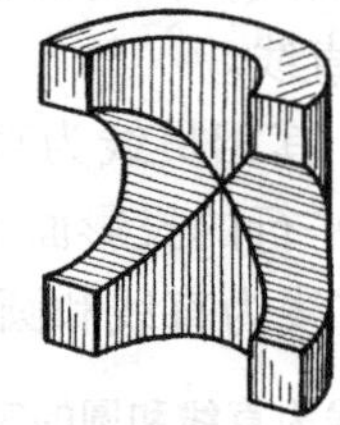 | 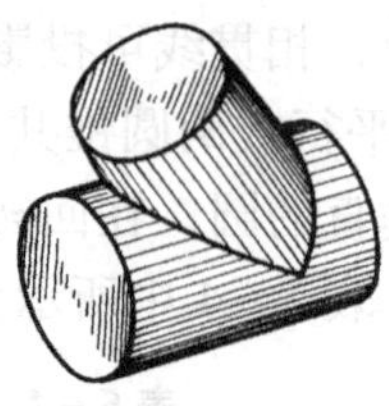 | 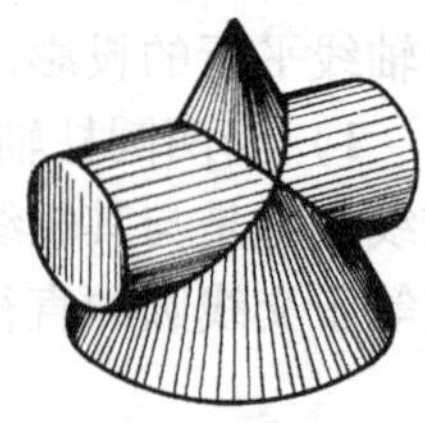 |
| 投影图 | 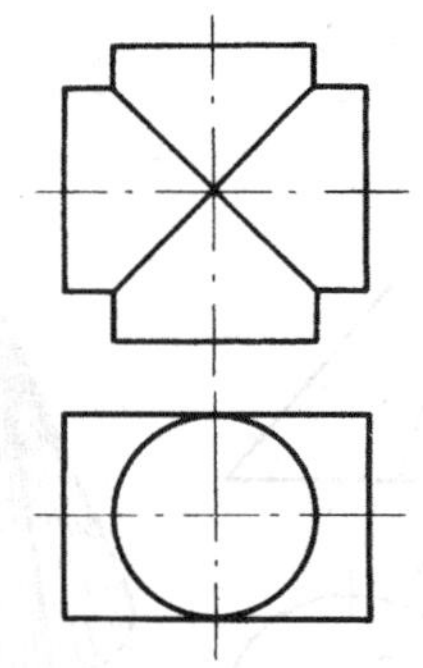 | 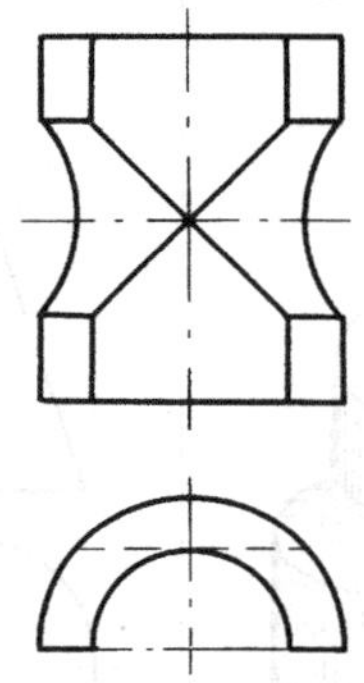 | 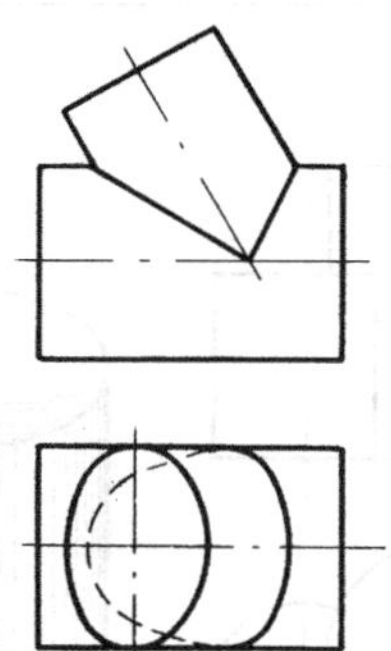 | 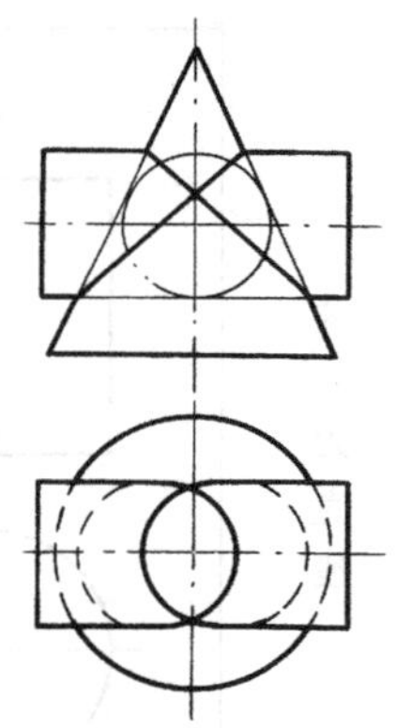 |

## 第五节　多形体相交

多形体相交就是由两个以上立体相贯的情况。求作多形体表面相贯线的投影时，首先分清各个立体的形状，分别两两求出其交线，并注意两立体结合面上的特殊点。

［**例题 13**］　求作水平圆柱与同轴的圆柱和圆锥台相贯线的投影，如图 5－33 所示。

分析：如图中所示，回转面的轴线相交且平行于 $V$ 面，同轴的圆柱和圆锥台的轴线垂直于 $H$ 面，其中圆柱面的水平投影积聚成一圆，左边水平小圆柱面的侧面投影积聚成一圆，三回转体表面之间分别产生了交线。交线的侧面投影与圆柱面积聚成圆的投影重合，两圆柱面交线的水平投影与大圆柱面积聚成圆的投影重合，现需要求出相贯线的正面投影，以及柱面和锥面的水平投影。

作图：①由于回转轴线相交且平行于 $V$ 面，故小圆柱面与锥面的轮廓线交出最高点 $a'$，而两圆柱面的轮廓线交最低点 $d'$，再对应作出两特殊点的水平投影 $a$、$d$。

②小圆柱面最前和最后的轮廓线在柱与锥的分界面上，其水平投影与锥面底圆和柱面顶圆分别交于 $b$ 和 $c$，并对应作出正面投影 $b'$、$c'$，该轮廓线与柱顶面交于直线 $BC$。

③作辅助平面分别求出交线上的一般点的水平投影 1、2 和正面投影 1′、2′。

④分别光滑连接柱面与锥面交线的两面投影，及两圆柱面交线的正面投影。

图 5－34 为多形体内外表面相交，在图 a 中给出了两空心柱及侧块的立体图与基本投影图；图 b 中为正面投影内外交线投影的求作过程，请读者自行分析与试作。

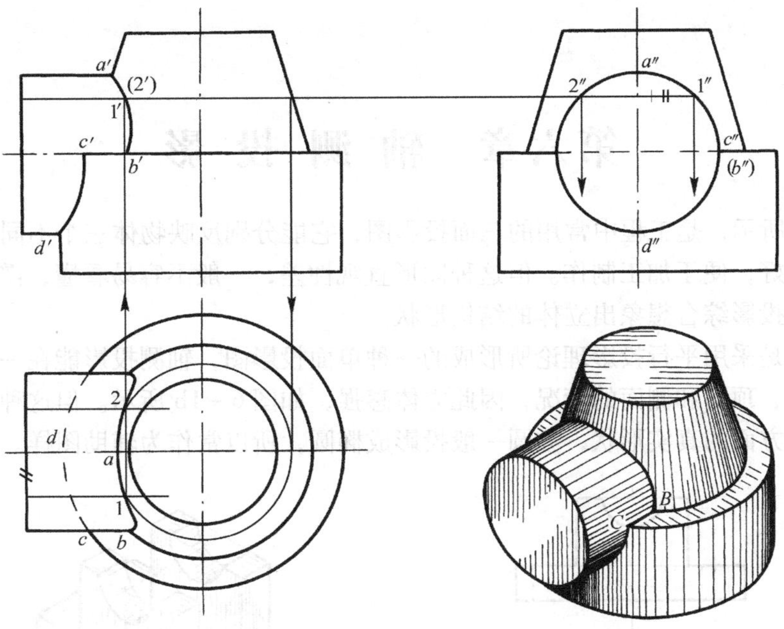


图 5－33　多形体表面的相贯线

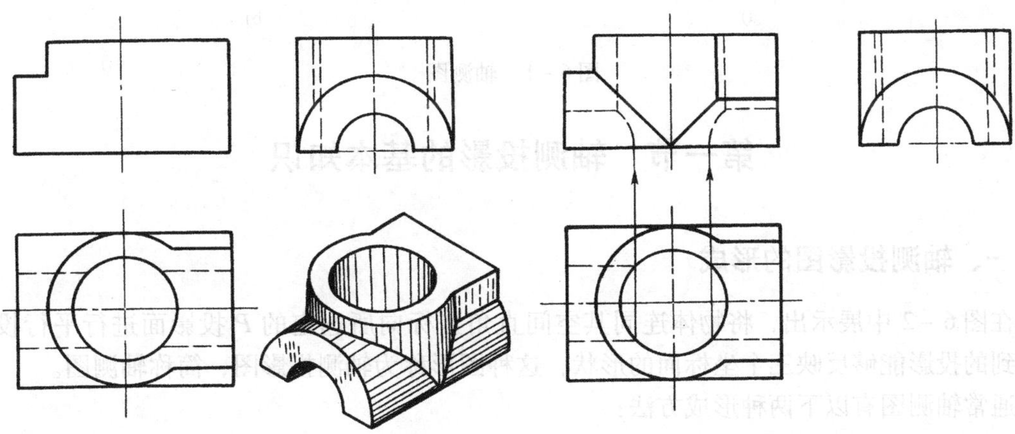


图 5－34　多形体内外表面相交

# 第六章　轴 测 投 影

图 6－1a 所示，是工程中常用的三面投影图，它能分别反映物体三个不同方面的真实形状，且度量性好，便于加工制作。但这种图形直观性差，一般不容易看懂，需要有专门的知识才能由三面投影综合想象出立体的结构形状。

轴测投影是采用平行投影理论所形成的一种单面投影图，轴测投影能在一个图形中同时反映物体正面、顶面和侧面的情况，因此立体感强，如图 6－1b 所示。但这种图形不能同时反映物体三个方面的真实形状，如圆一般投影成椭圆，所以常作为辅助图样。

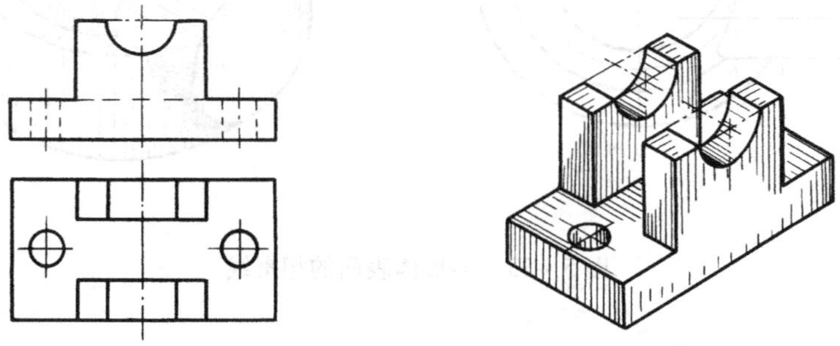

a)　　　　b)

图 6－1　轴测图

## 第一节　轴测投影的基本知识

### 一、轴测投影图的形成

在图 6－2 中展示出，将物体连同其空间直角坐标向所选定的 $P$ 投影面进行平行投影，使得到的投影能够反映三个坐标面的形状，这种图形称为轴测投影图，简称轴测图。

通常轴测图有以下两种形成方法：

1）投影方向 $S$ 仍与轴测投影面 $P$ 垂直，使物体上的三个坐标面倾斜于投影面 $P$，所得到的轴测投影图称正轴测图。

2）投影方向 $S$ 与轴测投影面 $P$ 倾斜，使得到的投影图形能反映物体三个坐标面中的形状，这种投影图称斜轴测图。

因此轴测图常分为：正轴测图和斜轴测图两大类。

### 二、轴间角和轴向变形系数

如图 6－3 所示，物体上的空间直角坐标轴 $Ox$、$Oy$、$Oz$，在轴测投影面 $P$ 上的投影 $O_1x_1$、$O_1y_1$、$O_1z_1$ 称为轴测轴，分别简称为 $x_1$ 轴、$y_1$ 轴、$z_1$ 轴。两轴测轴之间的夹角称为轴间角。

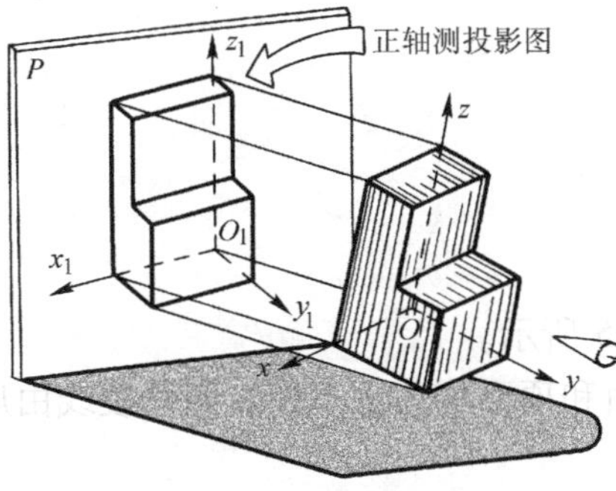


图 6－2　轴测图的形成

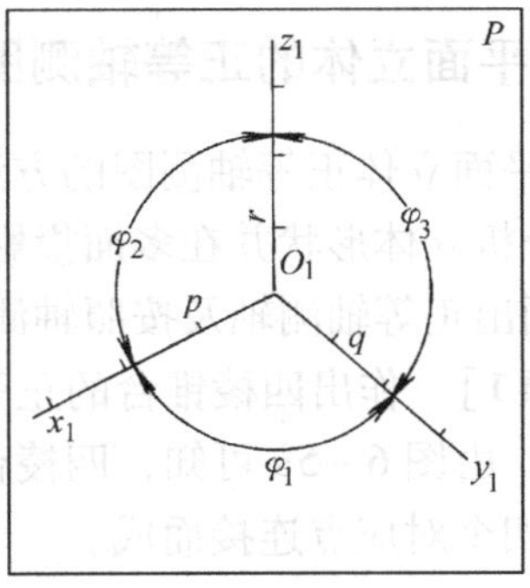


图 6－3　轴间角和轴向变形系数

轴测投影轴与空间坐标轴对应线段的长度之比，称为轴向变形系数。即：

$$p=O_1x_1/Ox \qquad q=O_1y_1/Oy \qquad r=O_1z_1/Oz$$

在轴测投影中，将测量出平行于坐标轴的线段长度，再乘以相应的轴向变形系数，就是该线段的轴测投影长度。轴测就是沿轴向测量，来确定轴测轴与原坐标轴长度方向的对应关系。

### 三、轴测投影的特性

由于轴测投影仍然是采用平行投影的方法作出的，因此它仍保留着平行投影的特性。所以轴测投影具有以下投影特性：

1）立体上凡是平行于坐标轴的直线，其轴测投影仍然平行于相应的轴测轴。

2）立体上凡是互相平行的直线，在轴测投影中仍互相平行且长度之比不变。

3）立体上凡是平行于轴测投影面的平面，其轴测投影反映平面的真实形状。

在绘制立体的轴测图时，先选择好轴测图的类别，从而确定轴间角和轴向变形系数，可按照轴测投影的特性绘制出所需要的轴测图。

## 第二节　正等轴测图的画法

正等轴测图是最常用的一种轴测图。正就是投影线垂直于轴测投影面，等就是三根坐标轴与轴测投影面的倾斜角度相等，简称正等测。

### 一、轴间角和轴向变形系数

在正等轴测投影中，由于空间三根坐标轴与轴测投影面的倾斜角度相等，所以正等测中的三个轴间角相等，轴向变形系数也相等。

如图 6－4 所示，正等测的轴间角都是 120°，各轴向变形系数 $p=q=r\approx0.82$。为方便作图，通常规定 $O_1z_1$ 轴画成铅垂方向，轴向变形系数均取作 $p=q=r=1$ 来作图，这样画出的正等轴测图约放大了 1/0.82＝1.22 倍。

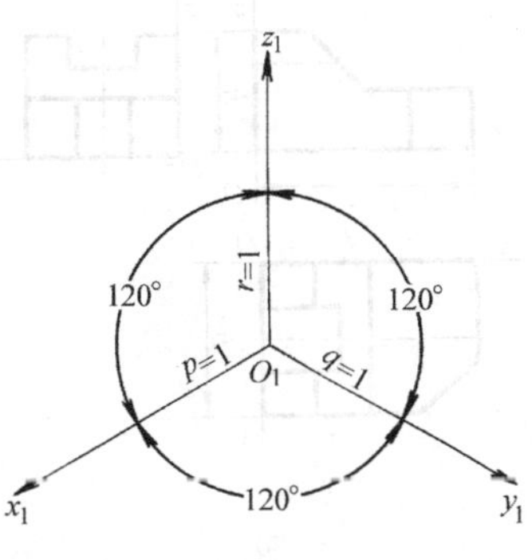


图 6－4　正等轴测轴和轴间角

## 二、平面立体的正等轴测图

绘制平面立体正等轴测图的方法步骤：

1）分析立体形状并在多面投影图中定出坐标。

2）画出正等轴测轴及按照轴测投影特性作图。

［**例题1**］ 作出四棱锥台的正等轴测图，如图6－5所示。

分析：由图6－5a可知，四棱台左右对称，其底面和顶面均为水平面。四条棱线由底面和顶面的四个对应点连接而成。

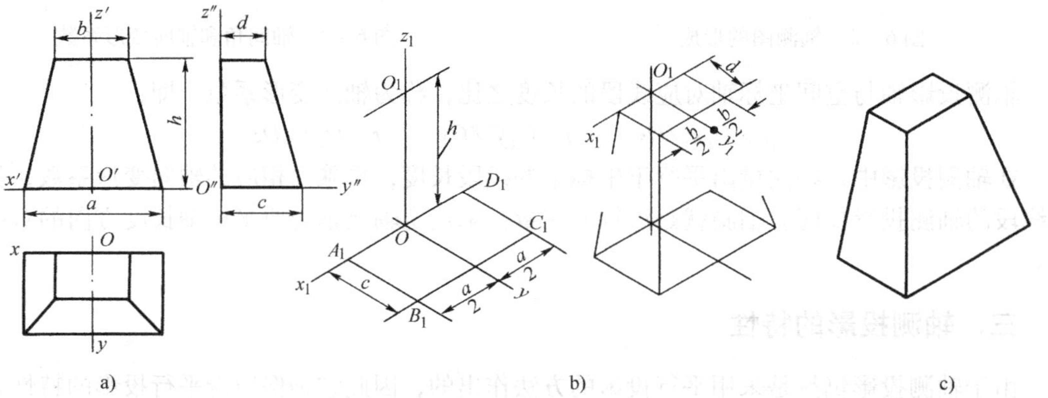

图6－5 四棱台的正等轴测图

作图：①选底面左右对称中心为坐标圆点，以底面及后面为三坐标轴 $x$、$y$、$z$。

②作出轴测轴 $x_1$、$y_1$、$z_1$，并定出轴上底边端点的轴测投影 $A_1$、$B_1$、$C_1$、$D_1$。再过这四点分别作出相应轴测轴的平行线，即完成底面的轴测图，如图6－5b所示。

③根据棱台的高度在 $z_1$ 轴上确定顶面对称中心点 $O_1$，用同样的方法作出顶面的轴测投影图。

④分别作出四棱台顶面和底面的角对应点的连线，擦去不可见的轮廓线和辅助作图线，即完成了四棱台的正等轴测图。

［**例题2**］ 作出平面立体的正等轴测图，如图6－6所示。

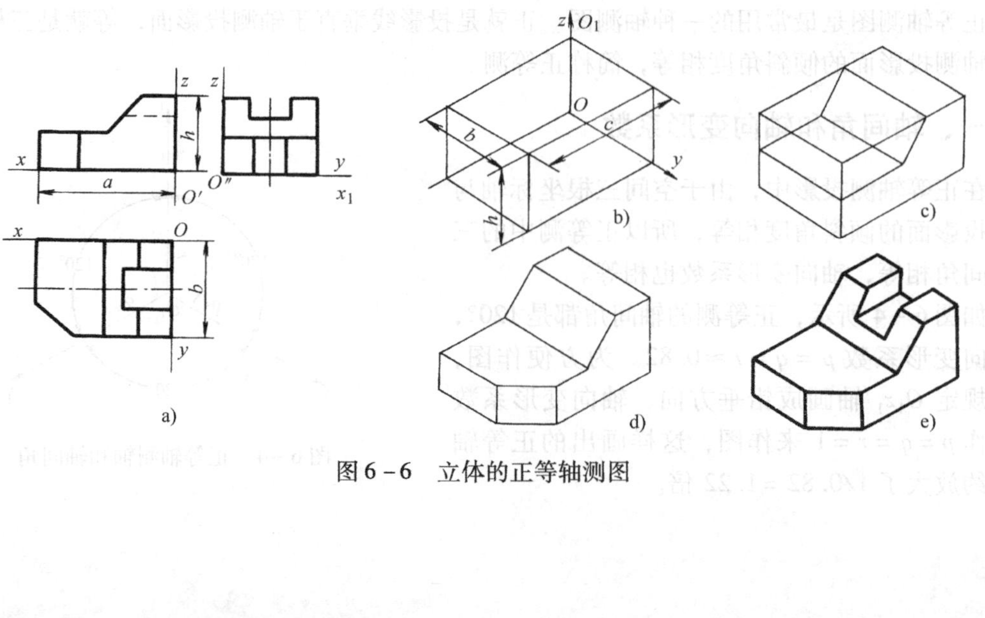

图6－6 立体的正等轴测图

分析：由图 6-6a 可知，该立体可认为是一长方体，通过切去左边四棱梯形柱又切去前角，右边顶面切一通槽而形成的平面立体。其轴测图按基本立体先后挖切的方法作出，见图 6-6b、c 所示。

作图：①在立体正投影图上选定原点及坐标，并作出轴测轴及长方体的轴测图。

②由原点 $O_1$ 沿轴向坐标度量定点切去四棱梯形柱，再沿坐标度量定点切去前角。

③由尺寸度量定点切去顶面通槽，擦去辅助作图线，即完成立体的正等轴测图。

通过以上作图，提出以下几点必须注意：

1）在绘制立体的轴测图时一般不画出图中的虚线。

2）轴测图应由上到下、由前到后、由左到右绘制。

3）坐标原点和坐标轴的选定应以作图简便为原则。

## 三、回转体的正等轴测图

回转立体往往都是有圆的结构，而圆所在的坐标面对正轴测投影面都是倾斜的，要作出回转立体的正等轴测图，必须首先掌握平面圆轴测投影成椭圆的作图。

**1. 圆的正等测**

（1）点的坐标法　图 6-7 所示，为水平圆的轴测椭圆的坐标法作图。首先将圆作为平面曲线，用坐标法确定圆上一系列点的轴测投影，再圆滑连接成椭圆曲线。这种作法比较精确，但作图较繁琐。

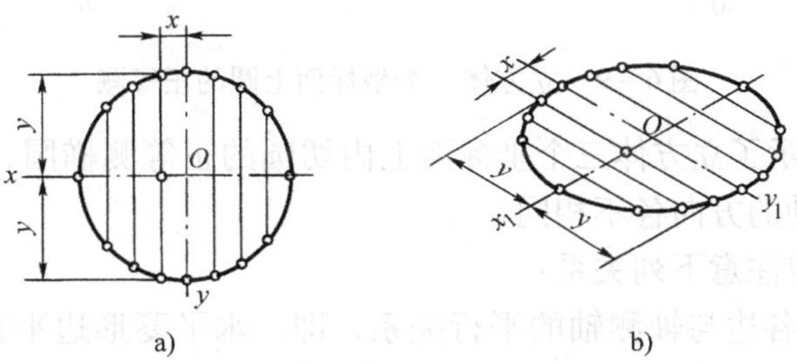


图 6-7　用点的坐标法画椭圆

（2）四心椭圆法　图 6-8 展示了处在 $xOy$ 坐标面上的圆，其正等轴测投影成椭圆的作图过程。

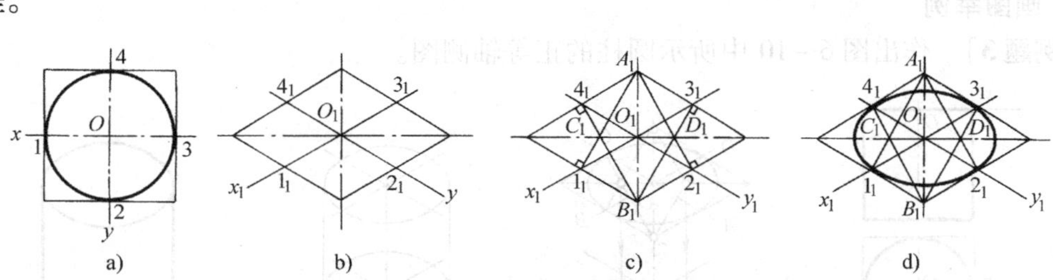


图 6-8　用菱形四心法画椭圆

这里作椭圆的方法是将圆转换成外接正方形，用作平面立体轴测图的原理完成的，其作图过程分四步进行：

1）将坐标原点设在圆心 $O$ 处，作出圆的外切正方形，并标出切点为 1、2、3、4。

2）作出轴测轴 $x_1$、$y_1$，画正方形的正等测图，即两对边分别平行于两轴测轴的菱形。

3）以菱形钝角顶点 $A_1$、$B_1$ 分别与对边中点作连线，两连线分别交菱形长对角线于 $C_1$、$D_1$ 点。

4）分别以 $A_1$、$B_1$ 为圆心，以 $R=A_11_1$ 画大圆弧，以 $C_1$、$D_1$ 为圆心，以 $r=C_11_1$ 画小圆弧切于菱形各边。

以上用菱形四心法画出的椭圆，是采用四段圆弧连成的近似椭圆。图中椭圆的长轴在菱形的长对角线上，即长轴垂直于圆所在坐标面的垂直轴。而短轴在菱形的短对角线上，与圆所在坐标面的垂直轴平行。

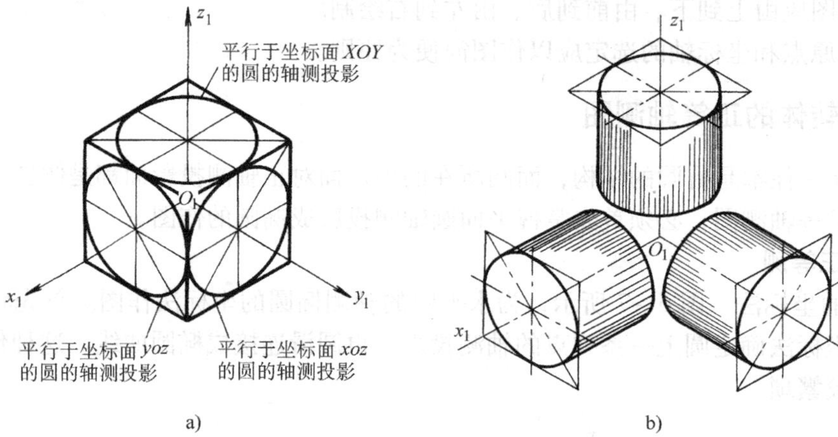


图 6－9　立方体三个坐标面上圆的正等测

在图 6－9 中，展示了立方体三个坐标面上内切圆的正等测椭圆，可见三个椭圆的形状和大小一样，但长短轴的方向各不相同。

因此，画椭圆时应注意下列关系：

1）椭圆外切菱形各边与轴测轴的平行关系，即：水平菱形边平行 $x_1$ 或 $y_1$ 轴，正面菱形边平行 $x_1$ 或 $z_1$ 轴，侧面菱形边平行 $y_1$ 或 $z_1$ 轴。

2）坐标面上椭圆长轴与轴测轴的垂直关系，即：水平椭圆长轴垂直于 $z_1$ 轴，正面椭圆长轴垂直于 $y_1$ 轴，侧面椭圆长轴垂直于 $x_1$ 轴。

**2. 画图举例**

［**例题 3**］　作出图 6－10 中所示圆柱的正等轴测图。

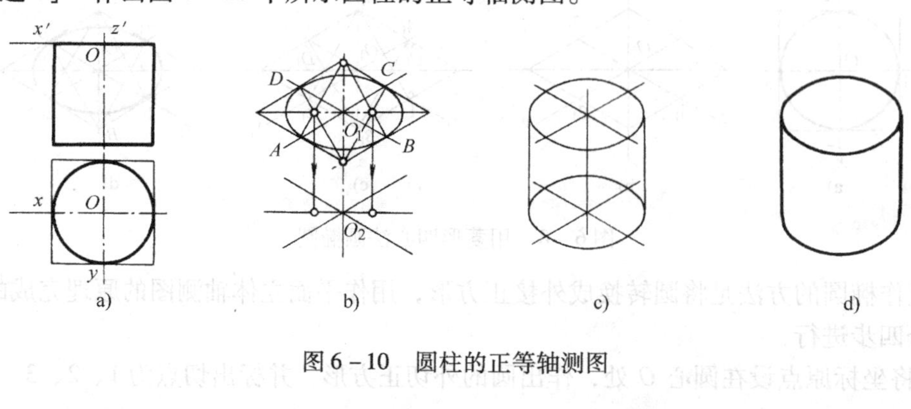


图 6－10　圆柱的正等轴测图

分析：由图 6－10a 可知，圆柱的轴线垂直于水平面，其顶圆和底圆在 $xOy$ 坐标面上，只要作出这两个投影椭圆及椭圆的切线即可。为了作图方便，坐标原点选定在圆柱顶面圆心上。

作图：①在圆柱投影图上确定坐标轴及其原点，并作柱面投影圆的外切正方形，如图 6－10a 所示。

②作出正等轴测轴，确定两椭圆心 $O_1$ 及 $O_2$，并作出顶面外切正方形的轴测投影，菱形。

③用四心法作出圆柱顶面的椭圆，将四个椭圆心向下平移 $H$ 高度，确定圆柱底面椭圆心的位置。

④作出圆柱底面可见的椭圆部分，画出椭圆的公切线，擦去辅助作图线，即完成圆柱的正等轴测图。整个作图过程详见 6－10 图。

［**例题 4**］ 作出高度为 $H$ 圆角板的正等轴测图，如图 6－11 所示。

分析：图 6－11a 中所示立体为长方形底板，前边为两个圆角左右对称，半径为 $R$ 的 1/4 圆弧。在轴测图上该圆角仍为 1/4 圆弧，可用简化画法进行作图，参见 6－11b 图。

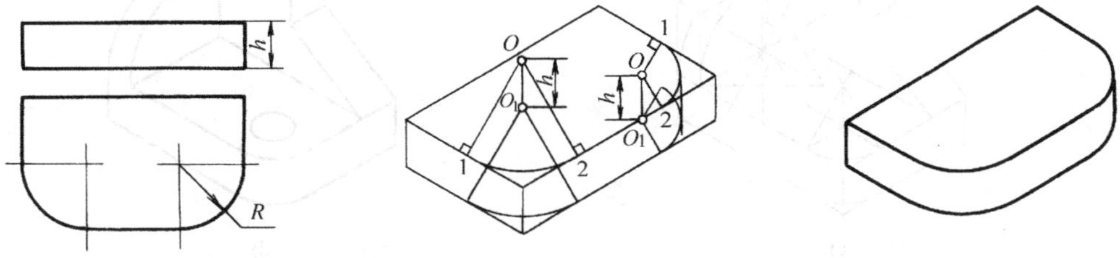


图 6－11 圆角板的正等轴测图

作图：①作长方形板的正等测，由左右前角点沿轴向棱线分别度量 $R$ 确定切点 1、2。

②过 1、2 点分别作立体棱线的垂线交出圆心 $O$，并分别以 $O1$ 为半径画圆弧切于顶面两棱边。

③由圆心 $O$ 沿 $z_1$ 轴向下度量板高 $h$，确定板底面圆弧中心 $O_1$，同样以 $O1$ 为半径画圆弧切于底面棱边，并作两圆弧的切线。擦去辅助作图线即完成长方形板的轴测图。

## 四、组合体的正等轴测图

绘制组合体的正等轴测图，需要分析各基本体的形状和相互位置，分别画出它们的轴测图，并注意各基本体间的连接关系。对某些回转结构可先作为外切平面立体画出，再改画成具有椭圆结构的正等轴测图即可。

［**例题 5**］ 作出组合体的正等轴测图，如图 6－12 所示。

分析：图 6－12a 组合体由底板、立板、支撑块构成，在相应位置作出各基本体的正等轴测图时，还必须在底板和立板上确定椭圆的中心位置。作图过程详见图 6－12 所示。

作图：①在投影图中定出原点及坐标，并画出正等轴测轴，如图 6－12a、b 所示。

②先按平面立体分别作出底板、立板和支撑块的正等侧，再分别确定相应椭圆的中心 $O_1$、$O_2$。

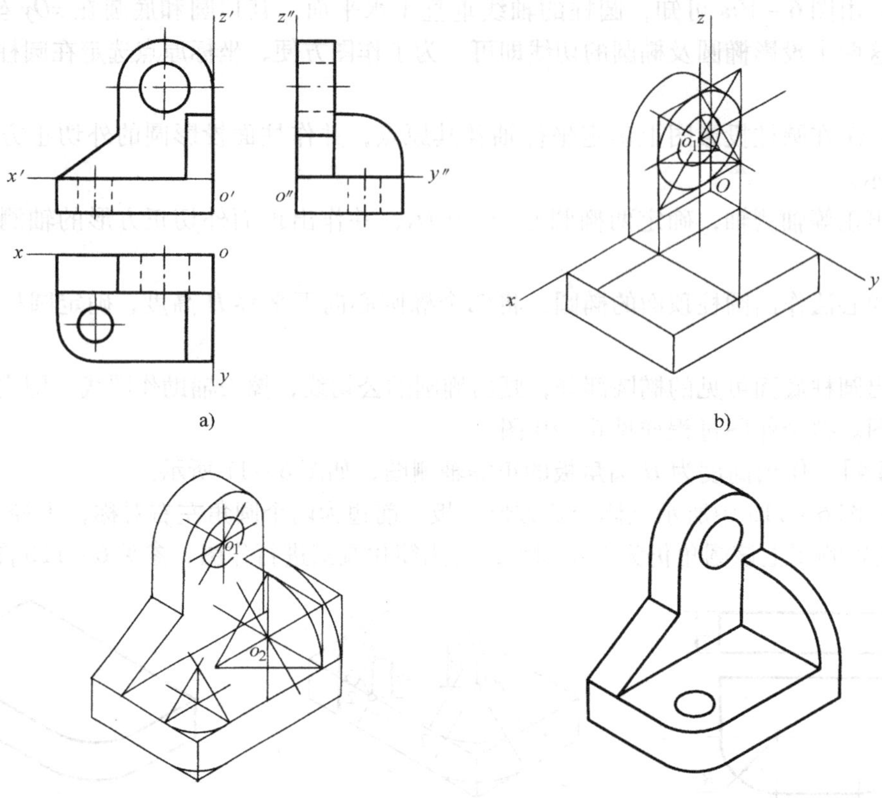


图 6-12　组合体的正等轴测图

③作出底板上圆孔的轴测椭圆，及用简化作图法画出底板圆角和支撑块圆角的轴测图。

④作出立板上圆孔及外圆的轴测椭圆，并作外椭圆切线，擦去辅助线并检查加深。

## 第三节　斜二等轴测图的画法

斜二等轴测图也是常用的一种轴测图。斜就是投影线倾斜于轴测投影面，二等就是两坐标轴与轴测投影面平行，其两轴的轴向变形系数相等，简称斜二测。

### 一、轴间角和轴向变形系数

如图 6-13 所示，在斜二等轴测投影中，通常 $xOz$ 坐标面平行于轴测投影面，那么这个坐标面的轴测投影必然反映实形。因此轴间角 $\angle x_1O_1z_1=90°$，其轴向变形系数 $p=r=1$。

斜二测中 $O_1y_1$ 轴的方向和变形系数，需随投影方向的改变而变化。通常 $O_1y_1$ 轴与水平线倾斜成 45°角，而且 $O_1y_1$ 的轴向变形系数取 $q=0.5$。

图 6-13 中的 a 和 b 反映了立体不同侧面的形状，其作图方法是一样的，可根据展示的需要选取。

由于斜二等轴测图能反映某一坐标面的实形，因此，在立体互相平行的平面内有较多圆或曲线时，选斜二等测作图比较简单，所以应用较广。

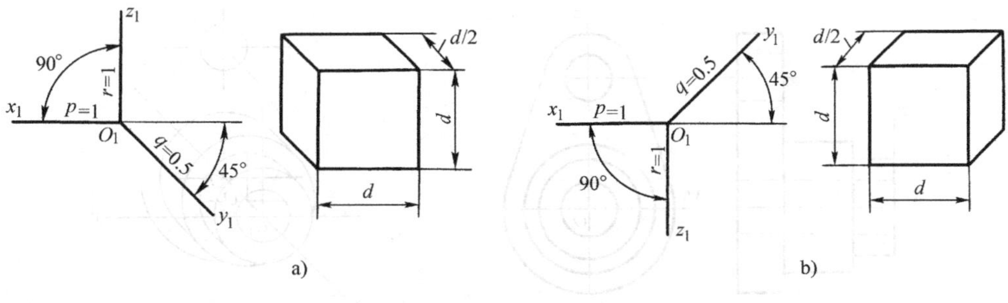


图 6－13　斜二等测的轴间角和轴向变形系数

在图 6－14 中，反映了立体不同坐标面上圆的斜二等轴测图的画法。正面仍是圆，而顶面和侧面是椭圆。椭圆的作图较繁琐，其长轴与坐标轴偏转 7°，长轴≈1.06$d$，短轴≈0.33$d$。

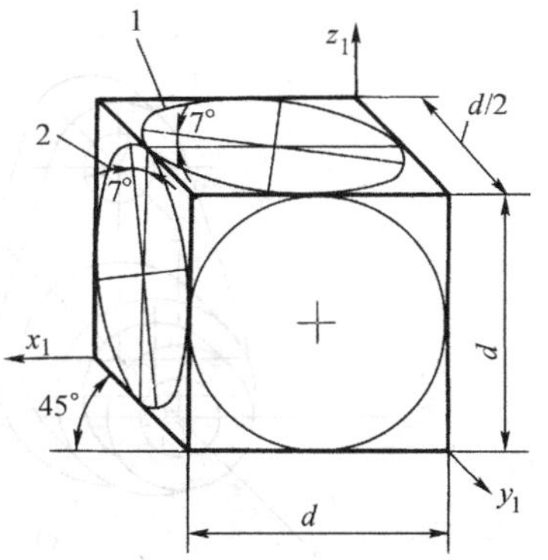


图 6－14　斜二等测中的椭圆

## 二、画图举例

**［例题 6］**　如图 6－15a 所示，作出立体的斜二等轴测图。

分析：由 6－15a 的两视图可见，立体的正面内有较多的回转结构，所以作斜二等轴测图比较方便。其作图过程详见 6－15 中的 b、c 图。

作图：①在投影图中定出原点及坐标，使 $y$ 轴过圆柱轴线，各圆平行于 $xOz$ 坐标面。

②画出斜二等轴测轴，按 $q_1=0.5$ 的变形系数确定立体各端面圆心 $O_1$、$O_2$ 等的位置。

③分别作出前后两端面各轴侧投影圆的实形，并作出两轴侧圆间的切线及相应的棱线，擦去辅助线并检查加深。

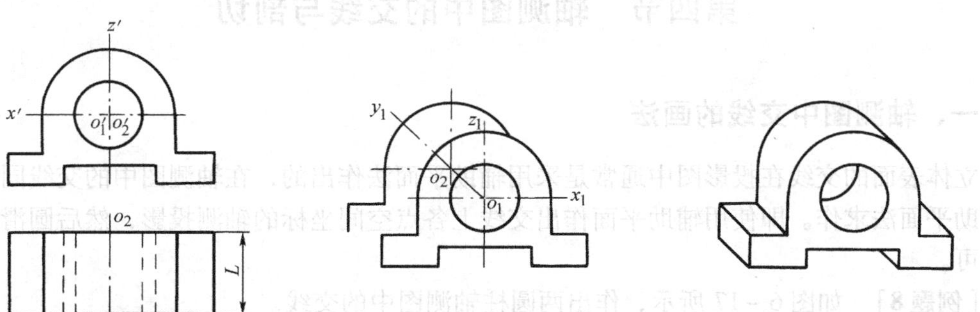


图 6－15　立体的斜二等测图

**［例题 7］**　如图 6－16 所示，作出支板的斜二等轴测图。

分析：由图 6－16a 两视图可见，立体由座板和空心柱两部分构成，该立体在同一平面内有较多的回转结构，所以作斜二等轴测图比较方便。其作图过程详见 6－16 图。

作图：①在投影图中定出原点及坐标，使 $y$ 轴过圆柱轴线，各圆平行于 $xOz$ 坐标面。

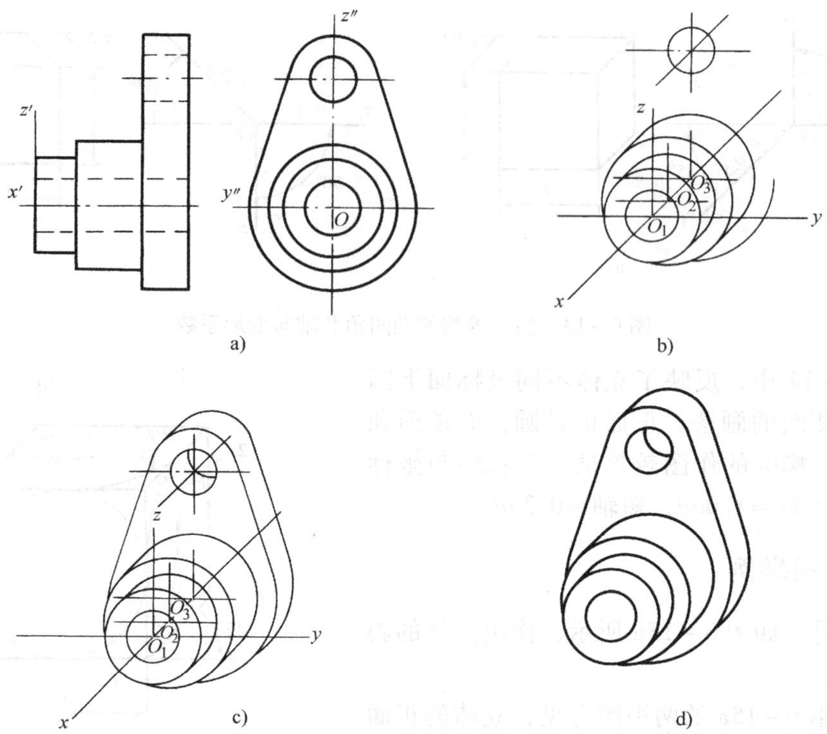


图 6－16　支板的斜二等轴测图

②画出斜二等轴测轴，按 $q_1 = 0.5$ 的变形系数，确定立体各端面圆心 $O_1$、$O_2$、$O_3$ 等轴向的位置。

③分别作出各轴侧投影圆，并作出相应轴侧投影圆间的切线，擦去辅助线并检查加深。

## 第四节　轴测图中的交线与剖切

### 一、轴测图中交线的画法

立体表面的交线在投影图中通常是采用辅助平面法作出的，在轴测图中的交线同样也采用辅助平面法求作。即使用辅助平面作出交线上各点空间坐标的轴测投影，然后圆滑连接各点即可。

［**例题 8**］　如图 6－17 所示，作出两圆柱轴测图中的交线。

分析：由图 6－17a 投影图可见，图中通过辅助平面 $P_1$、$P_2$ 求出交线上的点 1、2、. . . 、7。在轴测图中确定对应的辅助平面的位置，并作出辅助平面与各立体表面交线的轴测投影，即可求出立体表面交线上点的轴测投影，连接各点即可完成交线的轴测图。其作图过程详见图 6－17 所示。

作图：①在投影图中定出辅助平面 $P_1$、$P_2$ 并对应出交线上的点 1、2、. . . 、7。

②画出两圆柱的轴测图，并在轴测坐标面上作出交线上特殊点 1 的轴测投影。

③分别作出各辅助平面的轴侧投影，并求出两立体交线上一般点的轴测投影。

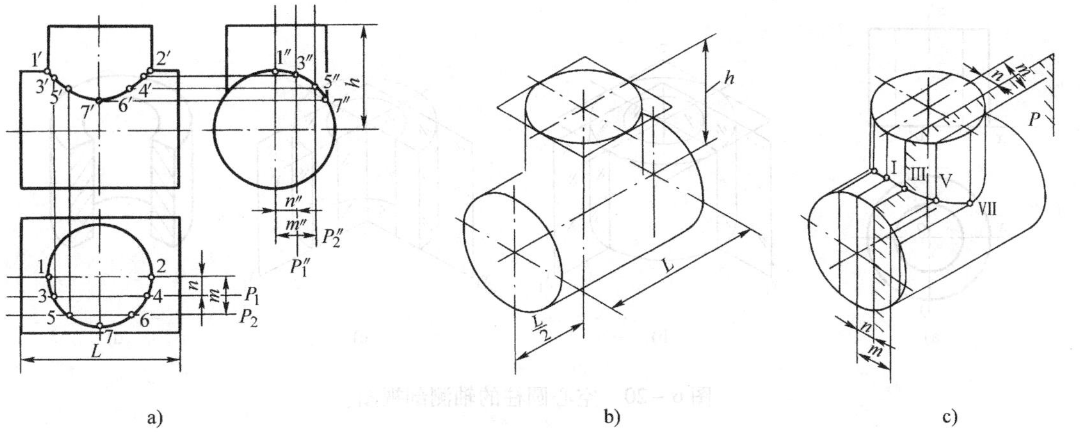


a)　　　　　　　　b)　　　　　　　　c)

图 6－17　两圆柱交线的轴测投影

④圆滑连接所求各点的轴测投影，擦去辅助作图线并检查加深。

## 二、轴测剖视图的画法

在轴测图中为了表示空间立体内部的结构和形状，可假想用两个剖切平面剖去一部分立体，然后画出的轴测图称为轴测剖视图，如图 6－18 所示。

**1. 轴测剖切方法**

在轴测剖视图中，剖切平面一般相互垂直并沿着两个坐标面剖切，相当于切掉立体的四分之一后画出可见部分的轮廓线，并画出剖面线。

在投影图中剖面线的方向与水平线成 45°，在轴测图的剖切断面上仍然保持这个关系。因为 45°角的对边和底边是 1∶1 的比例关系，因此，在轴测轴上按各轴的轴向变形系数取相等的长度，来确定剖面线的方向。不同轴测图中剖面线的方向见图 6－19 所示。

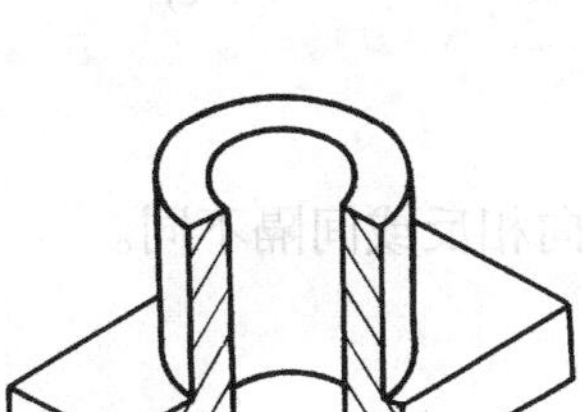

图 6－18　轴测剖视图

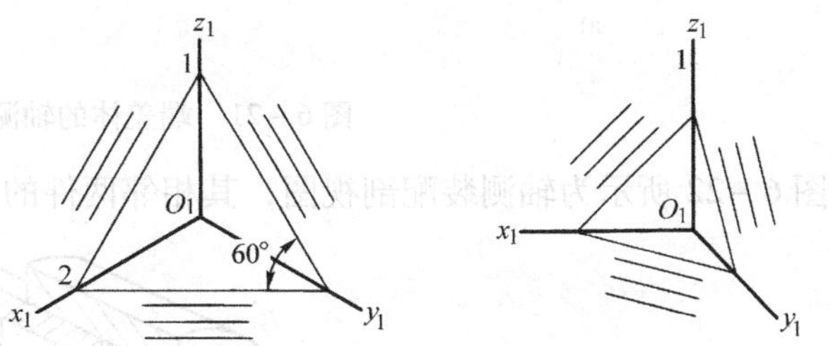


a)　　　　　　　　b)

图 6－19　轴测剖视图中剖面线的方向

**2. 轴测剖视图的画法**

轴测剖视图的画法一般有两种：一种是先画外形再剖切，另一种是先画断面后画外形。

**[例题 9]**　作出空心圆柱的轴测剖视图，如图 6－20 所示，先画外形再剖切。

作图：①在投影图中定出坐标，并画出空心圆柱的外形轴测图，如图 6－20a、b 所示。

②在过轴线的两个坐标面内确定剖切平面，并画出断面形状和可见轮廓线，如图6－20c 所示。

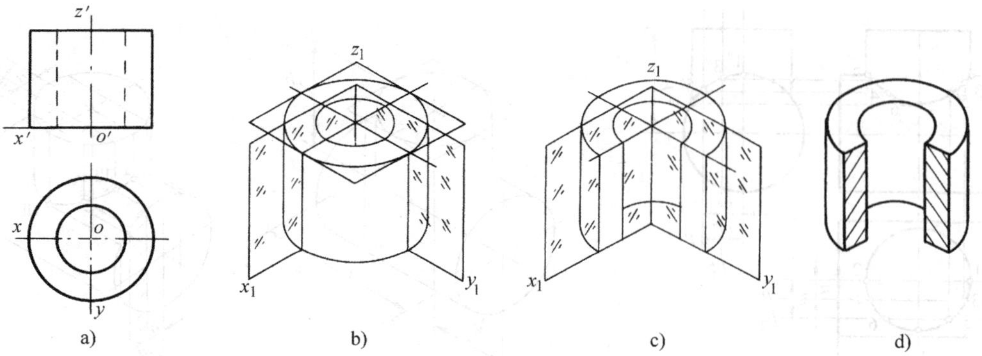


a)　　b)　　c)　　d)

图 6－20　空心圆柱的轴测剖视图

③擦去多余的作图线，在剖切的断面内画出剖面线并检查加深。

［**例题 10**］　作出端盖体的轴测剖视图，如图 6－21 所示，先画断面后画外形。

作图：①在投影图中定出坐标，确定剖切位置并画出轴测轴。

②画出两个剖断面的形状和在断面内画出剖面线，如图 6－21b 所示。

③画出可见轮廓线并擦去多余的作图线，检查后加深。

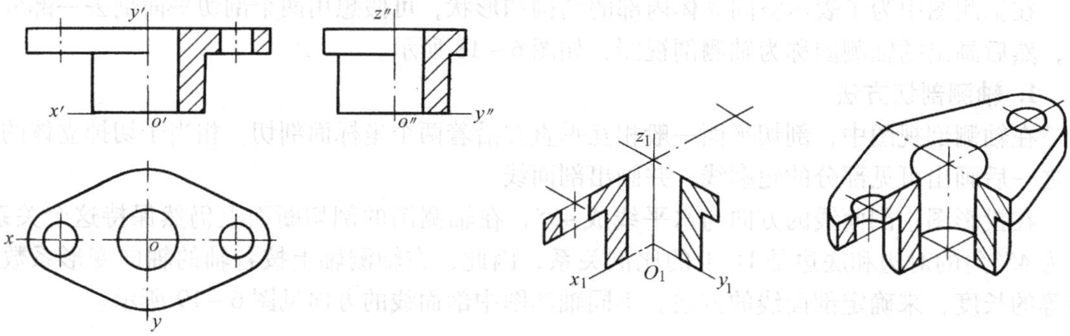


a)　　b)　　c)

图 6－21　端盖体的轴测剖视图

图 6－22 所示为轴测装配剖视图，其相邻两件的剖面线应方向相反或间隔不同。

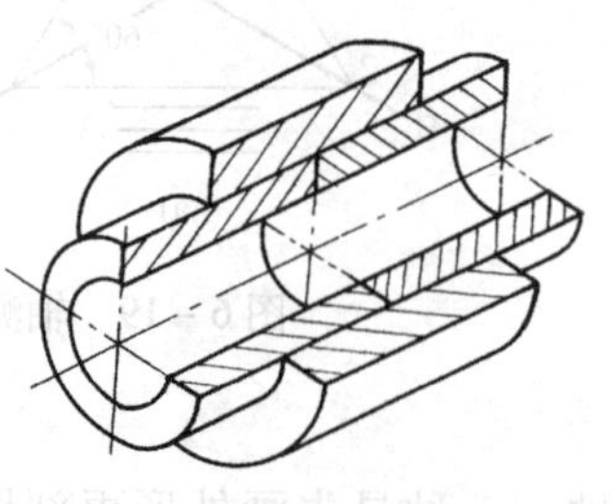

图 6－22　轴测装配剖视图

# 第二篇 绘图基础

## 第七章 绘图的基本知识

国家标准中规定了有关《技术制图》和《机械制图》的标准。它是根据生产实践中总结出来的规律并参考国际标准化组织ISO制定的国际标准而制定的。起着统一图样画法、提高生产率、便于技术交流的作用。机械制图标准与其他标准一样，为了满足生产技术发展的需要，进行过多次修改和补充。

国家标准简称国标，代号为“GB”。包括强制性国标“GB”、推荐性国标“GB/T”，指导性国标“GB/Z”。代号后的数字为标准号，由顺序号和发布的年代号组成。例如‘比例’的标准号为GB/T 14690—1993。

### 第一节 绘图的一般规定

#### 一、图纸幅面和格式（GB/T 14689—1993）

**1. 图纸幅面**

为了便于图样的管理与交流，绘制图样时，应优先采用表7－1中规定的基本图面。图幅代号为A0、A1、A2、A3、A4五种，必要时可按图7－1的规定加长幅面。

**表7－1 图纸幅面**

| 幅面代号 | A0 | A1 | A2 | A3 | A4 |
|---|---|---|---|---|---|
| BXL | 841×1189 | 594×841 | 420×594 | 297×420 | 210×297 |
| *a* | 25 | | | | |
| *c* | 10 | | | 5 | |
| *e* | 20 | | 10 | | |

**2. 图框格式**

在图纸上必须用粗实线画出图框线。其格式分不留装订边和留装订边两种。不留装订边如图7－2a和图7－3a所示，留装订边如图7－2b和图7－3b所示。注意同一产品的图样只能采用同一种格式。当需要选用留装订边格式的图纸时，一般应采用A4幅面竖装或A3幅面横装。

**3. 标题栏**

按《技术制图》标准规定，在每张图纸的右下角处要画出标题栏，其位置配置与看图方

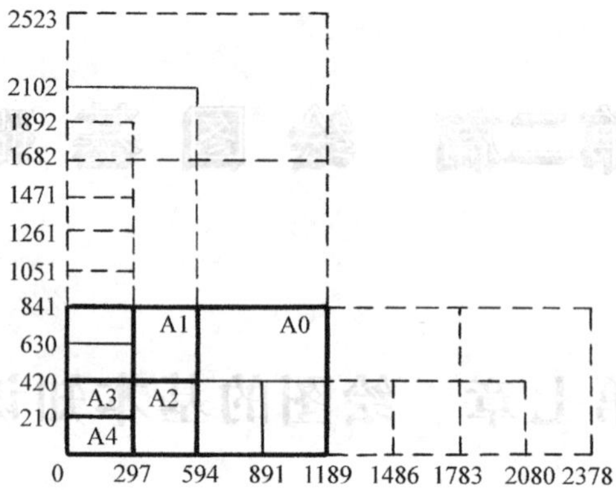


图 7－1　图纸幅面

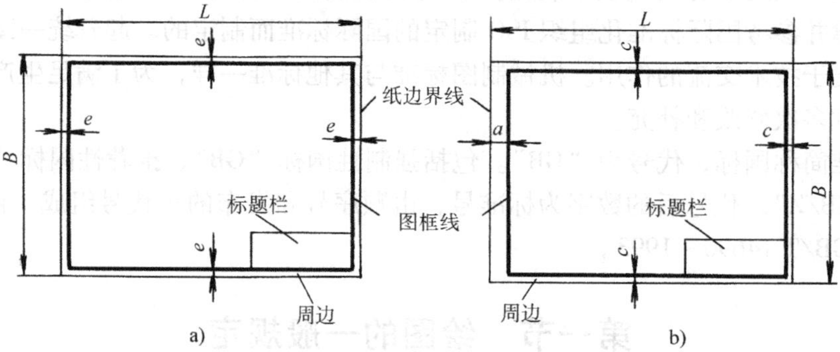


图 7－2　图纸格式一

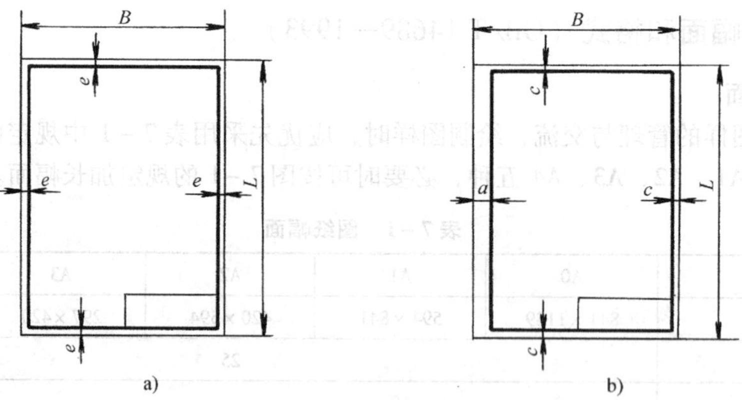


图 7－3　图纸格式二

向一致。其格式和尺寸由 GB/T 10609.1—1989 规定，装配图中明细栏由 GB/T 10609.2—1989 规定，参见图 7－4 所示。

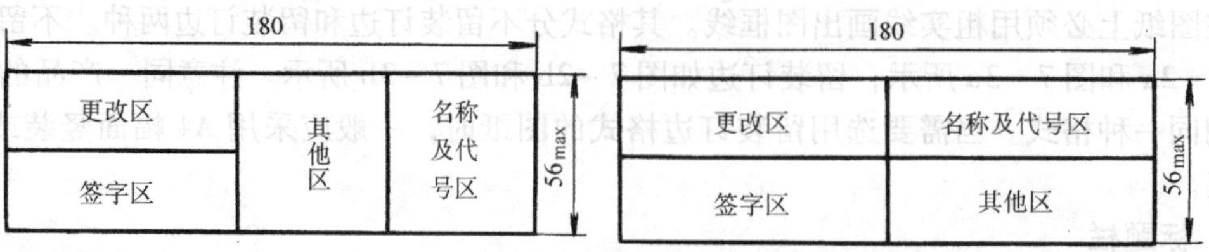


图 7－4　标题栏格式

在制图课学习期间，可用简化标题栏格式，如图 7－5 所示。

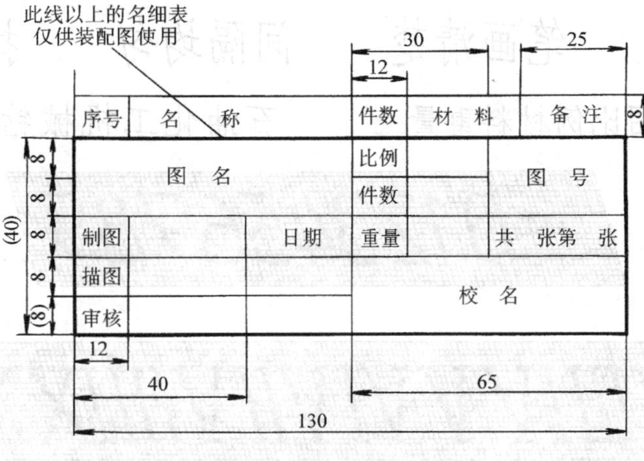


图 7－5　简化标题栏格式

## 二、比例（GB/T 14690—1993）

图样中图形与其实物相应要素的线性尺寸之比，称为比例。比例分原值比例、放大比例和缩小比例三种。绘图时一般应从表 7－2 规定的系列中选取适当的比例。

**表 7－2　绘图的比例**

| 原值比例 | 1: 1 |
|---|---|
| 缩小比例 | (1: 1.5)　1: 2　(1: 2.5)　1: 3　(1: 4)　1: 5　(1: 6)　1: 1×$10^n$　(1: 1.5×$10^n$)　1: 2×$10^n$<br>(1: 2.5×$10^n$)　(1: 4×$10^n$)　1: 5×$10^n$　(1: 6×$10^n$) |
| 放大比例 | 2: 1　(2.5: 1)　(4: 1)　5: 1　1×$10^n$: 1　2×$10^n$: 1　(2.5×$10^n$: 1)　(4×$10^n$: 1)　5×$10^n$ |

注：$n$ 为正整数；优先选用不带括号的比例值。

## 三、字体（GB/T 14691—1993）

在图样中书写文字或数值时，必须按国标规定书写，一般遵循以下要求：

1）汉字的书写应做到：字体工整、笔画清楚、间隔均匀、排列整齐、符合规定。

2）采用长仿宋体及国家公布的简化字，字高 $h$ 不应小于 3.5mm，一般字宽为 $h/\sqrt{2}$。

3）字的号数即字体高度，其公称尺寸系列为：1.8、2.5、3.5、5、7、10、14、20mm。

4）字母和数值可写成斜体和直体，斜体字字头向右倾斜，与水平基准线约成 75°角。

字体书写示例见图 7－6 所示：

## 四、图线（CB/T 17450—1998）

### 1. 基本线型与应用

在绘制工程图样时，根据需要应采用表 7－3 中所规定的基本线型。

横平竖直　注意起落　结构均匀　填满方格

字体工整　　笔画清楚　　间隔均匀　　排列整齐

制图审核描图比例材料重量　　　石油化工机械钻井开发炼制

0123456789

I II III IV V VI VII VIII IX X

ABCDEFGHIJKLMNOP

abcdefghijklmnopq

α β γ δ θ λ π φ φ ω

图 7－6　字体示例

**表 7－3　基本线型及应用**

| 图线名称 | 图线形式 | 图线宽度 | 应用举例 |
|---|---|---|---|
| 粗实线 |  | *b* | 可见轮廓线<br>可见过渡线 |
| 虚线 |  | 约 *b*/3 | 不可见轮廓线<br>不可见过渡线 |
| 细实线 |  | 约 *b*/3 | 尺寸线、尺寸界线、剖面线、引出线、螺纹的牙底线及齿轮的齿根线等 |
| 波浪线 |  | 约 *b*/3 | 断裂处的边界线<br>视图和剖视的分界线 |
| 点画线 |  | 约 *b*/3 | 轴线、对称中心线 |

（续）

| 图线名称 | 图线形式 | 图线宽度 | 应用举例 |
|---|---|---|---|
| 双点画线 |  | 约 $b/3$ | 相邻辅助零件的轮廓线或假想投影轮廓线<br>极限位置的轮廓线 |
| 双折线 |  | 约 $b/3$ | 断裂处的边界线 |
| 粗点画线 |  | $b$ | 有特殊要求的线或表面的表示线 |

注：虚线中的每一段长度约 $12b$，间隔约 $3b$；点画线和双点画线的长度约 $24b$，点的长度 $<0.5$，间隔约 $3b$

图线分粗细两种。粗线的宽度 $b$ 应按图的大小和复杂程度在 0.5～2 之间选择，推荐系列为 0.5，0.7，1.0，1.4，2mm。细线的宽度约为粗线的 $b/3$。图线的应用举例见图 7－7 所示。

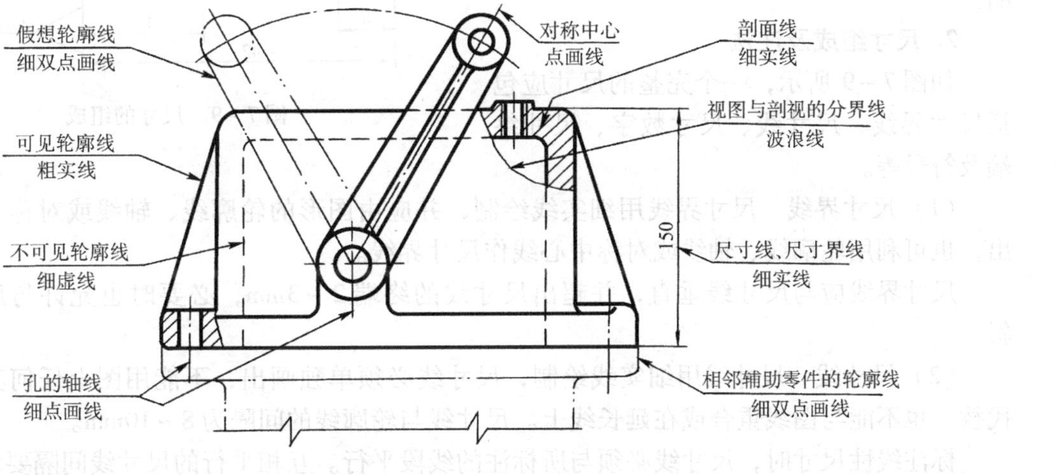


图 7－7　图线的应用举例

**2. 图线的画法**

采用基本图线绘图时，以下几点需要注意：

1）在同一图样中，同类图线的宽度应基本一致，其线段长度和间隔应大致相等。

2）点画线和双点画线的首末两端应是长画线；彼此相交时，其交点应在画线处。

3）绘制轴线或圆的对称中心线时，点画线的两端应超出圆弧轮廓线约 2～5mm。

4）虚线与粗实线相连时应留有间隙，两平行线间的距离不小于粗实线的两倍宽。

图线的画法举例见图 7－8 所示。

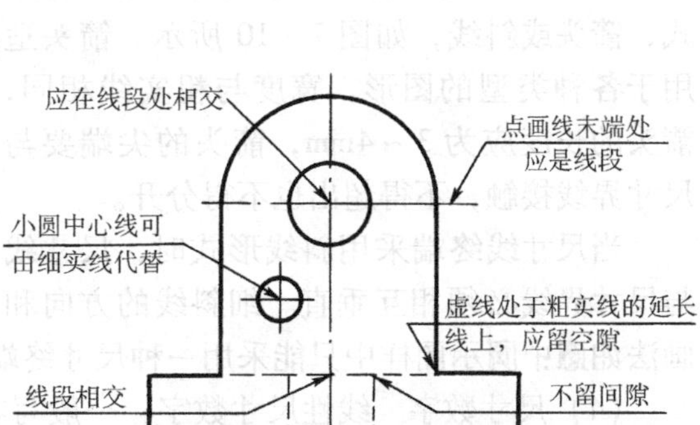


图 7－8　图线画法举例

## 五、尺寸标注

在图样中，图形只能表达机件的结构形状。而机件的大小则由标注的尺寸确定，标注尺寸是一项极为重要的工作，必须认真细致，一丝不苟，并要严格遵守国标中对尺寸标注的一系列规定。

**1. 基本规则**

1）机件的大小应以图样上所注的尺寸数值为依据，与图形的大小及绘图准确度无关。

2）图样尺寸一般以毫米为单位，且不注写名称或代号，若采用其他单位，则需注明。

3）机件的每一个尺寸，一般只标注一次，并应标注在反映该结构最清晰的图形上。

4）图样中标注的尺寸数值，为机件最后完工时所要求的尺寸值，否则应加以说明。

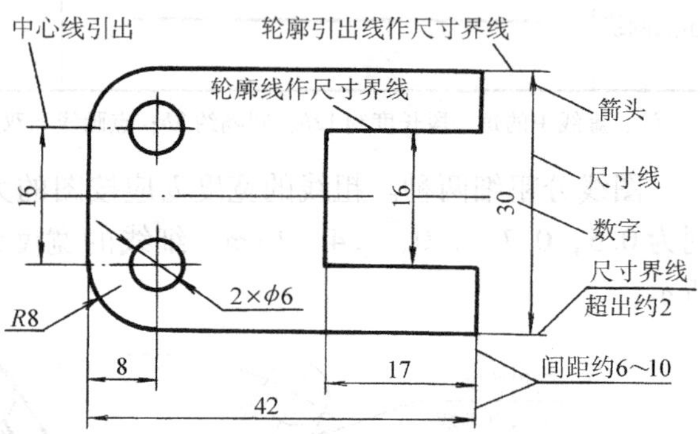


图7-9　尺寸的组成

**2. 尺寸组成及注法**

如图7-9所示，一个完整的尺寸应包括尺寸界线、尺寸线、尺寸数字、尺寸终端及符号等。

（1）尺寸界线　尺寸界线用细实线绘制，并应由图形的轮廓线、轴线或对称中心处引出，也可利用轮廓线、轴线或对称中心线作尺寸界线。

尺寸界线应与尺寸线垂直，并超出尺寸线的终端2~3mm，必要时也允许与尺寸线倾斜。

（2）尺寸线　尺寸线用细实线绘制，尺寸线必须单独画出，不能用图上任何其他图线代替，也不能与图线重合或在延长线上。尺寸线与轮廓线的间隔为8~10mm。

标注线性尺寸时，尺寸线必须与所标注的线段平行。互相平行的尺寸线间隔要均匀，间隔为6~8mm。当标注圆或圆弧的直径或半径时，尺寸线一般应通过圆心或延长线过圆心。

（3）尺寸线终端　尺寸线终端有两种形式，箭头或斜线，如图7-10所示。箭头适用于各种类型的图形，宽度与粗实线相同，箭头的长度应为3~4mm，箭头的尖端要与尺寸界线接触，不得超出也不得分开。

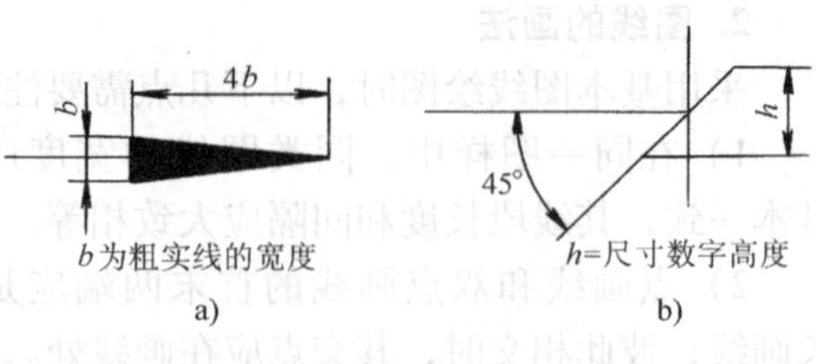


图7-10　尺寸终端的画法

a）箭头　b）斜线

当尺寸线终端采用斜线形式时，尺寸线与尺寸界线必须相互垂直。细斜线的方向和画法如图中所示。同一图样中只能采用一种尺寸终端形式。机械图中一般采用箭头。

（4）尺寸数字　线性尺寸数字，一般写在尺寸线的上方或尺寸线的中断处，但同一图样上最好保持一致。当位置不够时可引出标注。

尺寸数字方向应朝上朝左书写，尽量避免在图7-11a所示的30°范围内标注，当无法避免时，可按图7-11b的形式标注。尺寸数字不可被任何图线所通过，否则，必须将该图线断

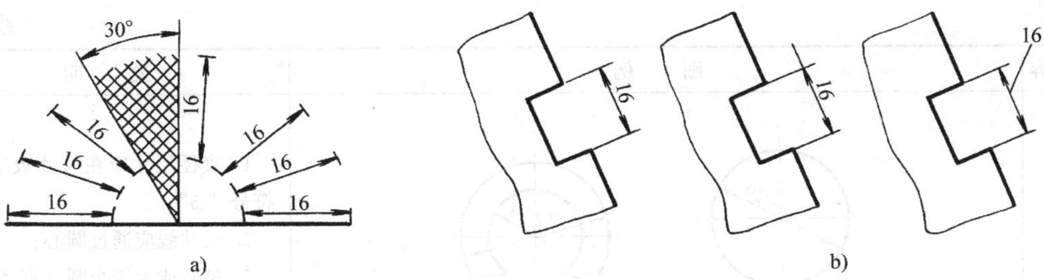


图 7 – 11　尺寸数字的注写

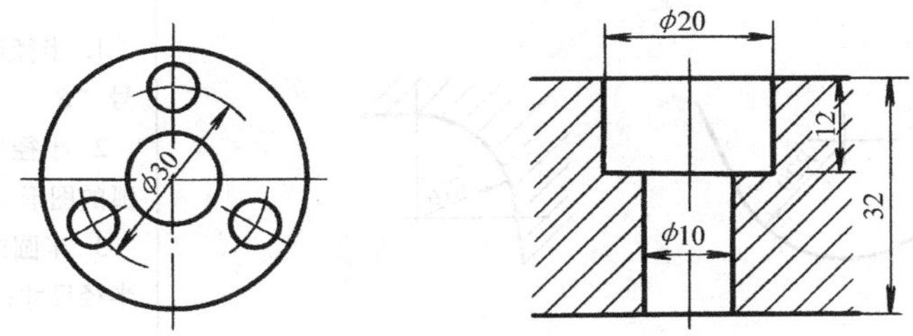


图 7 – 12　尺寸数字不能与图线相交

开，如图 7 – 12 所示。

（5）符号　在工程图样中，常用不同的符号来区分不同类型的尺寸，如表 7 – 4 所示。

**表 7 – 4　尺寸符号的意义**

| 符号 | 意　义 | 举　例 | 符号 | 意　义 | 举　例 |
|---|---|---|---|---|---|
| *ϕ* | 表示直径 | *ϕ*20 | × | 参数分隔符 | 3 × *ϕ*12 |
| *R* | 表示半径 | *R*10 | ± | 表示正负偏差 | ±0.18 |
| *S* | 表示球面 | *SR*10 | □ | 表示正方形 | □15 × 15 |
| M | 表示螺纹 | M16 | ⌴ | 沉孔或锪平 | ⌴ *ϕ*26 |
| *t* | 薄板件厚度 | *t*2 | ∨ | 埋头孔 | ∨ *ϕ*13 × 90° |
| *C* | 45°倒角 | *C*1.5 | ↧ | 深度 | ↧ 5 |

**3. 尺寸标注举例**

在表 7 – 5 中，列出了国家标准所规定的尺寸注法。

**表 7 – 5　尺寸标注示例**

| 标注内容 | 图　　例 | 说　　明 |
|---|---|---|
| 角度 | 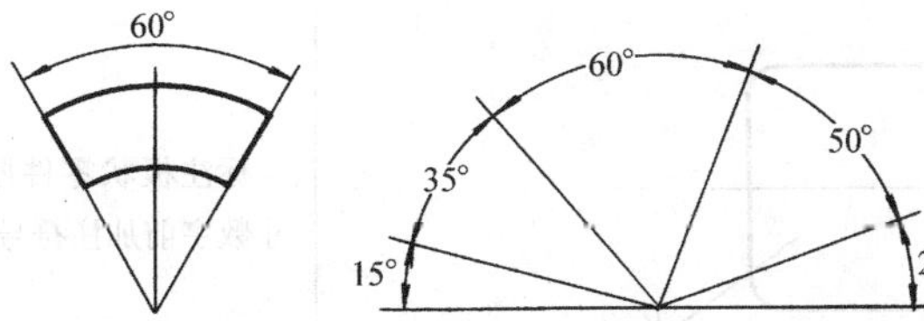  | 1. 标注角度的尺寸界线应从圆心沿径向引出；<br>2. 标注角度时尺寸线应画成圆弧，其圆心是该角的顶点；<br>3. 角度的数字应一律水平书写，并按左图的形式标注 |

（续）

| 标注内容 | 图 例 | 说 明 |
| --- | --- | --- |
| 圆 | 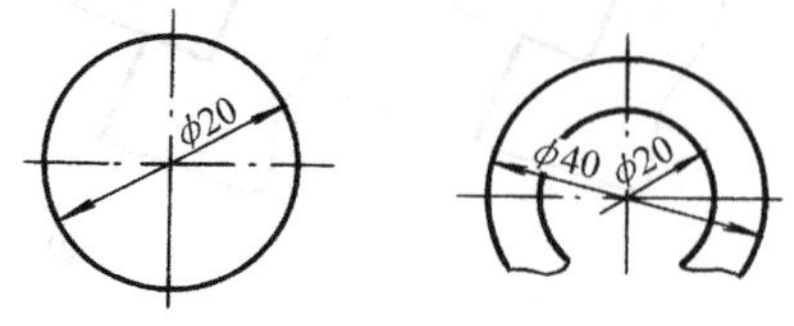 | 1. 直径尺寸应在尺寸数字前加符号“$\phi$”；<br>2. 尺寸线应通过圆心；<br>3. 整圆或大于半圆注直径 |
| 圆弧 | 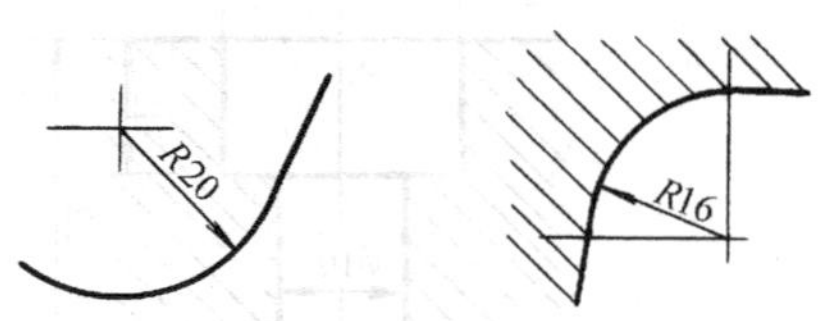 | 1. 半径尺寸数字前面应加注符号“$R$”<br>2. 半径尺寸必须注在投影为圆弧的图形上<br>3. 半圆或小于半圆的圆弧标注半径尺寸； |
| 大圆弧 | 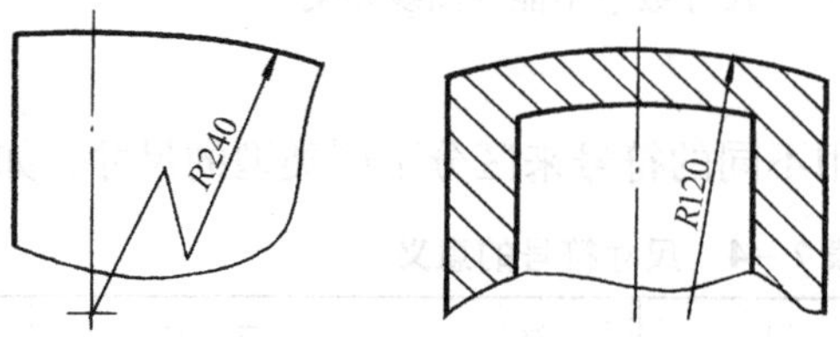 | 当圆弧过大无法在图纸上标出圆心时，可按左图所示标注 |
| 球面 | 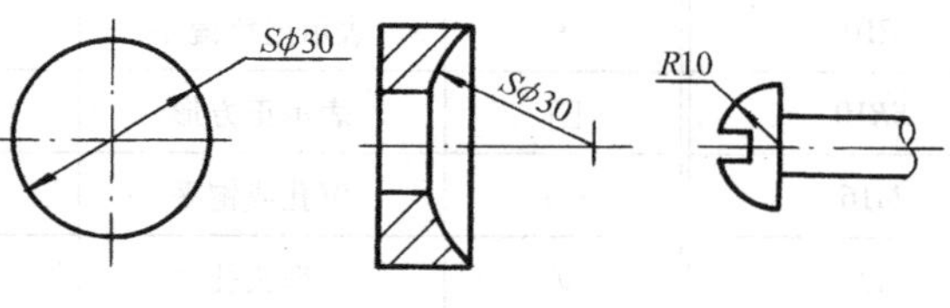 | 标注球面直径或半径时，应在“$\phi$”或“$R$”前面再加注符号“$S$”。对标准件、轴及手柄的前端，在不引起误解的情况下，可省略“$S$” |
| 光滑过渡处的尺寸 | 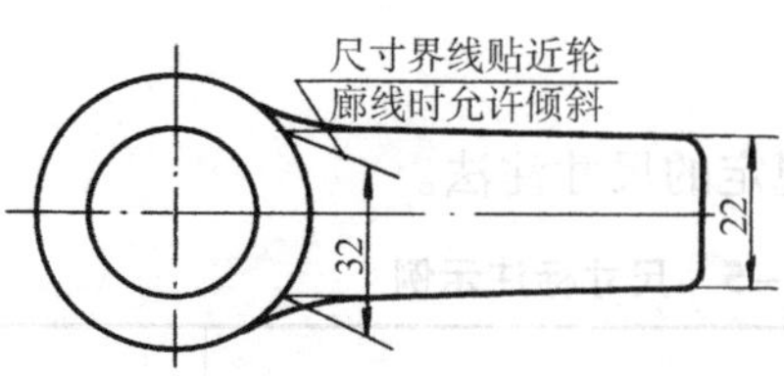 | 在光滑过渡处标注尺寸时，必须用细实线将轮廓线延长，从它们的交点处引出尺寸界线 |
| 板状零件 | 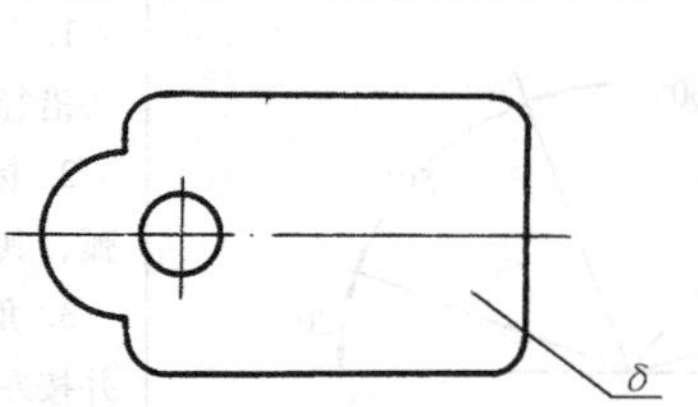 | 标注板状零件厚度时，可在尺寸数字前加注符号“$\delta$” |

（续）

| 标注内容 | 图　　例 | 说　　明 |
|---|---|---|
| 狭小部位 | 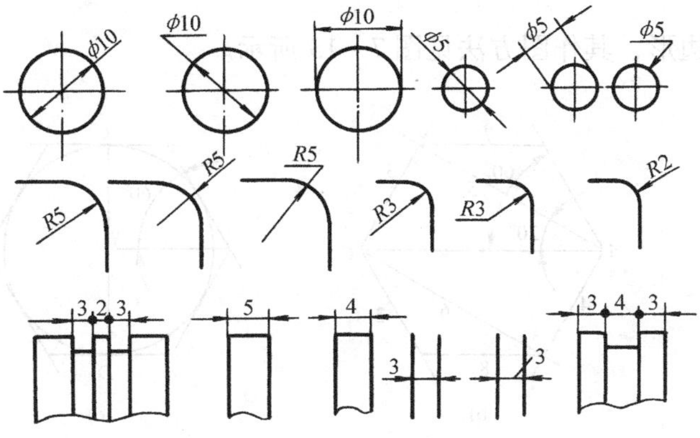 | 在没有足够位置画箭头或注写尺寸数字时，可按左图的形式注写 |
| 正方形结构 | 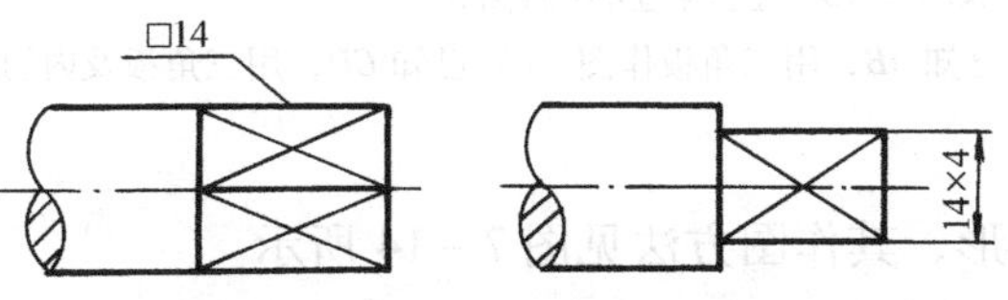 | 标注剖面为正方形结构的尺寸时，可在正方形边长数字前加注符号“□”或用 14×14 代替 |
| 对称机件 | 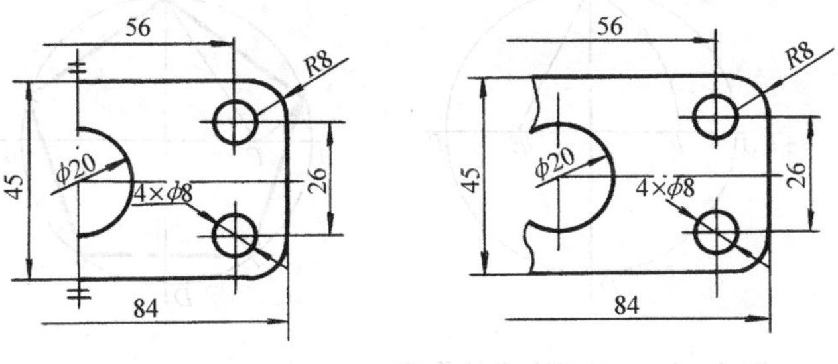 | 当对称机件的图形只画出一半或略大于一半时，尺寸线应超过对称中心线或断裂处的边界线，并在尺寸线一端画出箭头 |
| 倒角及槽的标注 | 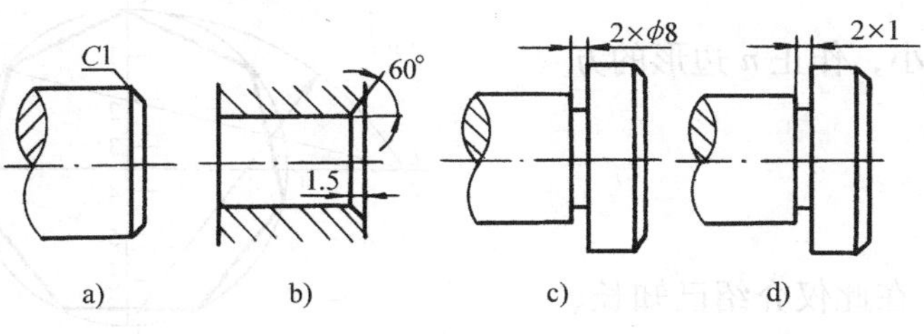 | 1. 轴或孔上的 45°倒角，可按图 a 标注；非 45°倒角可按图 b 标注；<br>2. 槽的尺寸可按图 c 或图 d 的形式标注。<br>图 c 所注的是“槽宽×直径”；<br>图 d 所注的是“槽宽×槽深” |

## 第二节　几 何 作 图

立体的轮廓形状一般都是由不同的几何图形构成的，熟练的掌握几何作图的方法，将会提高绘图的速度和质量。几何作图的内容较多，在此仅介绍常用的正多边形、椭圆、斜度和锥度以及圆弧连接的作图方法。

## 一、正多边形的作图

### 1. 正六边形

由不同的已知条件作正六边形，其作图方法见图 7－13 所示。

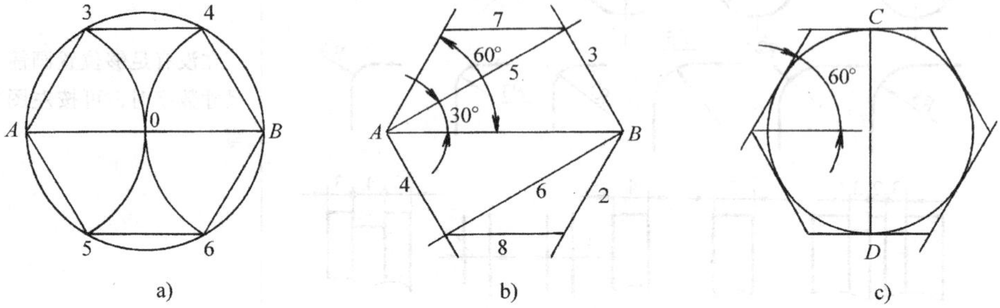


图 7－13　正六边形的作图

a）已知 *AB*，用圆规作图　b）已知 *AB*，用三角板作图　c）已知 *CD*，用三角板及内切圆作图

### 2. 正五边形

已知外接圆直径 *AB* 作正五边形，其作图方法见图 7－14 所示。

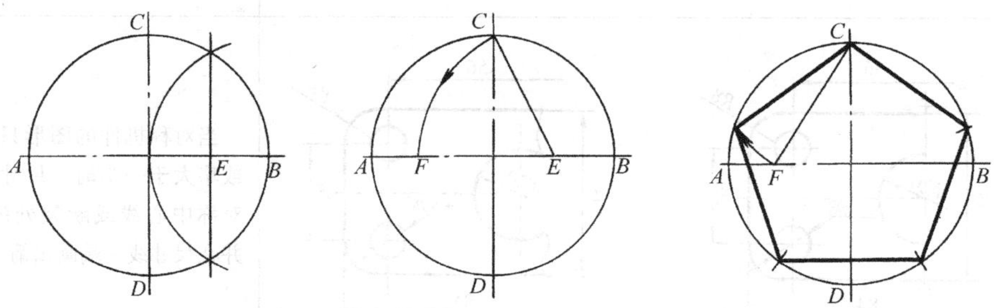


图 7－14　正五边形的作图

### 3. 正 *n* 边形

已知外接圆直径 *AB* 的大小，作正 *n* 边形的方法，如图 7－15 所示。

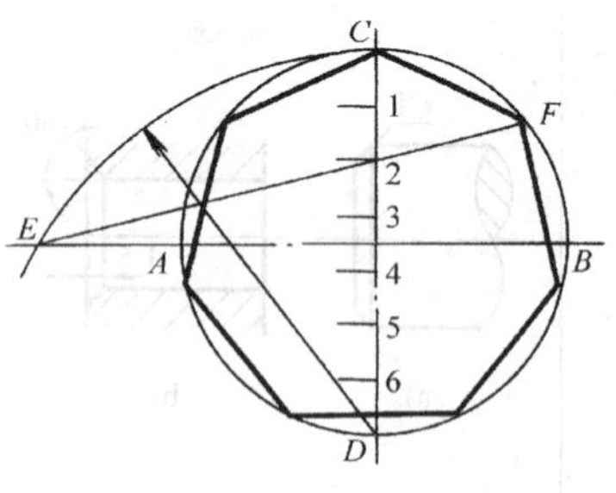


图 7－15　正 *n* 边形的作图

## 二、椭圆的画法

椭圆有各种不同的画法，在此仅介绍已知长、短轴，完成椭圆的精确画法和近似画法，具体的作图方法参见表 7－6 所示。

## 三、斜度和锥度

### 1. 斜度

斜度是指一直线对另一直线或一平面对另一平面的倾斜程度。表示斜度的符号和标注方法参看 GB4458.4—1984 中的 3.7 项所示。

**表 7-6 椭圆的画法**

| 精确画法（已知长、短轴） | 画图步骤 |
| --- | --- |
| 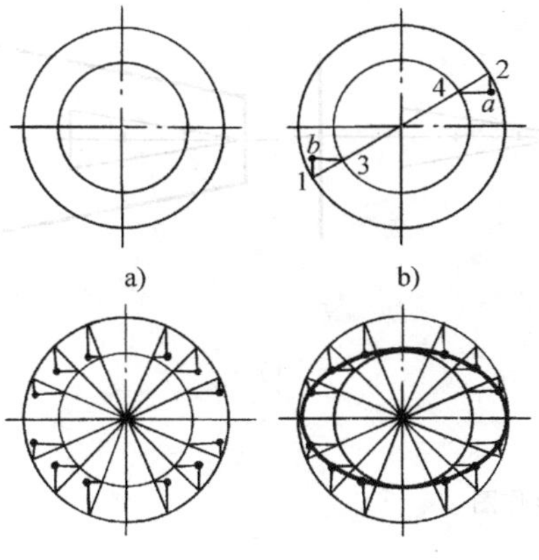<br>a) b) c) d) | a）以椭圆中心为圆心，分别以长轴、短轴长度为直径，作两个同心圆<br>b）作一任意直径，交大圆于 1、2 两点，交小圆于 3、4 两点，分别过 1、2 引垂线，过 3、4 引水平线，它们的交点 *a*、*b* 即椭圆上的点；<br>c）按步骤 b）的方法重复作图，求出椭圆上一系列的点；<br>d）光滑连接各点 |
| **近似画法（已知长、短轴）** | **画图步骤** |
| 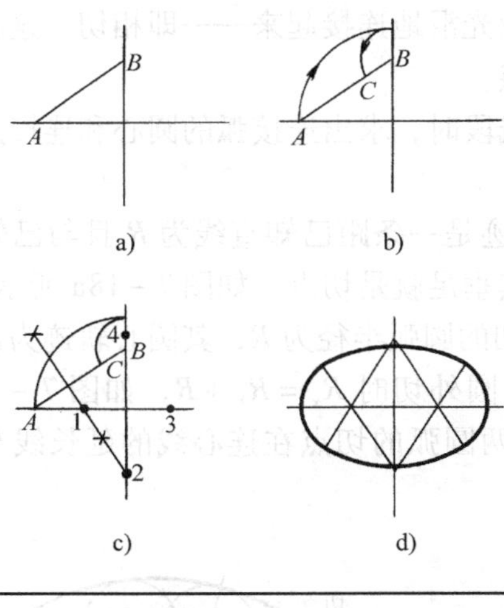<br>a) b) c) d) | a）连接长半轴端点 *A* 和短半轴端点 *B*；<br>b）在 *BA* 上取 *BC* = 1/2（长轴 - 短轴）；<br>c）作 *AC* 的中垂线，交长半轴于 1，短半轴于 2，取 1、2 的对称点 3、4（对中心对称）；<br>d）分别以 1、3 为圆心，*A*1 为半径作圆弧，起、止于中垂线，再以 2、4 为圆心，*B*2 为半径作圆弧，起、止于中垂线，四段圆弧近似地代替椭圆圆弧 |

斜度的大小可用两直线或两平面夹角的正切表示，即斜度等于 $\tan\alpha = H/L$，并常以 1: *n* 的比例形式标注。其作图步骤、斜度符号及标注形式如图 7-16 所示。标注时要注意符号的斜线方向与斜度方向要一致。

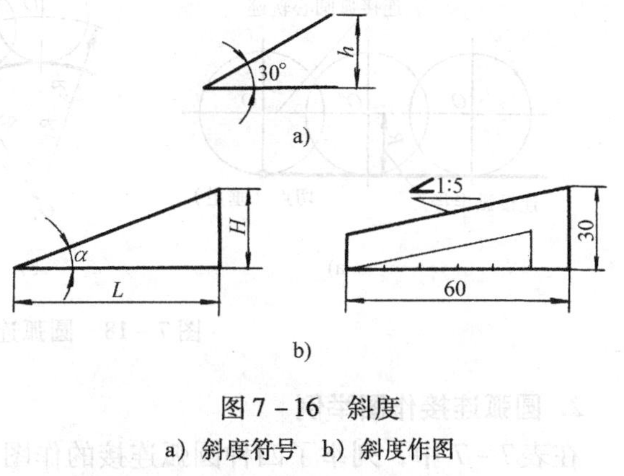


图 7-16 斜度

a）斜度符号 b）斜度作图

**2. 锥度**

锥度是指正圆锥的底圆直径与圆锥高度之比。其符号和标注方法参看 GB/T 15754—1995 中的 4.3 项所示。锥度的大小可用圆锥素线与轴线夹角的正切的两倍表示，即锥度 = $2\tan\alpha = D/L$，在图样中常以 1: *n*

的比例形式标注。其作图步骤、锥度符号及标注形式如图 7－17 所示。

标注时要注意符号斜线的方向与锥度方向要一致。

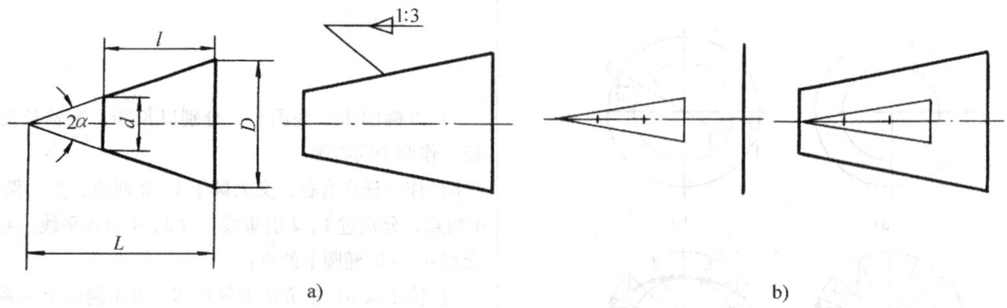


图 7－17　锥度

a）锥度符号　b）锥度作图

## 四、圆弧连接

在绘制机件图形时常会遇到圆弧与直线、圆弧与圆弧的光滑过渡的情况。这种光滑过渡就是平面几何中的相切，也就是用圆弧把两已知线段光滑地连接起来——即相切。这在制图中被称为圆弧连接，其圆弧为连接弧，切点为连接点。

圆弧连接的关键是：在已知连接弧半径和连接线段时，求出连接弧的圆心和连接点。

**1. 圆弧连接的作图原理**

1）已知与直线相切的圆弧半径为 $R$，其圆心轨迹是一条距已知直线为 $R$ 且与已知直线平行的直线。如从选定的圆心向已知直线作垂线，其垂足就是切点，如图 7－18a 所示。

2）已知圆弧的圆心为 $O_1$、半径为 $R_1$，与其相切的圆弧半径为 $R$，其圆心轨迹为已知弧的同心圆。该圆半径 $R_x$ 要根据相切情形而定：当两圆外切时 $R_x = R_1 + R$，如图 7－18b 所示；当两圆内切时 $R_x = R_1 - R$，如图 7－18c 所示。两圆弧的切点在连心线的延长线与已知圆弧的交点处。

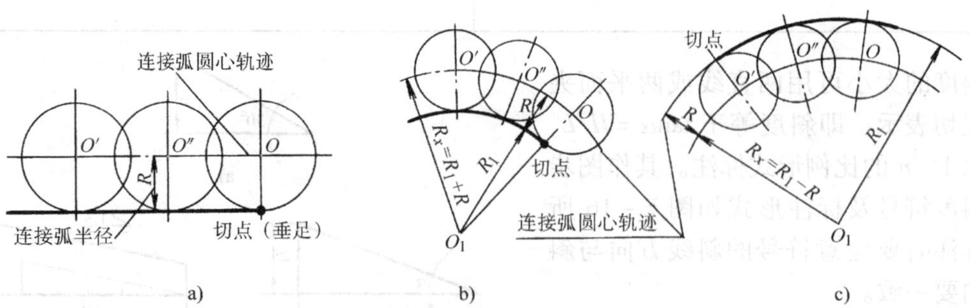


图 7－18　圆弧连接的作图原理

**2. 圆弧连接作图举例**

在表 7－7 中，列举了四种圆弧连接的作图方法和步骤。

表 7－7　圆弧连接作图举例

| 连接要求 | 作图方法和步骤 | | |
|---|---|---|---|
| | 求圆心 $O$ | 求切点 $K_1$、$K_2$ | 画连接圆弧 |
| 连接相交两直线 | 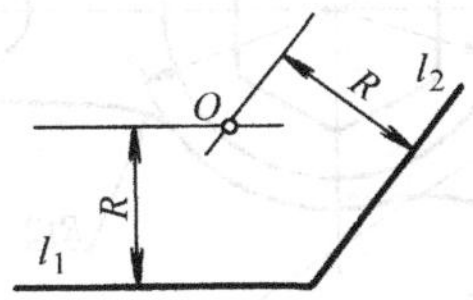 | 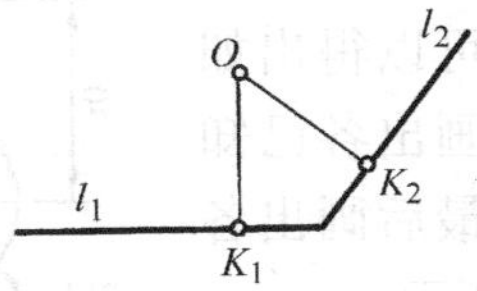 | 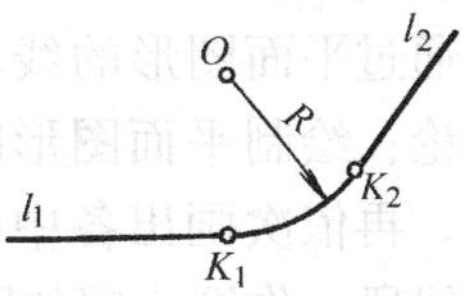 |
| 连接一直线和一圆弧 | 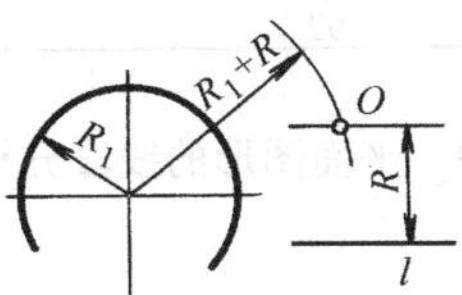 | 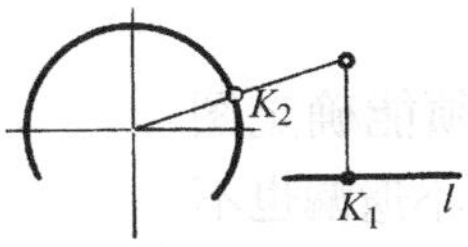 | 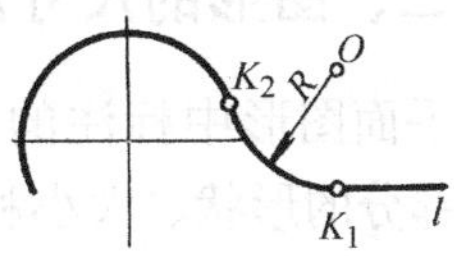 |
| 外接两圆弧 | 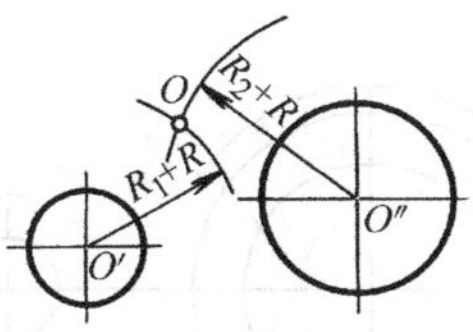 | 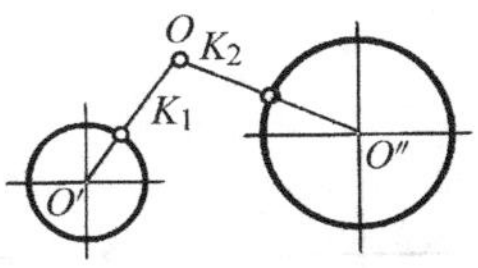 | 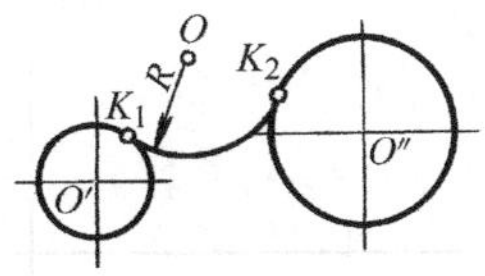 |
| 内接两圆弧 | 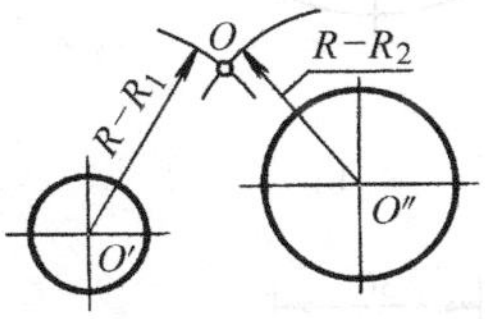 | 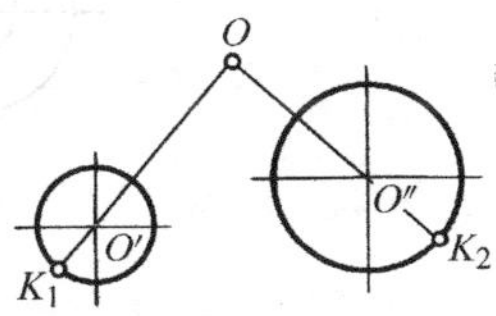 | 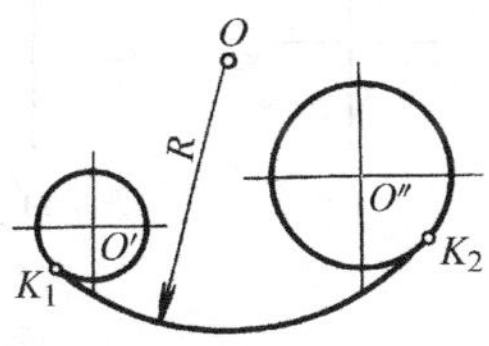 |

## 第三节　平面图形的线段分析

一个平面图形由一个或多个封闭图形所组成，而每一个封闭图形一般又由若干线段彼此相交或相切连接。要正确绘制一个平面图形，必须进行平面图形的线段和尺寸的分析。

### 一、图形的线段分析

在由若干线段所组成的平面图形中，根据图形上所标注的尺寸和线段间的连接关系，图形中的线段可以分为以下三种：

（1）已知线段　具有完整的定形尺寸和定位尺寸，可以独立画出的圆、圆弧或直线。

（2）中间线段　有定形尺寸和不完整的定位尺寸，需依据一个连接关系才能画出的线段。

（3）连接线段　有定形尺寸而没有定位尺寸，根据两个连接关系才能画出的圆弧或直线段。

如在图 7 – 19 中，圆 $\phi48$、$\phi56$、$\phi14$，圆弧 $R14$ 和 30 的六边形都是已知线段，而圆弧 $R12$ 和 $L_1$ 是中间线段；而圆弧 $R24$、$R82$ 和直线 $L_2$ 都是连接线段。

通过平面图形的线段分析，可以得出如下结论：绘制平面图形时，应先画出各已知线段，再依次画出各中间线段，最后画出各连接线段。作图步骤如图 7 – 20 所示。

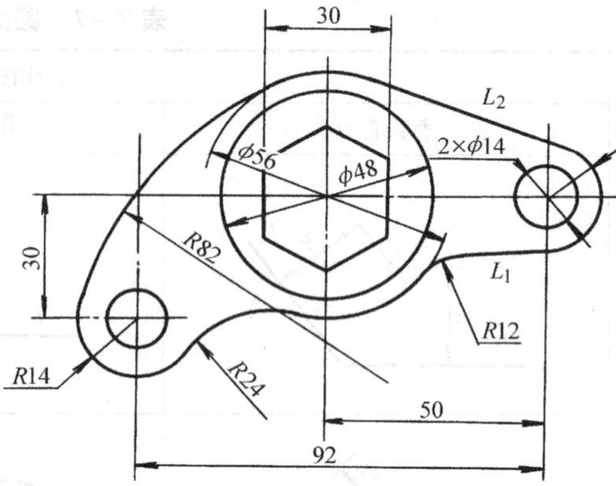


图 7 – 19　平面图形的线段分析

## 二、图形的尺寸注法

平面图形中标注的尺寸，必须能确定图形各部分的形状、大小和位置，既不遗漏也不多余地标注出确定各线段相对位置及其大小的尺寸。每一个平面图形应有两个方向的尺寸基准，为了标注的完整、清晰，应对平面图形中的尺寸进行分析。

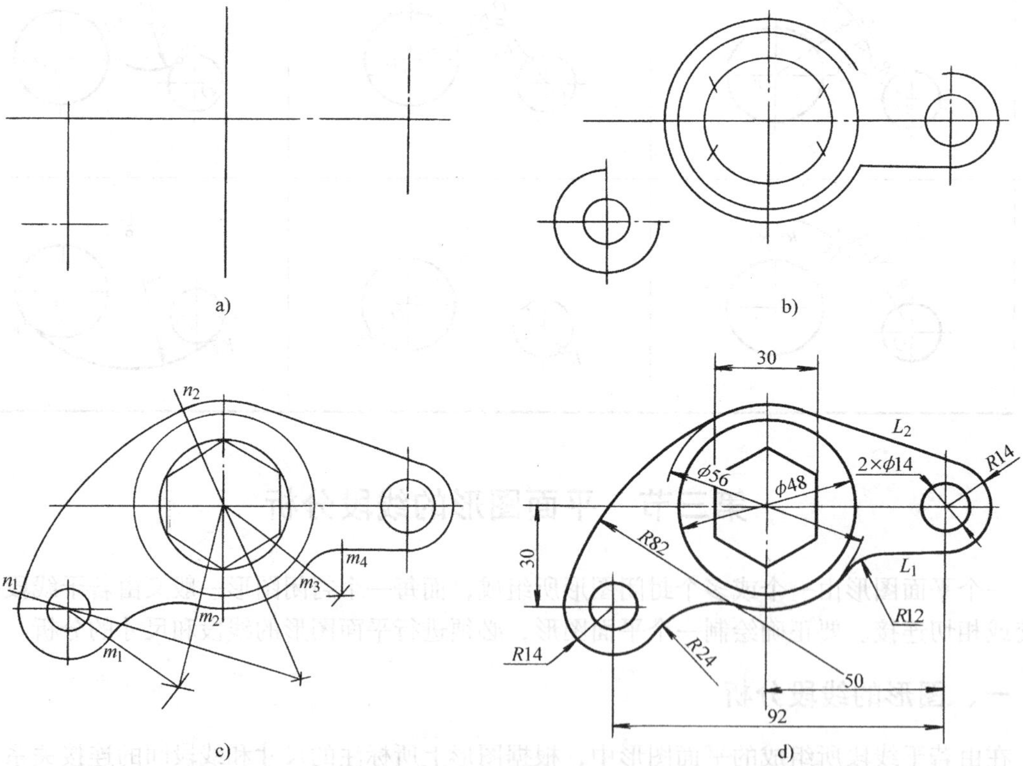


图 7 – 20　平面图形的画图步骤

a）布置图形：定出图形各部分的基准线（轴线、对称线）　b）画已知线段

c）画连接线段　d）描深并标注尺寸

标注尺寸的方法步骤：

1）确定图形长度和高度方向的尺寸基准，常选图形的对称线、较大圆的中心线或较长的直线。

2）按照已知线段、中间线段和连接线段的先后次序，逐个标注出图形的形状尺寸和位置尺寸。

图 7 – 21 为平面图形的尺寸注法示例。

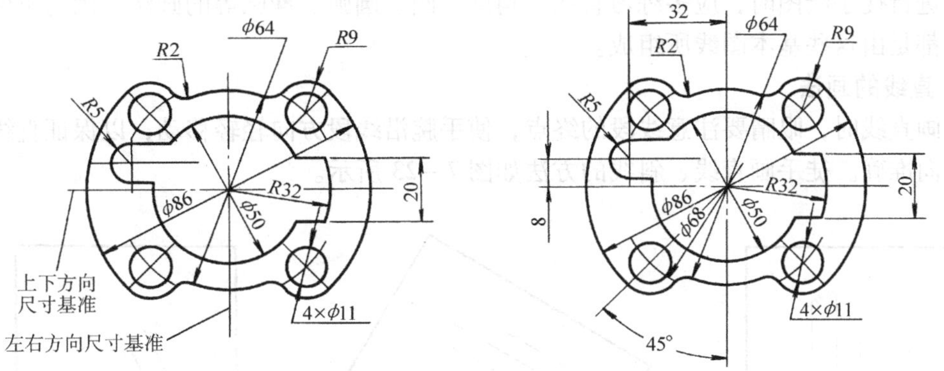


a)　　b)

图 7 – 21　平面图形的尺寸注法举例

a）标注定形尺寸　b）标注定位尺寸

## 第四节　画草图的基本手法

徒手绘图就是不用尺规，仅采用铅笔和纸等工具，依靠目测的尺寸比例、徒手绘制的图样称为草图。要达到准确快速的徒手绘图，除多练习之外，还需要掌握一些徒手绘图的基本方法与技巧。

### 一、徒手绘图的目的

对于工程技术人员来说，除了会用仪器画图、计算机绘图以外，还必须具备徒手绘制草图的能力。绘制草图通常适用于以下场合：

1）设计新的设备时，常需用草图勾画出设计方案，以表达设计人员的构思。

2）修配或仿制机器时，需在现场徒手测绘出草图，再根据草图绘制正规图。

3）参观或技术交流时，也需要随时徒手画出草图，以方便思想交流和讨论。

### 二、绘图的基本要领

最初徒手绘图时。一般用较软的 HB 或 2B 型铅笔，铅芯磨成圆锥形，并最好在方格纸上进行，利用格线来控制图线的平直和图形的大小。经过一定的训练后，便可在空白图纸上画出质量较好的图样。

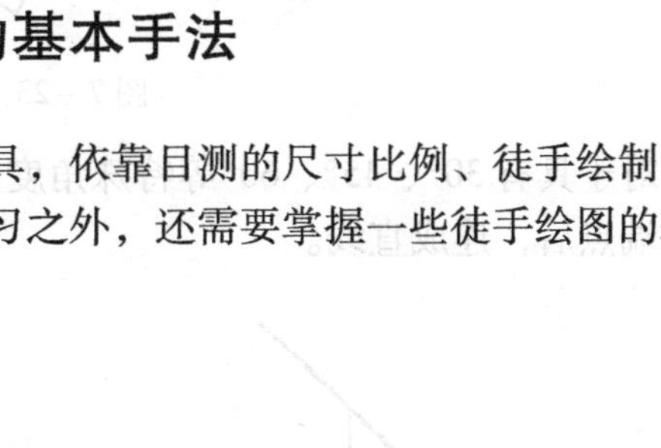

图 7 – 22　握笔姿式

徒手绘图时的握笔姿式如图 7 – 22 所示，其基本动作要领：

1）握铅笔勿离笔尖太近，小手指及手腕不宜紧贴纸面，运笔力求轻松自然。

2）画短线时用手腕运动，画长线时手臂沿画线方向移动，图纸可适当斜放。

## 三、绘图的基本技能

在进行徒手绘图时，应多练习直线、角度、圆、圆弧、椭圆等的画法，因为机件的各种图形大都是由这些基本图线所组成。

**1. 直线的画法**

在画直线时，眼睛要注意线段的终点，使手腕沿线段方向轻轻移动，以保证直线画得平直，方向准确。徒手画直线、斜线的方法如图 7－23 所示。

图 7－23　直线、倾斜线的画法

对于具有 30°、45°、60°等特殊角度的斜线，可如图 7－24 所示，按直角边的近似比例定出端点后，连成直线。

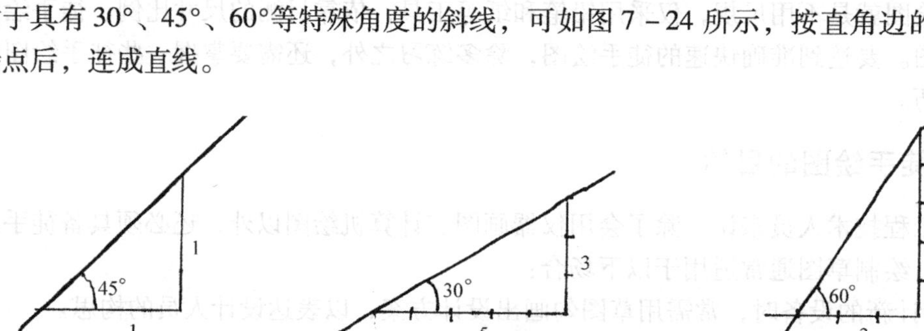


图 7－24　特殊角度斜线的画法

**2. 圆的画法**

在画小圆时，可按半径先在中心线上截取四点，然后分四段逐步连接成圆。而画大圆时，除中心线上四点外，还可通过圆心画两条与水平线成 45°的射线，再取四点，分八段画出，如图 7－25 所示。

**3. 椭圆的画法**

徒手画椭圆的方法见图 7－26 所示，首先确定长短轴并作出矩形，然后画出椭圆。

徒手画草图的步骤基本上与用仪器绘图相同。但草图的标题栏中不能填写比例，绘图时也不应固定图纸。完成的草图图形必须基本上保持物体各部分的比例关系，各种线型粗细分明，字体工整，图面整洁。

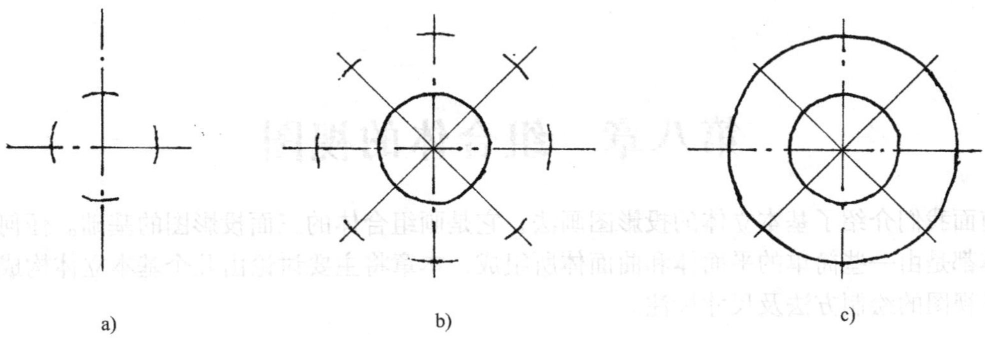


图 7－25　徒手画圆的技巧

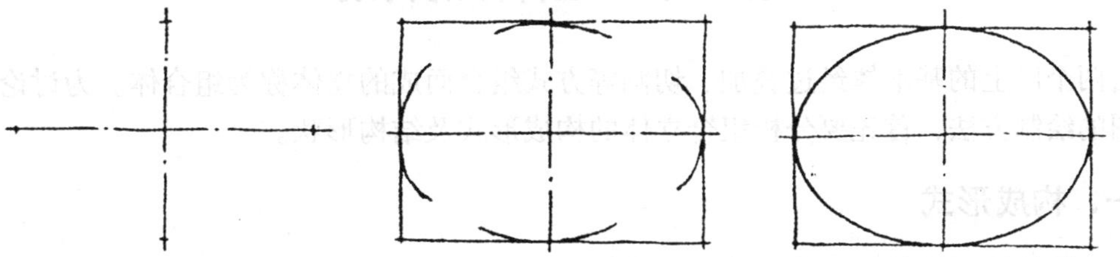

图 7－26　徒手画椭圆的技巧

# 第八章　组合体的视图

前面我们介绍了基本立体的投影图画法，它是画组合体的三面投影图的基础。任何复杂的立体都是由一些简单的平面体和曲面体所组成，本章将主要讨论由几个基本立体构成的组合体三视图的绘制方法及尺寸标注。

## 第一节　组合体的构成

由两个以上的基本体经过叠加、切割等方式组合而成的立体称为组合体。为讨论组合体三视图的绘制方法，首先要分析组合立体的构成形式及结构形状。

### 一、构成形式

组合体的构成按其组合的方式可以分为：叠加、切割和综合三种形式。

在图 8－1 中所示的组合立体，可以看成是由空心圆柱体、四棱柱和弧形板组合而成的。这样由两个以上的基本体组合构成的立体，通常都认为是叠加形式。

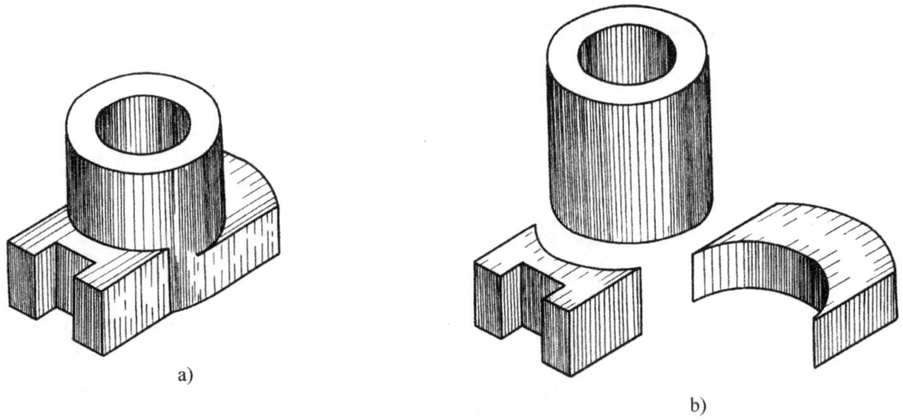

a)　b)

图 8－1　组合体的构成

图 8－2a 中的立体，可以看成是由长方体经过几次切割而形成的，应属于切割形式。

而图 8－2b 中所示的组合立体，可以看成是由底板、长方块和空心圆柱体组合而成的，其中各基本立体又经过切割而成，因此，该组合立体的构成为综合形式。

在许多情况下，组合体的构成形式并无严格的界限，同一种物体有时既可以按叠加方式进行分析，也可以按切割或综合方式去理解。

### 二、形体分析

由几个基本立体结合构成的组合体，它们在叠加组合的过程中，有些立体的形状和表面常发生变化。如图 8－1 中所示，组合体由棱柱、圆柱和弧板三个基本立体构成，三立体底面

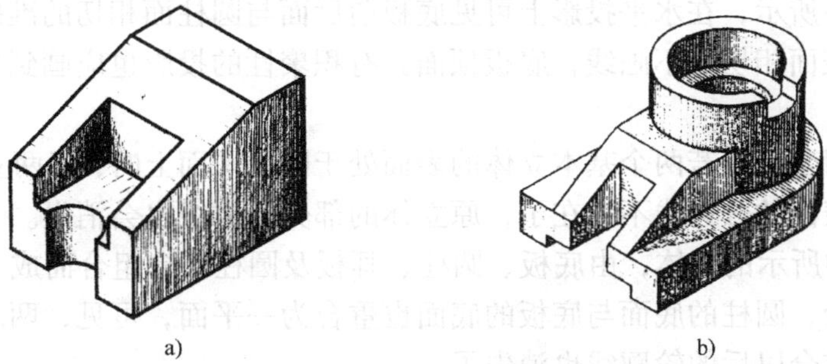


图 8－2　组合体的形式

平齐且分别处在左、中、右的位置，立体的结合面出现了相交、相切、重合等接触情况。

为了分析和作图方便，常将组合体分解成一些简单的基本立体，分别讨论它们各自的结构形状、投影特性、相对位置及各表面间的接触情况，这种化繁就简的思维方法，就是形体分析法。所以，形体分析法的分析过程：

1）将组合立体分解成几个基本的几何体；

2）确定各基本立体的形状及其相对位置；

3）分析各基本立体表面之间的连接关系。

在图 8－3 中，展示了组合体的空间结构及其三面投影图，在进行组合体的形体分析时，必须弄清立体表面的连接关系，常有以下几种情况：

**1. 相交**

在多个基本体叠加组合时，两立体表面的融合即相交。在图 8－3a 中，组合立体右耳板的前后面与圆柱体表面相交产生了交线，前面的圆凸台与圆柱体的表面也产生了相贯线。两立体相交融合成一整体后，原基本立体的部分轮廓线自然消失。

因此，若由两个基本立体相交组合时，在其立体的表面上则产生了交线。如图 b 所示，在绘制具有交线的组合体的视图上，必须画出这些交线的投影。

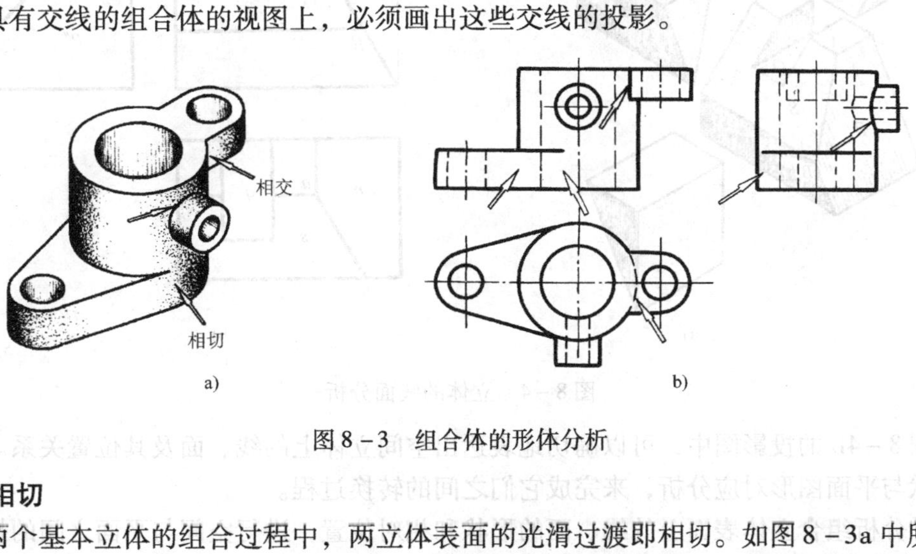


图 8－3　组合体的形体分析

**2. 相切**

在两个基本立体的组合过程中，两立体表面的光滑过渡即相切。如图 8－3a 中所示，底板的前后面与圆柱体的表面相切，可见在两个基本体表面的相切处，表面的轮廓线消失且不存在分界线。

如图 8 －3b 中所示，在水平投影上可见底板前后面与圆柱面相切的准确位置；在正面和侧面投影图上两表面相切处不画线，底板顶面具有积聚性的投影也应画到切点为止。

**3. 重合**

在立体叠加组合时，若两个基本立体的表面处于同一平面上时，即两立体的部分表面重合。重合以后两表面的分界线不存在了，原立体的部分轮廓线也会消失。

如图 8 －3a 中所示的立体，由底板、圆柱、耳板及圆柱凸台组合而成。其中圆柱的顶面与耳板的顶面重合，圆柱的底面与底板的底面也重合为一平面，可见，两表面间并没有分界线，两立体表面重合以后的轮廓线也消失了。

通过形体分析，可知立体在组合过程中表面的线面变化：

1）两个基本体相交时画出交线，相切时圆滑过渡无界线。

2）两个基本体的表面重合成一平面时，中间没有分界线。

3）两个基本体组合成一整体时，结合处的轮廓线会消失。

## 三、线面分析

当基本体被平面或曲面截切以后，在它的外形上将出现一些新的表面和交线，确定这些表面和交线的形成、形状和空间位置，是画好由截切所形成的组合体视图的关键。

如图 8 －4a 所示的组合体，它是一个长方体左边被一个正垂面 *P*、前面被一个侧垂面 *S* 截去三棱块，顶面又被两个侧平面 *R* 及水平面 *Q* 切去四棱块而形成的。长方体上的 *P* 平面与顶面、底面及前、后端面相交，产生 4 条截交线，分别为正垂线和正平线；*S* 平面与顶面、前端面及右端面相交，产生 3 条截交线，分别为侧垂线和侧平线；长方体上的 *P* 平面与 *S* 平面相交，产生一条一般位置的交线 *AB*。顶面切槽产生的交线自行分析。

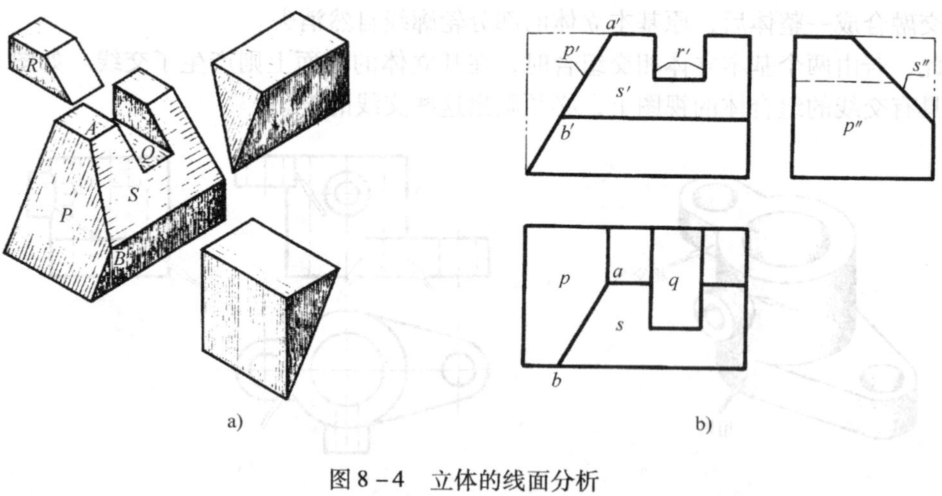


图 8 －4　立体的线面分析

在图 8 －4b 的投影图中，可以确切地表达出空间立体上的线、面及其位置关系。这样将空间形状与平面图形对应分析，来完成它们之间的转换过程。

这种分析组合立体表面上的线、面的形状和相对位置，进行空间与平面之间的投影转换的分析方法，就是线面分析法。所以，线面分析法的分析过程：

1）确定形成组合体的原空间基本立体的形态；

2）分析截平面的相对位置及所截平面的形状；

3）分析各表面间交线的空间位置及对应关系。

## 第二节　组合体的三视图

组合立体的空间结构与形状，可由该立体的三视图准确清晰地表达出来。

### 一、三视图的形成

如图 8－5a 所示，将组合立体放在三面投影体系中不动，从不同的方向向投影面分别进行正投影，所得到的各投影图形统称为视图。

组合体的正面投影称为主视图，其水平投影称为俯视图，侧面投影则称为左视图。

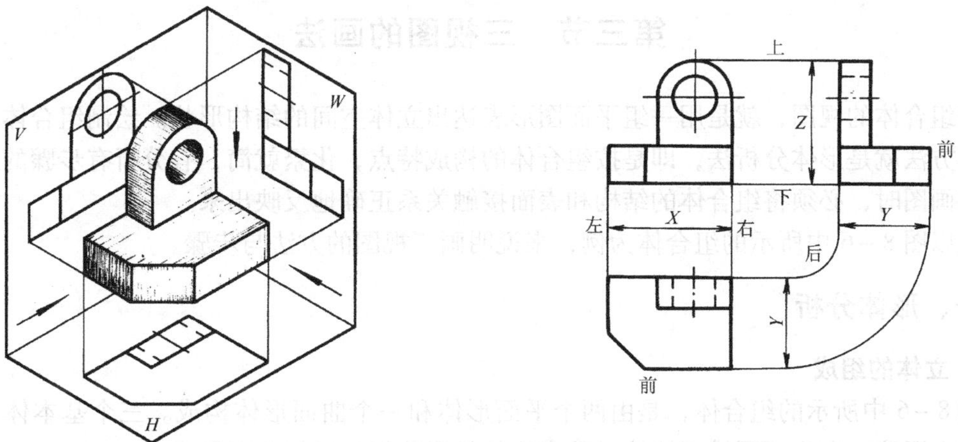


a)　　b)

图 8－5　三视图的形成

将图 3－5a 中所得到的组合体的三面投影视图，按规定展开画在同一平面内，即得到组合体的三视图。该组合体的空间关系及三视图之间的位置对应关系如图 8－5b 所示。所以，画组合体的三视图时必须注意：

1）三个视图之间的相互位置关系一般固定不变；

2）各视图之间的距离可根据需要予以适当调整。

### 二、三视图的投影特性

从图 8－5b 中可以看出，在组合体的三视图之间存在着一定的投影对应规律。主视图和俯视图均反映出组合立体的长度，即 $X$ 对正；主视图和左视图都反映出组合立体的高度，即 $Z$ 平齐；俯视图和左视图均反映了组合立体的宽度，即 $Y$ 相等。所以，三视图中具有以下投影对应规律：

1）主视图与俯视图——长对正（$X$）

2）主视图与左视图——高平齐（$Z$）

3）俯视图与左视图——宽相等（$Y$）

同样，由图 8 –5b 可以看出，三视图之间还存在一定的结构位置对应关系。主视图明确反映出底板与立板的左右和上下的位置关系，俯视图清楚地反映出底板与立板的左右和前后的位置关系，左视图确切反映出底板与立板的上下和前后的位置关系。因此，三视图中有以下的结构位置对应关系：

1）主视图和俯视图——左右明确。

2）主视图和左视图——上下清楚。

3）俯视图和左视图——前后一致。

三视图间所存在的这种投影对应规律和位置对应关系，不仅适用于整个组合立体的投影，而且也完全适用于组合立体中各个基本体的投影。

这里俯视图和左视图的前后位置关系需要注意：俯视图与左视图二者远离主视图的一方，表示组合立体的前面，而靠近主视图的一方，表示组合立体的后面。

## 第三节　三视图的画法

画组合体的视图，就是用一组平面图形表达出立体空间的结构形状。绘制组合体三视图的基本方法就是形体分析法，即是按组合体的构成特点，化繁就简，有分析有步骤的进行作图。在画图时，必须将组合体的结构和表面接触关系正确地反映出来。

现以图 8 –6 中所示的组合体为例，来说明画三视图的方法与步骤。

### 一、形体分析

**1. 立体的组成**

图 8 –6 中所示的组合体，是由两个平面形体和一个曲面形体构成。三个基本体为：居中的空心圆柱、左边的开槽四棱柱以及右边的弧形薄板等三部分所组成。

**2. 形状及位置**

构成组合体的三个基本立体，其底面对齐处在同一水平面内，位置分左中右分别排开，所构成的组合体前后对称。其各基本体的形状及相对位置如图 8 –6 所示。

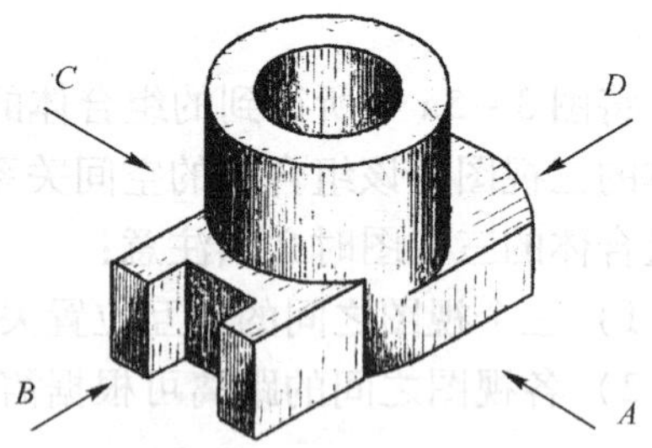


图 8 –6　组合立体

**3. 组合的方式**

这三个基本立体的底面重合，左边的开槽四棱柱与空心圆柱体表面相交，右边的弧形薄板与圆柱外表面相切。因此，组合后的立体表面则产生了相交、相切、重合等关系。

### 二、视图选择

在画组合体的视图时，选择主视图是很重要的。主视图的投影方向确定以后，其他视图的投影方向及各视图间的相互位置也就确定了。如图 8 –6 中所示，此时有 4 个方向可供选择，因此，在选择主视图时要考虑多方面的因素。

选择主视图时，应遵循的基本原则：

**1. 自然位置安放**

将组合体的主要平面或轴线处于平行或垂直于投影面的位置，使其放置稳固可靠。如图8－6中所示的组合体，以较大的三重合底面为水平面，并使圆柱轴线垂直于 $H$ 投影面来放置，投影后如图8－7中所示。

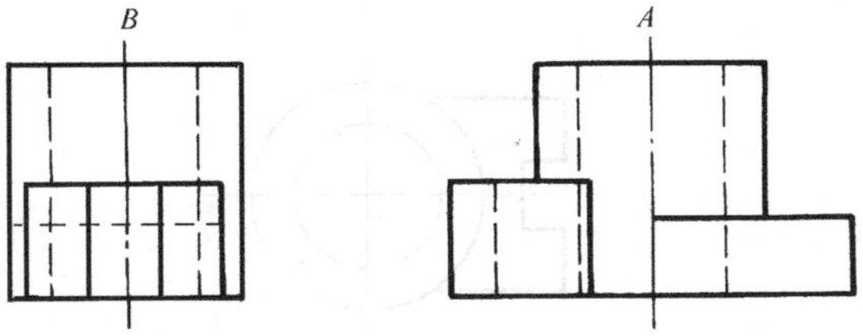


图8－7　主视图的选择对比

**2. 反映形状特征**

主视图反映各基本体的形状及相互位置特征要明显。在图8－6中的4个投影方向中，若以 $B$ 向和 $D$ 向选作主视图的投影方向，得到图8－7中的 $B$ 向和 $D$ 向的视图，可见三个基本体压缩重合，且不能反映形状特征；而以 $A$ 向或 $C$ 向投影作为主视图，如图8－7中的 $A$ 向视图，所反映的基本立体的形状和位置特征比较明显。

**3. 视图虚线最少**

主视图的选择应使其他视图有较多的可见部分，使虚线最少。若取 $A$ 向与 $C$ 向比较，反映的形状特征基本是一样的，但如果以 $C$ 向作为主视图，则左视图必为 $D$ 向投影，如图8－7的 $D$ 向视图中开槽四棱柱等结构不可见，致使虚线太多。显然，若以 $A$ 向作为主视图，则 $B$ 向投影必然成为左视图，如在图8－7中所展示的 $B$ 向视图，可见该图中的虚线明显地减少了。

根据以上分析对比，应选择 $A$ 向投影作为该组合立体的主视图。当主视图选择好以后，俯视图和左视图的投影方向也就确定了。所以，选择主视图时需要做到：

1）自然平稳地安放位置，反映结构形状特征要明显。

2）各图清晰可见虚线少，图面匀称且利用图纸合理。

## 三、画图步骤

在完成了组合体的分析和视图选择以后，来着手画组合体的三视图。如图8－8中所示，分四步展示了组合体三视图的画图步骤和作图过程。

**1. 选图幅和比例**

根据组合体的尺寸大小和复杂程度，先选定适当的比例，大致算出三个视图所占图面的大小，包括视图间的适当间隔，然后选定标准图幅并绘制边框和标题栏。

**2. 合理布置视图**

布置视图应力求图面匀称，视图之间的距离恰当，各视图既不过于集中，也不过于分散。先画出各视图的位置线，一般以中心线、轴线、对称面、底面和端面作为定位线，也称为基准线。

**3. 分部分画视图**

为保证图面整洁又便于修改，先用细实线画出底稿。应按形体分析和线面分析的方法，

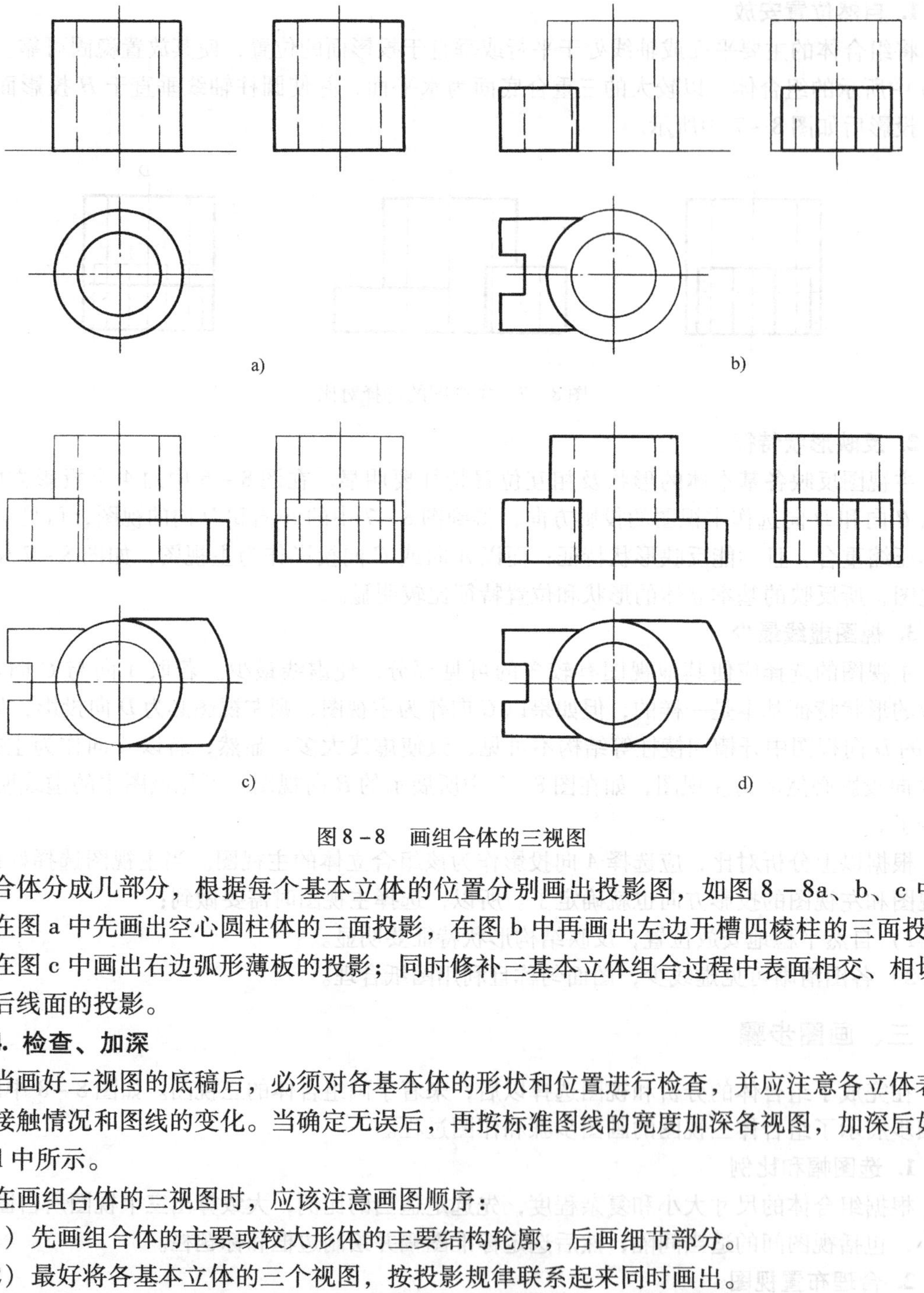


图 8-8　画组合体的三视图

将组合体分成几部分，根据每个基本立体的位置分别画出投影图，如图 8-8a、b、c 中所示。在图 a 中先画出空心圆柱体的三面投影，在图 b 中再画出左边开槽四棱柱的三面投影，然后在图 c 中画出右边弧形薄板的投影；同时修补三基本立体组合过程中表面相交、相切等变化后线面的投影。

**4. 检查、加深**

当画好三视图的底稿后，必须对各基本体的形状和位置进行检查，并应注意各立体表面间的接触情况和图线的变化。当确定无误后，再按标准图线的宽度加深各视图，加深后如图 8-8d 中所示。

在画组合体的三视图时，应该注意画图顺序：

1）先画组合体的主要或较大形体的主要结构轮廓，后画细节部分。

2）最好将各基本立体的三个视图，按投影规律联系起来同时画出。

3）对于投影为圆或多边形的基本体，应先从反映实形的视图画起。

4）对于被切割后形成的表面，一般先从具有积聚性的视图开始画。

## 四、画图举例

［**例题 1**］　画出图 8-9 所示的轴承座的三视图。

**1. 形体分析**

组合体轴承座是由平面形体和曲面柱体组合而成的。基本形体由主体空心圆柱Ⅰ、底板Ⅱ、支承板Ⅲ和肋板Ⅳ等四部分构成，其结构形状和位置如图 8－9 所示。

a)　　　　b)

图 8－9　轴承座的形体分析

轴承座的底板、支承板、肋板和主体空心圆柱相互叠加，整体结构左右对称，后面对齐，而上下、前后不同。各基本体相切又相交，因此，它们组合后表面则产生了切线、交线、重合等关系。

**2. 视图选择**

主视图的选择，要考虑立体的正常位置、反映特征、可见性好等因素。对图 8－9 中展示的轴承座，应以大的底面为水平面来放置，使其稳固可靠，如图 8－10 中所示。

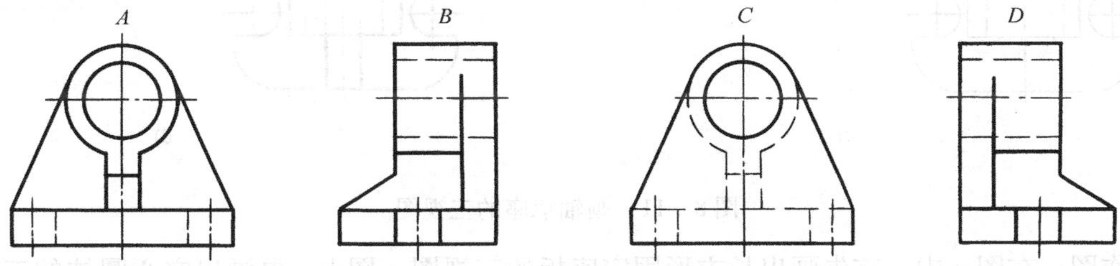


图 8－10　主视图的选择对比

主视图需要反映形状及位置特征，若以 *C* 向作为主视图，肋板等看不见且虚线最多，显然不如以 *A* 向作为主视图好。而 *B* 向和 *D* 向比较，反映的形状特征基本是一样的，但以 *D* 向作为主视图时，则 *C* 向投影为左视图，可见虚线太多；显然，*B* 向作为主视图时 *A* 向则成为左视图，还是比较好的。

现在 *A* 向与 *D* 向比较，反映的形状特征基本相同，但 *A* 向反映了机件左右较大的尺寸，更能充分地利用图纸。所以，应选择 *A* 向的投影作为主视图，而 *D* 向为左视图更好。

根据以上分析对比，当主视图选择好以后，俯视图和左视图的投影方向也就确定了。

**3. 视图布置**

在图 8－11a 中，首先以底板的底面作为主视图和左视图的上下定位线，并以轴承座的对称面作主视和俯视图的左右定位线，以轴承座的后端面作俯视和左视图的前后定位线。定位线以点画线画出确定三视图的位置，在布置视图时注意各视图之间留出适当的距离。

**4. 画三视图**

画轴承座三视图的方法与步骤，详见图 8－11a、b、c、d 所示的作图过程。

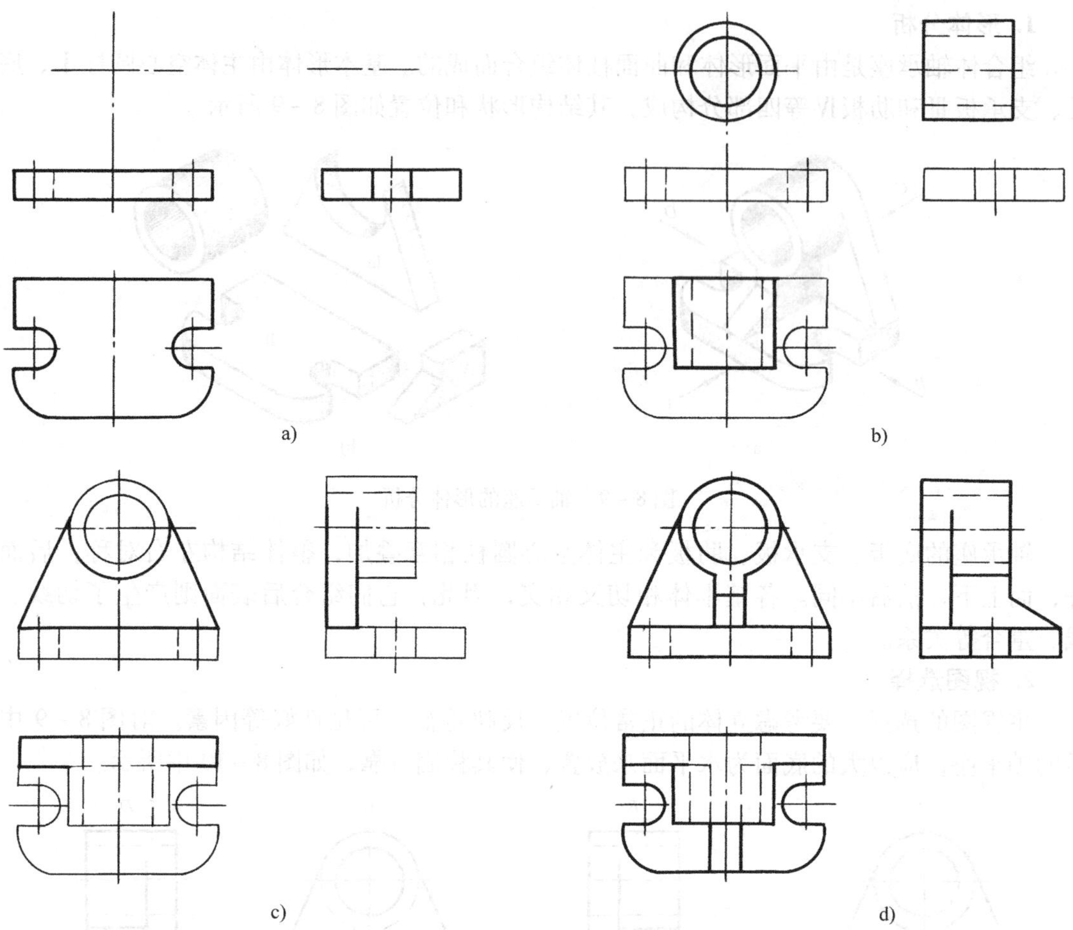

图 8－11　画轴承座的三视图

作图：在图 a 中，首先画出长方形固定座板的三视图，图 b，再画出空心圆柱的三面投影图，图 c，然后画出后支承板组合相切的投影，图 d，最后画出中间相交肋板的三视图，并综合检查加深。

**［例题 2］** 画出图 8－12 中的组合切割体的三视图。

**1. 线面分析**

（1）分析原立体形状及截面位置　图 8－12 中所展示的组合体，可认为是由长方形立体经过多次切割而形成的。正垂面 $S$ 切去了长方体的左上角；铅垂截面 $P$ 切去了长方体的左前角；水平截面 $R$ 和正平面 $Q$ 切去了长方体的前上角。

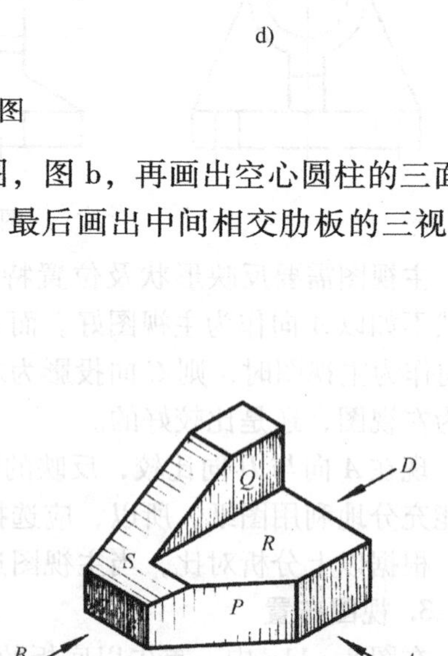


图 8－12　切割形成的立体

（2）确定截后各面形状及其交线　当各截面切割基本立体以后，则形成了不同形状的新平面。其中：铅垂面 $P$ 为一五边形，正垂面 $S$ 为一六边形，水平面 $R$ 为一五边形，正平面 $Q$ 为一四边形。在新平面的组合中，正垂面 $S$ 与 $Q$ 面交出正平线，$S$ 与 $R$ 面交出正垂线，$S$ 与 $P$ 面交出一般位置直线；铅垂面 $P$ 与 $R$ 面交出水平线；水平面 $R$ 与 $Q$ 面的交线为侧垂线。

**2. 视图选择**

通过对立体的分析和对比，由图 8－12 中可见，若选 $B$ 向作为主视图将造成左视图虚线太多；若以 $D$ 向作为主视图，主视图本身则产生了虚线。现选择 $A$ 向投影作为主视图，既反应特征又使各视图虚线最少，能够满足主视图选择的基本原则。

**3. 画三视图**

画切割立体的三视图的方法与步骤，详见如图 8－13a、b、c、d 所示的作图过程。

作图：图 a，首先画出原形长方体的三视图，图 b，再画出长方体被正垂面 $S$ 切去左上角后的交线，图 c，然后画出立体被铅垂面 $P$ 切去左前角后的图形，图 d，最后画出被正平面 $Q$ 和水平面 $R$ 切去立体上前角后的三视图，并检查加深。

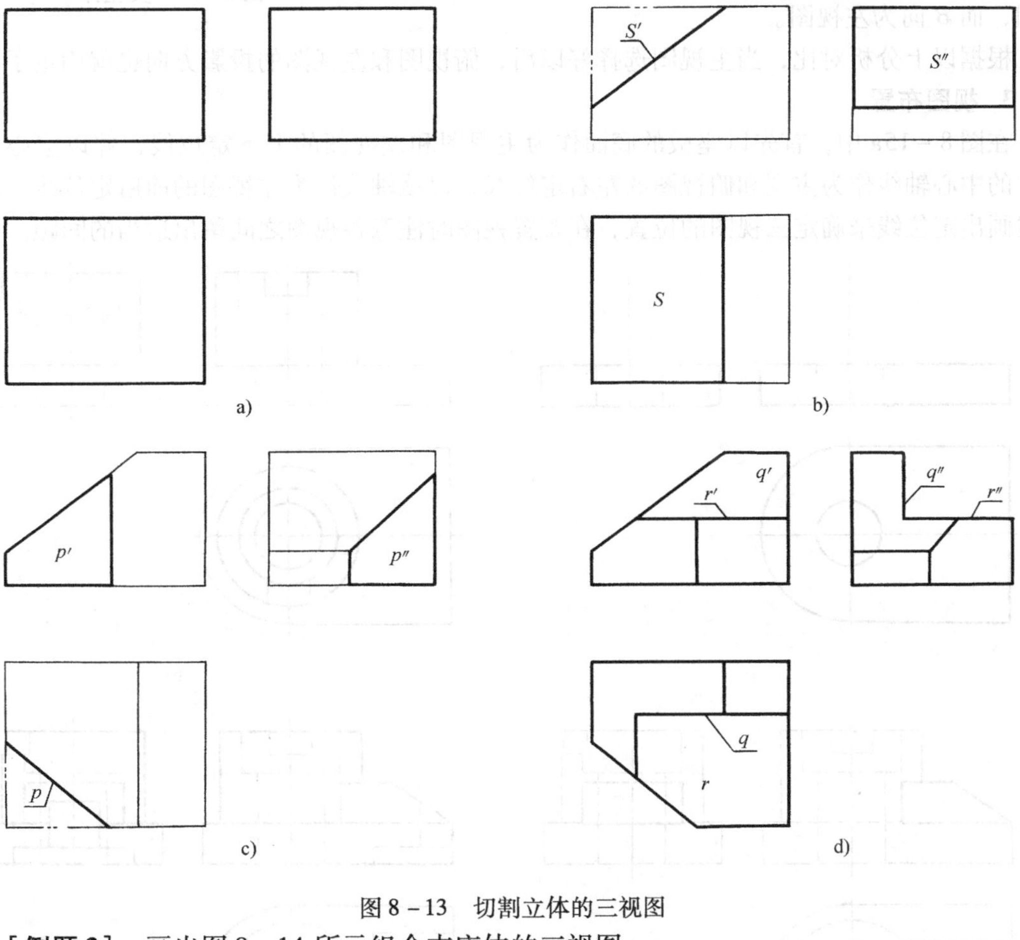


图 8－13　切割立体的三视图

［**例题 3**］　画出图 8－14 所示组合支座体的三视图。

**1. 形体分析**

组合支座体是由平面形体和曲面柱体组合切割而成。基本体由空心圆柱、座板、侧块等三部分经叠加切割构成，该座体较为复杂，其结构形状和空间位置如图 8－14 所示。

支座体中的侧块和空心圆柱分左右与座板相互叠加，侧块与座板被斜切、开槽、挖底槽等；空心台阶柱孔与座板相通，圆柱顶部前面开槽，支座的整体结构上下、左右不同，前后有别。

**2. 视图选择**

主视图的选择，要考虑立体的正常位置、反映特征、可见性好等因素。如图 8－14 中所示的支座体，应以大的底面为水平面来放置，使其稳固可靠。

主视图又要反映形状及位置特征，若以 *C* 向作为主视图，侧块与左槽等看不见且虚线最多，显然不如以 *B* 向作为主视图好；而 *B* 向与 *A* 向比较，*B* 向作为主视图形状及位置不明显，显然 *A* 向作为主视图反映的形状位置特征更好些，加上左右尺寸较长，更能充分地利用图纸。所以，应选择 *A* 向投影作为主视图，而 *B* 向为左视图。

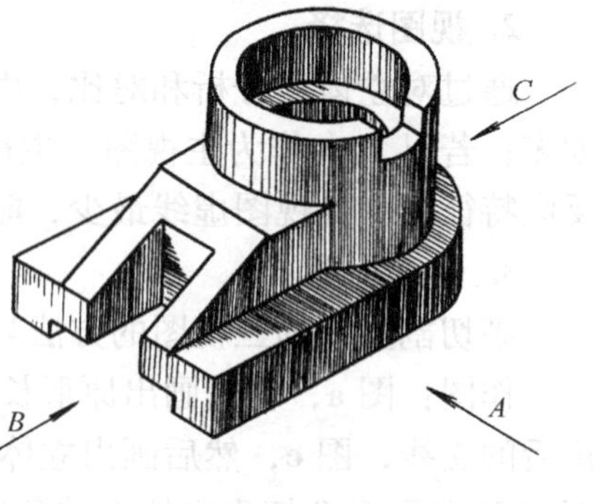

图 8－14　支座体

根据以上分析对比，当主视图选择好以后，俯视图和左视图的投影方向也就确定了。

**3. 视图布置**

在图 8－15a 中，首先以座板的底面作为主视图和左视图的上下定位线，并以空心台阶圆柱的中心轴线作为主视和俯视图的左右定位线，以该轴线作为左视图的前后定位线。以点画线画出定位线来确定三视图的位置，在布置视图时注意各视图之间留出适当的间距。

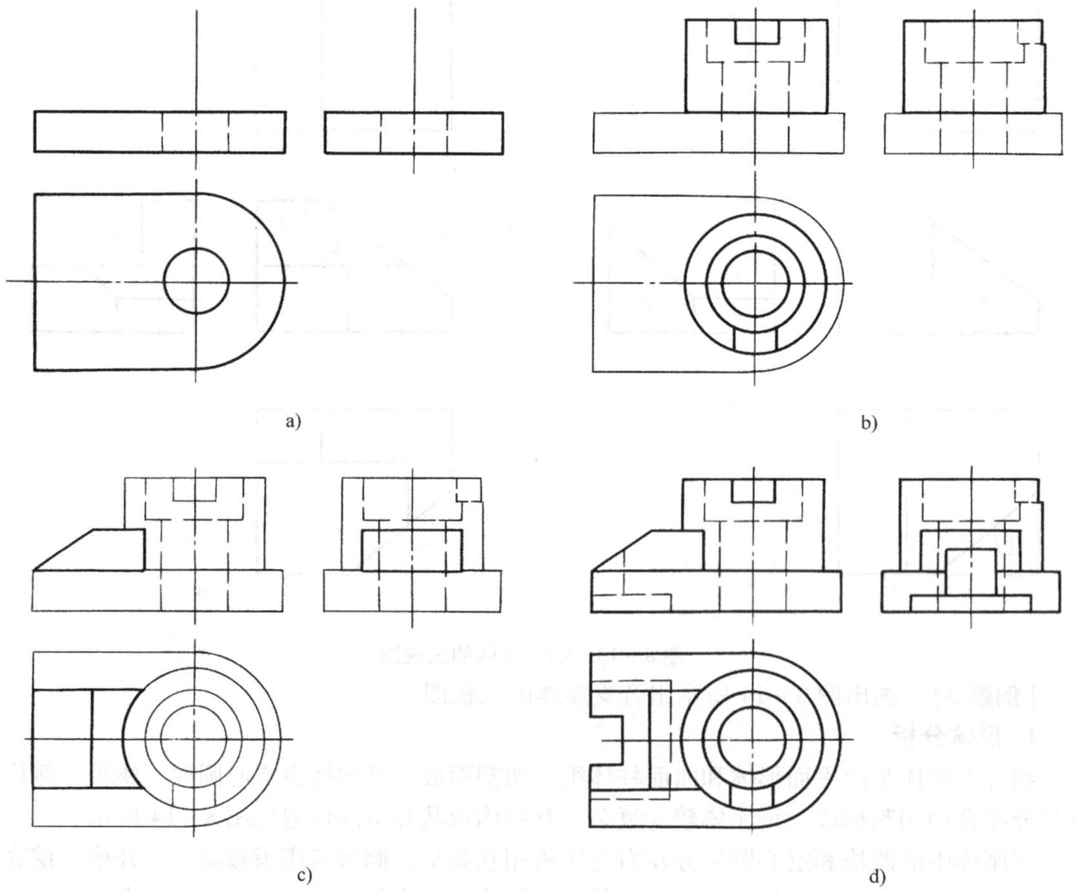

图 8－15　画支座体的三视图

**4. 画三视图**

画支座体三视图的方法与步骤，详见图 8－15a、b、c、d 所示的作图过程。

作图：图 a，首先画出长圆形座板的三视图；图 b，再画出空心圆柱的三面投影，图 c，然后画出左侧块的投影，图 d，最后画出底槽及侧块槽等结构的三视图，并综合检查加深。

## 第四节　读组合体的视图

读图就是根据组合体的三视图，想象出它的空间形状和结构。画图与读图是两个不同的图物转换过程。为了正确迅速地读懂视图，必须掌握读图的基本方法。

### 一、构思空间形体

**1. 图线及线框的含义**

读组合体的视图时，首先应明确视图中的图线及线框的含义。如图 8－16 中展示的视图。

1）视图中的每一条直线或曲线，可以代表一条线或代表一个面的投影。通常每一条图线在空间所能表示的三种情况：

①两个平面或曲面相交线的投影；

②平面或曲面具有积聚性的投影；

③回转立体的转向轮廓线的投影。

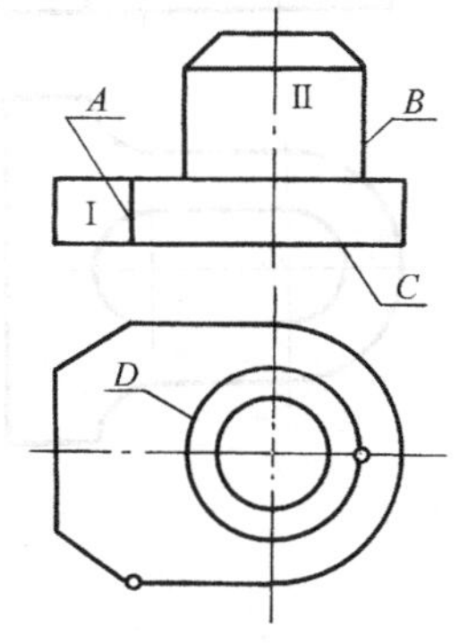

图 8－16　图线及线框的含义

如图中 $A$、$B$、$C$、$D$ 所指出的线，线 $A$ 和 $B$ 分别代表两面的交线及曲面的轮廓线，线 $C$ 和 $D$ 分别代表平面及曲面具有积聚性的投影。

2）视图中的每一个封闭的线框，一般都代表不同的平面或曲面的投影。如图中的线框Ⅰ、Ⅱ分别代表立体上的平面与曲面。视图中相邻的两个线框，可以代表立体上相交或错开的两个表面的投影。大线框内包含的小线框表示凸出或凹进的小平面体或曲面体。

**2. 分析视图，抓住特征**

分析视图，就是以主视图为主，弄清与其他视图之间的位置关系。即搞清哪个是俯视图，哪个是左视图，读图时需要几个视图结合起来进行构思。

如图 8－17a 中给出了立体的主视和俯视两个视图，依此来想象所表达的空间形体并不是唯一的，由主、俯两个视图可以构思出多个空间形体。如构思出图 b、c、d 中的三个不同形体，它们的主、俯两个视图都是一样的，但左视图并不相同，这里左视图反映了该立体的形状特征。

抓住特征，就是首先要找到反映组合体的形状特征，以及各基本形体相互位置特征的视图。从而再利用投影规律和位置关系，构思组合体的空间形状。

（1）形状特征　在图 8－18 中，展示了环板的三视图。如果只看主视和左视两个视图，除了环板的厚度、长度和宽度以外，其确切形状就看不出来了。如果将主、俯两个视图结合起来看，即使不要左视图，也完全可以构思出它的形状。这是因为俯视图更清楚地反映了环板的形状特征。

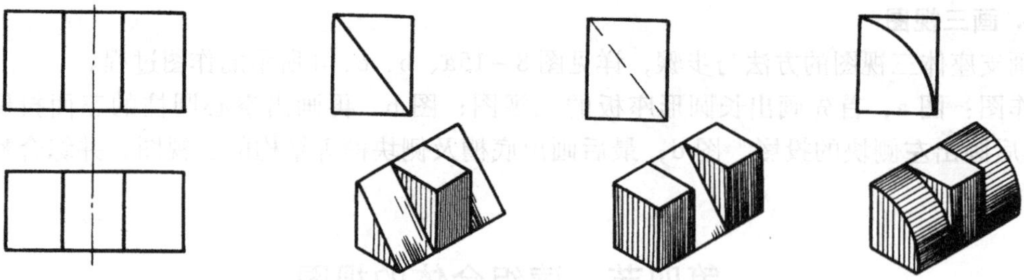

a) b) c) d)

图 8－17 构思空间形体

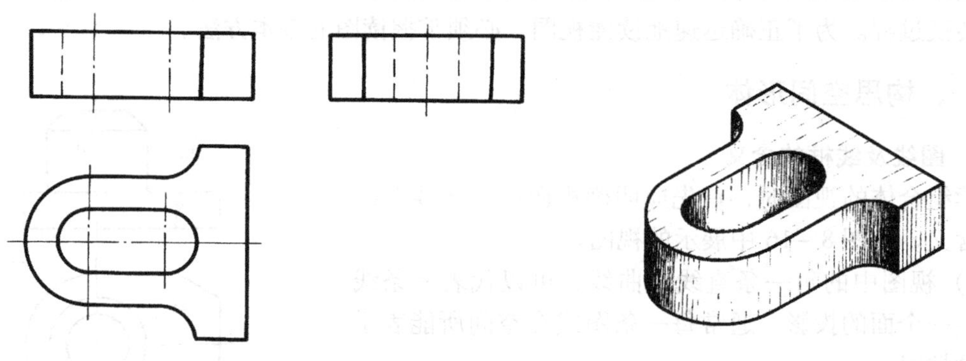

a) b)

图 8－18 形状特征的分析

（2）位置特征 在图 8－19a 中，展示了组合立体的主视图和俯视图。其主视图是形状特征较明显的视图，但上、下两部分哪一个是凸出来的，而哪一个又是凹进去的，仅这两个视图并不能确定。因此，可以构思成图 b 所示的两个不同的组合体。

a) b)

图 8－19 视图的位置特征分析

如图 8－20 所示，若给出的是主视图和左视图，则很容易确定上下两部分立体的结构形状。这是因为，左视图更清楚的反映出上下两部分的相对位置关系，即充分地反映了立体结构的位置特征。

**3. 联系起来，综合构思**

通常一个视图只能表示组合体一个侧面的形状，不同的组合体也可以得到相同的视图。所以，读图时应从主视图入手，把几个视图联系起来构思空间形体，才能够确切地想象出组合体的形状和结构。丰富空间想象、活跃空间构思，是读组合体视图时不可少的重要过程。

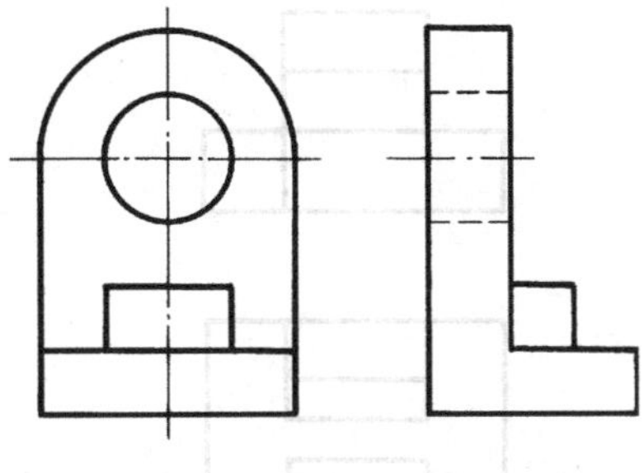

图 8－20　位置特征明确的视图

如图 8－21 所示，仅由一个完全相同的主视图，可以构思出Ⅰ、Ⅱ、Ⅲ、Ⅳ等多个不同结构的组合体，但不能唯一地想象出组合体的形状和结构。若将主视图和俯视图联系起来综合构思，如图中同一个主视图与图 8－21a、b、c、d 不同的俯视图组合，可确切对应出Ⅰ、Ⅱ、Ⅲ、Ⅳ等不同形状的组合体。这里的俯视图反映组合体的形状特征。

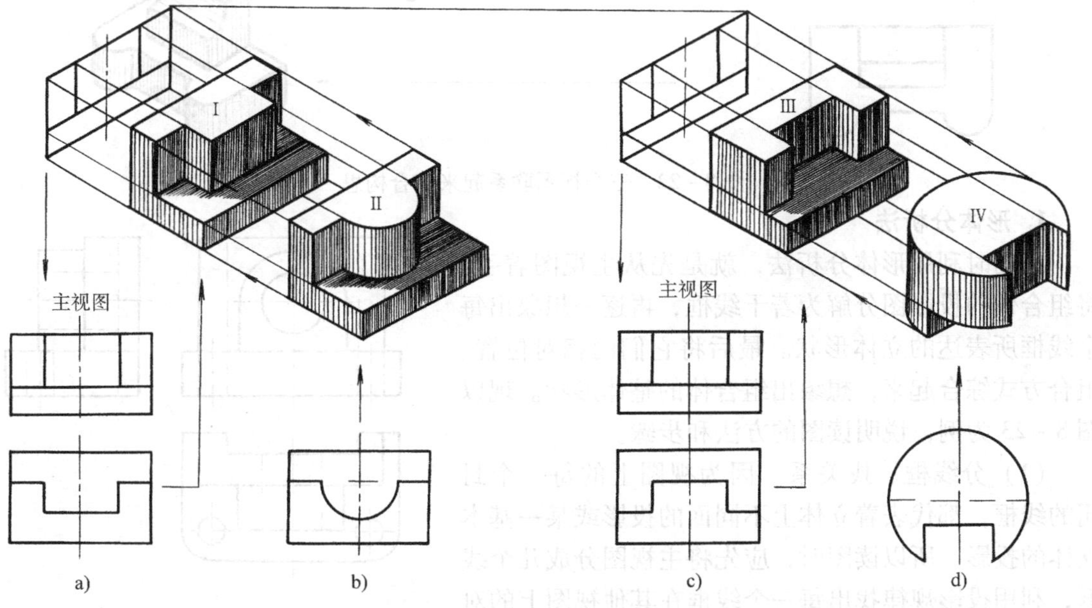


图 8－21　相同主视图的空间构思

如图 8－22 所示，如果只看主视图，能想象出该组合体是由上下两部分组成的，但这两部分的具体形状还无法确定。底板的俯视图和竖板的左视图分别反映了它们各自的形状特征，由俯视图则可以想象出其右面组合体底板的确切形状，而由左视图则可以想象出其正下方组合体竖板的确切形状。如图中右下方不同的组合立体，它们的主视图都是一样的，其中底板的左视图都一样，而竖板的俯视图都一样。所以，抓住特征是准确快速读图的关键。

因此，在读组合体的三视图时，应将三个视图结合起来进行综合构思。

## 二、读图的基本方法

在读组合体的视图时，必须充分利用投影对应规律、位置对应关系、作图工具，掌握正确的读图方法和步骤。以准确构想出视图所表达的空间形体，提高读图的速度和能力。

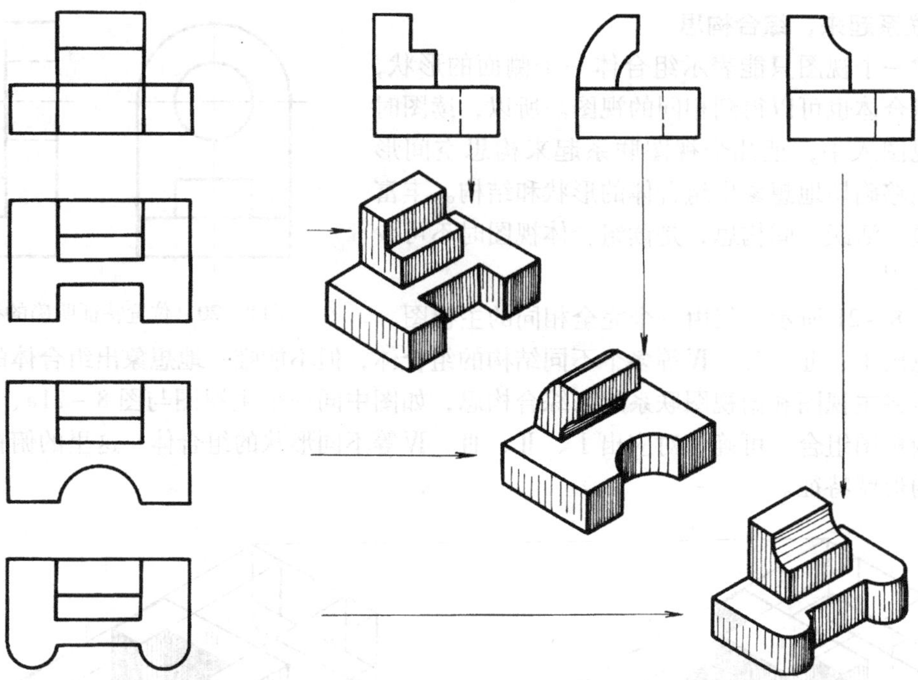

图 8-22 三个视图联系起来综合构思

**1. 形体分析法**

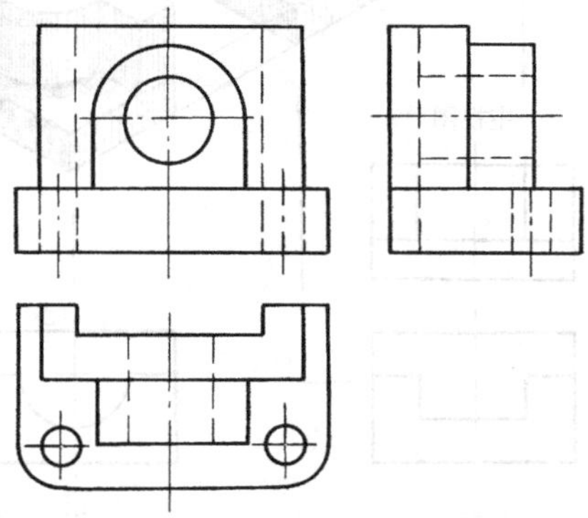

图 8-23 组合体的三视图

读图时利用形体分析法，就是先从主视图着手，将组合体的投影图分解为若干线框，再逐一想象出每个线框所表达的立体形状。最后将它们的相对位置、组合方式综合起来，想象出组合体的整体形状。现以图 8-23 为例，说明读图的方法和步骤。

（1）分线框、找关系　因为视图上的每一个封闭的线框，都代表着立体上不同面的投影或某一基本立体的投影。所以读图时，应先将主视图分成几个线框，利用投影规律找出每一个线框在其他视图上的对应投影。

如图 8-24a 所示，先把主视图分为三个封闭的线框Ⅰ、Ⅱ、Ⅲ，再分别找出这些线框在俯视图、左视图中的对应投影，如图 8-24b、c、d 中粗线画出的线框。

（2）按部分、想形体　找到每一个组成部分的三面投影以后，再根据各自特征明显的视图想象出每一部分的形状。线框Ⅰ、Ⅱ的俯视图反映了它们各自的形状特征，而线框Ⅲ的主视图反映的形状特征明显，因此，可以想象出它们的形状。如图 8-24b、c、d 中所展示的各自的立体图。

（3）综合起来想整体　想象出每一部分的形状后，再看一下它们的相对位置，即各部分的上下、左右及前后的位置关系。并观察一下它们的组合方式，各立体表面的接触及变化情况等。最后把这些综合起来，就可以想象出组合体的整体形状。

由图 8-25 所示的轴测图可见，由三部分构成该组合体的组合方式均为叠加，其相对位置应根据各个视图所反映的不同位置关系来确定。

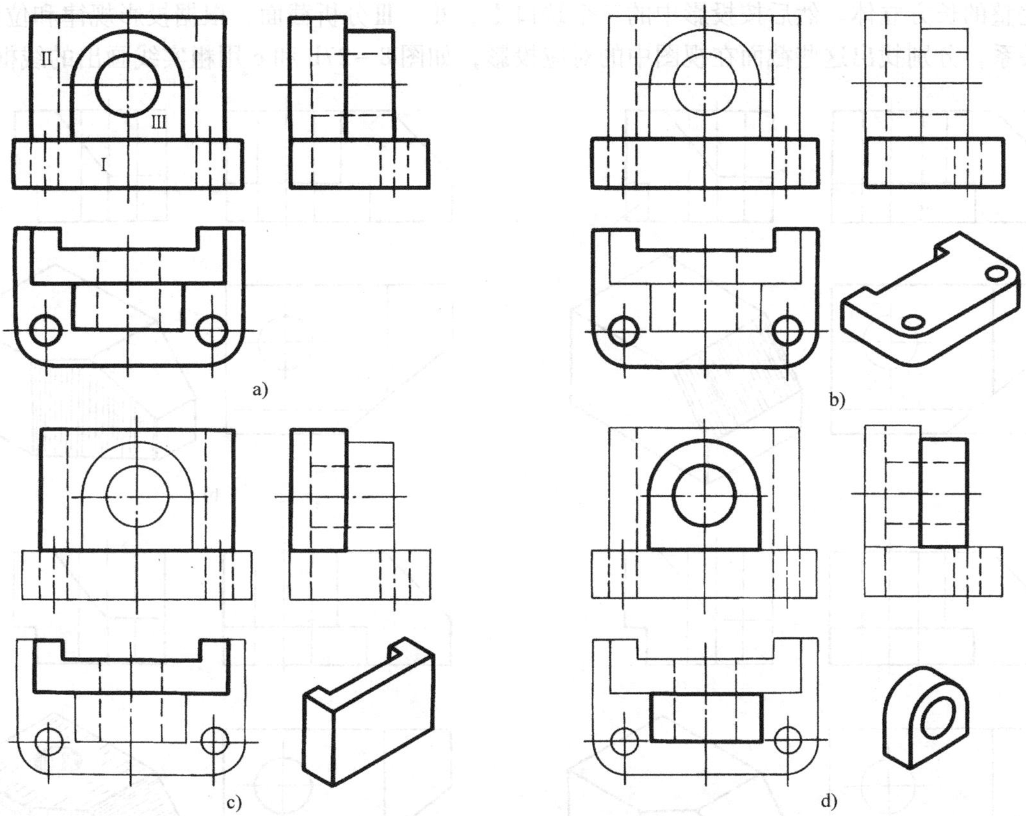


图 8－24　读组合体的视图

**2. 线面分析法**

前面介绍的形体分析法读图，是从“叠合”的角度将组合体分解为一些基本的立体。但是，对于切割而成或者比较复杂的组合体，通常在运用形体分析法的基础上，对不宜看懂的局部，还要结合立体表面的线及面进行分析，来帮助看懂和想清这些结构。

现以图 8－26 所示的三视图为例，说明利用线面分析法进行读图的方法与步骤。

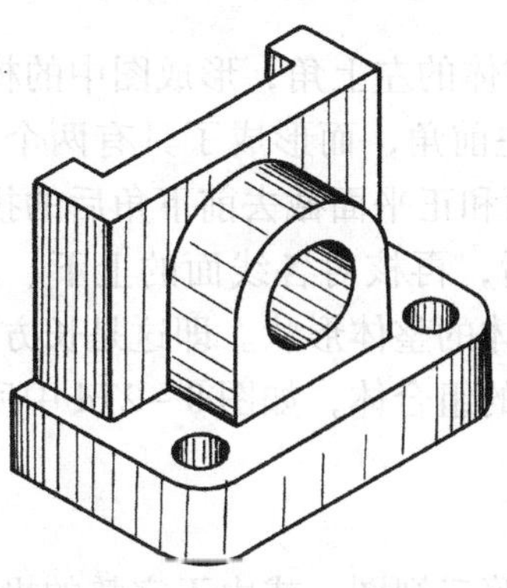

图 8－25　组合体的轴测图

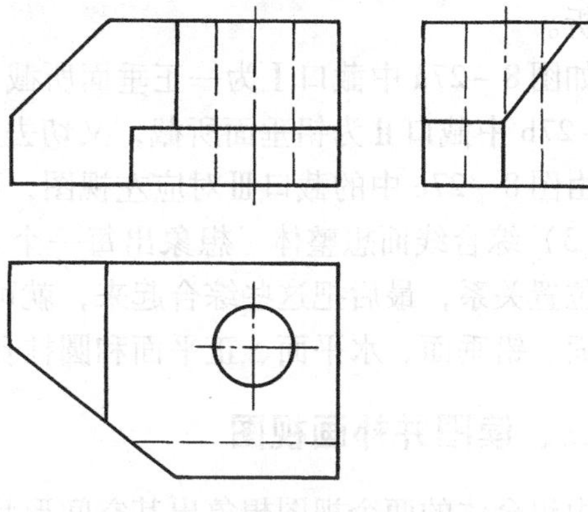

图 8－26　切割立体的三视图

（1）分截面、想原体　如图 8－27a 中所示，先假想把各视图中的缺口补全，构想成一个完整的长方立体。然后按投影中的三个缺口Ⅰ、Ⅱ、Ⅲ分析截面，根据投影规律和位置对应关系，分别找出这些截面在视图中的对应投影，如图8-27b和c用粗实线画出的线框。

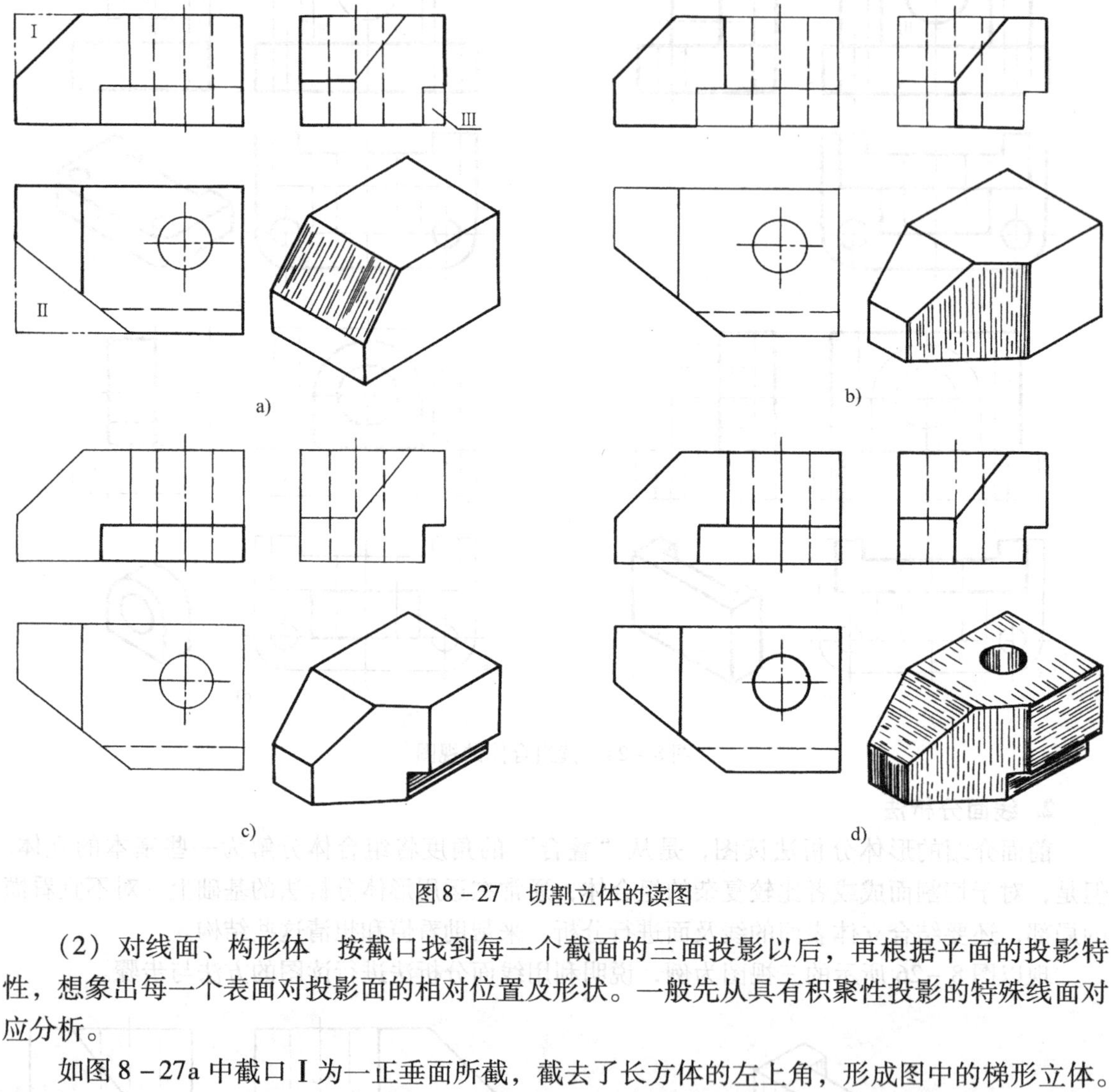


图8-27　切割立体的读图

（2）对线面、构形体　按截口找到每一个截面的三面投影以后，再根据平面的投影特性，想象出每一个表面对投影面的相对位置及形状。一般先从具有积聚性投影的特殊线面对应分析。

如图8-27a中截口Ⅰ为一正垂面所截，截去了长方体的左上角，形成图中的梯形立体。图8-27b中截口Ⅱ为铅垂面所截，又切去了长方体的左前角，而形成了具有两个斜面的立体。由图8-27c中的截口Ⅲ对应左视图，可知由水平面和正平面截去前下角后的投影。

（3）综合线面想整体　想象出每一个表面的形状后，再核对各线面的上下、左右及前后的位置关系，最后把这些综合起来，就可以想象出立体的整体形状。即这是长方体先后被正垂面、铅垂面、水平面、正平面和圆柱孔截切而形成的组合体，如图8-27d中所示。

## 三、读图并补画视图

由组合体的两个视图想象出其空间形状，并补画出第三视图，或由不完整的投影图构思立体的空间形状，补画出图形中的漏线，是读图和画图的一种综合练习，也是一个反复实践提高读图能力的过程。下面举例说明组合体的读图及补画视图的方法。

[**例题 4**] 由组合体的两个视图想清空间形状，并补画出左视图，如图 8－28 所示。

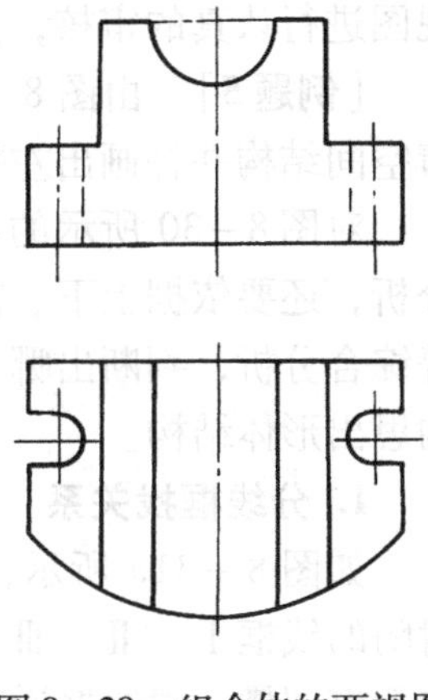

图 8－28 组合体的两视图

**1. 构想基本立体**

如图 8－29a 中，先假想把主视图中左右和顶面的缺口Ⅰ、Ⅱ补画完整，对应俯视图构想出前端为半圆柱面的立体，并画出该基本立体的左视图。然后，按立体被截切后形成缺口Ⅰ、Ⅱ、Ⅲ的线面结构，分别找出这些线面在两视图中的对应投影。

**2. 对线面想形体**

根据平面的投影特性，由视图中截面的对应投影，想象出每一个表面对投影面的相对位置及形状。图8－29b 中截口Ⅰ由水平面再加上侧平面，切去了圆柱面立体的左右上角，形成图 b 中左右对称的立体。然后，在左视图中补画出侧平截面与半圆柱面的交线，及水平截面具有积聚性的投影。

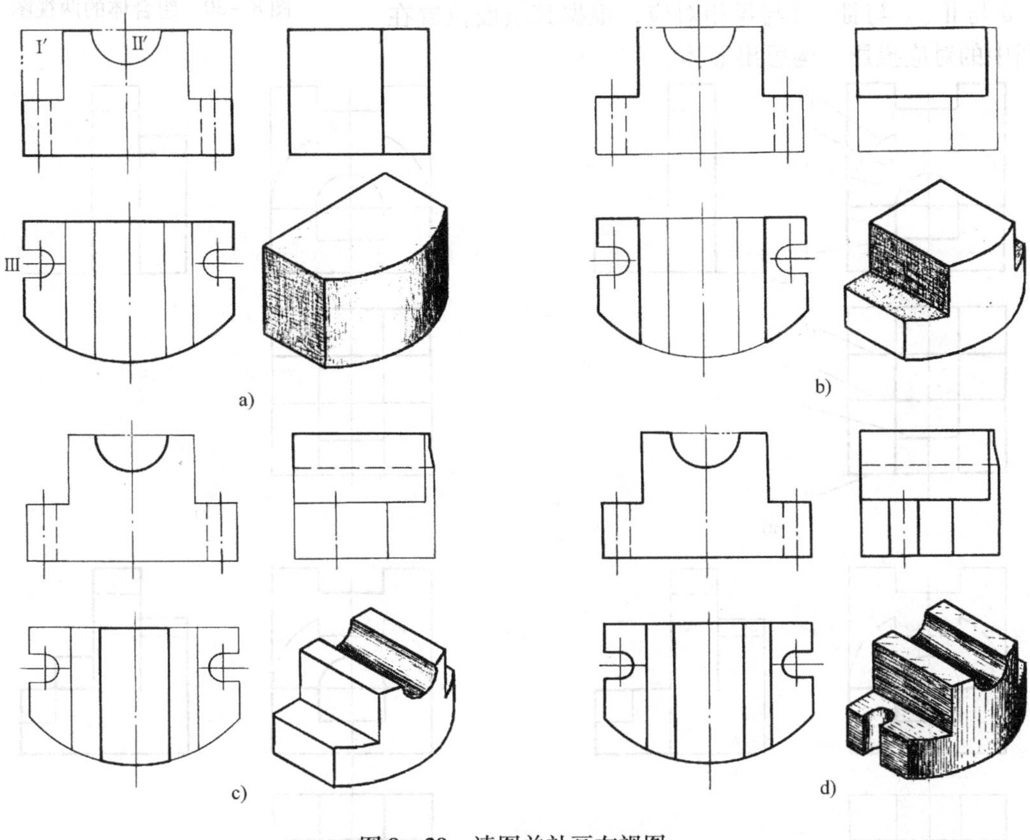


图 8－29 读图并补画左视图

顶面截口Ⅱ为被切成的半圆柱槽，形成图 8－29c 中的立体，并画出半圆柱槽的交线和外形轮廓在左视图上的投影。对立体左右被切出长槽孔Ⅲ的结构，在图 d 中画出该槽孔的左视图。

**3. 综合线面想整体**

想象出每一个表面的形状后，再看一下它们的相对位置，即各部分的上下、左右及前后的位置关系，并综合起来想象出物体的整体形状。最后按空间形体和投影规律，对画出的左视图进行认真的审核，并对图形进行加深，如图 8－29d 所示。

［**例题 5**］ 由图 8－30 所示组合体的两个视图，想清空间结构并补画出左视图。

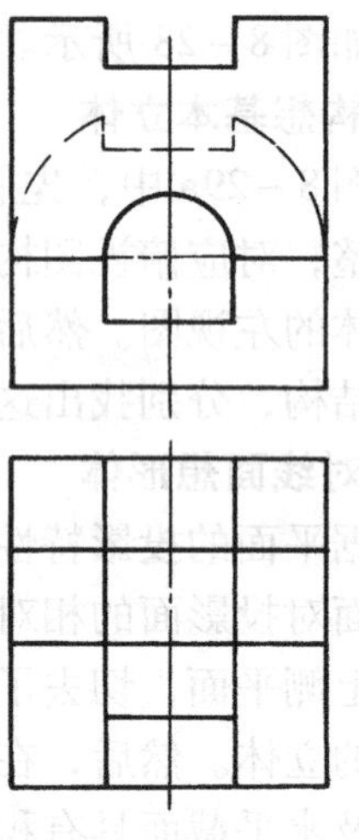

图 8－30 组合体的两视图

对图 8－30 所示的组合体，不但要进行形体、线面分析，还要依据上下、前后和可见性，进行方位和层面等综合分析，判断出哪个面凸起、哪个面凹下，以确切构思出形体结构。

**1. 分线框找关系**

如图 8－31a 所示，先把主视图自上而下分为四个封闭的线框Ⅰ、Ⅱ、Ⅲ、Ⅳ，其中线框Ⅰ、Ⅲ、Ⅳ中间向下有凹槽，虚线框说明结构有前后之分。俯视图的三条水平线将立体前后分成几个部分，且每部分都可见，所对应的 $a$、$b$、$c$、$d$ 四个层面都是正平面。必有 $a$ 与Ⅰ、$b$ 与Ⅱ、$c$ 与Ⅲ、$d$ 与Ⅳ相对应，根据其层面位置在视图中的对应投影，构思出形体。

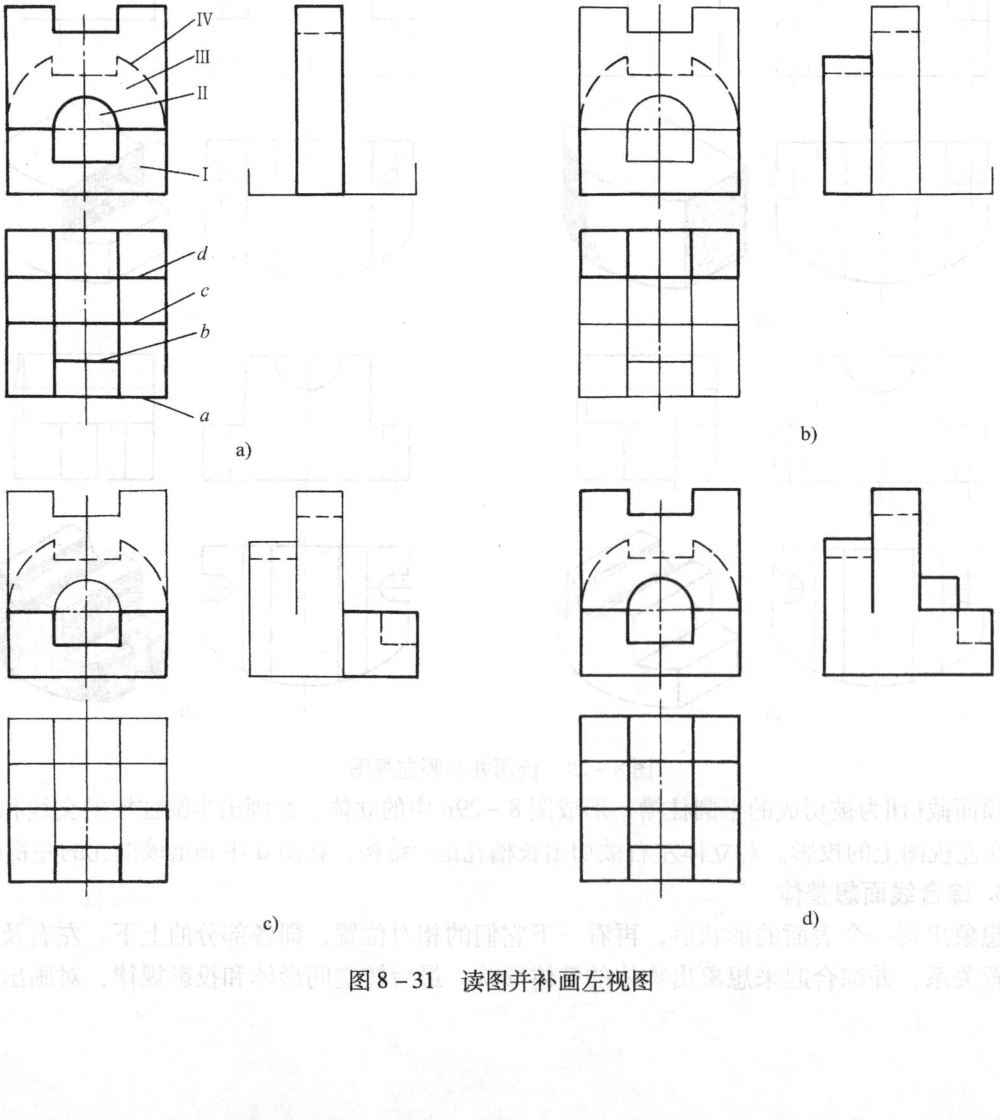


图 8－31 读图并补画左视图

**2. 分部分想形状**

找到各组成部分的对应投影以后，并根据各自形状特征的主视图想象出每一部分的形状。线框Ⅲ后面有不可见的线框Ⅳ，前面下部有Ⅰ和Ⅱ，因此 $c$ 与Ⅲ应在中后位置的最高的立板，顶部有一凹槽；形体 $d$ 与Ⅳ由虚线不可见，必在Ⅲ后边且上面带有凹槽的半圆形板；在最前面又最下边的 $a$ 与Ⅰ形体，其中间有凹槽的板块体；形体 $b$ 与Ⅱ必在Ⅲ的前面Ⅰ的上边，为中间凸起的半圆形立块。如图 8－31a、b、c、d 所展示的构思过程。

**3. 合起来想整体**

可见，针对组合体的不同构成形式，可进行方位和层面等综合分析，由主视图中各自的形状特征，构想出不同位置和形状的基本立体。再审视各部分的上下、左右及前后的位置关系，综合起来想象出组合体的整体结构。

**4. 补画左视图**

当读懂两视图想象出立体的空间形状，再补画出左视图。一般可分别构想每个基本形体后随时补画出侧面投影，其作图步骤参见图 8－31 所示。也可综合想象出整体结构后，按投影规律和位置关系集中画出左视图，并检查加深。

**［例题 6］** 由不完整的视图构思空间形体，补画出视图中的漏线，如图 8－32 所示。

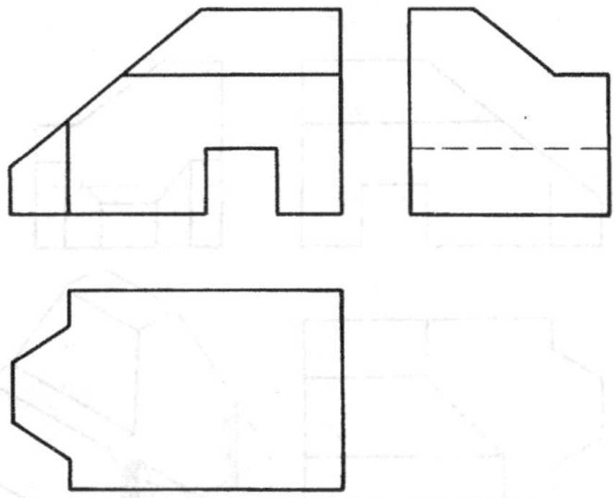

图 8－32　三视图中的漏线

**1. 构想基本立体**

补画视图中的漏线，首先按形体分析或线面分析的方法，根据视图轮廓构想出原立体或各基本立体形状。然后按构成方式分析立体表面的交线和接触情况，利用投影规律对线条补漏线完成各视图。

如图 8－33a 所示，先假想把三视图中的截口补画完整，由视图外轮廓表达了由长方体被切割而成的立体。主视图中立体被正垂面截去左上角，正垂截面与立体顶面和侧面产生了正垂线，按照投影对应规律，补画出正垂线在俯视图和左视图上的投影。

**2. 分截口补漏线**

可按照截去部分逐步构想出空间形体，并补出图形中的漏线。如图 8－33b 中所示，左视图被侧垂面和水平面截去前上角，先补出水平截面在主视图中的积聚性投影，并补出水平截面与立体正垂面所交正垂线在俯视图上的投影；再补出侧垂面分别与立体顶面及正垂面交出的侧垂线和斜线的俯视投影；然后，对应补画出两截面所交出的侧垂线在俯视图上的投影。

在图 8－33c 中，俯视图中立体被侧平面和铅垂面截去左前、后角，先补出侧平截面在主视图上具有积聚性的投影；侧平截面与立体正垂面交出正垂线，铅垂面与立体正垂面交出倾斜线，两截平面相交出铅垂线，分别画出这些立体交线在左视图上的投影。

在图 8－33d 中，立体底面被侧平面和水平面前后截去一通槽，补出两侧平截面在俯视图上具有积聚性且不可见的投影。最后，由立体截口中的线面形状及位置，按投影对应规律检查所补出的漏线，正确画出表达空间组合体的各视图。

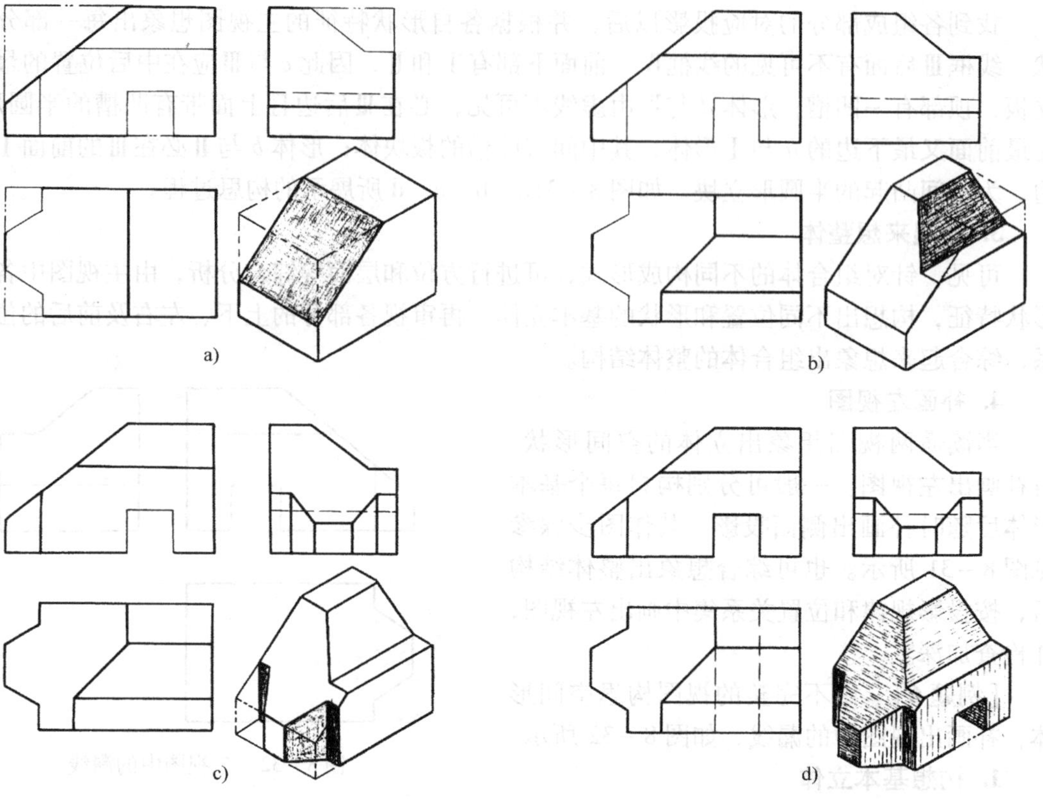



图 8－33　补画出视图中的漏线

## 第五节　组合体的尺寸标注

三视图只能表达组合体的形状，组合体的大小则由三视图上的尺寸来确定。因此，标注组合体的尺寸，是确切表达组合体大小的重要组成部分。

### 一、标注尺寸的要求

完整的尺寸标注应包括：尺寸界线、尺寸线、箭头和数字等。标注尺寸的基本规定和方法国标中都有明确的规定，请参见第七章中的有关内容。其基本要求：

（1）标注正确　所标注的尺寸应符合国家标准中有关的基本规定。

（2）尺寸完整　要有定形、定位及总体尺寸，既不重复也不遗漏。

（3）布置合理　尺寸布置要清晰、排列要整齐，便于阅读和查找。

### 二、基本体的尺寸

**1. 基本立体的尺寸**

表 8－1 中所示，为常见的基本立体的形状尺寸的标注图例。基本立体一般需要标注 $x$、$y$、$z$ 三个方向的尺寸，即标注立体长、宽、高的形状尺寸。

**表 8－1　基本立体的尺寸标注**

| | |
|---|---|
| 平面立体 | 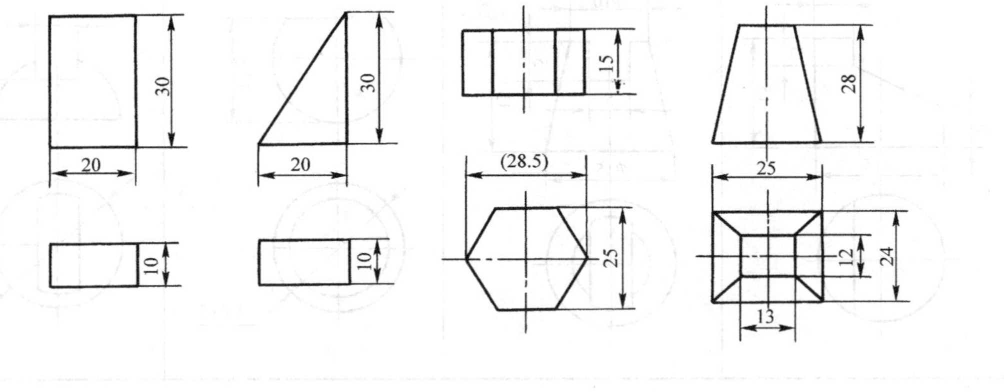  |
| 曲面立体 | 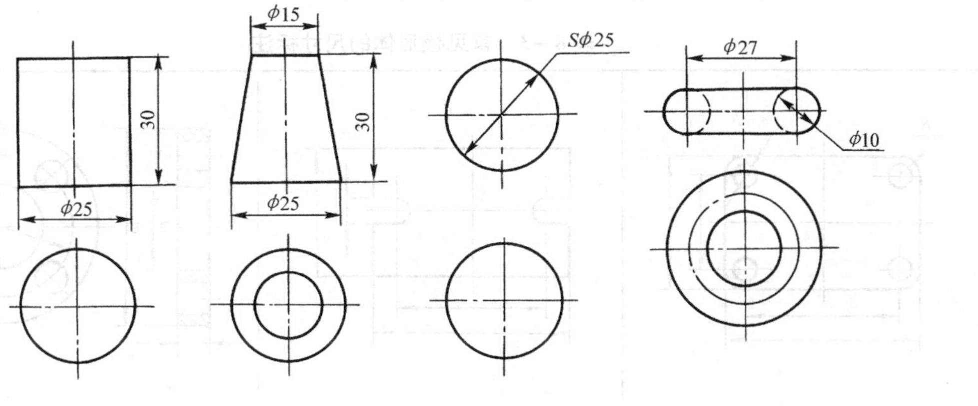  |

## 2. 切割立体的尺寸

在表 8－2 中，展示了通过切割所形成的立体的尺寸标注。当截平面对于基本体的相对位置确定以后，物体表面的截交线也就自然确定了。所以，不能在立体表面的交线上标注尺寸。

**表 8－2　切割体的尺寸标注**

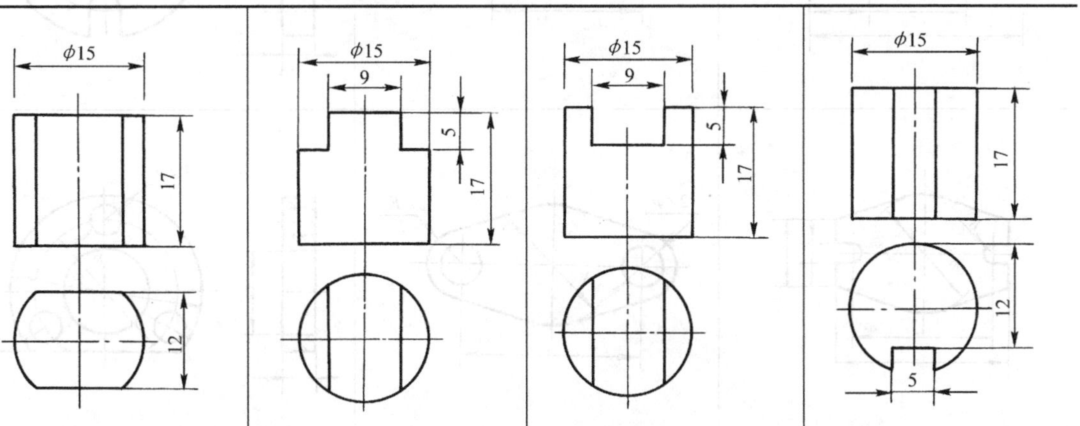

（续）

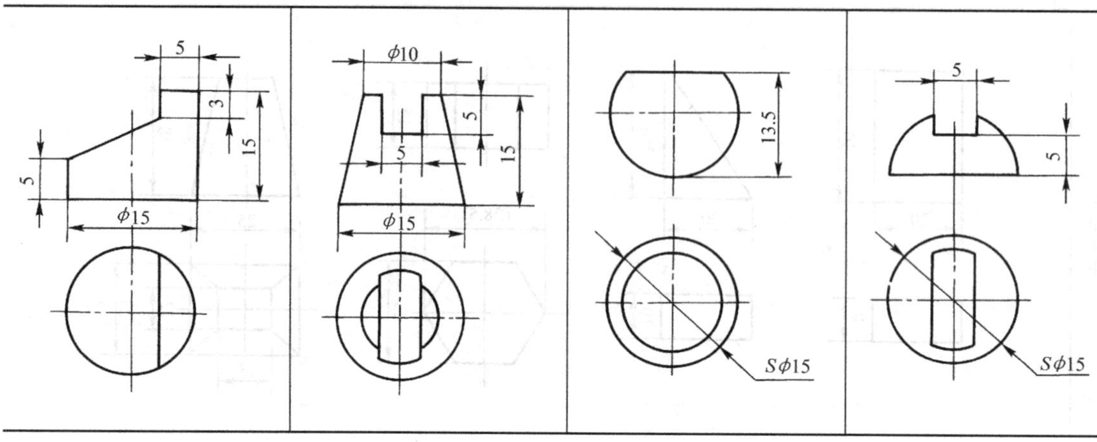


表 8－3 中所示，为常见的不同轮廓的板形体的尺寸标注示例。

**表 8－3　常见板形体的尺寸标注**

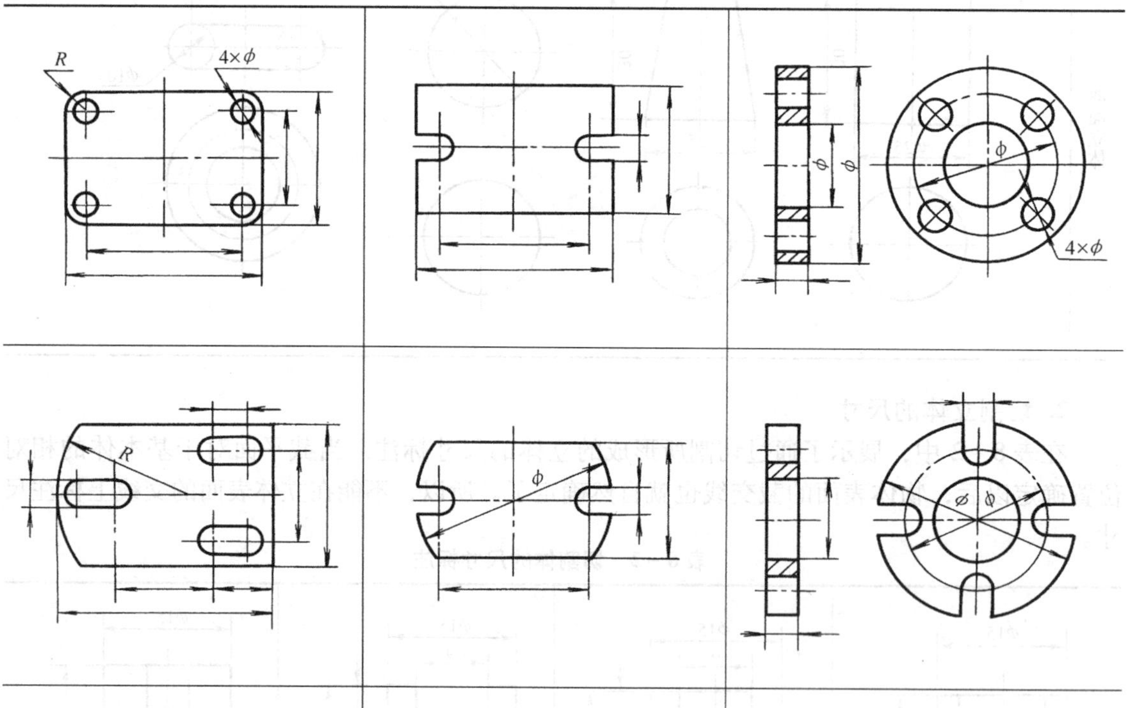

## 三、组合体的尺寸

标注组合体尺寸的基本方法，同样是采用形体分析法。即分析确定组合体各部分的形状尺寸，及其相互间的位置尺寸，以保证尺寸标注的完整和清晰。

现以图 8－34 所示的组合体为例，说明标注组合体尺寸的步骤：

**1. 形体分析**

在图 8－34 所展示的组合体由四个基本立体组成，其组合后立体表面出现了相交、相切和重合等情况。各基本体的形状尺寸和相互位置如图所示。

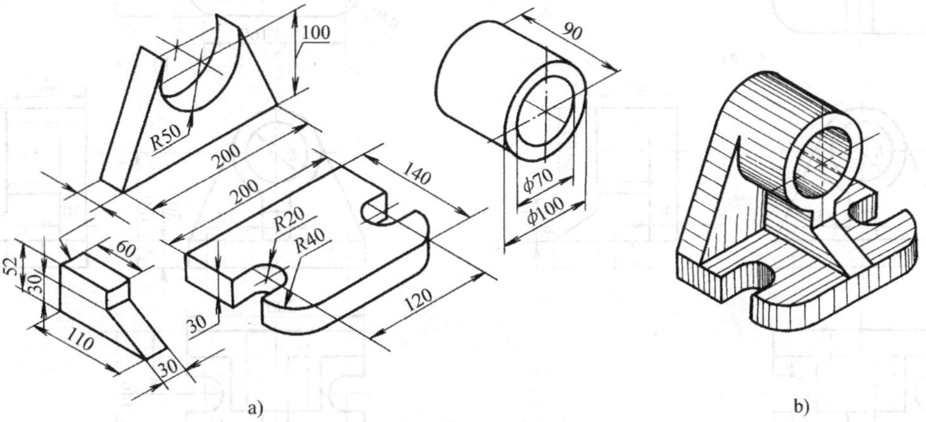


图 8－34　确定各基本体的形状尺寸

**2. 选择基准**

选择尺寸基准就是确定标注尺寸的起始点，对尺寸基准一般要求：

1）组合体长宽高的每一个方向至少应有一个主要尺寸基准。

2）通常选用中心线、对称面、底面、端面等作为尺寸基准。

3）回转体一般都以其轴线作为形状尺寸及位置尺寸的基准。

如何选择组合体长、宽、高三个方向的尺寸基准，如图 8－35a 中所示。在图 a 中，以左右对称线作为长度方向的基准，以底面作为高度方向的基准，而以立体的后面作为宽度方向的基准。

**3. 标注尺寸**

按照尺寸标注要正确齐全的要求，分别注出各基本立体的形状与位置尺寸。标注过程如图 8－35 中所示，首先确定了标注尺寸的三个方向的基准，在图 b 中只标注底板及其开槽的形状及位置尺寸，而在图 c 中分别标注了空心圆柱和支撑板的形状尺寸，最后在图 d 中标注了各基本立体的位置尺寸，如高度尺寸 130 等。

为使尺寸标注的清晰完整，趋向合理，一般需检查调整。

## 四、尺寸的布置

组合体的尺寸标注，在满足基本要求的前提下，应灵活掌握、合理布置、力求清晰。为使尺寸标注的整齐、清晰，要掌握标注尺寸的基本原则。如同图 8－36 与图 8－37 中清晰合理的标注示例。

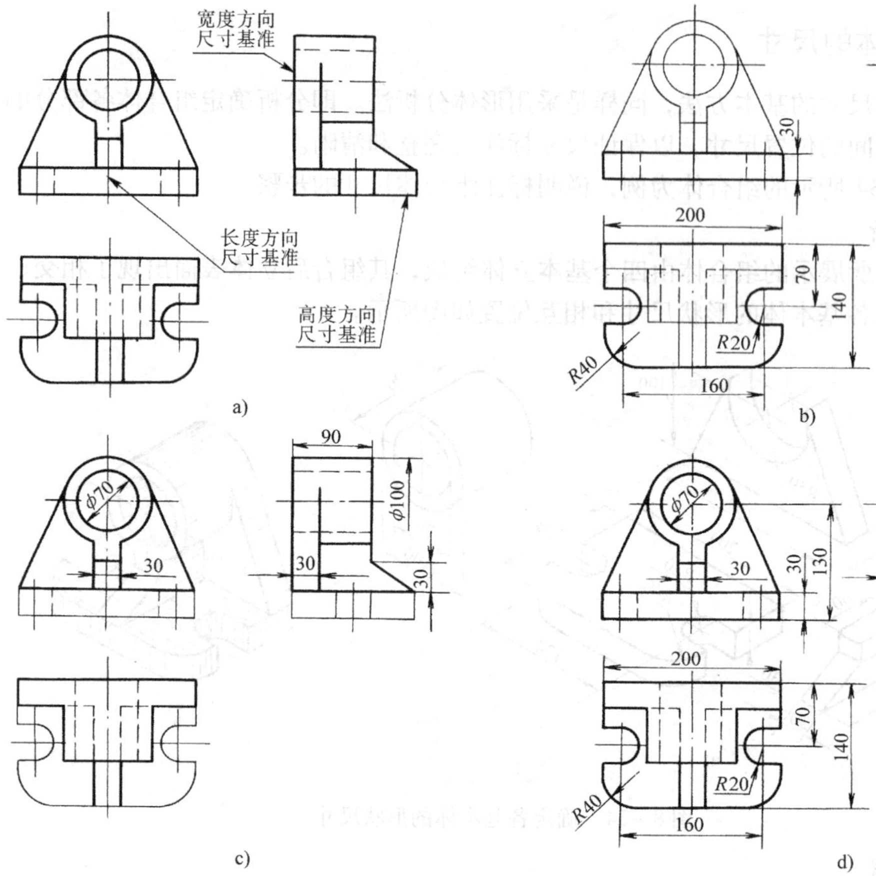


图 8－35　组合体的尺寸标注

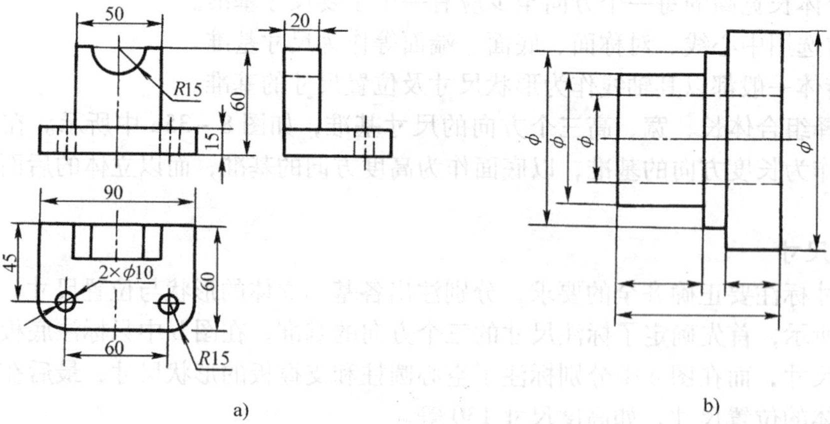


图 8－36　清晰正确的布置尺寸

标注组合体尺寸的基本原则：

1）应该小尺寸在内大尺寸在外，以避免尺寸线与界线相交。

2）尺寸尽量注在两个视图之间，必要时可以注在视图之内。

3）同一基本体的尺寸，尽量集中标注在特征明显的视图上。

4）同轴回转体结构的径向尺寸，最好标注在非圆的视图上。

5）立体表面的交线不能标尺寸，且尽量不在虚线上注尺寸。

6）对称结构的尺寸要整体标注，不能只注立体图形的一半。

7）半径必须注在反映圆弧的视图上，且相同圆角只标一次。

8）当组合体端部为回转结构时，应注轴线位置和直径大小。

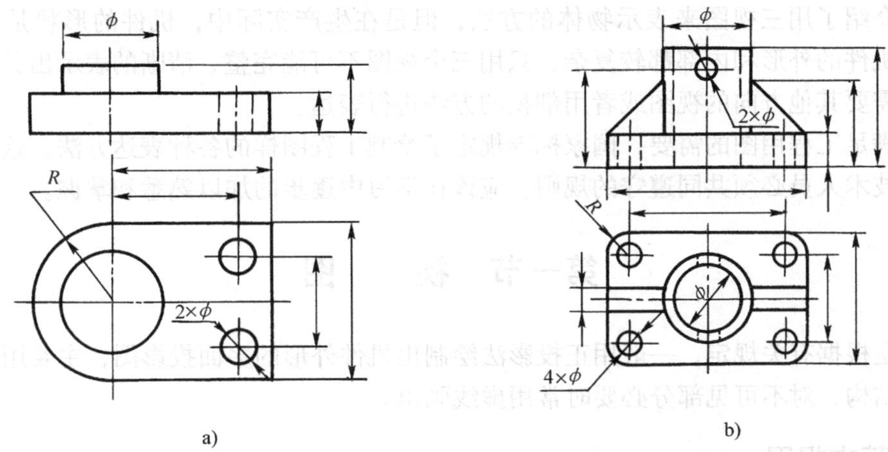


图 8－37　整齐合理的标注尺寸

# 第九章 机件的表达方法

前面介绍了用三视图来表示物体的方法，但是在生产实际中，机件的形状是千变万化的，有些机件的外形和内部都较复杂，只用三个视图不可能完整、清晰的表示出其空间结构形状，还需要其他方向的视图或者用剖视的方法进行表达。

为了满足工程用图的需要，国家标准规定了绘制工程图样的各种表达方法。这些画法是每个工程技术人员必须共同遵守的规则，应该在学习中逐步的加以熟悉和掌握。

## 第一节 视 图

视图是根据有关规定，一般用正投影法绘制出机件外形的多面投影图，主要用来表达机件的可见结构，对不可见部分必要时常用虚线画出。

### 一、基本视图

除了已介绍的三个视图以外，当机件的外形复杂时，为了清晰的表示出它的上、下、左、右、前、后的不同形状，还可再加三个视图。即在原有三个投影的对面再分别增设一个投影面。从右向左投影，得到右视图；从下向上投影，得到仰视图；从后向前投影，得到后视图，这六个视图通称基本视图。其展开方法如图 9－1 所示。

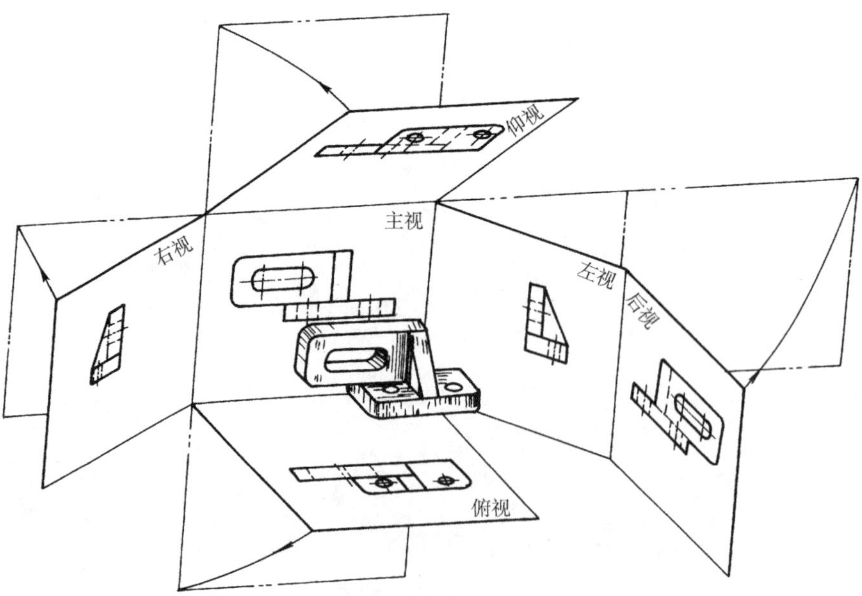


图 9－1 六个基本视图的展开

当展开后六个基本视图的位置按图 9－2 配置时，一律不标注视图名称。

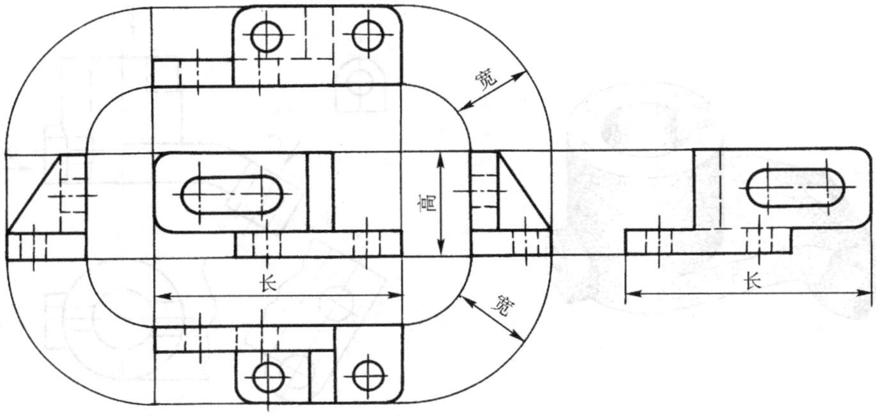


图 9-2　六个基本视图的配置

从图中可见，六个基本视图之间有如下关系：

1）六面视图间的度量对应关系有三等规律，即：主、俯、仰、后视图等长，主、左、右、后视图等高，左、右、俯、仰视图等宽。

2）六面视图间的位置对应关系有远近规律，即：左、右、俯、仰视图靠近主视图一边的为后面，而远离主视图一边的则为前面。

视图如不按图 9-2 配置，而需要画在其他适当位置时，应当在视图的上方用字母标出视图的名称，并在相应的视图附近用带字母的箭头指明投影的部位和方向，如图 9-3 中画出的 *A*、*B*、*C* 视图。通常将 *A*、*B*、*C*、…这样自由配置的基本视图称为向视图。

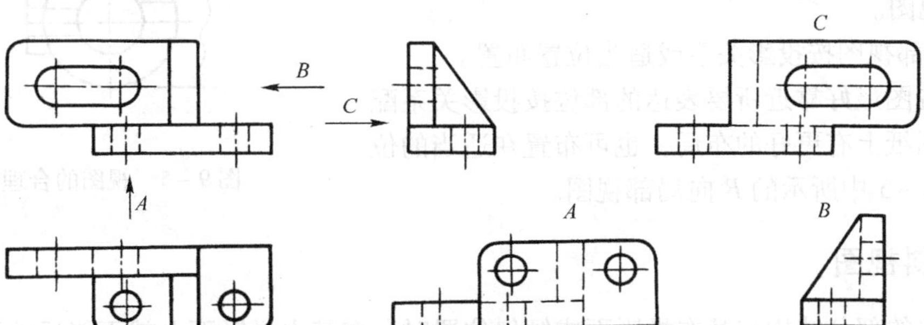


图 9-3　视图的布置及标注

绘图时视图数量的确定，要根据机件的结构形状特点适当选择，以表达清楚为原则。

## 二、局部视图

当机件在某个方向的部分形状需要表示，但又没有必要画出整个基本视图时，可以只画出基本视图的一部分，这种只表达机件局部结构的视图称为局部视图。

如图 9-4 中所示，采用 *A* 向局部视图表达支座的顶面结构和相对位置，以及采用 *B* 向局部视图来表达支座右凸台的形状。

采用局部视图表述时，有以下几点需要注意：

1）必须标注局部视图的投影方向和名称。

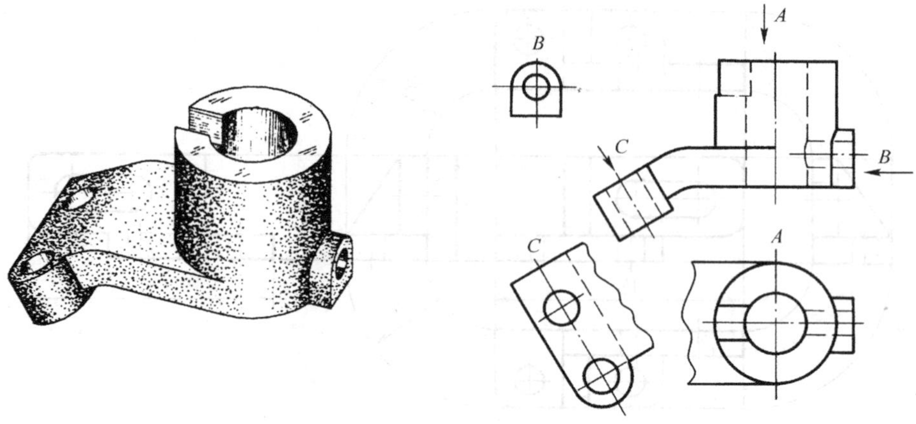


a)　　　　b)

图 9－4　局部视图和斜视图

即在局部视图的上方用字母标出视图的名称，并在对应的视图附近用带同样字母的箭头指明表达部位和投影方向。如图 9－4 中所示局部视图的标注。

2）局部视图必须用轮廓线或波浪线分界。

即局部视图用波浪线表示视图的范围，但当所表示的局部结构是完整的，且外形轮廓线又成封闭时，则波浪线可以省略。如在图 9－4 中所画出的 *A* 向和 *B* 向局部视图。

3）局部视图按投影关系或适当位置布置。

局部视图最好靠近所要表达的部位按投影关系配置。若在图纸上有更好的布局，也可布置在适当的位置，如图 9－5 中所示的 *B* 向局部视图。

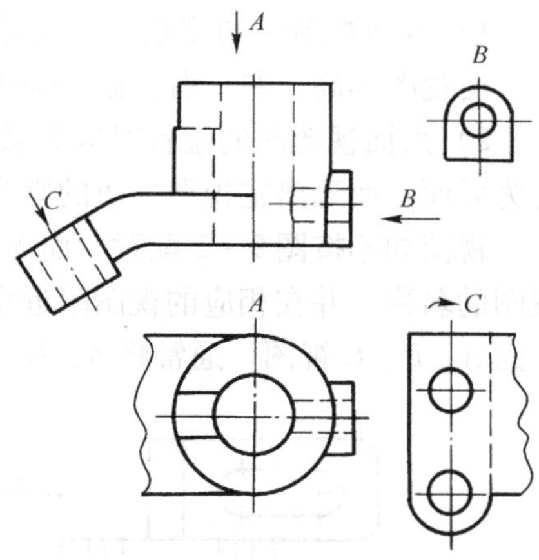


图 9－5　视图的合理布置

## 三、斜视图

当机件的部分结构与基本投影面成倾斜位置时，在基本投影面上就不能反映该结构的真实形状，如图 9－4a 中支座的倾斜板。这时可用更换投影面的方法，增设一个既与基本投影面垂直又与倾斜表面平行的辅助投影面，将机件的倾斜部分向该辅助投影面进行投影，所得到实形的投影图称为斜视图。

图 9－4 中所示的 *C* 向斜视图，即表示了支座倾斜板的真实形状。

画斜视图时，有以下几点需要注意：

1）必须标注出斜视图的投影方向和名称。

即在斜视图的上方用字母标出视图的名称，并在对应的视图附近用带同样字母的箭头指明表达部位和投影方向，如图 9－4 中所示斜视图的标注。

2）必须采用波浪线作斜视图的范围界线。

斜视图一般只表达倾斜部分的局部形状，可假想折断画出，用波浪线以确定所表达的范围，其余部分的投影并不画出来，如图 9－4 中的 *C* 向斜视图。

3）斜视图可平移或旋转布置到适当位置。

斜视图最好按投影关系配置，必要时也可平移到其他适当地方画出，并允许将图形旋转成平行或垂直的位置画出，但旋转角度必须小于90°；图形旋转后的标注形式改为“↗X”或“X↖”，箭头与旋转方向一致，如图9－5中所示的“↗C”旋转视图。

## 四、第三角投影

随着国际技术交流的日益增长，工作中可能会碰到某些国家采用第三角投影绘制的工程图样。现就第三角投影情况作一简单介绍。

互相垂直的两个投影面 *V*、*H* 将空间分成四个分角，如图9－6a所示。我们国家制图标准规定采用第一角投影法，即：由人——物——面的相对位置关系作正投影。而第三角投影法即：由人——面——物的相对位置关系进行正投影。

第三角投影法就是：假想将物体放在互相垂直且透明的三面投影面体系中，就象隔着透明玻璃观察物体，这样进行投影所得到的图形称为第三角投影图。如图9－6b所示。

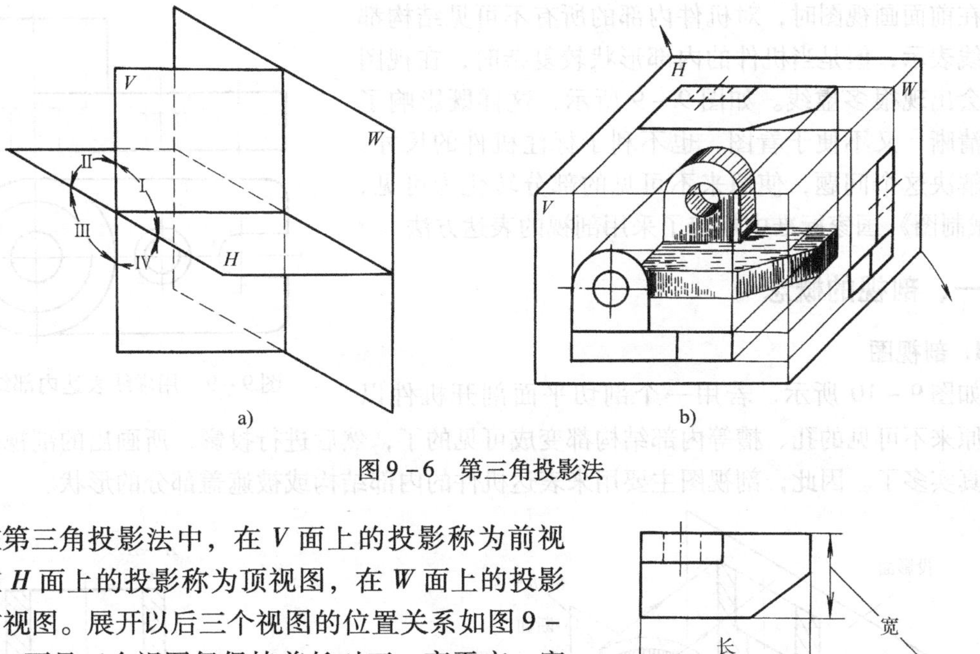


图9－6　第三角投影法

在第三角投影法中，在 *V* 面上的投影称为前视图，在 *H* 面上的投影称为顶视图，在 *W* 面上的投影称为右视图。展开以后三个视图的位置关系如图9－7所示。可见三个视图仍保持着长对正、高平齐、宽相等的投影规律。

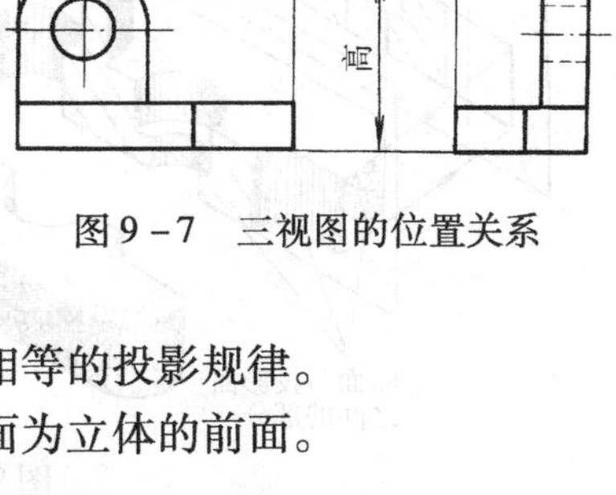


图9－7　三视图的位置关系

若将立体放在六面透明的方形盒子中，分别从不同的方向进行投影，即可得到六个基本视图。当展开以后六个基本视图按图9－8所示的位置配置时，一律不标注视图的名称。

在第三角投影法中，六个基本视图的投影特性：

1）六个视图之间，分别保持着长对正、高平齐、宽相等的投影规律。

2）左视、右视、顶视、底视图，凡靠近前视图的一面为立体的前面。

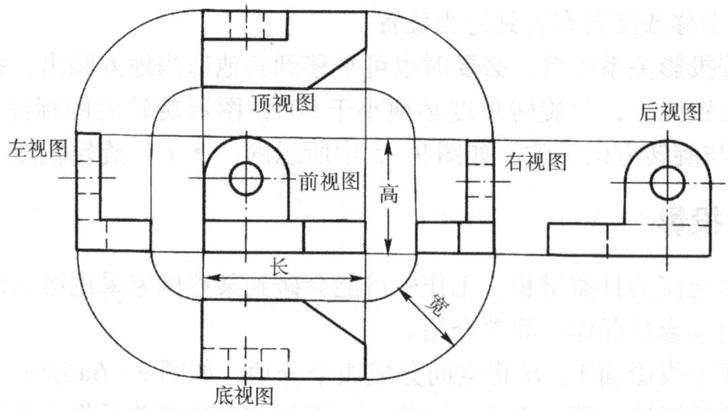


图 9－8　六个基本视图的配置

## 第二节　剖　视　图

在前面画视图时，对机件内部的所有不可见结构都用虚线表示，但是当机件的内部形状较复杂时，在视图上就会出现很多虚线。如图 9－9 所示，这样既影响了图形清晰，又不便于看图，也不利于标注机件的尺寸。为了解决这个问题，使原来不可见的部分转化为可见，《机械制图》国家标准中规定了采用剖视的表达方法。

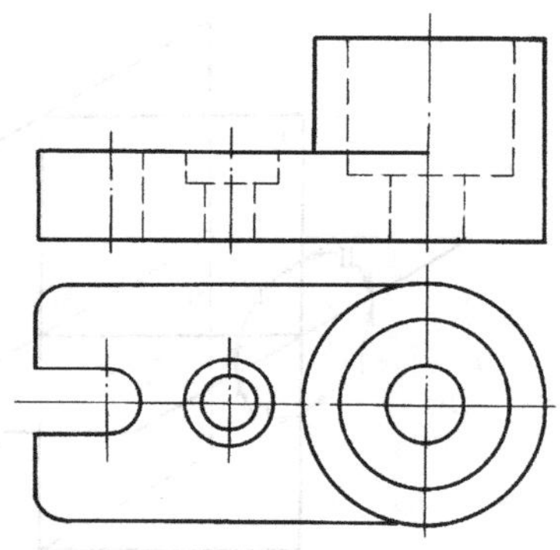

图 9－9　用虚线表达内部结构

### 一、剖视的概念

**1. 剖视图**

如图 9－10 所示，若用一个剖切平面剖开机件以这样原来不可见的孔、槽等内部结构都变成可见的了，然后进行投影，所画出的剖视图显然清晰真实多了。因此，剖视图主要用来表达机件的内部结构或被遮盖部分的形状。

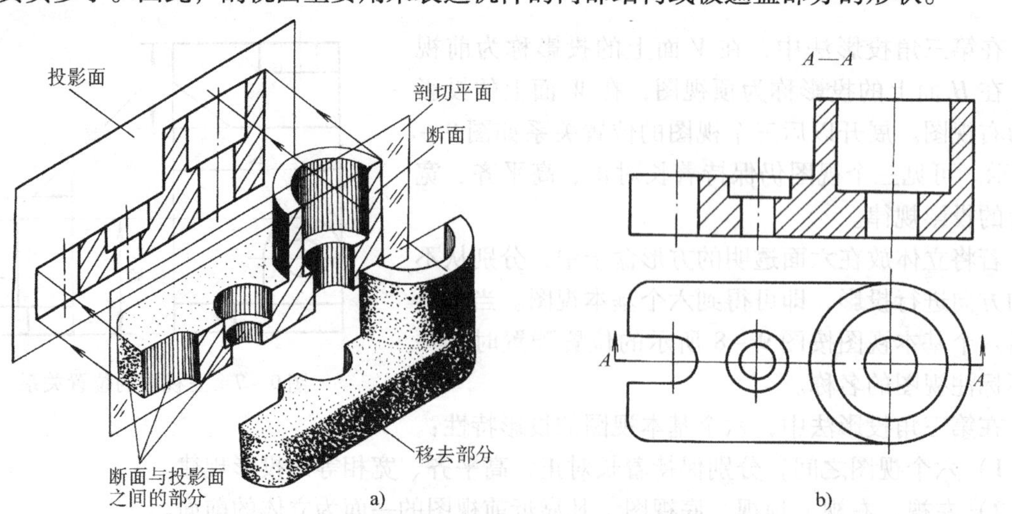


图 9－10　采用剖视表达内部结构

所以，概括出剖视的表达方法：假想用剖切平面把机件剖开，将处于观察者和剖切平面之间的部分移去，而将剩余部分向投影面进行投影，所得到的图形叫作剖视图，这种表达方法简称剖视。

**2. 剖切面**

剖视图主要用来表达机件的内部结构，为使画出的剖视图形更清晰、更形象，进行剖视表达时需要选择适当的剖切面、确定剖切位置及剖切范围。

剖视表达必须解决的三个基本问题：

1）剖面种类——单一的平面或柱面、多个平行或相交的平面、组合剖切面。

2）剖切位置——通过内部结构的对称线或面，且平行或垂直于基本投影面。

3）剖切范围——采用所选定的剖切面和剖切位置，将机件全部或部分剖开。

**3. 剖切符号**

当假想用剖切面把机件剖开后再进行投影，即得到了剖切后的视图，还必须将该视图中剖切到的实体部分画上剖面符号，使其与外形视图加以区别。

在工程中常使用的各种材料的剖面符号见表 9－1 所示。

**表 9－1　常用材料的剖面符号**

| 金属材料（已有规定剖面符号者除外） | 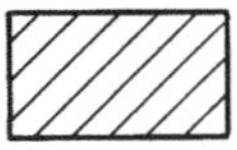 | 型砂、填砂、粉末冶金、砂轮、硬质合金等 | 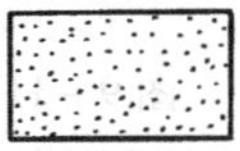 | 混凝土 | 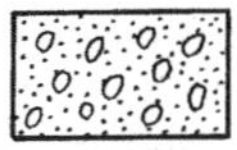 |
|---|---|---|---|---|---|
| 非金属材料（已有规定剖面符号者除外） | 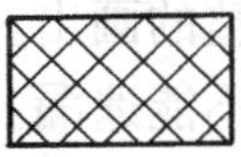 | 玻璃及其他透明材料 | 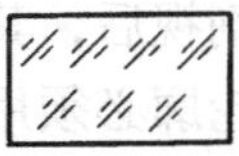 | 钢筋混凝土 | 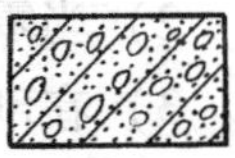 |
| 线圈绕组元件 | 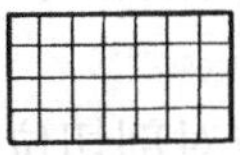 | 木材纵断面 |  | 砖 | 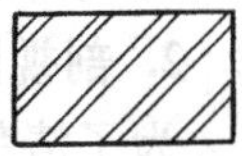 |
| 转子、电枢、变压器和电抗器等的叠钢片 | 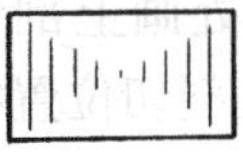 | 基础周围的泥土 |  | 液体 | 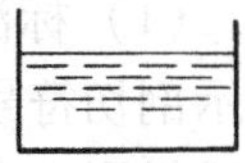 |

## 二、剖视图的画法

**1. 剖视图的画法步骤**

现以图 9－10 中的机件为例来说明剖视图的画法步骤：

（1）确定剖切平面的位置　为了将机件的内部结构表达清晰并反映其确切形状，剖切平面应平行于某一投影面，并通过机件上比较多的孔槽的中心线或对称面，这样剖切后原视图中的虚线则变成了实线。

（2）画剖切后的可见轮廓　按形体分析法，分析机件每部分在剖切平面后边的假想轮廓，并画出剖切面后方的可见线、面的投影，清晰地表达出机件内部的结构形状，即可得所需要的剖视图。

（3）将断面画上剖面符号　金属材料的剖面符号是用与水平线成45°的相互平行的一组细实线画出。但当图形中的主要轮廓线与水平线成45°时，该图形的剖面线应画成与水平线成30°或60°的平行线，其倾斜的方向仍与其他图形的剖面线一致。

在图9－11中箭头所指明的问题，是初画剖视图时所常出现的错误。

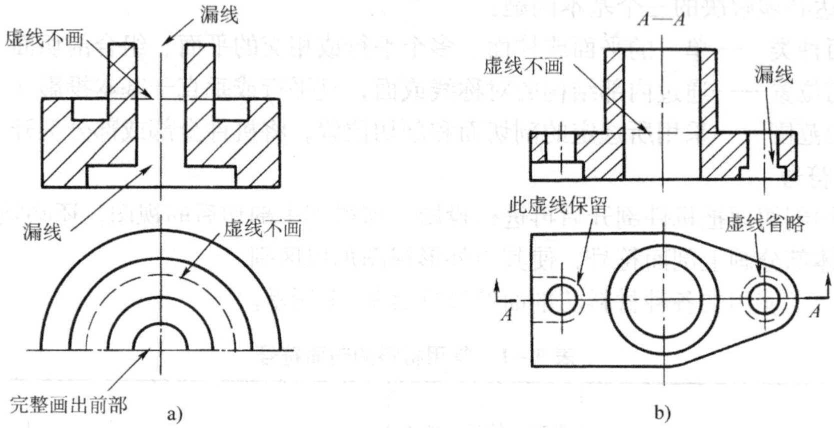

图9－11　剖视图中的错误

所以，画剖视图时必须注意以下几个问题：

1）剖切平面应通过孔槽的中心轴线，并平行或垂直于某一投影面。

2）当零件的一个视图上取剖视后，其他视图仍然应该完整的画出。

3）在剖切平面后方的可见轮廓必须用粗实线全部画出，不能遗漏。

4）取剖视以后，对已表达清楚的内外结构，其虚线一般省略不画。

5）在同一零件的各个剖视图中，其剖面线应方向一致、间隔相等。

**2. 剖视图的标注**

为了清楚的表示出各图形之间的关系，在画剖视图时，应对剖切位置、投影方向和剖视图名称进行相应的标注，如图9－10所示。

（1）标注剖切位置及投影方向　在剖切面的起止和转折处画上剖切符号“— —”，表示剖切符号的短粗实线尽量不能与图形的轮廓线相交；并在剖切位置符号的两端画出箭头表示投影方向，且标上字母。

（2）标注出剖视图的对应名称　在所画出的剖视图上方用大写字母标出剖视图的名称“× － ×”。在同一张图上若同时有几个剖视图时，则其名称应按字母顺序排列，不得重复。

（3）可简化或省略标注的形式　在图形关系清楚，表达结构明确的情况下，有时标注可简化或省略，如图9－12所示。

1）当所画的剖视图按投影关系配置，中间又没有其他图形隔开时，可以省略表示投影方向的箭头。

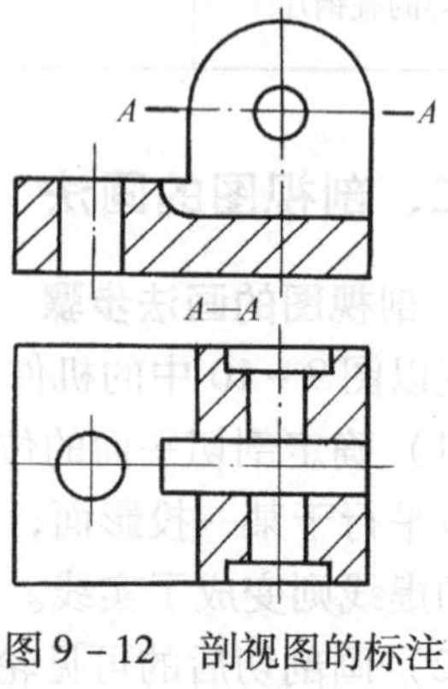

图9－12　剖视图的标注

2）当剖切平面通过机件的对称平面，剖视图按投影关系配置又没有其他图形隔开时，可以不标注。

## 三、剖视图的种类

剖视图按剖切范围可以分为：全剖视、半剖视和局部剖视三大类。剖视种类的选择主要根据机件的结构形状来确定，适当选用单一的剖切平面，也可采用两个以上平行或相交的剖切平面剖切，画出所需要的剖视图。

### 1. 全剖视图

用剖切平面把机件完全剖开进行投影，所画出的剖视图形称为全剖视图。

全剖视主要适用于：外部形状比较简单或已有图形表达清楚，内部结构需要表达或较为复杂，一般又不对称的机件。如图 9－12 所示的剖视图。

（1）用单一剖切平面剖切　图 9－13a 中展示了机件的立体图，在图 b 的三个基本视图中，采用了两个全剖视图进行表达。其中俯视图采用 $A-A$ 全剖视，主要表达底板和十字连接板的形状；左视图为在零件左右对称面进行剖切得到的全剖视，主要表达上部主体的内部台阶孔的结构。

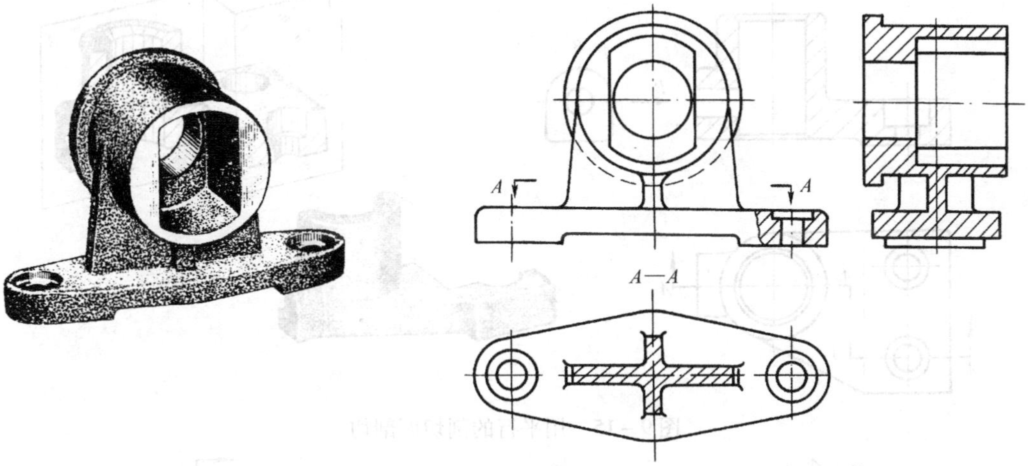


a)　　　　b)

图 9－13　单一剖切面的全剖视图

在以上所展示的各剖视图中，它们均为用一个剖切平面剖切得到的全剖视图，而且剖切平面都平行于基本投影面，也是应用最多的一种全剖视图。

当所要表达的结构与基本投影面不平行时，也可利用倾斜的剖切面剖切画出剖视图。如图 9－14 所示，图中所示机件的上部结构倾斜，为了表达孔及端面的形状，用一个倾斜且垂直于基本投影面的剖切平面 $A-A$ 剖开机件，并向平行于端面的新投影面进行投影，即得到倾斜的 $A-A$ 全剖视图，通常称为斜剖视图。

为画图方便，可将得到的剖视图平移到适当的位置画出；也可平移后再旋转成垂直或水平位置画出，但旋转角度必须小于 90°，且要进行标注。其标注如图中所示。

（2）用多个剖切平面剖切　当机件的内部结构所处的位置较复杂，用一个剖切平面不能同时剖切到时，可假想用两个以上平行或相交的剖切平面剖切，然后画出其剖视图，如图

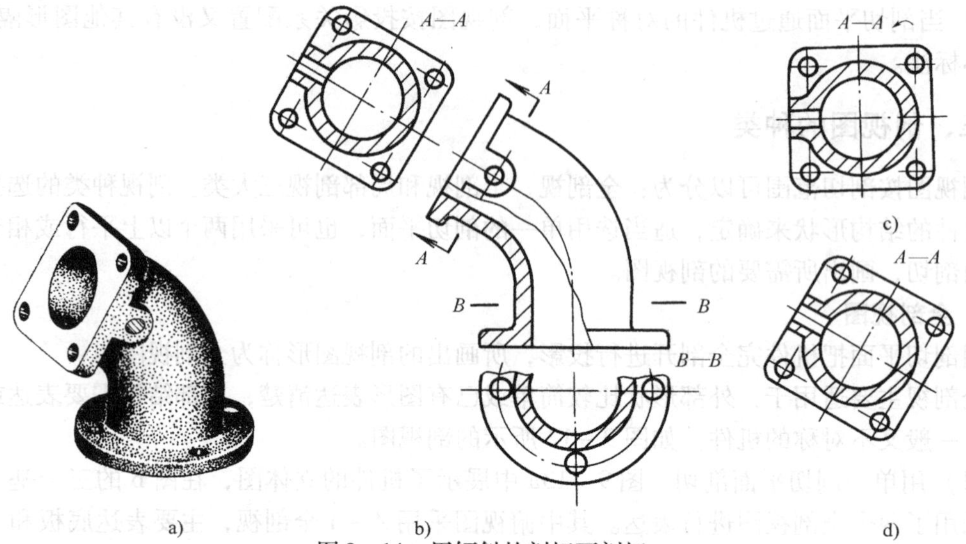


图 9－14　用倾斜的剖切面剖切

9－15 及图 9－16 所示。

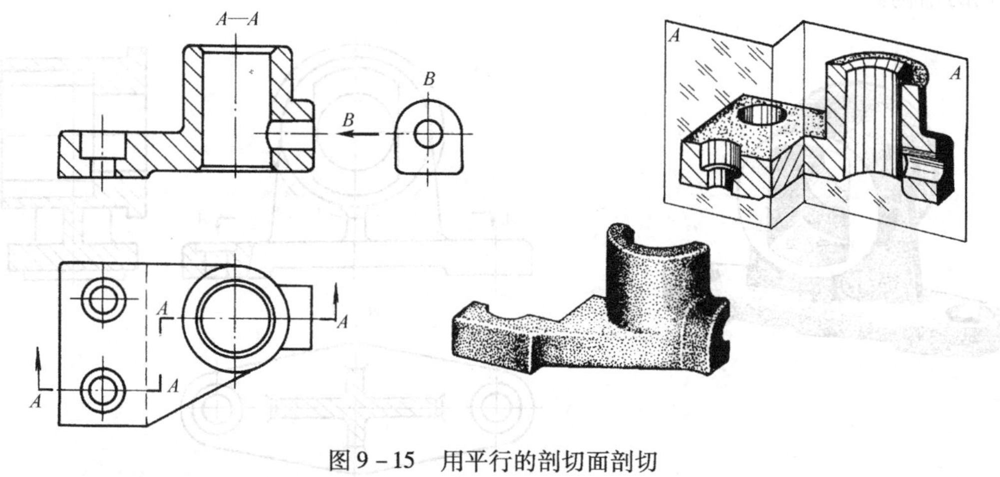


图 9－15　用平行的剖切面剖切

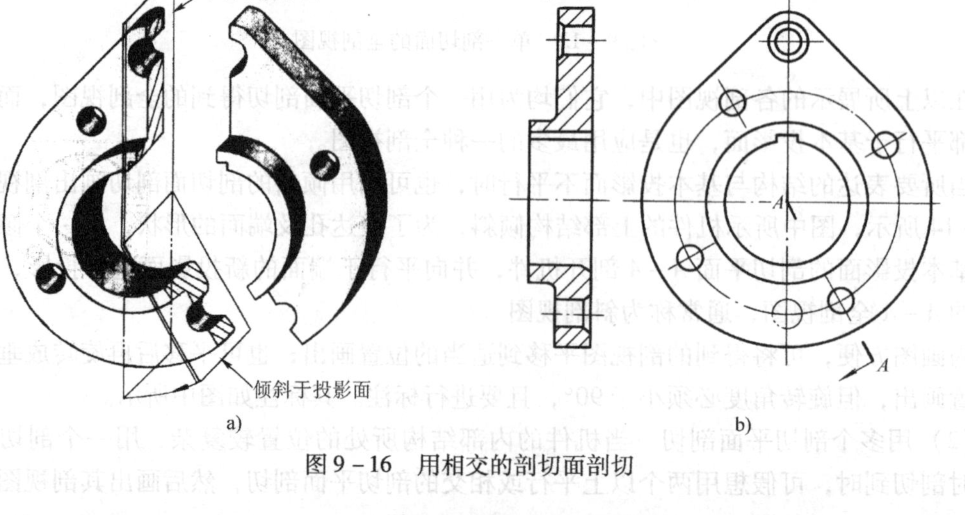


图 9－16　用相交的剖切面剖切

如图 9－15 中所示，在机件左右不同平面内有不同结构的孔，现用两个互相平行的剖切平面，分别通过左右孔的中心轴线同时剖切，即可画出阶梯的 A—A 全剖视图，其标注如图中所示。

图 9－16 中所示机件为回转体结构，其径向分布了不同结构的孔和槽。现假想两个相交于机件回转中心的剖切平面，且分别过不同孔槽的中心进行剖切，再将倾斜部分旋转到与投影面平行的位置进行投影，即可画出旋转的全剖视图。其标注如图中所示。

图 9－17 所示为一摆杆类机件，根据既有倾斜又有旋转中心轴线的结构，可采用两个相交的剖切平面剖切，主视图画成旋转的全剖视图。要注意的是，剖切平面后面的小圆弧槽仍按原来的位置画出。

在图 9－18 中箭头所指明的问题，是用多个剖切面剖切画全剖视图时常出现的错误。

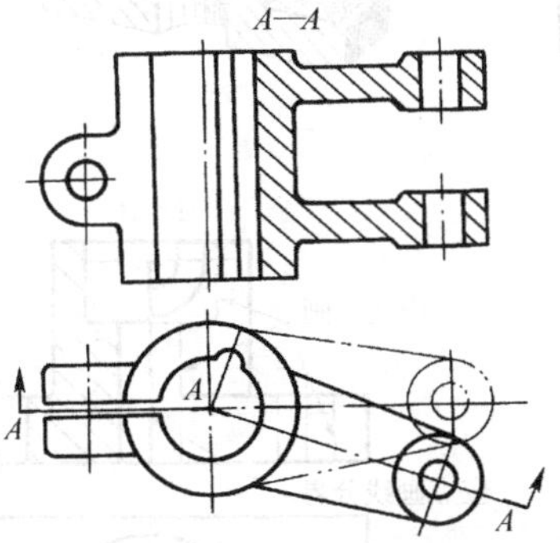


图 9－17　旋转全剖视图图

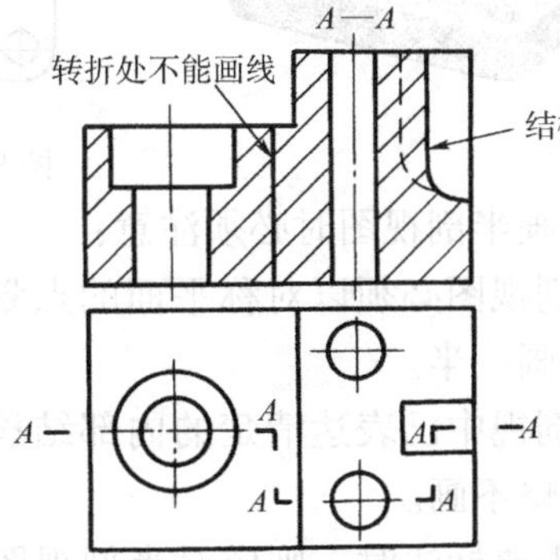


图 9－18　全剖视图中的错误

所以，画多个剖切面的全剖视图时，必须注意：

1）采用倾斜的或两个以上的剖切平面剖切时，必须进行标注。

2）剖切面转折线不能与轮廓线重合，不允许出现不完整要素。

3）平行剖切后画出的阶梯全剖视图，其转折处不能画粗实线。

4）具有合适轴线的旋转剖视图，其旋转部分的投影并不对应。

5）旋转剖切平面后的其他结构，一般仍按原来位置对应画出。

**2. 半剖视图**

当机件具有对称平面时，假想用一个剖切平面将零件全部剖开，以对称面为界，其一半表达外部形状画成视图，另一半表达内部结构画成剖视，视图与剖视以对称中心线分界，这样画出的剖视图形称为半剖视图，如图 9－19 所示。

半剖视主要适用于：机件的外部形状及内部结构都需要表达，且又是对称的机件。

图 9－19 中所示的机件，主视图若采用全剖视表达，则机件前面的凸台形状不明确；若俯视图画成全剖视图，则机件顶板结构形状又不清楚。因此，其主视图和俯视图均不能采用全剖视图进行表达。由于机件左右、前后对称，所以采用半剖视图表达较好，即用半个视图来表达整个机件的外部形状，用半个剖视来表达整个机件的内部结构。

在图 9－20 中，由于机件左右对称，所以也采用半剖视图的表达方法，由半个视图来想象出机件前面突台圆孔的整体外部形状；由半个剖视来想象出机件台阶孔和底板孔的整个内部结构。图中箭头特别指明了画半剖视图时易出现的问题。

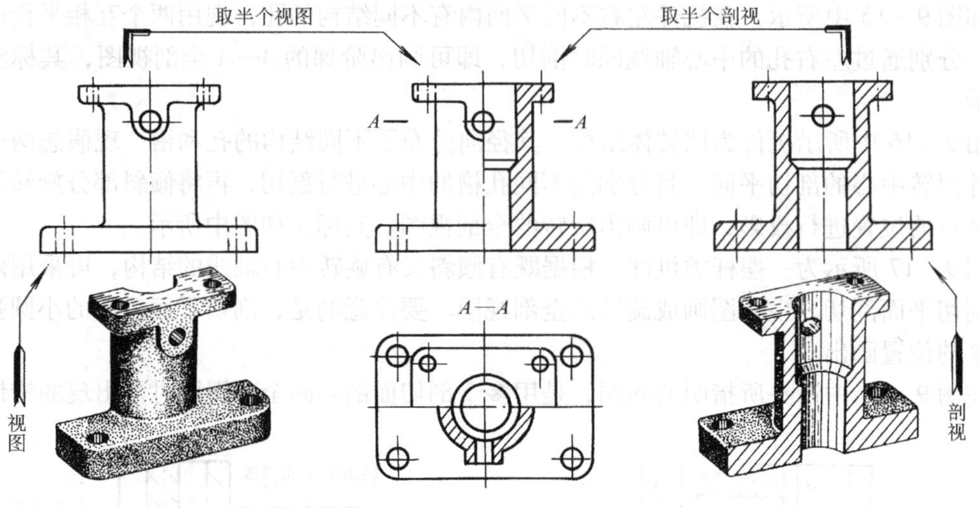


图 9－19　半剖视图

所以，画半剖视图时必须注意：

1）半剖视图必须以对称平面的点划线分界，视图与剖视各画一半。

2）对剖视中已表达清楚的内部结构，半个视图中的虚线省略不画。

3）若需要标注时，则应对半剖视图进行整体标注而不能只标一半。

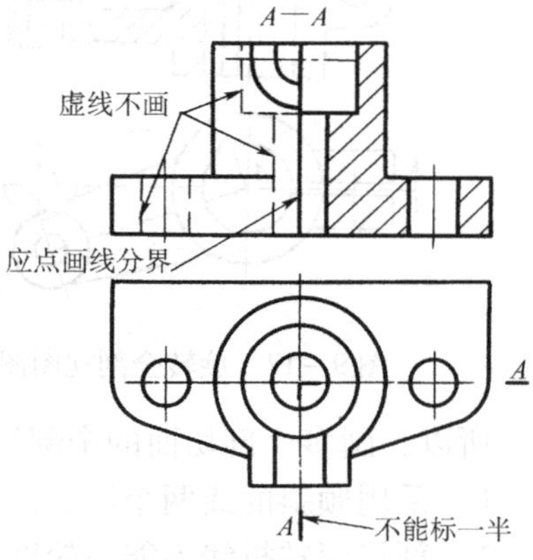


图 9－20　半剖视图中的错误

**3. 局部剖视图**

用剖切平面将机件的局部剖开，以表达部分的内部结构，剖切与不剖部分以波浪线分界，这样所画出的剖视图形称为局部剖视图，如图 9－21 所示。

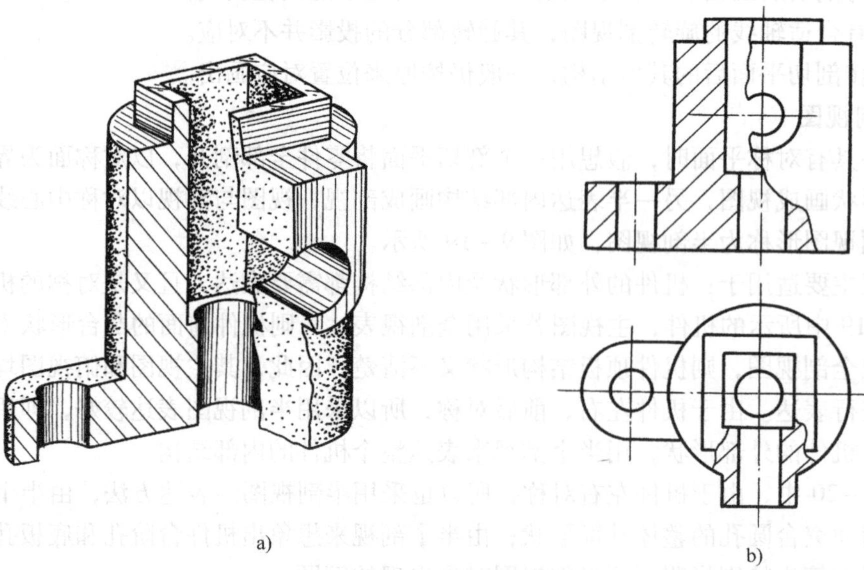


图 9－21　局部剖视图

局部剖视主要适用于：机件的外部形状及内部结构都需要表达，且又不对称的机件。

如图 9-21a 中所示，机件内部孔的结构形状需要表达，但由于前面和顶面有凸台结构，而左边又有一带孔耳板，该件又完全不对称。因此，主视和俯视均不宜采用全剖视或半剖视表达。那么在图 9-21b 中主视与俯视图分别采用局部剖视图，即表达出机件的外部形状，又清晰的表达了内部结构。

对于实心零件，如轴、手柄、连杆等件上的小孔或槽等结构需要表达时，也常采用局部剖视图的表达方法，如图 9-22 所示。

另外，如图 9-23 所示，当机件的局部结构对基本投影面不平行时，可采用倾斜的剖切平面剖切，画出局部剖视图以表达内部结构。其标注形式如图中所示。

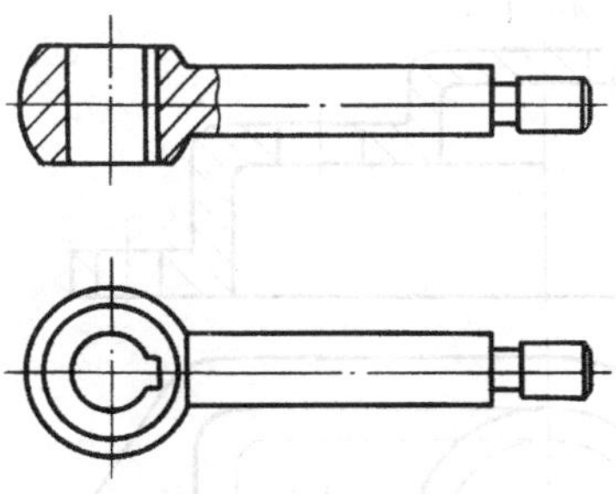

图 9-22　实心件的局部剖视

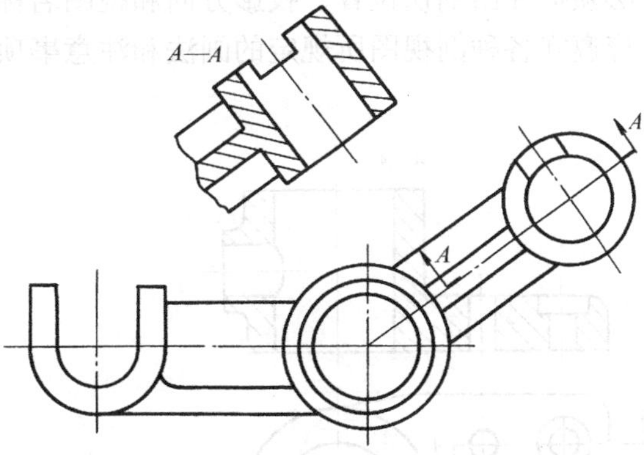


图 9-23　不平行基本投影面的局部剖

局部剖视是一种比较灵活的表达方法，使用时主要根据机件的结构形状，进行恰当的选择。图 9-24 中箭头所指之处，是画局部剖视图时易出现的错误。

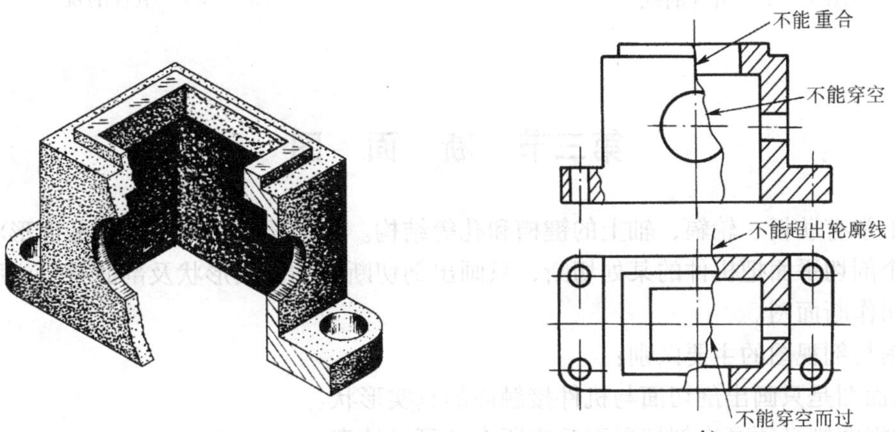


图 9-24　局部剖视图中的错误

所以，画局部剖视图时必须注意：

1）局部剖视用波浪线分界，同一视图中局部剖不宜采用过多，以避免图形过于破碎。

2）波浪线不能与图形上任何图线重合，并且即不能穿空而过也不能超出视图轮廓线。

3）对局部剖视一般不进行标注，若采用倾斜的或多个平面剖切时，则必须进行标注。

**4. 组合剖视**

当单独采用以上某一种方法，都不能简单而确切地表达出机件的内部形状时，可以把几种剖视结合在一起，用来表达机件的内部结构，则称为组合剖视。组合剖视就是用与投影面平行和倾斜的几个连续相交的剖切面，进行组合剖切表达机件的方法。

如图9－25中所示，为了清楚的表达机件的内部结构，主视图同时采用了阶梯和旋转的*A*－*A*组合剖视，确切的表达了不同位置孔的结构；并对剖切位置和图形进行适当的标注。在图9－26中，同样展示了用阶梯和旋转柱面组合剖视的表达方法。

画组合剖视图时应该注意：

1）必须标注出剖切位置、投影方向和视图名称。

2）应遵守各种剖视图所规定的画法和注意事项。

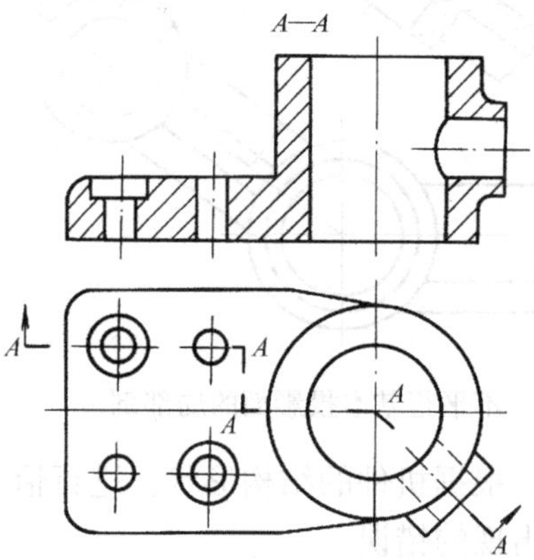


图9－25　组合剖视

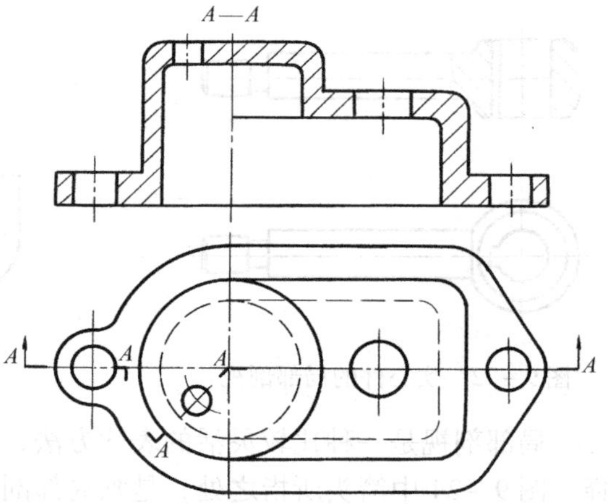


图9－26　组合剖视

## 第三节　断　面　图

机件上常有肋板、轮辐，轴上的键槽和孔等结构。当需要表示其局部的截面形状时，可假想用一个剖切平面把机件的某处切断，只画出剖切断面的真实形状及剖面符号，所画出的这种图形叫作断面图。

断面图与剖视图的主要区别：

1）断面图是只画出剖切面与机件接触面的真实形状。

2）剖视图则必须画出剖切平面后边所有的可见轮廓。

根据断面图在绘制时所配置的位置不同，可分为移出断面图和重合断面图两种。下面分别介绍两种断面图的画法及图形标注。

### 一、移出断面图

在进行机件的表达和布图时，需要画在视图外面的断面图形，称为移出断面图，如图

9－27所示。

**1. 移出断面图的画法**

绘制移出断面图时，应遵循有关规定：

1）移出断面图的轮廓用粗实线绘制，一般需画出剖面线。如图9－27中所示，对轴上的键槽和小孔结构采用移出断面图表达。用粗实线分别绘制出键槽和小孔的移出断面图的轮廓，并画上与水平线成45°的剖面线。

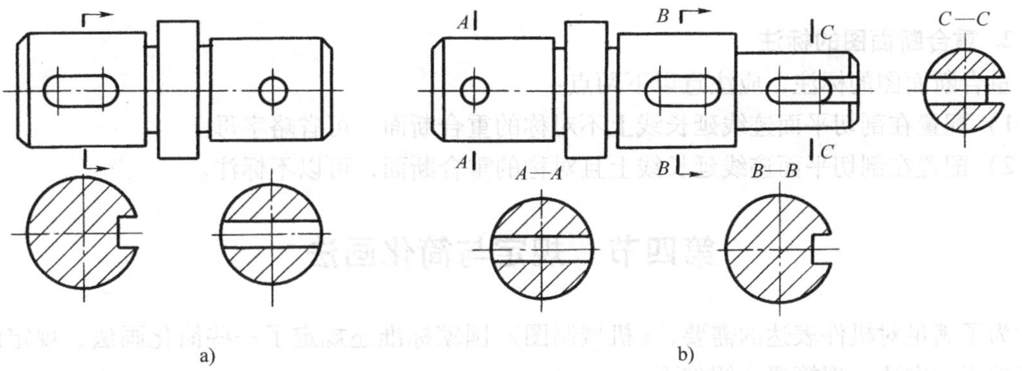


图9－27　移出断面图

2）尽量配置在剖切平面的迹线上，也可移置在适当位置　如图9－27a中轴上小孔的移出断面图，直接画在了剖切平面的迹线延长线上。为了合理布置图形，轴上键槽的移出断面图，也可配置在图面的适当位置，如图9－27b所示。

3）当剖切面过回转结构的轴线时，断面图应按剖视画出　在图9－27中轴上小孔的移出断面图就是按剖视图画出来的。另外，若移出断面图形被分成两部分时也按剖视图画出，如图9－27中轴上长槽的移出断面图$C-C$的画法。

**2. 移出断面图的标注**

为了清楚的反映移出断面图与主要视图间的关系，移出断面图与剖视图一样应对剖切位置、投影方向、视图名称进行标注，如图9－27所示。

移出断面图的标注，应遵循有关规定：

1）配置在剖切平面迹线延长线上不对称的移出断面，可省略字母。

2）配置在剖切平面迹线延长线上且对称的移出断面，可以不标注。

3）画在剖切平面迹线以外适当位置的对称移出断面，可省略箭头。

4）按投影关系配置，画在基本投影面上的移出断面，可省略箭头。

## 二、重合断面图

在不影响图形清晰时，可画在视图以内的断面图，称为重合断面。重合断面图的画法和标注，请参见图9－28中所示。

**1. 重合断面图的画法**

画重合断面图时，应遵循以下规定：

1）重合断面图的轮廓线必须用细实线绘制，并画上与水平线成45°的剖面线。

2）当重合断面图与视图轮廓线重叠时，视图的轮廓线仍须完整画出不可间断。

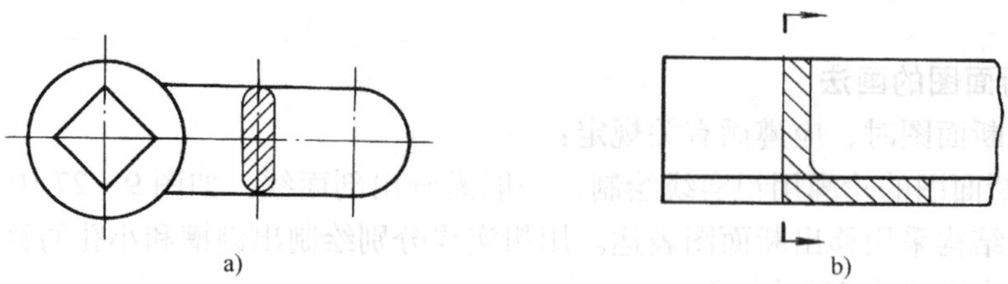


图 9－28　重合断面图

**2. 重合断面图的标注**

重合断面图的标注，应注意以下两点：

1）配置在剖切平面迹线延长线上不对称的重合断面，可省略字母。

2）配置在剖切平面迹线延长线上且对称的重合断面，可以不标注。

## 第四节　规定与简化画法

为了满足对机件表达的需要，《机械制图》国家标准还规定了一些简化画法、规定画法和其他表示方法。现摘要介绍如下：

1）当机件的部分结构太小时，必要时可以采用局部放大的方法进行表达。

如图 9－29 所示，在画局部放大图时，应将放大部位用细实线圈出，并用比原图放大的比例画出放大图，且尽量布置在被放大部位附近。当同一机件有几个放大部位时，必须用罗马数字顺序地注明，并在放大图的上方标注相应的罗马数字和采用的比例。

2）若剖切面过机件上的肋板、轮辐及壁板薄的对称平面时，这些结构都作不剖处理。

如图 9－30 中机件上的肋板结构，在剖切平面过其对称面的剖视图中并不画剖面线，则用粗实线将其与邻接部分分开。但当剖切面垂直于纵向对称平面时，仍应画上剖面线。

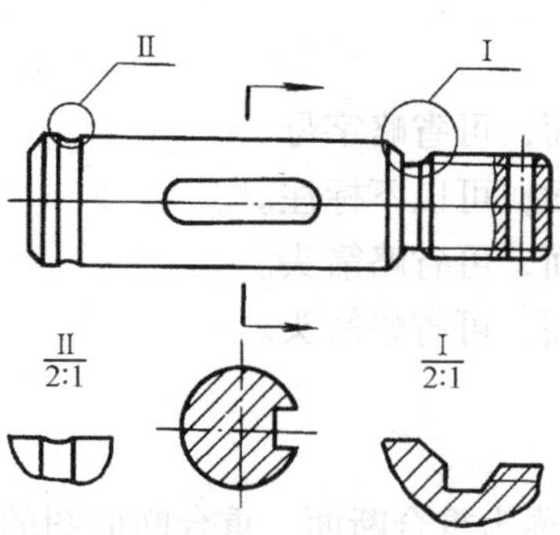


图 9－29　局部放大图

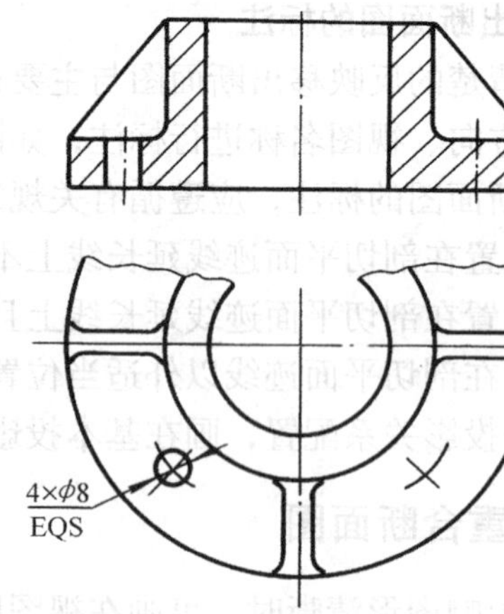


图 9－30　肋板的画法

3）对回转件上均匀分布的肋板、轮辐、孔等结构，可按对称或转到剖切位置画出。

如图 9－31 所示，机件上均匀分布的肋板结构并不对称，可将左边倾斜的肋板结构按对称画出来。图 9－32 中的轮辐及图 9－30 中的均布孔，分别是按对称及剖到绘制出来的。

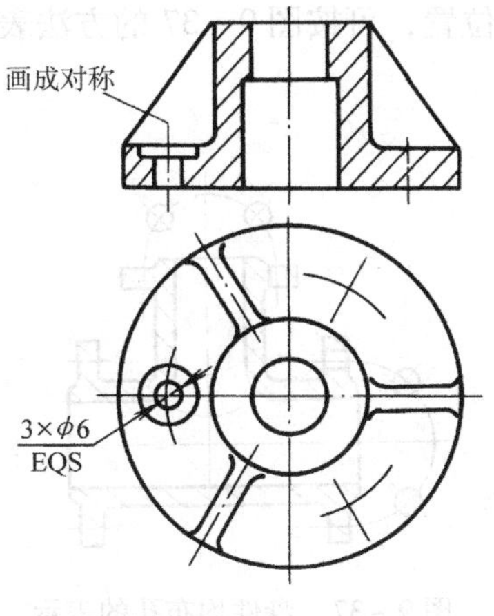

图 9-31　均布结构的画法

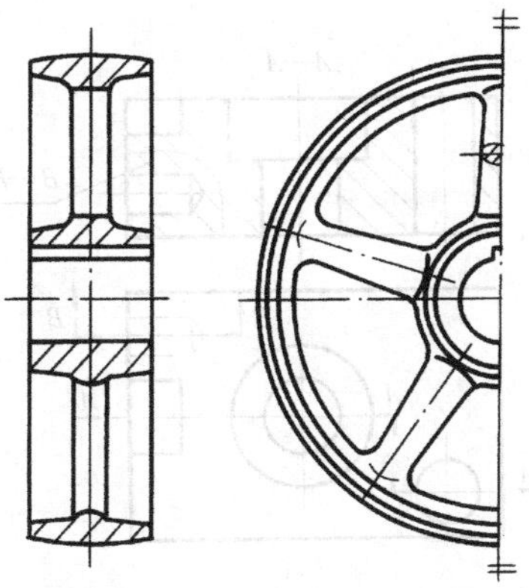
图 9-32　对称结构的画法

4）对称机件的视图可只画一半，并在对称中心线的两端画出“ = ”对称符号，或用波浪线折断的方法画出。参见图 9-32 对称的画法及图 9-30 折断的画法。

5）当机件具有若干个孔、槽等相同且成规律分布的结构时，可以仅画出一个或几个，其余只画出中心位置或用细实线连接，但应注明孔槽的总数，如图 9-33 所示。

6）机件上的滚花部分或网状物，可在轮廓线附近用细实线示意的画出，并在图形上或技术要求中注明这些结构的具体要求，如图 9-34 所示。

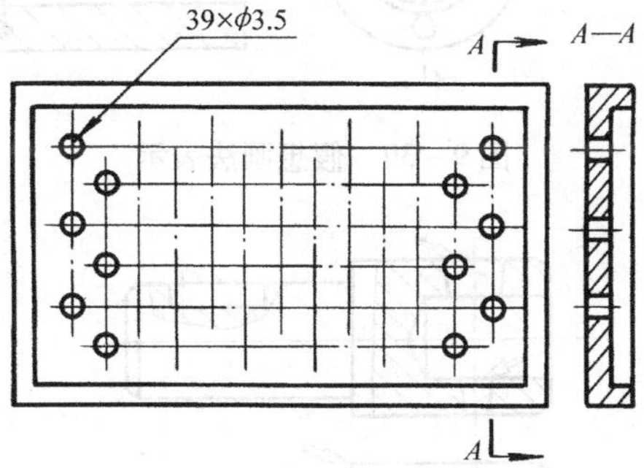

图 9-33　相同结构的表示

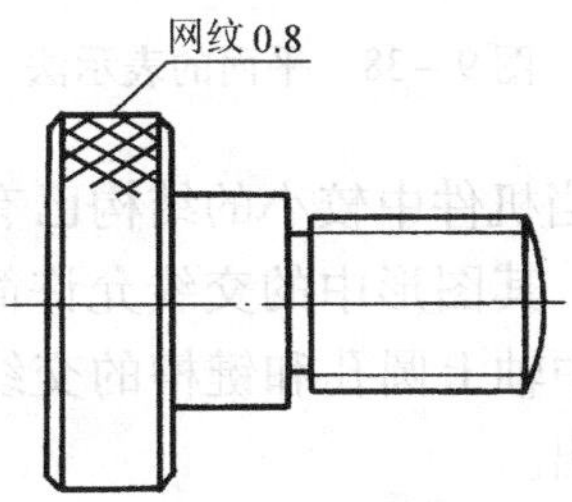

图 9-34　网纹的表示

7）当机件较长且沿长度方向的形状一致，或按一定规律变化时，允许断开绘制，但必须注出原来实际的长度尺寸。如图 9-35 中的轴、连杆等的表示法。

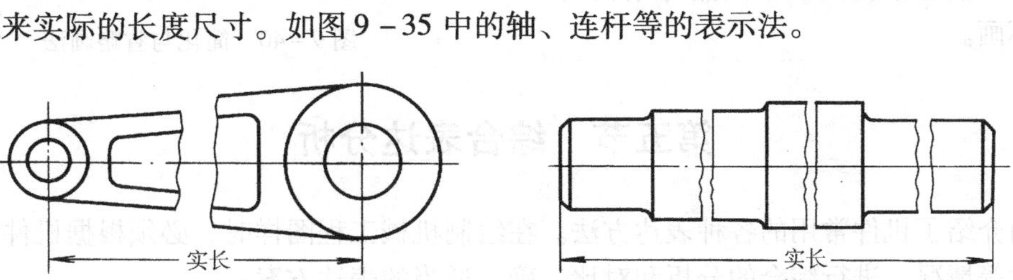

图 9-35　折断的画法

8）若必要时，允许在剖视图中再作一次简单的局部剖，且仍以波浪线分界。但两者的剖面线必须同方向、同间隔，但要相互错开。如图 9-36 中的 *B-B* 所示。

9）对回转机件端面或法兰盘上均匀分布的孔数和位置，可按图 9－37 的方法表示。

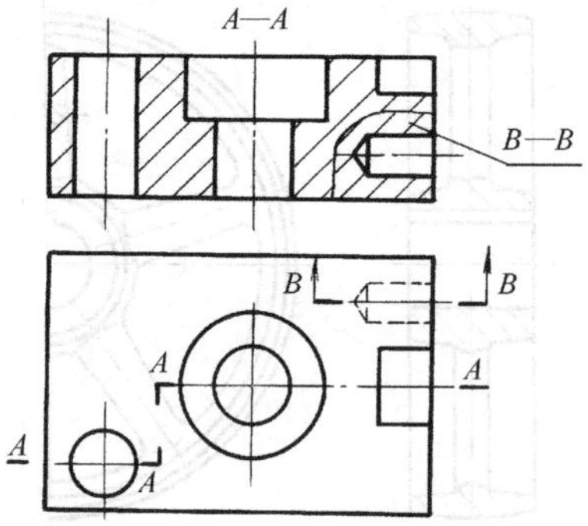


图 9－36　剖视图中的局部剖

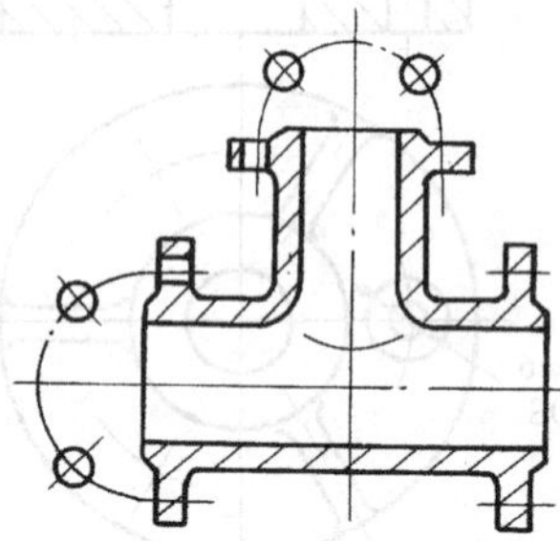

图 9－37　盘件均布孔的表示

10）若图形中的平面不能充分表达，可用相交的两细实线表示平面，如图 9－38 所示。

11）若需表示剖切面前的结构时，其轮廓可用双点画线按假想投影绘制，见图 9－39。

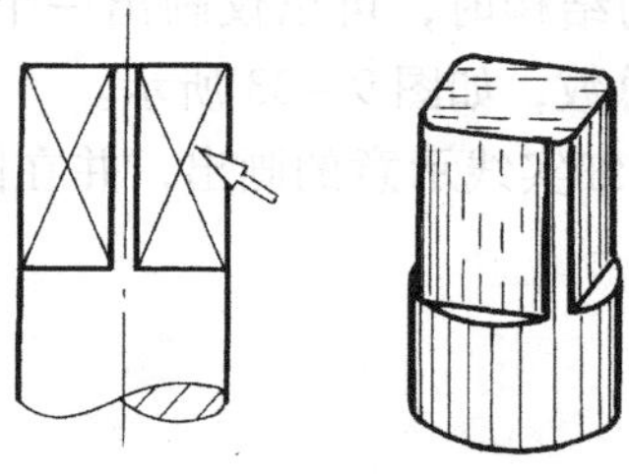

图 9－38　平面的表示法

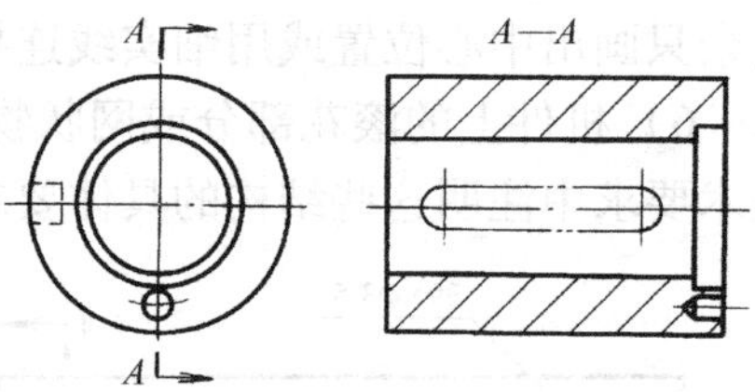


图 9－39　假想画法表示

12）当机件中较小的结构已有视图表示清楚时，其图形中的交线允许简化。如图 9－40 中轴上圆孔和键槽的交线可简化成直线画出。

13）机件中小圆角、小倒角等允许省略不画，但必须注明尺寸或加以说明。如图 9－40 中轴上锥孔圆及小圆角等结构均可省略不画。

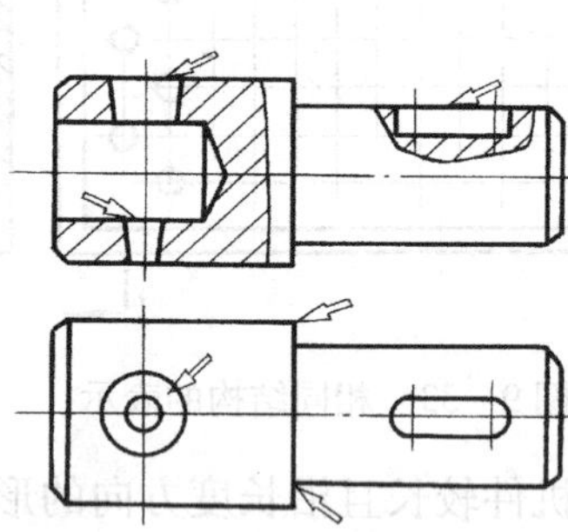

图 9－40　简化与省略画法

## 第五节　综合表达分析

前面介绍了机件常用的各种表达方法。在绘制机械工程图样时，必须根据机件的结构形状及尺寸等情况，进行综合的分析和对比，确定适当的表达方案。

选择机件的表达方案时，要求达到：

1）主视图反映特征要突出，各视图表达重点要明确。

2）表达方法的选择要恰当，绘制与阅读图样要方便。

## 一、综合表达举例

图 9－41 所示为倾斜支架，现以其结构为例进行综合的表达分析。

**1. 进行结构分析**

支架有三部分主要结构：即安装固定的底板部分，其基本形状为带有四孔的长方形安装板，且上面有一长形加强肋板；顶部有起支撑作用的倾斜空心圆柱结构，一般用来支撑轴杆类零件，圆柱端面有一小孔；机件中间为起连接作用的丁字形肋板。

图 9－41　倾斜支架立体图

**2. 选择视图表达**

（1）主视图　根据机件表达方案的选择要求，主视图既要考虑反映特征，又要考虑三部分结构的关系及正常位置，特别注意各部分不要压缩重叠的原则。所以，以底板在下而空心圆柱体向右侧倾斜作为主视图。并对底板小孔和倾斜空心圆柱等结构，均在主视图中采用局部剖视，而对加强肋板采用重合断面图进行表达。

（2）其他视图　根据其他视图的选择要求，各图表达重点内容要明确，选择的表达方法要恰当。机件上的底板形状和孔的位置等结构，以及加强肋板的形状均需表达，由于空心圆柱体的位置倾斜，因此，俯视图采用折断倾斜柱体的局部视图。空心圆柱在主视图中已局部剖开，而倾斜柱体端面的形状及与连接板的关系，则采用局部斜视图表达，为了画图方便可旋转画出。

另外，对丁字形连接板画出移出断面图，移出断面图也可旋转画出。

**3. 确定表达方案**

根据支架的结构和表达方法分析，现确定如图 9－42 所示展示的表达方案。在此表达方案中采用了局部视图、局部剖视、移出断面图、重合断面图、斜视图旋转画法等表达方法。并根据视图的对应关系将图形布置在适当位置。

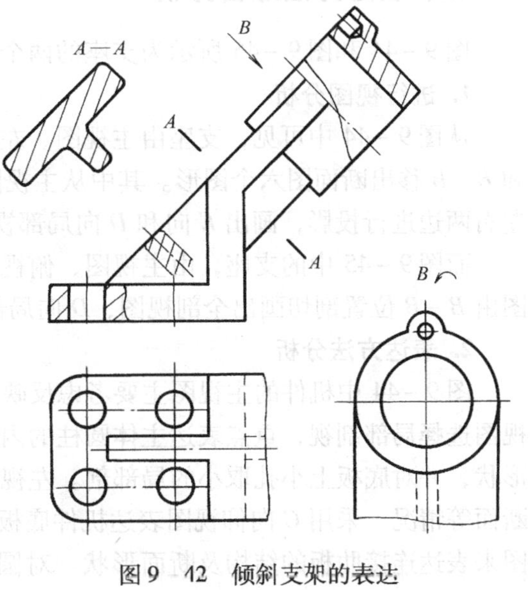


图 9　42　倾斜支架的表达

又如图 9－43b 中给出的箱体结构轴测图，可见箱体上下、左右、前后都不对称，因此各视图均不能采用半剖。由于箱体左前部有凸台圆孔结构，而顶部又有凸台长孔，所以主视图、俯视图均不易采用全剖，应选用适当的局部剖视图进行表达，其剖切范围的大小以表达的充分准确为好。

在图 9－43a 中展示了箱体结构件的表达方案，其主视图采用了局部剖视，即表达了箱体顶部长孔、右边圆槽孔与内腔的结构关系，又表达出左前面凸台的形状和位置。俯视图采

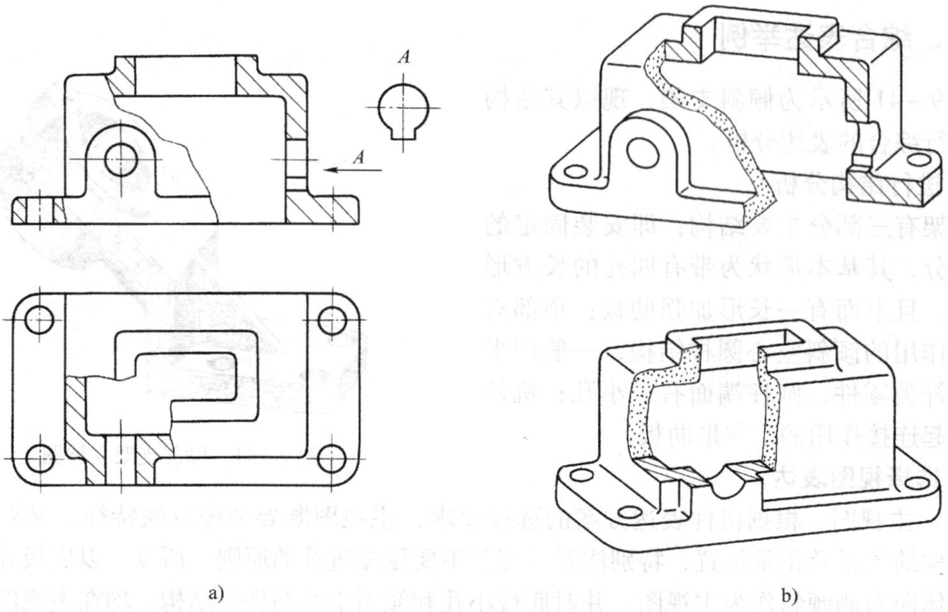


图 9－43　箱体的结构表达

用了局部剖视，不但表达了顶面长台孔的形状，还表达出左前凸台孔与内腔相通的情况；利用 $A$ 向局部视图表达右面圆槽孔的形状。

当然，主视图、俯视图也可以采用全剖视另配合局部视图来表达，但视图数量较多，且整体性不好。

## 二、表达方法综合分析

图 9－44 和图 9－45 所示为支座的两个不同的表达方案，现以此进行综合的分析。

**1. 进行视图分析**

从图 9－44 中可见，支座由主视图、左视图、$C$ 向视图、$D$ 向局部视图、$E$ 向局部视图和 $B-B$ 移出断面图六个图形。其中从主视图下边进行投影画出 $C$ 向仰视图，分别从主视图左右两边进行投影，画出 $E$ 向和 $D$ 向局部视图，由 $B-B$ 位置剖切画出移出断面图。

而图 9－45 中的支座，由主视图、俯视图、左视图和局部视图四个图形表达。其中俯视图由 $B-B$ 位置剖切画出全剖视图，$D$ 向局部视图为从主视图右边进行投影画出来的。

**2. 表达方法分析**

图 9－44 中机件的主视图主要考虑反映特征，及各部分结构的关系及正常位置画出。主视图选择局部剖视，重点表达主体圆柱的内部结构，及表达肋板连接上圆柱与下底板的外部形状，并对底板上小孔取小的局部剖。左视图采用全剖视，主要表达底板与圆柱连接肋板的断面等情况。采用 $C$ 向仰视图表达机件底板的形状和孔槽的位置个数，另用 $B-B$ 移出断面图来表达连接肋板的结构及断面形状。对圆柱体左端面的形状及凹槽结构，采用 $E$ 向局部视图；对圆柱右端面的形状及孔的位置个数等结构，用 $D$ 向局部剖视图表达。

图 9－45 中机件主视图的反映特征、结构关系及正常位置与上图相同。主视图选择 $A-A$全剖视，重点表达主体圆柱的内部结构。俯视图采用 $B-B$ 全剖视，既表达了机件上底

板的形状和孔槽的位置个数，又表达了连接肋板的结构及断面形状。左视图主要表达圆柱体左端面的形状及凹槽结构，以及肋板的连接等外形情况，为表达底板上四通孔采取小的局部剖视。对圆柱体右端面的形状及孔的位置个数等，采用 *D* 向局部视图来表达。

**3. 表达方案的对比**

通过对支座采用不同的表达方法，构成以上两种表达方案，现分析对比如下：

两方案中主视图的位置及投影方向相同。图 9－44 方案一中主视图采用局部剖既突出表达了圆柱的内部结构，又清楚的反映了肋板连接上圆柱与下底板间的外部情况；而图 9－45 方案二采用全剖重点表达主体圆柱的内部结构，但剖开连接肋板表达的目的及内容都不明确，因此意义并不大。所以，主视图采用局部剖比采用全剖视要好。

在图 9－44 表达方案一中，用仰视图仅表达底板的形状和孔槽的位置个数，另用移出断面图来表达连接肋板的结构及断面形状，虽然各图的表达重点比较明确，但多画出一个图形造成整体性不好。

而图 9－45 方案二中的俯视图采用 *B*－*B* 全剖视，既表达了机件上底板的形状和孔槽的位置个数，又表达了连接肋板的结构及断面形状，图形表达重点突出，整体性较好。所以，俯视图采用 *B*－*B* 全剖比采用仰视图加移出断面图要好。

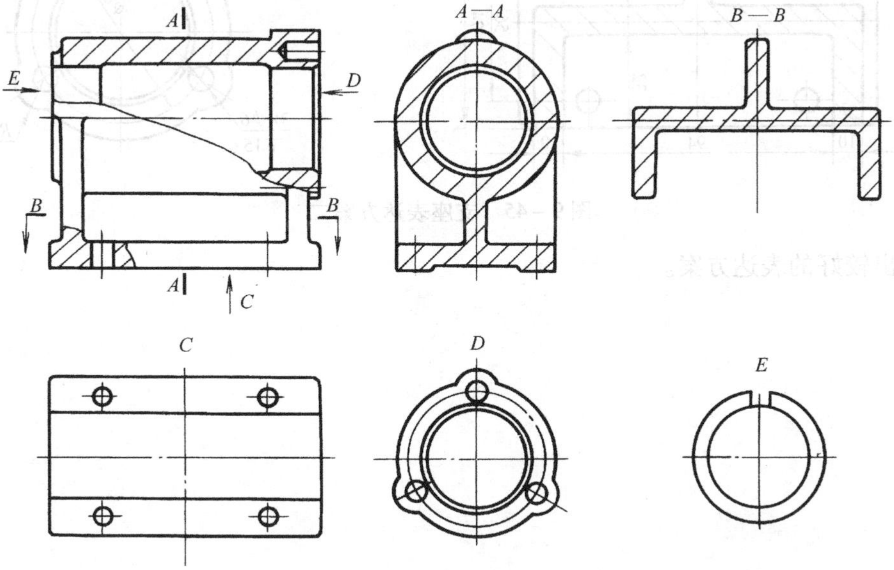


图 9－44　支座表达方案一

另外，图 9－44 方案一中左视图取全剖表达的内容不确切，重点不突出；另采用了 *E* 向局部视图表达左端面的形状及凹槽结构。图 9－45 方案二左视图主要表达圆柱左端面的结构形状，及圆柱与底板连接的外形和局部剖小孔。

两个表达方案中同时都采用了 *D* 向局部视图，来表达柱体右端面的结构形状。

通过以上的分析对比可知，两个方案各有优缺点，总之方案二比方案一好。若将方案二中的主视图改画成局部剖视图，突出表达相应的重点内容，则可构成最佳表达方案。

在表达机件的结构形状时，要满足主视图突出结构形状特征，其他视图表达重点明确，各视图采用的表达方法要合适，以方便画图和看图的要求；就必须进行综合的分析和比较，最

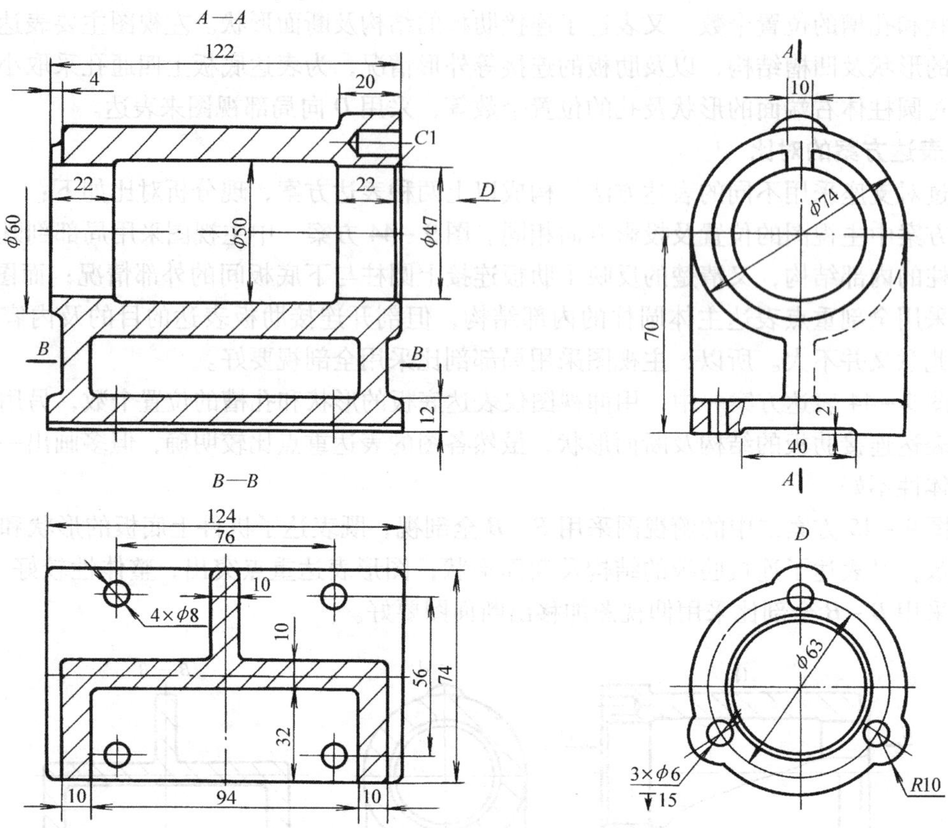


图 9-45 支座表达方案二

后，确定出较好的表达方案。

# 第十章　计算机绘图与造型

随着计算机技术的发展，计算机应用向各个行业的深层逐步渗透，传统的产业与技术正在经历巨大的变化。计算机辅助绘图与造型正在改造传统的机械产品设计模式。

传统的设计结果通常表现为某种图样，图样作为设计者思想的显现需设计人员一笔一划手工绘制；即使产品改型设计中的少量修改，通常也需重新绘制图样。因此，对设计人员而言传统的制图工作是一项单调、低效的劳动。20 世纪 40 年代末计算机出现后，50 年代就被引入设计领域，随之出现了自动绘图机。开始时，由于设备昂贵、图形技术尚未发展，计算机绘图主要应用在航空、船舶等领域的复杂型面型线设计中。随着计算机设备性价比的大幅提高、计算机图形处理技术的完善，目前，计算机绘图已经成为常用的制图手段。

随着数控加工设备与计算机辅助工艺应用的推广，根据图样采用人工编制加工程序的方法已不能满足制造业发展的需要，产品形状结构的三维表示是实现自动加工的前提，这就是计算机辅助造型。设计人员直接应用三维模型表达产品设计结果，应用计算机辅助工艺技术生成自动加工工序，然后控制数控机床加工出产品。作为这种设计模式的过渡，三维造型的结果也可以采用图样的形式输出。

## 第一节　计算机绘图与造型基础

计算机绘图是指利用计算机生成图形的过程。生成的图形可以输出到显示器屏幕；也可以输出到绘图机的图纸上，二者在理论上是一致的。例如常见的光栅扫描显示器与喷墨式绘图机均是用点阵来组成图形的。在图形的生成中，直线段是最基本的图形元素，曲线、文字等图形元素可以由多段直线段组成。计算机绘图的基本问题就是如何构成直线段的点阵。

### 一、绘图的原理与方法

**1. 计算机绘图原理**

如图 10－1 是光栅扫描显示器及喷墨式绘图机绘制直线段 $AB$ 时形成的点阵轨迹示意图。$AB$ 直线段的显示是通过显示 $AB$ 之间的一组象素点来实现的。线段的连续性与点阵的离散性，使得点阵间距 $\Delta x$ 及 $\Delta y$ 成为图形设备的重要性能参数。

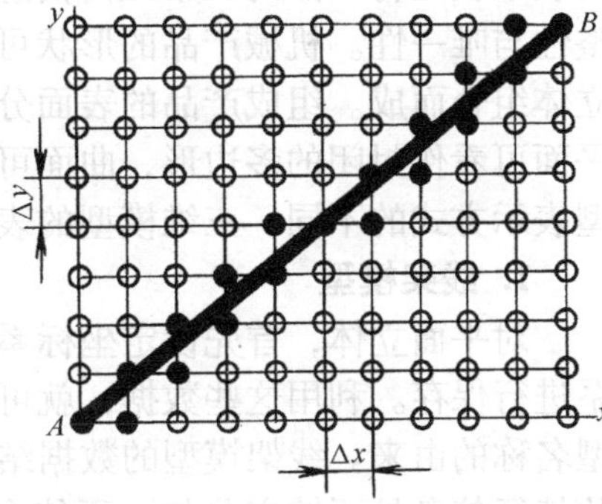

图 10－1　点阵生成直线段的示意图

除了点阵式图形设备之外，随机式图形显示器与笔式绘图机在绘制直线段时也是采用绘制水平与垂直方向折线段的形式来逼近直线段。因此，根据已知的直线段两端点坐标，求出直线的显示轨迹点阵或笔的运动控制点坐标是图形输出设备的基础算法。这种算法被称为插补算法，求这些坐标点的过程则被称为插补过程。

插补算法有多种。如：逐点比较法、数字积分法、正负法、微分分析法等。具体算法请参阅有关书籍。

**2. 计算机绘图方法**

采用计算机绘制图样的方法有两种：编程绘图与交互绘图。在早期的计算机绘图中无一例外地采用编程绘图。随着计算机绘图技术的发展与普及，交互式绘图已经称为常规绘图的主要形式。事实上正是由于交互式绘图的易用性，才使得计算机绘图技术得以大量普及应用。本章内容也以介绍交互式绘图软件 AutoCAD 为主。但编程绘图并没有消失，在与图形有关的创新性、实验性研究中，以编程绘图为主。

## 二、计算机绘图系统

计算机绘图系统可以划分为硬件系统与软件系统。硬件系统包括主机、图形输入设备、图形输出设备；软件系统包括主机操作系统、图形设备驱动包、图形开发工具包、开发软件与图形应用软件。

与图形设备相连的主机以工作站和微机为主。主机完成图形设备的管理、图形信息的存储与处理。图形输入设备完成平面图形或三维形体的数字化处理。现有的图形输入设备有数字化仪、图形输入板、键盘、鼠标器、扫描仪等，可分为点阵式和矢量式。采用矢量化处理软件，可以将点阵图转化为矢量图。图形输出设备主要是显示器、绘图机，完成图形的输出与人机交互功能。

操作系统完成硬件设备的管理和软件的支持，包括对图形软件的支持。图形设备驱动包由图形设备供应商提供，操作系统通过图形设备驱动程序完成对特定设备的控制。图形开发工具包一般由国际图形标准化组织或专业图形处理公司提供，图形开发工具包具有很多图形处理功能模块，在此基础上进行图形编程可以大大提高开发效率、系统的稳定性与可靠性。开发工具一般是指某种高级编程语言；有时也有将捆绑在一起的图形开发工具包与开发工具统称为开发工具。图形应用软件是指用户直接用来做图形输入输出的软件，一般是交互式图形处理系统。

## 三、三维模型的表示

采用计算机处理机械产品首先遇到的问题是如何对产品的几何形状进行描述，三维模型的表示就是将产品的三维几何信息用计算机能够处理的数值进行表示。这种表示应该具有完整性与唯一性。机械产品的形状可以看作由空间的点、线、面构成；也可以看作由一些基本立体组合而成。组成产品的表面分为平面与曲面，曲面可细分为简单的回转面与自由曲面。平面可看作封闭的多边形，曲面可采用多个平面逼近。这种对几何形体的认识导致了三维模型表示方式的不同，三维模型的表示主要有以下几种：

**1. 线架模型**

对平面立体，首先设定坐标系，得到立体所有顶点的坐标。其次，将顶点之间的棱线关系进行保存。利用这些数据，就可以在显示器上生成该平面立体的线框图形。这也是线架模型名称的由来。线架模型的数据结构简单，计算机处理速度快。但用线架模型表示的立体形状特征信息是不够充分的，不能利用这种模型来求体积、重量等质量参数或者进行隐线消除。此外，利用这种模型要表现由圆柱、球等曲面构成的立体比较困难，必须采用多个平面逼近的方法来表示。这种模型在计算机绘图方面得到了广泛应用。

**2. 表面模型**

表面模型是在线框模型的基础上，给出了组成面的棱线的连接顺序信息，以及这个面是平面还是圆柱面等表示面的种类的信息。表面模型与线框模型相比，由于增加了有关面的信息，在三维实体信息的表示完整性方面，表面建模比线框建模进了一步，它克服了线框建模的许多缺点，能够比较完整地定义三维立体的表面。表面模型可实现诸如求两个面的交线、绘制剖面图、消除隐藏线等功能。特别对汽车车身、飞机机翼等难于用简单的数学模型表达的物体，均可以采用表面建模的方法构造其模型，利用表面建模能在图形终端上生成逼真的彩色图像，以便用户直观地从事产品的外形设计，从而避免表面形状设计的缺陷。

由于表面模型所描述的仅是实体的表面，没有区分物体的内外。因而，也就无法表示零件的质量属性。这种不确定性给物体的质量特性分析带来困难。

**3. 实体模型**

实体模型是在表面模型的基础上增加面的方向信息。这种信息可以是单独的面外法线方向，也可以采用组成面的顶点的连接顺序或者是边的连接顺序来表示。采用这种面、边、点连接关系表达三维立体的方法叫做实体的边界表示法。除此之外还有实体的体素构造法，以及边界表示模式与体素构造法的混合形式。

由于机械零件和机械产品的几何形状大多数是由简单的平面立体和回转体组合而成的。因此，体素构造法认为实际产品可用这些基本体经过一定的组合来表示。这些基本立体被称为体素（或体元）。利用体素进行组合构成新的几何形体时，这些体素之间要进行逻辑交、并、差运算，以使它们组合成一体。这些逻辑运算要保证生成的形体是实际可能存在的形体，这称为逻辑运算的正则性。

边界表示法比较适合于计算机的内部处理，如立体的显示、变换、上色等，但作为立体输入方法主要用在曲线、曲面的构造上。体素法用于常规产品建模十分方便，对于依据产品特征生成加工工艺、产品组装、干涉检查等十分便利，但对模型详细信息的表达不直接，对模型详细信息的检索响应慢。

对一个立体模型同时采用边界表示模式与体素构造表示模式的方法称为混合法。混合法综合了两者的优点，克服了它们的不足，在高级造型系统中有广泛的应用。

## 四、实体造型方法

实体造型方法即在计算机上生成三维模型的方式。除了自由曲线、自由曲面体的造型采用输入点阵坐标的方法外，普通机械产品的造型常采用基于几何体素的方法。主要造型方式有以下三种。

**1. 基本体素法**

基本体素是指造型系统提供的简单立体模型，如长方体、圆柱体、圆锥体、球体等。对于一个具体的机械产品，将它分割为这些基本立体的叠加或切割，从而运用造型系统提供的立体模型，通过交、并、差运算，拼出产品的结构形状。这种造型方法受体素的限制，对形状复杂的结构难于有效生成，如壁厚不等的弯管。

**2. 扫描法**

扫描法是生成复杂形体的一种有效手段，简单地对平面图形采用拉伸、旋转的方法可以生成2½维体。高级扫描可以使平面曲线沿空间路径扫描，从而生成真三维体。除了路径变化外，平面图形在扫描过程中也可以改变，从而生成任意形状的三维形体。扫描法既可以生成平面立体，也可以生成曲面立体。空间路径扫描可生成复杂的曲面形状，一般用在高级造型系统中。

**3. 特征造型法**

尽管体素法与扫描法几乎可以生成任意形状的产品，但它们仅仅注重产品的几何形状，对产品开发而言，除了创建外形外，还需要定义产品的形状与加工手段之间的关系，产品的形状特征决定了所生成的产品加工工艺与加工工序。因此面向产品设计与制造过程的建模是一种建立在实体造型基础上的特征建模。特征不是体素，特征也不是零件，特征相当于结构，存在特定的加工方法与其对应。特征除了具有形状特性外，还可以赋有精度、表面质量、材料、热处理等特性。特征造型系统中提供特征库，如螺纹、退刀槽、键槽等结构，通过在立体模型上添加特征结构完成产品的造型。这种造型方式在 CAD/CAM 系统中得到大量应用。

## 第二节 AutoCAD 绘图与编辑

AutoCAD 是美国 Autodesk 公司推出的通用二维绘图、三维造型软件系统。是目前国内微机中应用最广泛的辅助绘图软件。自 1982 年 Autodesk 推出 AutoCAD1.0 版以来，随着微机硬软件的不断升级，AutoCAD 的版本也在不断更新：AutoCAD R13 完成了从 DOS 平台到 WINDOWS 平台的移植；R14 是真正基于 WIN32 操作系统重写原代码后的版本；AutoCAD 2000 是在 R14 版的基础上增加多任务、网络化等功能后重新命名的版本号。同 R14 相比，2000 版的 AutoCAD 在用户操作简易性、绘图效率上有了较大提高。本章将对 AutoCAD 2000 中文版的二维绘图功能进行较详细的介绍。

图 10-2 中展示了 AutoCAD 2000 中文版的主界面。屏幕被分成绘图区、下拉菜单区、图

图 10-2 AutoCAD2000 中文版主界面

标按钮区、文本交互区、状态控制与提示区。除极少数命令外，绝大部分命令均可通过选中下拉菜单中的选项执行；除极少数菜单选项外，下拉菜单中的选项都可以在图标菜单区找到相应的图标按钮。因此，在采用 AutoCAD 2000 绘图时，以鼠标点击图标按钮、状态控制按钮、控制点选择（鼠标右键）及下拉菜单为主要操作。

## 一、基本命令

### 1. 启动 AutoCAD 2000

启动 AutoCAD 2000 的途径有多种方式。以双击图标最为常用。

### 2. 开始一张新图

新图既可以在启动 AutoCAD 时，选择“新建”建立；也可以通过下拉菜单“文件”→“新建...”开始；还可以通过点击图标开始。

### 3. 打开一个原有文件

可以在 AutoCAD 启动过程中打开已有的图形文件；也可以选择下拉菜单“文件”→“打开...”或点击图标打开已有文件。

### 4. 保存图形文件

选择“文件”→“保存”或点击图标，将所绘图形保存在已命名的文件中。如果文件尚未命名，则需在弹出的对话框中键入文件名。

### 5. 退出 AutoCAD

当完成了建立、编辑图形文件之后，并且想从 AutoCAD 中退出，选择“文件”→“退出”。如果当前所作的图形文件尚未保存，则会出现一个警告对话框，询问是否要将最近的更改结果保存或者放弃；也可以单击“取消”按钮来终止此操作。

## 二、绘图坐标系统

尽管 AutoCAD 提供了世界坐标系（World Coordinate System）和用户坐标系（User Coordinate System）两种坐标系统，但用户坐标系在两维绘图中并没有明显的优势。采用世界坐标系绘图时，输入的坐标点形式可以有以下四种：

### 1. 绝对直角坐标：x，y

绝对直角坐标（x，y）是新点相对于原点（0，0）在水平与垂直方向的位移。

### 2. 相对直角坐标：@x，y

相对坐标（x，y）是新点相对于前一个输入点在水平与垂直方向的位移。

### 3. 绝对极坐标：r <α

绝对极坐标（r，α）是新点相对于原点（0，0）的矢径及矢径与 X 轴正向的夹角。逆时针方向为正。

### 4. 相对极坐标：@ r <α

相对极坐标（r，α）是新点相对于上一坐标点的矢径及矢径与 X 轴正向的夹角。同样，逆时针方向为正。

## 三、绘图操作程式

启动 AutoCAD 之后，通常需要作一些绘图前的设置。特别是绘制一批图纸时，需要保证线型、线宽、颜色、图层、文字字体、字号的一致性。采用模版的方式可以做到图纸设置的同一性。

点击图标弹出图层设置对话框，点“新建”创立新的图层。通过点击图层的名称可以修改图层名，点击图层的颜色、线型、线宽项，打开新对话框，从中选择该图层的默认颜色、线型或线宽。若线型对话框中没有所需线型，则通过点击“加载”按钮，可以调出线型设置文件中的所有线型，从中选择所需的线型调入内存线型库中，进而为层线型设置所用。

点击下拉菜单“格式”→“文字式样”，弹出文字设置对话框，设置图纸字型与字号。

在完成以上设置后，可以进一步设置图纸的幅面、绘制图框等，也可将图幅、标题栏做成块的形式，在绘图结束后插入。

除了以上绘图设置之外，还可以设置自动存盘周期、文件的保存路径、绘图光标大小等内容。

设置结束后，选择“文件”→“另存为...”，弹出保存对话框，在“保存类型”下拉列表中选择“AutoCAD 图形样板文件（*.dwt）”文件类型，给出模版文件名称，然后保存。以后创建新图时，可以选用此模版，从而提高作图效率，保证图面设置的一致性。

## 四、绘制平面图形

以图 10－2 中的绘图工具条为参照，在表 10－1 中介绍常用二维绘图命令的操作。为区别计算机给出的提示与用户输入数据，在表中计算机提示内容下增加了下划线。下一行缩进时表示续行。

**表 10－1　绘图命令简介**

| 图标/命令/功能 | 操作示例 | | 说明 |
|---|---|---|---|
| 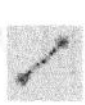<br>LINE<br>绘制直线段 | 命令：__ line 指定第一点:10，10<br>指定下一点或［放弃（U）］:@10，0<br>指定下一点或［放弃（U）］:@10 <90<br>指定下一点或［闭合（C）/放弃（U）］:c | 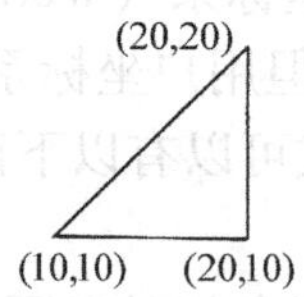<br> | 1）画出由一组点连接成的直线段。直接回车或通过击鼠标右键结束命令。<br>2）U 表示取消上一坐标点。<br>C 表示与起点连接然后结束命令。 |
| <br>POLYGON<br>绘制正多边形各边 | 命令：__ polygon 输入边的数目 <4 >:6<br>指定多边形的中心点或［边（E）］:100，100<br>输入选项［内接于圆（I）/外切于圆（C）］<br>　<I>:c<br>指定圆的半径:10 | 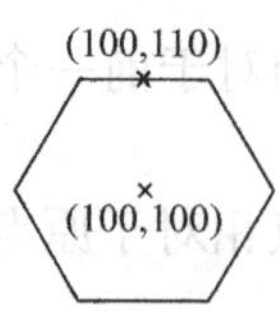<br> | 1）正多边形的缺省边数为4。<br>2）可通过指定形心或起始边的方式绘制。 |
| <br>RECTANG<br>绘制矩形各边 | 命令：__ rectang<br>指定第一个角点或［倒角（C）/标高（E）/圆角（F）/厚度（T）/宽度<br>　（W）］:10，10<br>指定另一个角点:30，20 | 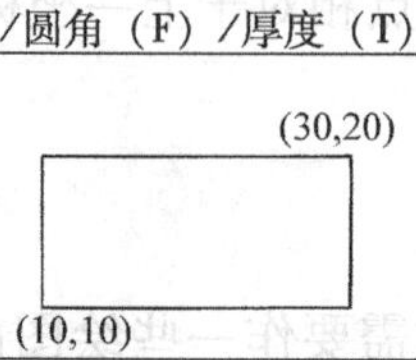<br> | 1）通过指定矩形的对角点坐标绘制矩形。<br>2）选项 C、F 使绘制的矩形带有倒角或圆角。 |

（续）

| 图标/命令/功能 | 操 作 示 例 | 说 明 |
|---|---|---|
| <br>ARC<br>绘制圆弧 | 命令：__ arc 指定圆弧的起点或［圆心（CE）]:10，10<br>指定圆弧的第二点或［圆心（CE）/端点（EN）]:20，20<br>指定圆弧的端点:5，20<br>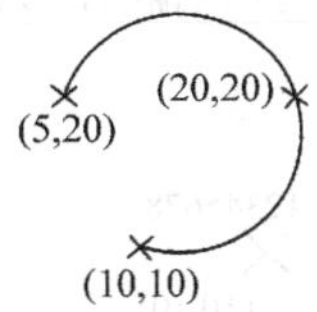<br> | 1）圆弧方向逆时针。<br>2）通过指定圆弧上三点或圆心、起点等选项绘制圆弧。 |
| <br>CIRCLE<br>绘制圆 | 命令：__ circle 指定圆的圆心或［三点（3P）/两点（2P）/相切、相切、半径（T）]:100，100<br>指定圆的半径或［直径（D）]:20<br>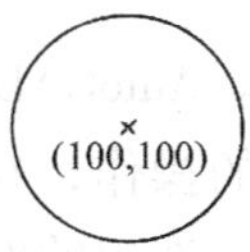<br> | 1）半径或直径值可通过在屏幕上连续指定两点获得。<br>2）3P 通过圆上三点绘制圆。<br>2P 通过圆上直径两端点绘制圆。<br>T 通过与图中已有两线相切及圆半径绘制圆。 |
| <br>SPLINE<br>绘制样条曲线 | 命令：__ spline<br>指定第一个点或［对象（O）]:10，10<br>指定下一点:20，20<br>指定下一点或［闭合（C）/拟合公差（F）］<起点切向>:30，5<br>指定下一点或［闭合（C）/拟合公差（F）］<起点切向>:40，15<br>指定下一点或［闭合（C）/拟合公差（F）］<起点切向>:50，10<br>指定下一点或［闭合（C）/拟合公差（F）］<起点切向>:<br>指定起点切向:10，0<br>指定端点切向:60，0<br>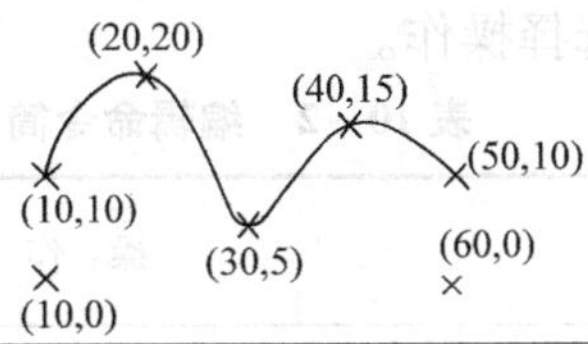<br> | 1）绘制的曲线通过给定的一组点坐标，常用来绘制波浪线。<br>2）点坐标输入后，还需指定样条曲线的起点切矢与终点切矢的方向。 |
| <br>BHATCH<br>图案填充 | 命令：__ bhatch<br>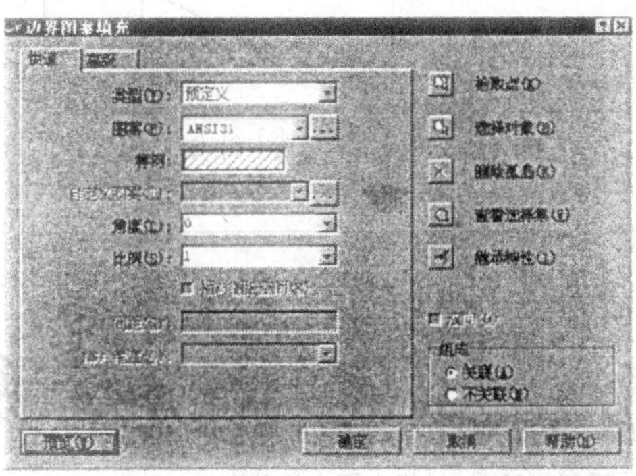<br> | 1）用于图形中封闭区域的填充。常用于绘制剖面线。<br>2）在弹出的对话框中可选择填充图案、剖面线的方向（角度）、剖面线的间距（比例）。通过选择待填充区域内部点（“拾取点”按钮）及“预览”按钮可观察填充效果，点击“确定”按钮完成操作。 |

（续）

| 图标/命令/功能 | 操 作 示 例 | 说 明 |
| --- | --- | --- |
| MTEXT<br>创建多行文字 | 命令：__ mtext 当前文字样式："Standard"。文字高度：2.5<br>指定第一角点:10，10<br>指定对角点或［高度（H）/对正（J）/行距（L）/旋转（R）/样式（S）/宽度（W）］:50，20<br>（在弹出的文本编辑器中键入 12345678）。<br>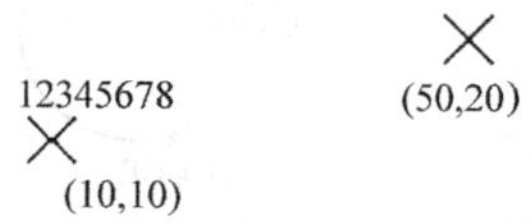 | 1）在矩形区域内写文字。<br>2）R 旋转矩形，改变文字走向。<br>H、W 指定文字的高度或宽度。<br>J 指定文字在矩形区域内的排列形式。 |

## 五、编辑平面图形

生成的图形经常要进行编辑操作。AutoCAD 提供了很强的图形复制、移动、镜像、修剪等操作。在表 10－2 中介绍编辑命令的操作，在执行图形编辑命令时，须选择操作的对象；也可以先选择对象，再执行编辑命令。选中的对象将变成虚线，同时提示选中的实体数量。如果选中的实体中与前面的选择有重复，还提示有多少实体重复。对象选择方式有以下几种：

- P：用小方框鼠标指针套在单个对象上进行选择。
- W：用鼠标从左向右拉出矩形窗口。只有完全落在窗口内的实体才被选中。
- C：用鼠标从右向左拉出窗口。落在窗口内及与窗口边界相交的实体均被选中。
- R：从已选中的实体中剔除选错的实体。
- A：在使用 R 选项后，继续原来的实体选择操作。
- U：放弃上一次的实体选择操作。

**表 10－2　编辑命令简介**

| 图标/命令/功能 | 操 作 示 例 |
| --- | --- |
| ERASE<br>删除图中对象 | 命令：__ erase<br>选择对象：找到 1 个<br>选择对象：<br>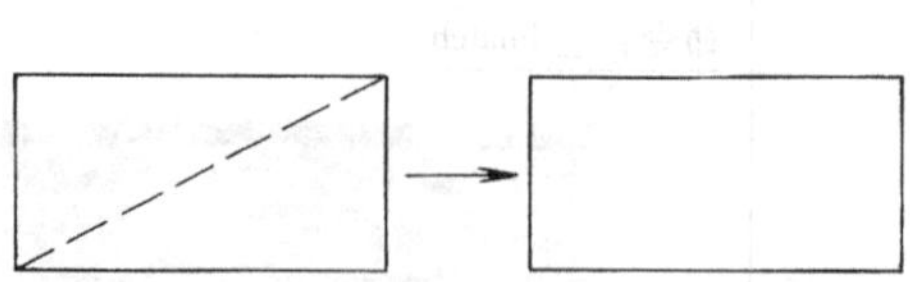<br>（用鼠标选中斜线，点击鼠标右键，选确定菜单条） |
| COPY<br>复制图中的对象 | 命令：__ copy<br>选择对象：找到 1 个<br>选择对象：找到 1 个，总计 2 个<br>选择对象：（先后选中两圆，击右键）<br>指定基点或位移，或者［重复（M）］：（指定圆心为基点）<br>指定位移的第二点或 <用第一点作位移>：（指定线段交叉点为第二点）<br>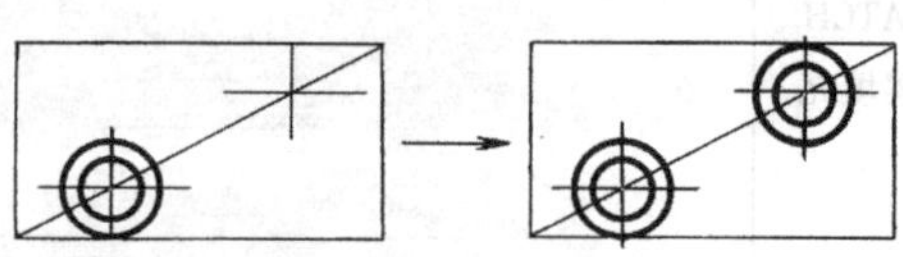 |

（续）

| 图标/命令/<br>功能 | 操 作 示 例 |
|---|---|
| MIRROR<br>创建图中对象的镜象 | 命令：__ mirror<br>选择对象：找到 3 个<br>选择对象：（击右键结束对象选择）<br>指定镜像线的第一点：（选中点划线一端点）<br>指定镜像线的第二点：（选中点划线的另一端点）<br>是否删除源对象？[是（Y）/否（N）] <N>:<br>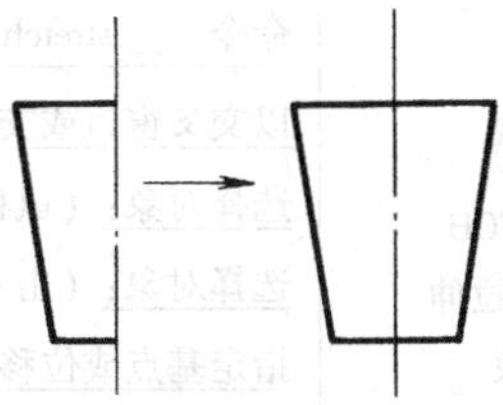 |
| OFFSET<br>创建等距线 | 命令：__ offset<br>指定偏移距离或 [通过（T）] <1.0000>:10<br>选择要偏移的对象或 <退出>：（点击圆）<br>指定点以确定偏移所在一侧：（圆外点击）<br>选择要偏移的对象或 <退出>:<br>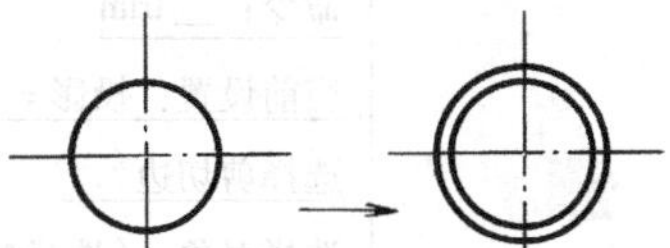 |
| ARRAY<br>阵列图中对象 | 命令：__ array<br>选择对象：指定对角点：找到 3 个<br>选择对象：（击右键结束选择）<br>输入阵列类型 [矩形（R）/环形（P）] <R>:<br>输入行数（- - -） <1>：3<br>输入列数（\| \| \|） <1> 2<br>输入行间距或指定单位单元（- - -）：30<br>指定列间距（\| \| \|）:30<br>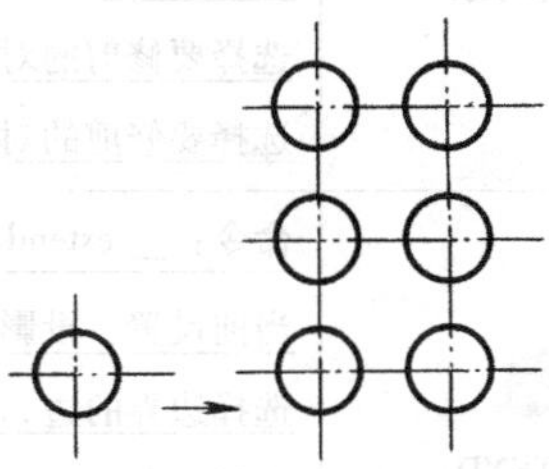 |
| MOVE<br>平移图中对象 | 命令：__ move<br>选择对象：指定对角点：<br>找到 4 个<br>选择对象：（击右键结束选择）<br>指定基点或位移：（选中圆心）<br>指定位移的第二点或 <用第一点作位移>：（指定目标点）<br>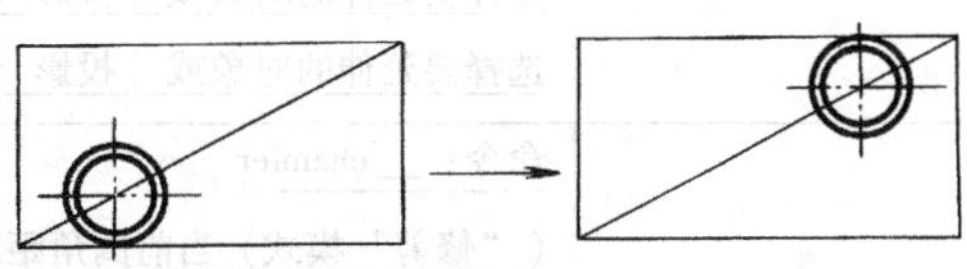 |
| ROTATE<br>旋转图中对象 | 命令：__ rotate<br>UCS 当前的正角方向：<br>ANGDIR = 逆时针　ANGBASE = 0<br>选择对象：找到 1 个<br>选择对象：（击右键结束选择）<br>指定基点：（指定矩形左下角为旋转中心）<br>指定旋转角度或 [参照（R）]:30<br>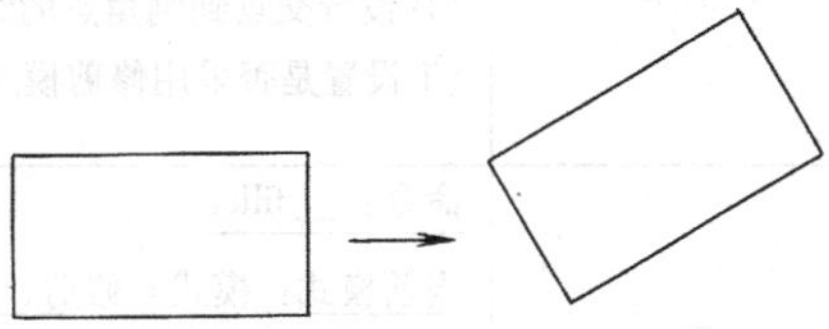 |
| SCALE<br>比例缩放图中对象 | 命令：__ scale<br>选择对象：（选中矩形）找到 1 个<br>选择对象：（击右键结束选择）<br>指定基点：（指定矩形左下角）<br>指定比例因子或 [参照（R）]:2<br>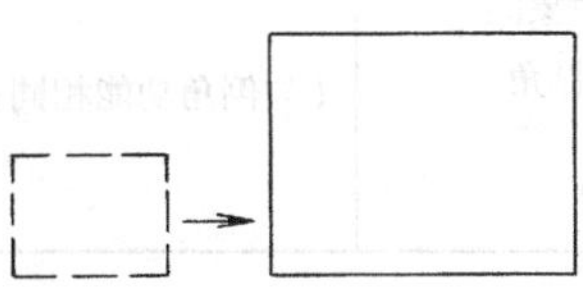 |

（续）

| 图标/命令/功能 | 操作示例 |
|---|---|
| <br>STRETCH<br>移动及拉伸对象 | 命令：__ stretch<br>以交叉窗口或交叉多边形选择要拉伸的对象...<br>选择对象：（鼠标拉出虚线窗口）指定对角点：找到 13 个<br>选择对象：（击右键继续选择）<br>指定基点或位移：（选中心线右端）<br>指定位移的第二点：<br>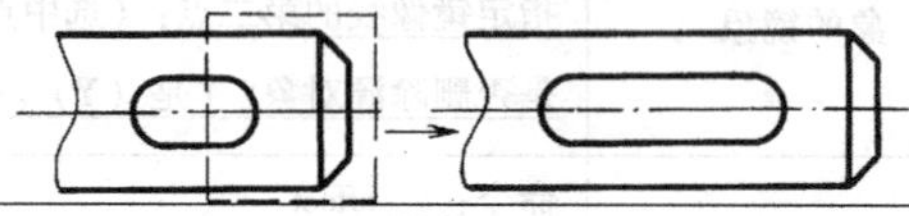 |
| <br>TRIM<br>修剪对象 | 命令：__ trim<br>当前设置：投影 = UCS 边 = 延伸<br>选择剪切边...<br>选择对象：（选择修剪的边界：虚线所示）找到 1 个<br>选择对象：（击右键结束选择）<br>选择要修剪的对象或［投影（P）/边（E）/放弃（U）］：（选择待修剪部分）<br>选择要修剪的对象或［投影（P）/边（E）/放弃（U）］：<br>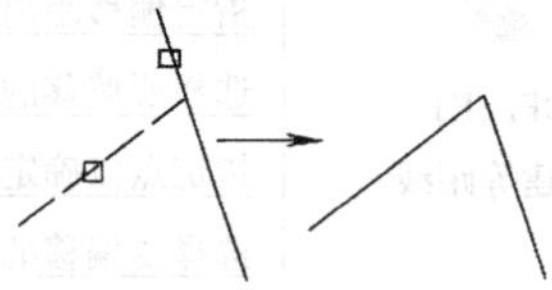 |
| <br>EXTEND<br>延伸对象至指定边界 | 命令：__ extend<br>当前设置：投影 = UCS 边 = 延伸<br>选择边界的边...<br>选择对象：（选择延伸的边界：虚线所示）找到 1 个<br>选择对象：（击鼠标右键结束边界选择）<br>选择要延伸的对象或［投影（P）/边（E）/放弃（U）］：（在待延长线的延长端点击）<br>选择要延伸的对象或［投影（P）/边（E）/放弃（U）］：（击右键结束选择）<br>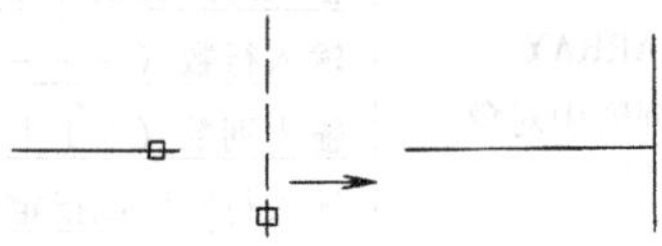 |
| <br>CHAMFER<br>两对象间作倒角 | 命令：__ chamfer<br>（“修剪”模式）当前倒角距离 1 = 10.0000，距离 2 = 10.0000<br>选择第一条直线或［多段线（P）/距离（D）/角度（A）/修剪（T）/方法（M）］：<br>选择第二条直线：<br>（D 设置交点到倒角点的线长度。）<br>（T 设置是否采用修剪模式。）<br> |
| <br>FILLET<br>两对象间倒圆角 | 命令：__ fillet<br>当前模式：模式 = 修剪，半径 = 10.0000<br>选择第一个对象或［多段线（P）/半径（R）/修剪（T）］：<br>选择第二个对象：<br>（与倒角功能相同，仅用半径代替两距离）<br> |

## 第三节 AutoCAD 绘图辅助功能

绘图中经常用到图中已有实体上的特征点，如线段端点、线段中点、圆心、直线与圆弧的切点、两直线的垂足等；另一方面，在显示器上绘制大号幅面图样时，经常要将显示的内容来回变换，显示效果的控制对绘图效率影响很大。在 AutoCAD 中提供了强大的图形控制功能，极大地提高了作图效率。

### 一、图形显示控制

AutoCAD 中提供了很多图标按钮及命令选项控制显示的变换。在图标菜单区点击鼠标右键，弹出光标菜单，选中其中的“缩放”菜单条，屏幕显示出缩放工具条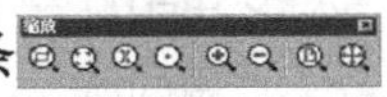。除了该工具条之外，在启动 AutoCAD 时即显示的工具条中的图标按钮，在控制显示时也经常用到。下面在表 10-3 中介绍两者常用功能。

**表 10-3 显示控制命令**

| 图 标 | 功 能 | 说 明 |
|---|---|---|
|  | 窗口放大 | 用鼠标拖出待放大区域。 |
|  | 动态缩放 | 按住鼠标左键，上下移动鼠标或转动鼠标中键，可动态缩放屏幕。 |
|  | 回到上一显示状态 | 常用于局部放大修改后，回到原来的显示状态。 |
|  | 显示所有绘图区内容 | 用于观察整个图形布置，各部分相对位置。 |
|  | 移动图样 | 在相同的比例下浏览图面。 |

### 二、图形要点捕捉

对图中实体的特征点在捕捉前需要设置待捕捉点的类型。设置后特征点捕捉的有效性分两种：长期有效和一次有效。

**1. 长期有效捕捉方式的设置**

在 AutoCAD 主界面的状态控制区点击鼠标右键，选“设置”菜单条，弹出“草图设置”对话框，点“对象捕捉”标签，显示捕捉要点设置，如图 10-3 所示。在待捕捉类型选择框中点击，激活对应的要点类型捕捉功能。各要点类型前的符号为要点在捕捉时显示的符号。所设置的要点捕捉只有在启动捕捉模式时才有效。通过点击图 10-3 左上角“启用对象捕捉”选择框可启动捕捉模式；也可将主界面状态设置区的“对象捕捉”按钮按下而激活。

**2. 一次有效捕捉方式的设置**

在绘图中有时需要捕捉很少用到的要点；有时当多个要点很接近时，难于激活目标要点。而采用上述方式设置比较繁琐。此时可启用 AutoCAD 的临时要点捕捉功能，该捕捉功能的有效性仅有一次。

按“Shift”或“Ctrl”键，同时点击鼠标右键，弹出光标菜单如图 10－4 所示。选中菜单中的捕捉类型即可。除上述方法外，也可以点击打开的“对象捕捉”工具条中的捕捉类型按钮而实现一次性捕捉，见图 10－2 所示。一次性捕捉设置优先于长效捕捉设置，且不受状态设置区的“对象捕捉”按钮的控制。

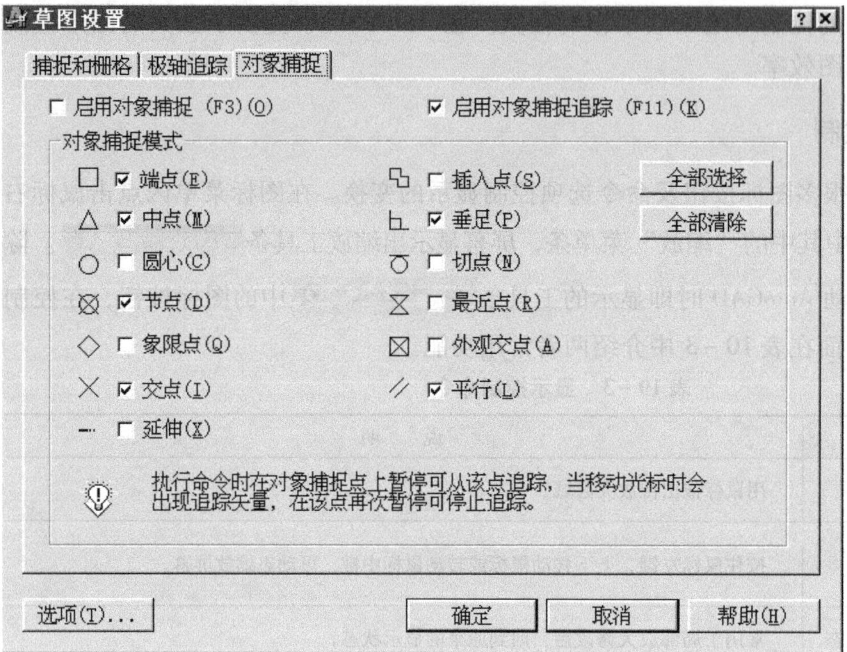


图 10－3　长效捕捉点类型设置

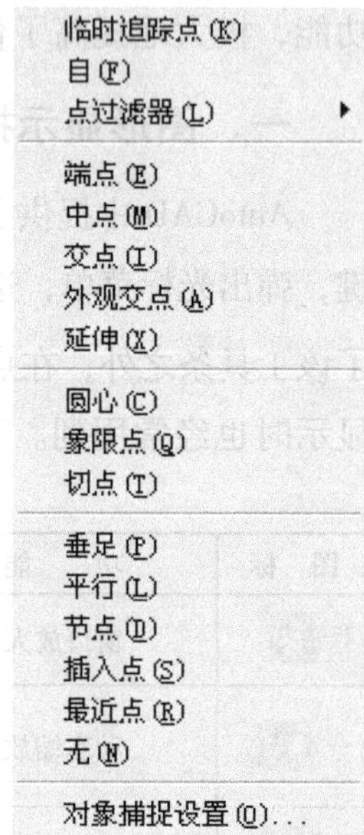


图 10－4　临时要点捕捉光标菜单

## 三、其他辅助功能

栅格是指图中辅助绘图的网状点。点击图 10－3 中的“捕捉和栅格”标签，可以设置平面栅格的间距、栅格显示状态、栅格的方向，以及设置栅格模式为等轴测绘图模式用于绘制正等轴测图。点击图 10－3 中的“极轴追踪”标签，设置极轴角增量值，设置可追踪的极轴数量；通过附加角，设置初始极轴的位置。当鼠标位置与上一点的连线靠近极轴时，屏幕给出临近极轴提示，这对绘制环形分布的结构很有意义。

状态设置区的“线宽”按钮控制显示器线宽显示状态。为消除线宽对绘图的干扰，通常在检查图形时才打开线宽显示，绘图阶段以关闭线宽显示为好。

# 第四节　尺寸与技术要求的注写

AutoCAD 提供了大量有关尺寸标注的设置、使用、修改功能。工程图样中除了图形、尺寸外还有文字、符号的注写，最常见的是表面粗糙度符号及值、带有公差的尺寸与形位公差的注写。本节就常用的尺寸标注与符号注写操作进行介绍。

## 一、尺寸标注设置

与绘图相比，尺寸的类型与标注形式的变化是比较复杂的。在 AutoCAD 中通过设置尺寸线、尺寸界线、箭头模式、文字大小及文字与尺寸线的位置等内容，使标注出的尺寸符合图样格式要求。设置方式如下：

点击下拉菜单“标注”→“样式”，弹出标注样式管理器对话框，点击“修改”按钮，弹出“修改标注样式”对话框，如图 10－5 所示。当然，在标注样式管理器中也可以点“新建”按钮，弹出“新建标注样式”对话框，二者内容是相同的。

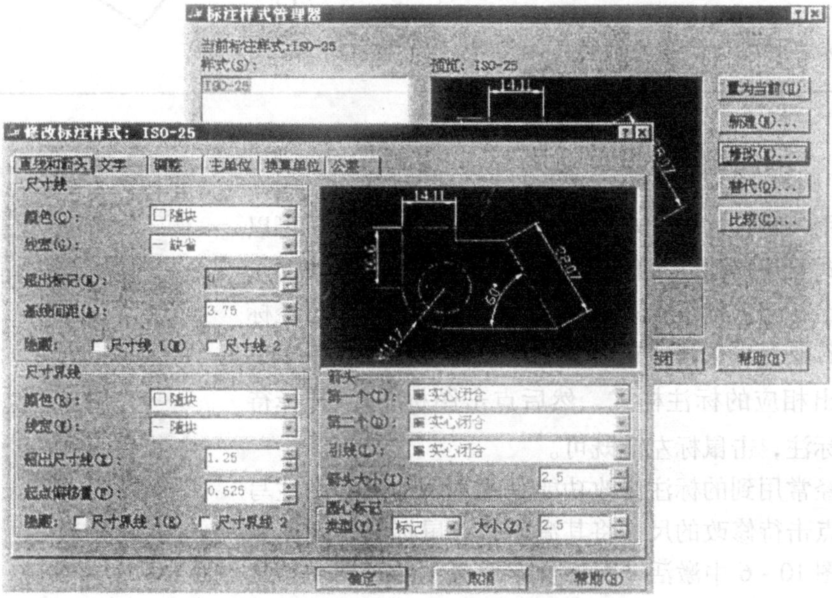


图 10－5　尺寸标注设置对话框

在修改标注样式对话框中，通过点击“直线与箭头”、“文字”、“调整”等标签项，转到相应的修改内容，完成对尺寸样式的设置。如通过隐藏一个尺寸线设置单箭头尺寸、设置尺寸线末端的样式；在“文字”标签中设置文字的大小、文字与尺寸线的相对位置；在“调整”标签中设置当尺寸界线间距较小时，箭头与尺寸数字的放置模式。通过以上设置，可以大大降低尺寸标注后的修改工作量，提高绘图速度。

## 二、尺寸标注命令

在表 10－4 中列出了常用尺寸标注命令。

**表 10－4　尺寸标注命令**

| 图　标 | 功　能 | 示　例 |
|---|---|---|
|  | 标注水平或垂直型尺寸 | 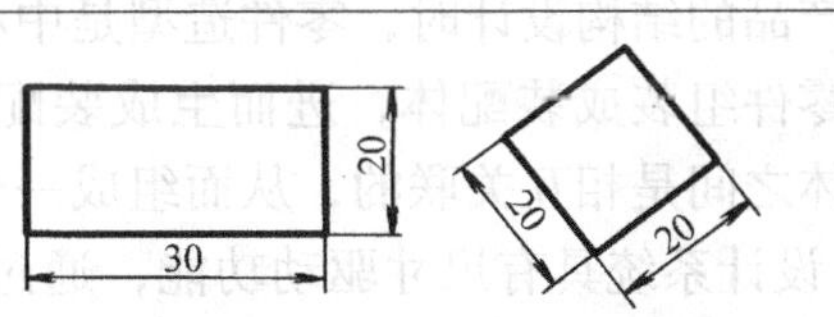 |
|  | 标注任意方位尺寸 | |

（续）

| 图　标 | 功　　能 | 示　　例 |
|---|---|---|
|  | 标注圆、弧的半径 | 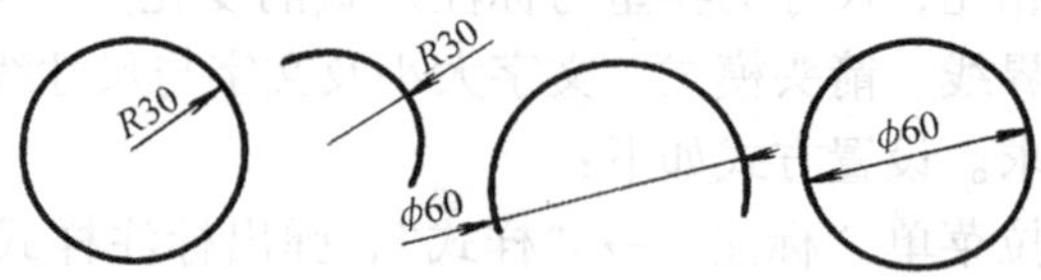 |
|  | 标注圆、弧的直径 | |
|  | 标注角度 | 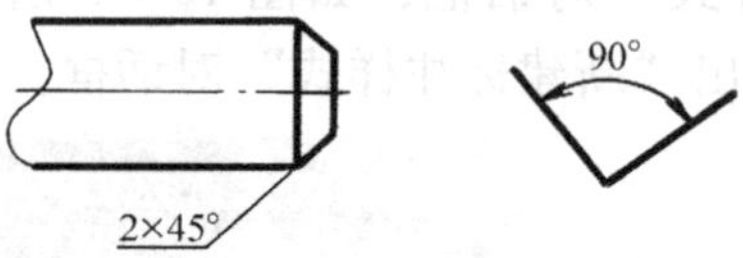 |
|  | 标注引线型尺寸 | |

## 三、尺寸的编辑

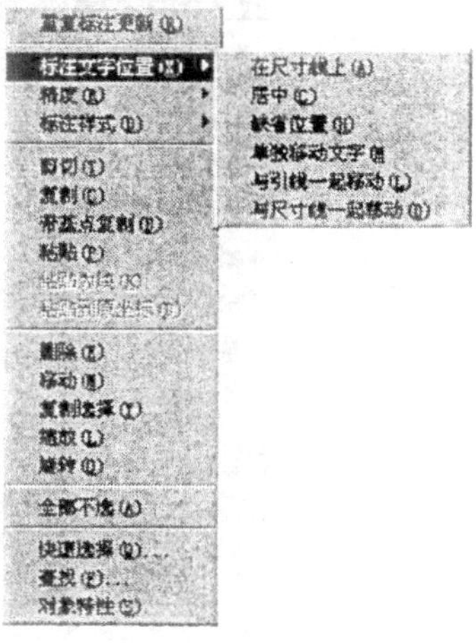


图 10－6　尺寸编辑光标菜单

有时采用一种尺寸格式难于满足“标注”的要求，可以通过标注样式管理器建立多种标注样式，在标注工具条的下拉列表中点出相应的标注样式，然后进行标注。对于已经标注的尺寸，若要变更标注样式，首先从“标注”工具条下拉列表框中拉出相应的标注样式，然后点击图标，选择待修改的尺寸标注，击鼠标左键既可。

另一个经常用到的标注修改功能是改变尺寸文字的注写位置。通过点击待修改的尺寸将其激活，点鼠标右键弹出光标菜单，如图 10－6 中激活“标注文字位置”的子菜单，从中选中预定的修改操作，进入绘图区交互操作，完成标注尺寸文字位置或文字位置与尺寸线的修改。

对于标注中计算机给出的尺寸值与设想的尺寸值不符时，除了可以在注尺寸时通过键入“T”选择人工输入尺寸数值外，编辑时，点击下拉菜单“修改”→“文字...”，然后点击待修改的文字，弹出“多行文字编辑器”对话框，在此编辑器中可重新键入数值、改变字型、字号等，然后确定，击回车结束文字编辑。

# 第五节　Solidworks 实体造型

## 一、Solidworks 介绍

Solidworks 是以 Windows 操作系统为宿主的三维几何设计与绘图软件。以 Solidworks 为工具进行机械产品的结构设计时，零件造型是中心。以零件的三维模型为基础，可以生成投影图，也可将零件组装成装配体，进而生成装配图。在 Solidworks 产生的文件中，其零件、工程图、装配体之间是相互关联的，从而组成一个完整的设计方案。

Solidworks 设计系统具有尺寸驱动功能，通过定义或修改形体的尺寸参数，可以改变设计的结果。这对设计结构形状相近而尺寸不同的零件十分方便。Solidworks 的三维造型方法是特征造型，所生成的特征可以保存为库形式，便于以后调用。除了大量的特征造型功能外，Solidworks 的曲线曲面功能也相当强大，这对于制作复杂的包含自由曲面的模型是十分必要的。设计零件除了设计几何形状之外，还要采用标准结构、确定表面质量、配合要求等，这些在 Solidworks 的辅助功能中都提供了支持。除此之外，Solidworks 还提供了制作渲染效果图、爆炸效果图等强化设计结果表达的功能。

Solidworks 软件采用常规的图形交互界面，其菜单、工具栏随当前文件类型、操作进程动态改变，简单明了、易学易懂。图 10－7 是零件造型状态的工作界面。

采用 Solidworks 对零件造型的一般步骤是首先生成一个平面图形（称为“草图”），然后将平面图形通过拉伸、旋转等方法生成实体。随后生成的实体与首个实体间按叠加或切除的关系合并成一个实体。草图平面之间、草图中的线段之间有时需要定义位置关系，如垂直、相切、通过定点等，可通过相关的功能实现。草图的尺寸可用具体数值约束，完全约束的图形呈黑色，未完全约束的图形呈兰色，过约束图形呈红色。图 10－7 左侧的三个页窗分别是特征造型树、图元属性和配置属性。在设计树中包含了零件造型制作过程和具体参数，图元属性页窗显示图元、特征等的特性参数，通过修改参数可编辑零件、配置页窗、设置造型零件颜色、线型、图形输出、文件位置、制图模版等环境设置。在设计树页窗“草图..”前括号中的减号（－）说明该草图未完全被尺寸约束，完全约束时则没有任何符号。特征前面红色圆圈配白色箭头说明此特征存在问题，需要排除问题才能保证造型结果的正确性。

Solidworks 支持的输入输出文件类型较多，可与 AUTOCAD、UGII、PRO/E 等系统共享设计结果。

图 10－7 Solidworks 零件造型的工作界面

## 二、草图绘制与编辑

草图绘制工具栏控制选择、绘制、修改草图。大部分 Solidworks 的特征是由 2D 草图绘制开始的。熟练使用草图绘制工具是进行三维造型的前提。下面根据图标介绍草图绘制与编辑的功能，这些功能也可以通过点击下拉菜单“工具”→“草图”绘制的选项实现。

选择。被选中实体的参数出现在图元属性页窗中，可通过修改其中的数据编辑图元。也可采用鼠标拉出窗口进行图元的集中选择。采用 Ctrl 键与鼠标点击组合可进行多个图元的选择。

打开/关闭草图制作模式。生成一个新草图的顺序是选择一个面或基准面，然后点击此图标，应用草图绘制工具、几何关系、尺寸标注制作草图，最后点击此图标退出草图绘制或应用特征造型功能生成实体。编辑已有草图的方法也是首先选中特征树页窗中的草图，然后点击此图标即可。

尺寸标注。可以对草图中的图元长度、角度、直径以及两点距离、点到直线的距离等内容进行标注。标注的尺寸将成为草图的约束条件，驱动图形的重定义。

直线。连接鼠标先后两次的点击位置成直线。双击鼠标左键退出直线绘制。

圆。绘制圆。按照圆心、半径绘制圆。在图元属性页窗中可修改这些参数。

圆弧。按照圆心、起点、终点绘制一条圆弧。

圆弧。按照起点、终点、中点顺序绘制圆弧。

椭圆。通过指定椭圆中心、长轴一端点定义长轴尺度与方位，然后随鼠标拖动定义短轴尺寸。

抛物线。点击鼠标定义抛物线焦点，拖动鼠标定义抛物线顶点；点击鼠标定义抛物线起点，拖动鼠标至抛物线终点。

矩形。指定对角顶点绘制矩形。

正多边形。指定中心与一个顶点位置绘制正多边形，缺省为六边形。相关参数可在图元属性页窗中修改。

样条曲线。通过指定的系列点绘制样条曲线。

平行四边形。用给出的三点作为平行四边形的连续三顶点绘制平行四边形。

点。在草图中绘制一点。

中心线。中心线作为绘制草图时的对称轴，或者作为旋转造型的回转轴。

文字。可用于在模型表面生成文字形突起或凹陷造型。

镜像。在此图标按下时，绘制的图元沿激活的中心线对称绘出，再次点击此图标结束对称。另外，在选中某些图元后，点击此按钮，可沿中心线镜像这些图元。

倒角。可采用距离——距离形式，也可采用距离——角度形式。

圆角。相交线段间圆角过渡，可指定圆角半径。

等距实体。对一组图元作等距离偏移，偏移量由用户输入，可单侧或双侧偏移。

剪裁。裁去鼠标点中的线段到最近的两个交点为止，若没有交点则到线段的端点。

延伸。将选中的线段延伸到与已有线段相交位置。

线型转化。将造型线与辅助线进行转化，辅助线不转化为实体。

线性阵列。沿指定方向、间距对选中的实体作平面阵列；阵列时可跳过某些位置。

圆周阵列。沿指定的中心、半径、数量、角度作圆周阵列。阵列时可跳过某些位置。

草图绘制与编辑的某些功能没有图标按钮（缺省态），使用这些功能可点击下拉菜单“工具” - > “草图绘制实体”或“工具” - > “草图绘制工具”的子菜单，选择对应的菜单项即可。也可自定义工具栏，将图标按钮放置在面板上。

## 三、定义几何关系与作图基准

在绘图及造型中，为得到准确的形状与实体，经常需要指明图元之间的几何关系，如垂直、相切等。尽管在零件造型时提供了预定义的三个基准面，实际造型中经常需要自定义新的作图基准面或基准轴。这些功能可通过点击下面的图标实现。

定义几何关系。点击该图标后弹出如图 10 - 8 所示的对话框。需定义几何关系的实体在鼠标点中后显示在左上角的文本框中。可定义的几何关系呈激活态显示在对话框下部。选中要定义的选项，单击应用按钮即可。若需继续定义其他实体的几何关系，单击实体后，依次进行即可。

删除几何关系。对定义错的几何关系或几何关系存在过定义的情况，点击此按钮弹出图 10 - 9 对话框。点击左下端的左右翻动按钮可以浏览所有定义的几何关系。用鼠标选中某个实体，则显示该实体的几何关系。应用删除按钮可以删除此几何关系定义。

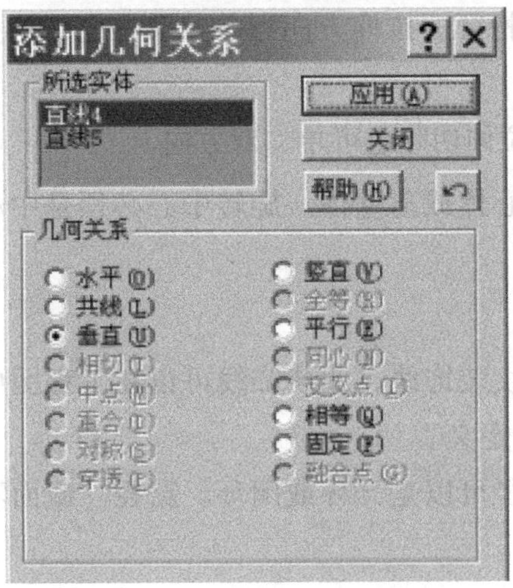


图 10 - 8　定义实体间几何关系

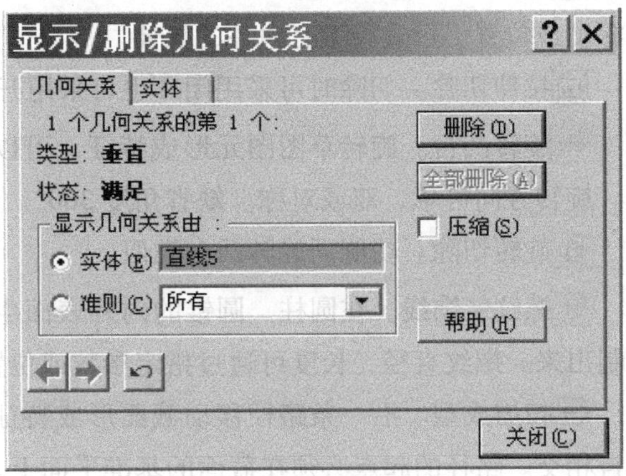


图 10 - 9　修改几何关系定义

定义作图平面。点击此按钮后，弹出图 10 - 10 对话框。各图标按钮对应不同的方法定义新作图平面。通过点击图元完成新基准平面的定义。

图 10－10　定义新作图基准平面

定义基准轴。在进行圆周阵列特征及生成回转体时需要使用基准轴。基准轴的定义对话框如图 10－11。点中定义方式，从图形中选中图元，按“确定”即可生成一基准轴。

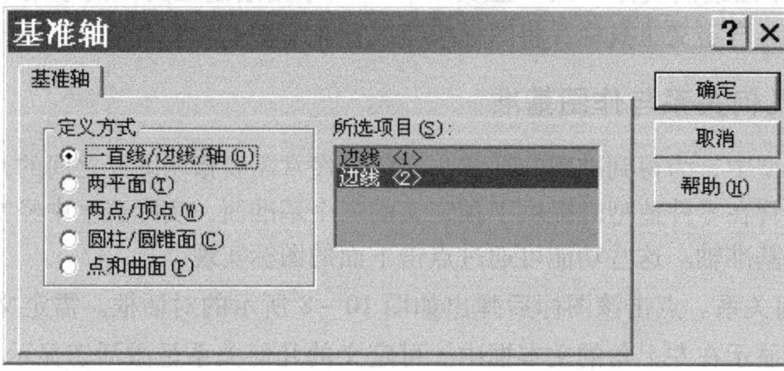


图 10－11　定义基准轴

## 四、实体生成与编辑

草图绘制中的图形一旦具有可能生成三维实体，特征工具栏中相应的按钮将被激活，点击某个按钮将执行对应的造型功能。下面简要介绍 Solidworks 中常用的三维特征造型功能。

拉伸凸台。沿作图平面的法线方向拉伸成实体特征。拉伸方向可单、双方向，可指定深度或位置。可进行带有内环的拉伸。

拉伸切除。切除时可采用闭环也可采用开环，拉伸切除也可单、双方向。

旋转凸台。旋转草图图元形成特征，可以是实心体或薄壁体。旋转中心必须是中心线。旋转方向可单、双或对称。缺省角度 360°。

旋转切除。功能同旋转凸台类似。

螺纹装饰线。在圆柱、圆锥的内外表面生成螺纹装饰线，此装饰线可以在工程图中绘制出来。螺纹直径、长度可通过指定参数或位置进行定义。

扫描成型。沿一条路径移动截面形成特征。路径可以是开环或闭环。路径、截面不能自相交。路径的起点必须在截面的基准平面上。

放样。通过一组轮廓形成特征。一组轮廓的起点与终点可以是点，中间的轮廓不能是点。放样结果可以是曲面也可以是实体。

圆角。在零件表面间生成圆角特征。圆角可以是等半径、多半径、变半径、圆形角等多种形式。可以沿直线、边线环或多组面生成圆角。

倒角。类似圆角特征。倒角有方向性，可通过观察图中的箭头方向，选择对话框的反向按钮进行变换。

筋。从开环草图轮廓生成拉伸特征。它在轮廓与已有零件间添加指定方向和厚度的材料。厚度可分布在轮廓两侧。

抽壳。对实体抽壳形成薄壁特征。通过选择零件上的表面，可以在抽壳后形成敞口。选择向外抽壳可增加零件外形尺寸。

拔模斜度。在零件表面形成拔模斜度。可以采用中性面、分型线、阶梯拔模等方法在零件上添加拔模特征。

比例。相对于零件重心或原点缩放特征。此缩放不改变草图尺寸及造型参数定义，而只用于数据的输出。

线性阵列。沿一条或两条路线阵列。若图中箭头指示的方向不正确，可点击弹出对话框中的方向按钮反向。在对话框文本窗中可输入间距与数量。

圆周阵列。绕基准线周向阵列特征。可定义旋转方向、间距、数量。如果选择等间距，则间距文本框中的参数指总角度。

动态修改特征。被选中的特征大小、位置、方位均可通过调节对应的图标进行改变。对于存在约束关系的特征，若修改影响到约束关系，则有提示是否放弃约束。

## 五、实体造型示例

下面以图 10－7 中的双作用液动冲击器的零件——上阀的造型过程，介绍利用 Solidworks 进行零件设计的一般过程。产生一个三维形体的造型路径有很多，本示例未必是最佳形式，主要说明 Solidworks 造型工具的使用方式。

1. 建立新文件

从弹出的“新建 Solidworks 文件”对话框“模版”页窗中选择文件类型“零件”，按“确定”按钮。进入图 10－12 的零件造型初始界面。

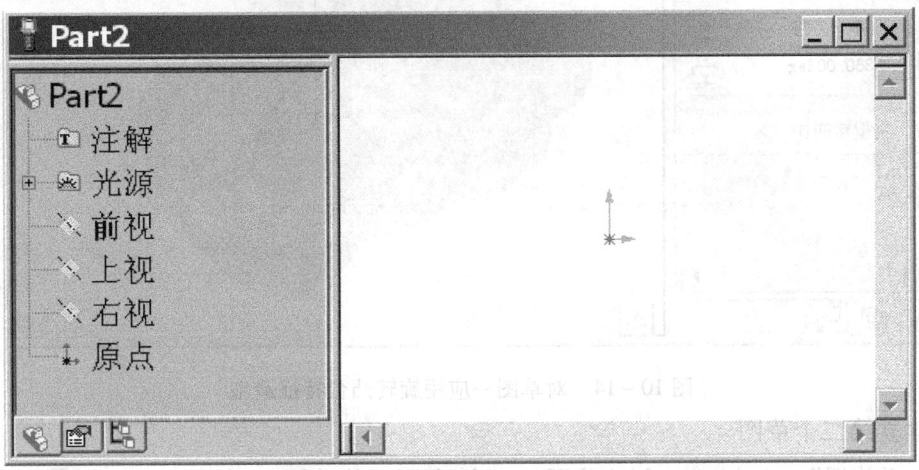


图 10－12　零件造型的初始界面

2. 建立第一个草图

点击“前视”作为草图一的绘图平面，点击激活草图绘制工具栏，运用直线、圆弧或圆、裁剪、几何关系、中心线、尺寸标注等工具绘制如图 10－13。

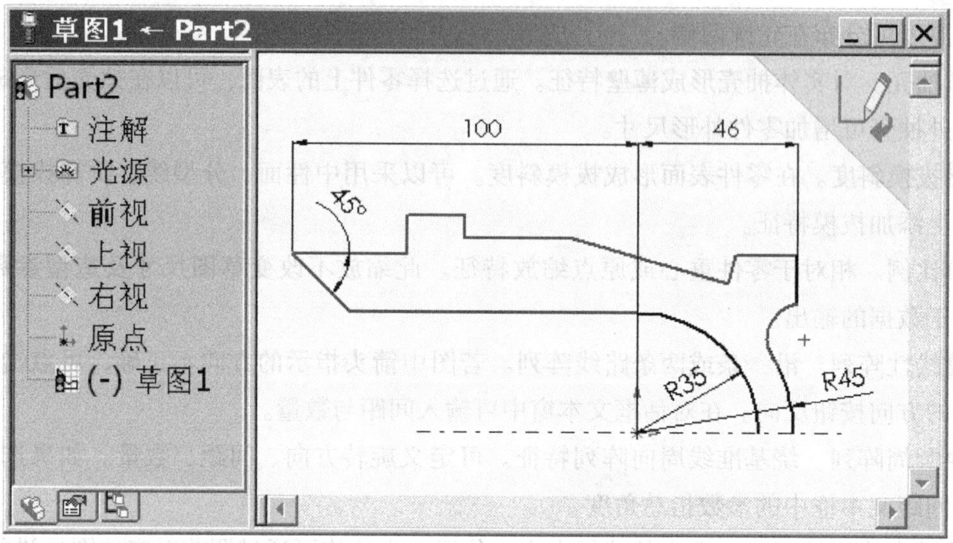


图 10－13　草图一形状及部分尺寸

3. 应用旋转凸台特征造型

点击旋转凸台图标，界面转为图 10－14 所示，在特征属性页框中可改变旋转方向、旋转角度。点击图中的“√”按钮完成旋转造型。

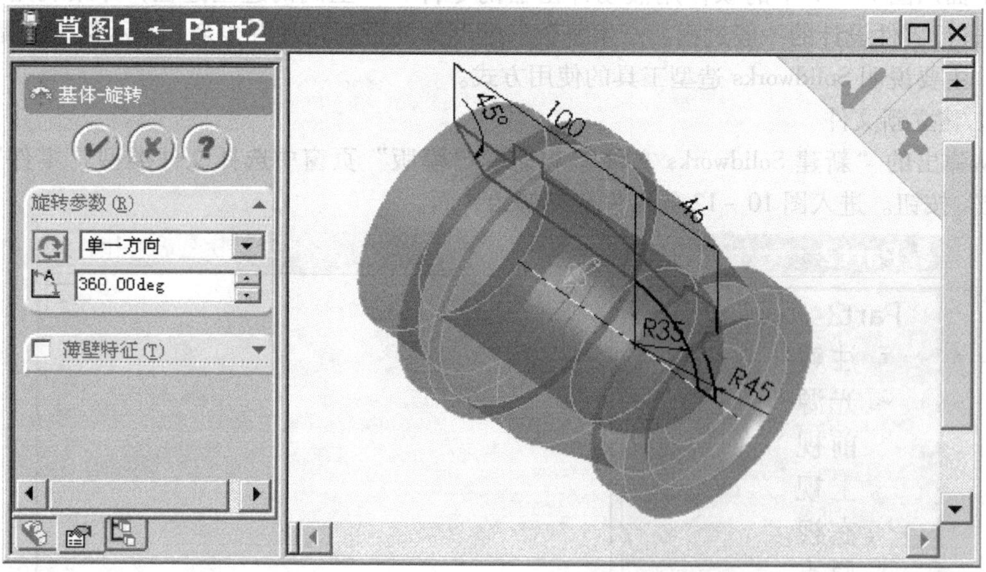


图 10－14　对草图一应用旋转凸台特征造型

4. 建立第二个草图

点击“前视”，点击，创建草图二。点图标将草图二平面放正，点图标将显示模式改为线架，绘制圆孔草图如图 10－15。

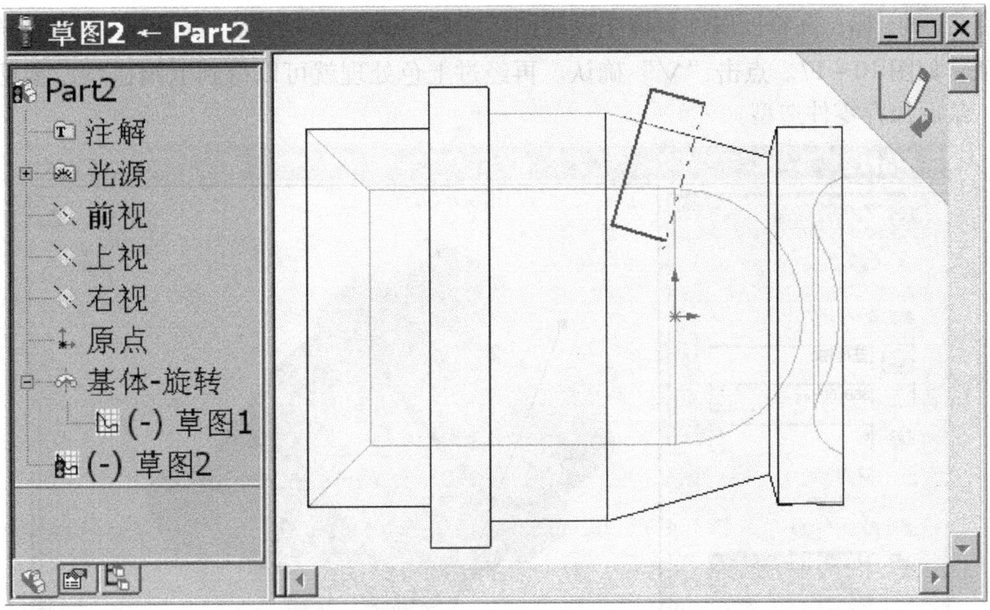


图 10－15　创建草图二

5. 应用旋转切除特征

点图标，则特征属性页窗中输入角度 360，从旋转凸台特征中切除草图二形成的圆孔。点将显示模式改为渲染模式，如图 10－16。

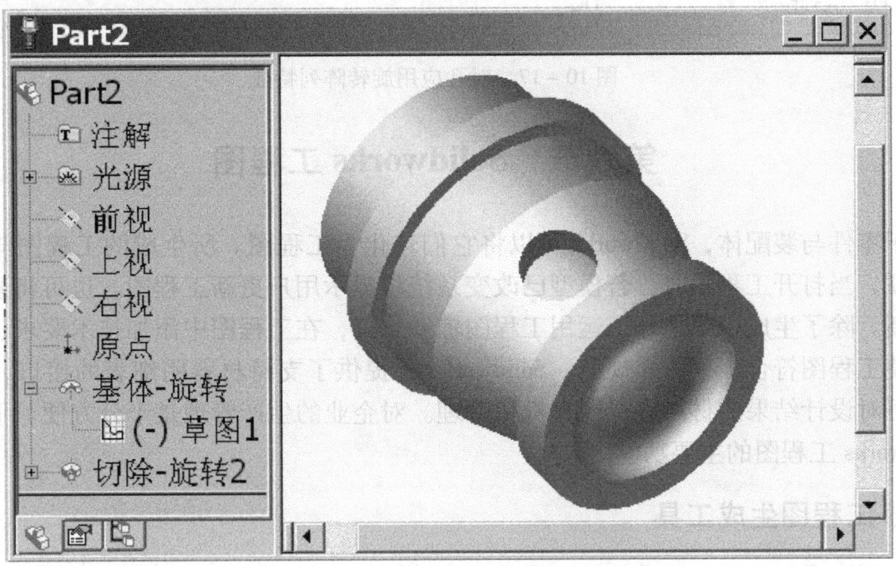


图 10－16　对草图二应用旋转切除功能后的造型结果

6. 添加圆周阵列轴线

点图标添加圆孔圆周阵列的轴线，在弹出的对话框中选择“定义方式”为选项“圆柱/圆锥面”，然后从图中点击某个圆柱面的轴线。

7. 创建旋转切除特征的圆周阵列

点击图标，在特征属性页窗中设置回转角度360、回转轴线、数量6，选择待阵列的孔特征，如图10－17。点击“√”确认。再经过上色处理就可以得到上阀造型，参见图10－17。最后保存零件造型。

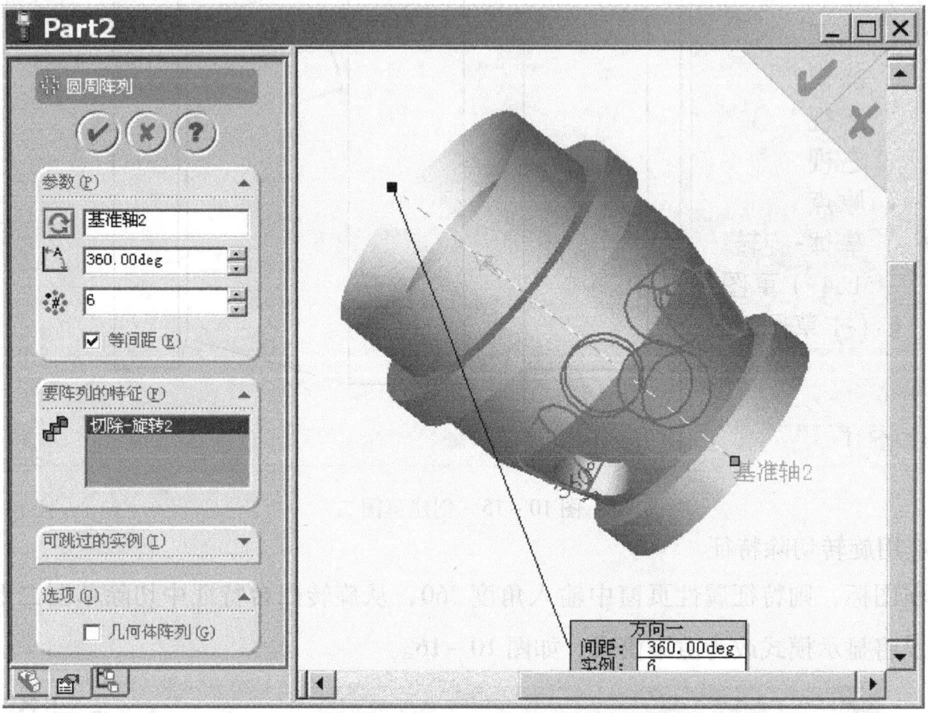


图10－17 对孔应用旋转阵列特征

## 第六节 Solidworks 工程图

对于零件与装配体，Solidworks 可以将它们转化为工程图。所生成的工程图与三维模型存在关联，当打开工程图时，若模型已改变系统将提示用户更新工程图。也可将系统设置为自动更新。除了生成视图之外，运用工程图辅助工具，在工程图中添加技术要求、明细栏等内容，使工程图符合工程图样规范。Solidworks 还提供了支持材料明细表的接口，运用数据库技术可对设计结果的材料进行计算机化管理。对企业的生产管理是十分方便。下面简要介绍 Solidworks 工程图的主要功能。

### 一、工程图生成工具

工程图生成工具用于对零件的图样表达，包括创建各种视图、剖视的工具。在创建一个工程图文件后，通过对一个零件的粘贴，即可生成该零件的三视图。在创建工程图文件时，系统会提示选择第一角或第三角投影法。下面介绍的操作以第一角投影法为准。

三视图。产生正交三视图：主视图、俯视图、左视图。三视图之间符合长对正、宽相等、高平齐的关系。两视图之间的距离可以调整。对不需要的视图可以删除。

投影视图。根据已有的视图产生一个与基本投影面相平行的新视图。将鼠标移动到某个视图的一侧，即可生成零件相对于在该方向的基本视图预览，移动鼠标到适当位置，点击鼠标即在该位置生成视图。

基本视图。利用视图的名称生成视图。点击此按钮弹出视图命名对话框，选择视图名称，如前视、后视等，生成一个对应的视图。

斜视图。通过选择零件表面边线或单独绘制的直线，使零件沿该线的方向投影生成新视图。相当于斜视图功能。在生成斜视图时可以通过按压 Ctrl 键取消新视图与原视图间的对齐关系；通过按 Tab 键改变投影的方向。点击左键放置视图。

独立视图。通过指定零件上两个表面的方位创建视图。此功能通常用于三视图位置不理想时创建第一个视图。指定零件上第一个平面为投影平面基准面，第二个平面为投影视图的方位。

局部（放大）视图。用草图绘制工具绘制一个封闭轮廓，点击此按钮，随鼠标生成局部视图预览，可移动鼠标将局部视图放置在适当位置。不能通过局部视图、被裁剪视图生成局部视图。

（平行）剖视图。绘制一条或多条平行中心线，然后点击此按钮，则根据此中心线的位置生成剖视图。若中心线较短则可生成局部剖。通过按压 Ctrl 键可以取消剖视图与原视图间的对齐关系，通过点击 Tab 键可以改变投影方向。

旋转剖视图。绘制相交的中心线，点击此按钮，可生成旋转剖视图。

视图裁剪。将视图或剖视图裁剪成局部视图或局部剖视图。用草图工具绘制封闭线框，然后应用此工具，线框外的图形被裁去。被裁剪的图不能用于生成局部（放大）视图。

## 二、工程图辅助工具

工程图中除视图外还有很多标注内容，如表面粗糙度、形位公差等。另外有关绘制图纸的设置，如线型的宽度、类型、尺寸线箭头大小等很多内容，这些内容通过工程图辅助工具添加到工程图中。

视图刷新。某些更改，例如剖切线、局部视图图标、比例或投影角度的更改，要求更新视图。工程视图需要更新时，视图以灰色剖面线样式显示。如果系统设置为手动更新，则选中视图后点击此按钮更新该视图。

文字注释。用于在图样上添加文本内容，如技术要求。

表面粗糙度。对零件表面添加粗糙度要求。

形位公差。在零件图中注写形位公差要求。

序号。在装配图中添加零部件序号。

零件组序号。对成组零部件集中编号。

基准。添加位置公差的基准符号。

焊接符号。在图样上标注焊接符号与参数。

除此之外，对剖视图中剖面线参数的修改，可通过单击鼠标右键（当鼠标位于剖面线区域时)，选择弹出的菜单中“属性”项，然后根据弹出对话框提示设置即可。

## 三、工程图尺寸标注及编辑

在草图及造型时设置的尺寸通过下拉菜单“插入” - > “模型项目”中的尺寸选项加入到工程图中，这些尺寸以黑色显示，在工程图中修改这些尺寸将引起模型及模型文件的更新。在工程图中标注的尺寸是参考尺寸，不能驱动模型，但模型尺寸的修改会引起这些参考尺寸的变化，参考尺寸以灰色显示。尺寸标注及有关造型与工作环境的选项设置，可通过点击下拉菜单“工具” - > “选项”弹出的对话框进行定制。这里仅介绍尺寸标注中的常用功能。

工程图尺寸标注。参考尺寸。可以标注圆弧、圆、角度各种类型的尺寸。尺寸箭头可单、双形式，内置、外置均可。数值前后可加注直径符号、半径符号、公差内容。

共线/径向尺寸对齐。按下 Ctrl 键，用鼠标选中希望对齐的尺寸，则所选尺寸将排列在同一直线上，这些尺寸作为一组将一起移动。如果希望单独移动某个尺寸则需要点鼠标右键，选择“解除对齐”选项。

平行/同心尺寸对齐。此功能与上述对齐功能相似，解除对齐的方法也相同。对齐功能可用于线性尺寸、角度尺寸及径向尺寸。

显示/隐藏尺寸。从按下此按钮起，到按起此按钮期间，鼠标所选中的尺寸标注将被隐藏。如果想撤消隐藏，则重复上述操作一次。

## 四、工程图示例

下面利用上阀零件造型生成上阀零件图的过程，说明 Solidworks 建立工程图的一般方法。

1. 建立零件的（剖）视图表达

点击“新文件”，从弹出的对话框中选择文件类型“工程图”，按“确定”按钮；将上阀模型粘贴到该文件中，自动生成三视图；将主视、俯视图删除，点击图标，在左视图前后对称平面上绘制一直线表示剖切平面，拖动鼠标到主视图位置点击，得全剖主视图。如图 10 - 18。

2. 插入造型尺寸

点击下拉菜单“插入” - > “模型项目”，从弹出的对话框中选中“尺寸”，单击“确定”，模型尺寸显示在图样中，对不需要的尺寸可以隐藏或删除。

3. 补充参考尺寸

其他尺寸可点击图表进行标注。

4. 标注技术要求

表面粗糙度、尺寸公差、形位公差的标注分别点击相应的图标按指示标注即可。

5. 添加文字

点击 A 图标，添加文本，对不同大小的文字多次应用此图标即可。如图 10 - 19 为添加以上内容后的上阀工程图，有兴趣的同学可将其完成。

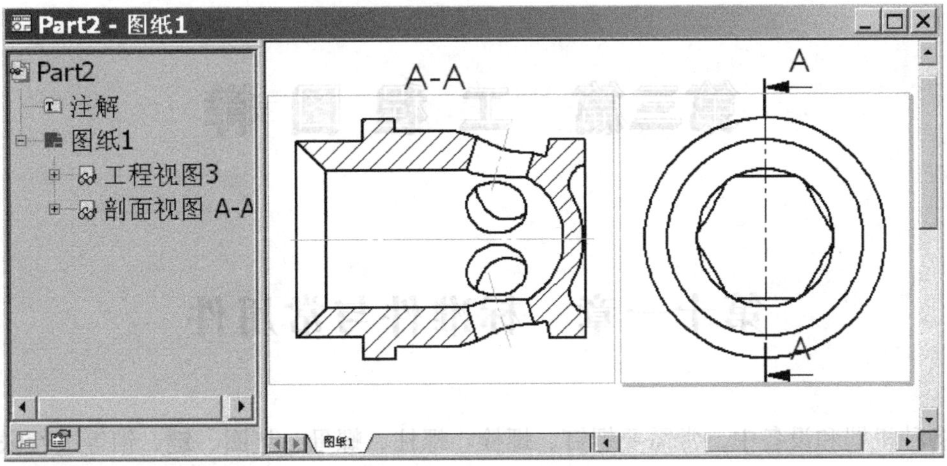


图 10－18　上阀表达方案

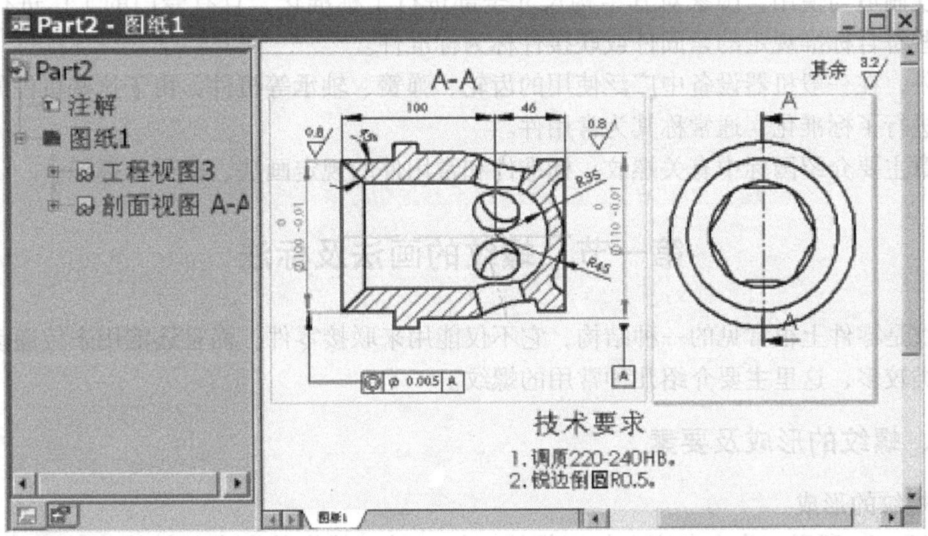


图 10－19　上阀工程图

# 第三篇　工 程 图 样

## 第十一章　标准件与常用件

在各种机器和设备中，常需要螺钉、螺栓、螺柱、螺母、垫圈、键、销等进行联接或固定，因此称其为紧固件或联接件。由于其用途广、产量大，为便于设计、保证质量、降低成本、方便制造与使用，国家对其结构尺寸全部进行了标准化，且有专门的工厂进行加工制造，这些符合标准规定的紧固件或联接件称为标准件。

另外，在一般机器设备中广泛使用的齿轮、弹簧、轴承等机件，由于这些机件的部分结构尺寸进行了标准化，通常称其为常用件。

本章主要介绍国标中有关螺纹、标准件和常用件的规定画法、代号及标记。

### 第一节　螺纹的画法及标注

螺纹是零件上很常见的一种结构，它不仅能用来联接零件，而且还能用来传递动力。螺纹的种类较多，这里主要介绍几种常用的螺纹。

#### 一、螺纹的形成及要素

**1. 螺纹的形成**

图 11－1a 所示，为在车床上加工螺纹。加工时工件绕其自身的轴线作等速旋转运动，同时车刀沿轴向作等速直线运动，当车刀切入工件一定深度时，便在工件上加工出螺纹。车刀的刀刃形状不同，则会加工出不同牙型的螺纹。图 b 所示为利用丝锥加工内螺纹。

**2. 螺纹的要素**

（1）牙型　在通过螺纹轴线的剖面上，螺纹的轮廓形状称为牙型。常见的牙型有三角形、梯形、锯齿形和方形等，如图 11－2 所示。不同牙型的螺纹有不同的用途，并用不同的代号表示。

（2）直径　直径是指螺纹的大径，它是代表螺纹的基本尺寸，通常称公称直径。螺纹大径是指外螺纹牙顶圆的直径 $d$，及内螺纹牙底圆的直径 $D$，如图 11－3 所示。而外螺纹的底径 $d_1$ 和内螺纹的顶径 $D_1$ 为螺纹的小径。在大径与小径之间，螺牙的轴向厚度与牙槽相等处的直径为螺纹中径，分别用 $d_2$ 和 $D_2$ 表示。

（3）线数　工件上螺旋线的条数即为线数，螺纹有单线和多线之分，线数用 $n$ 来表示。若在同一圆柱面上切削出一条螺纹为单线螺纹，切削出两条以上的螺纹为多线螺纹，如图 11－4 所示。

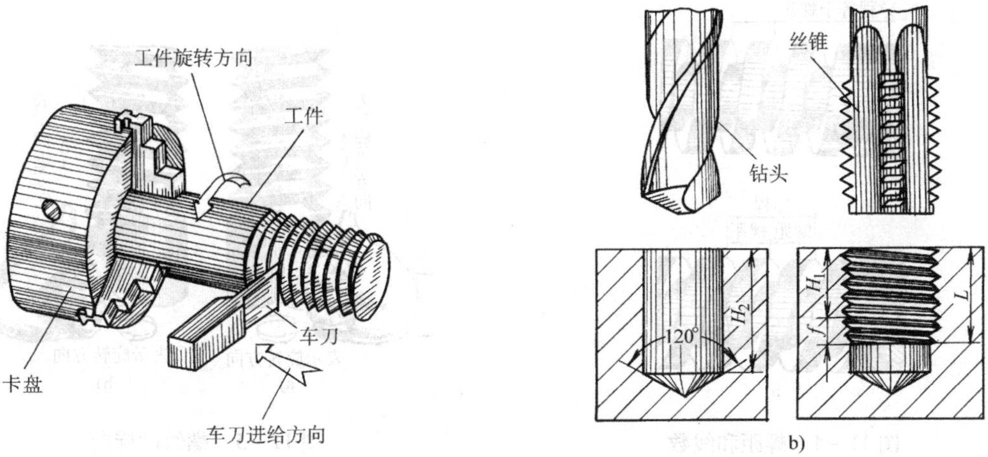


图 11－1　螺纹的加工

a）车削外螺纹　b）丝锥加工内螺纹

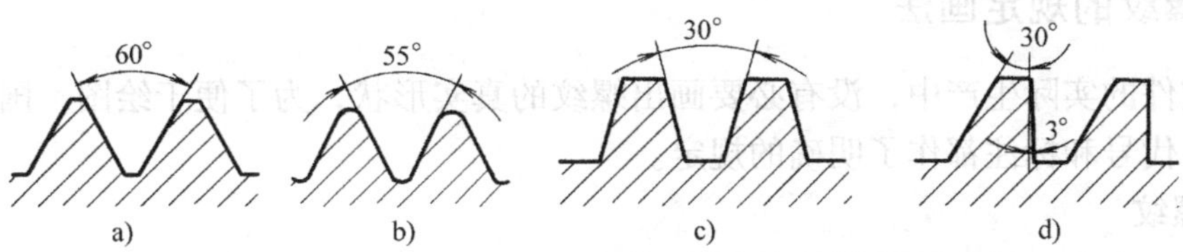


图 11－2　常见的螺纹牙型

a）普通螺纹　b）管螺纹　c）梯形螺纹　d）锯齿形螺纹

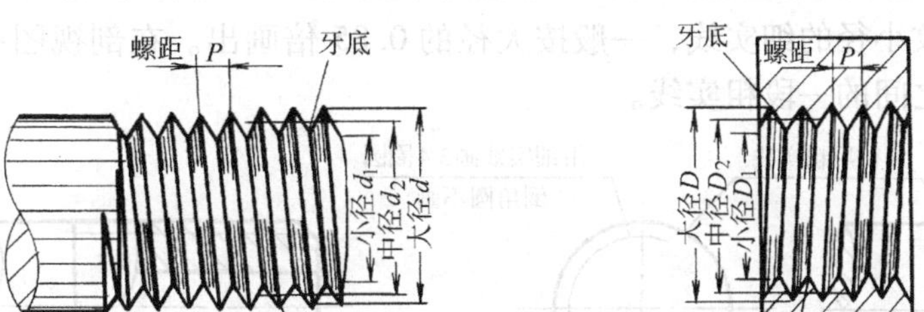


图 11－3　外螺纹和内螺纹

（4）螺距和导程　螺纹上相邻两牙对应点间的轴向距离为螺距，用 $P$ 表示。导程是指在同一条螺纹上相邻两牙对应点间的轴向距离，用 $S$ 表示，如图 11－4 所示。对于单线螺纹即螺距等于导程 $S=P$；对于多线螺纹即导程等于线数乘以螺距 $S=nP$。

（5）旋向　旋向是指螺纹旋合时绕轴线的旋转方向，有左旋和右旋之分。顺时针旋转时旋入的螺纹为右旋螺纹；逆时针旋转时旋入的螺纹为左旋螺纹。在机械工程上常用右旋螺纹，如图 11－5 所示。

在以上螺纹的五个要素中，牙型、公称直径和螺距是最基本的三个要素。国标规定：凡是三个基本要素都符合标准的为标准螺纹；若牙型符合标准，但公称直径和螺距不符合标准的为特殊螺纹；而牙型也不符合标准的为非标准螺纹。

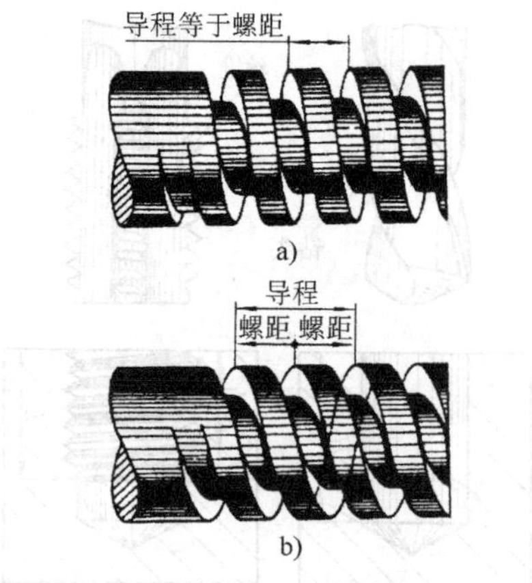


图 11－4 螺距和线数

a）单线螺纹 b）多线螺纹

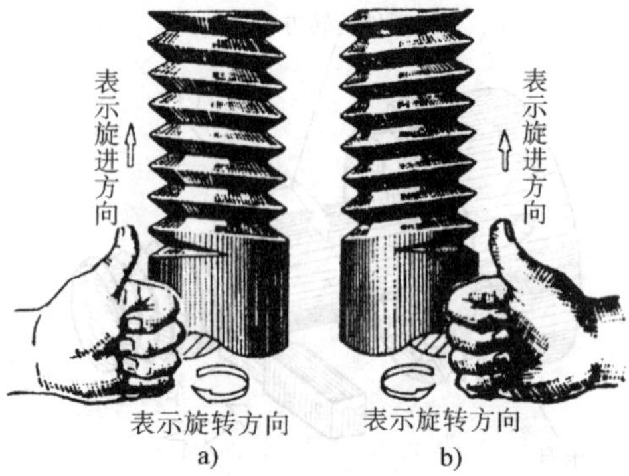


图 11－5 螺纹的旋向

a）左旋 b）右旋

应当注意：内外螺纹需要配合使用，其五个要素必须完全相等，否则无法旋合。

## 二、螺纹的规定画法

在螺纹件的实际生产中，没有必要画出螺纹的真实形状，为了便于绘图，国家标准对螺纹的画法、代号和标注都作了明确的规定。

### 1. 外螺纹

在图 11－6 中，展示了外螺纹的规定画法：

1）螺纹大径采用粗实线画，小径采用细实线画到倒角以内，终止线画粗实线。

2）在圆的视图中大径画粗实线圆，小径用细实线画 3/4 圆，倒角圆省略不画。

对表示外螺纹小径的细实线，一般按大径的 0.85 倍画出。在剖视图中螺纹的终止线仅画出大径和小径之间的一段粗实线。

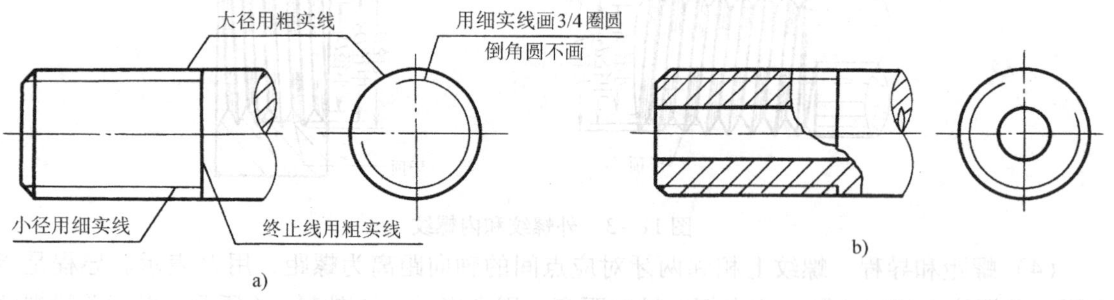


图 11－6 外螺纹的画法

a）外螺纹 b）外管螺纹

### 2. 内螺纹

在图 11－7 中，展示了内螺纹的规定画法：

1）剖视图中的螺纹小径、终止线采用粗实线，大径用细实线，剖面线画到粗实线为止。

2）在圆的视图中，螺纹小径画粗实线圆，大径采用细实线画 3/4 圆，倒角圆省略不画。

3）在零件内螺纹结构未被剖切的视图中，对所有关于螺纹结构的图线，均应画成虚线。

对内螺纹的钻孔深度，一般比螺纹深度要长约 0.5$d$，锥角 120°一般也需画出。

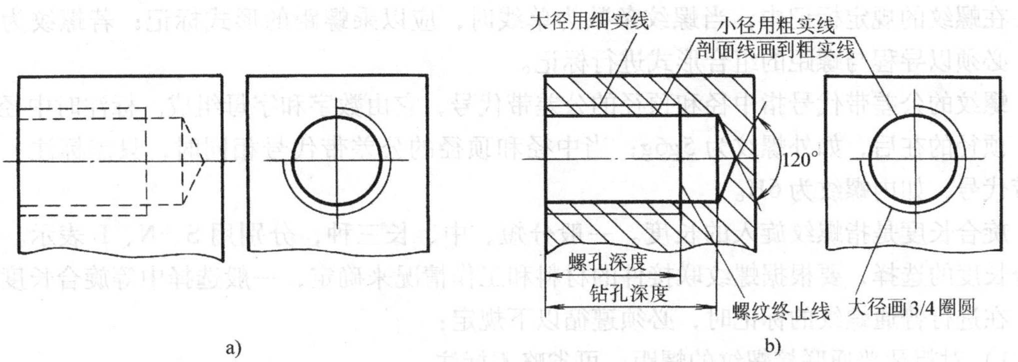


图 11－7　内螺纹的画法

a）不剖时的画法　b）剖开时的画法

**3. 内外螺纹联接**

内外螺纹联接常采用剖视画出，在图 11－8 中展示了其规定画法：

1）内外螺纹的旋合部分按外螺纹的规定画，其余部分按各自的规定画法画出。

2）表示螺纹大径或小径的粗实线和细实线，必须分别对齐画在同一条直线上。

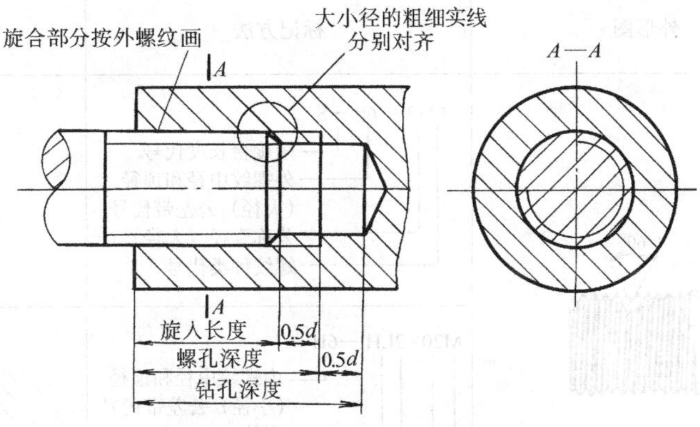


图 11－8　螺纹联接的画法

## 三、螺纹的种类及标记

**1. 螺纹的种类**

螺纹按用途可分为联接螺纹和传动螺纹两类，前者主要起联接作用，后者用于传递运动和动力。不同类型的螺纹及规定符号见表 11－1 所示，不同螺纹的尺寸参数见附录 A。

**2. 螺纹的标记**

不同种类的螺纹其画法都基本相同，但用途各不一样。如普通螺纹主要用于联接零件，梯形螺纹用于传递动力，管螺纹用于管件的联接和密封等。因此，为了便于区分螺纹的不同种类和规格，还必须在图上对螺纹进行标注。

（1）普通与梯形螺纹的标记

[螺纹符号] [公称直径] × [螺距 / 导程(P)] [旋向] — [公差带代号] — [旋合长度代号]

在螺纹的规定标记中，当螺纹条数为单线时，应以乘螺距的形式标记；若螺纹为多线时，必须以导程与螺距的组合形式进行标记。

螺纹的公差带代号指中径和顶径的公差带代号，它由数字和字母组成。标注时中径的在前，顶径的在后，如外螺纹为5g6g；当中径和顶径的公差带代号相同时，只需标注一个公差带代号，如内螺纹为6H。

旋合长度是指螺纹旋入的长度。一般分短、中、长三种，分别用S、N、L表示。螺纹旋合长度的选择，要根据螺纹联接件的材料和工作情况来确定，一般选择中等旋合长度。

在进行普通螺纹的标记时，必须遵循以下规定：

1）对粗牙普通联接螺纹的螺距，可省略不标注。

2）右旋螺纹不标旋向，而左旋需标注代号“LH”。

3）中等旋合长度的螺纹，旋合长度可省去不标。

对普通联接螺纹，在图中不论是内螺纹还是外螺纹，均在螺纹大径上以标注尺寸的形式注出。其标注见表11－1中标注图例所示。

**表11－1　螺纹的种类、形式、代号及标记**

| 螺纹类别 | | 代号 | 外形图 | 标记方法 | 标注图例 |
|---|---|---|---|---|---|
| 普通联接螺纹 | 粗牙螺纹 | M | 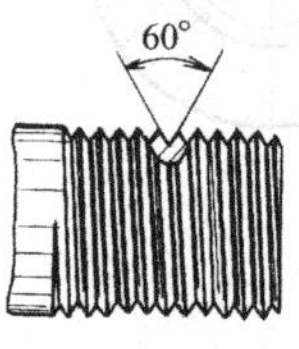 | M12—6h—S<br>短旋合长度代号<br>外螺纹中径和顶径（大径）公差带代号<br>公称直径（大径）<br>螺纹种类代号 | 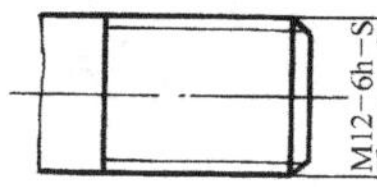 |
| | 细牙螺纹 | M | | M20×2LH—6H<br>内螺纹中径和顶径（小径）公差带代号<br>左旋<br>螺距<br>公称直径（大径）<br>螺纹种类代号 | 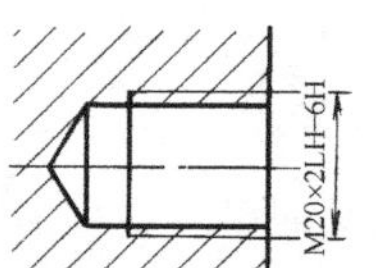 |
| 管联接螺纹 | 非密封管螺纹 | G | 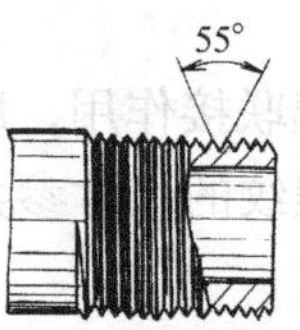 | G1A<br>外螺纹公差等级代号<br>尺寸代号<br>螺纹种类代号 | 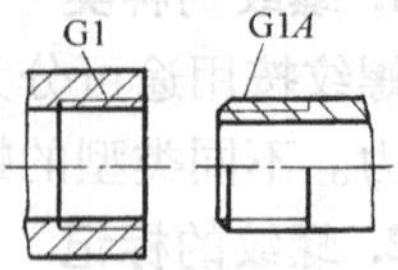 |
| | 密封性管螺纹 | R<br>Rc<br>Rp | 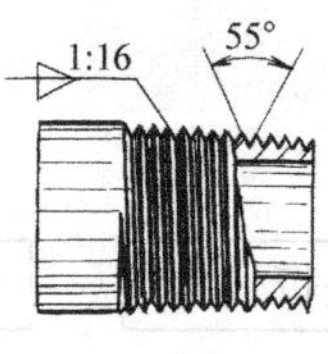 | R1/2<br>尺寸代号<br>螺纹种类代号<br><br>说明：R—圆锥外螺纹<br>Rc—圆锥内螺纹<br>Rp—圆柱内螺纹 | 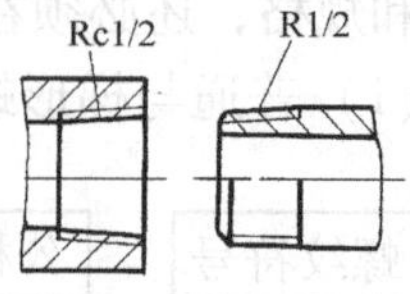 |

（续）

| 螺纹类别 | | 代号 | 外形图 | 标记方法 | 标注图例 |
| --- | --- | --- | --- | --- | --- |
| 管联接螺纹 | 60°圆锥管螺纹 | NPT | 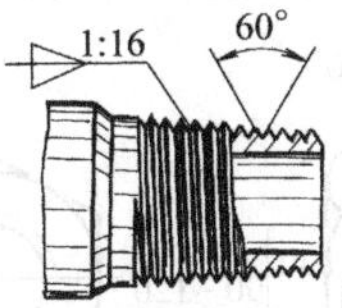 | NPT3/4<br>尺寸代号<br>螺纹种类代号 | 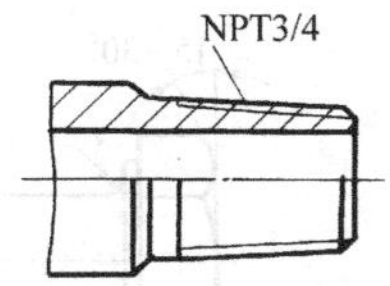 |
| 传动螺纹 | 梯形螺纹 | Tr | 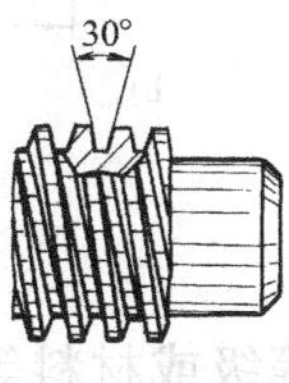 | Tr22×10(P5)—7e—L<br>长旋合长度代号<br>外螺纹中径公差带代号<br>螺距<br>导程<br>公称直径（大径）<br>螺纹种类代号 | 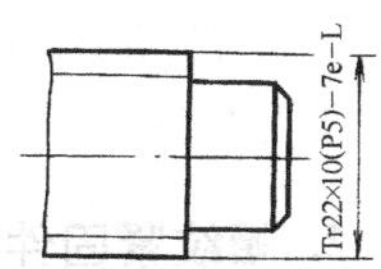 |

（2）管螺纹的标记

螺纹符号　尺寸代号　公差等级代号 — 旋向

在管螺纹的标记时，必须遵循以下规定：

1）对非密封性的外管螺纹，公差等级分为 A、B 两级。

2）右旋螺纹不标旋向，左旋螺纹需标注出代号“LH”。

3）尺寸代号是指管件孔径的近似值，并以英寸为单位。

对密封性的管螺纹，有圆锥外螺纹 R、圆锥内螺纹 Rc 和圆柱内螺纹 Rp 之分。在图中对不同类型的管螺纹，均以指向螺纹大径的形式注出，其标注见表 11－1 中标注图例所示。

# 第二节　螺纹紧固件

## 一、紧固件的画法及标记

螺纹紧固件的种类较多，包括螺栓、双头螺柱、螺钉、螺母等，其结构如图 11－9 所示。

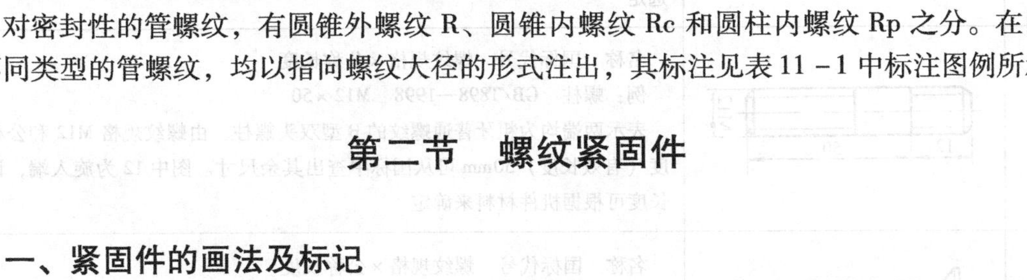

a)　　b)　　c)　　d)

图 11－9　常用螺纹紧固件

a）六角头螺栓　b）双头螺柱　c）开槽沉头螺钉　d）六角螺母

### 1. 螺纹紧固件的画法

由于常用的螺纹紧固件均属标准件，一般不需要画出零件图，只需写出对应的标记。螺纹紧固件的有关尺寸和图样可在附录B中查出，图11－10所示为螺栓和螺母的图形及尺寸。如需要时可采用比例画法，即按与螺纹大径成一定比例来画出其他各部分图形。

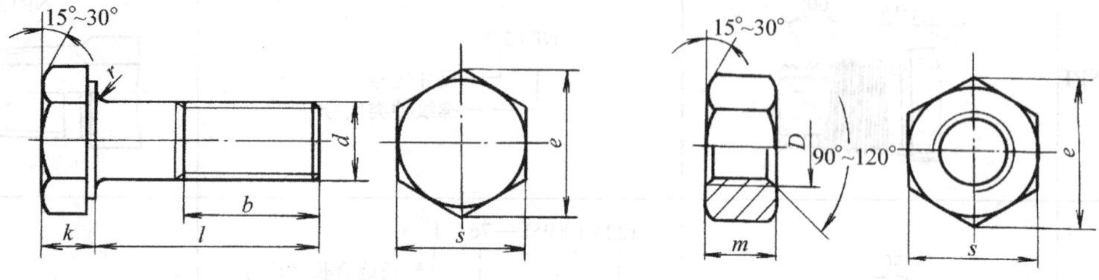


a) b)

图11－10 螺栓与螺母

### 2. 螺纹紧固件的标记

螺纹紧固件的标记由名称、国标代号、主要尺寸、性能等级或材料等级、热处理等组成，一般主要标记前三项。表11－2中列出了常用螺纹紧固件的图例、标记及说明。

**表11－2 常用螺纹紧固件的标记及图例**

| 名称 | 图 例 | 标记举例及说明 |
|---|---|---|
| 六角头螺栓 | 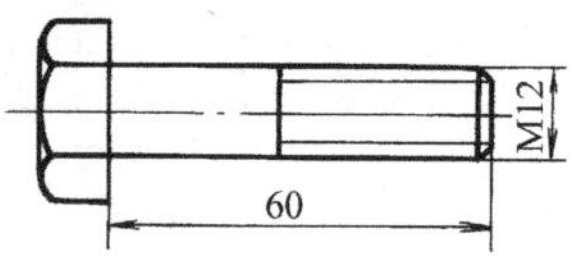 | 名称 国标代号 螺纹规格×公称长度<br>例：螺栓 GB/T5782—2000 M12×60<br>表示A级六角头螺栓。螺纹规格M12和公称长度60mm是两个重要尺寸，由这两个尺寸可从国标中查出其余尺寸。其中公称长度是根据设计要求来选定 |
| 双头螺柱 | 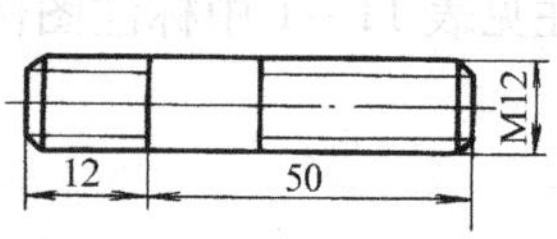 | 名称 国标代号 螺纹规格×公称长度<br>例：螺柱 GB/T898—1998 M12×50<br>表示两端均为粗牙普通螺纹的B型双头螺柱。由螺纹规格M12和公称长度（有效长度）50mm可从国标中查出其余尺寸。图中12为旋入端，该端长度可根据机件材料来确定 |
| 开槽沉头螺钉 | 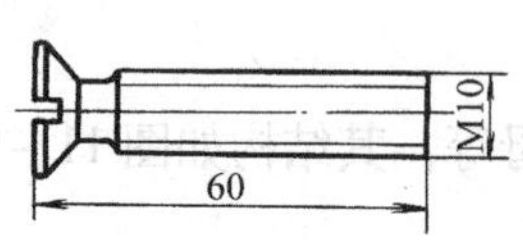 | 名称 国标代号 螺纹规格×公称长度<br>例：螺钉 GB/T68—2000 M10×60<br>表示开槽沉头螺钉。螺纹规格 $d$＝M10，公称长度 $l$＝60mm，由螺纹规格可从国标中查出其余尺寸 |
| 开槽长圆柱端紧定螺钉 | 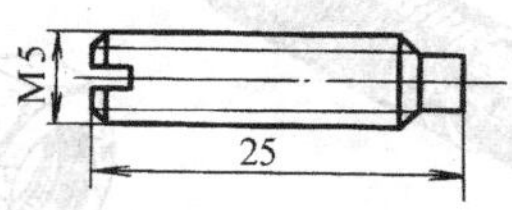 | 名称 国标代号 螺纹规格×公称长度<br>例：螺钉 GB/T75—1985 M5×25<br>表示长圆柱端紧定螺钉。螺纹规格 $d$＝M5，公称长度 $l$＝25mm，由螺纹规格可从国标中查出其余尺寸 |
| 六角螺母 | 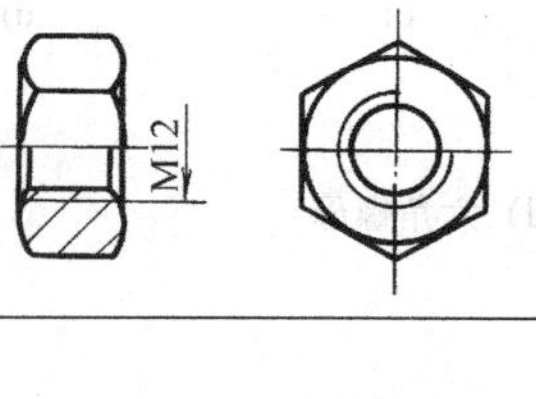 | 名称 国标代号 螺纹规格<br>例：螺母 GB/T6170—2000 M12<br>表示A级1型六角螺母。螺纹规格 $D$＝M12。由螺纹规格可从国标中查出其余尺寸 |

（续）

| 名称 | 图例 | 标记举例及说明 |
|---|---|---|
| 平垫圈 | 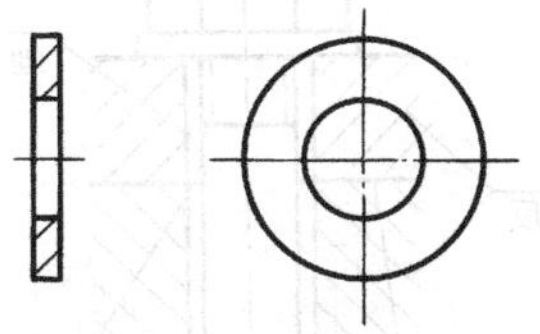 | 名称　国标代号　公称尺寸<br>例：垫圈　GB/T97.1—1985　12—140HV<br>表示 A 级平垫圈。公称尺寸（指相匹配的螺纹大径）$d=12$mm，性能等级为 HV140 级。由公称尺寸可从国标中查出其余尺寸 |

## 二、紧固件联接的画法

螺纹紧固件的联接有：螺栓联接、螺柱联接和螺钉联接等形式。无论采用哪种联接方式，在画其联接图时，都必须遵守下列规定：

1）相邻两件的接触面只画一条粗实线，不接触面必须画两条粗实线。

2）当剖切平面通过标准件或实心件的中心轴线时，必须按不剖处理。

3）相邻两金属零件的剖面线方向应相反，或者方向相同而间隔不等。

**1. 螺栓联接**

如图 11－11a 所示，螺栓适应于联接两个不太厚、但联接力较大的零件。在被联接的两零件上要钻出光孔，通常光孔直径比螺栓大径略大。联接时要先将螺栓穿入被联接件的孔内，然后套上垫圈，拧紧螺母，即可将两零件联接起来。

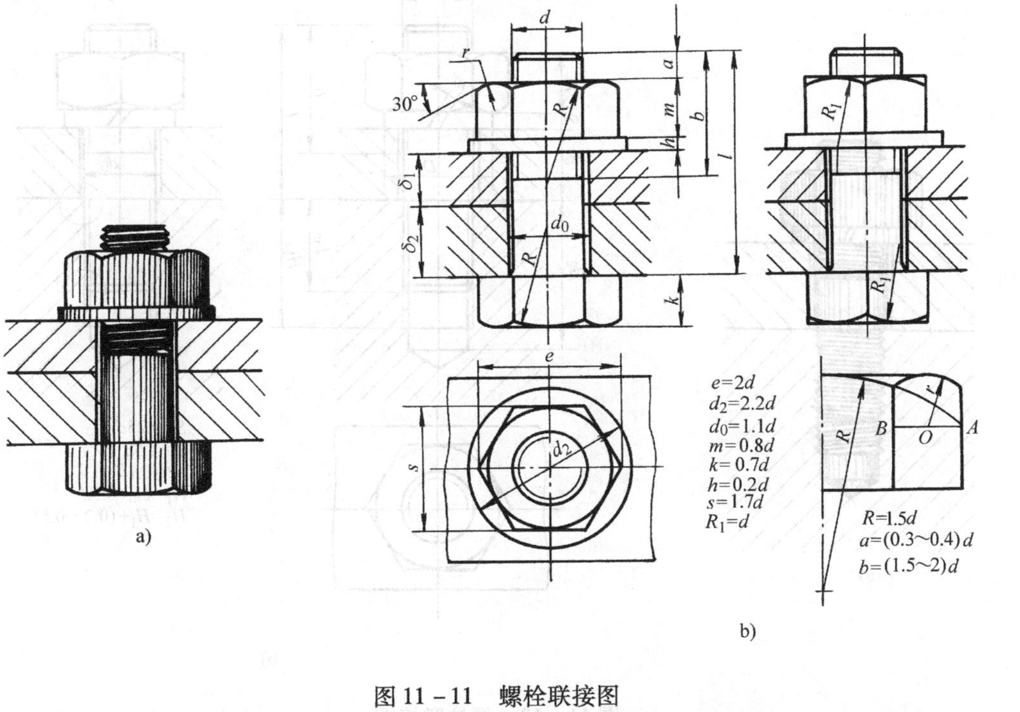


图 11－11　螺栓联接图

绘制螺栓的联接图时可根据螺栓、螺母、垫圈的标记，在有关标准中查出其型式、直径等尺寸，习惯上常采用近似比例画法。即除被联接件厚度 $\delta_1$、$\delta_2$、螺栓直径 $d$ 外，其他所有尺寸都可取与大径 $d$ 成一定的比例关系来画，其画法和近似比例如图 11－11b 中所示。

但应注意：按比例关系计算出的画图尺寸，不能作为螺栓的尺寸进行标注。

此外，螺栓的公称长度 $L$ 的确定，则应根据被联接两零件的厚度 $\delta_1$、$\delta_2$ 和查出螺母厚度 $m$、垫圈厚度 $S$ 等值来确定，即 $L=\delta_1+\delta_2+S+m+a$（一般取 $a=0.3d$）。计算得出 $L$ 值后，再从螺栓相应的标准长度系列中选取接近的 $L$ 值，即为螺栓的公称长度。

在画螺栓联接图时，容易出现错误的地方应引起注意，请参见图 11－12 中的部分文字提示说明。

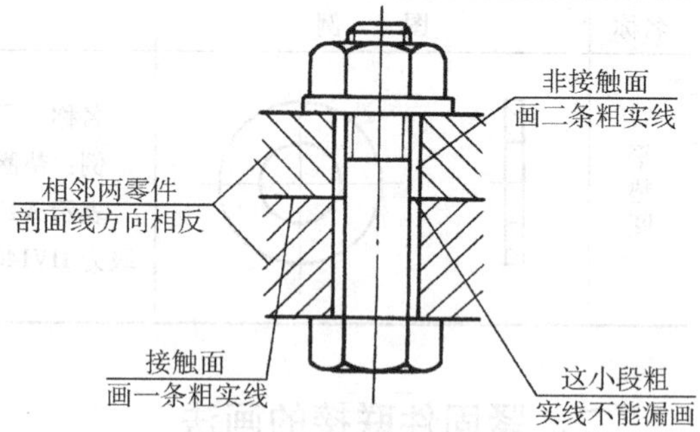


图 11－12　联接图中的画法问题

**2. 双头螺柱连接**

如图 11－13a 所示，双头螺柱联接适用于被联接的两个零件中有一件较厚，或由于结构上的限制不宜用螺栓联接的情况。通常在较厚的零件上制成螺纹孔，在另一较薄的零件上作出通孔。联接时先将螺柱的旋入端全部旋入到被联接件的螺孔中，穿入另一被联接件的光孔，然后套上垫圈拧紧螺母，即可将两零件联接起来。

绘制双头螺柱的联接图时，同样常采用近似比例画法，其画法与螺栓联接基本相同。即除联接件的厚度 $\delta$、螺柱旋入端长度 $b_m$ 及螺柱公称直径 $d$ 外，其他所有尺寸都可取与大径 $d$ 成一定的比例数值来画。其画法和近似比例，如图 11－13b 中所示。

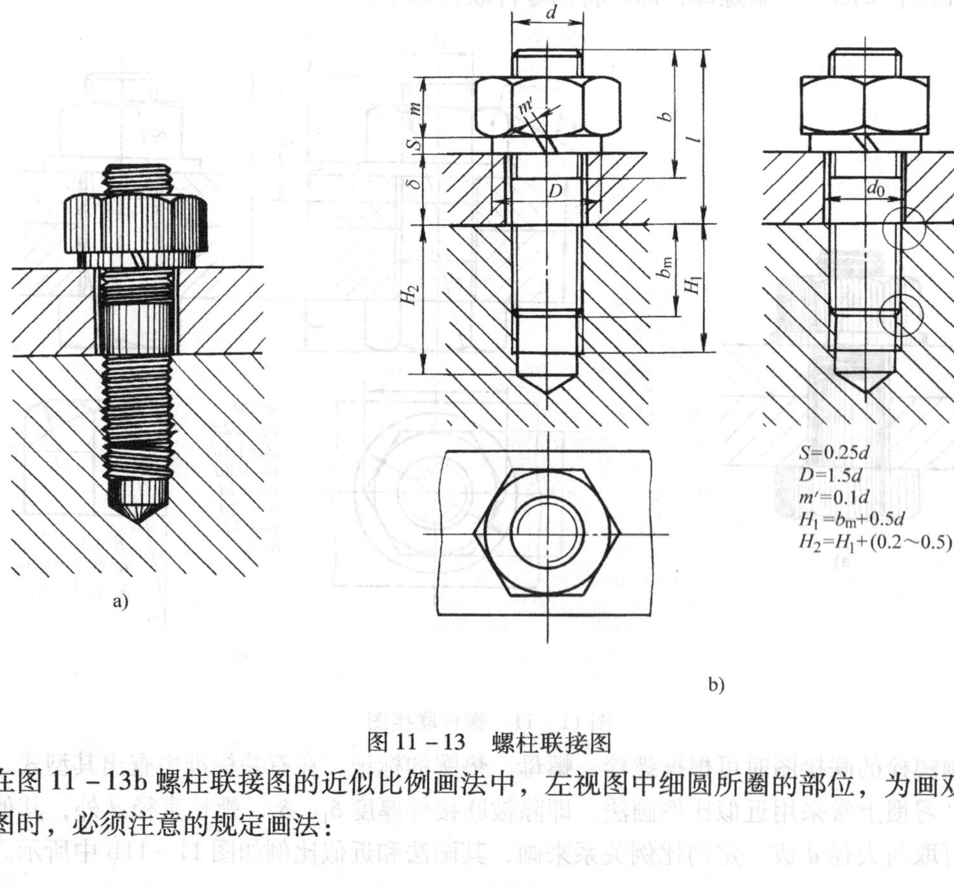


图 11－13　螺柱联接图

在图 11－13b 螺柱联接图的近似比例画法中，左视图中细圆所圈的部位，为画双头螺柱联接图时，必须注意的规定画法：

1）旋入端的螺纹终止线必须与两联接件接触面平齐。

2）表示旋入端的内螺纹与外螺纹的大小径必须对齐。

紧固端的长度为有效长度 $L$，可按 $L=\delta+S+m+0.3d$ 计算，其中：$\delta$ 为钻孔零件的厚度，$m$ 为螺母厚度，$S$ 为垫圈厚度。计算得出 $L$ 值后，再从螺柱相应的标准长度系列中选取接近的 $L$ 值，即为螺柱的有效长度或公称长度。

双头螺柱的旋入端长度 $b_m$，是根据带螺孔的被联接件的材料所决定的，国家标准规定有四种长度，现列于表 11－3 中。

**表 11－3　双头螺柱旋入端长度参考值**

| 被旋入零件的材料 | 旋入端长度 $b_m$ | 国标代号 |
|---|---|---|
| 钢、青铜 | $b_m=d$ | GB/T 897—1998 |
| 铸　铁 | $b_m=1.25d$ 或<br>$b_m=1.5d$ | GB/T 898—1998 或<br>GB/T 899—1998 |
| 铝等轻金属 | $b_m=2d$ | GB/T 900—1998 |

### 3. 螺钉联接

螺钉的种类较多，有内六角螺钉、开槽圆柱头螺钉、开槽沉头螺钉、一字槽盘头螺钉及起定位作用的紧定螺钉等。其结构尺寸可查有关的标准，并按需要选用。

如图 11－14a 所示，螺钉联接适用于联接受力不大、并不经常拆装的零件。其中的一个被联接零件要制成螺孔，而其余的零件需要加工成光孔。联接时将螺钉的螺杆一端穿入光孔，旋入到被联接件的螺孔中，即可将零件联接起来。

螺钉联接部分的画法与双头螺柱旋入端的画法基本一致，圆柱头和沉头螺钉联接的规定与近似画法，如图 11－14b、c 所示。

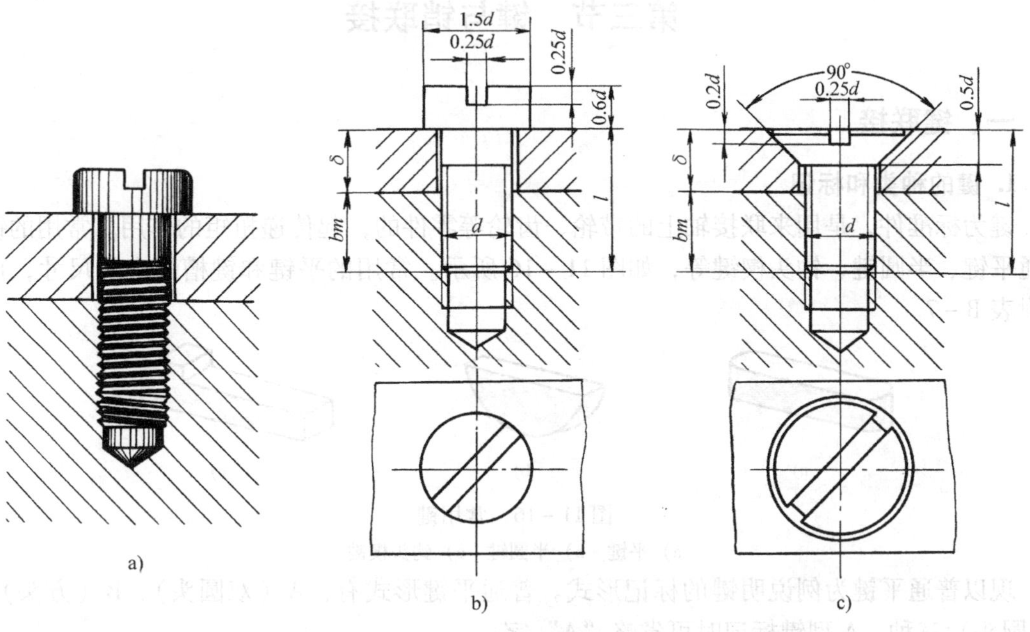


图 11－14　螺钉联接图

画螺钉联接图时，还必须注意以下两点规定：

1）螺钉的螺纹终止线不能与两零件的接触面平齐，必须超出零件接触面的粗实线。

2）螺钉头部的槽口，应按垂直于投影面画，而端部视图中的槽向要按倾斜45°画出。

为了作图方便，螺栓联接图、螺钉联接图等也允许按简化画法绘制，如图11－15所示。

紧定螺钉用于防止两相配零件之间发生相对运动的场合，紧定螺钉端部形状有平端、锥端、凹端和圆柱端等，其联接的画法请参考有关图形资料。

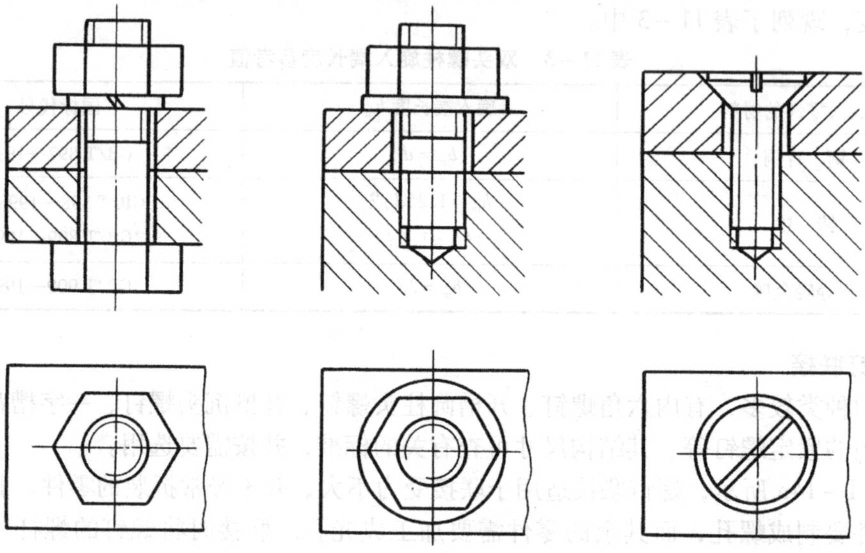

a)　　b)　　c)

图11－15　紧固件联接的简化画法

## 第三节　键与销联接

### 一、键联接

#### 1. 键的种类和标记

键为标准件，是用来联接轴上的带轮、齿轮等零件的，起传递扭矩的作用。常用的键有普通平键、半圆键、钩头楔键等，如图11－16所示。常用的平键和键槽的有关尺寸，可查阅附表B－7。

a)　　b)　　c)

图11－16　常用键

a）平键　b）半圆键　c）钩头楔键

现以普通平键为例说明键的标记形式。普通平键形式有：A（双圆头）、B（方头）、C（单圆头）三种。A型键标记时可省略“A”字。

如键宽$b=18$mm、高$h=11$mm、长$L=100$mm的A和C形普通平键，其标记如：

双圆头普通平键标记为：键 18×100　GB/T 1096－1979

单圆头普通平键则记为：键 C18×100　GB/T 1096－1979

**2. 键槽及键联结**

图 11－17a、b 中，分别展示了轴和轮孔上键槽的画法及尺寸注法，平键和键槽的有关尺寸可在附表 B－7 中查阅。而图 11－17c 表示轴和轮孔用键联结到一起后的画法。

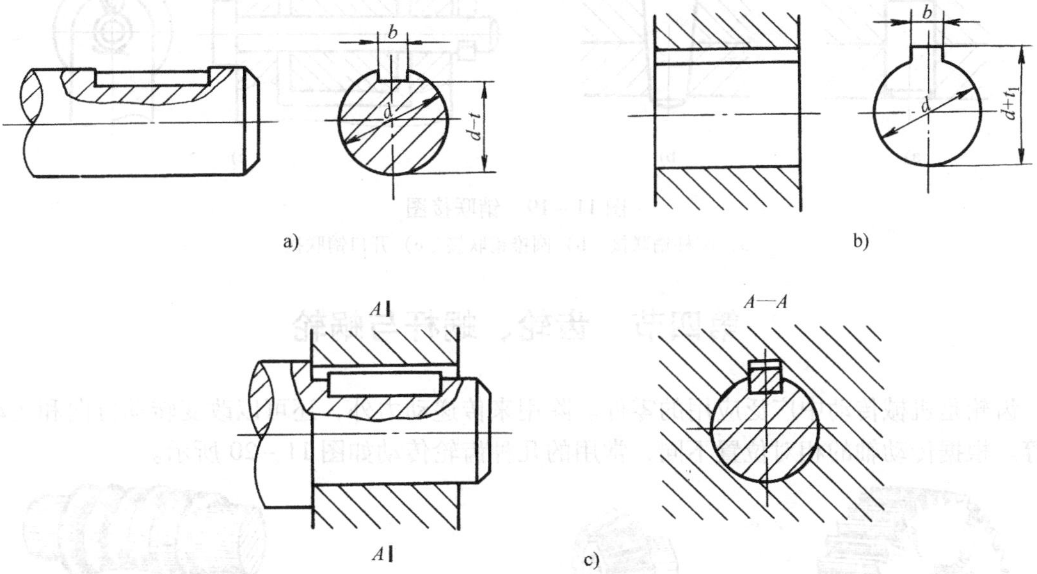


图 11－17　普通平键联接

a）轴上键槽　b）轮毂上键槽　c）键联结的装配画法

在画键联结图时，以下几点应引起注意：

1）当剖切平面通过键薄的对称面时，键按不剖画出。

2）键的顶面与轮槽的底面之间不接触，应画两条线。

3）当剖切平面垂直于轴线时，键和轴也要画剖面线。

## 二、销联接

**1. 销的种类和标记**

销是标准件，常用的销有圆柱销、圆锥销、开口销等，如图 11－18 所示。圆柱销和圆锥销通常用于零件间的联接或定位，而开口销则用来防止螺母回松或固定其他零件。

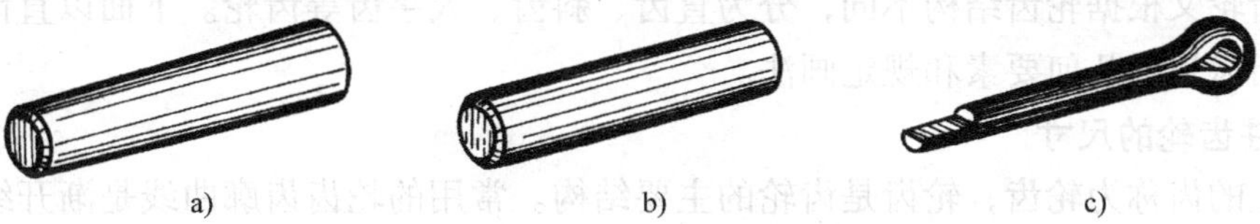


图 11－18　常用的销

a）圆锥销　b）圆柱销　c）开口销

现以圆柱销为例说明销的标记形式。圆柱销的结构、尺寸和标记，可查阅附表 B－8。如一圆柱销公称直径 $d=8\text{mm}$、长度 $L=30\text{mm}$、材料为 35 钢，热处理硬度 28～38HRC，经表面氧化处理的 A 型圆柱销的标记应为：

销 GB/T 119.1—2000　A8 ×30

**2. 销联接的画法**

图 11 －19 所示，分别为圆柱销、圆锥销和开口销等联接的画法。画联接图时必须注意：

✚当剖切平面通过销的中心轴线时，销按不剖绘制。

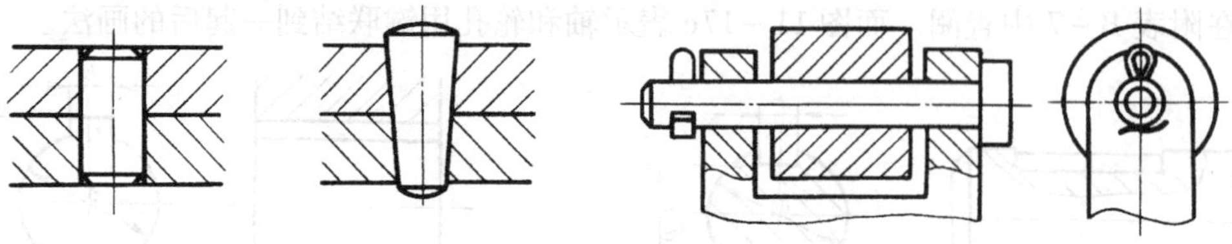

图 11 －19　销联接图

a）圆柱销联接　b）圆锥销联接　c）开口销联接

## 第四节　齿轮、蜗杆与蜗轮

齿轮是机械传动中广泛应用的零件。除用来传递动力外，还可以改变转动方向和运动方式等。根据传动轴的相对位置不同，常用的几种齿轮传动如图 11 －20 所示。

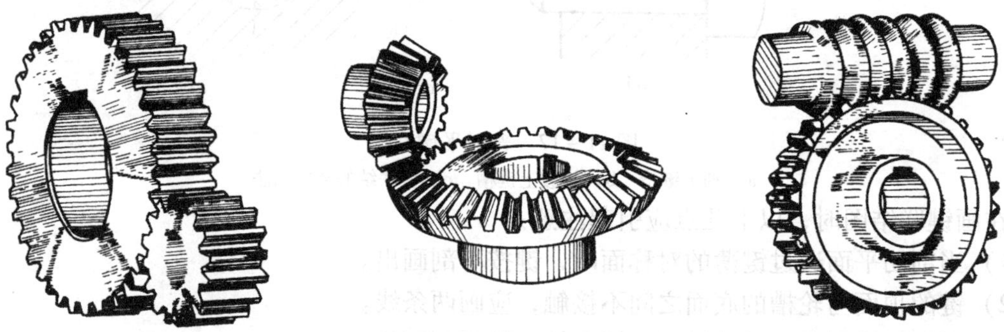

图 11 －20　常用的齿轮传动

a）圆柱齿轮　b）锥齿轮　c）蜗杆蜗轮

### 一、直齿圆柱齿轮

圆柱齿轮又根据轮齿结构不同，分为直齿、斜齿、人字齿等齿轮。下面以直齿圆柱齿轮为例，介绍齿轮的几何要素和规定画法。

**1. 圆柱齿轮的尺寸**

齿轮上的齿称为轮齿，轮齿是齿轮的主要结构。常用的轮齿齿廓曲线是渐开线。轮齿符合国标规定的齿轮为标准齿轮。图 11 －21 是一对啮合的直齿圆柱齿轮的示意图，从图中可看出齿轮各部分的几何要素。

（1）齿轮的几何要素

1）分度圆直径 $d$　在图 11 －21 中连心线 $O_1$、$O_2$ 上两相切的圆称为节圆，两节圆相切的点为节点，用 $C$ 表示。对标准齿轮来讲节圆就是分度圆，分度圆是设计制造齿轮时，进行各部分尺寸计算及分齿的基准圆，其直径用 $d$ 表示。

2）分度圆齿距 $p$ 和齿厚 $s$　分度圆上相邻两齿廓对应点之间的弧长为分度圆齿距 $p$。每个齿廓在分度圆上的弧长为分度圆齿厚 $s$。在标准齿轮中 $s=P/2$，即齿间 $e$ 等于齿厚 $s$。

3）模数 $m$　若以 $z$ 表示轮齿数，那么分度圆的周长为：$\pi d=zp$，其直径 $d=p/\pi z$，如令 $p/\pi=m$，则 $d=mz$。其中 $m$ 就是齿轮的模数，两啮合齿轮的模数 $m$ 必须相等。

模数 $m$ 是设计、制造齿轮的重要参数，模数大则齿距 $p$ 也大，相应齿厚 $s$ 也增大，因而齿轮的承载能力也大。为了便于设计、加工，模数值已系列化，常见模数值见表 11－4。

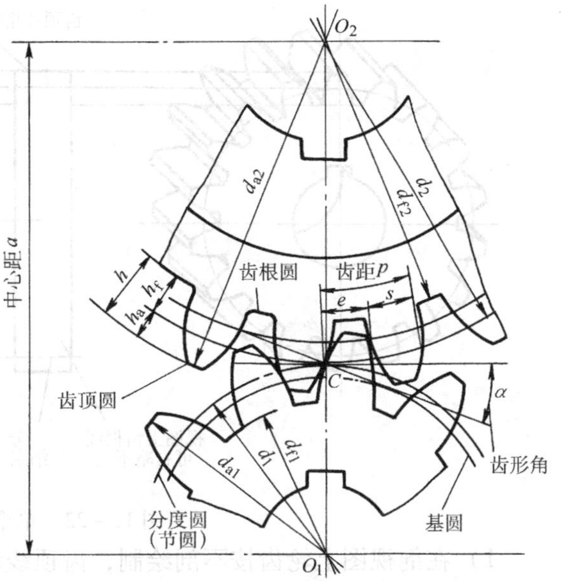

图 11－21　直齿圆柱齿轮的啮合

**表 11－4　齿轮标准模数系列**

| | |
|---|---|
| 第一系列 | 1　1.25　1.5　2　2.5　3　4　5　6　8　10　12　16　20　25　32　40　50 |
| 第二系列 | 1.75　2.25　2.75　(3.25)　3.5　(3.75)　4.5　5.5　(6.5)　7　9　(11)　14　18　22　28　36　45 |

注：在选用模数时，应优先选用第一系列，其次选用第二系列，括号内模数尽可能不选用。

4）齿顶圆直径 $d_a$ 和齿根圆直径 $d_f$　分别通过齿轮轮齿顶部及齿根部圆的直径。

5）齿顶高 $h_a$ 和齿根高 $h_f$　齿轮分度圆分别到齿顶圆及到齿根圆的径向距离。

6）全齿高 $h$　从标准齿轮的齿顶圆到齿根圆间的径向距离即为全齿高。

7）中心距 $a$　两圆柱齿轮轴线之间的径向距离，即为两齿轮的中心距。

8）传动比 $I$　主动齿轮与从动齿轮转速之比，或从动齿轮与主动齿轮齿数之比。

9）压力角 $\alpha$　在节点 $C$ 处齿廓作用力方向与两节圆的公切线方向的夹角称为压力角。我国标准规定压力角为 20°。

（2）齿轮的尺寸计算　在表 11－5 中，列出了圆柱齿轮轮齿各部分的尺寸计算公式。

**表 11－5　直齿圆柱齿轮的尺寸计算**

| 名　称 | 代号 | 计 算 公 式 | 名　称 | 代号 | 计 算 公 式 |
|---|---|---|---|---|---|
| 齿　顶　高 | $h_a$ | $h_a=m$ | 齿顶圆直径 | $d_a$ | $d_a=m(z+2)$ |
| 齿　根　高 | $h_f$ | $h_f=1.25m$ | 齿根圆直径 | $d_f$ | $d_f=m(z-2.5)$ |
| 全　齿　高 | $h$ | $h=h_a+h_f=2.25m$ | 传动比 | $i$ | $i=n_1/n_2=z_2/z_1$ |
| 分度圆直径 | $d$ | $d=mz$ | 中心距 | $a$ | $a=(d_1+d_2)/2=m(z_1+z_2)/2$ |

**2. 圆柱齿轮的画法**

（1）单个圆柱齿轮的画法　在图 11－22 中，展示了直齿圆柱齿轮的画法图形。

从图中可见，圆柱齿轮的规定画法：

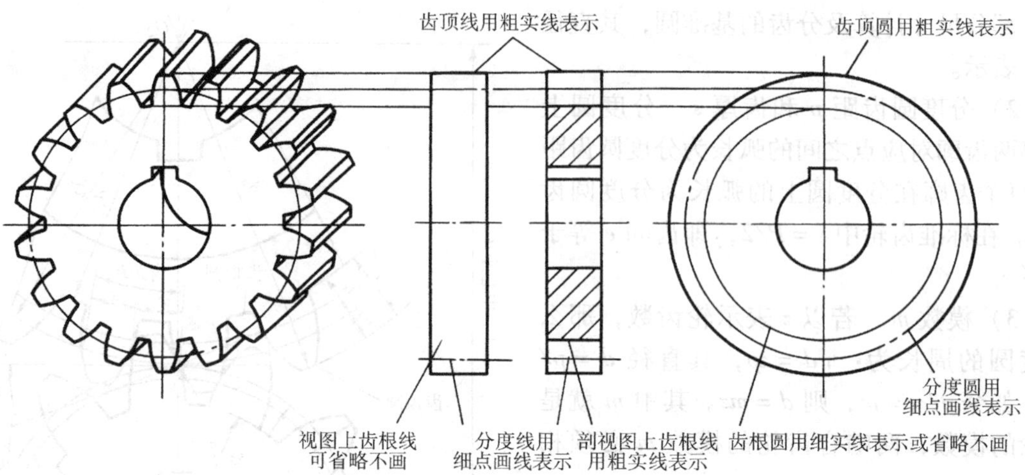


图 11-22 单个圆柱齿轮的画法

1）在剖视图上轮齿按不剖绘制，齿顶线和齿根线均用粗实线画，分度线用点划线画。

2）投影为圆时，齿顶圆用粗实线，分度圆用点划线画，齿根圆用细实线或省略不画。

3）对非圆的外形视图，齿根线可省略不画，可用三条与齿向一致的细实线表示斜齿。

由于齿轮是常用件，常需要画出零件图，如图 11-23 所示。为了方便齿轮的制造和检验，在图纸的右上角常需要附一张表格，以说明其模数、齿数等项目参数。

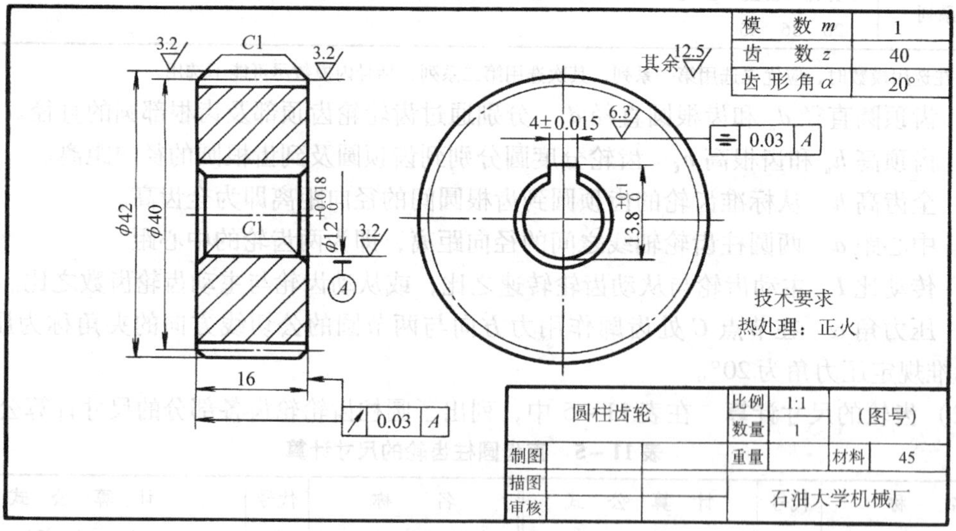


图 11-23 齿轮的零件图

（2）圆柱齿轮的啮合画法 图 11-24 所示，为一对模数和压力角均相同，且符合标准的圆柱齿轮啮合图。从图中可见，圆柱齿轮啮合的规定画法：

1）在剖视图上，齿轮啮合区中两分度线画一条点划线，两齿根线分别用粗实线画，齿顶线一个用粗实线画，而另一个用虚线画。

2）在投影为圆的视图上，用点划线画出相切的两分度圆，两个齿顶圆分别用粗实线画出，两个齿根圆用细实线表示或省略不画。

3）在非圆的外形视图中，两齿轮啮合区内的齿顶线不画，而分度线改画成粗实线。

## 二、直齿圆锥齿轮

圆锥齿轮通常用于相交两轴之间的传动。由于轮齿位于圆锥面上，所以，锥齿轮的轮齿一端大而另一端小，齿厚是逐渐变化的，直径和模数也随着齿厚的变化而变化。

在图 11－25 中，介绍锥齿轮各部分几何要素的名称。

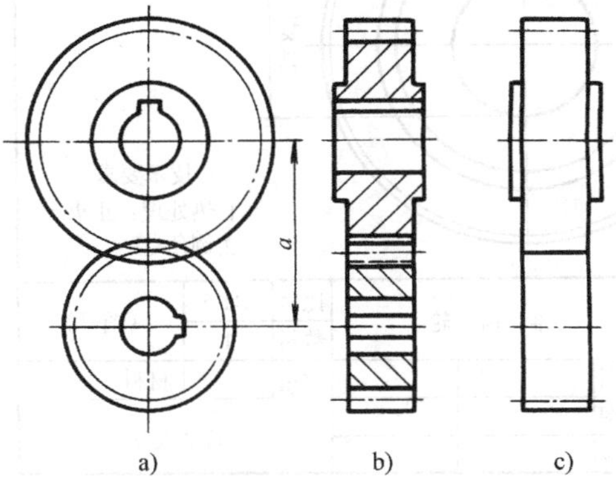


图 11－24　圆柱齿轮啮合的画法

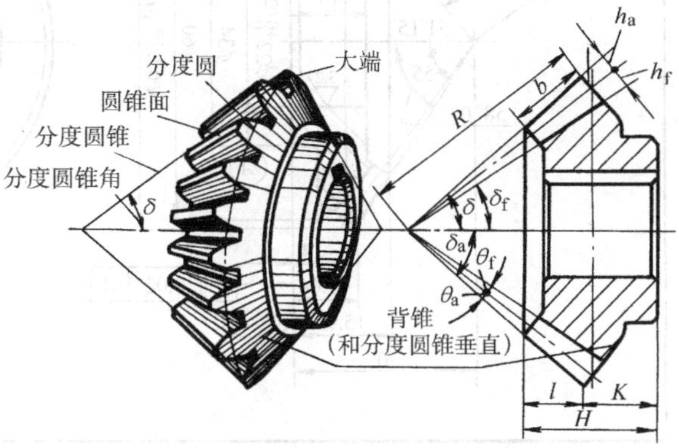


图 11－25　锥齿轮几何要素的名称及代号

### 1. 锥齿轮的几何尺寸

锥齿轮规定以大端的模数为准，用它决定轮齿的有关尺寸。锥齿轮各部分的几何尺寸，也都与模数 $m$、齿数 $z$ 及分度圆锥角 $\delta$ 有关。表 11－6 为锥齿轮的计算公式。

**表 11－6　直齿圆锥齿轮的尺寸计算**

| 名　　称 | 代号 | 计　算　公　式 | 名　　称 | 代号 | 计　算　公　式 |
|---|---|---|---|---|---|
| 齿　顶　高 | $h_a$ | $h_a = m$ | 齿顶圆直径 | $d_a$ | $d_a = m\ (z + 2\cos\delta)$ |
| 齿　根　高 | $h_f$ | $h_f = 1.2m$ | 齿根圆直径 | $d_f$ | $d_f = m\ (z - 2.4\cos\delta)$ |
| 全　齿　高 | $h$ | $h = h_a + h_f = 2.2m$ | 分度圆锥角 | $\delta$ | $\tan\delta_1 = z_1/z_2$、$\tan\delta_2 = z_2/z_1$ |
| 分度圆直径 | $d$ | $d = mz$ | 外　锥　距 | $R$ | $R = mz/2\sin\delta$ |

### 2. 锥齿轮的规定画法

（1）单个锥齿轮的画法　锥齿轮的画法与圆柱齿轮基本相同，由于圆锥的特点，其表达和作图较为复杂。如图 11－26 所示，锥齿轮一般用主、左两个视图表示，其规定画法：

1）主视图画成剖视图，轮齿按不剖绘制，齿顶线和齿根线均用粗实线画，分度线用点划线画，背锥与分度圆锥垂直。

2）左视图画成外形视图，表示大端的分度圆用点划线画，表示齿轮大端和小端的齿顶圆用粗实线画，而齿根圆不画。

（2）锥齿轮的啮合画法　两圆锥齿轮啮合时必须有相同的模数。在图 11－27 中所示，为传动轴线垂直相交时，两圆锥齿轮啮合时的规定画法：

1）主视图常画成剖视图，两分度圆锥角 $\delta_1$ 与 $\delta_2$ 之和为 90°，且锥顶相交于一点；左视图画成外形视图，两分度圆应相切。

2）在啮合区内，将其中一个齿轮的齿顶线画成粗实线，而将另一个齿顶线画成虚线或

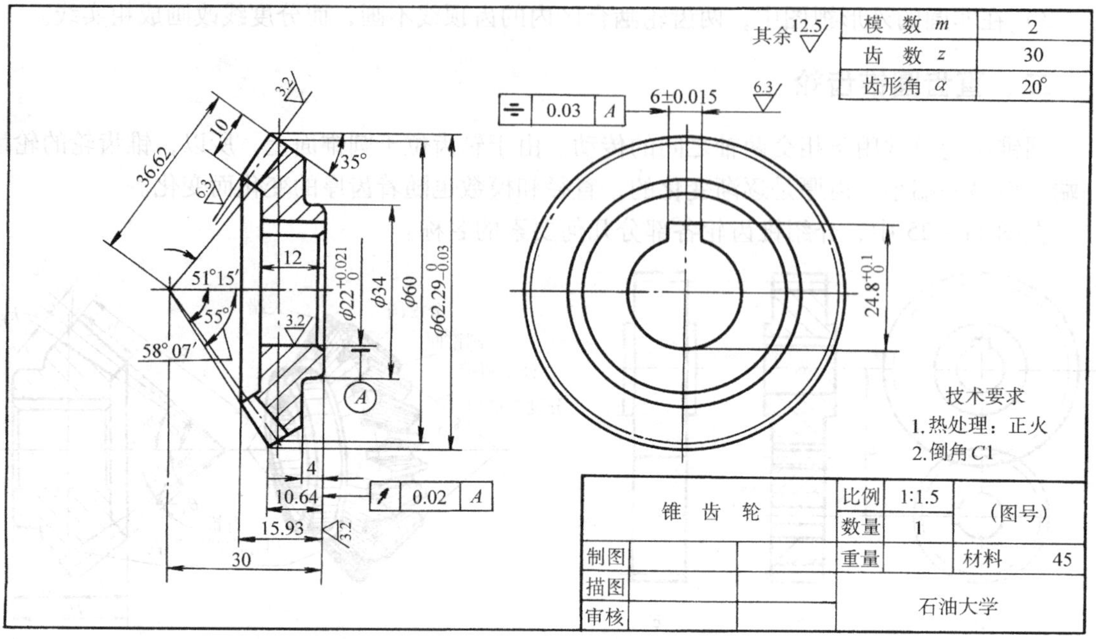


图 11－26　锥齿轮的画法

省略不画，两齿根线均画成粗实线。

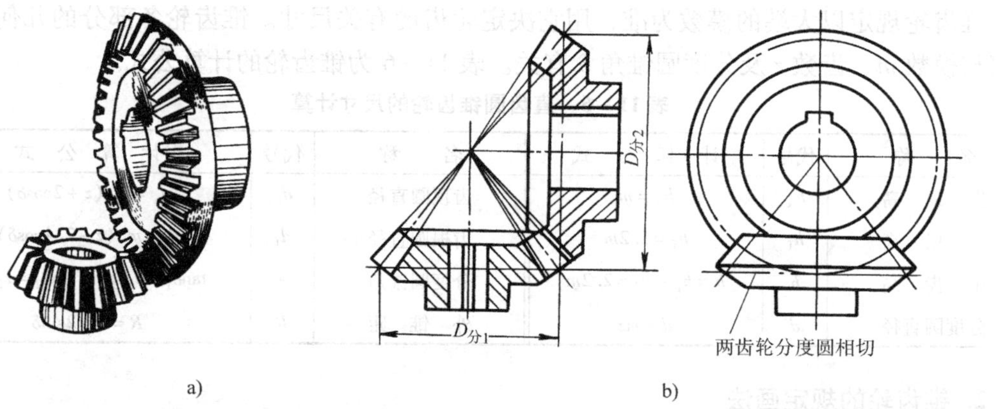


图 11－27　锥齿轮的啮合画法

## 三、蜗杆和蜗轮

蜗杆和蜗轮用于垂直交叉两轴之间的传动，通常蜗杆为主动件，蜗轮是从动件。蜗杆、蜗轮传动结构紧凑，传动比大，效率较低。因此，广泛应用于传动比较大的减速装置中。

**1. 滚蜗杆的画法**

蜗杆如同齿数较少的斜齿圆柱齿轮，轴向剖面与梯形螺纹相似。蜗杆的齿数 $z_1$ 相当于螺杆上螺纹的线数。蜗杆常用单头和双头，在传动时，蜗杆旋转一圈，则蜗轮只转过一个齿或两个齿。图 11－28b 展示了蜗杆的规定画法：

1）齿顶圆用粗实线，齿根圆用细实线，分度圆用点划线画。

2）蜗杆牙型采用局部剖视图，或采用局部放大图进行表达。

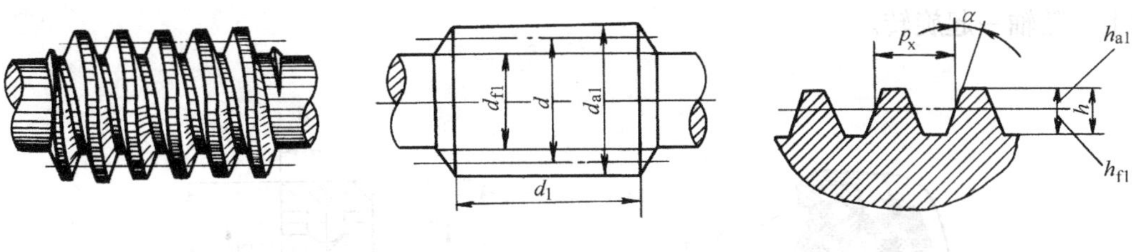


a)　　　　　　　　　　　　b)

图 11－28　蜗杆的画法

**2. 蜗轮的画法**

蜗轮相当于圆柱斜齿轮，蜗轮的轮齿是螺旋形的，其齿顶面和齿根面常制成圆环面。啮合的蜗杆、蜗轮的模数相同，且蜗轮的螺旋角和蜗杆的螺旋线升角大小相等、方向相同。

蜗轮的规定画法与圆柱齿轮基本相同，图 11－29 展示了蜗轮的视图表达。

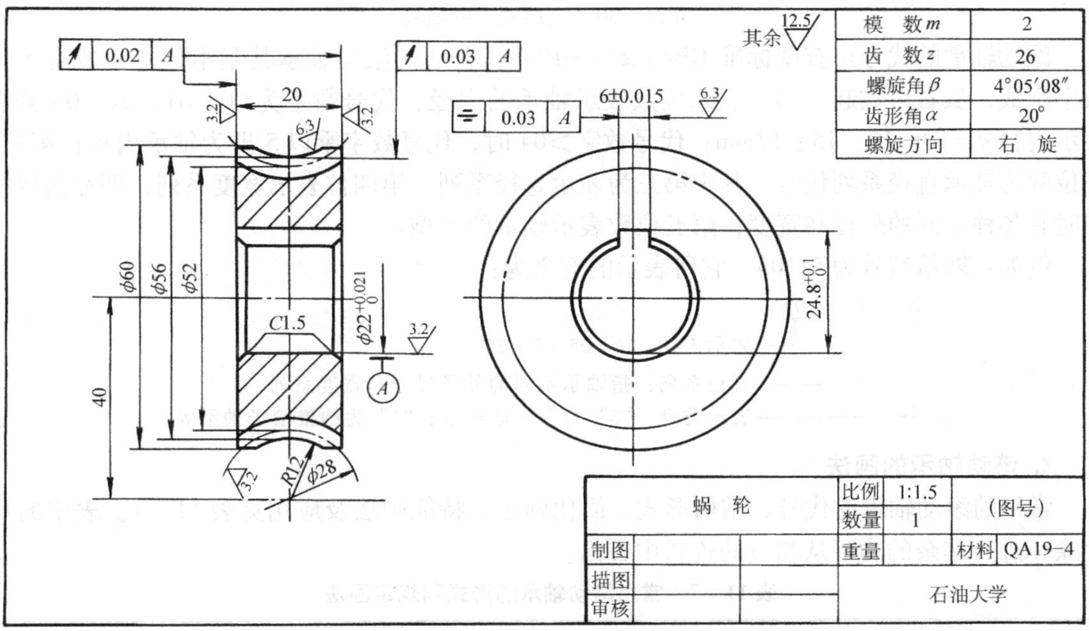


图 11－29　蜗轮的画法

## 第五节　轴承与弹簧

### 一、滚动轴承

滚动轴承是用来支承旋转轴的标准部件，具有结构紧凑、摩擦小、能耗少等优点。滚动轴承被广泛应用在机器或部件中，由专门工厂生产，可根据型号选购。

**1. 滚动轴承的结构及代号**

滚动轴承的种类很多，按受力情况可分为三大类，其结构大致相同，即由外圈、内圈、滚动体及保持架组成 如图 11－30 所示。其外圈一般装在机座的孔内，固定不动，而内圈装在轴上，随轴一起旋转。

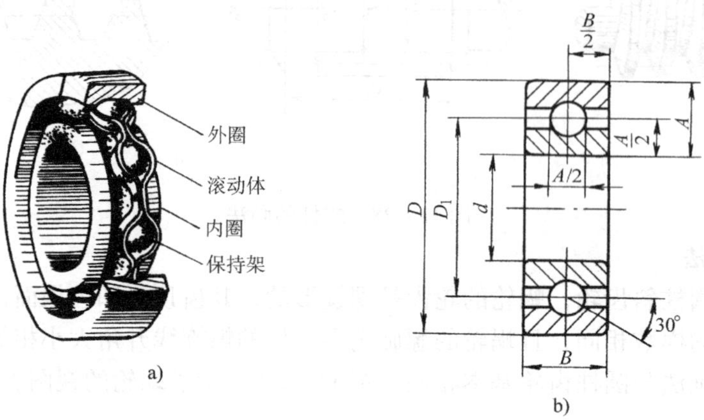


图 11 - 30　滚动轴承的结构

滚动轴承的代号可查阅标准 GB/T 272—1993，普通的滚动轴承其基本代号一般有 5 位数字组成，从右边数起，第一、二位数表示轴承的内径，代号数字为 00、01、02、03 分别表示内径 $d$ = 10、12、15、17mm；代号数字≥04 时，代号数字乘以 5 即为轴承内径；第三、四位数为轴承直径系列代号，其中第三为表示直径系列，第四位表示宽度系列，即在内径相同时有各种不同的外径和宽度；第五位数表示轴承的类型。

例如：轴承型号为 51105，它所表示的意义为：

5　11　05

- 05——表示内径：$d = 05 \times 5 = 25$
- 11——直径系列：指轴承不同的外径尺寸和宽度系列
- 5——表示类型：“6”为深沟球轴承；“3”为圆锥滚子轴承等

## 2. 滚动轴承的画法

常用的滚动轴承的代号、结构形式、简化画法、特征画法及应用见表 11 - 7。表中的尺寸除 $A$ 外，其余的均可从相应的资料中查出。

**表 11 - 7　常用滚动轴承的形式和规定画法**

| 轴承名称及代号 | 结构形式 | 简化画法 | 示意画法 | 应用 |
|---|---|---|---|---|
| 深沟球轴承<br>GB/T 276—1994<br>60000 型 | 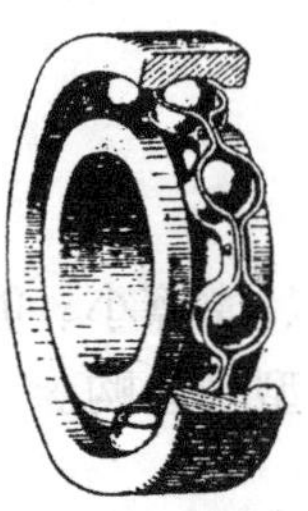 | 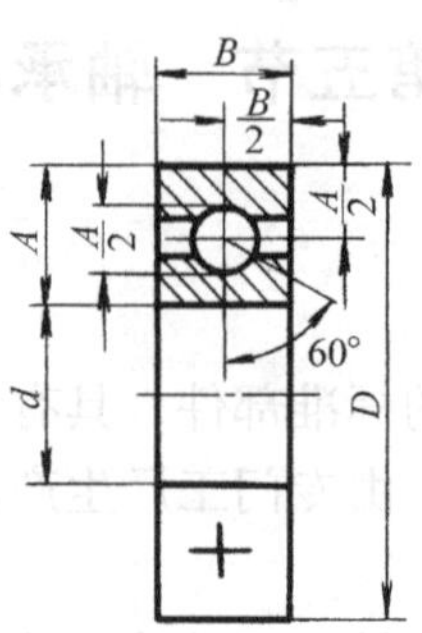  | 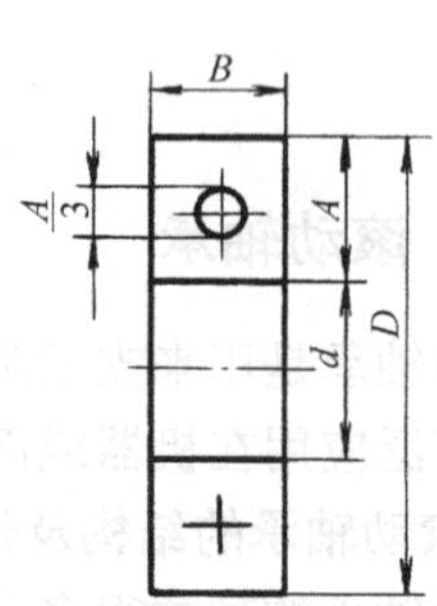  | 主要承受径向力 |

（续）

| 轴承名称及代号 | 结构形式 | 简化画法 | 示意画法 | 应用 |
|---|---|---|---|---|
| 圆锥滚子轴承 GB/T 297—1994 30000 型 | 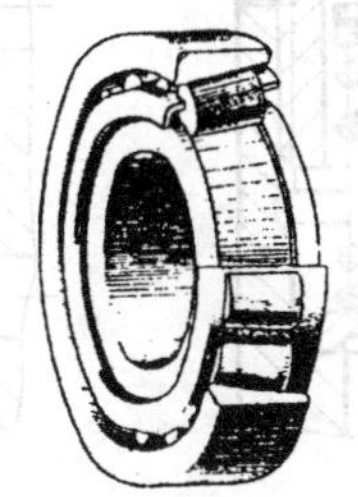 | 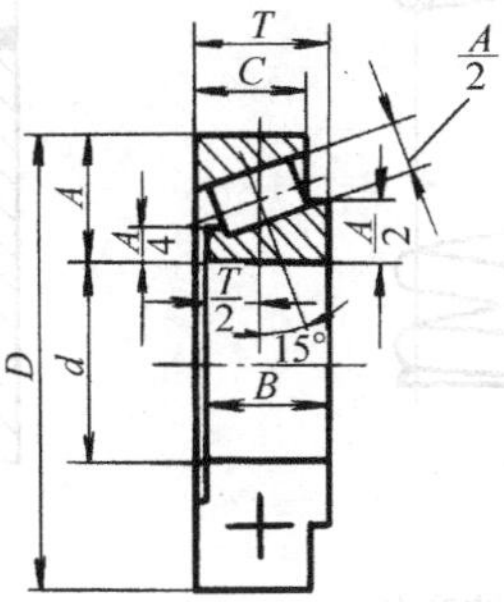 | 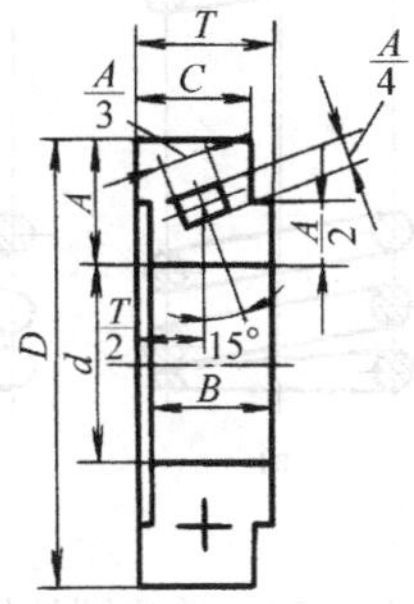 | 可同时承受径向力和轴向力 |
| 平底推力球轴承 GB/T 301—1995 50000 型 | 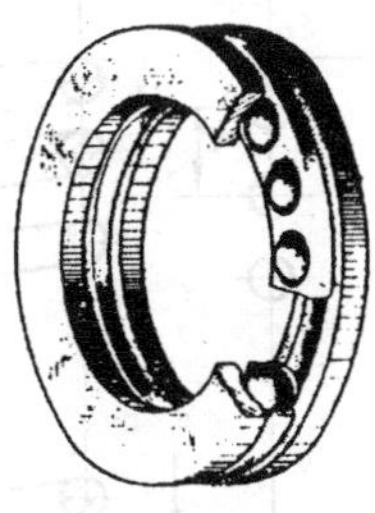 | 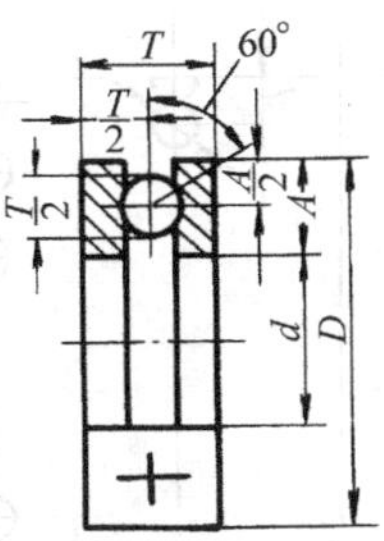 | 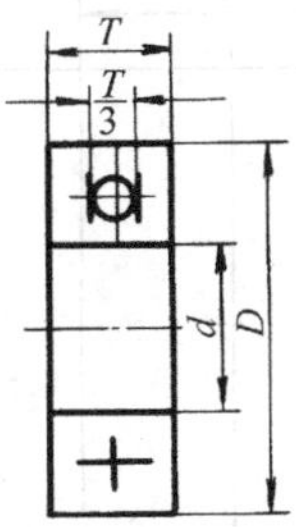 | 承受单方向的轴向力 |

## 二、圆柱螺旋压缩弹簧

弹簧是一种用来减震、夹紧、储存能量及测力的常用件。其种类很多，这里只介绍圆柱螺旋压缩弹簧的画法。其他弹簧请查阅国家 GB/T 5782—1986 标准。

### 1. 弹簧的规定画法

如图 11－31、图 11－32 所示，为圆柱螺旋压缩弹簧的规定画法：

1）螺旋弹簧在非圆的视图上，弹簧各圈的外形轮廓线一般都画成直线。

2）当有效圈数大于 4 圈时，可只画两端的 1～2 圈，中间各圈省略不画。

3）螺旋弹簧均可画成右旋，但左旋弹簧无论画法如何都必须加注“左”字。

4）装配图中被弹簧遮住的结构一般不画，可见部分应从外轮廓线或从簧丝中心画起。

5）当簧丝直径小于等于 2mm 时，剖面可全部涂黑且不画轮廓线，也可采用示意画法。

### 2. 弹簧的作图步骤

圆柱螺旋压缩弹簧的画法参照图 11－33 所示，其作图步骤如下：

1）画出轴线，并以弹簧的自由高度 $H_0$ 和弹簧中径 $D_2$ 作矩形；

2）对弹簧端部的支撑圈，画出与簧丝直径相等的圆和半圆；

3）由弹簧节距 $P$ 作簧丝剖面，并注意左右高度相距为 $P/2$；

4）按右旋方向作出簧丝剖面的切线，最后加深并画剖面线。

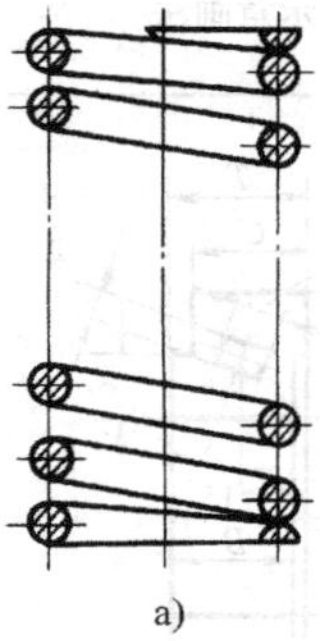


图 11－31　普通圆柱螺旋压缩弹簧

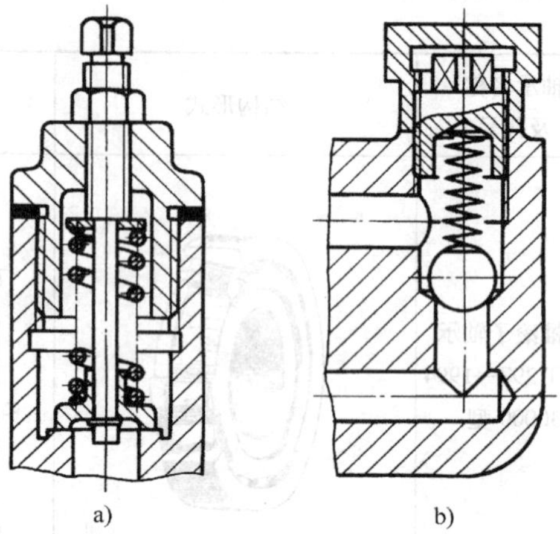


图 11－32　装配图中弹簧的画法

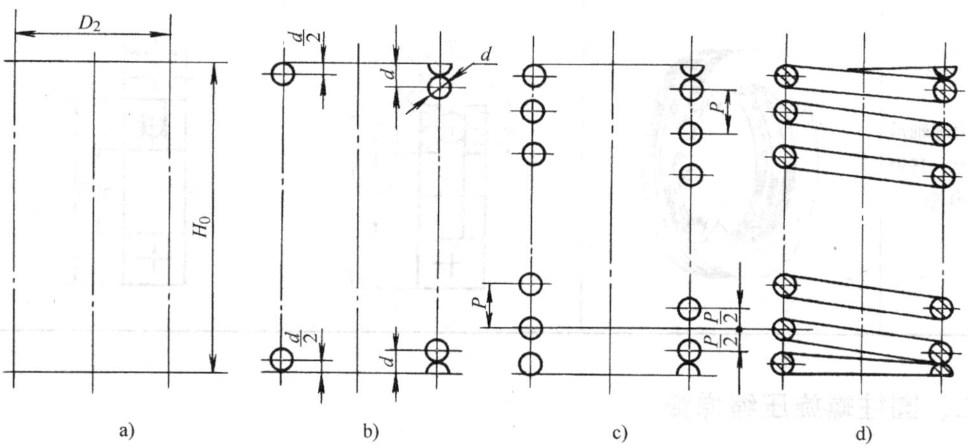


图 11－33　圆柱螺旋压缩弹簧的作图步骤

# 第十二章 零 件 图

在机械工业生产中，零件图是制造和检验零件的重要图样。它不仅要表达清楚零件的结构形状、尺寸大小，而且还要对其材料、加工、检验、测量提出必要的技术要求，它将充分反映出设计者的意图。本章将对零件图的相关内容分别进行讨论。

## 第一节 零件图的内容

在机器制造过程中，必须先制造出所有的零件，而零件的制造和检验又必须依据零件图。因此，一张完整的零件图如图 12－1 所示，应包括以下内容。

### 一、视图表达

这组图形应能够正确、完整地表达出零件的内外结构和形状。根据结构需要可以采用外形视图、剖视图、断面图、局部放大图等各种表达方法等。

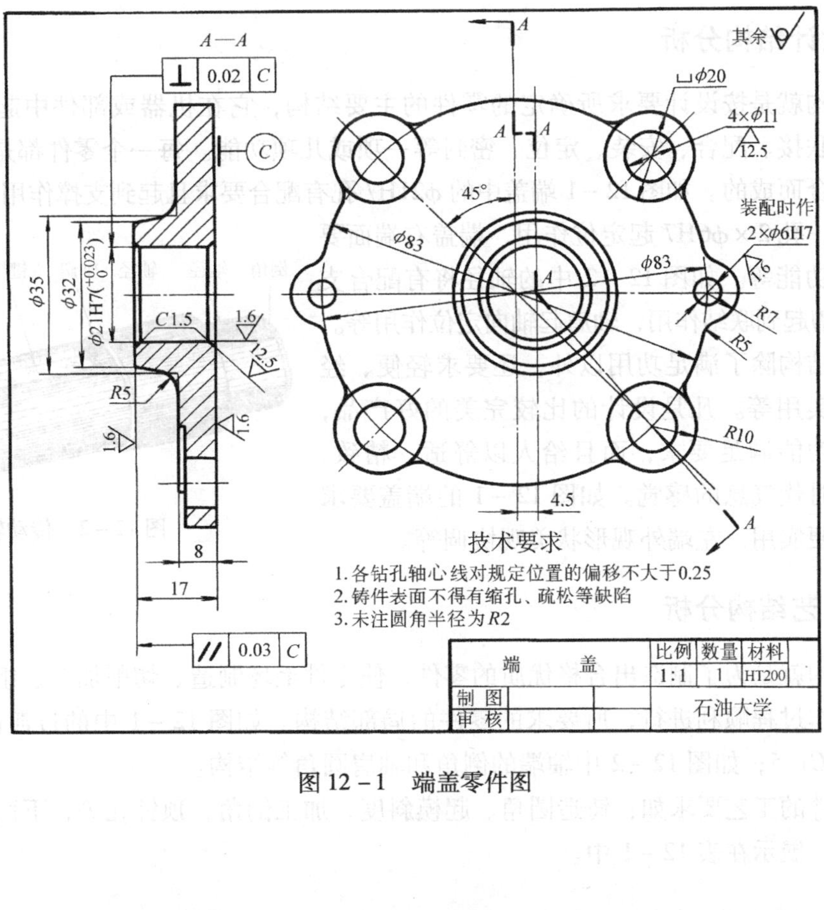


图 12－1 端盖零件图

## 二、尺寸标注

在零件工作图中，应完整、清晰、合理地标注出零件的结构形状和位置尺寸，以满足零件的配合性质、联接关系、加工制造、检验安装时的需要。

## 三、技术要求

零件图中必须用规定的符号、数字和文字，简明地表达出在制造和检验时应达到的技术要求，如表面粗糙度、尺寸公差、形状和位置公差、热处理、表面处理等。

## 四、标题栏

在零件图的右下角，采用标题栏填写出该零件的名称、数量、材料、比例、图号，以及设计、制图、审核人员签名等。

# 第二节　零件的结构分析

零件的结构是由设计要求和工艺要求所决定的，每一个结构都有一定的功用。因此，在画零件图和读零件图时，都需要认真的进行结构分析。零件的结构分析就是从设计和工艺要求出发，对零件不同的设计结构和工艺结构进行分析，弄清它的作用和要求。

## 一、设计结构分析

设计结构就是按设计要求所确定的零件的主要结构，它在机器或部件中起着支撑、包容、传动、联接、配合、安装、定位、密封等一项或几项功能。每一个零件都是由几个功能结构巧妙结合而成的。如图 12－1 端盖中的 $\phi$21H7 孔有配合要求且起到支撑作用，孔 4 × $\phi$11 起联接作用，孔 2 × $\phi$6H7 起定位作用，端盖右端面要平整有密封功能等。如图 12－2 中的轴径将有配合支撑作用，键槽起到联结作用，轴肩起轴向定位作用等。

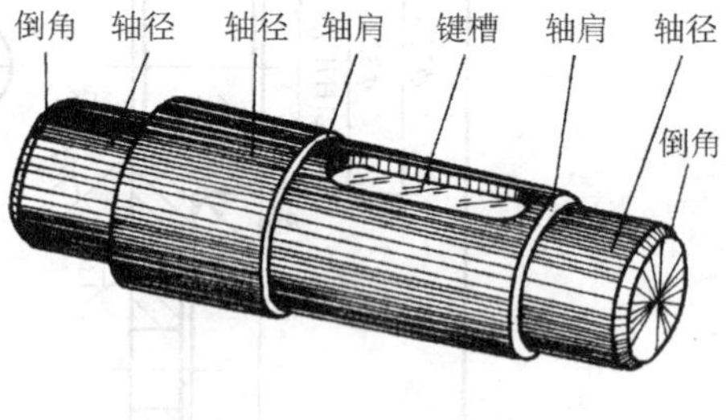

图 12－2　传动轴

零件的结构除了满足功用以外，还要求轻便、经济、美观、实用等。凡是设计的比较完美的好产品，其结构不仅功能满足要求，而且给人以舒适、精致、稳定、富有时代气息的感觉。如图 12－1 的端盖要求整体结构轻便实用，左端外观形状美观协调等。

## 二、工艺结构分析

工艺结构就是为了制造出合格优质的零件，使零件毛坯制造、切削加工、组装调试、安全操作等工作过程顺利进行，所要求的零件的局部结构。如图 12－1 中的过渡圆角 *R*5，孔的加工倒角 *C*1.5；如图 12－2 中轴端的倒角和轴肩圆角等结构。

通常零件的工艺要求如：铸造圆角、起模斜度、加工倒角、顶针孔等，下面就一些常见的工艺结构，展示在表 12－1 中。

**表 12－1　零件的结构工艺性**

| 内　　容 | 图　　例 | 说　　明 |
|---|---|---|
| 倒角和圆角 | 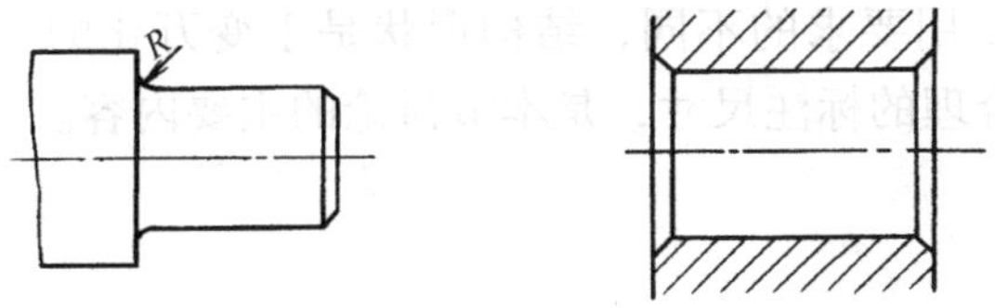 | 为了便于装配和去除锐边和毛刺，为了避免应力集中而产生裂纹，一般应加工成倒角或圆角。45°倒角与圆角的尺寸注法如左图 |
| 退刀槽及砂轮越程槽 | 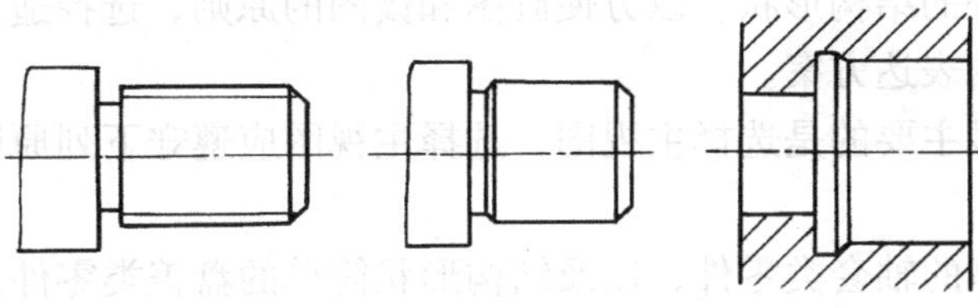 | 为了退出刀具或使砂轮可以越过加工面，常在待加工面的末端加工出退刀槽或越程槽 |
| 铸件壁厚均匀 | 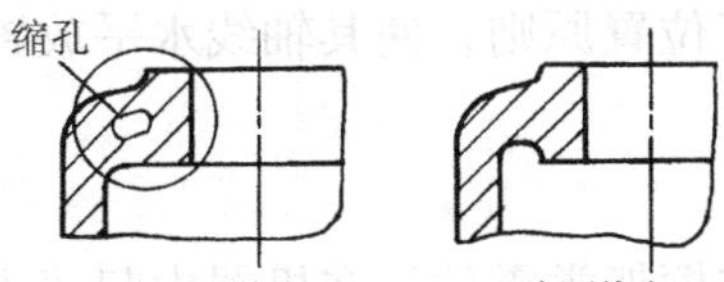 | 壁厚不均匀会引起铸件缩孔 |
| 铸造圆角及铸造斜度 | 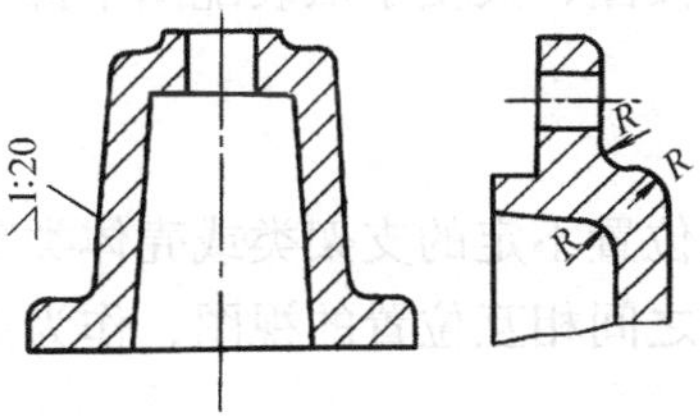 | 铸造表面转角处要做成小圆角，否则容易产生裂纹。为了起模方便在沿着起模方向，铸件表面做成一定的斜度 |
| 凸台和凹坑 | 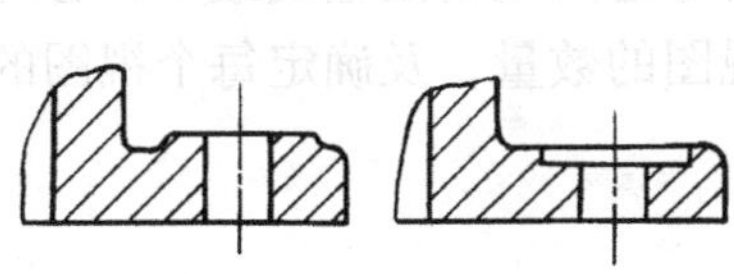 | 为了减少机械加工量，节约材料和减少刀具的消耗，加工表面与非加工表面要分开，做成凸台或凹坑 |
| 钻孔处的合理结构 | 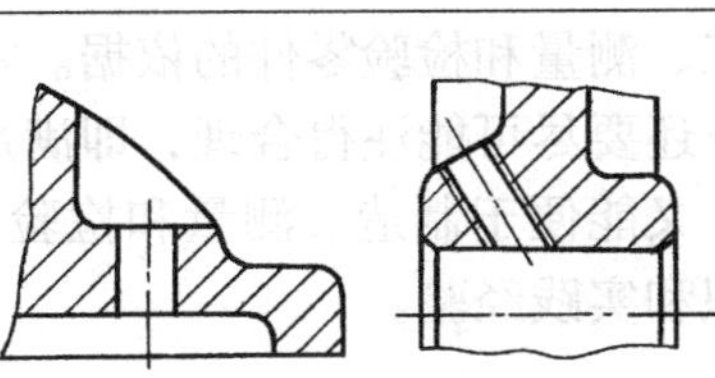 | 钻孔时，钻头应尽量垂直被加工表面，否则钻头受力不均会产生折断或打滑 |

通过对零件结构的观察和分析，对每一个结构的功用加深认识，从而能够正确、完整、简便地表达出零件的内外结构，完整、清晰、合理地标注出零件的形状和位置尺寸，制定出经济、合理的技术要求和工艺过程。

# 第三节　零件的视图与尺寸

机械零件根据其作用和使用要求的不同，结构形状是千变万化的。针对不同结构的零件，选择适当的表达方案及合理的标注尺寸，是本节讨论的主要内容。

## 一、零件的视图选择

在零件的视图表达中，应综合运用前边所学的视图、剖视图、断面图等表达方法，进行完整、确切地表达零件内外的结构形状。以方便画图和读图的原则，选择适当的表达方法和确定视图数量，确定最佳的表达方案。

在选择零件视图时，最主要的是选择主视图，选择主视图应遵守下列原则。

**1. 加工位置原则**

对于主要结构为回转体的轴套类零件，以及结构形状简单的盘盖类零件，其加工方法基本以车、磨为主，一般加工时将零件轴线水平夹持。所以这类零件不管其在机器中的工作位置如何，主视图选择主要应按照加工位置原则，使其轴线水平放置，以方便加工和测量，如图 12 -1 和图 12 -5 所示。

**2. 工作位置原则**

对于结构形状较复杂的箱体类或框架类零件，在机器中起着主体作用，有较大的安装面且加工工序繁多。选择主视图时，应主要以零件的工作位置放置，使安装基准面在下。这样既便于结合零件在实际工作中的位置读图，又便于从装配图中拆画出零件图，如图 12 -3 及图 12 -10 中所示。

**3. 结构特征原则**

对结构形状较复杂，工作及加工位置不定的支架类或壳体类零件，通常将最能反映零件形状特征，以及反映零件各基本形体之间相互位置的视图，作为主视图，如图 12 -8 中的支架零件图。

除此之外，选择主视图时，还要考虑其他视图虚线最少，合理利用图纸等因素。当主视图选择好以后，要恰当的确定其他视图的数量，及确定每个视图的表达方法和要表达的重点内容，以选择出最佳的表达方案。

## 二、零件的尺寸标注

零件图的尺寸是确定结构、加工、测量和检验零件的依据。零件图的尺寸标注除前所述的正确、完整、清晰三点要求之外，还要尽可能注得合理，即满足设计、使用和加工工艺的要求。也就是零件既能很好地工作，又能便于制造、测量和检验。要做到合理地标注尺寸，需要有丰富的设计、制造方面的知识和实践经验。

**1. 选择尺寸基准**

在标注尺寸时，应首先选择好尺寸基准。基准是指零件在机器中或在加工、测量和检验时，用以确定其位置的点、线、面。基准分设计基准和工艺基准两种：

（1）设计基准　在机器或部件中确定零件工作位置的基准。

（2）工艺基准　在加工或测量时确定零件结构位置的基准。

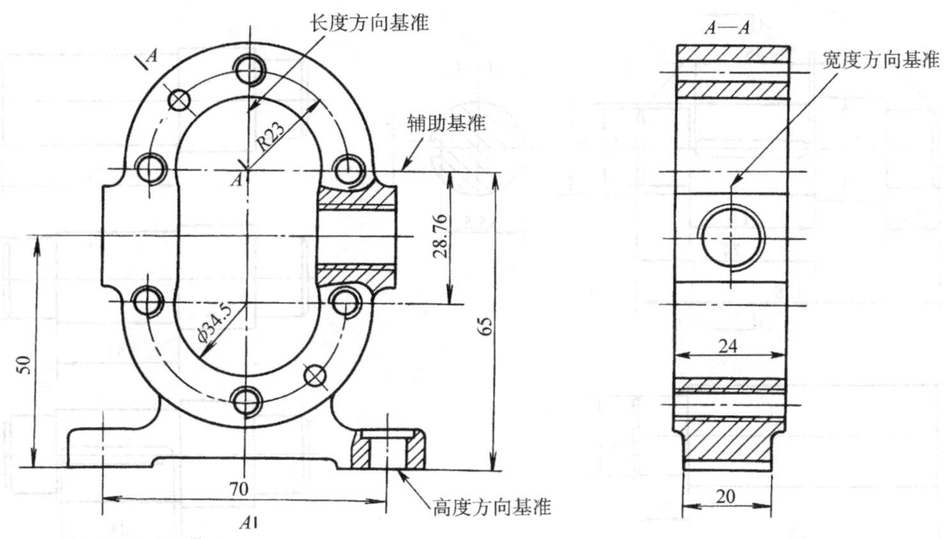


图 12 - 3　泵体的视图和尺寸

在注尺寸时最好将设计基准和工艺基准统一起来，这样既能保证设计要求，又能满足工艺要求。任何零件都有长、宽、高三个方向的尺寸，因此，至少应有三个方向尺寸的主要基准，如图 12 - 3 中所示。有时为了加工、测量和检验方便，必须在同一方向增加一个或几个辅助基准。从选择的基准出发，标注出各基本体的定形和定位尺寸。零件结构常用作的尺寸基准：

（1）基准面　即零件的对称面，底板的安装面，重要的端面，装配结合面等。

（2）基准线　即零件上回转结构的中心轴线，零件结构的位置线和对称线等。

如图 12 - 3 所示，高度的主要基准选底面，并由此注出 65，确定上边齿轮孔轴线的位置；然后，该轴线再作为辅助基准，由此标注出 28.76 尺寸。

**2. 标注尺寸的原则**

（1）考虑设计要求

1）功能尺寸应直接注出　所谓功能尺寸是指零件上有配合要求、影响零件精度、保证机器性能、具有互换性的尺寸，即通常所说零件的重要尺寸。如零件在装配中用到的配合尺寸、相对位置尺寸、零件与外部安装所使用的尺寸等，这种尺寸一般有较高的加工要求，直接标注出来便于保证零件的加工质量。如图 12 - 3 中的中心距 28.76，孔径尺寸 $\phi34.5$ 和宽度尺寸 24 等，它们都是重要尺寸。

2）联系尺寸要相互一致　联系尺寸是指机器或部件中各零件之间，总有一个或几个结构相互关联，表示这种相联关系的尺寸。常见的联系尺寸有：线面叠合的轴向联系尺寸、轴孔配合的径向联系尺寸和确定位置的一般联系尺寸等。如图 12 - 3 中的径向联系尺寸 $\phi34.5$，一般联系尺寸 70，*R*23 等；如图 12 - 4 中的 51 为轴向联系尺寸。

3）避免注成封闭尺寸链　封闭尺寸链一般是头尾相接，绕成一整圈的一组尺寸，每个尺寸是尺寸链中的一环。如果将尺寸标注成封闭形式，在加工时很难保证设计要求，因此，在标注尺寸时一般在尺寸链中选择一个不重要的环不注尺寸，如图 12 - 4 所示。该尺寸环的误差是其他各环尺寸误差之和，且对设计要求没有影响。

（2）考虑工艺要求　对于不影响设备工作性能，也不影响零件的配合性质和精度的非功能尺寸，在标注时往往要考虑加工顺序和测量方便，且便于安装和操作安全等要求。

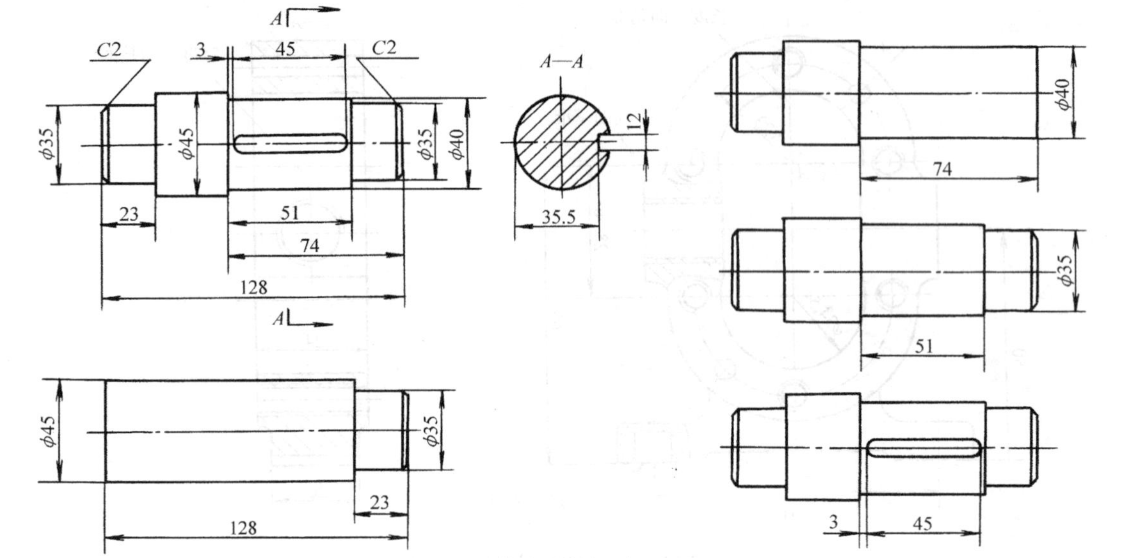


图 12－4　轴的加工与尺寸

1）按加工顺序标注尺寸　按加工过程的顺序标注尺寸，便于加工和测量。如图 12－4 所示，轴上的功能尺寸 51 必须直接注出，其余都按加工顺序标注。即加工 φ35 注出 23，调头加工 φ40 注出 74，加工 φ35 保证轴向功能尺寸 51。这样既保证了设计要求，又符合加工顺序。

2）按加工方法集中标注　一个零件一般需要经过几种加工方法才能制成。在标注尺寸时，最好将不同加工方法或不同工序的有关尺寸集中标注，这样加工阅读比较方便。

3）按测量方便进行标注　有些结构是由设计基准定位加工的，但是不易测量。如果这些尺寸对设计要求影响不大，应考虑测量方便。如一些变径的内孔及键槽的尺寸标注等。

4）典型结构的尺寸标注　零件上常见的典型结构，如螺孔、沉孔、键槽、倒角等的尺寸标注，应按规定的或习惯的方法标注。典型结构的尺寸标注参见表 12－2 所示。

**表 12－2　常见结构的尺寸注法**

| 类型 | 旁注法 | | 普通注法 |
|---|---|---|---|
| 光孔 | 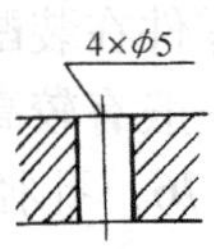  | 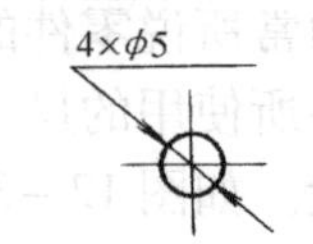  | 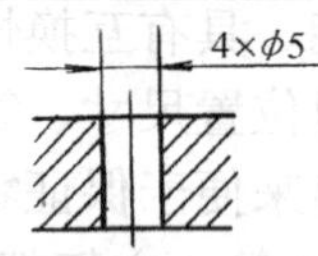  |
| | 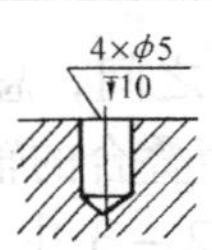  | 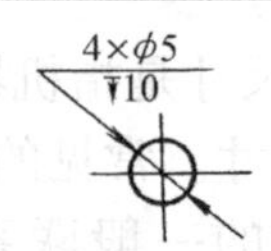  | 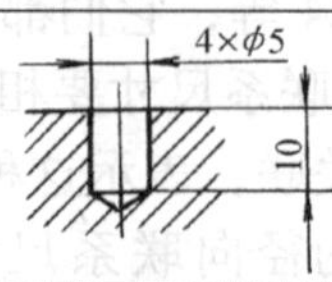  |
| 螺孔 | 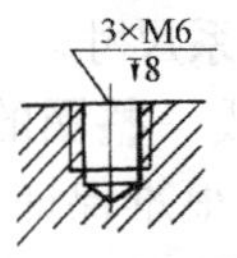  | 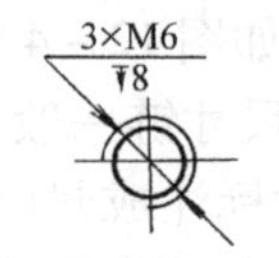  | 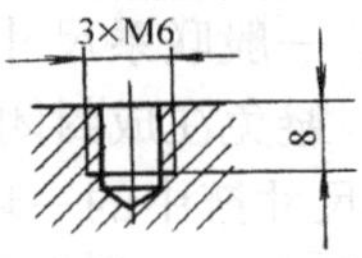  |
| | 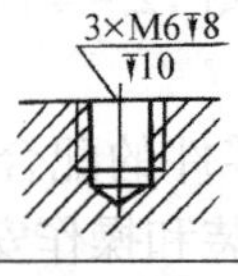  | 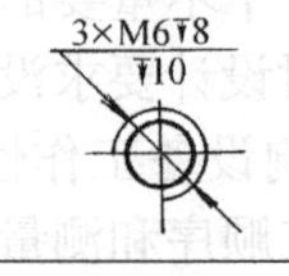  | 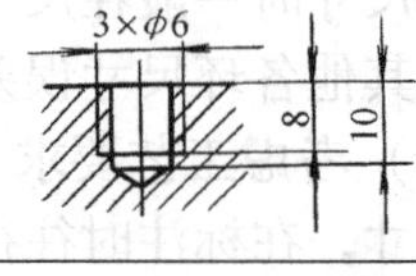  |

（续）

| 类型 | 旁　注　法 | | 普通注法 |
|---|---|---|---|
| 沉孔 | 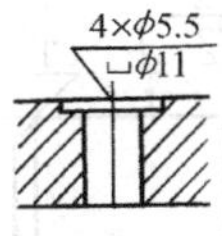 | 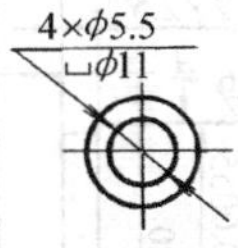 | 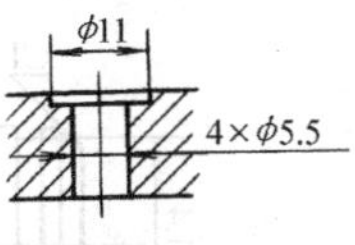 |
| 沉孔 | 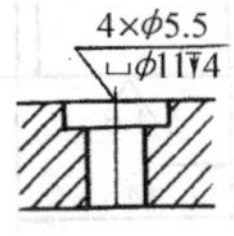 | 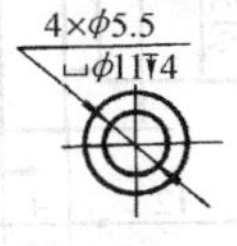 | 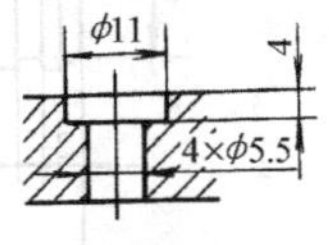 |
| 沉孔 | 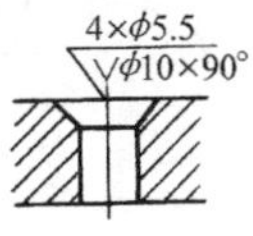 | 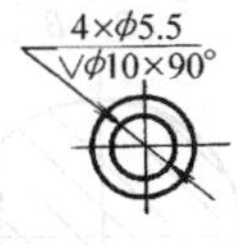 | 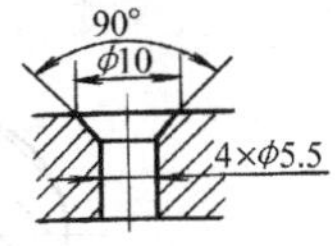 |
| 倒角 | 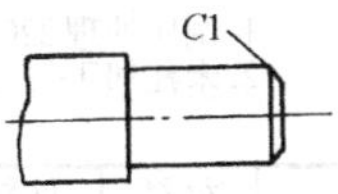 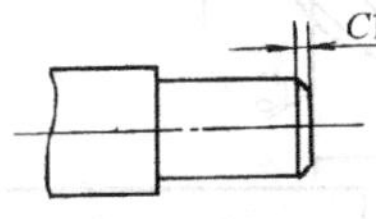 | 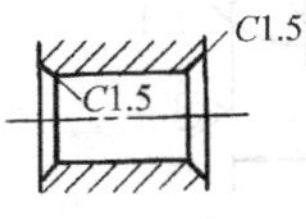 | 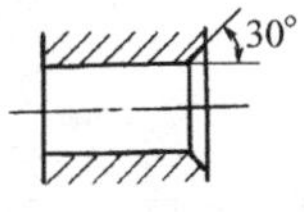 |
| 退刀槽越程槽 | 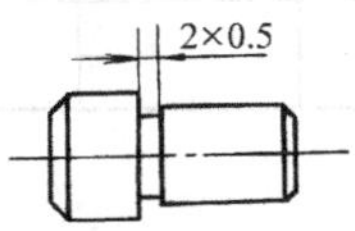 | 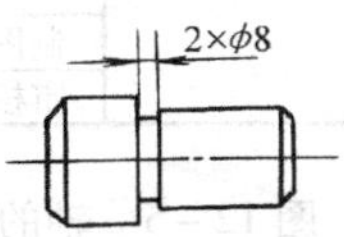 | 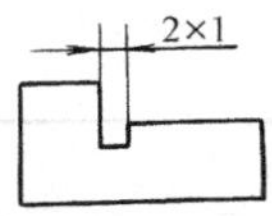 |

## 三、典型零件的图例

常见的零件根据其结构形状，大致可分成四类，即：轴套类零件、盘盖类零件、叉架类零件和箱体类零件。由于每类零件的结构特点不同，因而零件图中的视图表达和尺寸标注也有所不同。下面就分别讨论各类型零件的表达与尺寸标注特点。

**1. 轴套类零件**

（1）零件结构特征　轴套类零件如图 12－2 及图 12－5 中所示，一般有如下结构特征：

1）轴套类零件一般由若干段同轴回转体组成，且主要在车磨床上进行加工。

2）零件上常带有键槽、销孔、螺纹、轴肩、倒角、退刀槽、中心孔等结构。

（2）视图表达特点　轴套类零件根据结构及加工方法，一般具有以下视图表达特点：

1）按加工位置原则，主视图通常将其轴线水平放置，且尽量反映键槽、销孔等结构的特征形状；常采用折断画法、局部剖视、局部视图等进行表达。

2）对于轴上的键槽、销孔等常采用移出断面图，既表达了结构形状又便于标注尺寸；对轴上的螺纹退刀槽等局部细小结构，常采用局部放大图表示。

（3）尺寸标注

1）轴套类零件，常以水平位置的轴线作为径向尺寸基准，也就是高度和宽度方向的基准。这样就把设计基准与加工时的工艺基准统一起来，如图 12－5 中的 $\phi15\pm0.0055$、$\phi16^{+0.012}_{+0.001}$等尺寸。

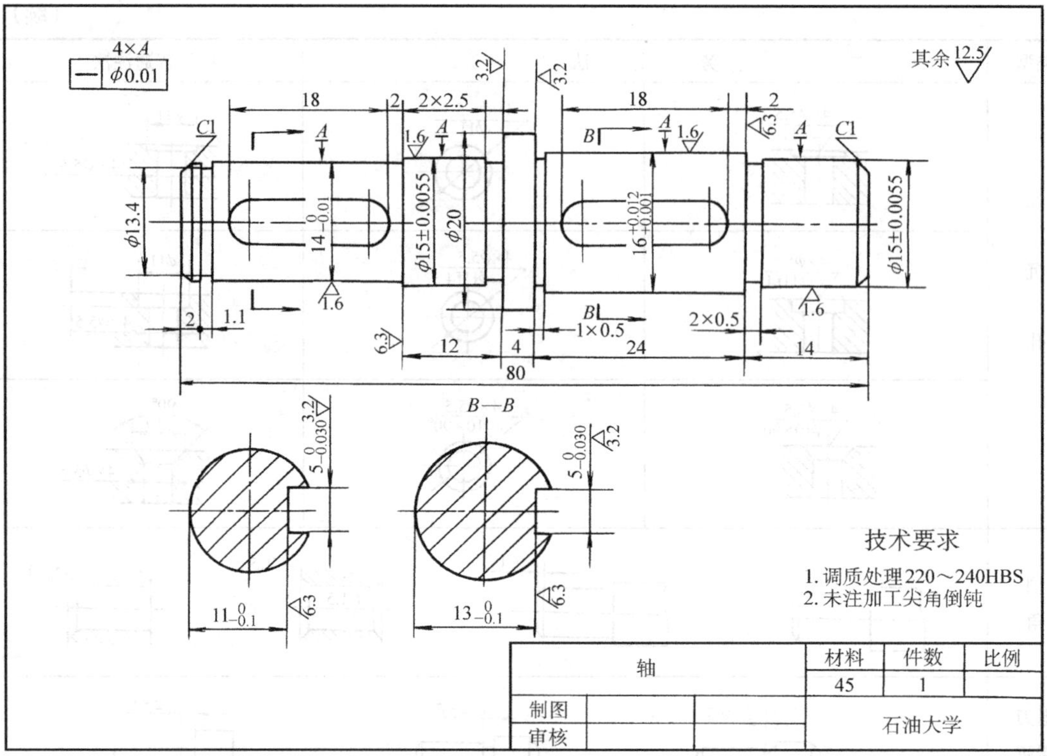


图 12－5　轴的零件图

2）轴套类零件长度方向的尺寸基准，通常选用重要的轴肩、端面或加工面等。如图 12－5 中，选表面粗糙度为 $R_a=3.2$ 的左右轴肩，为长度方向的尺寸基准，由此注出长度 12 及 24 等。

3）标注各段的轴向尺寸时，首先考虑重要尺寸直接注出，如 12 和 24 等；次要的部分尺寸可间接形成，其次考虑加工顺序和方便性。如注出退刀槽的长度，而螺纹长度不注。

4）对于轴向尺寸，尽量按不同工序分开标注。一类为各段圆柱体的轴向尺寸，注在主视图的下方；另一类为轴上键槽、销孔等结构的有关尺寸，而注在主视图的上方。

图 12－5 中螺纹部分的长度尺寸较为次要，应该空出不注。如果标出螺纹部分的长度尺寸，就形成了封闭的尺寸链，这样各段尺寸的精度互相影响，即很难保证总长尺寸。

**2. 盘盖类零件**

（1）零件结构特征　盘盖类零件如图 12－1 及图 12－6 所示，通常端盖、盘座等零件常有如下结构特征：

1）此类零件有不同的外形轮廓，如圆、椭圆、方形等，主要在车铣床上加工。

2）零件上常带有键槽、肋板、轮辐、凸台、沉孔、销孔、螺纹、圆角等结构。

图 12－6 所示的端盖属于盘盖类零件。左端有 $\phi60$ 的凸沿和 $\phi40F8$ 的孔，上、下有两个肋板厚度为 8；右端有 $\phi80js6$ 的凸沿和 $\phi52J7$ 的孔；直径为 $\phi120$ 的最大圆盘上有 4 个均布的阶梯孔，前后两边为不完整的圆，两平面的前后距离为 102。

（2）视图表达特点　盘盖类零件根据结构及加工方法，一般具有以下视图表达特点：

1）按加工位置原则，主视图将轴线水平放置，一般常采用适当的剖视进行表达。

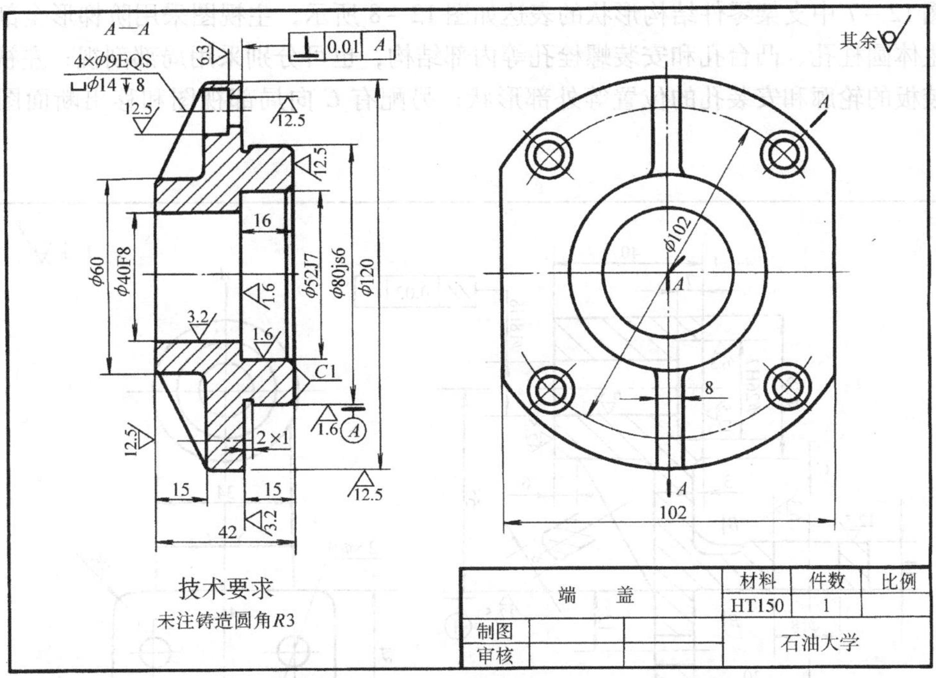


图 12－6　端盖零件图

2）左视图重点表达零件的外形轮廓，以及孔、槽、肋板等结构的位置分布情况。

如图 12－6 中所示，主视图主要采用了旋转剖视，重点表达了内部孔的结构；左视图重点表达了轮廓形状，及圆周分布的孔和肋板的结构位置和数量。

（3）尺寸标注

1）径向基准通常选用轴孔的轴线，一般将各回转体直径的尺寸注在主视图上，将反映孔、肋板等位置的尺寸注在左视图上。由此注出各直径如 $\phi102$、$\phi60$ 和 $\phi40F8$ 等尺寸。

2）轴向基准通常选用重要的端面和接触面。如图 12－6 中以 $R_a=3.2$ 的接触面为主要的轴向基准，注出 15 以确定右端面，再以右端面为辅助基准，标注总长 42 和孔的深度尺寸 16 等。

**3. 支架类零件**

（1）零件结构特征　支架类零件如图 12－7 中所示，一般有如下结构特征：

1）支架类零件形状较复杂，一般由安装底板、工作主体、支撑连板等三大部分组成。

2）零件常带有凸台、沉孔、肋板、斜面、圆角等结构，一般为铸件，且加工位置多变。

（2）视图表达特点　支架类零件一般具有以下视图表达特点：

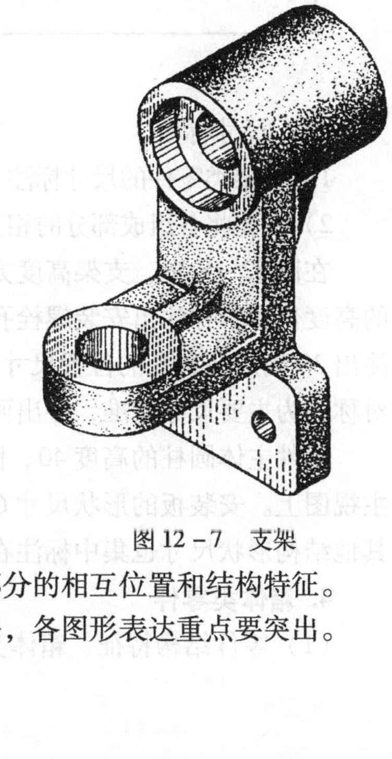

图 12－7　支架

1）架类零件加工位置多变，主视图主要表达三个组成部分的相互位置和结构特征。

2）常采用局部视图、局部剖视、阶梯剖及断面图等方法，各图形表达重点要突出。

对图 12－7 中支架零件结构形状的表达如图 12－8 所示，主视图采用阶梯形全剖视，主要表达主体圆柱孔、凸台孔和安装螺栓孔等内部结构，也可分别采用局部剖视；左视图主要表达安装板的轮廓和安装孔的位置等外部形状；另配有 *C* 向局部视图和移出断面图表达相应内容。

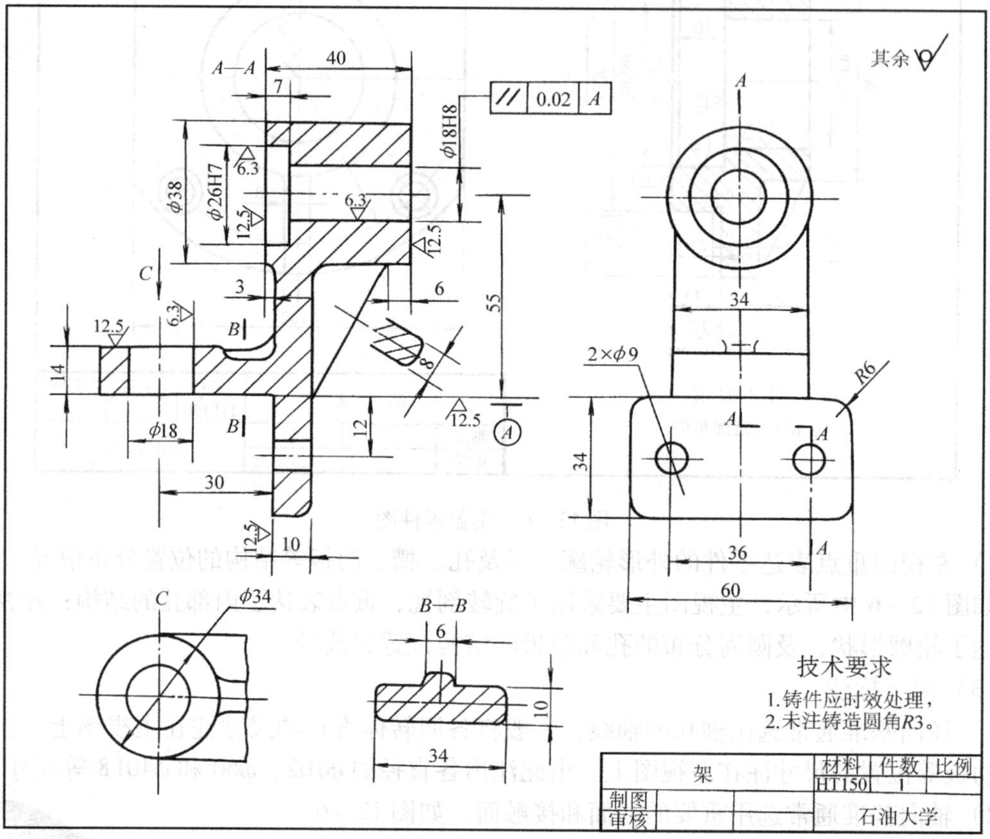


图 12－8　支架零件图

（3）尺寸标注

1）支架类零件的尺寸标注，通常选用零件的安装面、对称面和重要的端面为尺寸基准。

2）首先将各组成部分的相互位置等重要尺寸直接注出，各部分的形状尺寸应集中标注。

在图 12－8 中，支架高度方向的尺寸基准选弯板的底面，由此注出 55 确定圆柱孔中心的高度位置，并注出安装螺栓孔的位置尺寸 12；长度方向选安装板的左端面作为尺寸基准，注出 30 确定凸台孔的位置尺寸，注出 3 确定主体圆柱的左右位置；宽度方向选零件的前后对称面为主要尺寸基准，注出两螺栓孔的位置尺寸 36mm。

零件主体圆柱的高度 40、圆柱内孔直径 $\phi$26H7 及 $\phi$18H8，深度 7 等尺寸都集中标注在主视图上。安装板的形状尺寸 60、34 和安装孔的尺寸 36、$\phi$9 等，都集中标注在左视图上。其他结构形状尺寸也集中标注在相应的视图上。

**4. 箱体类零件**

（1）零件结构特征　箱体类零件如图 12－9 中所示，一般有如下结构特征：

1）箱体类零件主体部分一般是壁厚基本均匀的壳体，用来支承、包容、保护运动件或其他的零件；制造箱体时先铸造成壁厚均匀的毛坯件，再进行多种切削加工。

2）这类零件常带有较大的密封面、接触面，用来与箱盖或其他零部件紧密联接；常带有肋板、螺孔、沉孔、销孔、凸台等结构。一般箱体类零件的结构比较复杂。

图12－9、图12－10中的箱座为箱体类零件。底面上有一凹坑，四角有四个螺栓联接孔；箱体的主体部分为外径$\phi72$、内径$\phi60$的空心圆柱体；左、右、上、后四个方向都有与箱体相通的通孔以及与其他部件联接用的密封面、平面等结构。

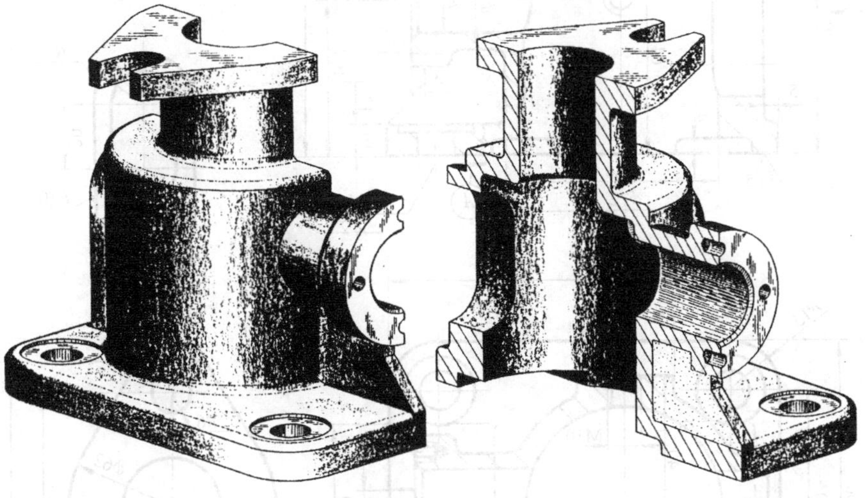

图12－9 箱座

（2）视图表达特点 箱体类零件一般具有以下视图表达特点：

1）箱体类零件结构复杂，而且加工位置多变，主视图尽量按工作位置放置，以最能反映主要结构的形状特征，及各组成部分相互位置关系的视图作为主视图。

2）根据结构常选用各种视图、剖视图、断面图、规定及简化等表达方法，每个视图必须有重点的表达内容，既表达完整、清晰，又尽量考虑减少视图数量。

图12－10中所示的箱座，主、俯视图均采用全剖视。主视图主要表达箱座的内腔及左、右、上三个方向通孔的结构位置；俯视图从*A*—*A*处剖切，表达底板的形状和左、右、后三个方向通孔的结构及连通情况，图中的虚线主要为了表达底面的凹坑形状；采用*B*、*C*、*D*三个局部视图分别表达左边凸台、右边圆形法兰盘和上边菱形法兰的局部结构形状。

（3）尺寸标注

1）在标注箱体类零件的尺寸时，通常选用的尺寸基准有：箱体主要结构的对称面，重要的安装面，接触面或加工面，设计上要求的轴线等。且标注方法与支架类相同。

2）箱体零件的安装尺寸，各支撑孔的相互位置尺寸等都属于重要尺寸，必须直接注出。

图12－10中选底板的安装底面为高度基准，注出48、103等尺寸；选箱座的铅直轴线为径向基准，注出$\phi60$、$\phi72$、$\phi42$等尺寸；选通过轴线的前后方向主要结构对称面为宽度基准，注出50、70、100等尺寸；选过轴线的侧平面为长度基准，注出80、72、64等尺寸。

图12－10中底板上的尺寸90、70，顶板（*D*向）上尺寸70以及右边法兰盘（*C*向）上的尺寸$\phi32$，都是与其他零件联接用的安装尺寸，属于重要尺寸；主视图中左、右、后三个方向通孔的高度尺寸48也是重要尺寸，应直接注出。

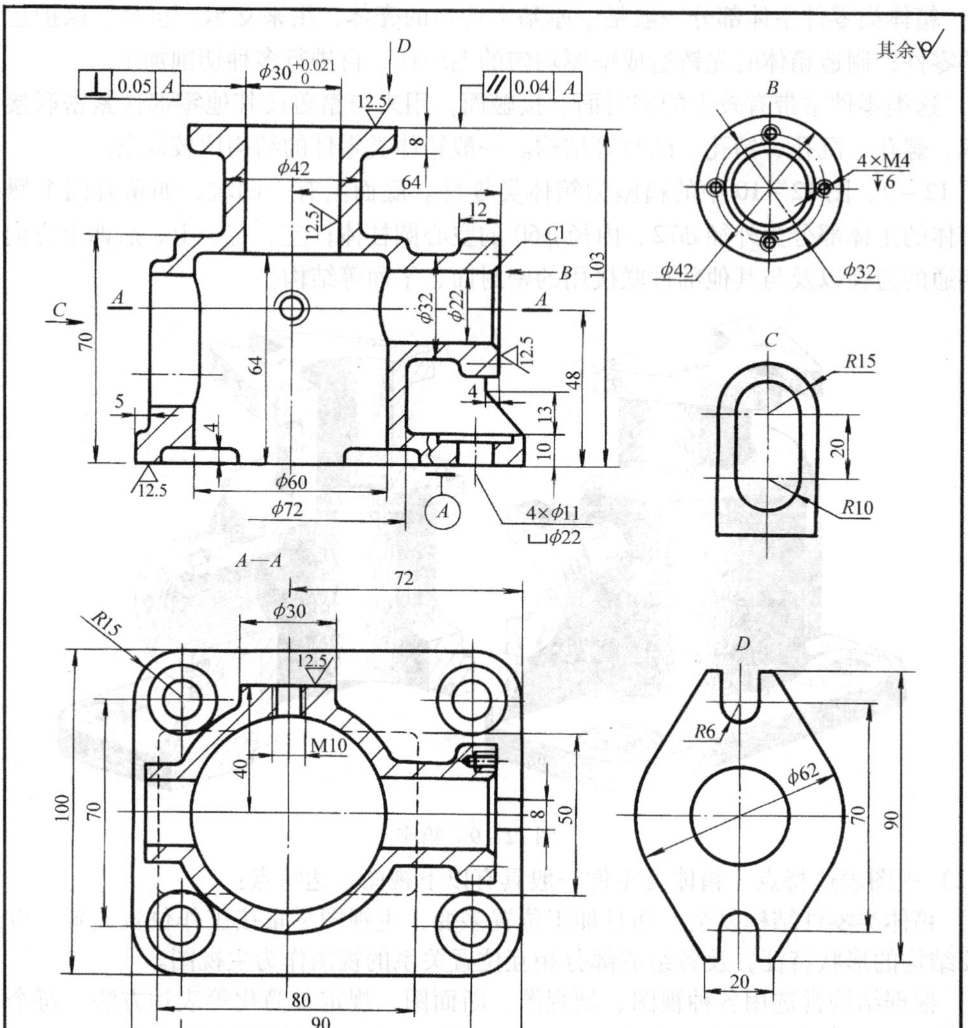


图 12－10　箱座零件图

## 第四节　技 术 要 求

为了提高机械设备的质量，必须保证各零件的制造精度。在零件图中除了视图和尺寸之外，还要标注出技术要求，它是制造和检验零件的重要技术数据之一。

技术要求包括：表面粗糙度、尺寸公差、形状和位置公差、热处理和镀涂以及文字说明等。本节主要介绍表面粗糙度、尺寸公差和形位公差等内容。

关于尺寸公差、金属材料及热处理等技术要求，请参见附录 C 和附录 D。

## 一、表面粗糙度及其标注

表面粗糙度表示零件表面的光滑程度，零件各表面的作用不同，所需要的光滑程度也不一样。表面粗糙度是衡量零件质量的重要标准之一。

### 1. 表面粗糙度的概念

零件在加工时，由于刀具在零件表面上留下的刀痕，及切削分离时表面金属的塑性变形等影响，使零件表面存在着间距较小的轮廓峰谷，如图 12 - 11 所示。这种表面上具有微小间距的峰谷所组成的微观几何形状特性，称为表面粗糙度。

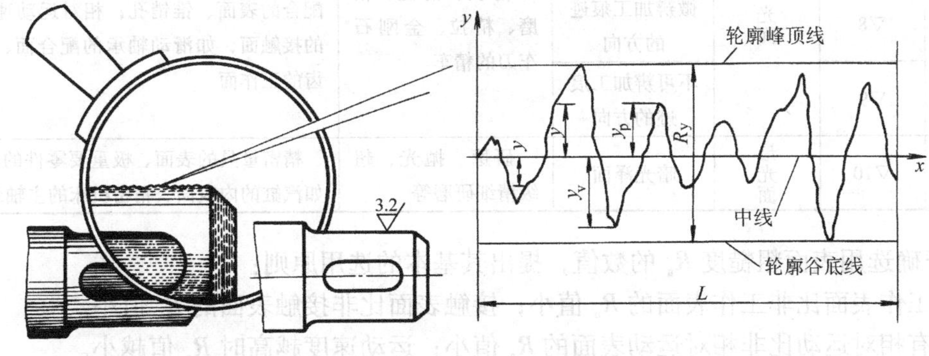


图 12 - 11　表面粗糙度概念

评定表面粗糙度的参数有三项：即高度参数轮廓算术平均偏差 $R_a$，高度参数轮廓微观不平度十点高度 $R_z$ 和表面粗糙度的轮廓最大高度 $R_y$。

机械制造工业中，常用的评定参数是轮廓算术平均偏差 $R_a$：

$$R_a = \frac{1}{l}\int_0^l |f(x)|\,dx \text{ 或近似为：} R_a = \frac{1}{n}\sum_{i=1}^{n}|y_i|$$

由此可见，$R_a$ 数值越小，表示零件的表面越光滑，表面质量越高；$R_a$ 数值越大，表示零件的表面越粗糙，表面质量越低。从加工方便和降低成本的角度来说，在满足使用要求的前提下，一般选用较大的 $R_a$ 值。

### 2. 表面粗糙度的选用

现将表面粗糙度 $R_a$ 的数值列于表 12 - 3 中，可根据零件表面的作用、加工方法和实物的表面光亮程度来选用 $R_a$ 数值。下面介绍表面粗糙度 $R_a$ 的选用和标注。

**表 12 - 3　表面粗糙度 $R_a$ 数值、表面特征及应用举例**

| 粗糙度数值/μm | 相当旧国标 | | 表面特征 | 主要加工方法 | 应用举例 |
|---|---|---|---|---|---|
| | 等级 | 名称 | | | |
| 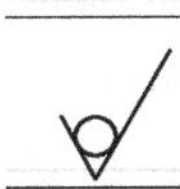 | ∞ | 非切削面 | 除净毛口 | 铸、锻、扎制、模制、吹砂铸件 | 铸件、锻件、碾压件的不接触面 |
| 50 | ▽1 | 粗糙面 | 明显可见刀痕 | 粗车、粗铣、粗刨、钻孔、锯断、用粗纹锉刀或粗砂轮等加工 | 一般很少应用 |
| 25 | ▽2 | | 可见刀痕 | | 不接触表面、不重要的接触面，如螺钉孔、倒角、机座底面等 |
| 12.5 | ▽3 | | 微见刀痕 | | |

（续）

| 粗糙度数值/μm | 相当旧国标 | | 表面特征 | 主要加工方法 | 应用举例 |
|---|---|---|---|---|---|
| | 等级 | 名称 | | | |
| 6.3 | ▽4 | 半光面 | 可见加工痕迹 | 精车、精铣、铰、镗、刮研、拉制（钢丝） | 静配合面，如箱和盖、键和键槽等要求紧贴的表面；零件间相对速度不高的接触面，如支架孔、衬套、带轮轴孔的工作面 |
| 3.2 | ▽5 | | 微见加工痕迹 | | |
| 1.6 | ▽6 | | 不见加工痕迹 | | |
| 0.8 | ▽7 | 光面 | 可辨加工痕迹的方向 | 精铰、精镗、精磨、精拉、金刚石车刀的精车 | 要求很好密合的接触面，如与滚动轴承配合的表面、锥销孔；相对运动速度较高的接触面，如滑动轴承的配合面、齿轮轮齿的工作面 |
| 0.4 | ▽8 | | 微辨加工痕迹的方向 | | |
| 0.2 | ▽9 | | 不可辨加工痕迹的方向 | | |
| 0.1 | ▽10 | 最光面 | 暗光泽面 | 研磨、抛光、超级精细研磨等 | 精密量具的表面、极重要零件的摩擦面，如汽缸的内表面、精密机床的主轴颈等 |

为正确选用表面粗糙度 $R_a$ 的数值，提出其基本的选用原则：

1）工作表面比非工作表面的 $R_a$ 值小；接触表面比非接触表面的 $R_a$ 值小。

2）有相对运动比非相对运动表面的 $R_a$ 值小；运动速度越高时 $R_a$ 值越小。

3）配合面、密封面、易腐蚀和尺寸精度高的表面粗糙度的 $R_a$ 值相对要小。

**3. 表面粗糙度的代号**

1）表面粗糙度符号的画法，参见图 12－12 中所展示的基本符号尺寸。

2）图样上表示表面粗糙度的符（代）号及意义，参见表 12－4 中的说明。

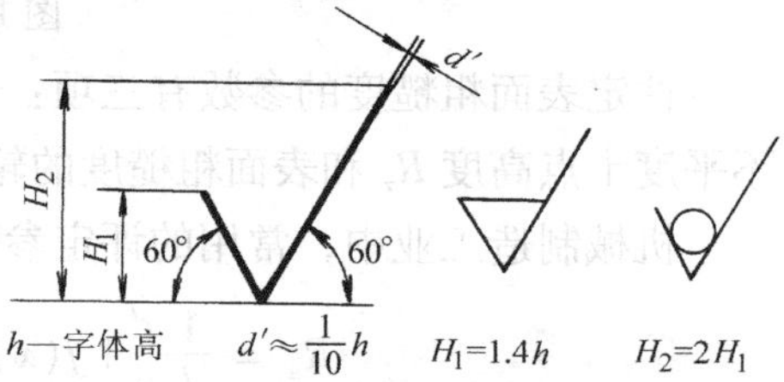


图 12－12　表面粗糙度的符号

**表 12－4　表面粗糙度的符（代）号及意义**

| 符号 | 意　　义 |
|---|---|
|  | 基本符号，表示表面可用任何方法获得 |
|  | 基本符号上加一短线，表示表面粗糙度是用去除材料的方法获得的<br>例如：车、铣、钻、磨、抛光、腐蚀、气割等 |
|  | 基本符号上加一圆圈，表示表面粗糙度是用不去除材料的方法获得的。例如：铸、锻、冲压、热扎、粉末冶金等。或者是用于保持原供应状况的表面 |
|  | 用去除材料的方法获得，$R_a$ 的上限值为 3.2μm |

**4. 表面粗糙度的标注**

在零件图样中，表面粗糙度的标注要求：

1）表面粗糙度符号的尖端，必须指向零件的被加工面。

2）代号注在轮廓线、尺寸线、尺寸界限或其延长线上。

3）在零件图样中，每一个表面只标注一次表面粗糙度。

4）表面粗糙度 $R_a$ 的数值方向，应与尺寸数字方向一致。

表面粗糙度在图样上的注写方法，应按国家标准 GB/T131—1993 规定，详见表 12－5 中的注写示例。

**表 12－5　表面粗糙度标注示例**

| | |
|---|---|
| 零件的表面具有不同的粗糙度要求时，应分别标出粗糙度的代号。代号一般注在可见轮廓线上<br>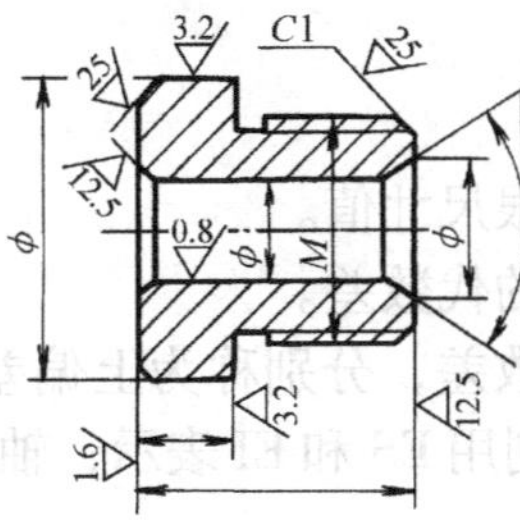 | 不连续的同一表面可用细实线连接，其表面粗糙度代号只标注一次<br>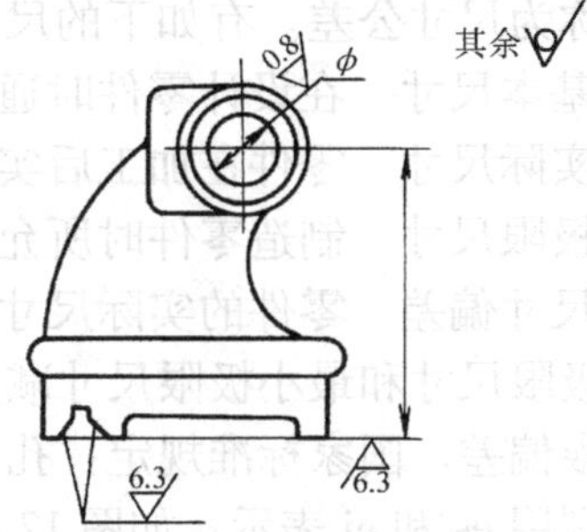 |
| 使用最多或全部的一种代号，可标注在图样右上角，并加注‘其余’或‘全部’字样，符号放大 1.4 倍<br>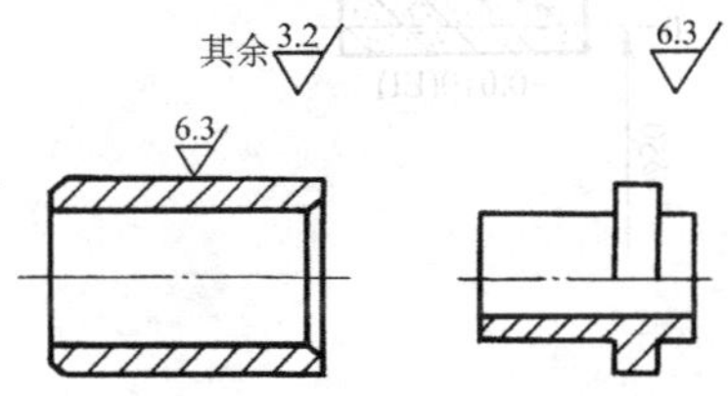<br>a)　　b) | 同一表面有不同的粗糙度要求时，需用细实线画出分界线，并注上相应的尺寸和表面粗糙度代号<br>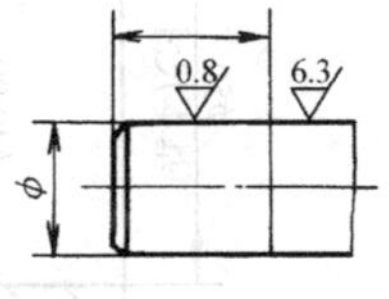 |
| 重复要素（槽、齿等）的表面，粗糙度代号可以只标注一次<br>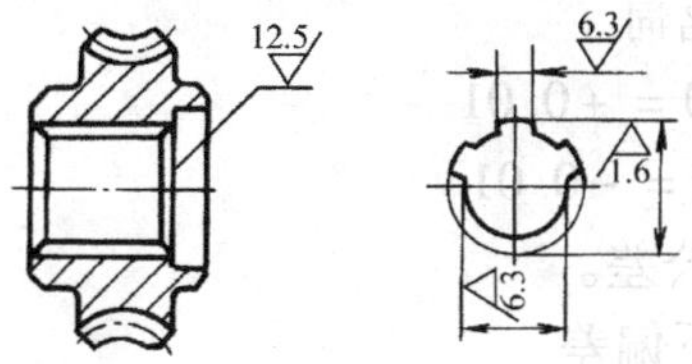 | 齿轮及渐开线花键工作表面的粗糙度代号一般注在节线上<br>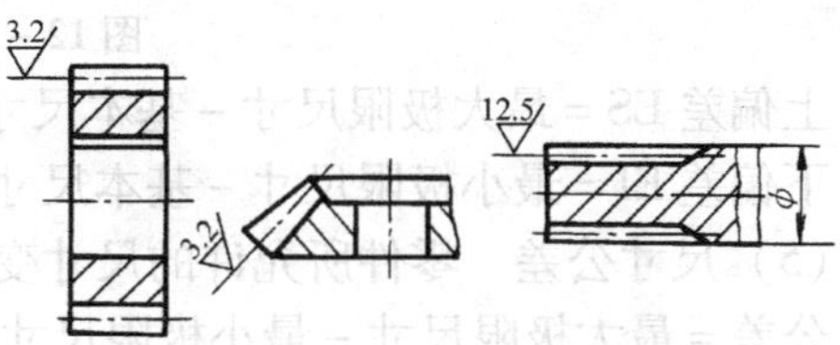 |
| 中心孔及键槽的工作表面、倒角、倒圆的表面粗糙度代号可以简化标注<br>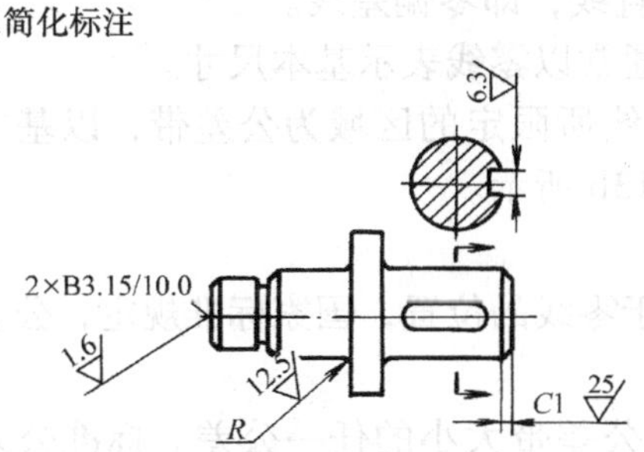 | 螺纹工作表面一般不注粗糙度代号，当需要注出又未画出牙形时，则必须与螺纹代号一起引出标注<br>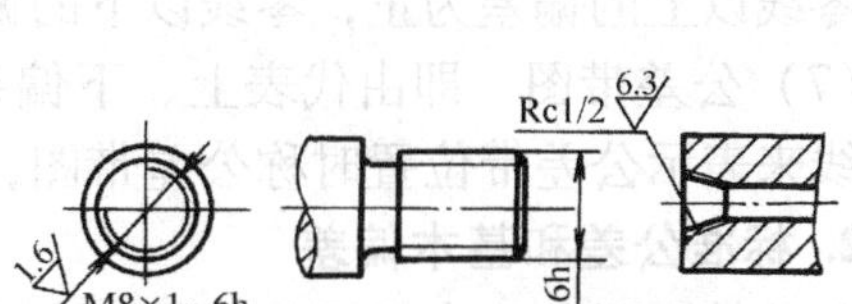 |

## 二、尺寸公差与配合

零件在加工过程中，由于机床精度、测量等诸多因素，零件的尺寸不可能加工的绝对准确，总会产生一些误差。若在加工好的同一批零件中任取一件，不经修配就能立即装到机器上去，并能保证使用要求，这种性质叫互换性。现代化的机械工业，要求机器零件具有互换性，这样既能满足各生产部门广泛的协作要求，又能进行高效率的专业化生产。

**1. 尺寸公差中的名词**

为了保证零件的互换性，必须把零件的尺寸限制在所允许的变动范围之内，所允许的尺寸变动量称为尺寸公差。有如下的尺寸公差术语：

（1）基本尺寸　在设计零件时通过计算所确定的尺寸。

（2）实际尺寸　零件在加工后实际测量所得到的尺寸。

（3）极限尺寸　制造零件时所允许的最大和最小的极限尺寸值。

（4）尺寸偏差　零件的实际尺寸减其基本尺寸所得到的代数差。

最大极限尺寸和最小极限尺寸减其基本尺寸所得的代数差，分别称为上偏差和下偏差，统称为极限偏差。国家标准规定：孔的上、下偏差代号分别用 ES 和 EI 表示；轴的上、下偏差代号分别用 es 和 ei 表示，如图 12－13 中所示。

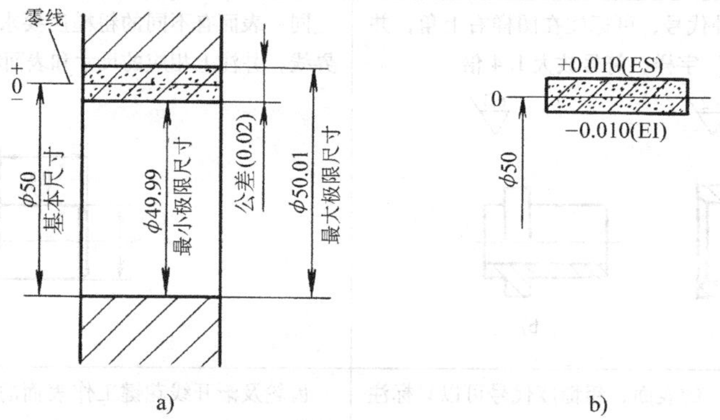


图 12－13　尺寸公差名词

上偏差 ES＝最大极限尺寸－基本尺寸＝50.01－50＝＋0.01

下偏差 EI＝最小极限尺寸－基本尺寸＝49.99－50＝－0.01

（5）尺寸公差　零件所允许的尺寸变动量称尺寸公差。

公差＝最大极限尺寸－最小极限尺寸＝上偏差－下偏差

如图 12－13 中，公差＝50.01－49.99＝0.01－（－0.01）＝0.02

（6）零线　在公差带图中确定偏差的一条基准直线，即零偏差线。

零线以上的偏差为正，零线以下的偏差为负。通常以零线表示基本尺寸。

（7）公差带图　即由代表上、下偏差的两条直线所限定的区域为公差带，以基本尺寸为零线来表示公差带位置时称公差带图，如图 12－13b 所示。

**2. 标准公差和基本偏差**

公差带图形象地表示了公差带的大小及其相对于零线的位置，国家标准规定，公差带大小由标准公差确定，公差带的位置由基本偏差确定。

（1）标准公差　在公差标准中所列的用以确定公差带大小的任一公差。标准公差是由基本尺寸和公差等级所决定的。

公差等级是用以确定尺寸精度程度的等级。国家规定了 20 个等级。即：IT01、IT0、IT1～IT18。IT 表示标准公差，数字表示公差等级。IT01 精度最高，以下逐级降低，IT18 精度最低。IT01～IT11 用于配合尺寸，IT12～IT18 用于非配合尺寸。在保证产品质量的前提下，应采用较低的公差等级。各级标准公差的数值，可查阅附录 C。

（2）基本偏差　用于确定公差带相对于零线位置的上偏差或下偏差，一般指靠近零线的那个偏差。当公差带在零线的上方时，基本偏差为下偏差；反之，则为上偏差。

如图 12－14 所示，孔和轴的基本偏差各有 28 个，其代号用拉丁字母表示，孔的基本偏差代号用大写，轴的基本偏差代号用小写。

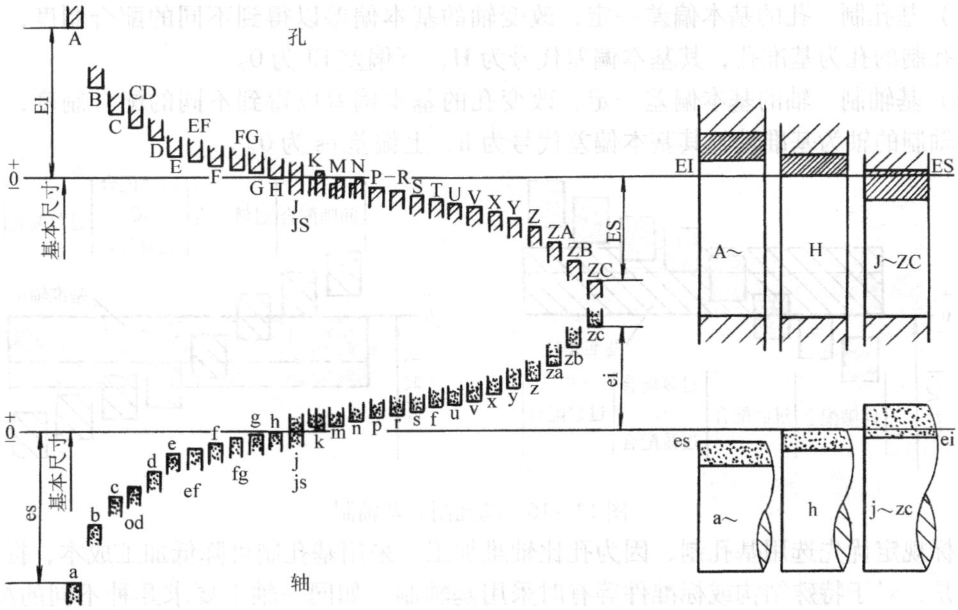


图 12－14　基本偏差系列示意图

（3）公差带代号　如图 12－14 所示，基本偏差系列图只表示公差带的位置，不表示公差带的大小。因此，孔和轴的公差带代号应由偏差代号和公差等级代号两部分组成，例如：

尺寸 $\phi$30H7 中：$\phi$30 为基本尺寸，H7 为孔公差带代号，H 为基本偏差，7 为公差等级。

尺寸 $\phi$30f6 中：$\phi$30 为基本尺寸，f6 为轴的公差带代号，f 为基本偏差，6 为公差等级。

**3. 配合**

基本尺寸相同、相互结合的孔和轴公差带之间的关系，称为配合。根据使用要求的不同，孔和轴之间的配合有松有紧。在国家标准中，按照松紧程度将配合分为三种，即：间隙配合、过盈配合和过渡配合，如图 12－15 所示。

（1）间隙配合　孔和轴产生间隙的配合。如图 12－15a 中孔的公差带在轴的公差带上方。

（2）过盈配合　孔和轴产生过盈的配合。如图 12－15b 中孔的公差带在轴公差带下方。

（3）过渡配合　孔和轴装配到一起可能产生间隙，也可能产生过盈的配合。如图 12－15c 中孔的公差带与轴的公差带互相交叠。

**4. 基准制**

为了方便设计和生产，国标规定了两种基准制，如图 12－16 所示。

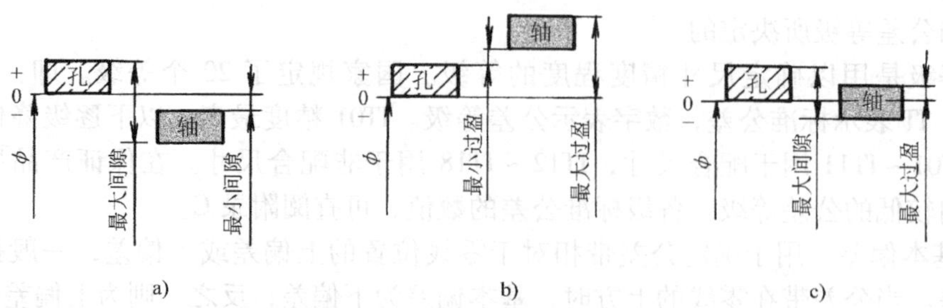


图 12－15　配合种类

a）间隙配合　b）过盈配合　c）过渡配合

（1）基孔制　孔的基本偏差一定，改变轴的基本偏差以得到不同的配合制度，叫基孔制。基孔制的孔为基准孔，其基本偏差代号为 H，下偏差 EI 为 0。

（2）基轴制　轴的基本偏差一定，改变孔的基本偏差以得到不同的配合制度，叫基轴制。基轴制的轴为基准轴，其基本偏差代号为 h，上偏差 es 为 0。

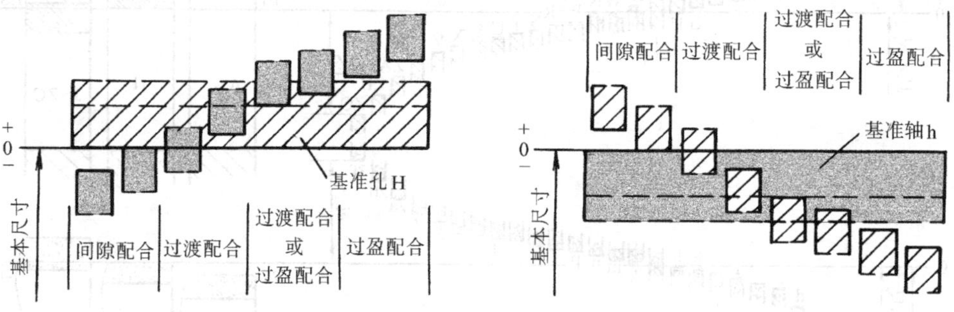


图 12－16　基孔制和基轴制

国标规定优先选用基孔制，因为孔比轴难加工。采用基孔制可降低加工成本，提高生产率。但是，对于特殊结构或标准件等有时采用基轴制，如同一轴上要求几种不同的配合时，如滚动轴承外径与轴承孔的配合即采用基轴制。

国标制定了基孔制和基轴制的优先和常用配合，见附表 C－1 和附表 C－2。设计时应尽量选用优先和常用配合。对于优先、常用配合中轴和孔的公差带上、下极限偏差，可直接查阅附表 C－3 和附表 C－4。

**5. 公差与配合的标注**

图 12－17 所示，为箱体零件上孔、轴套、轴配合的局部结构图。

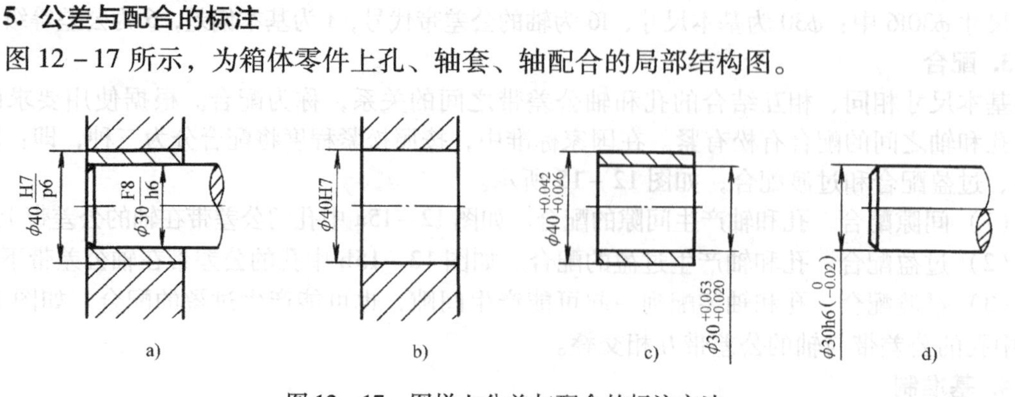


图 12－17　图样上公差与配合的标注方法

（1）在装配图上的标注　在装配图上标注公差与配合，采用组合式注法，即：基本尺寸$\frac{\text{孔的公差带代号}}{\text{轴的公差带代号}}$。

（2）在零件图上的标注　在零件图上标注公差的方法有三种形式：

1）只标注公差带代号。如图12－17b所示，一般在现代化的批量生产中，常采用公差带代号的形式标注。

2）只注极限偏差数值。如图12－17c所示，书写时将下偏差与基本尺寸写在同一底线上，上偏差写在基本尺寸的右上方；上、下偏差小数点及位数应对齐，数字较基本尺寸数字小一号；偏差前有正、负号，而0偏差前不写正负号。一般在小批量生产中采用该标准形式。

3）公差带代号和上、下偏差值同时注出，如图12－17d所示的标注形式。

注意：在附表中所查到的偏差值单位为微米（μm），在图上标注偏差时必须将查到的数值换算成毫米（mm）。

**［例题1］**　试说明图12－18a中尺寸$\phi$20H7/s6所表示的意义；查表确定孔和轴的上、下偏差值；并画出公差带图。

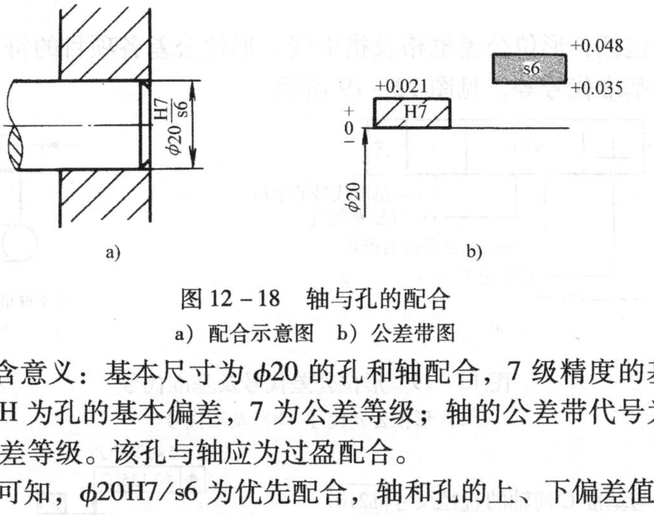


图12－18　轴与孔的配合

a）配合示意图　b）公差带图

①$\phi$20H7/s6的含意义：基本尺寸为$\phi$20的孔和轴配合，7级精度的基孔制，孔的公差带代号为H7，其中H为孔的基本偏差，7为公差等级；轴的公差带代号为s6，其中s为轴的基本偏差，6为公差等级。该孔与轴应为过盈配合。

②由附表C－1可知，$\phi$20H7/s6为优先配合，轴和孔的上、下偏差值可直接从附表C－3和附表C－4查出：

轴：查出$\phi$20s6的上、下偏差值+48μm 、+35μm，换算为+0.048mm、+0.035mm。

孔：查出$\phi$20H7的上、下偏差值为+21μm、0，换算为+0.021mm、0。

③尺寸$\phi$20H7/s6的公差带图，如图12－18b中所示。

## 三、形状和位置公差简介

零件的形状和位置公差简称形位公差，是指零件的实际形状和位置对理想的形状和位置的允许变动量。对一般零件来说，它的形位公差可由尺寸公差、加工机床的精度等加以保证，对于要求较高的零件，则根据设计要求，需要在零件图上注出有关的形状和位置公差。

### 1. 形状和位置公差的代号

国家标准GB/T1182—1996规定用代号来标注形状和位置公差，如表12－6中所示。在实际生产中，当无法用代号标注形位公差时，允许在技术要求中用文字说明。

**表 12 - 6　形位公差各项目符号**

| 分类 | 项　目 | 符　号 | 分类 | | 项　目 | 符　号 |
|---|---|---|---|---|---|---|
| 形状公差 | 直线度 | — | 位置公差 | 定向 | 平行度 | // |
| | 平面度 | ▱ | | | 垂直度 | ⊥ |
| | 圆　度 | ○ | | | 倾斜度 | ∠ |
| | 圆柱度 | ⌭ | | 定向 | 同轴度 | ◎ |
| | 线轮廓度 | ⌒ | | | 对称度 | ⌯ |
| | 面轮廓度 | ⌓ | | | 位置度 | ⌖ |
| | | | | 跳动 | 圆跳动 | ↗ |
| | | | | | 全跳动 | ⌰ |

形位公差代号包括：形位公差框格及指引线，形位公差各项目的符号，形位公差数值和其他有关符号以及基准代号等，见图 12 - 19 所示。

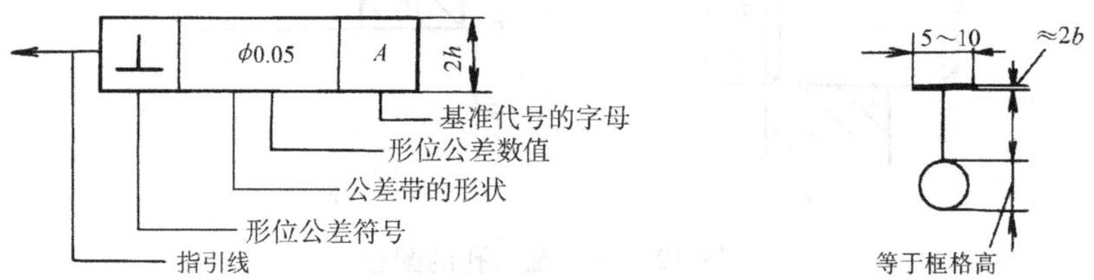


a)　　　　b)

图 12 - 19　形位公差代号及基准代号

a）形位公差代号　b）基准代号

**例 图 说 明：**

①5 × $\phi$21 孔对由与基准 C 同轴的直径尺寸 $\boxed{\phi 210}$ 确定，并均匀分布的理想位置的位置度公差为 $\phi$0. 125。

②$\phi125^{+0.025}_{0}$圆柱孔的轴线与轴线 $A$ 的同轴度公差为 $\phi$0. 05。

③$\phi150^{-0.043}_{-0.068}$圆柱表面对轴线 $A$ 的径向跳动公差为 0. 02。

④厚度为 20 的安装板左端面对 $\phi150^{-0.043}_{-0.068}$圆柱面轴线 $B$ 的垂直度公差为 0. 03。

⑤安装板右端面对 $\phi160^{-0.043}_{-0.068}$圆柱面轴线 C 的垂直度公差为 0. 03。

⑥$\phi160^{-0.043}_{-0.068}$圆柱表面对 $\phi85^{+0.010}_{-0.025}$圆柱孔轴线 $A$ 的径向跳动公差为 0. 03。

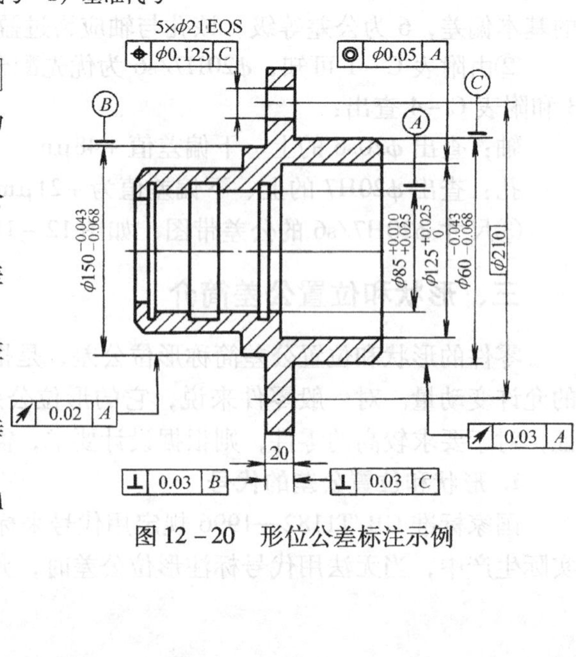


图 12 - 20　形位公差标注示例

**2. 形位公差标注**

图 12 – 20 所示，为盘套零件图中所标注的形位公差。对图中各处形位公差所表示的含义，可见图右边用文字的说明，以便于对照理解。

当被测量的要素为线或平面时，从框格引出的指引线箭头，应指在该要素的轮廓线或其延长线上，并与尺寸线错开。当被测要素是轴线或中心平面时，应将箭头与该要素的尺寸线对齐。

当基准要素是轴线或中心平面时，应将基准符号与该要素的尺寸线对齐，否则应与尺寸线错开。如图中 $A$、$B$、$C$ 等指轴线为基准。

## 第五节　读 零 件 图

在进行机械设计时，往往要先看些相关的图样，以便学习和借鉴；在进行加工制造时，技术人员要看懂零件图后制订工艺；在施工现场，也必须依照图样进行施工。所以，工程技术人员及管理人员，都要具备阅读零件图的能力。

读零件图，就是要看懂零件的结构形状，分析尺寸大小和加工精度，以及各项技术要求，还要了解零件的作用、材料、件数等有关内容。

### 一、读零件图的方法步骤

**1. 看标题栏**

了解零件的名称、材料、件数、重量、比例大小等，对零件有一个初步的认识。

**2. 分析视图**

首先搞清各视图间的对应关系，每个视图所采用的表达方法及表达的重点内容。

**3. 想象形状**

然后从主视图入手，把零件划分成若干个基本部分，并结合其他视图想象每个部分的结构形状，有时还要结合尺寸进行分析。同时，根据设计和工作方面的要求，了解零件每个表面和结构的作用，最后综合起来想象零件的整体结构。

**4. 分析尺寸**

分析零件各部分的定形尺寸、定位尺寸和零件的总体尺寸，以及注写尺寸时所选用的三个方向的基准。同时，还要求分析检查已有尺寸是否正确、齐全、清晰、合理。对于带有配合代号及公差数值的尺寸，要弄懂有关公差配合的意义和要求。

**5. 分析技术要求**

看清对零件各表面粗糙度的要求，哪些表面质量要求最高，哪些为不加工表面等。并了解尺寸公差、形位公差和文字说明中对制造、检验等方面的技术要求。

**6. 综合考虑**

将读懂的结构形状、尺寸大小和技术要求等内容综合起来，比较全面地掌握了零件的整体情况和要求。在读较复杂的零件图时，有时需参考有关的技术资料并进行细致的研究。

### 二、读图举例

**[例题 2]**　阅读图 12 – 21 所示的四通座零件图。

**1. 看标题栏、分析视图**

图 12－21 所示的零件名称为四通座，材料 HT250，这个零件是铸铁件。

该零件共采用三个视图表达，主视图采用 *A—A* 全剖视，重点表达上下通孔的内部结构，及与右边通孔之间的连接关系，并表达了菱形联接板的结构形状。俯视图采用局部剖视，着重表达座板的轮廓形状和安装孔的位置，以及右边通孔的内部结构与左边通孔之间的连接关系。并采用了 *B—B* 剖中剖和 *C* 向局部视图，用来表达安装螺栓孔和凸台的形状结构及尺寸。

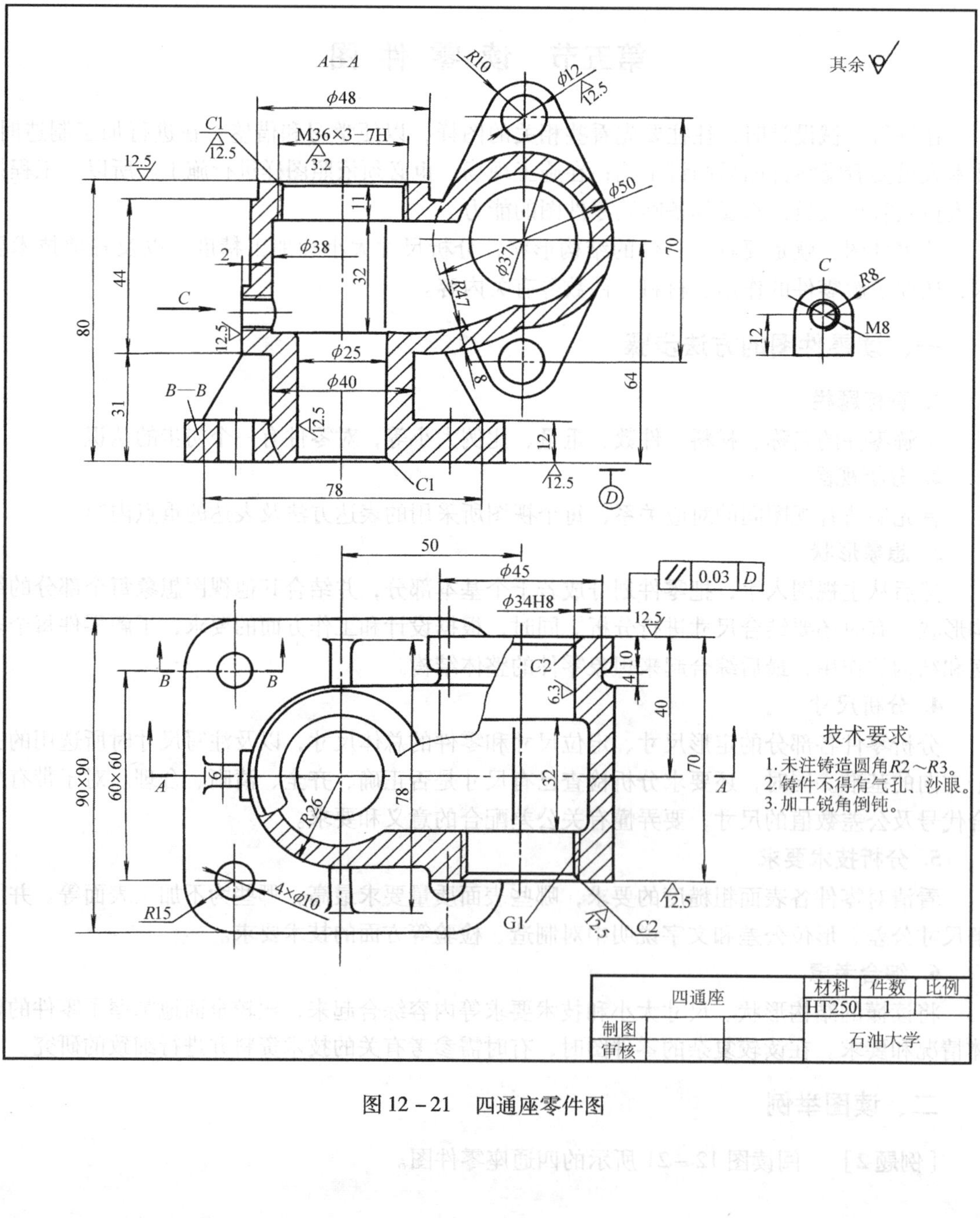


图 12－21　四通座零件图

**2. 分析形状、想象结构**

根据对图 12 - 21 中三个视图的分析，可将四通座分成三大部分：

(1) 底板部分：安装底板由 90 ×90、$R15$ 等确定轮廓形状，厚度为 12；安装底板上分布有 4 个 $\phi10$ 的螺栓孔，位置由 60 ×60 尺寸确定。

(2) 主体部分：通孔柱体位于安装板的上面，其圆柱外径为 $\phi40$、$\phi48$、$R26$，高度为 80、44 和 31 等，内孔为 $\phi25$、$\phi38$、M36 ×3 和孔深 11、32 等；右边圆柱外径为 $\phi45$、$\phi50$，同轴孔径为 $\phi34H8$、$\phi37$ 和 G1 螺孔等，内外长度为 70、32、10 和 4 等，后端菱形联接板为 $\phi12$、$\phi50$ 和 $R12$；定位尺寸有 30、50、64、70 等。

(3) 连接部分：由俯视图中四个支撑肋板由 78 和 6 确定形状与底板的相互位置，结合主视、俯视两个视图，可想象出主体与安装板、左右主体圆柱的连接结构和位置。

**3. 分析尺寸和技术要求**

通过上述形体分析，结合图 12 - 21 中所标注的尺寸可以分析出，高度方向的基准为安装板的底面，长度基准是主体圆柱的轴线，宽度方向的基准为安装板的前后对称面和菱形板的后端面。由三个方向的基准，进一步分析各部分的定形和定位尺寸。同时可确定各部分的形状和位置。

对于有公差要求的尺寸，如立圆柱螺孔的 M36 ×3 - 7H、$\phi34H8$ 等可查阅出尺寸的上、下偏差值，计算出相关的公差数值；由 | // | 0.030 | *D* | 可知圆柱孔轴线与底面的平行度要求。

按表面粗糙度 $R_a$ 值的大小，将零件表面分四类，即较光亮的表面 $R_a = 3.2$，次光亮表面 $R_a = 6.3$，一般加工表面 $R_a = 12.5$，其余为不进行切削加工的表面粗糙度。

**4. 综合构思**

把上述各项内容综合起来，就能得出对于这个四通座的总体概念，即对于四通座的结构形状、尺寸大小、技术要求、表面粗糙度等内容有了全面的认识和了解。在此基础上，从而可按程序进行下一步的工作。

[**例题 3**]　阅读图 12 - 22 所示的夹具体零件图。要求：

(1) 看懂零件的结构形状，分析尺寸及技术要求，并检查零件图中的问题。

(2) 试对视图的选择及表达方法进行分析，并对表达方案加以比较和讨论。

在阅读图 12 - 22 零件图时，可以针对以上两个问题进行分析读图。

**1. 看懂零件的结构形状**

夹具体零件共用五个视图表达，由主视图并结合其他视图，可以把它划分成三大部分：

(1) 底板部分　主要根据主、俯视图想象底板形状。底板上边左右两端有 $R16$ 的两个凸台；底板下边左右两边有宽为 20H9、深 5mm 的左右方向的通槽，左视图反映该槽的特征；从主视图右下角局部剖视还可看出，底板下边左右两边有两个螺纹孔，尺寸为 2 × M6 深 12，结合尺寸可确定螺纹孔的数量和位置。

(2) 中间圆柱体部分　大圆柱体外径 122，左右各有宽度 12 的肋板。由左视图看出内部结构主要分上下两个空腔，上空腔 $\phi75H7$ 深 44，下空腔 $\phi92$ 深 49（即 45 +4），中间有一厚为 23mm 的隔板，隔板下边有一凸台，直径为 $\phi50$ 高度为 4，隔板中间有一直径 $\phi20H9$ 的孔，带有键槽，将上下空腔连通。大圆柱体下边、前表面开有一槽，形状可以结合主、俯、左三个视图想象，在俯视图上注着尺寸 120°，在左视图上注着开槽的高度 16。

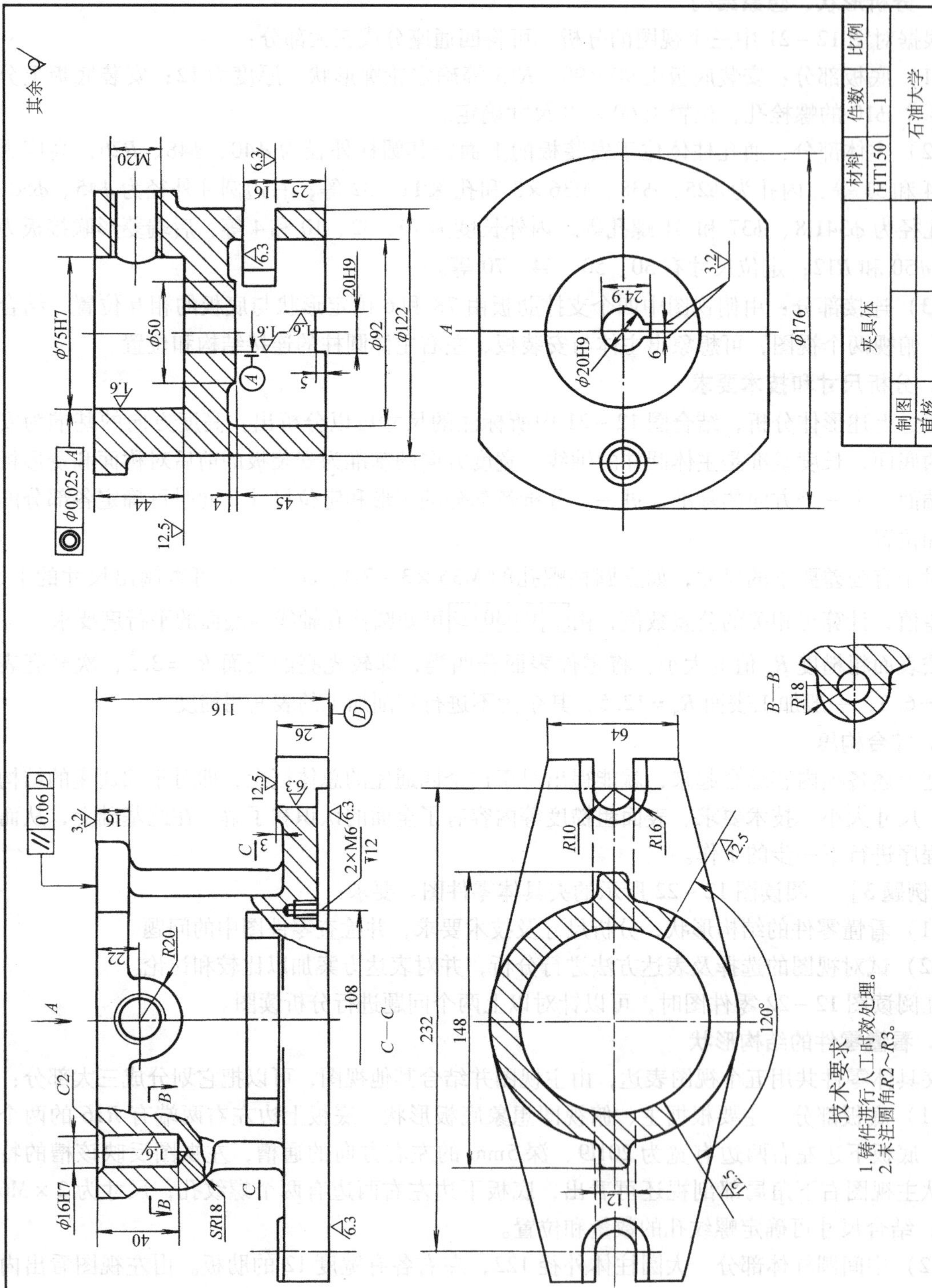


图 12-22 夹具体零件图

（3）顶部圆板部分　根据主视图、*A* 向局部视图和 *B*—*B* 局部断面图可以看出，圆板部分的直径 $\phi$176，厚度 16，前后被两个平面截切。圆板左边有一个 $\phi$16H7 深 40 的孔，为了不使钻孔时豁开，铸造时在圆板下边对应孔的位置铸出 *R*18 的小柱体，小柱体下边铸出 *SR*18 的球形。圆板前边、下边有 *R*20 的凸台，凸台上加工出 M20 的螺纹通孔。

**2. 分析尺寸并检查图中问题**

根据形体分析和已有的尺寸，找出长、宽、高三个方向的尺寸基准。长度方向和宽度方向基准分别为：左右方向和前后方向的主要对称面；高度方向基准为底板的底面。

在图 12－22 零件图中，可见有四处带有公差的尺寸，应能够看懂有关符号的意义，并能根据附录中附表 C－4 查出相应的上、下偏差值。

按照形体分析法，检查各部分的定位、定形尺寸是否齐全。通过分析可见，零件底板缺少总长尺寸，*A* 向局部视图中顶板前后两面缺少宽度尺寸，主视图中顶板左边 $\phi$16H7 孔的位置尺寸漏注，必须补全。

**3. 表达方法的比较和讨论**

在该零件主视图中，可以在左边自上而下采用范围较大一点的局部剖视，从而省去右下角的局部剖，这样整体性会更好一些。

俯视图也可采用视图表达，将顶面的圆板和底板形状同时表达清楚，省去 *A* 向局部视图，但要增加 *C*—*C* 断面图，以表达前边所开 120°槽的形状。

左视图也可将前边 M20 的螺纹孔局部剖开，既表达内部结构，也保留外部形状。读者可以在看懂零件图的基础上，进一步的分析研究，以确定最好的表达方案。

## 第六节　零件的测绘

零件的测绘就是依据实际零件画出它的图形，测量出其尺寸，制定出恰当的技术要求。在进行机器的设计、修配、革新和改造时一般需要进行零件的测绘。

### 一、画零件草图

在进行零件的测绘时，因受现场条件的限制，一般先由实物画出零件草图。在进行新机器或产品的设计时，也先构思画出草图，然后由草图绘制成零件工作图。有时常常因为时间紧急，要求用零件草图直接加工零件，因此，零件草图必须具备零件工作图应有的全部内容。

在图 12－23 中所示，为阀体的零件草图，该图形除了为徒手绘制以外，其内容与零件工作图没有区别。

**1. 画零件草图的步骤**

（1）分析零件　对零件在机器中的装配关系和工作情况，及零件各部分的结构进行分析。此外，还要对零件的加工方法、零件的名称、材料、件数等做大致的了解和分析。

（2）绘制图形　根据零件的结构特征选择视图，确定表达方案。草图一般采用徒手及目测比例的方法绘制，首先画出零件主要结构的图形，然后画出局部细节。

（3）测量尺寸　正确选择和使用量具，并进行准确的测量。测量尺寸是画零件草图的一个重要环节。一般按结构分析的方法先画出尺寸线，然后边测量边填写出尺寸数字。

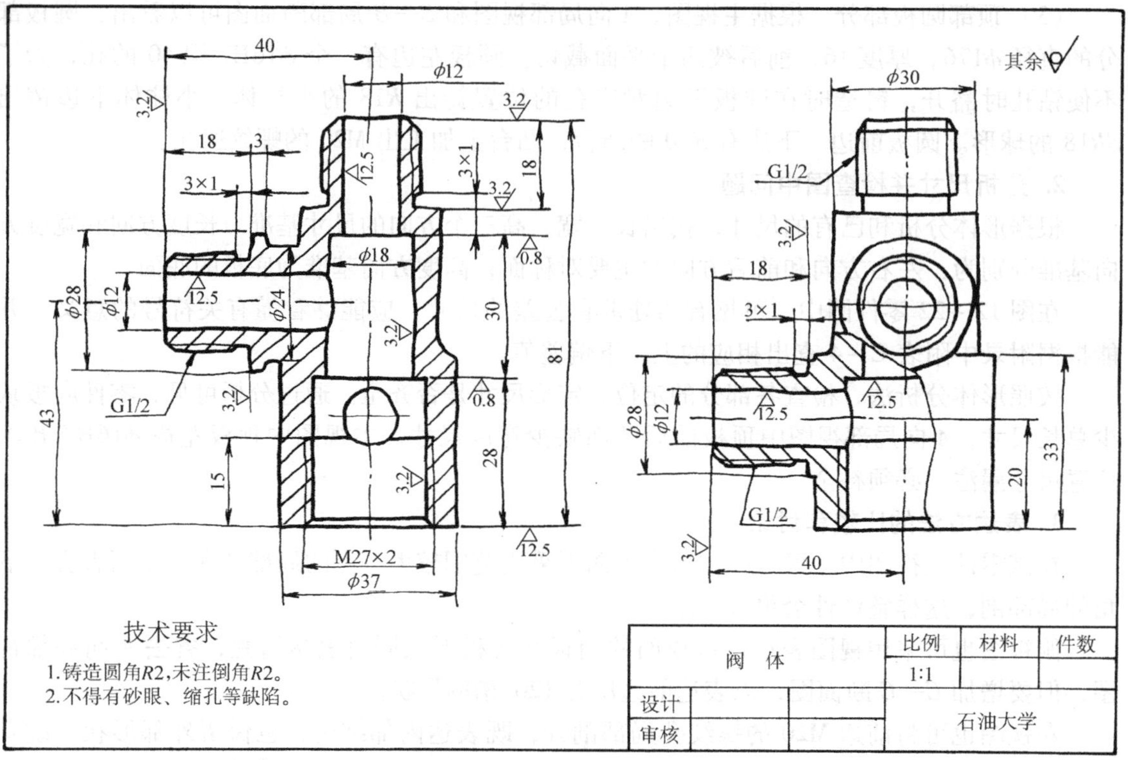


图 12-23 阀体的零件草图

（4）推测技术要求 根据零件功用及对每一个结构的要求，推测出材料、配合、表面粗糙度等相应的技术要求。有时用文字注写在图样上，并填写标题栏等内容。

**2. 测绘时需注意的问题**

1）对零件的细部结构，如倒角、退刀槽、凸台、凹坑等都应如实画出。对零件的制造缺陷，如砂眼、刀痕等，以及长期使用造成的磨损、偏心、不对称等，应加以分析后，按正确的结构画出，不能按原样照画。

2）对于标准结构的尺寸、重要尺寸，应根据初测的数值，经计算、查表后，标注标准化的尺寸，如螺纹、键槽、齿轮的轮齿部分及如齿轮中心距等。对于配合结构，基本尺寸应相同，如轴和孔配合，内、外螺纹联接等。对于次要尺寸，允许适当圆整成整数。

3）对难以测定的技术问题，可参考有关资料，用类比的方法提出合理的技术要求。在测量零件尺寸时，应根据尺寸的精度和具体结构形状，选用合适的量具并掌握正确的测量方法。

常用的量具如图 12-24 所示：直尺、游标卡尺、内外卡钳，还有千分尺、螺纹规、圆角规和角度测量仪等。表 12-7 中列出了零件部分结构常用的测量方法，在测绘过程中要逐渐熟悉量具和测量技巧。

## 二、绘制零件工作图

依照零件草图绘制出工作图，画零件工作图时应按以下步骤进行：

**1. 分析草图**

首先对零件的视图进行分析，对视图间的关系、表达是否正确，方法是否恰当。然后对草图中的尺寸标注是否合理，技术要求等内容进行分析。

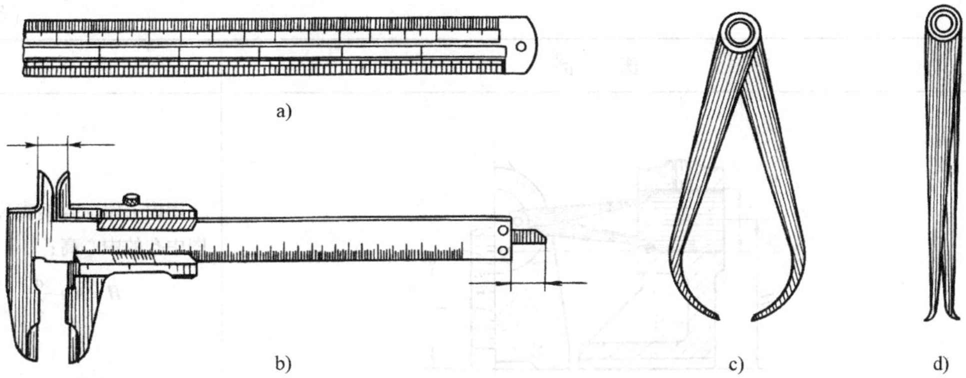


图 12－24　常用的测量工具

a）钢直尺　b）游标卡尺　c）外卡钳　d）内卡钳

**表 12－7　部分结构的测量方法**

| 类别 | 图　例 | 说　明 |
| --- | --- | --- |
| 直线尺寸 | 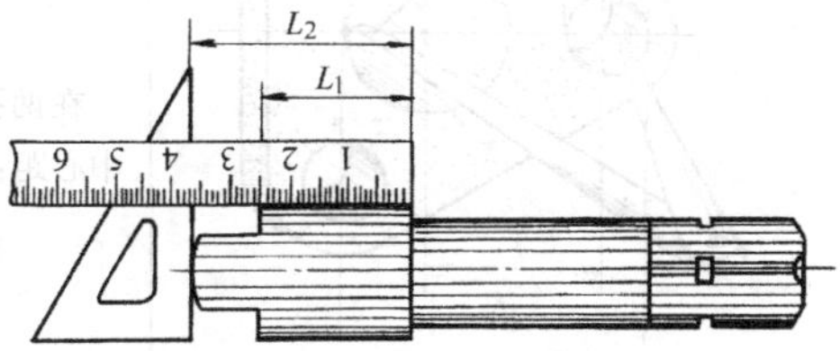 | 线型尺寸一般可直接用钢直尺测量，如图中 $L_1$，必要时也可以用三角板配合测量，如图中 $L_2$ |
| 直径尺寸 | 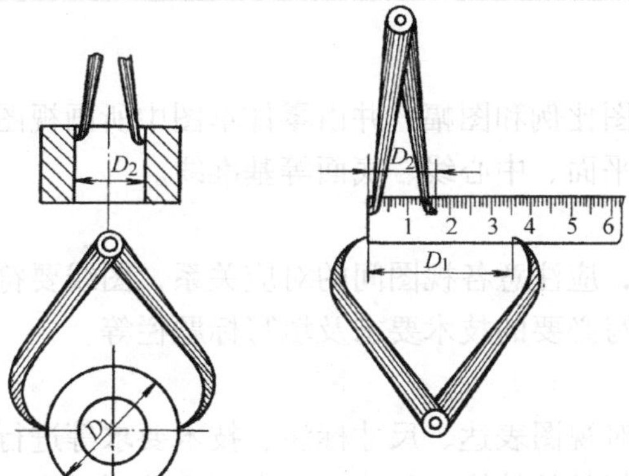 | 外径用外卡钳测量，内径用内卡钳测量，再在钢直尺上读出数值，如图中 $D_1$、$D_2$<br>测量时应注意，外（内）卡钳与回转面的接触点应是直径的两个端点 |
| 壁厚尺寸 | 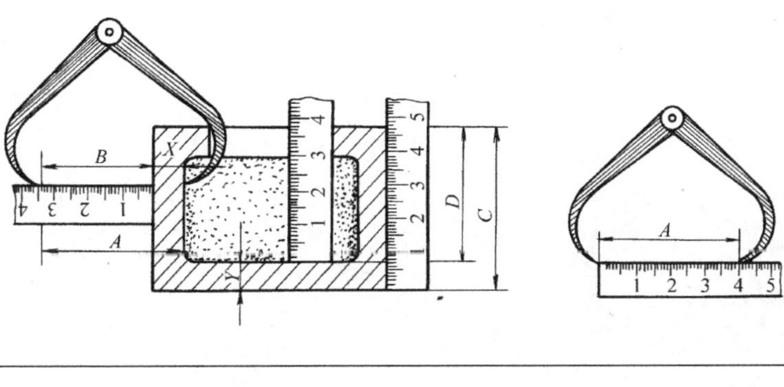 | 在无法直接测量壁厚时，可把外卡钳和直尺合并使用，将测量分两次完成，如图中 $X=A-B$；或用钢直尺测量两次，如图中 $Y=C\ \ D$ |

（续）

| 类别 | 图例 | 说明 |
| --- | --- | --- |
| 中心高的尺寸 | 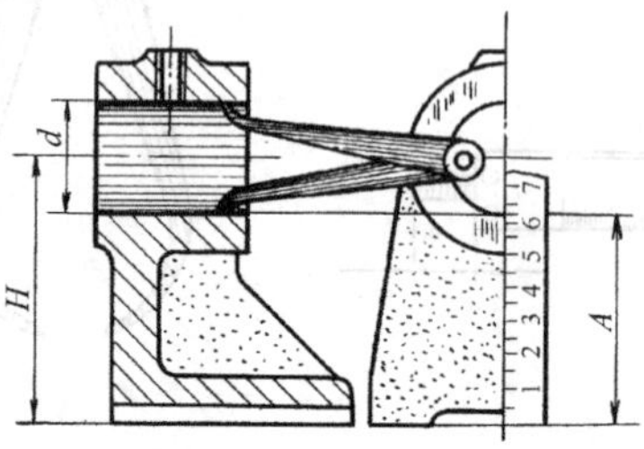 | 用内卡钳配合钢直尺测量，图中孔的中心高：$H = A + \frac{d}{2}$ |
| 孔间距尺寸 | 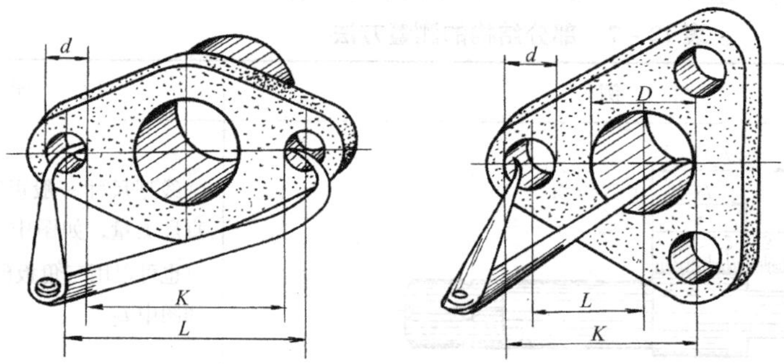 | 可用外（内）卡钳配合钢直尺测量。在两孔的直径相等时，其中心距：$L = K + d$ 在两孔的孔径不等时，其中心距：$L = K - \frac{(D+d)}{2}$ |

**2. 进行视图布置**

根据零件的结构和大小选定绘图比例和图幅。并由零件草图中所画视图的数量和表达方案布置视图。即画出各图形的对称平面、中心线、底面等基准线。

**3. 绘制出零件图**

依据草图资料绘制零件工作图，应注意各视图间的对应关系，图线要符合规定，粗细分明，尺寸标注要合理、完整，并注写必要的技术要求及填写标题栏等。

**4. 审核图样**

当绘制完零件工作图后，必须对视图表达、尺寸标注、技术要求等进行认真的审核。特别是对相互配合、联接的零件，其相关的结构、尺寸、技术要求等要对应一致。

# 第十三章　装　配　图

装配图是用来表达机器或部件的图样，它是机械工程中的重要技术文件。在进行一部机器或部件的设计过程中，一般都是先画出部件或机器的装配图，再根据装配图设计绘制出零件图。在生产过程中，先按零件图加工零件，再根据装配图把零件装配成机器或部件。

在对现有机械设备的使用和维修过程中，常需要通过装配图来了解机器的结构和联接关系。装配图也常用来进行设计方案的论证和技术交流。因此，装配图是设计、安装、维修机器或进行技术交流的一项重要的技术资料。

## 第一节　装配图的内容

图 13－1 所示为无座齿轮液压泵部件的立体图，而图 13－2 展示了无座齿轮液压泵部件的装配图。从图中可以看出，一张完整的装配图应包括下列四项内容。

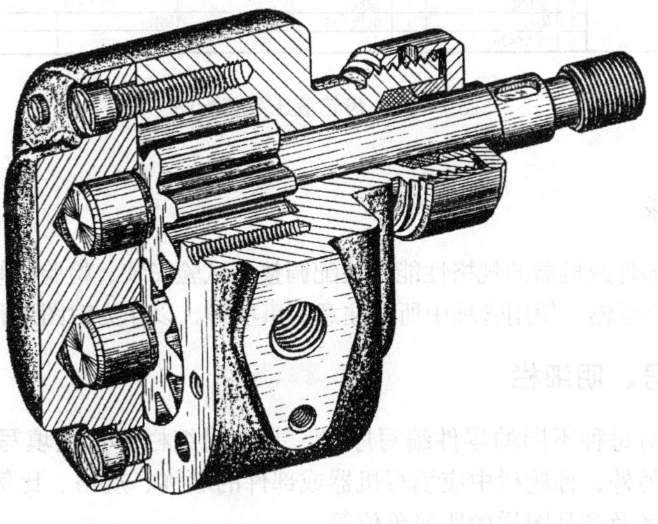

图 13－1　齿轮液压泵

### 一、一组视图

根据装配图的规定画法和表达方法，按各零件的相互关系画出的一组视图。用来表达机器或部件的工作原理、结构形状、装配关系、联接情况及主要零件的结构形状等，如在图 13－2 中所展示的齿轮泵的装配图。

### 二、几种尺寸

装配图中一般需要标注如下尺寸：表示机器或部件的规格性能尺寸、配合联接尺寸、部件总体尺寸、零件重要尺寸、固定部件或机器时所需要的安装尺寸等。如图 13－2 装配图中

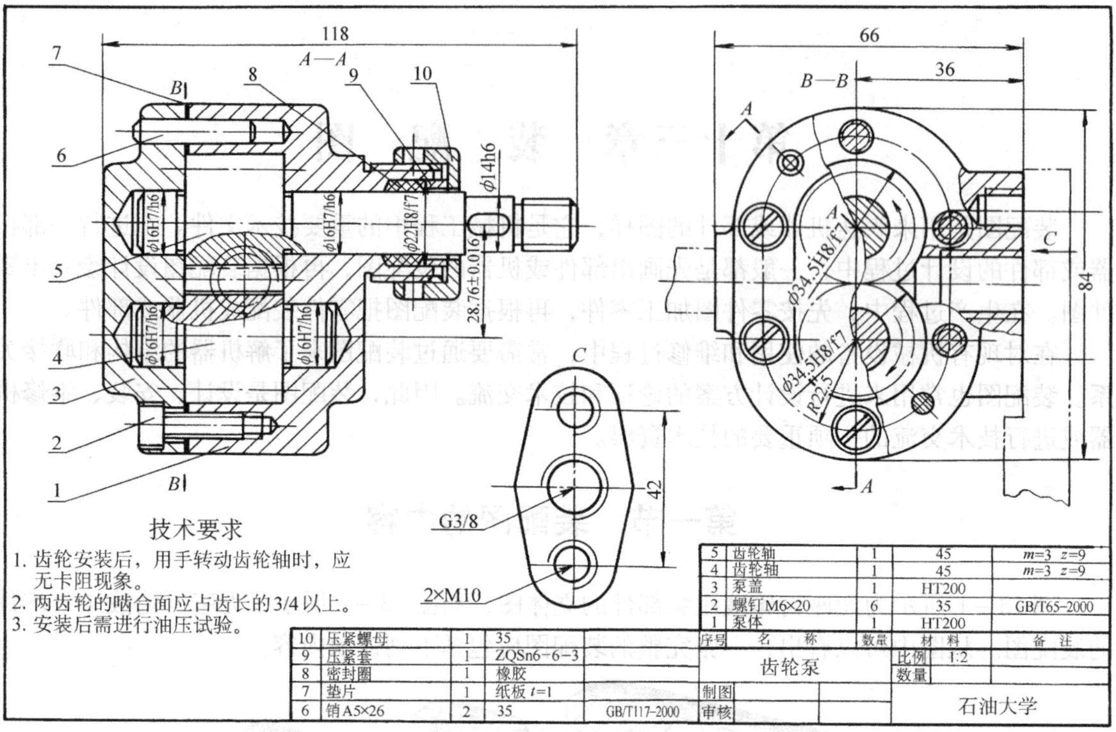


图 13－2　齿轮液压泵装配图

所标注的有关尺寸。

### 三、技术要求

需用文字说明部件或机器的规格性能、装配调整、试验安装、检验维修时所需要达到的技术要求，以及在包装运输、使用管理中所要注意的事项等，以作为对图形和尺寸的补充表达。

### 四、零件编号、明细栏

在装配图中应对每种不同的零件编写序号，并在明细栏中依次填写出序号、名称、件数、材料等内容。另外，标题栏中应填写机器或部件的名称、规格、比例、图号，设计、制图、校核人员的签名及产品图样的所属单位等。

## 第二节　装配体的表达方法

前面所介绍的视图、剖视、剖面、局部放大以及规定画法等各种基本的表达方法，在装配图中都完全适用，这也是装配图所采用的一般表达方法。但因装配图与零件图的作用不同，所表达的内容与重点也不同，所以，装配图还有一些规定画法及特殊的表达方法。

### 一、装配图的规定画法

装配图需将机器或部件的所有零件画到一起，来表达其工作原理、结构特征、装配联接关系以及主要零件的结构形状等。因此，国标制定了装配图的规定画法：

1）在装配图中相邻两零件的接触面和配合面只画一条粗实线，而对公称尺寸不同的非接触面必须画两条粗实线。

2）相邻两零件的剖面线应方向相反，或方向相同间隔不等；同一零件在各视图中的剖面线方向和间隔必须一致。

3）对于标准件和实心件，若剖切平面通过其基本轴线时，则这些零件均按不剖画出，必要时可以采用局部剖视。

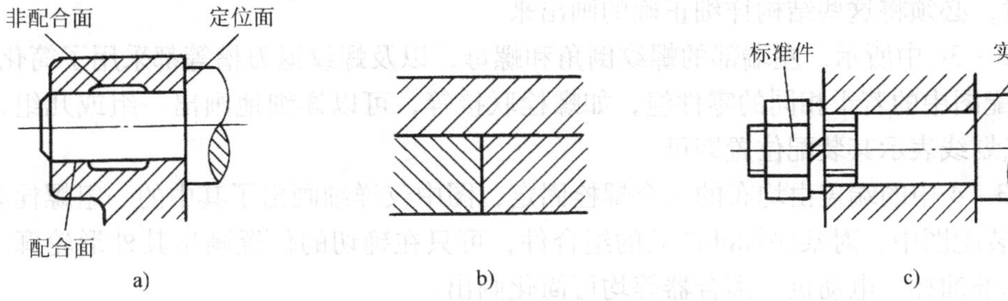


图 13－3　装配图的规定画法

以上装配图中的三条规定画法如图 13－3 中所示，这与前面所介绍的螺纹紧固件联接的画法基本一致。图 13－2 所展示的齿轮液压泵的装配图，就是完全按照上述三条基本规定画出的。

## 二、特殊的表达方法

### 1. 沿结合面剖切

为了表达部件的内部结构和装配关系，可假想沿某些零件的结合面进行剖切，以表达相应的内部结构，这里需要注意的是，结合面上并不画出剖面线。

如图 13－2 中的 *B*－*B* 剖视图，就是沿泵体和泵盖的结合面剖开画出的，图中结合面上没画剖面线，而螺钉、销钉被截断面中的剖面线照样画出。

### 2. 拆卸画法

在装配图中当零件遮住了视图中需要表达的结构时，可假想拆去这些零件后再画出投影图，必要时需对画出的图形加注“拆去××件”。

### 3. 假想画法

在装配图中，对机器或部件中运动零件的运动范围或极限位置，或表示两部件之间的相互位置及联接关系的轮廓线，常用双点划线画出其假想投影轮廓。

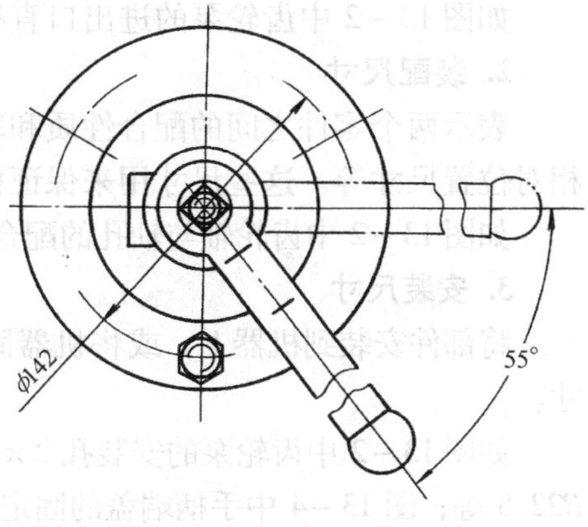


图 13－4　操纵手柄

如图 13－2 中左视图两边的双点划线，表示齿轮液压泵的安装和进出油管的联接情况。而图 13－4 中的双点划线，则表示了机器操纵手柄上下转动 55°后的极限位置。

### 4. 夸大画法

在部件中零件的大小差别比较大，对装配图中一些薄的垫片、小的零件及细小间隙等，为表达的更清楚可以不按图中的比例绘制，而采用夸大的画法画出。

如图 13－2 中的垫片 7、零件 5 与 9 的间隙等，就是采用夸大的方法画出的。

**5. 单独表达**

对装配图中的重要零件的某些结构，需要表达但还没有表达清楚时，可将该零件从部件中拆出，单独画出该零件的某一视图，且一般需要对图形进行标注。

如图 13 -2 中的泵体零件 1 的 *C* 向视图，单独画出了齿轮液压泵安装面的结构与尺寸。

**6. 简化画法**

1）装配图中的零件工艺结构，如圆角、倒角、退刀槽等可以省略不画。但由装配图拆画零件图时，必须将这些结构详细正确的画出来。

如图 13 -3c 中所示，左端部的螺纹倒角和螺母，以及螺纹退刀槽等都采用了简化画法。

2）装配图中的若干相同的零件组，如螺栓联接等，可以详细地画出一组或几组，其余的只要用点划线表示其装配位置即可。

在图 13 -4 中的端盖由均布的三个螺栓固定，图中仅详细画出了其中的一组螺栓联接。

3）在装配图中，对某些标准产品的组合件，可只在确切的位置画出其外形轮廓。如通常使用的标准油杯、电动机、离合器等均可简化画出。

## 第三节　装配图的尺寸与编号

### 一、装配图中的尺寸

由于装配图与零件图的作用完全不同，因此，对标注装配图的尺寸要求也完全不一样。所以，装配图中一般只需要标注以下几种尺寸。

**1. 规格尺寸**

表示机器或部件的规格性能的尺寸，用来确定机器或部件的工作范围和能力。这些尺寸在设计时就已经确定，因此，它是设计和使用机器或部件的依据。

如图 13 -2 中齿轮泵的进出口直径为 G3/8，及图 13 -16 中截止阀的管口直径 $\phi$50。

**2. 装配尺寸**

表示两个零件之间的配合性质和联接方式的尺寸，及轴线之间的距离和零件间较重要的相对位置尺寸等。这些尺寸用来保证机器具有良好的工作状况和性能。

如图 13 -2 中齿轮轴与轴孔的配合尺寸 $\phi$16H7/h6，两齿轮轴的距离尺寸 28.76 ±0.016。

**3. 安装尺寸**

将部件安装到机器上，或将机器固定在基础上所需要的尺寸，以及与安装设备有关的尺寸。

如图 13 -2 中齿轮泵的安装孔 2 × M10 及定位尺寸 42，泵盖与泵体的固定尺寸形状或位置 *R*22.5 等；图 13 -4 中手柄端盖的固定尺寸 $\phi$142。

**4. 总体尺寸**

表示机器或部件的总长、总宽、总高的尺寸，它为机器或部件的包装、运输、存放及安装时所占空间等提供了重要数据。

如图 13 -2 中的总长尺寸 118、总宽 66 和总高 84 等。

**5. 其他重要尺寸**

在设计过程中经计算确定或选定的尺寸，主要零件的重要结构尺寸，运动件的极限位置尺寸等。

如图 13－2 中齿轮的直径 $\phi34.5H8/f7$，图 13－4 中的手柄的旋转角度 55°。

应该指出：并不是每一张装配图中都标有上述五种尺寸，且同一尺寸也可能兼有几种尺寸的意义。因此，在装配图上标注尺寸时，应根据机器或部件的实际情况合理地进行标注。

## 二、零件的序号与明细表

为了便于图样的管理和读图，在装配图上必须对每一种零、部件进行编号；并将有关的内容填写在明细表和标题栏内，如图 13－2 中所示。

**1. 零件的序号**

1）在装配图中，形状、尺寸、材料、规格等相同的零部件，通常只编写一个序号，且一般只标注一次，必要时也可重复标注相同的序号。

2）序号应注写在指引线一端的横线上或圆内，同一装配图中编注序号的形式应一致。序号数字高度应比装配图中所标注的尺寸数字大一号或两号，如图 13－5 所示。

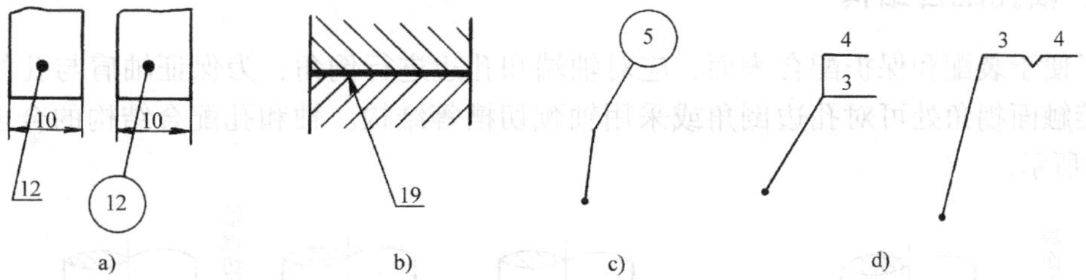


图 13－5 零件序号的编注形式

3）指引线采用细实线，应从所指零件的可见轮廓内引出，且末端画一个小圆点。若所指的零件较薄或为涂黑的剖面时，可在指引线的末端画出箭头，并指向该零件的轮廓。

4）两指引线不能相交，当指引线通过有剖面线的区域时，一般不能与剖面线平行。必要时可将指引线画成折线，但只能曲折一次，如图 13－5 中所示。

5）对一组螺纹紧固件或装配关系清楚的零件组，可采用公共指引线，如图 13－5 所示。

6）序号应按顺时针或逆时针方向，顺序垂直或水平整齐排列在视图之外。

**2. 填写明细表**

明细表是装配图中全部零、部件的详细内容清单，填写时应遵守下列事项：

1）明细表应画在标题栏的上方，零部件的序号应自下而上填写，便于修改和补充。当上方位置不够时，可在标题栏的左边接着继续填写，如图 13－2 中所示。

2）对于标准件、常用件，应在其名称栏内填写规格代号或重要参数。标准代号等一般填写在备注栏内。如螺钉 M6×20，齿轮 $m=3$，$z=9$，GB/T117—2000 等。

3）材料栏内填写制造该零件所用材料的名称或牌号。热处理等也常填写备注栏内。

# 第四节 装配结构的工艺性

机器和部件的装配工艺要求零件结构的合理性，不合理的结构不仅影响工作性能和设计精度，还会给装拆、修理和操作带来困难。下面介绍几种常见的装配结构。

## 一、两零件接触面

两零件表面接触时，在同一方向上接触面的数量一般只有一个，要避免两组表面同时接触，否则会给加工和装配造成麻烦。两零件接触面的合理性见图 13 -6 中所示。

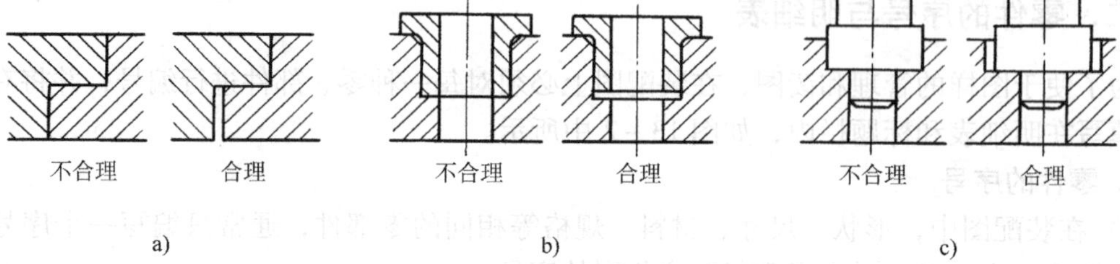


图 13 -6　两零件接触面结构的合理性

## 二、轴孔配合结构

为了便于装配和保护配合表面，应对轴端和孔边进行倒角；为保证轴肩与孔的端面接触，在接触面拐角处可对孔边倒角或采用轴颈切槽等结构。轴和孔配合结构的合理性见图 13 -7 中所示。

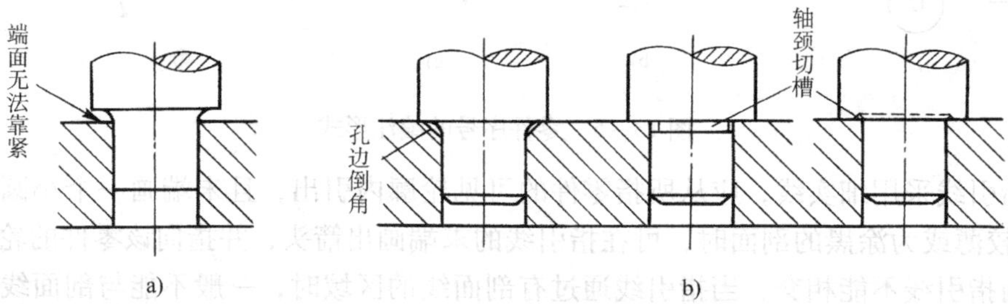


图 13 -7　轴和孔配合结构的合理性

a）不合理　b）合理

## 三、便于拆装结构

设计机器和部件时，要考虑安装、拆卸和维修的方便。如图 13 -8a 中所示，滚动轴承的内、外圈应方便从轴肩或箱体孔中拆出；图 13 -8b 为连接螺钉便于拆装的结构对比。

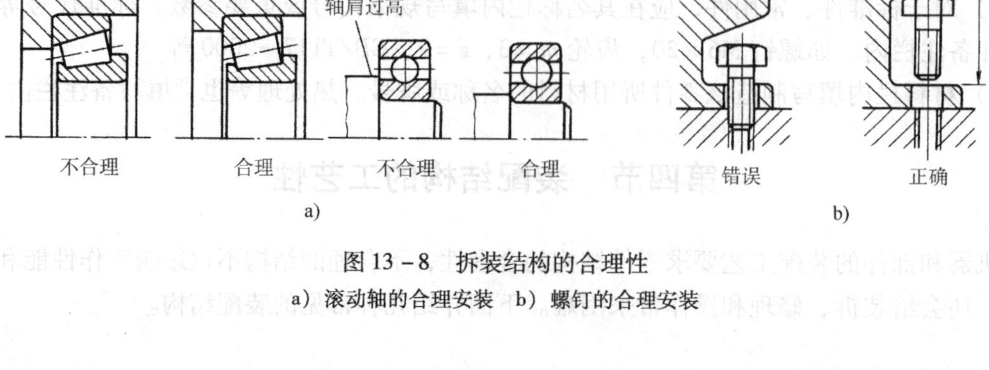


图 13 -8　拆装结构的合理性

a）滚动轴的合理安装　b）螺钉的合理安装

## 四、轴承的固定与密封

为保证传动机构良好的运转状况，常要求轴承具有良好的定位和密封。一是减少噪声，保证传动精度；二是防止灰尘与水分进入，又防止润滑剂渗漏。轴承定位和密封的所用零件与结构，有些已标准化了，可从有关手册中查取。图 13－9 中所示，为轴承定位和密封的常见结构与画法。

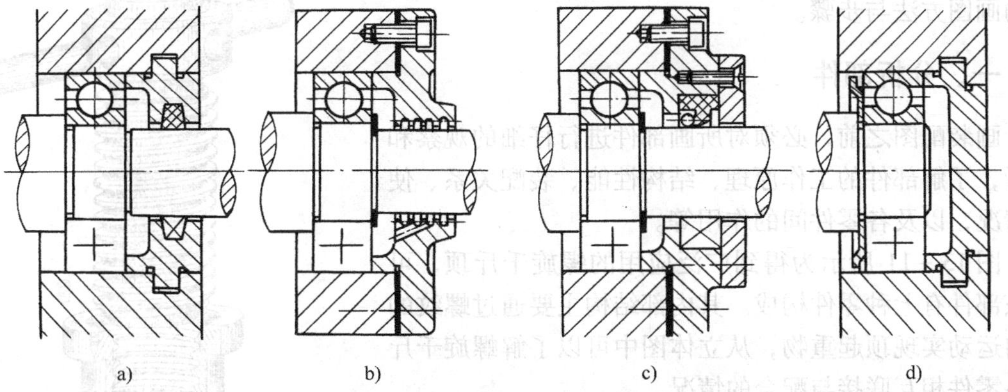


图 13－9　轴承的固定与密封

## 五、典型的防漏装置

在某些部件或机器中需要密封防漏装置，密封防漏是泵和阀上的常见结构。常用沾油石棉绳或橡胶作填料，通过调节螺母使压盖压紧填料，从而产生防漏的作用。填料压盖与轴杆之间要有间隙，以免轴杆运动时产生摩擦；填料压盖轴向要有足够的压紧空间。图 13－10 为典型的防漏装置。

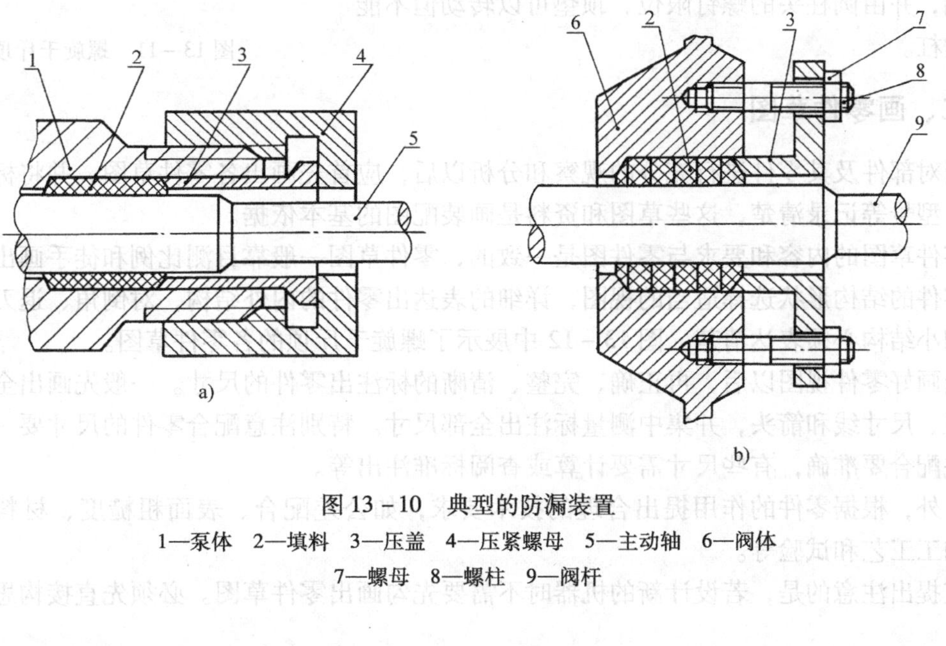


图 13－10　典型的防漏装置

1—泵体　2—填料　3—压盖　4—压紧螺母　5—主动轴　6—阀体

7—螺母　8—螺柱　9—阀杆

## 第五节　绘制装配图

装配图应将机器或部件的工作原理、结构特征、装配关系、联接情况及主要零件的结构形状表达清楚。为此，必须恰当地选择视图及其表达方案。

现以图 13－11 所示的螺旋千斤顶为例，说明装配图的画图方法与步骤。

### 一、分析部件

画装配图之前，必须对所画部件进行仔细的观察和分析，了解部件的工作原理、结构性能、装配关系、使用情况，以及各零件间的作用等。

图 13－11 所示为得到广泛应用的螺旋千斤顶，可见该部件有七种零件构成。其内部结构主要通过螺纹的轴向运动实现顶起重物，从立体图中可以了解螺旋千斤顶各零件相互联接与配合的情况。

螺旋千斤顶的工作原理：装在丝杠十字孔里的铰杆顺时针转动时，使丝杠向上移动，从而顶起重物；若反方向旋转铰杆则丝杠下降，重物复回到原位。

螺旋千斤顶各零件间的联接关系：千斤顶底座内孔与丝套外圆相配合，且由紧定螺钉防止丝套转动，丝套内梯形螺纹孔与螺杆联接。穿插在螺杆十字孔里的绞杠产生扭矩，使螺杆旋转产生轴向移动。顶垫套在丝杠球面顶端，并由圆柱头的螺钉限位，顶垫可以转动但不能脱离丝杠。

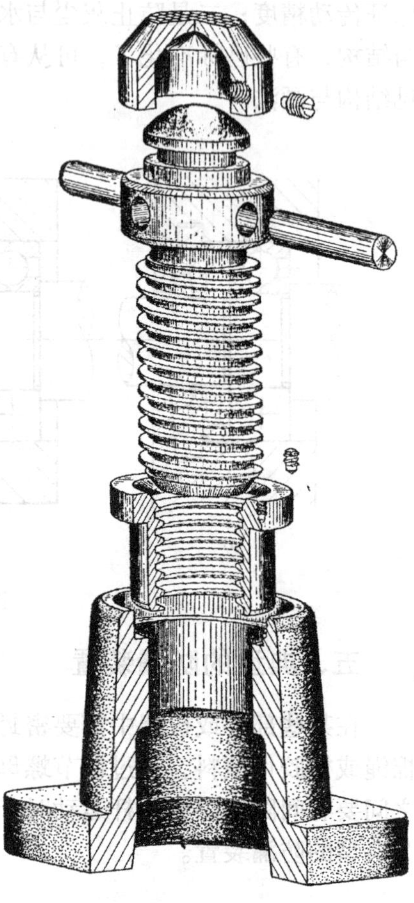

图 13－11　螺旋千斤顶

### 二、画零件草图

当对部件及其零件进行充分的观察和分析以后，应首先画出各零件草图，并将标准件的规格、型号等记录清楚，这些草图和资料是画装配图的基本依据。

零件草图的内容和要求与零件图是一致的，零件草图一般靠目测比例和徒手画出。首先根据零件的结构形状选择适当的视图，详细的表达出零件的内外结构，对倒角、退刀槽、小孔等细小结构必须表达清楚。图 13－12 中展示了螺旋千斤顶的各零件草图。

当画好零件视图以后，再正确、完整、清晰的标注出零件的尺寸。一般先画出全部的尺寸界限、尺寸线和箭头，并集中测量标注出全部尺寸。特别注意配合零件的尺寸要一致，选择公差配合要准确，有些尺寸需要计算或查阅标准注出等。

另外，根据零件的作用提出合理的技术要求，如公差配合、表面粗糙度、材料、热处理、加工工艺和试验等。

应提出注意的是，若设计新的机器时不需要先勾画出零件草图。必须先直接构思画出装

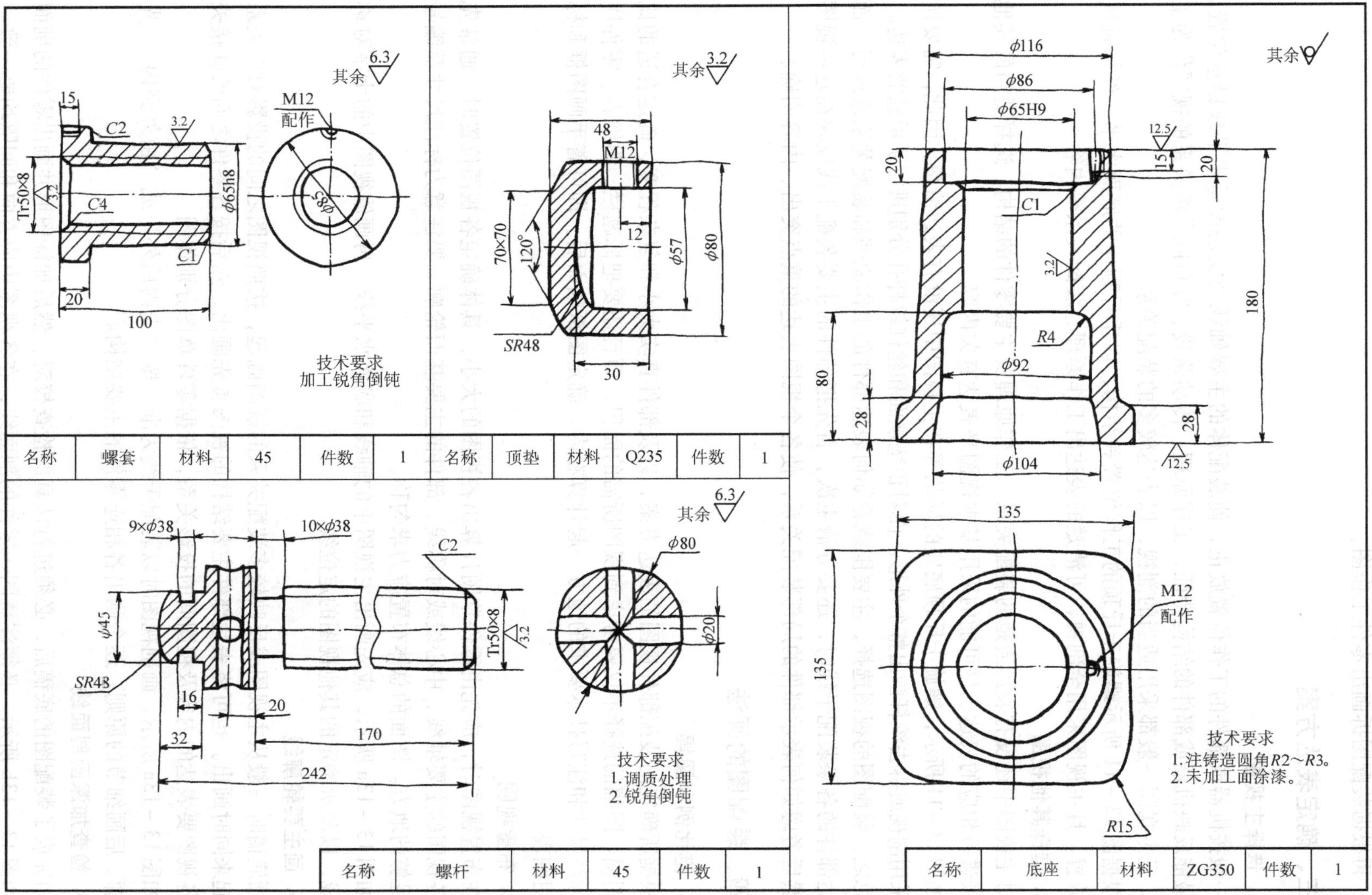


图 13-12　螺旋千斤顶的零件草图

配图，再根据装配图拆画出零件工作图。

## 三、确定表达方案

**1. 选择主视图**

一般按机器或部件的工作位置放正，使装配体的主要轴线及安装面呈水平或铅垂位置。选择最能反映机器或部件的结构特征、工作原理、传动路线、零件间装配关系的视图作为主视图。且主视图一般都采用适当的剖视，以表达较多的装配关系。

根据图 13－11 所示螺旋千斤顶的工作位置和结构，以千斤顶座的底面水平、丝杠轴线垂直放置，且主视图采用全剖视，可清楚的表达出工作原理、装配关系等内容。

**2. 选择其他视图**

对主视图中还没有表达清楚的装配关系、工作原理及主要零件的结构，选择适当的其他视图来进行相应的表达。尽可能的采用基本视图来表达有关内容。

如图 13－11 所示，螺旋千斤顶底座的形状等在主视图中还没有表达清楚，因此，需要俯视图采用剖视或拆去绞杆画出整个外形。而对顶垫顶面和丝杠绞杆孔分别进行了单独的表达。

总之，装配图的视图选择，主要围绕着如何表达部件的工作原理和装配关系来进行。而在表达部件的各条装配干线时，还要分清主次，首先把部件的主要装配干线反映在基本视图上，然后考虑如何表示部件的局部装配关系，使各个视图表达的重点突出、内容明确。

## 四、装配图的画法

**1. 选比例和图幅**

根据所确定的装配部件视图的表达方案，以及部件真实大小和复杂程度，确定合适的比例和图幅。图幅的选择不仅要考虑到视图所需的面积，而且还要把标题栏、明细表、零件序号、标注尺寸和注写技术要求的地方一起计算在内，确定图纸幅面后，即可着手画图框和标题栏明细表。

**2. 布置视图**

在布置视图时，应先由零件草图计算出各视图的大小，具体确定各视图位置时，通常先画出各视图的主要轴线、中心线或对称线、部件的主要基面轮廓。要注意为标注尺寸及编号留出足够的地方。图面的总体布置应力求匀称。

如图 13－13a 所示，应先画出主视图中的轴线和底面水平线，再画俯视图中的十字对称中心线，以及所确定的其他视图的定位线。

**3. 画主要轮廓线**

画底稿时一般从主视图或反映较多装配关系的视图画起，按照视图之间的投影对应关系联系起来同时画出。也可将表达部件主要结构的视图首先画出，然后按各零件之间的联接关系，各视图要表达的内容及视图间的投影关系，依据零件草图分别作图。

如图 13－13a 所示，画剖视图时以装配干线为准，按‘先内后外’或‘由外到内’，先画轮廓、后画细节的原则，逐个画出各相连零件的主要结构。

**4. 检查加深画剖面线**

当完成了装配图的底稿后，必须进行认真的检查校对，然后加深图形并画出零件的剖面线，如图 13－13b 所示。必须注意同一零件的剖面线，在各视图中应方向和间隔均要一致。

a)　　　　b)

图 13－13　画螺旋千斤顶装配图的步骤

**5. 标尺寸、编序号**

按装配图中对标注尺寸的要求，标注出相应的性能、配合、安装、总体等尺寸。并按要求对部件的每一种不同的零件编写一个序号，如图 13－14 中所示。

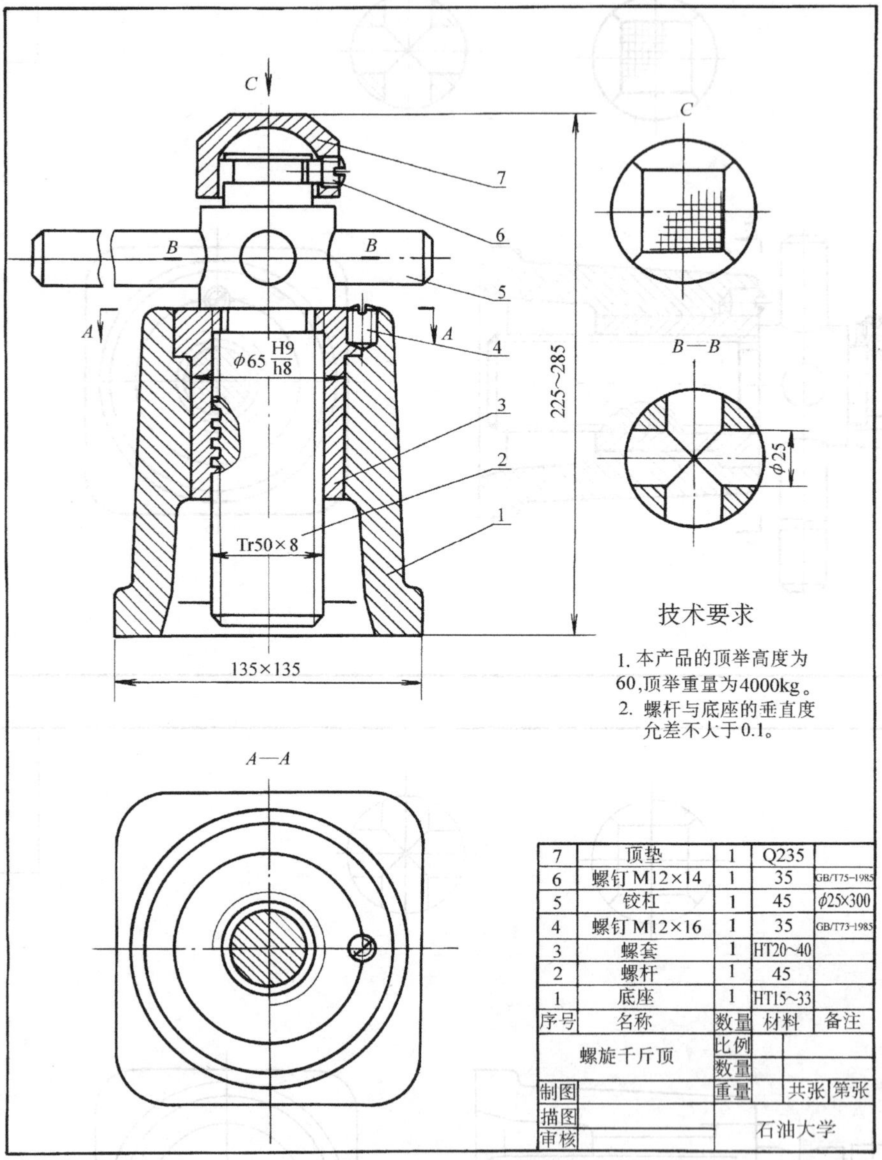


图 13－14　螺旋千斤顶的装配图

**6. 填写标题栏等**

最后应填写标题栏和明细表，并制订出必要的技术要求和说明，即完成了全部装配图。螺旋千斤顶装配图的画图方法及作图步骤，参见图 13－13、图 13－14 所示。

## 第六节　读 装 配 图

在进行新产品的设计、机器的装配、设备的维修、技术的交流的过程中，经常要读装配图，以了解机器的用途、工作原理和结构关系等。因此，必须掌握阅读装配图的方法。

图 13－15 中所示为一常用的截止阀，而图 13－16 中展示了该截止阀的装配图。现以此阀为例介绍阅读装配图的方法与步骤。

图 13－15　截止阀

## 一、读图的方法步骤

### 1. 概括了解

主要了解部件的名称、性能、作用、大小，以及装配体中零件的一般情况等。

首先从标题栏入手，了解部件的名称。再结合生产实际经验了解一下它的性能和作用。如装配图 13－16 中所示，为工程或生活中常使用的截止阀，它一般应用在气液管路中，其公称通经为 $\phi50$。再看一下装配图所采用的比例，与图形对照就可以知道机器或部件的实际大小。

从编号中可以了解到该阀共有 15 种零件。明细表中列出了所有零件的名称、数量、材料、规格和标准代号等。还可以了解哪些是标准件，哪些是一般零件。

### 2. 分析视图及表达方法

首先分析装配图中用了几个视图来表达，确定出主视图及各视图之间的投影关系。即确定每个视图的投影方向、剖切位置、表达方法，分析各视图所表达的主要内容。

如图 13－16 中所示的截止阀，共采用了五个视图。主视图采用了全剖视，主要表达工作原理、装配关系等；左视图采用了拆卸画法和半剖视，主要表达阀的外形和两端面的安装孔的位置及尺寸；俯视图同样采用了拆卸画法，主要表达阀顶部的外形，以及阀盖端面的联接螺栓的数量及位置；另外，用一局部视图单独表达了手轮零件的结构形状，又用剖面图表达阀杆与阀盘的联接和装配等。

### 3. 工作原理及装配关系

即了解机器或部件是怎样工作的，运动和动力是如何传递的。弄清楚各有关零件间的联接方式和装配关系，搞清部件的传动、支承、调整、润滑和密封等情况。

截止阀的工作原理是：装配图中的截止阀现处于关闭状态，若将管路中阀门的手轮 12 逆时针转动，便带动阀杆 5 转动并向上移动，从而带动阀盘 3 上移，截止阀便开启使管路中的气液流通。阀杆上移的距离大小可控制流量，若手轮顺时针转动则阀门关闭。

截止阀的装配关系是：在图 13－16 反映装配关系比较明显的主视图中，阀体 1 与阀座 2 采用的是过盈配合，插销 3 将阀盘 4 与阀杆 5 联接在一起，阀盖 9 与阀体 1 采用间隙配合且用四个螺柱联接；阀杆 5 由梯形螺纹与阀盖 9 联接，手轮 12 与阀杆 5 之间的联结用螺母 11 和垫圈 10 固定；在阀杆 5 与阀盖 9 之间装有填料，并靠压盖螺母 14 及压盖 13 压紧，在阀盖与阀体的结合处加有防漏垫片 6 以防止流体渗漏。

### 4. 分析零件的结构形状

分析零件的目的，是为弄清每个零件的主要结构形状和作用，以及进一步的了解各零件间的联接形式和装配关系。可对图 13－16 中每个零件进行分析。

首先从主要零件开始，区分不同零件的投影范围。即根据各视图的对应关系，及同一零

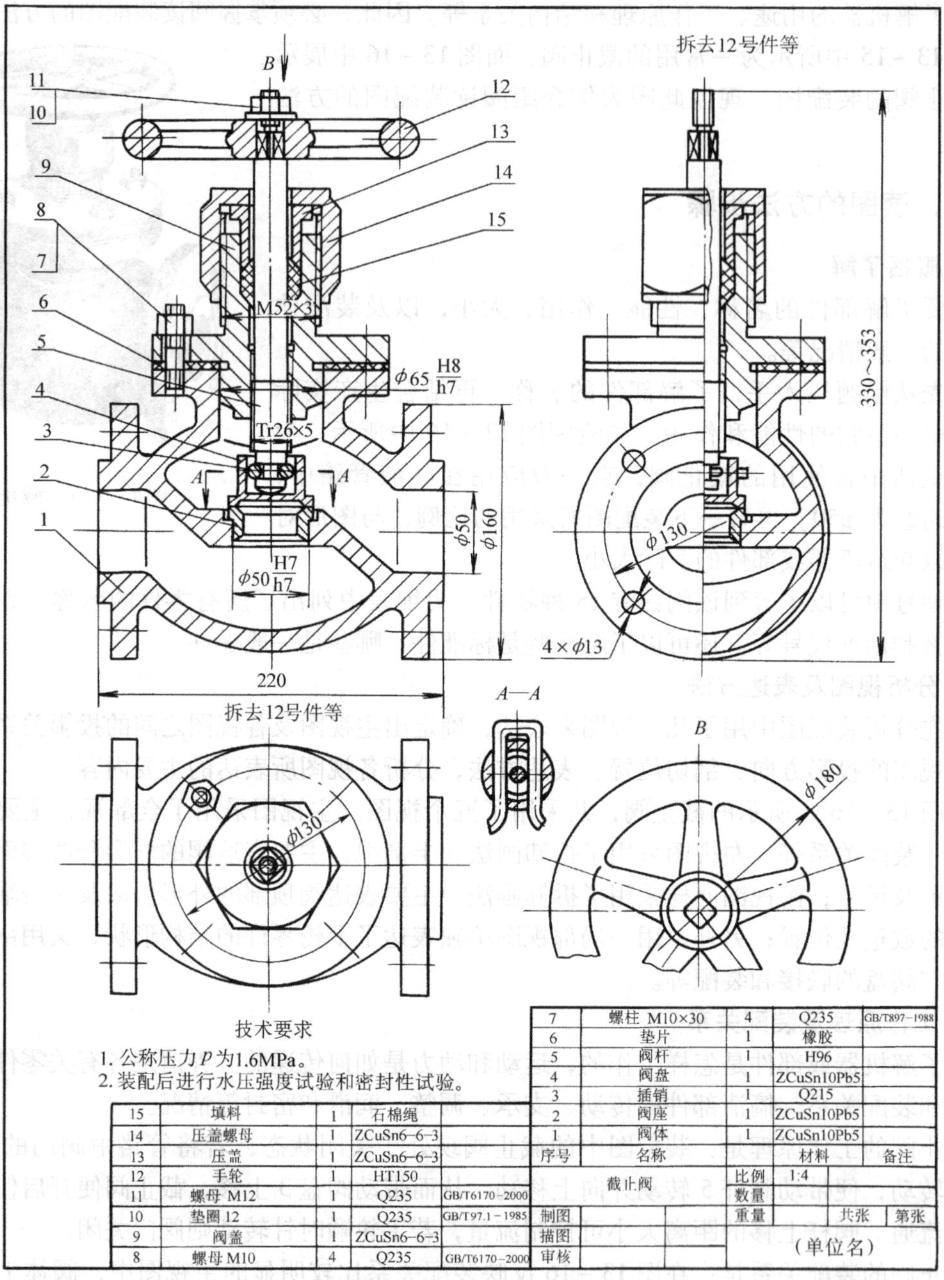


技术要求

1. 公称压力 $p$ 为1.6MPa。
2. 装配后进行水压强度试验和密封性试验。

| 15 | 填料 | 1 | 石棉绳 | |
|---|---|---|---|---|
| 14 | 压盖螺母 | 1 | ZCuSn6-6-3 | |
| 13 | 压盖 | 1 | ZCuSn6-6-3 | |
| 12 | 手轮 | 1 | HT150 | |
| 11 | 螺母 M12 | 1 | Q235 | GB/T6170-2000 |
| 10 | 垫圈 12 | 1 | Q235 | GB/T97.1-1985 |
| 9 | 阀盖 | 1 | ZCuSn6-6-3 | |
| 8 | 螺母 M10 | 4 | Q235 | GB/T6170-2000 |
| 7 | 螺柱 M10×30 | 4 | Q235 | GB/T897-1988 |
| 6 | 垫片 | 1 | 橡胶 | |
| 5 | 阀杆 | 1 | H96 | |
| 4 | 阀盘 | 1 | ZCuSn10Pb5 | |
| 3 | 插销 | 1 | Q215 | |
| 2 | 阀座 | 1 | ZCuSn10Pb5 | |
| 1 | 阀体 | 1 | ZCuSn10Pb5 | |
| 序号 | 名称 | | 材料 | 备注 |

| 截止阀 | | 比例 | 1:4 | | |
|---|---|---|---|---|---|
| | | 数量 | | | |
| 制图 | | 重量 | | 共张 | 第张 |
| 描图 | | （单位名） | | | |
| 审核 | | | | | |

图 13-16 截止阀的装配图

件在各个视图上的剖面线方向和间隔都相同的规则，区分出该零件在各个视图上的投影范围，按照相邻零件的作用和装配关系构思其结构。并依次逐个进行分析确定。

对于部件装配图中的标准件，可由明细表中确定其规格、数量和标准代号。如螺柱、螺母、滚动轴承等的有关资料可从手册中查到。

**5. 分析尺寸和技术要求**

分析装配图中所标注的尺寸，对弄清部件的规格、零件间的配合性质、安装联接关系和外形大小有着重要的作用。分析技术要求，了解装配、调试、安装等注意事项。

## 二、由装配图拆画零件图

在设计过程中，常要根据装配图画出零件图。这项工作应在彻底看懂装配图后进行。拆画零件图的方法步骤是：

**1. 确定视图表达方案**

由于装配图着重于表达机器工作原理和装配关系，对各零件的结构并不能都完整地表达清楚。因此，在确定零件的视图表达方案之前，应对所拆画零件的结构作仔细分析，根据该零件的作用以及它与周围零件的关系，构想出所拆零件的基本形状轮廓，并依据剖面线将该零件的视图从装配图中拨离出来，如图 13－17a 所示。然后，补全在装配图中没有表达清楚的形状结构。

零件的视图表达方案，应根据零件的结构形状重新考虑，方案与装配图并不一定相同。

如图 13－17 所示，为拆画的截止阀中阀盖 9 的零件图，就是按盘盖类零件的结构特点重新考虑的表达方案。其主视图使轴线水平放置且采用全剖或半剖，并画出左视图表达阀盖轮廓形状和螺栓孔的位置与个数。

此外，由于装配图上零件的圆角、倒角、退刀槽等工艺结构采用了简化画法，在画零件图时应作详细补充完整画出。

**2. 确定零件的尺寸**

分析零件间的装配关系和零件上各种结构的作用，合理地确定重要尺寸并选好尺寸基准。凡是装配图上注出的尺寸，一般零件图要与其保持一致，不能任意修改和变动。

如截止阀中阀盖 9 零件的直径 $\phi$65H8/h7、梯形螺纹 Tr26 ×5、普通螺纹 M52 ×3 等尺寸，都必须与装配图保持一致。对装配图中一般零件的各部分尺寸的标注，通常都按比例从装配图上直接量取并适当圆整。

对于装配图中与标准件有关的结构，如螺栓通孔的直径、螺纹直径、退刀槽等应查阅有关标准，采用标准件中规定的尺寸。如阀盖 9 零件上四个螺栓孔的尺寸，则查阅与螺栓 M10 相关孔的直径应为 $\phi$11。如齿轮的分度圆直径等尺寸，应根据有关参数计算后确定。

**3. 确定技术要求**

零件图中标注的尺寸公差应与装配图一致，可将装配图中有关的公差代号移注到零件图上，或查出上下偏差数值后注出。对于零件的表面粗糙度、形位公差、热处理等技术要求，可以根据零件的作用，参照类似的图样或资料，用类比法加以确定。请参考图 13－17b 中所注出的阀盖零件的有关技术要求。

在图 13－18 中所示，为管线中常用的球阀装配图，读者可从中读懂其工作原理、装配关系和各零件的作用和结构。

图 13－19 所示，为从球阀装配图中拆画的 12 号件、阀杆的零件工作图。

图 13－20 所示，为拆画的球阀阀体的零件工作图。

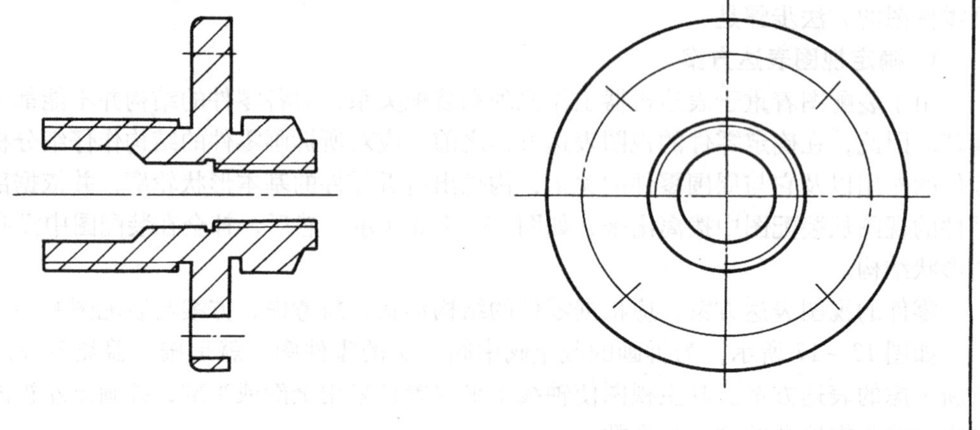

a)

| 阀盖 | | | 比例 | 1:4 | 材料 | ZQSn6.5 |
|---|---|---|---|---|---|---|
| | | | 数量 | | | |
| 制图 | | | 重量 | | 共 张 | 第 张 |
| 描图 | | | 石 油 大 学 | | | |
| 审核 | | | | | | |

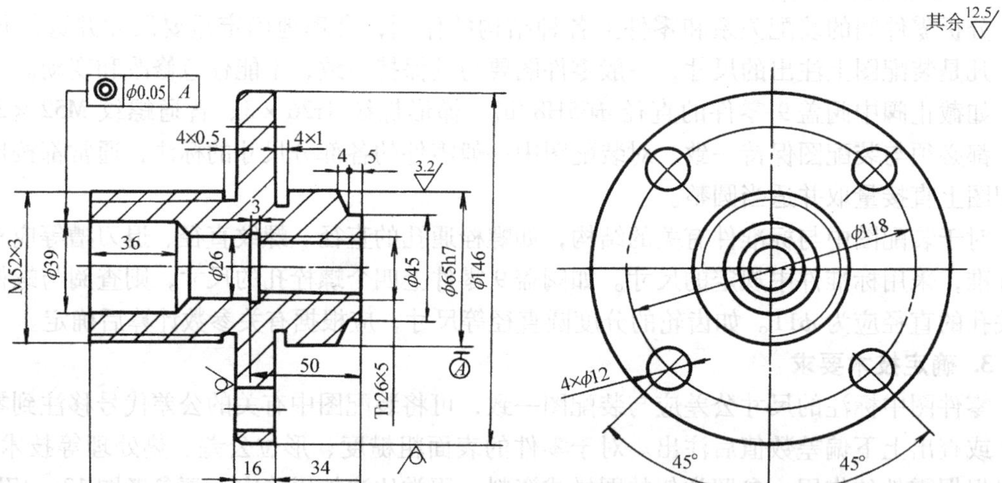


技术要求

1.加工锐角倒钝。

2.未注铸造圆角$R3$。

b)

| 阀盖 | | | 比例 | 1:4 | 材料 | ZQSn6.5 |
|---|---|---|---|---|---|---|
| | | | 数量 | | | |
| 制图 | | | 重量 | | 共 张 | 第 张 |
| 描图 | | | 石 油 大 学 | | | |
| 审核 | | | | | | |

图 13-17 阀盖零件图

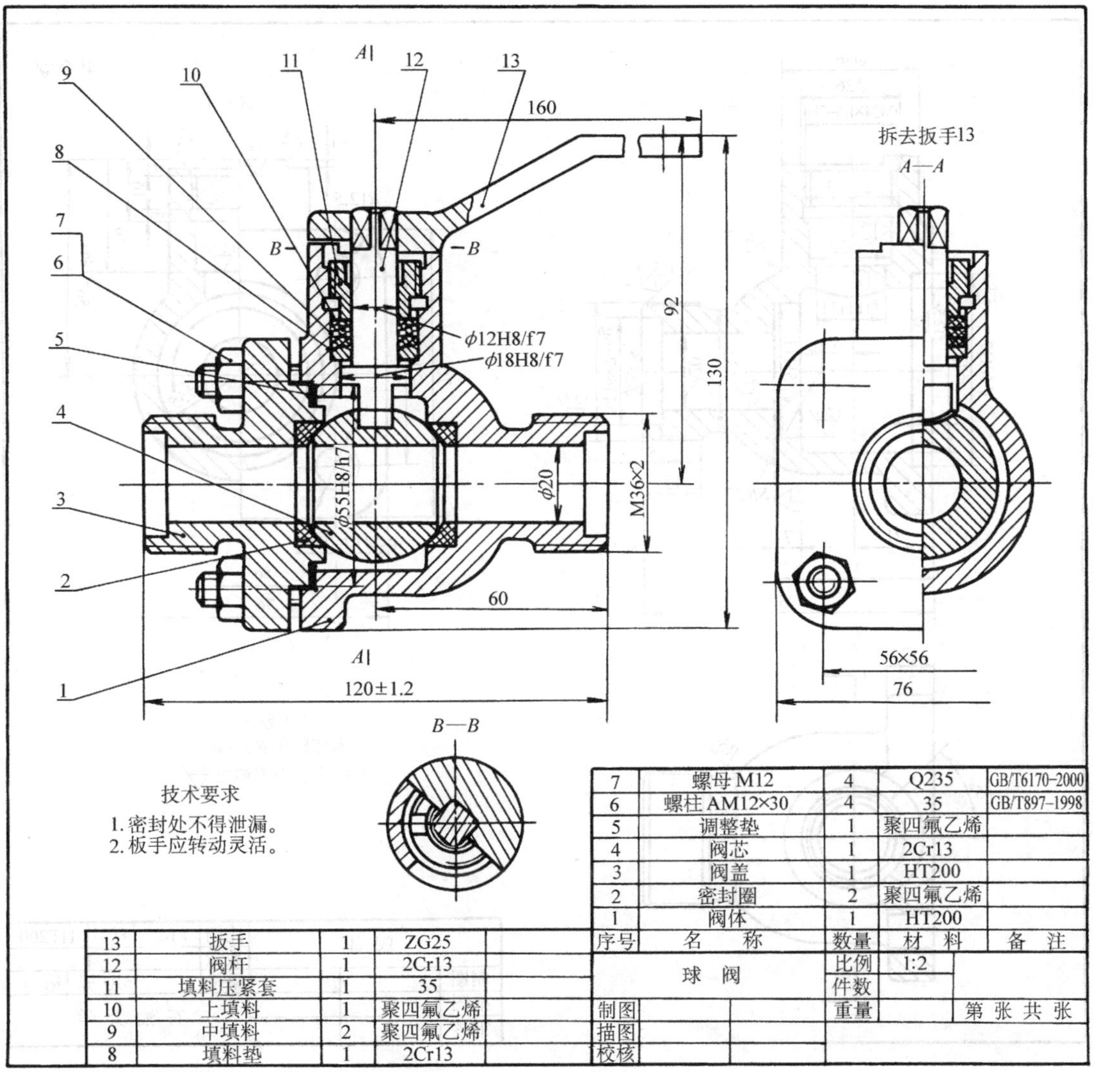


| 序号 | 名 称 | 数量 | 材 料 | 备 注 |
|---|---|---|---|---|
| 7 | 螺母 M12 | 4 | Q235 | GB/T6170-2000 |
| 6 | 螺柱 AM12×30 | 4 | 35 | GB/T897-1998 |
| 5 | 调整垫 | 1 | 聚四氟乙烯 | |
| 4 | 阀芯 | 1 | 2Cr13 | |
| 3 | 阀盖 | 1 | HT200 | |
| 2 | 密封圈 | 2 | 聚四氟乙烯 | |
| 1 | 阀体 | 1 | HT200 | |
| 13 | 扳手 | 1 | ZG25 | |
| 12 | 阀杆 | 1 | 2Cr13 | |
| 11 | 填料压紧套 | 1 | 35 | |
| 10 | 上填料 | 1 | 聚四氟乙烯 | |
| 9 | 中填料 | 2 | 聚四氟乙烯 | |
| 8 | 填料垫 | 1 | 2Cr13 | |

| 球 阀 | 比例 | 1:2 | |
|---|---|---|---|
| | 件数 | | |
| 制图 | 重量 | | 第 张 共 张 |
| 描图 | | | |
| 校核 | | | |

图 13－18 球阀装配图

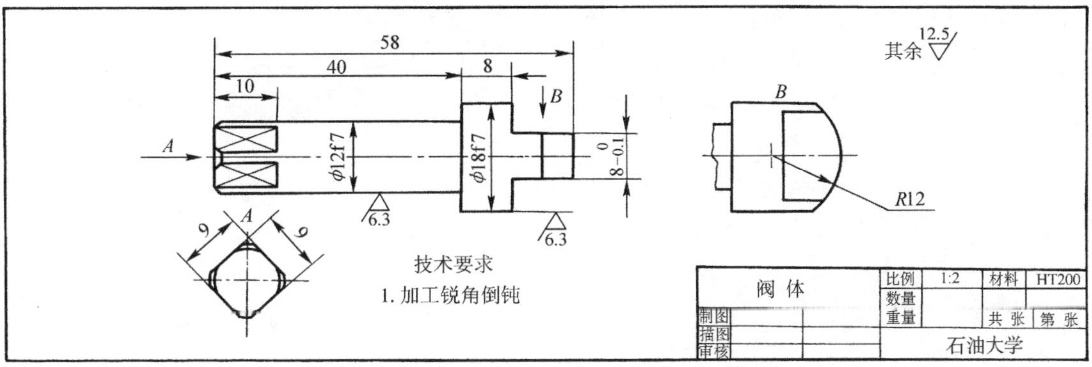


| 阀 体 | 比例 | 1:2 | 材料 | HT200 |
|---|---|---|---|---|
| | 数量 | | | |
| 制图 | 重量 | | 共 张 | 第 张 |
| 描图 | 石油大学 | | | |
| 审核 | | | | |

图 13－19 球阀零件图

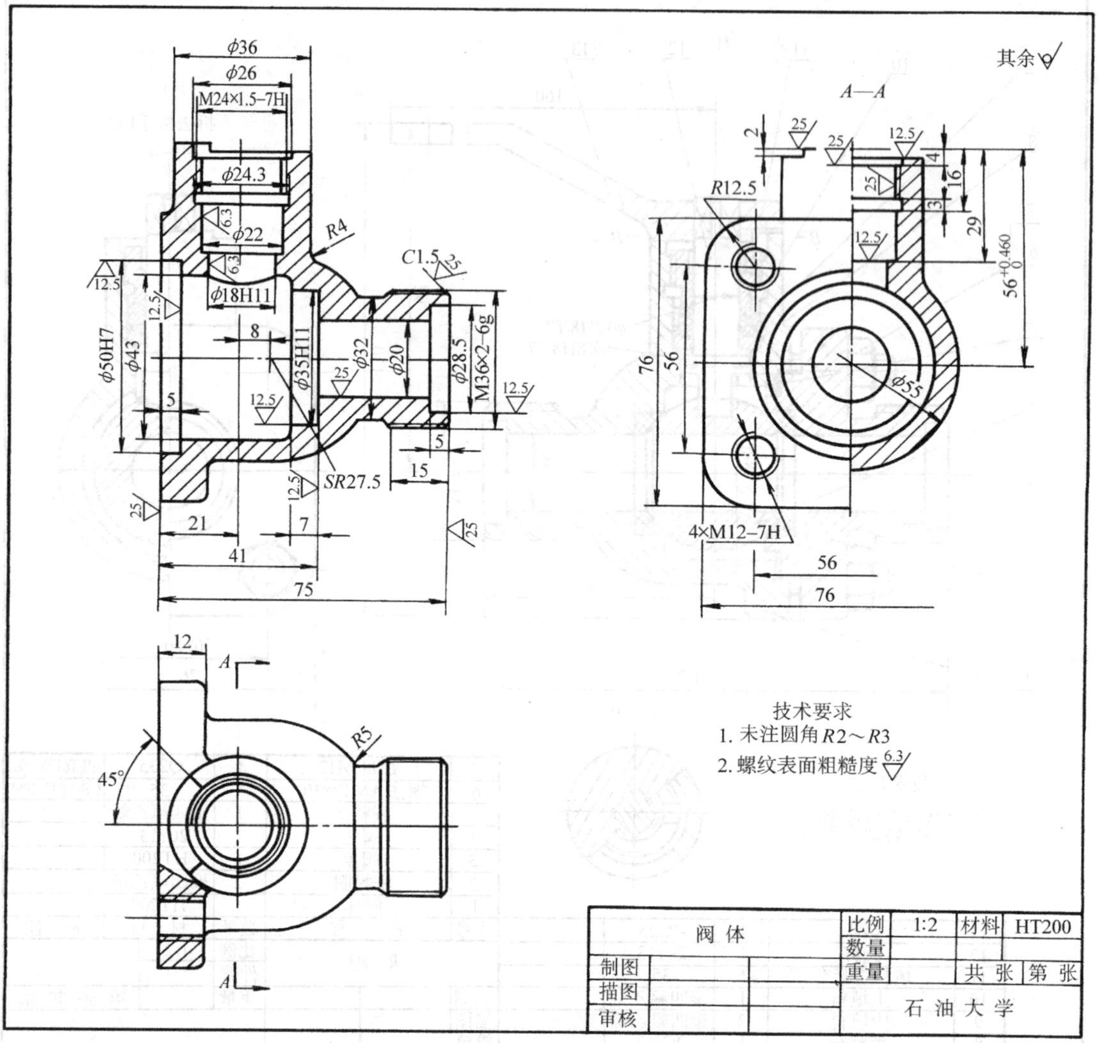
其余
A—A
技术要求
1. 未注圆角 R2～R3
2. 螺纹表面粗糙度 6.3
阀 体
比例 1:2
材料 HT200
数量
重量
制图
描图
审核
共 张 第 张
石 油 大 学

图 13－20 阀体零件图

# 第十四章　焊接构件图

通过焊接而成的零件和部件统称为焊接件，它是一个不可拆卸的整体。焊接就是用电弧或火焰在金属被连接处进行局部加热，同时填充并熔化金属，使被连接件熔合而连接在一起，因此焊接是一种不可拆卸的连接形式。

焊接的工艺简捷，连接可靠，在化工、石油、造船、机械、电子、建筑等现代工业生产中得到广泛的应用。

焊接图就是利用图形和代号，明确地表达零部件的焊接结构和工艺技术的图样，如图 14－1 所示。

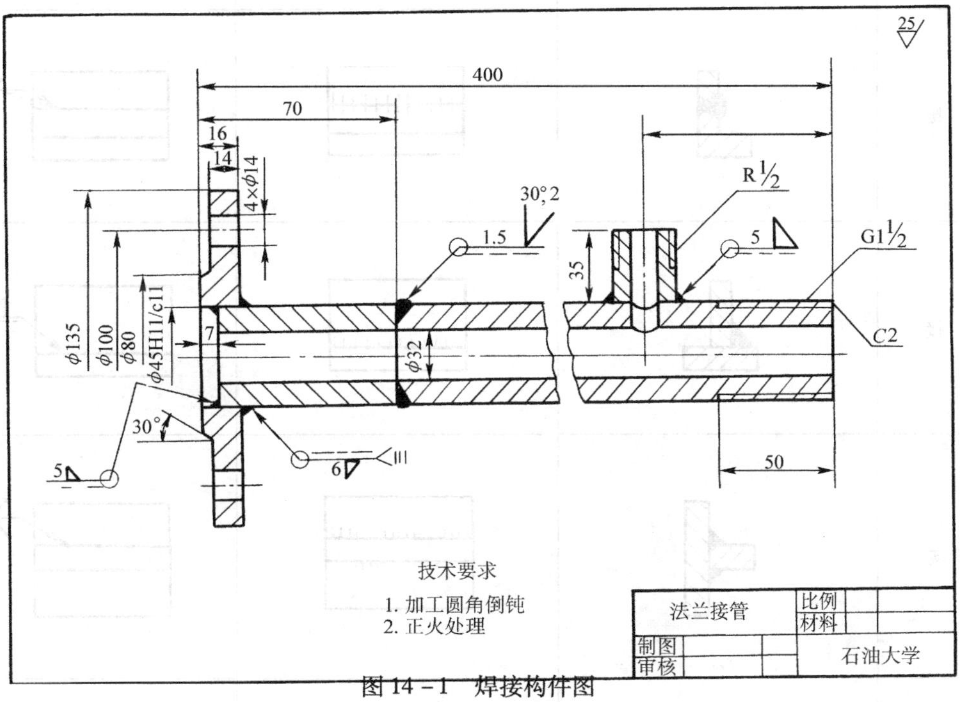


图 14－1　焊接构件图

## 第一节　焊缝的型式及画法

### 一、焊缝的型式

在零部件的焊接结构中，常见的焊接接头有：对接接头、搭接接头、T 形接头和角接接头等。因此焊缝的型式主要有：对接焊缝、点接焊缝、角接焊缝和塞接焊缝等。图 14－2 所示为焊接接头和焊缝的型式。

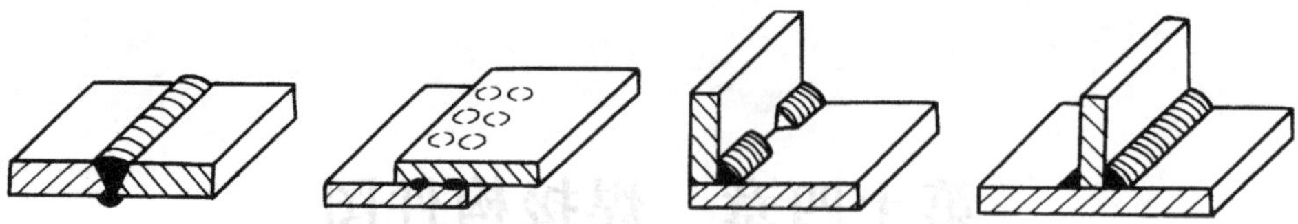

a) b) c) d)

图 14－2　焊接接头的形式

a）对接　b）搭接　c）角接　d）T 形接

## 二、焊缝的画法

通常在技术图样中一般需要简易地绘制出焊缝，常可选用视图、剖视图、剖面图、轴侧图和局部放大图等表示，表 14－1 中展示了常用的几种焊缝的画法。

**表 14－1　常用的几种焊缝的画法**

| 接头形式 | 焊缝形式（剖视、剖面图） | 图示画法 | 简化画法 |
|---|---|---|---|
| 对　接 |  | 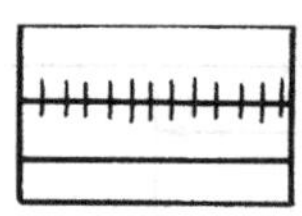 | 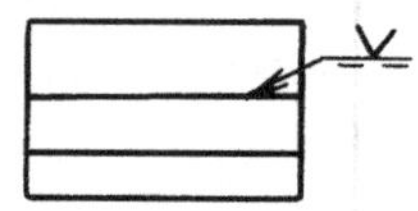 |
| 角　接 |  | 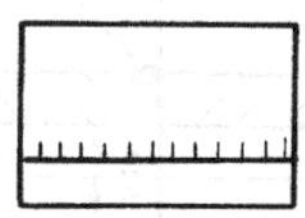 | 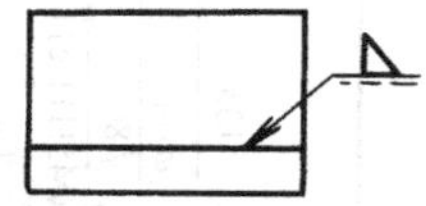 |
| T 形接 | 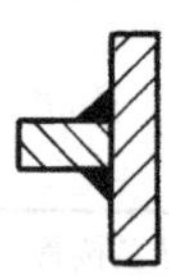 | 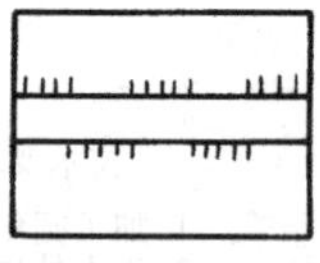 | 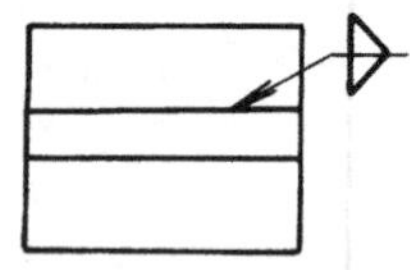 |
| 搭　接 | 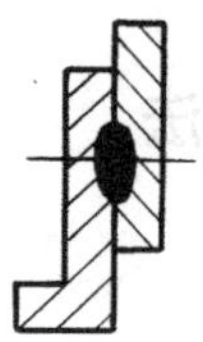 | 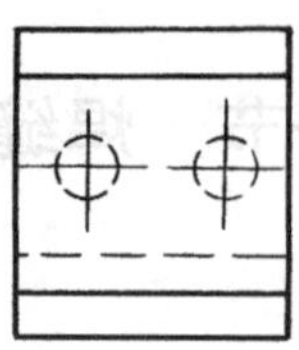 | 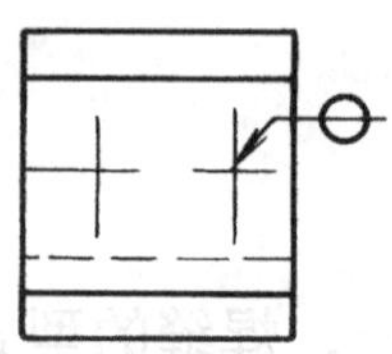 |

另外，必要时可将焊缝部位进行局部放大表示，并可标注出相关尺寸，如图 14－3 所示。有时也可采用轴测图示意地表示焊缝，如图 14－4 所示。

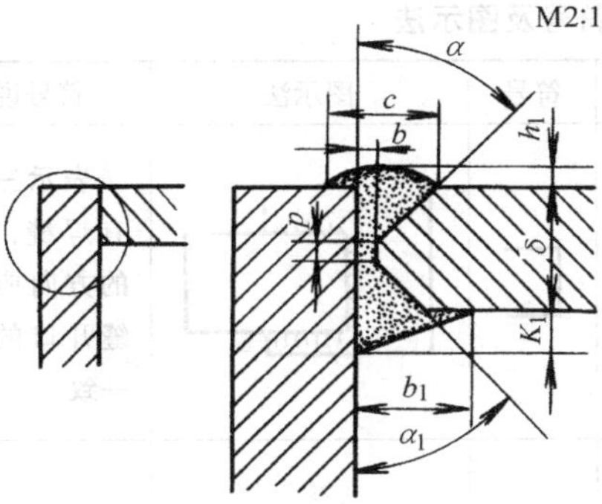


图 14－3　焊缝的局部放大图

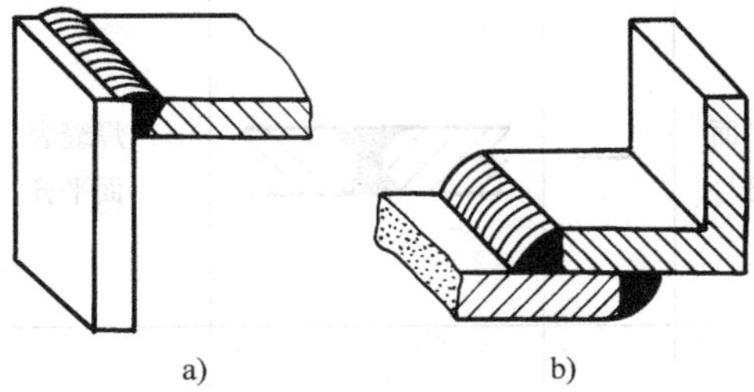


图 14－4　焊缝的轴侧示意图

# 第二节　焊缝的代号

为简化图样上焊缝的表示方法，对焊缝一般采用标准规定的焊缝代号来表示，但也可采用技术制图中常用的表达方法进行表达。

焊缝代号主要由基本符号、辅助符号、尺寸符号和指引线等组成。

## 一、焊缝的基本符号

基本符号是表示焊缝横截面形状的符号。规定基本符号采用粗实线进行绘制。常用焊缝的基本符号及图示法见表 14－2。

**表 14－2　焊缝的基本符号及图示法**

| 焊缝名称 | 基本符号 | 焊缝形式 | 焊缝名称 | 基本符号 | 焊缝形式 |
| --- | --- | --- | --- | --- | --- |
| I 形焊缝 |  |  | 角焊缝 |  | 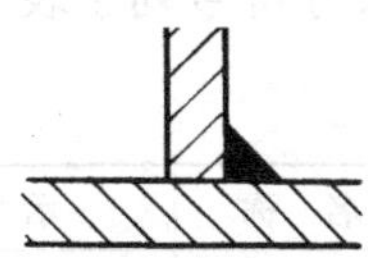 |
| V 形焊缝 |  |  | 点焊缝 |  | 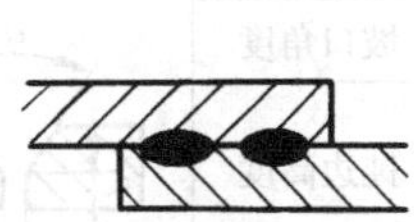 |
| 单边 V 形焊缝 |  |  | 塞焊缝 |  | 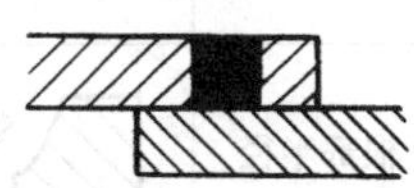 |

## 二、辅助与补充符号

辅助符号是表示焊缝表面的形状特征的符号，补充符号是说明焊缝某些特征的符号。当不需要确切地说明焊缝的表面形状时，可以不采用辅助符号。辅助与补充符号也采用粗实线进行绘制。常用焊缝的辅助和补充符号及图示法见表 14－3。

**表 14－3　焊缝的辅助与补充符号及图示法**

| 名称 | 符号 | 图示法 | 符号说明 | 名称 | 符号 | 图示法 | 符号说明 |
|---|---|---|---|---|---|---|---|
| 平面符号 | — |  | 焊缝表面平齐 | 三面焊缝符号 | ⊏ | 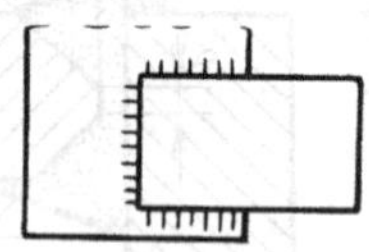 | 表示三面带有焊缝，开口的方向应与焊缝开口的方向一致 |
| 凹面符号 | ⌣ | 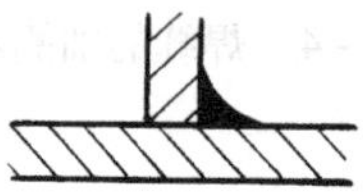 | 焊缝表面凹陷 | 周围焊缝符号 | ○ | 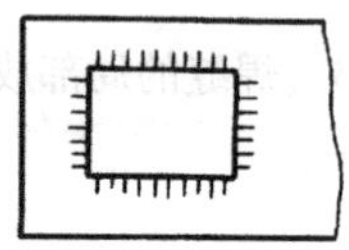 | 表示环绕工件周围均有焊缝 |
| 凸面符号 | ⌢ | 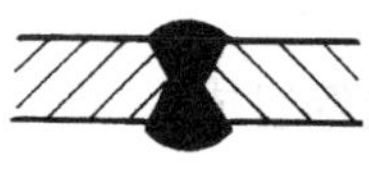 | 焊缝表面凸起 | 现场符号 |  | 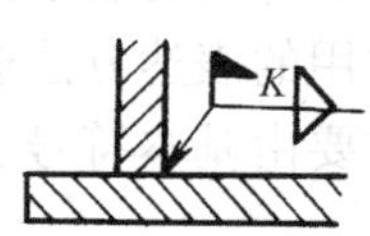 | 表示在现场或工地上进行焊缝 |

## 三、焊缝的尺寸符号

工程技术图样中所标的基本符号，在必要时可附带焊缝的尺寸符号及数据。所常用的焊缝的尺寸符号列于表 14－4 中。

**表 14－4　焊缝的尺寸符号**

| 符号 | 名　称 | 示 意 图 | 符号 | 名　称 | 示 意 图 | 符号 | 名　称 | 示 意 图 |
|---|---|---|---|---|---|---|---|---|
| $\delta$ | 板材厚度 | 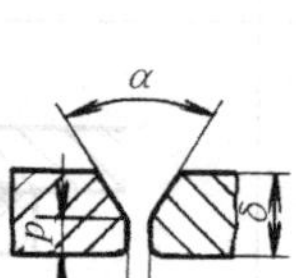 | $K$ | 角焊高度 | 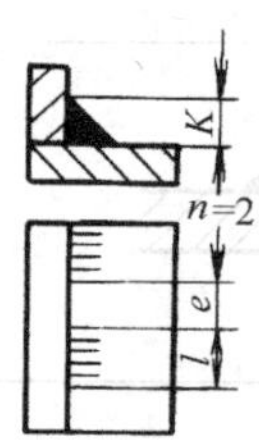 | $c$ | 焊缝宽度 | 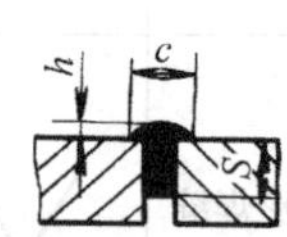 |
| $\alpha$ | 坡口角度 | | $l$ | 焊缝长度 | | $h$ | 余高 | |
| $p$ | 钝边高度 | | $e$ | 焊缝间距 | | $S$ | 焊缝有效厚　度 | |
| $b$ | 根部间隙 | | $n$ | 焊缝段数 | | $H$ | 坡口深度 | 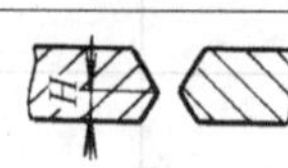 |
| $R$ | 根部半径 |  | $d$ | 熔核直径 | 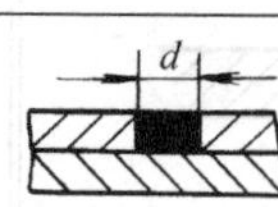 | $\beta$ | 坡口面角　度 | 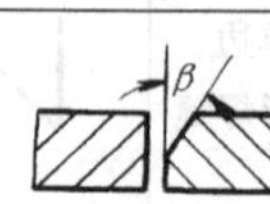 |

## 四、焊接的方法符号

目前焊接方法主要可分为，熔化焊、压力焊和钎焊接等几类，每类又有多种的焊接工艺方法。现应用最广的手工电弧焊、埋弧焊和气体保护焊等均属熔化焊。所常用的各种焊接方法新（GB/T 5185—1985）、旧（GB/T 324—1988）符号对照列于表 14－5 中。

表 14－5　焊接方法新旧符号对照表

| 焊接方法 | 新标准 | 旧标准 | 焊接方法 | 新标准 | 旧标准 |
|---|---|---|---|---|---|
| 手工电弧焊 | 111 | S | 氧—乙炔焊 | 311 | Q |
| 埋弧焊 | 12 | Z | 摩擦焊 | 42 | M |
| 氩弧焊 | 131 | C | 冷压焊 | 48 | L |
| 钨极气保焊 | 141 | A | 电渣焊 | 72 | D |
| 电阻对焊 | 25 | J | 硬钎焊 | 91 | H |

## 五、焊缝的指引线

图样上所采用以上有关符号表示的焊缝，必须要绘制出焊缝指引线，用来指明焊缝的位置、标明各焊缝符号和说明某些焊接要求等。对工程图样中的焊缝指引线有以下几点规定：

1）指引线一般由箭头线和基准线（实线和虚线）两部分组成，指引线采用细实线绘制，如图 14－5 所示。

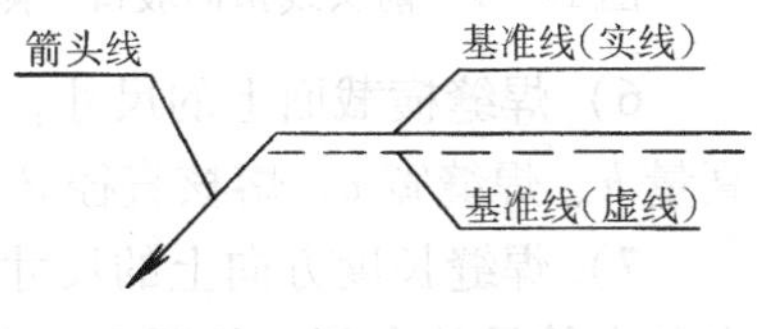

图 14－5　指引线

2）基准线一般应于图样标题栏的底边平行，但在特殊情况下亦可于底边相垂直。

3）基准线末端可加一尾部，用作说明焊接方法或相同焊缝数量等，如图 14－6 所示。

4）箭头线用来指向焊缝，但相互不能交叉，必要时允许弯折一次，如图 14－7 所示。

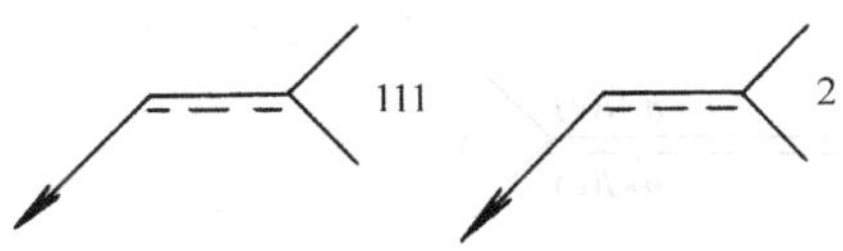

图 14－6　指引线尾部

图 14－7　指引线弯折

# 第三节　焊缝的标注

通常工程焊接件不但按焊缝的规定画法绘制，还要标注出焊缝的各种符号和尺寸，以说明焊缝的型式、结构的尺寸、焊接的方法和工艺的要求等。

## 一、焊缝的标注方法

焊缝代号的标注必须遵循如下规定：

1）当标注的箭头指向焊缝的焊接面时，基本符号必须注写在基准线的实线上侧，如图 14－8a 所示。

2）指引线的箭头指向焊缝的非焊接面时，基本符号必须注写在基准线的虚线下侧，如图 14－8b 所示。

3）在标注对称焊缝或双面焊缝时不加虚线，基本符号必须注写在基准线的两侧，如图 14－8c 所示。

4）箭头线所指明的焊缝位置一般没有特殊要求，当所标注的焊缝为单边坡口时，箭头必须指向焊缝带有坡口的一侧，如图 14－9 所示。

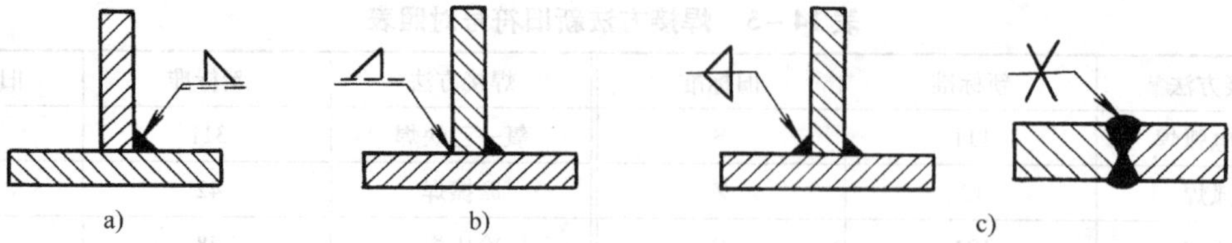


图 14－8　焊缝基本符号的标注

5）若有几条焊缝的焊缝代号相同时，可采用公共基准线进行标注；若焊缝代号及焊缝在接头中的位置也相同时，可将相同焊缝的条数注写在基准线的尾部，如图 14－10 所示。

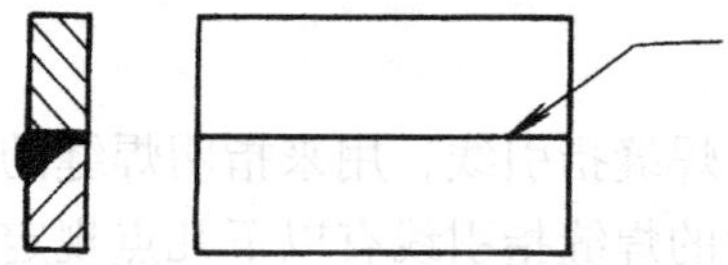

图 14－9　箭头线指向坡口一侧

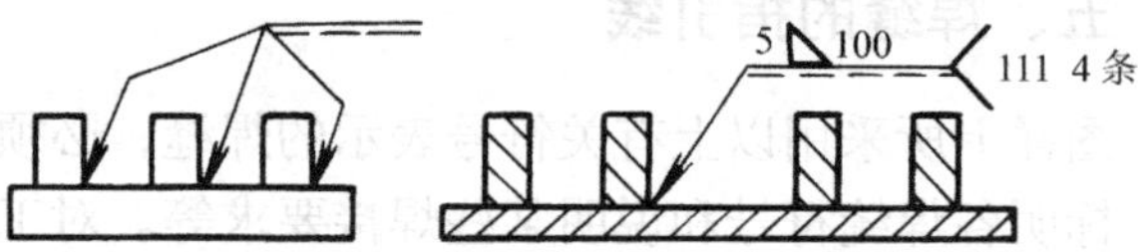


图 14－10　相同焊缝的标注

6）焊缝横截面上的尺寸，如坡口深 $H$、焊角高 $K$、熔透深 $S$、根部弧 $R$、钝边高 $p$、增高量 $h$、焊缝宽 $c$、熔核直径 $d$ 等尺寸，必须标注在基本符号的左侧，如图 14－11 所示。

7）焊缝长度方向上的尺寸，如焊缝长度 $l$、焊缝间距 $e$、焊缝段数 $n$ 等尺寸，必须标注在基本符号的右侧，如图 14－11 所示。

8）对于焊缝的坡口角度 $\alpha$、坡面角度 $\beta$、根部间隙 $b$ 等尺寸，必须标注在基本符号的上侧或下侧，如 14－11 所示。

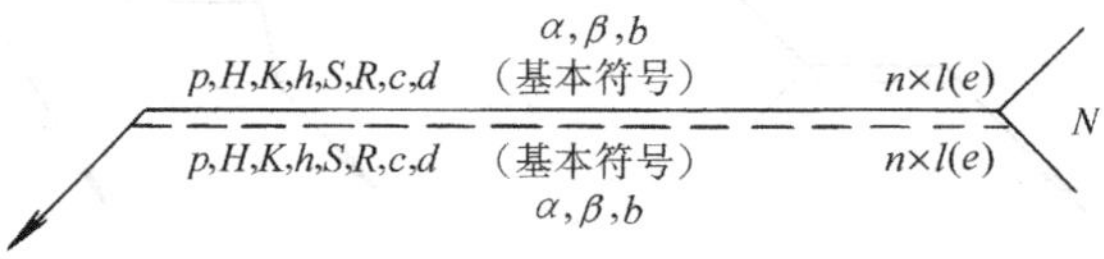


图 14－11　焊缝尺寸的标注

## 二、焊缝的标注举例

焊缝代号必须遵照有关规定进行标注，现将焊缝代号的标注方法举例列于表 14－6 中。

**表 14－6　焊缝代号的标注方法举例**

| 接头形式 | 焊　缝　示　例 | 标　注　示　例 | 说　　明 |
|---|---|---|---|
| 对接接头 | 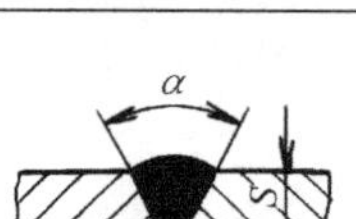 | 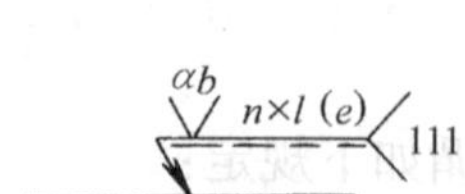 | 111 表示用手工电弧焊，V 形坡口，坡口角度为 $\alpha$，根部间隙为 $b$，有 $n$ 段焊缝，焊缝长度为 $l$ |
| 角接接头 | 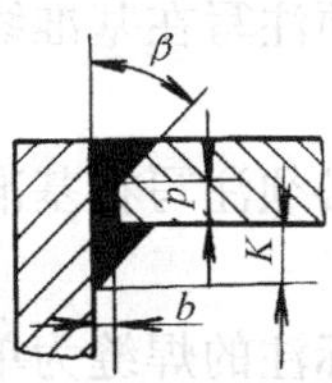 | 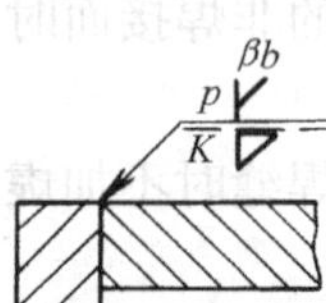 | 表示双面焊缝，上面为单边 V 形焊缝，下面为角焊缝 |

（续）

| 接头形式 | 焊 缝 示 例 | 标 注 示 例 | 说 明 |
| --- | --- | --- | --- |
| 搭接接头 | 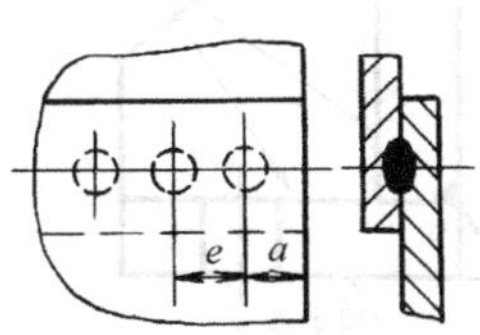 | 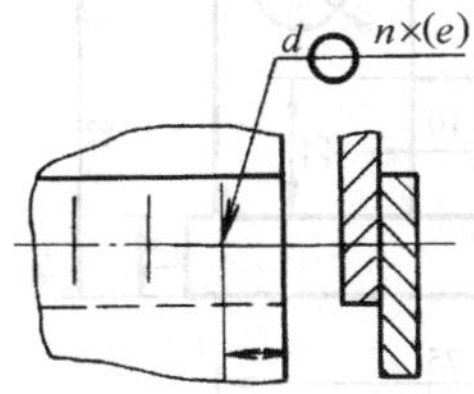 | ○ 表示点焊缝，熔核直径为 $d$，共 $n$ 个焊点，焊点间距为 $e$ |
| | 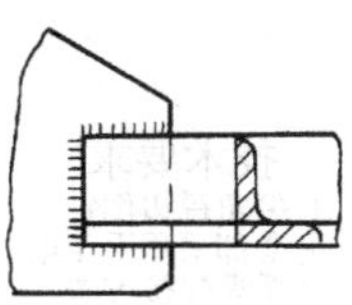 | 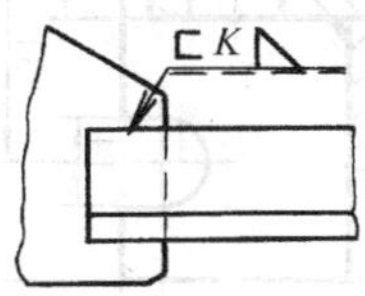 | ⊏ 表示三面焊点<br>△ 表示单面角焊缝 |
| T 形接头 | 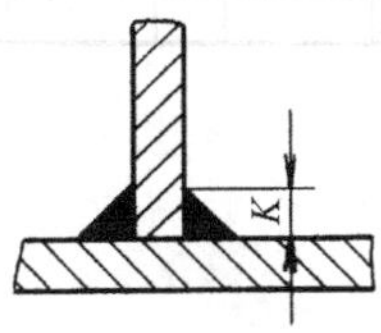 | 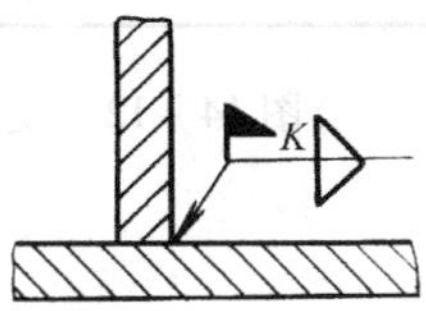 | ⚑表示在现场装配时进行焊接<br>▷表示双面角焊缝，焊角高度为 $K$ |
| | 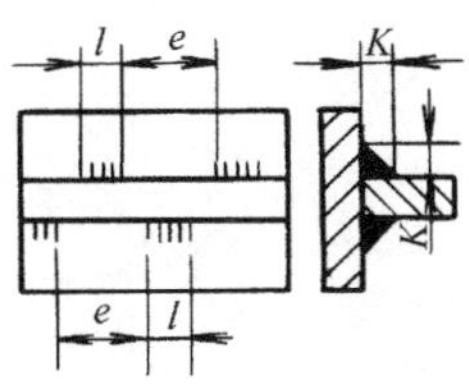 | 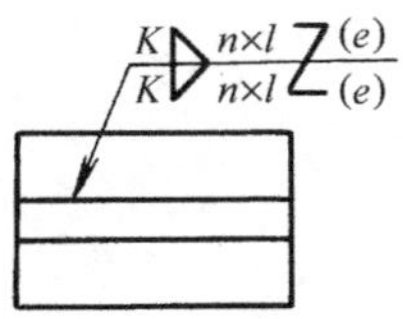 | $K$▷ $n\times l$ Z $(e)$ 表示有 $n$ 条交错断续角焊缝，焊缝长度为 $l$，焊缝间距为 $e$，焊角高度为 $K$ |

在焊接结构件中，仅用焊缝代号还不能表明清楚的技术问题，可在技术要求中用文字加以说明，如加工、安装、实验、检测、焊接等技术要求。

## 第四节　焊接结构图例

焊接结构图实际上是一个装配图，对于简单的焊接件，一般不需要另外画出各组成件的零件图，而是在结构图中标出各组成件的全部尺寸，如图 14－1 和图 14－12 所示。

但对于复杂的焊接件，一般需要列出明细表，注写出各构件的名称、数量和材料等，并另外绘制出各组成件的零件图。

图 14－12 所示，为支承座焊接结构图。

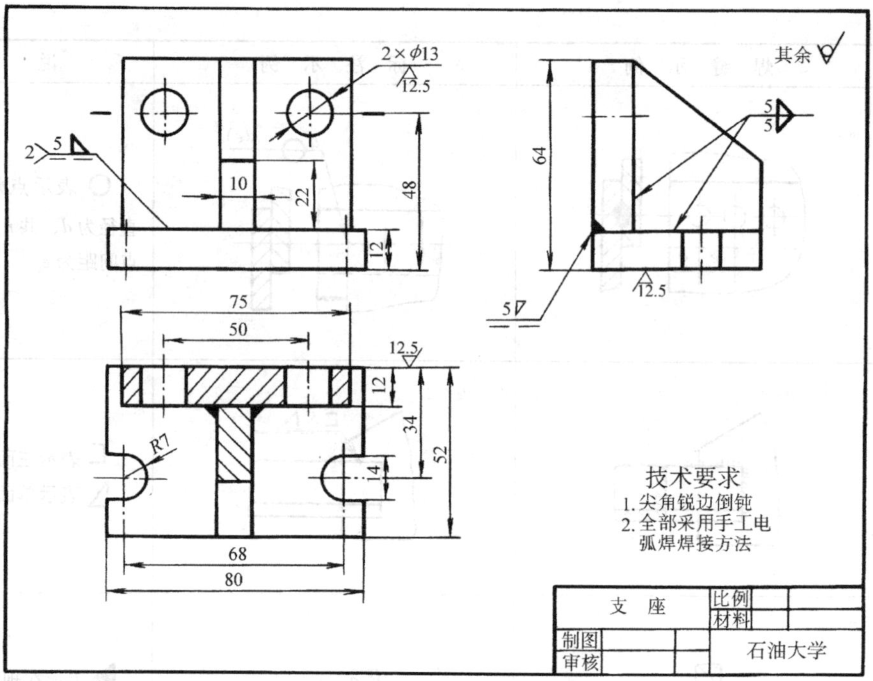


图 14－12 支座焊接结构图

# 第十五章　钣金展开图

## 第一节　概　　述

在工业生产中，经常会遇到用金属板材制成的钣金零件。我们必须掌握这些钣金零件图样的绘制和制作方法。制作这类钣金零件时，必须先在金属板上画出展开图，然后下料并加工成型，最后焊接或铆接成零件和设备，如图 15－1 所示。

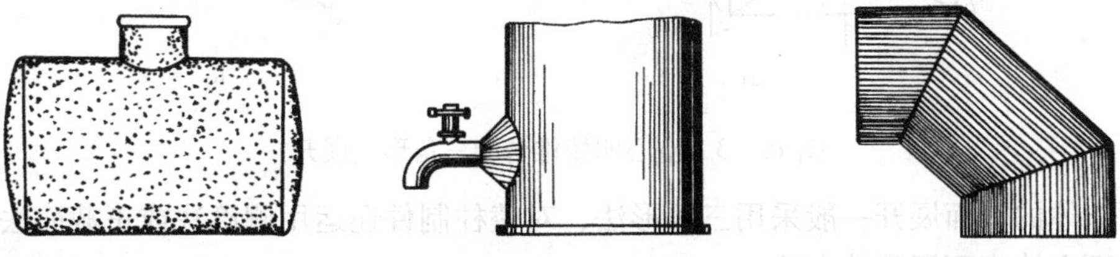

图 15－1　板金设备示例

将钣金件的各个表面，按其实际形状和大小，摊平在一个平面上，称为零件的表面展开。展开后所得到的平面图形，称为零件的表面展开图。展开图在石油、化工、建筑、航空、机械、造船等工业领域，都得到广泛的应用。图 15－2 表示组成零件的基本几何体的表面展开。

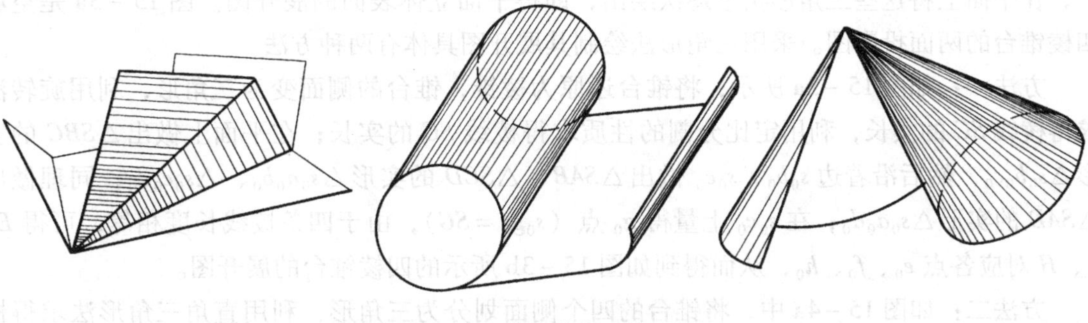

图 15－2　基本体表面的展开

立体表面分为可展与不可展两种。平面立体的表面都是平面组成的，属于可展的。曲面立体的表面是否可展，则根据组成其表面的曲面性质而定。

可展曲面是指由直线运动所产生的直纹曲面，即两相邻素线相互平行或相交的曲面，如柱面、锥面等。其他所有的曲面都是不可展曲面，不可展曲面立体的表面常采用近似展开的方法画出其展开图。绘制实际生产中的展开图，要考虑板厚、咬缝余量等制造中的因素。

## 第二节　平面立体的表面展开

平面立体的表面均为平面图形，因此画出组成该立体的各平面图形的实形，并依次展列在一个平面上即为它的表面展开图。图 15－3 为空心四棱锥台的展开图。

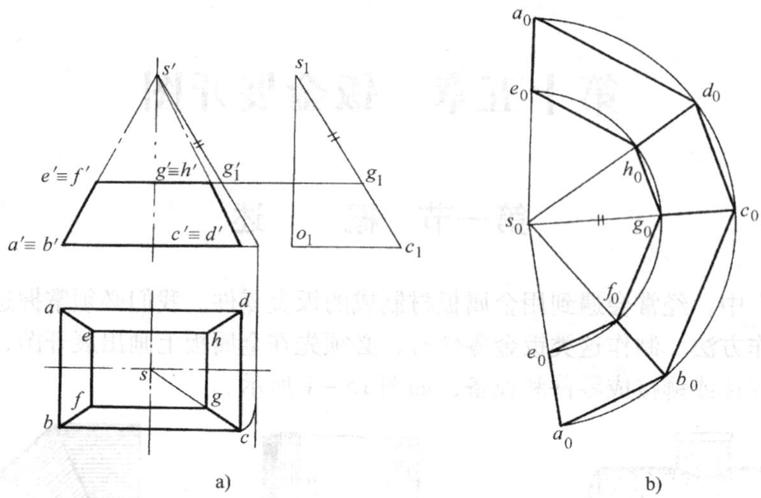

图 15－3　空心四棱锥台的三角形法展开

平面立体的表面展开一般采用三角形法，对棱柱制件还运用侧滚法或正截面法。下面分别叙述平面立体表面展开的方法。

## 一、平面体的表面展开法

### 1. 三角形法

三角形法是将立体表面的平面多边形划分为三角形，根据投影图求得三角形各边的实长，在平面上将这些三角形实形逐次绘出，即得平面立体表面的展开图。图 15－3a 是空心四棱锥台的两面投影图。采用三角形法绘制其展开图具体有两种方法。

方法一：如图 15－3a 所示，将锥台还原为棱锥，锥台的侧面变为三角形，利用旋转法求得棱线 $SC$ 的实长，利用定比分割的性质求得棱线 $SG$ 的实长；在平面上做出 $\triangle SBC$ 的实形 $\triangle s_0b_0c_0$，然后沿着边 $s_0b_0$、$s_0c_0$ 做出 $\triangle SAB$、$\triangle SCD$ 的实形 $\triangle s_0a_0b_0$、$\triangle s_0c_0d_0$；同理做出 $\triangle SAD$ 的实形 $\triangle s_0a_0d_0$；在 $s_0c_0$ 上量得 $g_0$ 点（$s_0g_0=SG$），由于四条棱线长度相等，可得 $E$、$F$、$H$ 对应各点 $e_0$、$f_0$、$h_0$，从而得到如图 15－3b 所示的四棱锥台的展开图。

方法二：如图 15－4a 中，将锥台的四个侧面划分为三角形，利用直角三角形法求得棱线及对角线 $AF$、$CH$、$BG$、$DE$ 的实长，如图 15－4b 所示。根据四棱锥台棱边及对角线实长，将八个三角形的实形按邻接关系依次做出，即得空心四棱锥台的展开图，如图 15－4c。立体上的点在展开图中用带有下标零的小写字母表示。如 $a_0$、$b_0$、$c_0$ 等。

### 2. 侧滚法

对棱线平行于投影面的棱柱表面展开时，可以以这些棱线为轴，依次旋转侧表面使其成为投影面的平行面，从而得到展开图。如图 15－5 中三棱柱展开的作图过程如下：

1）作棱面 $ABCD$ 实形。过 $c'$、$d'$ 分别作 $a'b'$ 垂线；以 $a'$ 为圆心，$AC$ 实长为半径作弧，交 $c'c_0$ 与 $c_0$；过 $c_0$ 点作 $a'b'$ 平行线，交 $d'd_0$ 与 $d_0$。得 $ABCD$ 实形 $a_0b_0c_0d_0$。

2）作棱面 $CDFE$、$EFBA$ 的实形。分别以 $CD$、$EF$ 为轴，仿照上面的作图过程，可得

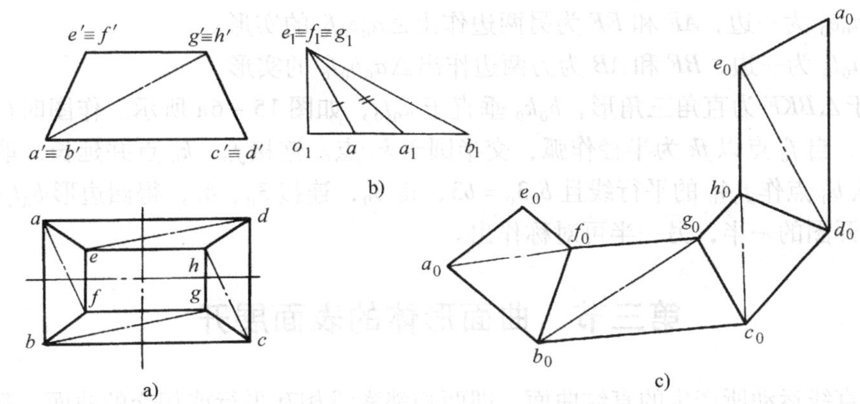


图 15－4　四棱锥台的三角形展开二

*CDFE*、*EFBA* 的实形 $c_0d_0f_0e_0$、$e_0f_0b_0a_0$。

## 二、斜口方管接头的展开

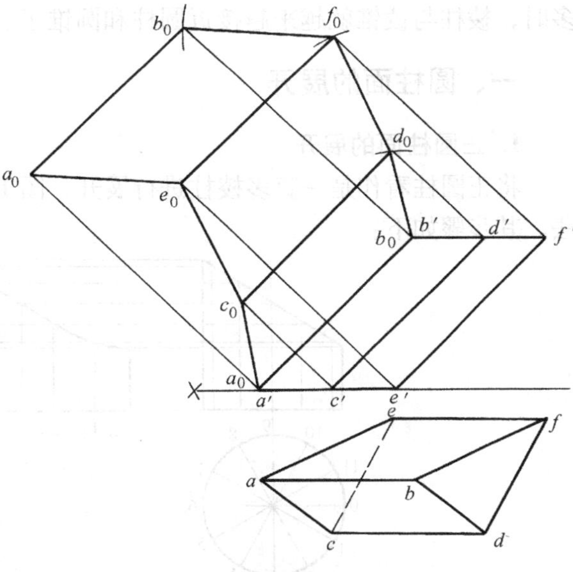


图 15－5　侧滚法展开棱柱表面

如图 15－6 为一斜口方管接头，其表面都是平面。*AB* 与 *EF* 为交叉直线，不能组成一平面，为此把 *ABEF* 分成△*ABF* 和△*AEF* 两个平面后再展开。作图步骤如下：

1）用直角三角形法求 *AF* 及 *BF* 的实长；图 15－6a 中的水平投影 1*a*、2*e*、*ef*、3*b*、4*f* 及正面投影 *a′b′*、*e′f′*、1′2′、3′4′均反映各边的实长。

2）画对称中心线，并取 $1_02_0=1'2'$。过 $1_0$、$2_0$ 点分别作 $1_02_0$ 的垂线，并在垂线上取 $1_0a_0=1a$，$2_0e_0=2e$，得 $a_0$、$e_0$ 点。即为四边形 $1_02_0e_0a_0$ 实形。

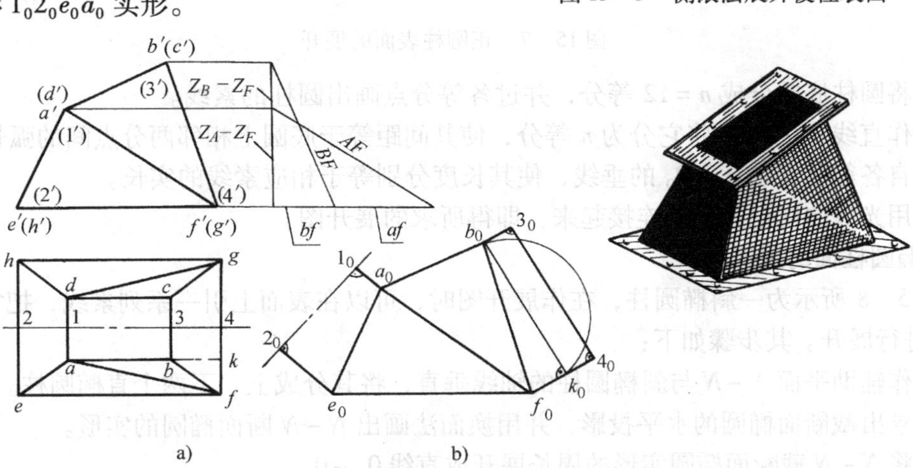


图 15－6　斜口方管接头的展开

3）以 $a_0e_0$ 为一边，$AF$ 和 $EF$ 为另两边作出 $\triangle a_0e_0f_0$ 的实形。

4）以 $a_0f_0$ 为一边，$BF$ 和 $AB$ 为另两边作出 $\triangle a_0b_0f_0$ 的实形。

5）由于 $\triangle BKF$ 为直角三角形，$b_0k_0$ 垂直于 $k_0f_0$，如图 15－6a 所示。作图时可以 $b_0f_0$ 为直径作半圆，自 $f_0$ 点以 $fk$ 为半径作弧，交半圆于 $k_0$ 点。连接 $f_0$、$k_0$ 点并延长，取 $f_04_0=f4$，得 $4_0$ 点。从 $b_0$ 点作 $f_04_0$ 的平行线且 $b_03_0=b3$，得 $3_0$，连接 $3_0$、$4_0$，得四边形 $b_0f_04_03_0$ 实形，即可求得展开图的一半，另一半可对称作出。

## 第三节　曲面形体的表面展开

凡是由直线运动所产生的直纹曲面，即两相邻素线相互平行或相交的曲面，都是可展曲面。可展曲面的展开方法与平面立体表面的展开方法相似，因为当棱柱与棱锥的侧面逐渐增多时，棱柱与棱锥就越来越接近圆柱和圆锥了。本节只讨论可展曲面的展开方法。

### 一、圆柱面的展开

**1. 正圆柱面的展开**

将正圆柱看作是一直多棱柱进行展开，图 15－7 中为圆柱被一正垂面所截后展开图的画法。其步骤如下：

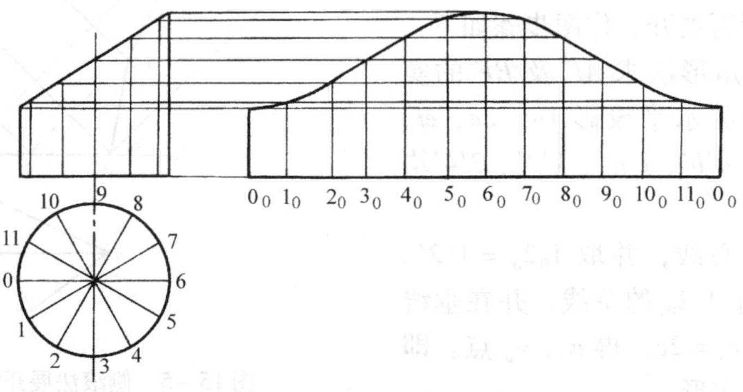


图 15－7　正圆柱表面的展开

1）将圆柱底圆分成 $n=12$ 等分，并过各等分点画出圆柱的素线。

2）作直线 $0_0-0_0$ 并将它分为 $n$ 等分，使其间距等于底圆上相邻两分点间的弧长。

3）自各等分点画 $0_0-0_0$ 的垂线，使其长度分别等于相应素线的实长。

4）用光滑曲线把各端点连接起来，即得所求的展开图。

**2. 椭圆柱面的展开**

图 15－8 所示为一斜椭圆柱，在作展开图时，可以在表面上引一系列素线，把它当作斜多棱柱进行展开。其步骤如下：

1）作辅助平面 $N-N$ 与斜椭圆柱的轴线垂直，将其分成上、下两个直椭圆柱。

2）求出截断面椭圆的水平投影，并用换面法画出 $N-N$ 断面椭圆的实形。

3）将 $N-N$ 截断面椭圆实形的周长展开成直线 $0_0-0_0$。

4）过 $0_0$、$1_0$、$2_0$、…各点分别作 $0_0-0_0$ 的垂线，并量取素线上相应线段的实长。

5）用光滑曲线把各端点连接起来，即得所求的展开图。

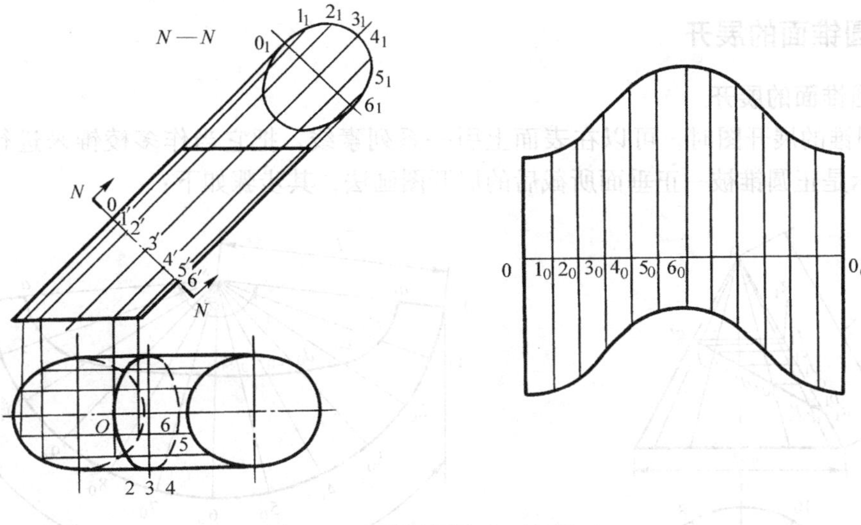


图 15－8　斜椭圆柱表面的展开

**3. 两相交圆柱的表面展开**

图 15－9 中所示为三通管，由不同直径的圆管垂直相交而成。作展开图时须先求出相贯线，然后分别求出大、小圆管的展开图。

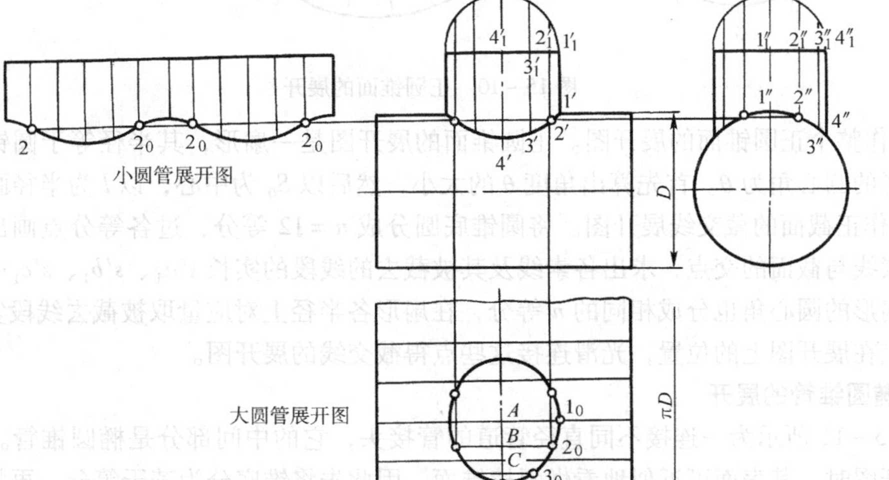


图 15－9　圆柱三通管表面的展开

小圆管的展开：在求出相贯线的投影后将圆柱面分作若干等分，再按图 15－7 的展开方法作出如图 15－9 中所示的小圆管的展开图。

大圆管的展开：以过 $A$ 点的水平线作为相贯线展开的前后对称中心线，以过 $A$ 点的垂直线为相贯线展开的左右对称中心线 $AD$；沿 $AD$ 量取长度 $AB$、$BC$、$CD$ 分别等于 $1''2''$、$2''3''$、$3''4''$的弧长；过主视图上 $1'$、$2'$、$3'$、…等点所作的垂直线与过 $A$、$B$、$C$、$D$ 点的水平线相交，得交点 $1_0$、$2_0$、$3_0$、$4_0$、…等点。连接这些点即得相贯线在大圆管展开图上的图形。

## 二、圆锥面的展开

### 1. 正圆锥面的展开

在作圆锥的展开图时，可以在表面上引一系列素线，把它当作多棱锥来进行展开。图15－10所示是正圆锥被一正垂面所截后的展开图画法，其步骤如下：

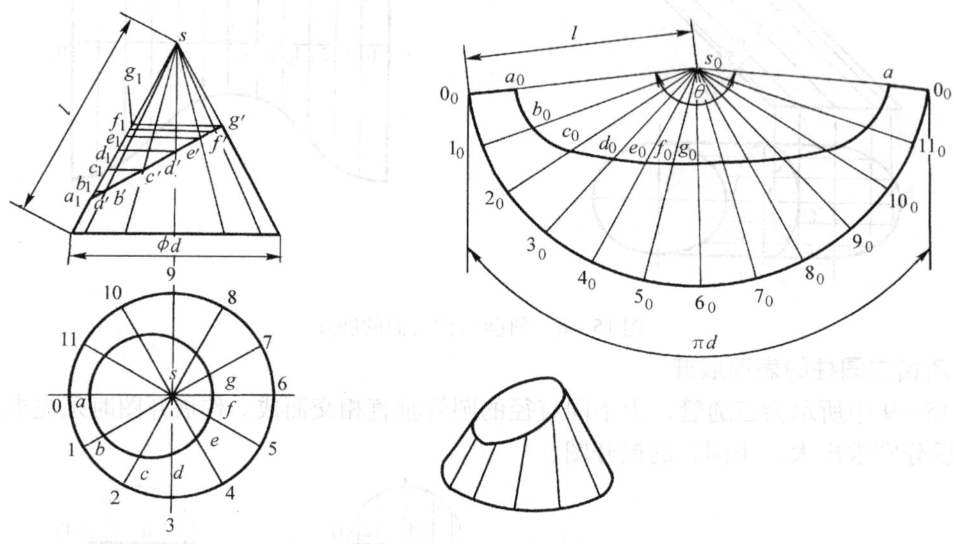

图15－10　正圆锥面的展开

1）作整个正圆锥面的展开图。正圆锥面的展开图是一扇形，其半径等于圆锥的素线实长，扇形的圆心角为 $\theta$。首先算出角度 $\theta$ 的大小，然后以 $S_0$ 为中心，以 $l$ 为半径画出扇形。

2）作正截面的截交线展开图。将圆锥底圆分成 $n=12$ 等分，过各等分点画出素线，并标出各素线与截面的交点，求出各素线及其被截去的线段的实长 $s'a_1$、$s'b_1$、$s'c_1\cdots$；在展开图上把扇形的圆心角也分成相同的 $n$ 等分，在扇形各半径上对应量取被截去线段实长，得截交线上点在展开图上的位置，光滑连接这些点得截交线的展开图。

### 2. 椭圆锥管的展开

图15－11所示为一连接不同直径管道的管接头，它的中间部分是椭圆锥管。画椭圆锥管的展开图时，其表面可近似地看做斜棱锥面，因此先将锥底分为若干等分，再将各等分点与锥顶相连即构成若干小三角形，求出每一个小三角形的实形并依次连成一个平面图形即可。作图步骤如下：

1）在正面投影上作出锥顶 $s'$，并将锥底分为12等分，分别与锥顶连得素线的投影。

2）利用直角三角形法或旋转法，分别求出椭圆锥面上各等分素线的实长。

3）依次作出由两条相邻素线及底圆弧长所组成的三角形实形，得底圆的展开形状。根据顶圆素线段的实长，得顶圆的展开形状，即完成椭圆锥面的展开图。

### 3. 锥柱相交表面的展开

图15－12是由锥管与柱管组成的三通。作图时先求出相贯线，然后分别求出圆管与锥管的展开图。其作图步骤如下：

1）作辅助线确定锥顶 $S$ 的投影，并作锥台顶面的辅助圆，且平分圆周 $n=12$ 等份。

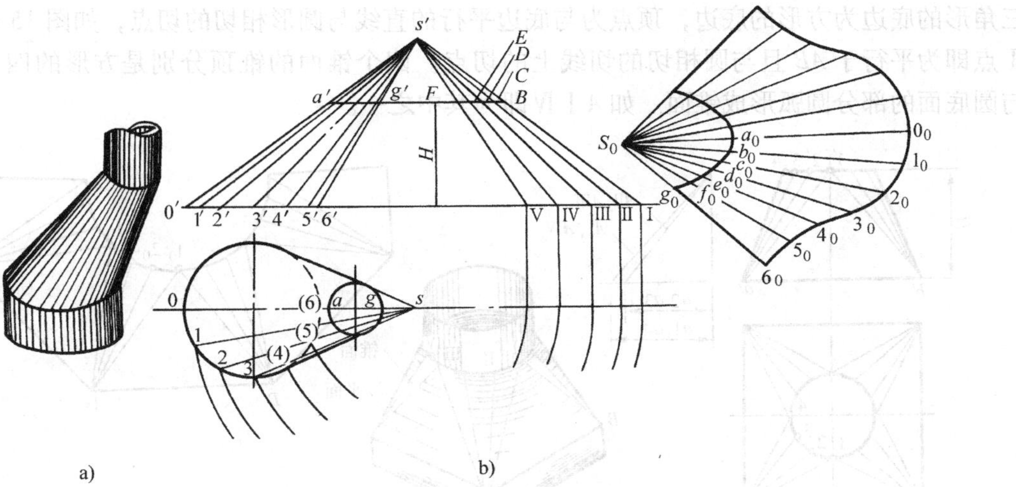


图 15－11　椭圆锥管表面的展开

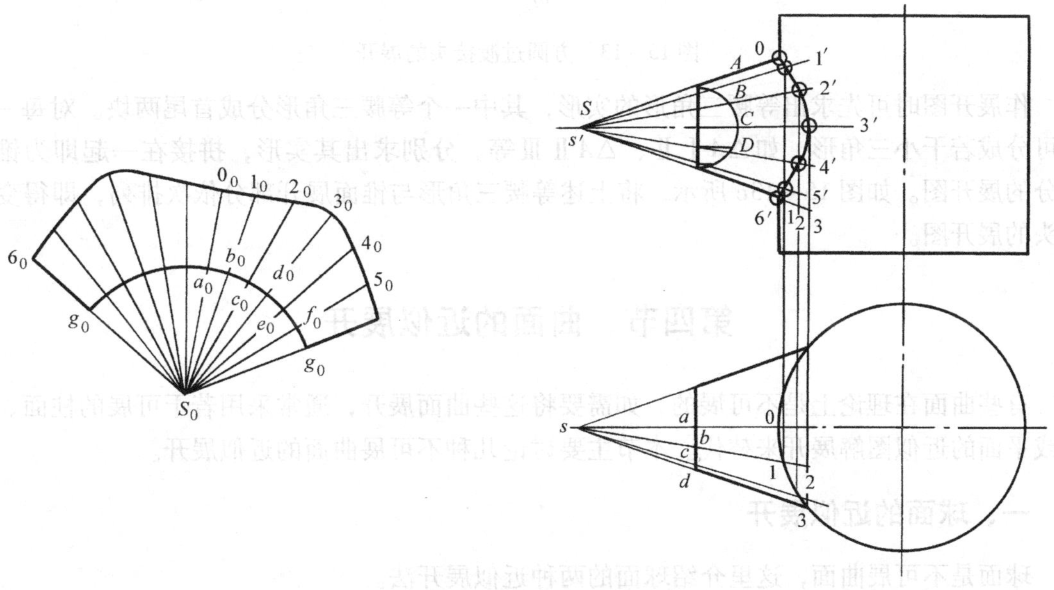


图 15－12　锥柱三通管表面的展开

2）连接锥顶 $S$ 与等分点的正面投影点并延长，得锥面上各等分素线的正面投影。

3）作出这些素线的水平投影，求出与圆柱交点的正面投影，得相贯线正面投影。

4）以 $S_0$ 为圆心，作出锥台顶圆的展开弧 $g_0g_0$；由辅助顶圆等分弧长沿 $g_0g_0$ 截取得各等分点展开位置，连接 $S_0$ 与等分点得等分素线的展开。

5）量取相贯线上点距顶点的实长，在展开图中对应的素线上截取等长度，光滑连接这些点得锥面展开图。

6）柱面的展开可仿照前图 15－9 中大圆管的展开法完成。

## 三、方圆过渡管的展开

图 15－13b 为一上圆下方的变形接头，它由四个等腰三角形和四部分锥面组成。该四个

三角形的底边为方形的底边，顶点为与底边平行的直线与圆形相切的切点，如图 15 – 13a 中Ⅰ点即为平行于 $AB$ 且与圆相切的切线上的切点。四个锥面的锥顶分别是方形的四个顶点，与圆底面的部分圆弧形成锥面。如 $A$ⅠⅣ即为其中之一。

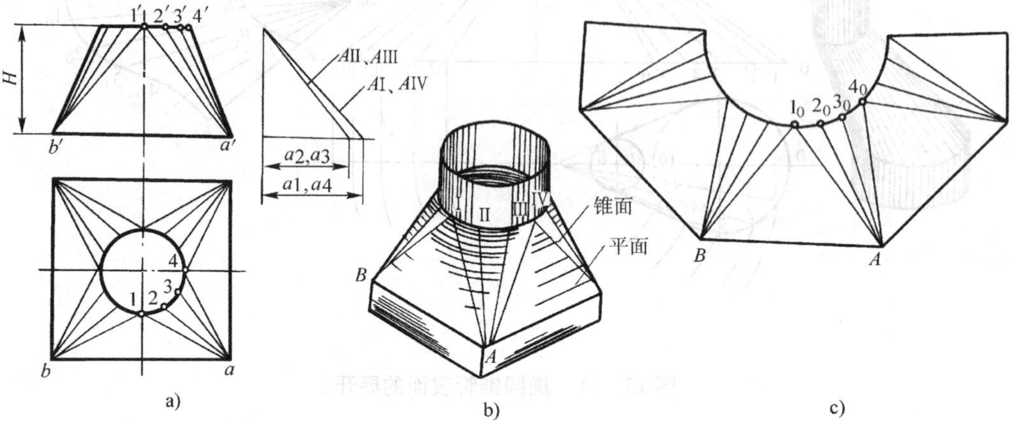


图 15 – 13　方圆过渡接头的展开

作展开图时可先求出等腰三角形的实形，其中一个等腰三角形分成首尾两块。对每一锥面可分成若干小三角形，如△$A$ⅠⅡ、△$A$ⅡⅢ等。分别求出其实形，拼接在一起即为锥面部分的展开图。如图 15 – 13c 所示，将上述等腰三角形与锥面展开部分依次排列，即得变形接头的展开图。

## 第四节　曲面的近似展开

有些曲面在理论上是不可展的，如需要将这些曲面展开，通常采用若干可展的柱面、锥面或平面的近似图解展开来替代。本节主要讨论几种不可展曲面的近似展开。

### 一、球面的近似展开

球面是不可展曲面，这里介绍球面的两种近似展开法。

**1. 近似柱面法**

近似柱面展开法如图 15 – 14 所示，通过球心作几个投影面的垂直面，图中为三个铅垂面，将球面分为 $n=6$ 等份；相邻两个等分平面间所夹的柳叶状曲面，可近似地看作图 15 – 14b 中的圆柱面，然后用展开圆柱的方法近似地将球面展开。其展开过程如下：

1）通过球心水平投影点 0，将半球的水平圆分为六等分。

2）在投影图上画出外切于圆球的圆柱面的投影。

3）将圆柱面的正面投影右侧的轮廓素线分为四等分，得点 1′、2′、3′、4′。

4）等分点向下投影得 1、2、3、4，同时与柳叶状部分的轮廓线相交于 $aa$、$bb$、$cc$、$dd$。

5）画展开图。作直线 $0_04_0$，截取线段 $0_01_0$、$1_02_0$、$2_03_0$、$3_04_0$，使其各长度等于对应点正面投影的弧长；过 $1_0$、$2_0$、$3_0$、$4_0$ 作 $0_04_0$ 的垂线，截取线段长度 $a_0a_0=aa$、$b_0b_0=b_0b_0$、

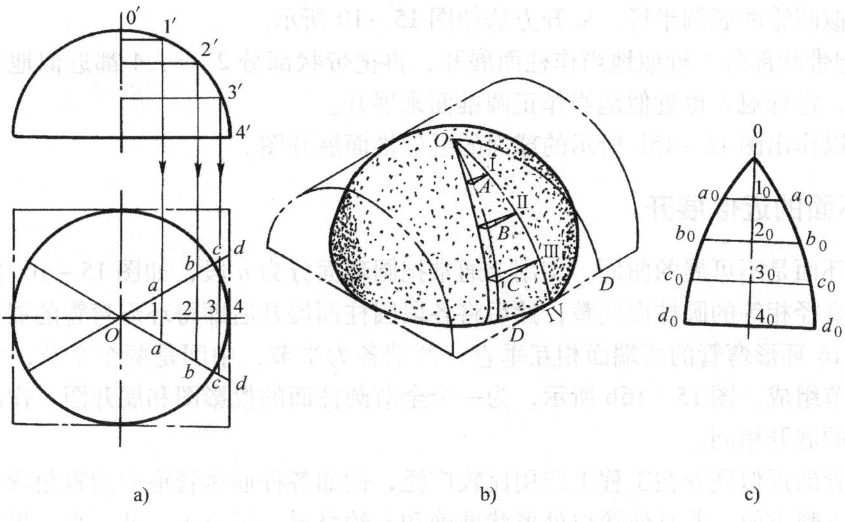


图 15－14　球面的柱面近似展开

a）球面的投影图　b）把球面当做圆柱面展开　c）柳叶状展开图的一半

$c_0c_0 = c_0c_0$、$d_0d_0 = d_0d_0$。光滑连接得球面的六分之一部分的展开图。

**2. 近似锥面法**

球面的近似锥面展开如图 15－15 所示，其方法步骤如下：

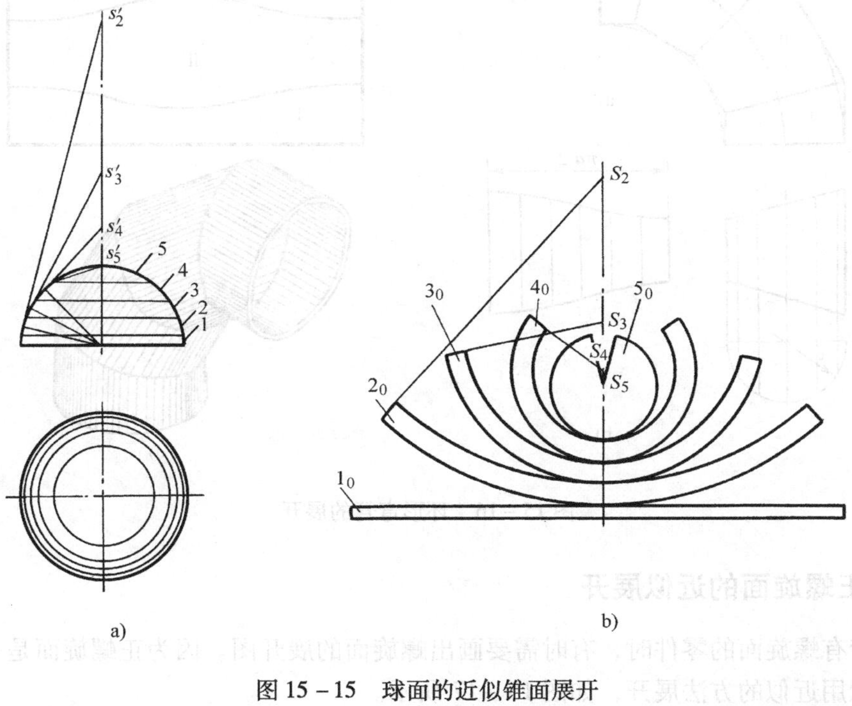


图 15－15　球面的近似锥面展开

1）在半球面上作 $n=4$ 个水平圆，这些纬圆把半球面分为 $n$ 个带状和一个球冠部分。

2）如图 15－15a 所示，在半球面的正面投影上过第 2 部分球面轮廓线的中点作切线，切线与轴线相交于锥顶 $S_2$，如此求出各锥面的顶点分别为点 $S_2$、$S_3$、$S_4$、$S_5$。

3）从切点到 $S_2$ 的线段即为带状部分 2 近似展开时的素线长度。过切点到轴线的距离即为展开时近似圆锥的底圆半径。展开方法如图 15－10 所示。

4）先把带状部分 1 近似地当作柱面展开，再把带状部分 2、3、4 都近似地当作截头正圆锥面展开，把球冠 5 也近似地当作正圆锥面来展开。

如此可以作出图 15－15b 所示的球面的近似锥面展开图。

## 二、环面的近似展开

由于圆环面是不可展的曲面，实用上通常把圆环面分为 $n$ 段，如图 15－16 中 $n=4$，每段近似地用直径相等的圆柱面代替，然后将各段圆柱面展开后即得环形弯管的展开图。

图 15－16 环形弯管的两端面相互垂直，两端各为半节，中间是两个全节，实际上四段是由三个全节组成。图 15－16b 所示，为一个全节圆柱面的投影图和展开图，作展开图的方法与圆柱面的展开相同。

环形弯管的近似展开在工程上应用比较广泛，例如各种通风管道中的直角弯头多用此法展开。为了下料方便，并且使接口处形状准确和节约材料，可将Ⅰ、Ⅱ、Ⅲ，Ⅳ各段，按图 15－16c 所示的方法在金属板上排料。

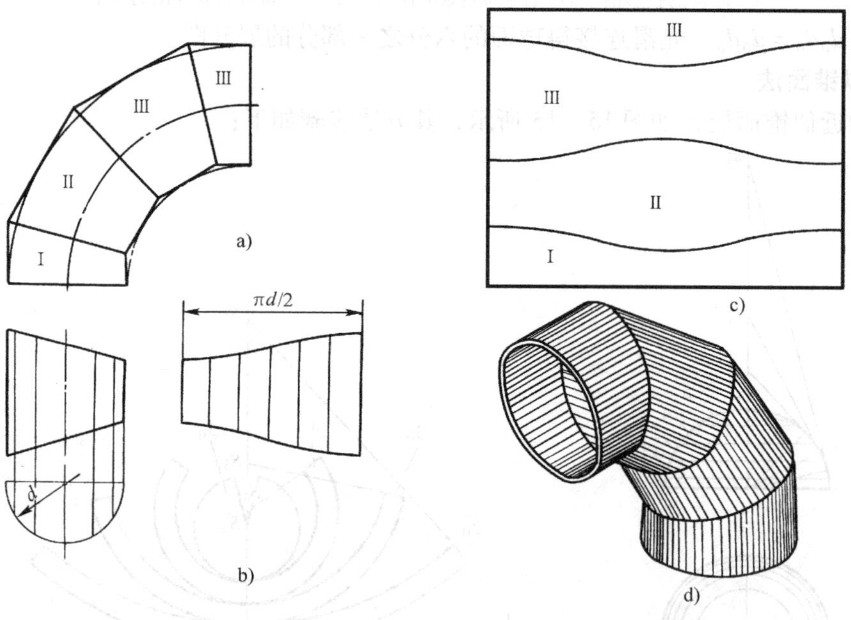


图 15－16 环形弯管的展开

## 三、正螺旋面的近似展开

制造带有螺旋面的零件时，有时需要画出螺旋面的展开图。因为正螺旋面是一种不可展曲面，只能用近似的方法展开，如图 15－17 所示。

画展开图时，是将螺旋面分成若干三角形，先求出这些三角形每边的实长，然后顺次画出各个三角形的实形，由这些三角形拼在一起可以形成一个带缺口的环形面，它就是正螺旋面一圈的展开图。如图 15－17a 为正螺旋面的投影图，图 15－17b 为 $\triangle SAO$ 各边的实长作图，图 15－17c 为单圈螺旋面的展开图。

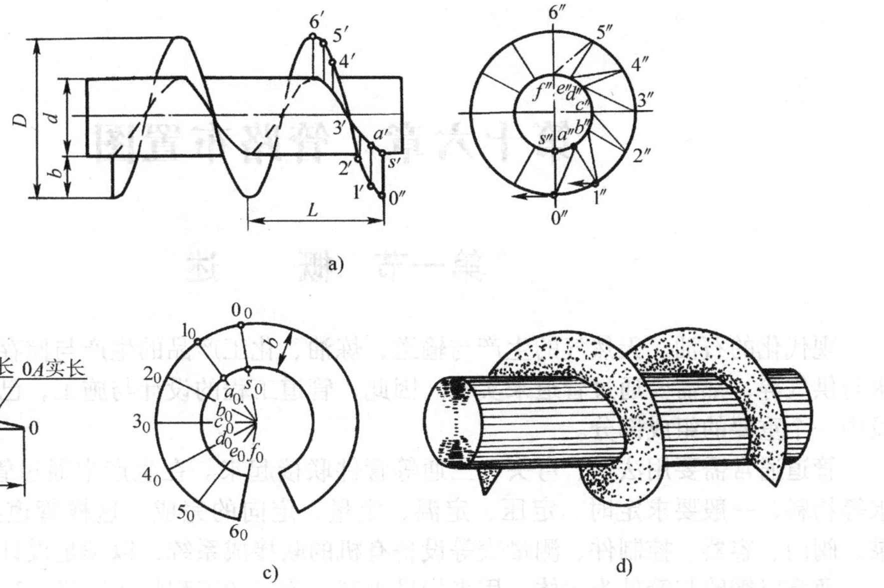


图 15－17　正螺旋面的三角法近似展开

# 第十六章　管路布置图

## 第一节　概　　述

现代化的石油、天然气的生产与输送，炼油、化工产品的生产与储存，建筑工程中的供水与供气等，都需要通过管道来实现。因此，管道工程的设计与施工，已成为现代化生产建设中一个重要的组成部分。

管道通常需要用法兰、弯头、三通等管件联接起来。在生产中通过管道输送的油、气、水等物料，一般要求定时、定压、定温、定量、定向的完成，这样管道必然要与塔罐、机泵、阀门、容器、控制件、测量表等设备有机的联接成系统，以满足设计与生产的要求。

通常以管路与管件为主体，用来指导生产与施工的工程技术图样，称为管路图。

管路图一般可分为：工艺流程图和管路布置图两种。

### 一、工艺流程图

工艺流程图主要是用来表明生产过程中的运行程序的图样，是一种示意性的工艺程序展开图，其属于工程基础设计。

工艺流程图一般需用管线、机泵、设备、阀件等的图形符号，来表示流程的顺序、方向、层次、控制接点等，可注写必要的技术说明或代号。因为这种图并不用于管路安装，所以一般不标注尺寸和比例，如图 16－1 所示的局部工艺流程图。

### 二、管路布置图

管路布置图主要是：以管路的工艺流程图和总平面布置图为基础，设计绘制出的管道布置图用来指导工程的施工安装。

管路布置图需要用标准所规定的符号，表示出管路、建筑、设备、阀件、仪表、管件等的相互位置关系，要求标有准确的尺寸和比例。图样上必须要注明施工数据、技术要求、设备型号、管件规格等，如图 16－2 所示的局部管路布置图。

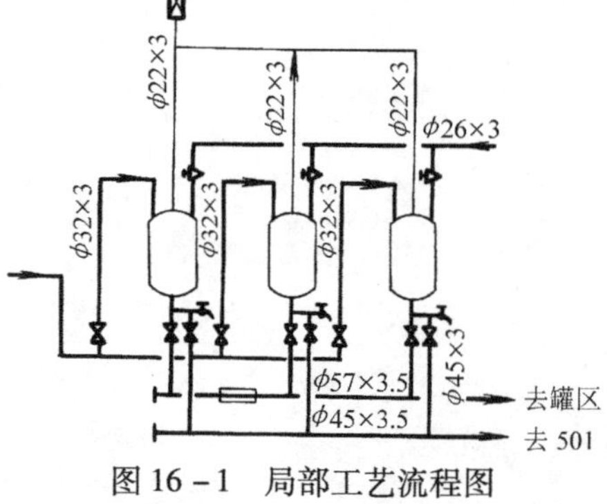

图 16－1　局部工艺流程图

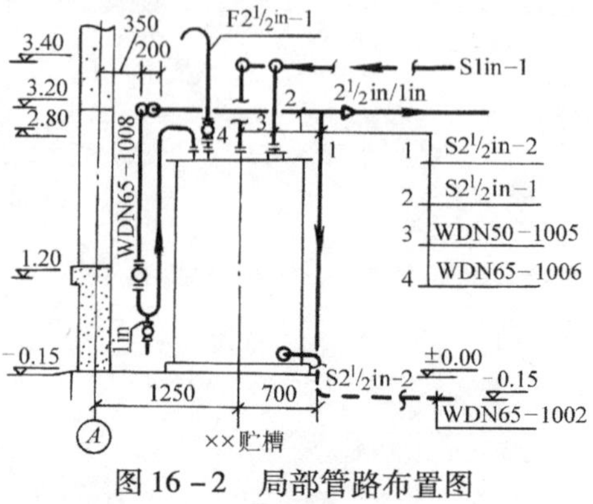

图 16－2　局部管路布置图

## 第二节　管路图示符号

管路图是用标准所规定的各种图形符号和代号绘制而成的。管路图示符号包含管线、管件、阀件、联接等图示符号和物料代号等组成。

### 一、管线图示符号

管道工程中的管线一般用单线表示，对大径或重要管线也可用双线表示。由于所观察（投影）的方向不同，管线多由平面和立面两种图示符号表示。现将管路图中所常用的管线图示符号列于表 16－1 中。

**表 16－1　常用的管线图示符号**

| 名　称 | 图　示　符　号 | 说　明 | 名　称 | 图　示　符　号 | 说　明 |
|---|---|---|---|---|---|
| 主要管线 |   | $b=1$ | 保温管线 |  | |
| 埋地管线 |  | $b=1$ | 汽伴热管 |  | |
| 辅助管线 |  | $1/2b$ | 电伴热管 |  | |
| 仪表管线 |  | $1/3b$ | 介质流向 |  | |
| 管线转折 | 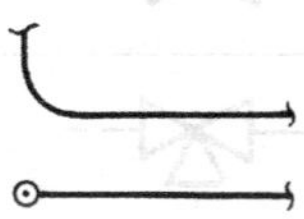 | 上转管 | 管线交叉 | 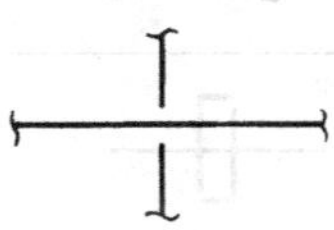 | 后、下断开管 |
| |  | 下转管 | | 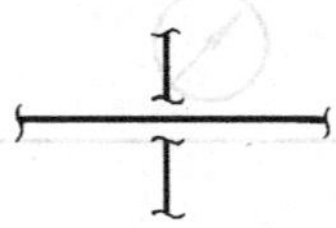 | 前、上断开管 |
| | 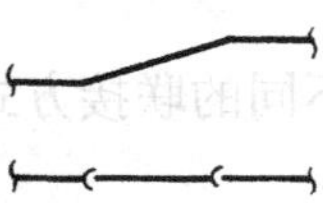 | 斜转管 | 管线重叠 | 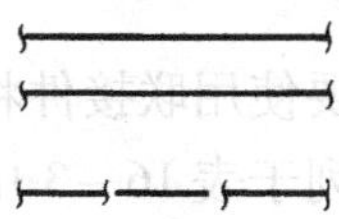 | 两叠管 |
| 管线相交 | 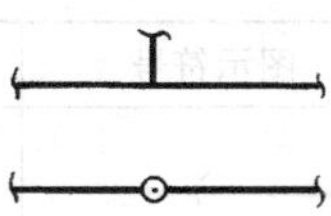 | 上交管 | | 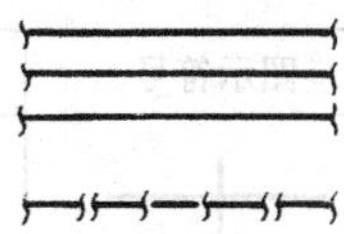 | 三叠管 |
| | 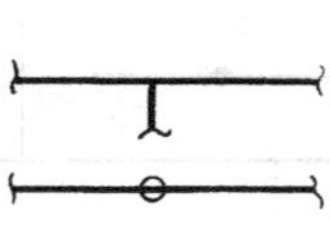 | 下交管 | | 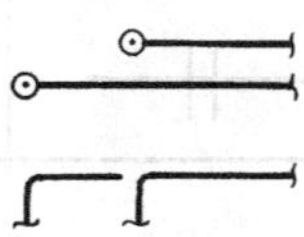 | 弯叠管 |

### 二、管件与阀件符号

在工程管路中的管件与阀件起着流向、流量等重要的控制作用。现将管路图中所常用的管件与阀件的图示符号列于表 16－2 中。

**表 16－2　管路的管件与阀件图示符号**

| 名　称 | 图　示　符　号 | 说　明 | 名　称 | 图　示　符　号 | 说　明 |
|---|---|---|---|---|---|
| 弯头 |  | | 截止阀 |  | |
| 三通 | 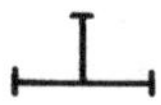 | | 止回阀 |  | 由空白流向非空白三角形 |
| 四通 | 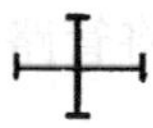 | | 减压阀 |  | 小三角形一端为高压端 |
| 螺纹堵 | 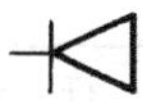 | 堵头螺纹为外螺纹 | 闸板阀 |  | |
| 螺纹管帽 | 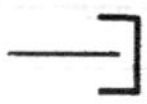 | 管帽螺纹为内螺纹 | 节流阀 |  | |
| 法兰端盖 | 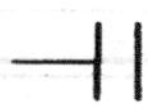 | | 球形阀 |  | |
| 异径接头 |  | 异径同心 | 隔膜阀 |  | |
| 快换接头 | 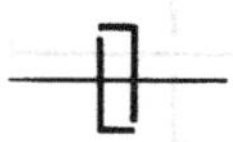 | | 三通阀 |  | |
| 指示表 |  | | 安全阀 | 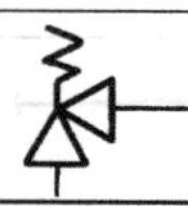 | |

## 三、管路的联接符号

通常管线需要使用联接件将其连接起来，根据情况可选择不同的联接方式。现将所常用的管路联接符号列于表 16－3 中。

**表 16－3　管路的联接图示符号**

| 联接形式 | 图示符号 | 图示举例 | 联接形式 | 图示符号 | 图示举例 |
|---|---|---|---|---|---|
| 螺纹联接 | 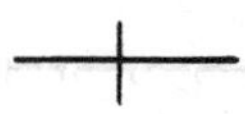 |  | 承插联接 | 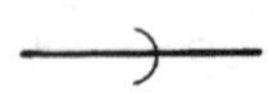 |  |
| 法兰联接 | 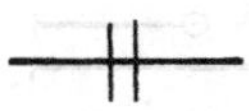 |  | 焊接联接 |  |  |

## 四、管路的物料代号

在管道工程图样中，为了区别不同用途和物料的管线，常需要标明管线用途代号。现将管路图中所常用的物料代号列于表 16－4 中。

表 16-4 常用的管路物料代号

| 名称 | 物料代号 | 英文名称 | 名称 | 物料代号 | 英文名称 |
|---|---|---|---|---|---|
| 油 | O | Oil | 蒸汽 | S | Steam |
| 水 | W | Water | 煤气 | CG | Coal Gas |
| 空气 | A | Air | 天然气 | NG | Natural Gas |

管路中的其他物料代号，可用相应的英文名称的第一位大写字母表示。若类别代号重复时，则用前两位大写字母表示，也可采用该介质化合物分子式符号表示。

### 五、管路图示举例

图 16-3 展示了一段管路的空间位置关系。在图 a 中采用平面图和立面图两个视图的表达方法，而图 b 为表示这段管路空间走向的轴侧图。

在管路安装图中，若阀门的控制元件的位置可与任一坐标轴平行时，可以不表示。当需要表示阀门上控制元件的位置时，可按图 16-3 所示的形式画出。

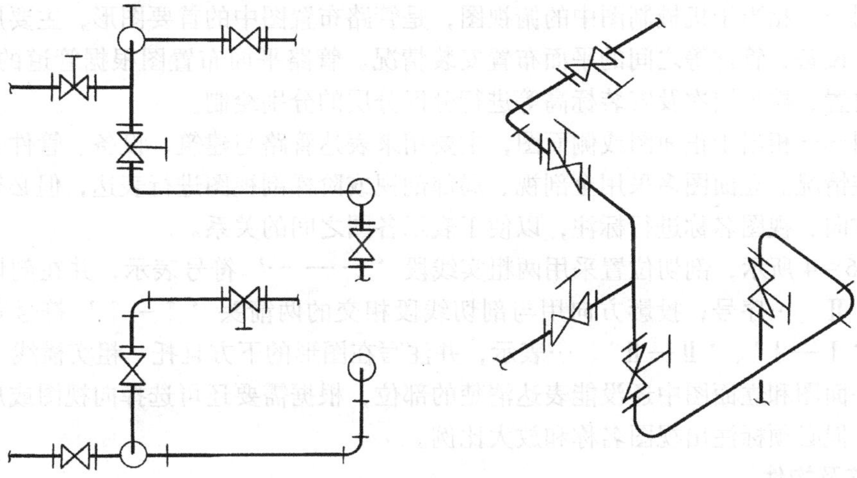

a)　　b)

图 16-3 管路的视图

## 第三节 管路布置图

管路布置图是进行管路安装施工的重要依据，必须遵照有关规定和管路符号进行绘制。就管路布置图的主要内容、有关规定、表达方法、标注形式等作一简要介绍。

### 一、管路布置的基本原则

为管路的设计和布置符合高标准的要求，提出以下基本原则：

1）首先全面地了解工程对管路布置的要求，充分了解工艺流程、建筑结构、设备及管口配置等情况。由此对工程管路作出合理的初步布置。

2）冷热管道应分开布置，难避免时应热管在上冷管在下。有腐蚀物料的管道，应布置在平列管道的下侧或外侧。管道敷设应有坡度，坡度方向一般均沿物料流动方向。

3）管道应集中架空布置，尽量走直线少拐弯，管道应避免出现‘气袋’和‘盲肠’。支管多的管道应布置在并行管道的外侧，分支气体管从上方引出，而液体管在下方引出。

4）通过道路或受负荷地区的地下管道，应加保护措施。行走过道顶的管道至地面的高度应高于2.2m。有一定重量的管道和阀门，一般不能支承在设备上。

5）阀门要布置在便于操作的部位，对开关频繁的阀门应按操作顺序排列。重要的阀门或易开错的阀门，相互间要拉开一定的距离，并涂刷不同的颜色。

## 二、管路的视图表达

管路图中所常用的表达方法和规定画法一般有以下几方面。

**1. 视图的配置**

管路图同样是采用正投影原理和规定符号绘制出来的一组视图，这组视图常采用平面图、立面图、向视图和局部放大图等表达方法。

在图16－4中所示，即采用平面图和Ⅰ—Ⅰ立面图表达了一段管路的布置情况。

平面图——相当于机械制图中的俯视图，是管路布置图中的首要图形，主要用来表达管路与建筑、设备、管件等之间的平面布置安装情况。管路平面布置图根据管道的复杂程度，可按建筑位置、楼板层次及安装标高等进行分区分层的分别绘制。

立面图——相当于正面图或侧面图，主要用来表达管路与建筑、设备、管件等之间的立面布置安装情况。立面图多采用全剖视、局部剖视或阶梯剖视图进行表达，但必须对剖切位置、投影方向、视图名称进行标注，以便于表示各图之间的关系。

如图16－4所示，剖切位置采用两粗实线段‘— — —’符号表示，并在剖切符号旁注写字母Ⅰ、Ⅱ、…序号；投影方向用与剖切线段相交的两箭头‘↑—↑’符号表示；剖面图名称用‘Ⅰ—Ⅰ’、‘Ⅱ—Ⅱ’、…表示，并注写在图形的下方且托一粗实横线。

对在平面图和立面图中还没能表达清楚的部位，根据需要还可选择向视图或局部放大图进行表达，但必须标注出视图名称和放大比例。

**2. 建筑及构件**

在管路布置图中，凡是与管路布置安装有关的建筑物、设备基础等，均应按比例照有关规定用细实线画出，如图16－4中所示。而与管路安装位置关系不大的门、窗等建筑构件可简化画出或不予表示。

**3. 设备及管口**

管路布置图中的设备，应大致按比例用细实线绘制出其外形特征，但设备上与配管有关的接口应全部画出。设备的安装位置及设备的中心则必须画出其中心点划线。如图16－4中的H－101冷却器等。必要时可另外画出管路中的设备布置图。

**4. 管路及管件**

管路布置图中一般应绘制出全部工艺管路和辅助管路，当管路较复杂时也可分别画出。对不同的管路必须用表16－1所规定的符号绘制，以表达出管路的走向和相互间的位置关系。当局部管路较密集，表达欠清楚时，可画出其局部放大图。

管路中的各种类型的管件，必须采用表16－2和表16－3所规定的符号绘制出来。

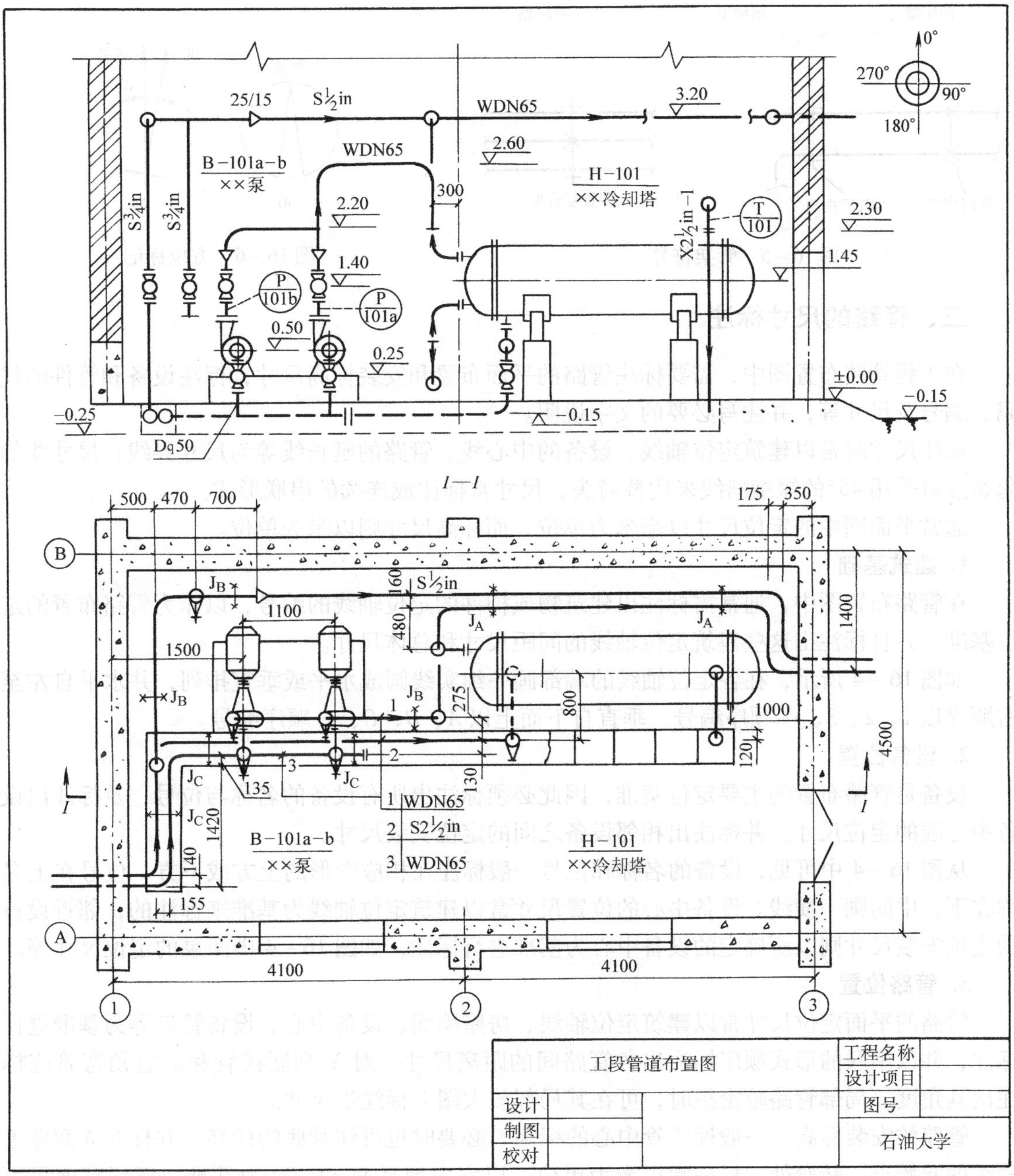


图 16－4　管路的表达与设备布置

**5. 管架及方位**

管路通常用管架安装固定，管架的形式及位置一般采用符号在平面图上表示出来。管架有固定型、活动型、导向型和复合型等，管架的图示符号如图 16－5 所示。

管路布置图中一般需要在图纸的右上角画出方位标记，以作为管路按装的定位基准。方位标记应与相应的建筑图及设备布置图相一致，箭头指向建筑北向，如图 16－6 所示。

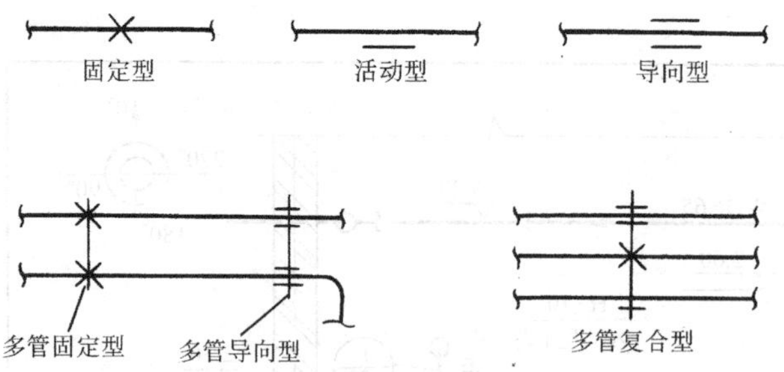


图 16－5　管架符号

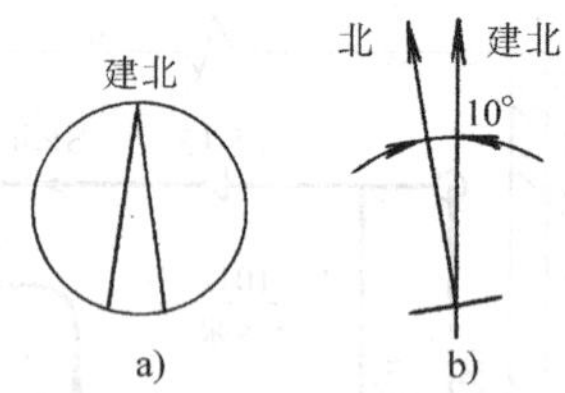


图 16－6　方位标记

## 三、管路的尺寸标注

在工程管路布置图中，需要标注管路的平面布置和安装标高尺寸，标注设备和管件的代码、编号及尺寸等，并注写必要的文字说明。

标注尺寸时常以建筑定位轴线、设备的中心线、管路的延长线等为尺寸界线；尺寸线的起始点可采用45°的短细斜线来代替箭头，尺寸常标注成连续的串联形式。

通常平面图中的定位尺寸以毫米为单位，而标高尺寸则以米为单位。

**1. 建筑基础**

在管路布置图中，通常需标注出建筑物或构件的定位轴线的编号，以作为管路布置的定位基准。并且标注出这些建筑定位轴线的间距尺寸和总体尺寸。

如图 16－4 所示，在各定位轴线的端部画一细实线圆成水平或垂直排列，并水平自左至右顺序以 1、2、3、…顺序编号，垂直自下而上以 $A$、$B$、$C$、…顺序编号。

**2. 设备位置**

设备是管路布置的主要定位基准，因此必须标注出所有设备的名称与位号，及标注出设备中心线的定位尺寸。并标注出相邻设备之间的定位安装尺寸。

从图 16－4 中可见，设备的名称和位号一般标注在相应图形的上方或下方，位号在上名称在下，中间画一横线。设备中心的位置尺寸常以建筑定位轴线为基准来标注的，邻近设备的定位安装尺寸则以所确定的设备中心为基准进行标注，如图 16－4 中两泵的定位尺寸等。

**3. 管路位置**

管路的平面定位尺寸常以建筑定位轴线、房屋墙面、设备中心、设备管口等为基准进行标注，并以串联的形式顺序标注出各管路间的距离尺寸。对 Y 型联接管和非直角弯管应标注出其角度，局部管路较密集时，可在其局部放大图上标注出尺寸。

管路的安装标高，一般标注管中心的标高，必要时也可注管底的标高，并标在立面图上管线的起始点、转弯处。标高常以米为单位，以室内地平面 ±0.00 为基准，正标高前可不加（＋）号，而负标高前必须加（－）号。其标高符号及其标注见图 16－7 所示。

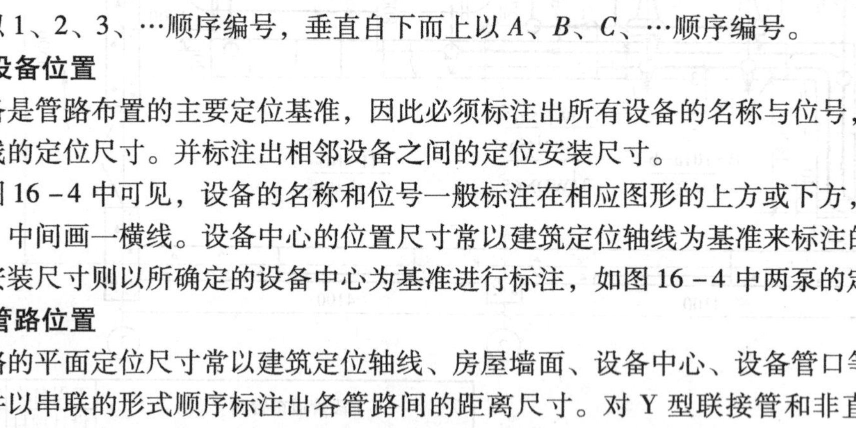


图 16－7　标高符号及标注形式

**4. 管段代号**

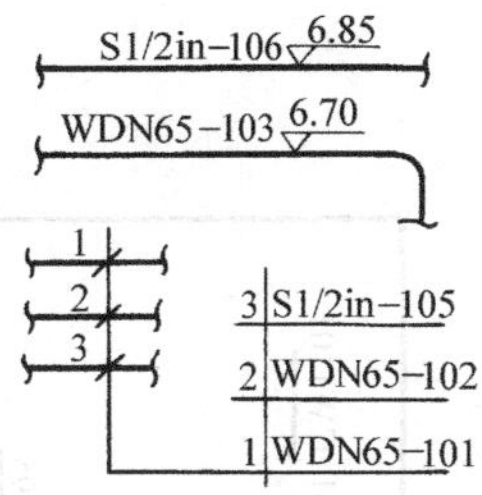


图 16-8 管段代号的标注

管路图中应标注出各管段的物料代号、管径尺寸、管段序号等。管段的有关代号一般标在管线的上方或左方，也可几条管线一起引出标注。引出时在各管线引出处画一斜线并顺序编号，指引线用细实线画且可以转折，管段的代号应顺序标注在水平细线的上方。

当管路布置图只采用平面图表达时，可在管段序号的后面标出其标高，如图 16-8 所示。

**5. 管件管架**

管路图中的阀门、仪表等管件，一般标注出安装尺寸或在立面图上标出安装标高。当在管路中使用的管件类型较多时，应在图中管件的符号旁分别注明其规格、型号等。

对管路图中的管架，应在其管架符号的旁边注上管架代号 $J_1$、$J_2$、…或 $J_a$、$J_b$、…。

## 第四节 读管路布置图

阅读管路布置图，无论是审查设计、安装施工，还是参考借鉴、维修改造，主要是通过图样了解工程管路的设计意图，以及弄清管道、管件、阀门、仪表、设备等的具体布置安装情况。因此读管路布置图应按以下方法步骤进行。

### 一、读图的方法步骤

**1. 概括了解**

首先概括了解工程管路的视图配置、数量及各视图的表达重点内容。并初步了解图例、代号的含义，及非标准型管件、管架等的图样。然后浏览设备位号、管口表、施工要求以及各不同标高的平面布置图等。

**2. 布置分析**

首先根据流程次序，按照管道编号，逐条弄清管道的起始点及终止点的设备位号及管口。并依照布置图的投影关系、表达方法、图示符号及有关规定，搞清每条管道的来龙去脉、分支情况、安装位置，以及阀门、管件、仪表、管架等的布置情况。

**3. 尺寸分析**

通过对管路布置图中的尺寸分析，可了解管道、设备、管口、管件等的定位情况，以及它们间的相互距离关系。并对其他标注进行分析，从而可搞清各管路中的工艺物料、管道直径、阀门型号、管件规格、安装要求等。

### 二、管路布置图举例

现按读管路布置图的方法步骤，分析阅读图 16-9 所示的管路布置图。在图 16-10 中所展示的为石油大学储运工程馆的脱水器工艺管路安装图。

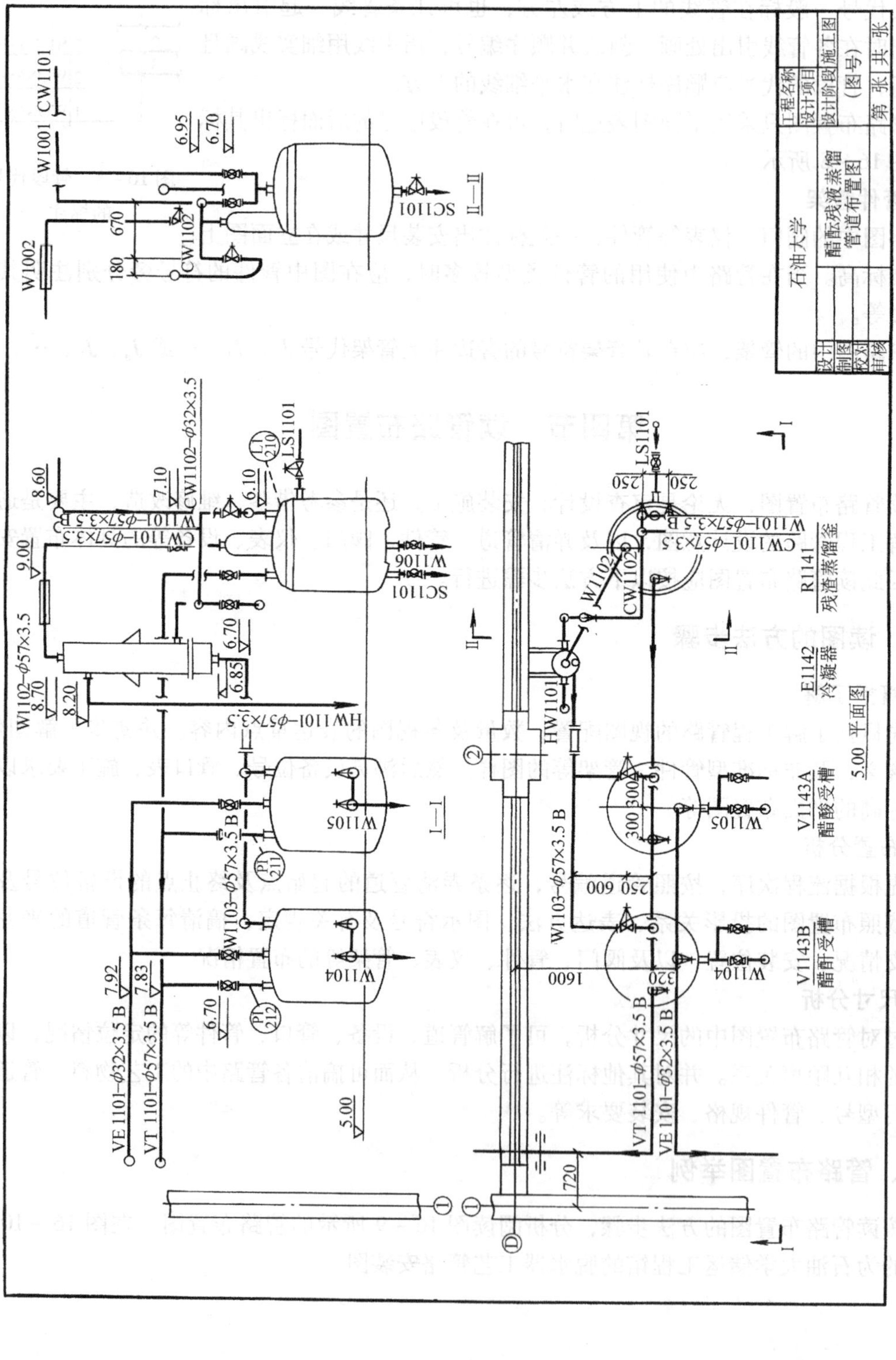
石油大学
醋酐残液蒸馏
管道布置图
工程名称
设计项目
设计阶段施工图
(图号)
第 张 共 张
设计
制图
校对
审核
II—II
I—I
5.00 平面图
V1143B
醋酐受槽
V1143A
醋酸受槽
E1142
冷凝器
R1141
残渣蒸馏釜
W1001
CW1101
W1002
CW1102
SC1101
W1106
W1105
W1104
LS1101
HW1101
W1102
W1102–φ57×3.5
W1103–φ57×3.5 B
W1101–φ57×3.5 B
CW1101–φ57×3.5
CW1102–φ32×3.5
HW1101–φ57×3.5
VE 1101–φ32×3.5 B
VT 1101–φ57×3.5 B
1600
720
6.95
6.70
8.60
9.00
7.10
6.10
8.70
8.20
6.85
7.92
7.83
5.00

图 16-9 管路布置图

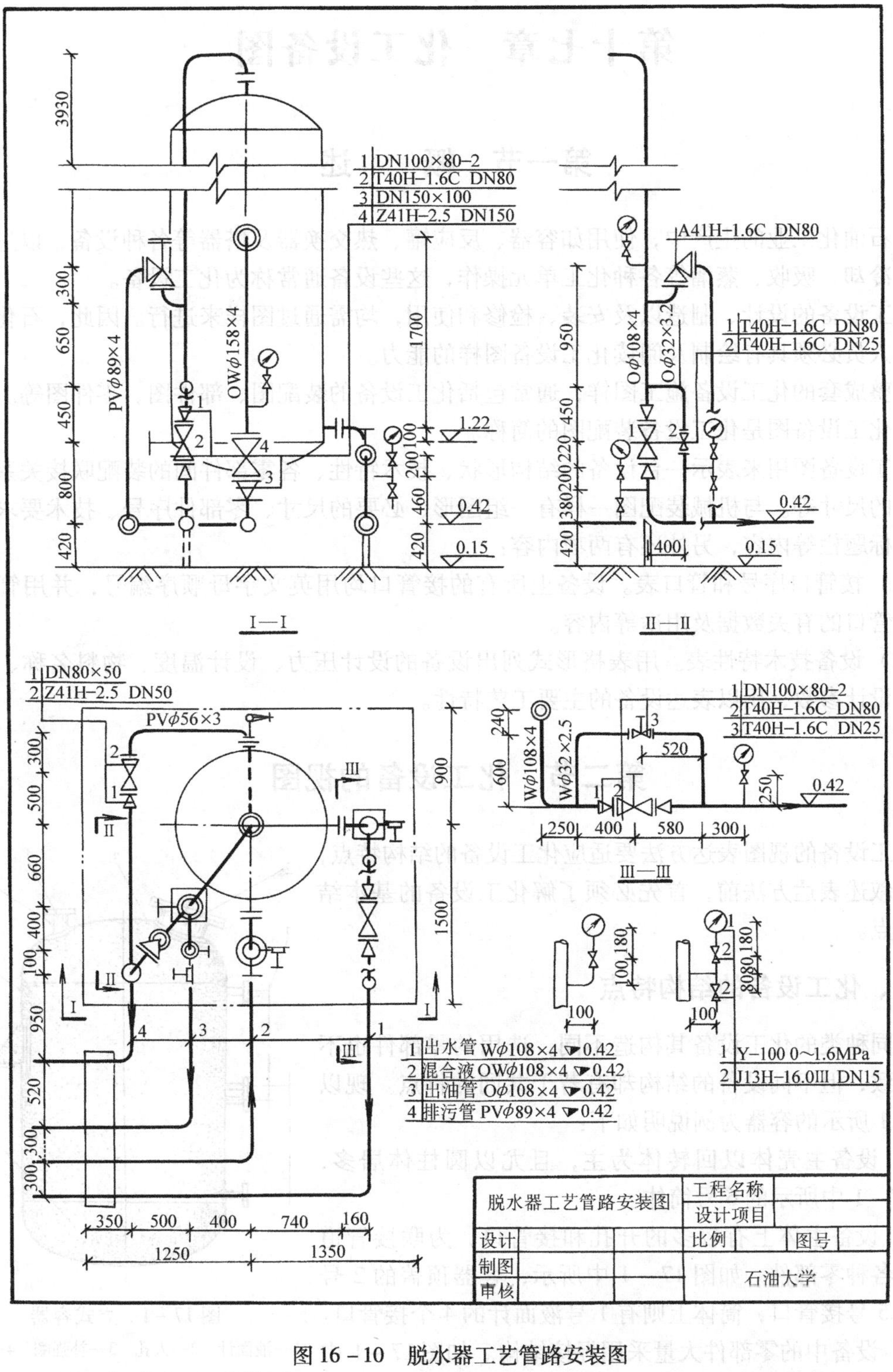


图 16-10 脱水器工艺管路安装图

# 第十七章　化工设备图

## 第一节　概　　述

在石油化工业的生产中，使用如容器、反应罐、热交换器及塔器等各种设备，以进行如加热、冷却、吸收、蒸馏等各种化工单元操作，这些设备通常称为化工设备。

化工设备的设计、制造以及安装、检修和使用，均需通过图样来进行。因此，石化工业的技术人员必须具有绘制及阅读化工设备图样的能力。

完整成套的化工设备施工图样，通常包括化工设备的装配图、部件图、零件图等。本章所述的化工设备图是化工设备装配图的简称。

化工设备图用来表示一台设备的结构形状、技术特性、各零部件间的装配联接关系，以及必要的尺寸等。与机械装配图一样有一组图形、必要的尺寸、零部件序号、技术要求、明细表及标题栏等内容，另外还有两项内容：

（1）接管口序号和管口表。设备上所有的接管口均用英文字母顺序编号，并用管口表列出各管口的有关数据及用途等内容。

（2）设备技术特性表。用表格形式列出设备的设计压力、设计温度、物料名称、设备容积等设计参数，用以表达设备的主要工艺特性。

## 第二节　化工设备的视图

化工设备的视图表达方法要适应化工设备的结构特点，因此在叙述表达方法前，首先必须了解化工设备的基本结构及特点。

### 一、化工设备的结构特点

不同种类的化工设备其构造不同，选用的零部件也不完全一致，但不同设备的结构却有若干共同的特点。现以图 17－1 所示的容器为例说明如下：

1）设备主壳体以回转体为主，且尤以圆柱体居多，如图 17－1 中所示的 6 号筒体。

2）设备主体上有较多的开孔和接管口，为联接管道和装配各种零部件。如图 17－1 中所示，容器顶盖的 2 号人孔和 5 号接管口，筒体上则有 1 号液面计的 4 个接管口。

3）设备中的零部件大量采用焊接结构。如图 17－1 中筒体由钢板弯卷后焊接成形，筒体与封头、接管口、支座、

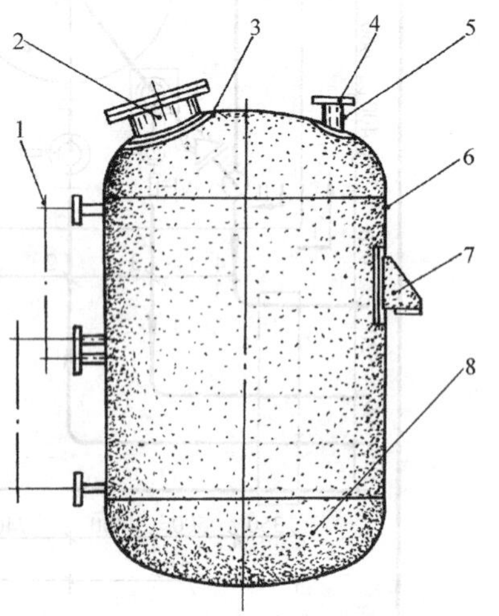


图 17－1　立式容器

1—液面计　2—人孔　3—补强圈　4—法兰　5—接管　6—筒体　7—支座　8—封头

人孔等的连接也都采用焊接结构。

4）常采用较多的通用化标准化零部件。如图 17－1 中的 8 号封头、4 号法兰、人孔等都是标准化的零部件。常用的化工零部件的结构尺寸可在相应的手册中查到。

5）化工设备的结构尺寸相差悬殊。特别是总体尺寸与设备壳体的壁厚尺寸，或某些细部结构的尺寸相差悬殊。

## 二、化工设备的习惯表达法

由于化工设备的结构特点，因此相应地采用了一些习惯的表达方法，现介绍如下。

**1. 多次旋转表达法**

化工设备上开孔和接管口较多，为在主视图上清楚的表达它们的结构形状和轴向位置，常采用多次旋转的表达方法。即假想将设备上处于不同周向方位的结构，分别旋转到与投影面平行的位置，然后画出其视图或剖视图。如图 17－2 中所示，人孔 $b$ 是假想按逆时针方向旋转 45°之后在主视图上画出的；而液面计 a 是假想按顺时针方向旋转 45°后在主视图上画出来的。

需要注意的是：多接管口旋转方向的选择，应避免各零部件的投影在主视图上造成重叠现象。对于采用多次旋转后在主视图上未能表达的结构，如图 17－2 中接管 $d$，无论顺时针或逆时针旋转到与正投影面平行时，都将与人孔 $b$ 或接管口 $c$ 的结构相重叠，因此，只能用其他的局部剖视图来表示，如图中 $A-A$ 旋转的局部剖视。

另外，在基本视图上采用多次旋转的表达方法时，表示剖切位置的剖切符号及剖视图的名称都可不予标注，如图 17－2 中的主视图所示。

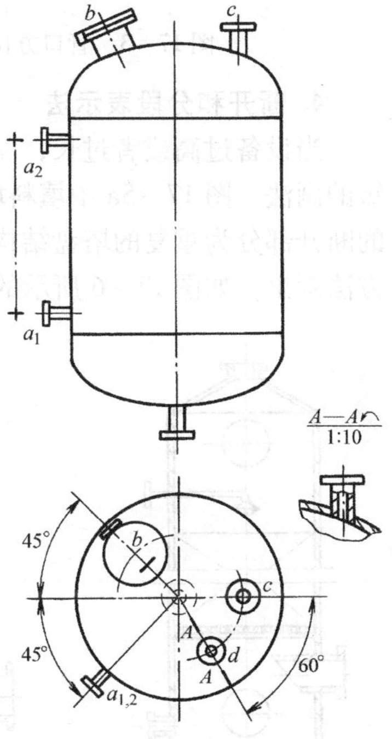


图 17－2　多次旋转的表达方法

**2. 管口方位的表达方法**

设备管口的轴向位置可用多次旋转的表达方法在主视图上画出，而设备管口的周向方位，则必须用俯视图或管口方位图予以正确表达。

如图 17－3 所示，管口方位图用粗实单线示意画出设备管口，以及用点划线画出管口中心线，并标注管口符号及注出设备中心线及管口的方位角度。

**3. 细部结构的表达方法**

由于化工设备各部分尺寸大小相差悬殊，故选用全图的作图比例时，很难兼顾把某些局部结构表达清晰，为此，常采用局部放大图——俗称节点图。设备的焊接接头及法兰联接面等尤为常用。

在必要时，局部放大图可采用几个视图来表达同一个放大部分的结构。如在图 17－4 中所示，设备底座的支承圈放大以后，用两个视图来表示该部分的细部结构。

另外，局部放大图可按放大部分结构的表达需要，灵活采用视图、剖视、剖面等表达方法，如图 17－4 中所示。应注意必须对放大部位和放大图，标注出名称和放大比例。

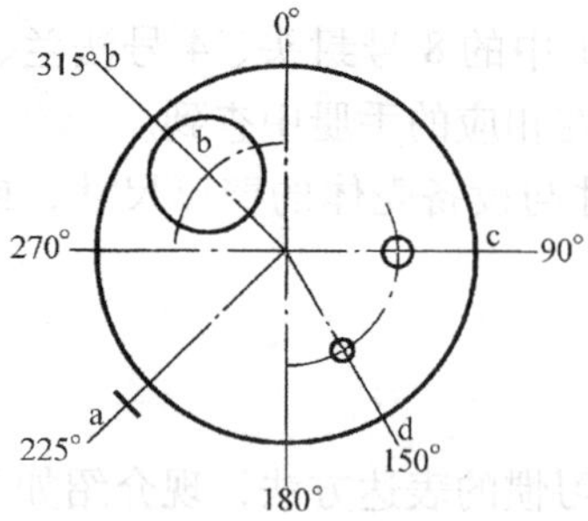


图 17－3　管口方位图

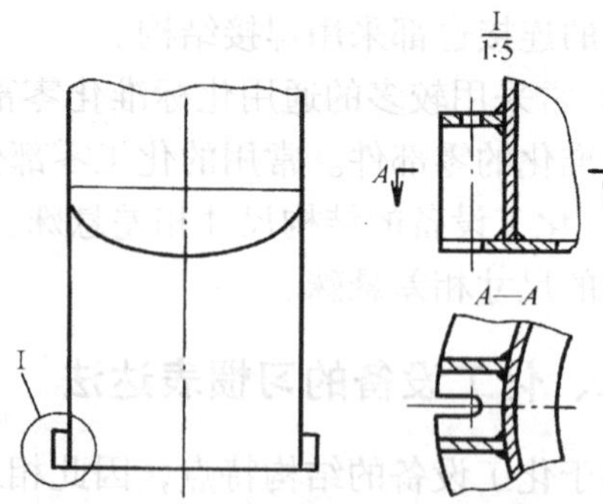


图 17－4　细部结构的表达方法

**4. 断开和分段表示法**

当设备过高或者过长，而又有相同结构或重复的部分时，为节省图幅，可采用断开并缩短的画法。图 17－5a 中填料塔的断开部分为规格及排列都相同的填料，图 17－5b 中浮阀塔的断开部分为重复的塔盘结构。如果不能用断开画法而图幅又不够时，而可采用分段表示的方法画出，如图 17－6 所示的填料塔是分两段画出的。

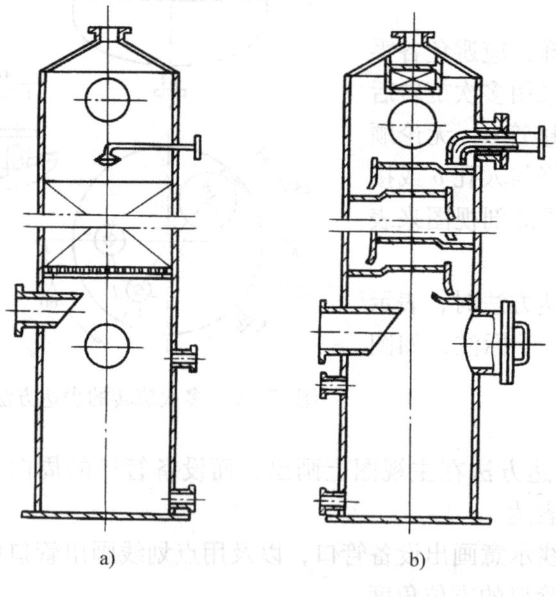


图 17－5　设备断开表示法

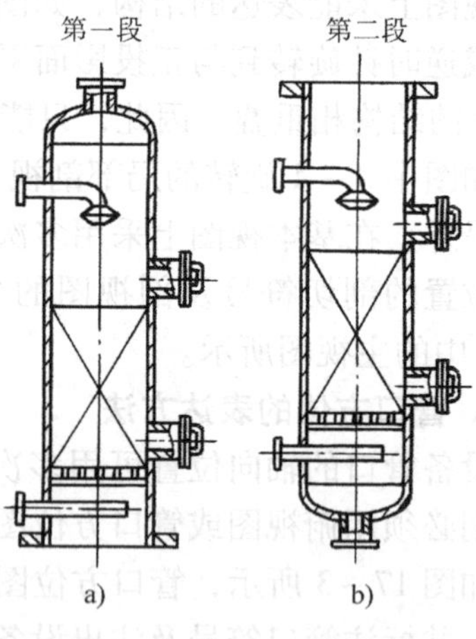


图 17－6　设备分段表示法

**5. 设备整体的示意表达法**

为了表达设备的完整形状及有关结构的相对位置和尺寸，可采用设备整体的示意画法。即按比例用粗实单线画出设备外形，必要的设备内件也可同时示意画出，如塔板等，并标出设备总高、接管口、人（手）孔的位置等尺寸，其与图 17－2 的表达相似。这种表达方法常见于大型塔设备的装配图中。

## 三、化工设备的简化画法

化工设备图中，除可以采用机械制图国家标准制订的简化和规定画法外，还根据化工设备设计和生产的需要，补充了若干简化画法。

**1. 标准零部件的简化画法**

在装配图中，仅按比例画出表示这些零部件特征的外形轮廓即可，如减速机，搅拌浆叶等。如图 17－7 中所示的人（手）孔、电动机等零部件均可用简化画法。又如装配图中的玻璃管液面计，其两个投影均可简化，如图17－8a 所示。液面计有两组或两组以上时，则可按图 17－8b 的画法，图中符号“＋”用粗实线画出。

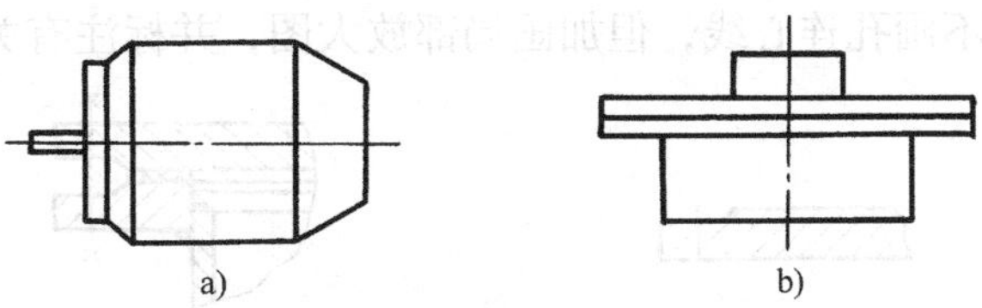

图 17－7 标准零部件的简化画法

a）电动机 b）人孔

**2. 管法兰的简化画法**

在化工设备中，法兰密封面常有平面、凹凸、榫槽等型式。但不论是什么型式的法兰密封面，在装配图中均可简化画成如图 17－9 中所示的画法。

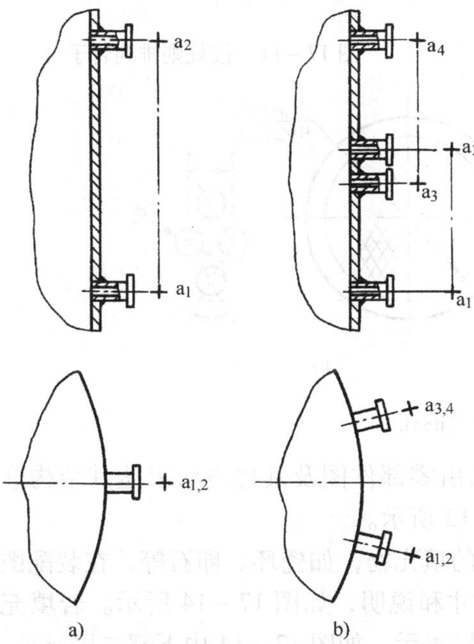


图 17－8 液面计的简化画法

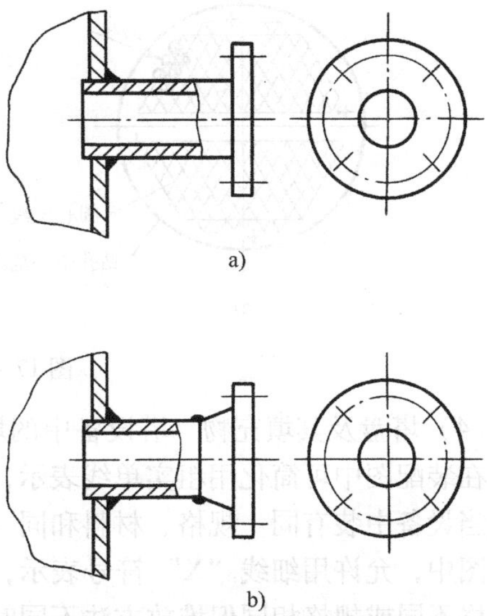


图 17－9 管法兰简化画法

a）平焊法兰 b）对焊法兰

**3. 重复结构的简化画法**

（1）螺孔和螺栓联接 螺栓孔可用中心线表示而省略圆孔的投影，如图 17－10a 所示；螺栓联接也可简化成如图 17－10b 所示。当螺孔或螺栓联接分布均匀时，可用中心符号只画出几个位置即可。

（2）规则排列的管子 设备中密集的管子按一定规律排列时，在装配图中可只画出其中的一根或几根管子，其余的管子用中心线表示。如图 17－11 所示热交换器中的管子就是按此画法画出的。

（3）按规则排列的孔 热交换器中的管板、折流板，或塔器中的塔板上按规则排列的孔，其简化画法如图 17－12 所示。图 17－12a 中细实线为孔的范围及圆心的连接线，符号

（+）表示管板上定距杆（拉杆）螺孔的位置。图 17－12b 中只用细实线画出钻孔范围线，不画孔连心线，但加画局部放大图，并标注有关尺寸以表示出孔的大小、间距和排列方式。

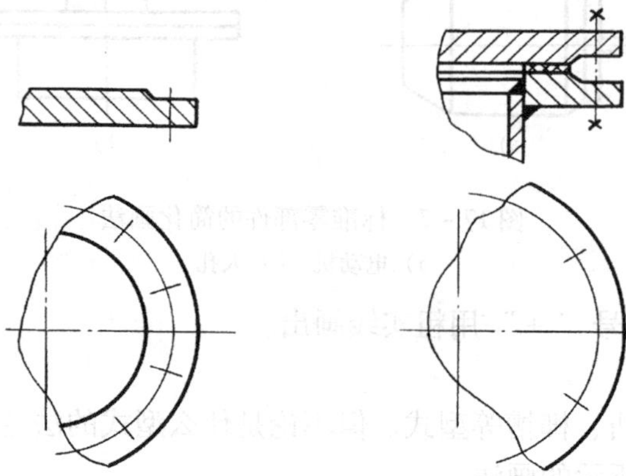

a)　　b)

图 17－10　螺孔和螺栓联接

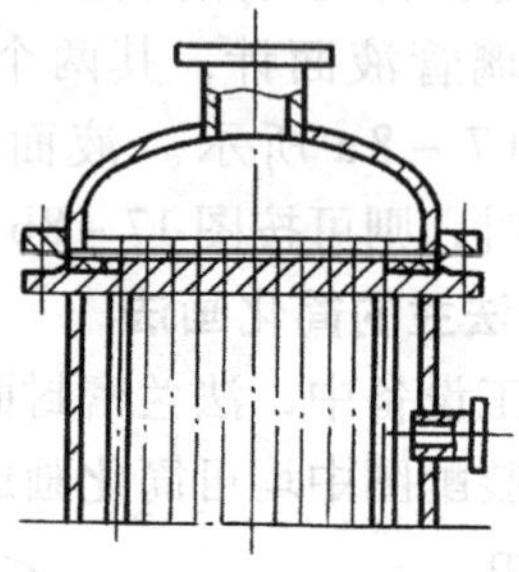

图 17－11　按规则排列管子

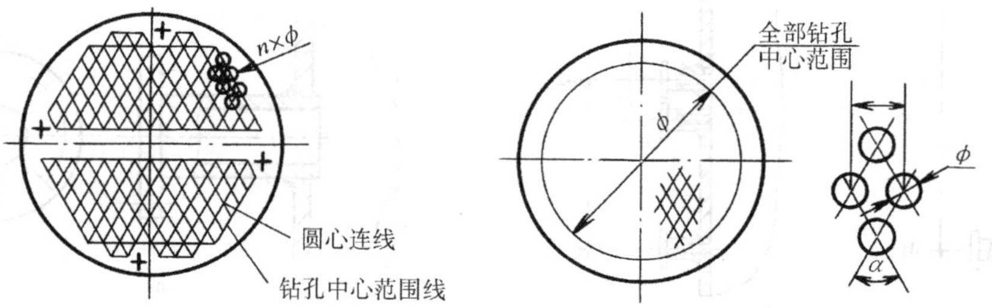


a)　　b)

图 17－12　多孔板上的孔

（4）塔盘及其填充物　塔设备中的塔盘，若已由零部件图及其他方法表达其结构形状时，在装配图中可简化用粗实单线表示，如图 17－13 所示。

当设备中装有同一规格、材料和同一堆放方法的填充物，如瓷环、卵石等，在装配图的剖视图中，允许用细线“X”符号表示，并注以尺寸和说明，如图 17－14 所示。若填充物的规格不同或规格相同但堆放方法不同时，必须分层表示，如图 17－14 中下部二层所示。

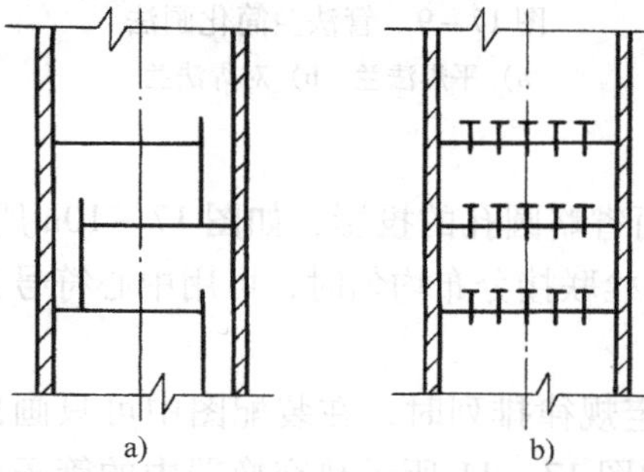

a)　　b)

图 17－13　塔盘的简化画法

a）筛振塔盘　b）浮阀塔盘

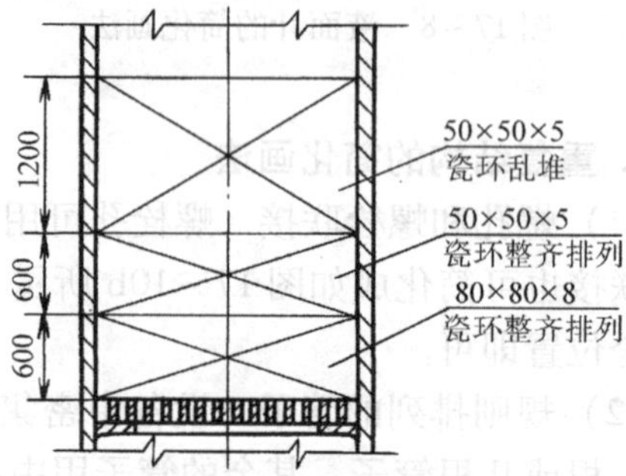


图 17－14　填充物的简化画法

## 第三节　化工设备的尺寸

化工设备图上应标注的尺寸同机械装配图一样，有外形尺寸、规格尺寸、装配尺寸、安装尺寸和其他重要尺寸等。

为了使所标注的尺寸比较合理，在化工设备图中标注尺寸时，应注意下列几点：

### 一、尺寸基准的选择

在化工设备图中常选用如下尺寸基准：

1）设备筒体和封头的轴线或对称中心线。

2）设备筒体和封头焊接时所用的环焊缝。

3）化工容器中接管法兰的密封面。

4）设备安装时所使用的支座底面。

如上述的四条尺寸基准，在图 17－15 中指明了卧式容器和立式设备的尺寸基准。

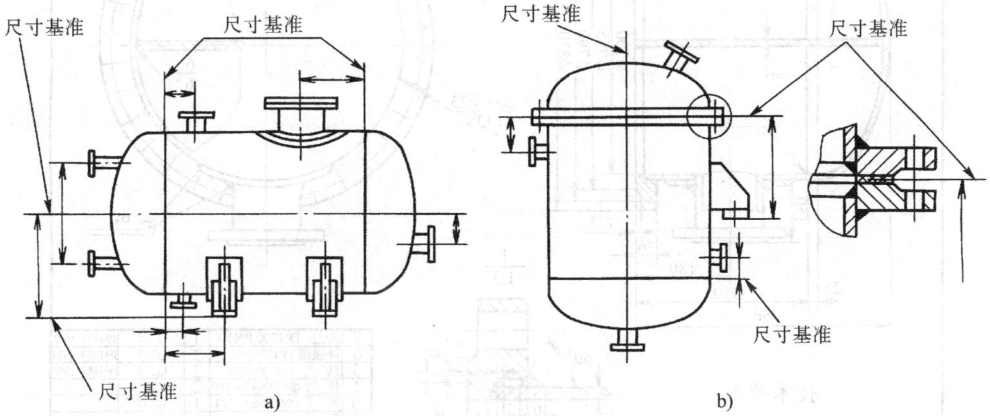


图 17－15　化工设备常用的尺寸基准

### 二、常见结构的尺寸注法

**1. 筒体**

注出内径、壁厚和长度，如图 17－16 中管箱的‘$\phi$700’、‘6’及‘556’。

**2. 封头**

如椭圆形封头应注出其内径、壁厚和高度，因在设备中封头内径与筒体内径的尺寸通常相同，故一般只注壁厚及高度。

**3. 接管**

设备中常用的接管有无缝钢管或卷焊钢管。无缝钢管一般标注外径×壁厚，如图 17－16 中的 4 号接管注出‘$\phi$133×4’；若为卷焊钢管则注内径和壁厚。接管还须注出它的伸出长度，该长度一般是指接管法兰密封面至接管轴线与相接封头或筒体外表面的交点间的距离，如图 17－16 中所示的尺寸 150 等。

当设备上所有接管的长度都相等时，可在技术要求下方注写“所有接管伸出长度为×

×毫米”的统一说明。若设备中大部分接管的伸出长度相等时，可统一写“除已注明外，其余接管的伸出长度为××毫米”的说明。

### 三、其他

1）为了保证重要尺寸的加工与安装精确度。一般不允许将尺寸标注成封闭的尺寸链。但是，参考尺寸与外形尺寸则例外，通常将这些尺寸数字加上括号“（ ）”以示参考。

2）有局部放大图的结构，其尺寸一般标注在相应的局部放大图上。如图 17－16 中所示，局部结构Ⅰ处的放大图中所注的相关尺寸。

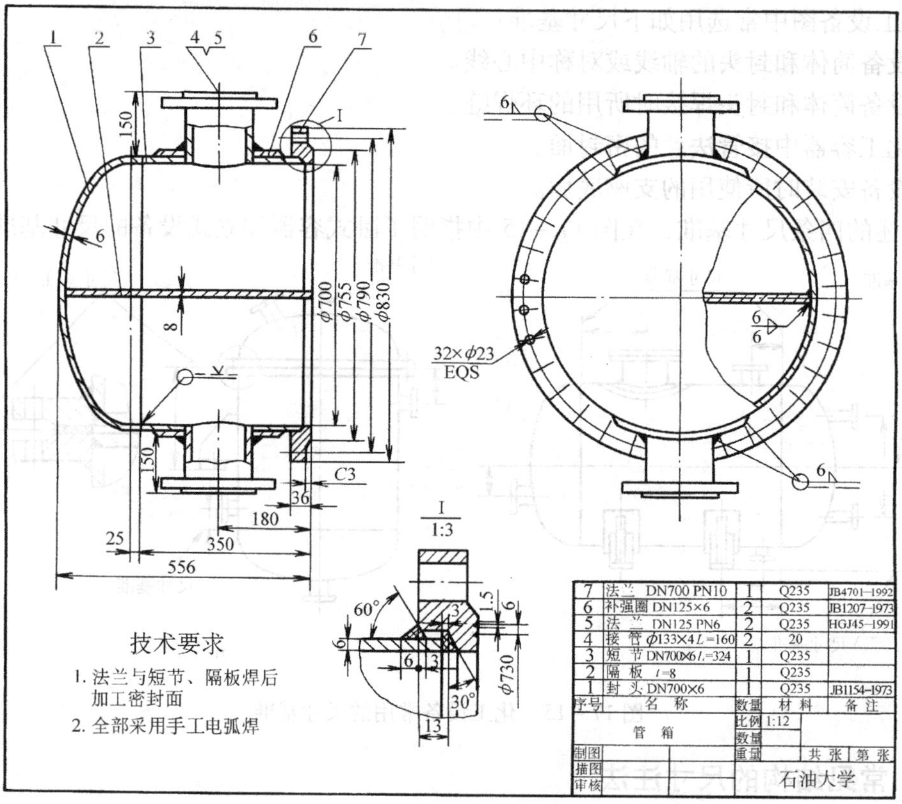


图 17－16　管箱

## 第四节　设备图的表格与技术要求

### 一、标题栏与明细表

化工设备图中的标题栏与明细表在内容和格式上尚未统一，本书中沿用机械装配图中的格式。

1）题栏中图名一般分三项填写，第一项为设备名称，第二项为设备主要规格，第三项为图样名称，如表 17－1 中框格内所示。

**表 17－1　图样名称格式**

| 卧式贮罐 |
|---|
| $p_g=0.6\text{MPa}\quad V_g=1\text{m}^3$ |
| 装配图 |

2）明细表中零部件编号的原则和方法，除与机械装配图中已介绍过的相同方法，另外还应注意如下几点：

①对于直接组成设备的部件、直属零件和外购件，不论有无图样均需编独立的序号，以1、2、3、…顺序表示。

②部件图上有关零件的序号则由两部分组成，例如序号‘1～4’，其中‘1’为部件在设备图中的顺序号，而‘4’为零件在该部件中的顺序号。

③序号一般从主视图左下方开始，以顺时针顺序、整齐地编排。序号若有遗漏或需增添时，则应在外圈编排补足。

## 二、设备管口表

化工设备上的管口数量较多，为了清晰地表达各管口的位置、规格、尺寸、用途等，应编写管口符号，并将有关资料列入管口表。

### 1. 管口符号

管口符号编写有如下原则及方法：

1）管口符号一律用英文小写字母 $a$、$b$、$c$ 等，注写在有关视图中管口的投影旁。

2）管口符号从主视图左下方开始，顺时针依次编写，如在图 17－17 中所示。

3）规格、用途、联接面型式完全相同的管口，应编同一个管口符号，但必须在管口符号的右下角加注阿拉伯数字的注脚以示区别，如图 17－17 中的管口符号 $g_1$、$g_2$ 等。

### 2. 管口表

用以说明各管口规格、用途等内容的表格，常画于技术特性表下方。常见的管口表格形式及内容如表 17－2 所示。

**表 17－2　管口表**

| 符号 | 公称尺寸 | 联接尺寸标准 | 联接形式 | 用途及名称 |
|---|---|---|---|---|
| $a$ | 20 | HG5019 $p_g$10 | 平面 | 物料出口 |
| $b$ | 15 | HG5019 $p_g$10 | 平面 | 取样口 |
| $c$ | | | | |

## 三、技术特性表

技术特性表是表明该设备的重要技术特性和设计依据的一览表。常放在化工设备图中管口表的上面。尺寸要求及内容见表 17－3 所示。

**表 17－3　技术特性表**

| 设计压力/MPa | 0.8 |
|---|---|
| 设计温度/℃ | 45℃ |
| 物料名称 | |
| 全容积/$m^3$ | |

技术特性表中填写的内容，除化工设备的通用特性，如：设计压力 MPa，设计温度℃外，专用设备则还填写主要的物料名称，有时还填写工作压力、工作温度。另外，根据设备的不同类型，还应增填有关特性，如带搅拌的反应罐类设备，要增填搅拌轴的 r/min、电动机功率 kW 等，有换热装置的还应增填换热面积 $m^2$ 等内容。

## 四、技术要求

技术要求主要说明设备在图样中未能表示出来的内容，包括对材料、制造、装配、验收、表面处理、涂饰、润滑、包装、保管和运输等的特殊要求，以及设备在制造检验等过程中应达到的予期的技术指标。

化工设备类型很多，一般以容器类设备的技术要求为基本内容，再按各类设备特点作适当补充。技术要求一般包括下列内容：

**1. 设备的通用技术条件**

为化工设备的制造、检验等方面统一的标准而规定的通用技术要求，目前普遍采用的是“钢制焊接容器技术条件 JB741—1980”、“钢制管壳式换热器技术条件 JB1147—1980” 等。

**2. 设备加工装配的要求**

设备在焊接、加工和装配时所要达到的要求与技术指标，如图 17－17 技术要求中所提出的第 1、2 条等，即为焊接时要注意的事项及需要达到的技术指标。

**3. 设备检验的要求**

包括焊缝质量检验和设备整体检验两类。图 17－17 中技术要求第 3 条，即为设备的整体检验要求。有时还有涂漆、保温、防腐蚀、运输、包装等要求。

各类设备具体填写的条款，可参阅附录及有关资料。

# 第五节　化工设备图的绘制和阅读

## 一、化工设备图的绘制

绘制化工设备图一般可通过两种途径：一是测绘化工设备，其方法与一般机械的测绘步骤类同；二是设计化工设备，通常以化工工艺设计人员提出的“设备设计条件单”为依据，进行设计绘图。

绘制化工设备图的具体方法和步骤与绘制机械装配图基本相似。其步骤简述如下：

**1. 复核材料确定结构**

先经调查研究，并核对设计条件单中的各项设计条件后，设计和选定该设备的主要结构及有关数据，如选用筒体和封头用法兰连接，选用回转人孔及支承式支脚等。

**2. 确定视图表达方案**

按所绘化工设备的结构特点确定表达方案。该设备除采用主、俯两个基本视图外，还常采用局部放大图，分别表示支脚及接管口的装配结构。主视图常采用多次旋转剖视的习惯表达方法，以及常用的一些简化画法。

**3. 确定比例绘制视图**

按设备的结构大小选作图比例，考虑视图表达与表格位置等情况布置视图。然后按画装配图的作图步骤进行绘制化工设备图。

**4. 标注尺寸及焊缝代号**

按装配图上标注五类尺寸的要求，逐步完成尺寸标注，并对设备焊接结构的焊缝标注焊接代号。若设备的焊缝无特殊要求，除在剖视图中按焊缝接头型式涂黑表示外，可在技术要求中对焊接方法、焊条型号、焊接接头型式等作统一说明。

**5. 编写序号及绘制表格**

对零部件及管口编写序号，绘制并填写标题栏、明细表、管口表、技术特性表等。并制定出必要的技术要求等。

## 二、化工设备图的阅读

阅读化工设备图，就是从图样所表达的全部内容来了解设备的功能、结构特点和技术特性，弄清各零件之间的装配联接关系，各主要零部件的结构形状及设备上的管口方位，了解制造、检验、安装等方面的技术要求。

阅读化工设备图的方法和步骤，基本上与阅读机械装配图一样，仍可分为概括了解、详细分析、归纳总结等步骤。在阅读前，如具有一定的化工设备基础知识，并初步了解典型设备的基本结构，将会提高读图的速度和效率。

现以图 17－17 所示的计量罐装配图为例，介绍阅读化工设备图的方法和步骤。

**1. 概括了解**

从设备图的标题栏、明细表、技术特性表和视图等的内容可知：

该设备的名称是计量罐，它由 15 种零部件组成。其设计压力为常压，设计温度为常温，物料是甲醛；计量罐上有 8 个接管，其各管的用途见接管表所列。

图 17－17 中所示的计量罐装配图，除采用主视图和俯视图为基本视图外，再有 *A－A* 剖视图。主视图采用全剖视，以表达计量罐的主要结构、接管口、支承座，以及零部件所处的轴向位置、装配情况和结构尺寸。俯视图用以表达各管口的周向方位和计量罐的安装位置及尺寸。*A－A* 局部剖视图为补充表达接管 *f* 的结构和尺寸。

**2. 详细分析**

按图 17－17 中明细表所列的零部件，逐个弄清它们之间的装配联接关系和主要零部件的结构形状，并了解有关技术要求。

(1) 装配连接关系　筒体与封头采用焊接连接，焊缝的焊接要求在技术要求中已详细说明。同时筒体和封头与设备法兰的连接也采用焊接结构。

各管口的装配位置可由主视图及 *A－A* 剖视图上所标注的尺寸，以及俯视图上径向的角度来确定。如管口‘*b*’由主视图上的尺寸‘75’确定它的轴向位置，而尺寸‘100’则表示管法兰端面伸出筒体的距离。

又如悬挂式支座 5 焊接在筒体上，支座的装配位置可由主视图及俯视图上标注的尺寸‘150’和‘$\phi$600’来确定。

(2) 零部件的结构形状　应由明细表中的序号与其视图对应起来，逐个地将零部件从视图的投影中分离出来，弄清其结构形状和尺寸。并明确零部件的作用及所使用的材料。

对于另有图样的一些零部件，应同时阅读它们的零部件图，以弄清其结构形状。对于标

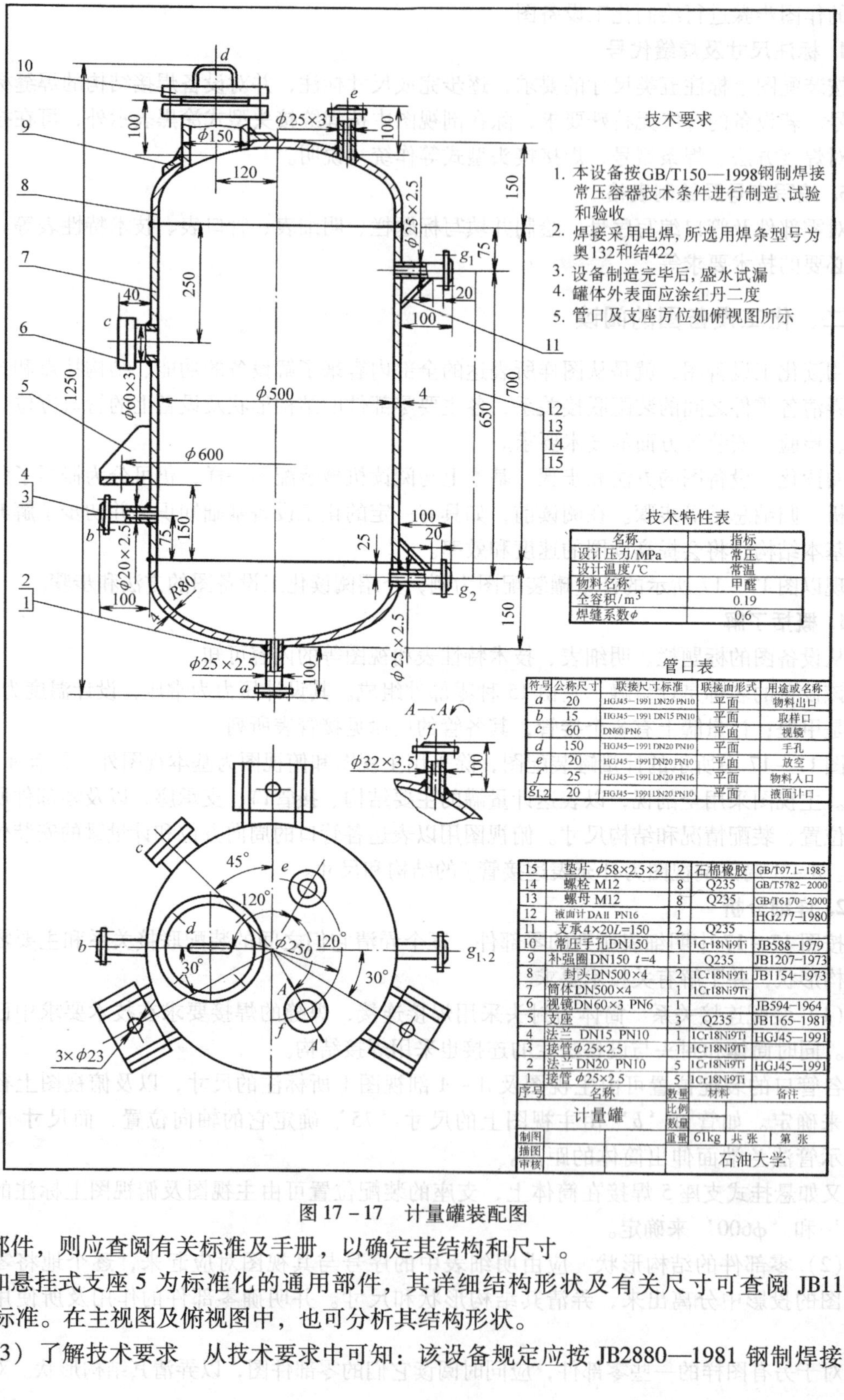


技术特性表

| 名称 | 指标 |
|---|---|
| 设计压力/MPa | 常压 |
| 设计温度/℃ | 常温 |
| 物料名称 | 甲醛 |
| 全容积/$m^3$ | 0.19 |
| 焊缝系数$\phi$ | 0.6 |

管口表

| 符号 | 公称尺寸 | 联接尺寸标准 | 联接面形式 | 用途或名称 |
|---|---|---|---|---|
| $a$ | 20 | HGJ45—1991 DN20 PN10 | 平面 | 物料出口 |
| $b$ | 15 | HGJ45—1991 DN15 PN10 | 平面 | 取样口 |
| $c$ | 60 | DN60 PN6 | 平面 | 视镜 |
| $d$ | 150 | HGJ45—1991 DN20 PN10 | 平面 | 手孔 |
| $e$ | 20 | HGJ45—1991 DN20 PN10 | 平面 | 放空 |
| $f$ | 25 | HGJ45—1991 DN20 PN16 | 平面 | 物料入口 |
| $g_{1,2}$ | 20 | HGJ45—1991 DN20 PN10 | 平面 | 液面计口 |

| 序号 | 名称 | 数量 | 材料 | 备注 |
|---|---|---|---|---|
| 15 | 垫片 φ58×2.5×2 | 2 | 石棉橡胶 | GB/T97.1-1985 |
| 14 | 螺栓 M12 | 8 | Q235 | GB/T5782-2000 |
| 13 | 螺母 M12 | 8 | Q235 | GB/T6170-2000 |
| 12 | 液面计DAII PN16 | 1 |  | HG277-1980 |
| 11 | 支承4×20$L$=150 | 2 | Q235 |  |
| 10 | 常压手孔DN150 | 1 | 1Cr18Ni9Ti | JB588-1979 |
| 9 | 补强圈DN150 $t$=4 | 1 | Q235 | JB1207-1973 |
| 8 | 封头DN500×4 | 2 | 1Cr18Ni9Ti | JB1154-1973 |
| 7 | 筒体DN500×4 | 1 | 1Cr18Ni9Ti |  |
| 6 | 视镜DN60×3 PN6 | 1 |  | JB594-1964 |
| 5 | 支座 | 3 | Q235 | JB1165-1981 |
| 4 | 法兰 DN15 PN10 | 1 | 1Cr18Ni9Ti | HGJ45—1991 |
| 3 | 接管φ25×2.5 | 1 | 1Cr18Ni9Ti |  |
| 2 | 法兰 DN20 PN10 | 5 | 1Cr18Ni9Ti | HGJ45—1991 |
| 1 | 接管 φ25×2.5 | 5 | 1Cr18Ni9Ti |  |

| 计量罐 | 比例 |  |  |
|---|---|---|---|
|  | 数量 |  |  |
| 制图 | 重量 61kg | 共 张 | 第 张 |
| 描图 | 石油大学 |  |  |
| 审核 |  |  |  |

图 17－17 计量罐装配图

准零部件，则应查阅有关标准及手册，以确定其结构和尺寸。

如悬挂式支座 5 为标准化的通用部件，其详细结构形状及有关尺寸可查阅 JB1165—1981 标准。在主视图及俯视图中，也可分析其结构形状。

（3）了解技术要求 从技术要求中可知：该设备规定应按 JB2880—1981 钢制焊接常压

容器技术条件进行制造、试验和验收。并对焊接方法、焊缝结构和质量检验提出了要求。

设备除要求进行盛水试漏，还需进行气密性试验。同时，还提出了设备外表面的防腐蚀措施，要求涂红丹底及上罩灰漆。

其他典型设备如反应罐、塔等，装配图的阅读方法步骤同上，可结合有关图样资料自行分析阅读。

# 附　录

## 附录 A　螺　　纹

**附表 A-1　普通螺纹直径、螺距和基本尺寸**（GB/T 193—1981、GB/T 196—1981）（mm）

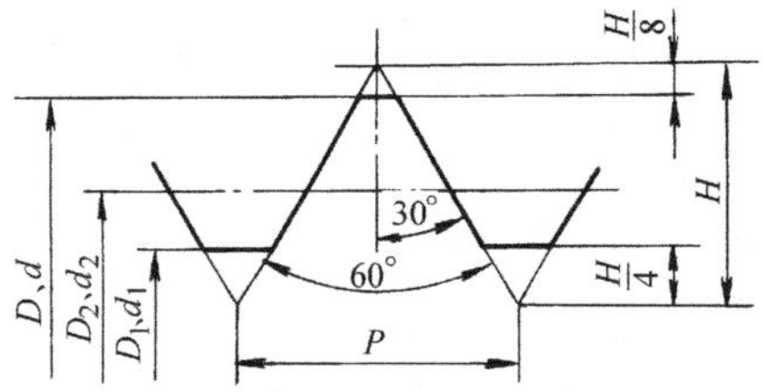

$d_2 = d - 2\times\frac{3}{8}H$，$D_2 = D - 2\times\frac{3}{8}H$，$d_1 = d - 2\times\frac{5}{8}H$

$D_1 = D - 2\times\frac{5}{8}H$，$H = \frac{\sqrt{3}}{2}P$

其中　$d$——外螺纹大径；$D$——内螺纹大径；
$d_2$——外螺纹中径；$D_2$——内螺纹中径；
$d_1$——外螺纹小径；$D_1$——内螺纹小径；
$P$——螺距；$H$——原始三角形高度

| 公称直径 $D$、$d$ | 螺距 $P$ | | 中径 $D_2$、$d_2$ | | 小径 $D_1$、$d_1$ | |
|---|---|---|---|---|---|---|
| | 粗牙 | 细牙 | 粗牙 | 细牙 | 粗牙 | 细牙 |
| 3 | 0.5 | 0.35 | 2.675 | 2.773 | 2.459 | 2.621 |
| (3.5) | (0.6) | 0.35 | 3.110 | 3.273 | 2.850 | 3.121 |
| 4 | 0.7 | 0.5 | 3.545 | 3.675 | 3.242 | 3.459 |
| (4.5) | (0.75) | 0.5 | 4.013 | 4.175 | 3.688 | 3.959 |
| 5 | 0.8 | 0.5 | 4.480 | 4.675 | 4.134 | 4.459 |
| [5.5] | | 0.5 | | 5.175 | | 4.959 |
| 6 | 1 | 0.75 | 5.350 | 5.513 | 4.917 | 5.188 |
| | | (0.5) | | 5.675 | | 5.459 |
| [7] | 1 | 0.75 | 6.350 | 6.513 | 5.917 | 6.188 |
| | | (0.5) | | 6.675 | | 6.459 |
| 8 | 1.25 | 1 | 7.188 | 7.350 | 6.647 | 6.917 |
| | | 0.75 | | 7.513 | | 7.188 |
| | | (0.5) | | 7.675 | | 7.459 |
| [9] | (1.25) | 1 | 8.188 | 8.350 | 7.647 | 7.917 |
| | | 0.75 | | 8.513 | | 8.188 |
| | | (0.5) | | 8.675 | | 8.495 |
| 10 | 1.5 | 1.25 | 9.026 | 9.188 | 8.376 | 8.647 |
| | | 1 | | 9.350 | | 8.917 |
| | | 0.75 | | 9.513 | | 9.188 |
| | | (0.5) | | 9.675 | | 9.459 |

| 公称直径 $D$、$d$ | 螺距 $P$ | | 中径 $D_2$、$d_2$ | | 小径 $D_1$、$d_1$ | |
|---|---|---|---|---|---|---|
| | 粗牙 | 细牙 | 粗牙 | 细牙 | 粗牙 | 细牙 |
| [11] | (1.5) | 1 | 10.026 | 10.350 | 9.376 | 9.917 |
| | | 0.75 | | 10.513 | | 10.188 |
| | | (0.5) | | 10.675 | | 10.459 |
| 12 | 1.75 | 1.5 | 10.863 | 11.026 | 10.106 | 10.376 |
| | | 1.25 | | 11.188 | | 10.647 |
| | | 1 | | 11.350 | | 10.917 |
| | | (0.75) | | 11.513 | | 11.188 |
| | | (0.5) | | 11.675 | | 11.459 |
| (14) | 2 | 1.5 | 12.701 | 13.026 | 11.835 | 12.376 |
| | | 1.25 | | 13.188 | | 12.647 |
| | | 1 | | 13.350 | | 12.917 |
| | | (0.75) | | 13.513 | | 13.188 |
| | | (0.5) | | 13.675 | | 13.459 |
| [15] | | 1.5 | | 14.026 | | 13.376 |
| | | (1) | | 14.350 | | 13.917 |
| 16 | 2 | 1.5 | 14.701 | 15.026 | 13.835 | 14.376 |
| | | 1 | | 15.350 | | 14.917 |
| | | (0.75) | | 15.513 | | 15.188 |
| | | (0.5) | | 15.675 | | 15.459 |
| [17] | | 1.5 | | 16.026 | | 15.376 |

（续）

| 公称直径 D、d | 螺距 P 粗牙 | 螺距 P 细牙 | 中径 $D_2$、$d_2$ 粗牙 | 中径 $D_2$、$d_2$ 细牙 | 小径 $D_1$、$d_1$ 粗牙 | 小径 $D_1$、$d_1$ 细牙 |
|---|---|---|---|---|---|---|
| [17] | | (1) | | 16.350 | | 15.917 |
| (18) | 2.5 | 2 | 16.376 | 16.701 | 15.294 | 15.835 |
| | | 1.5 | | 17.026 | | 16.376 |
| | | 1 | | 17.350 | | 16.917 |
| | | (0.75) | | 17.513 | | 17.188 |
| | | (0.5) | | 17.675 | | 17.459 |
| 20 | 2.5 | 2 | 18.376 | 18.701 | 17.294 | 17.835 |
| | | 1.5 | | 19.026 | | 18.376 |
| | | 1 | | 19.350 | | 18.917 |
| | | (0.75) | | 19.513 | | 19.188 |
| | | (0.5) | | 19.675 | | 19.459 |
| (22) | 2.5 | 2 | 20.376 | 20.701 | 19.294 | 19.835 |
| | | 1.5 | | 21.026 | | 20.376 |
| | | 1 | | 21.350 | | 20.917 |
| | | (0.75) | | 21.513 | | 21.188 |
| | | (0.5) | | 21.675 | | 21.459 |

| 公称直径 D、d | 螺距 P 粗牙 | 螺距 P 细牙 | 中径 $D_2$、$d_2$ 粗牙 | 中径 $D_2$、$d_2$ 细牙 | 小径 $D_1$、$d_1$ 粗牙 | 小径 $D_1$、$d_1$ 细牙 |
|---|---|---|---|---|---|---|
| 24 | 3 | 2 | 22.051 | 22.701 | 20.752 | 21.835 |
| | | 1.5 | | 21.026 | | 22.376 |
| | | 1 | | 21.350 | | 22.917 |
| | | (0.75) | | 21.675 | | 23.188 |
| [25] | | 2 | | 23.701 | | 22.835 |
| | | 1.5 | | 24.026 | | 23.376 |
| | | (1) | | 24.350 | | 23.917 |
| [26] | | 1.5 | | 25.026 | | 24.376 |
| (27) | 3 | 2 | 25.051 | 25.701 | 23.752 | 24.835 |
| | | 1.5 | | 26.026 | | 25.376 |
| | | 1 | | 26.350 | | 25.917 |
| | | (0.75) | | 26.513 | | 26.188 |
| [28] | | 2 | | 26.701 | | 25.835 |
| | | 1.5 | | 27.026 | | 26.376 |
| | | 1 | | 27.350 | | 26.917 |

注：1. 公称直径栏中不带括号的为第一系列，带圆括号的为第二系列，带方括号的为第三系列。应优先选用第一系列，第三系列尽可能不用。

2. 括号内的螺距尽可能不用。

3. M14×1.25 仅用于火花塞。

## 附表 A-2　用螺纹密封的管螺纹的基本尺寸（GB/T 7306.1—2000）

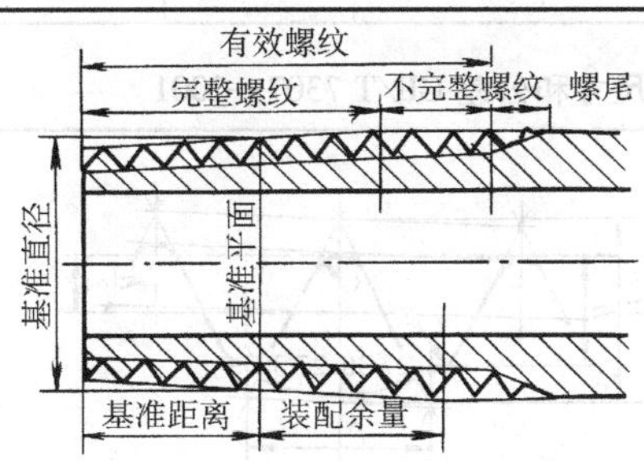


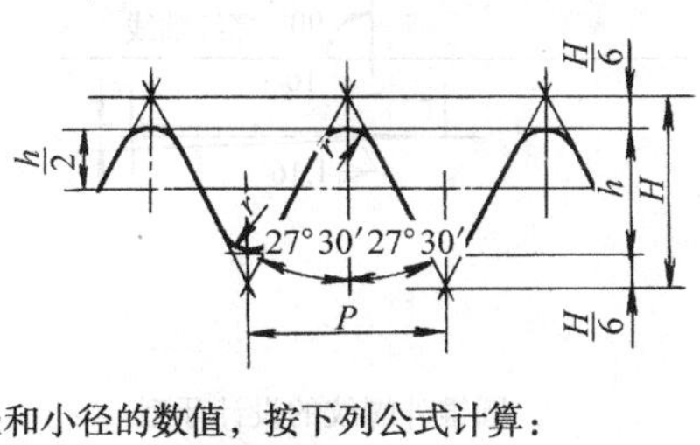


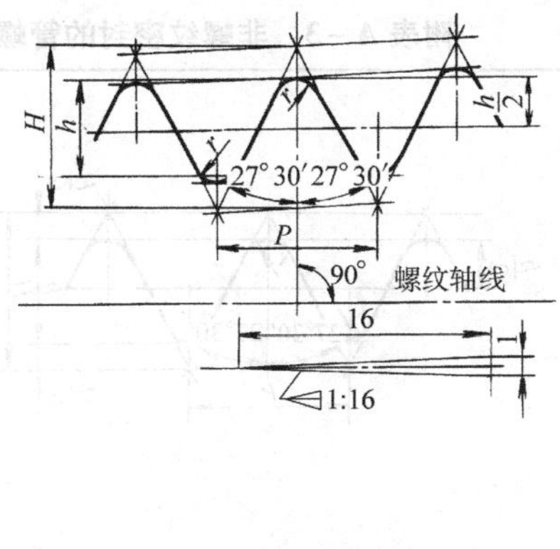


圆锥外螺纹的设计牙型

螺纹中径和小径的数值，按下列公式计算：

$$d_2 = D_2 = d - 0.640327P$$

$$d_1 = D_1 = d - 1.280654P$$

标记示例：如 1½ 螺纹

圆锥内螺纹 $R_c$ 1½；圆柱内螺纹 $R_p$ 1½；圆锥外螺纹 $R$ 1½。

圆锥内螺纹与圆锥外螺纹的配合 $R_c$1 ½/$R_2$1 ½。

圆柱内螺纹与圆锥外螺纹的配合 $R_p$1 ½/$R_1$1 ½。

（续）

| 1 | 2 | 3 | 4 | 5 | 6 | 7 | 8 | 9 | 10 |
|---|---|---|---|---|---|---|---|---|---|
| 尺寸代号 | 每25.4mm内的牙数 $n$ | 螺距 $P$ /mm | 牙高 $h$ /mm | 圆弧半径 $r\approx$ mm | 基面上的基本直径 | | | 基准距离 /mm | 有效螺纹长度 /mm |
| | | | | | 大径（基准直径） $d=D$/mm | 中径 $d_2=D_2$ /mm | 小径 $d_1=D_1$ /mm | | |
| 1/16 | 28 | 0.907 | 0.581 | 0.125 | 7.723 | 7.142 | 6.561 | 4.0 | 6.5 |
| 1/8 | 28 | 0.907 | 0.581 | 0.125 | 9.728 | 9.147 | 8.566 | 4.0 | 6.5 |
| 1/4 | 19 | 1.337 | 0.856 | 0.184 | 13.157 | 12.301 | 11.445 | 6.0 | 9.7 |
| 3/8 | 19 | 1.337 | 0.856 | 0.184 | 16.662 | 15.806 | 14.950 | 6.4 | 10.1 |
| 1/2 | 14 | 1.814 | 1.162 | 0.249 | 20.955 | 19.793 | 18.631 | 8.2 | 13.2 |
| 3/4 | 14 | 1.814 | 1.162 | 0.249 | 26.441 | 25.279 | 24.117 | 9.5 | 14.5 |
| 1 | 11 | 2.309 | 1.479 | 0.317 | 33.249 | 31.770 | 30.291 | 10.4 | 16.8 |
| 1¼ | 11 | 2.309 | 1.479 | 0.317 | 41.910 | 40.431 | 38.952 | 12.7 | 19.1 |
| 1½ | 11 | 2.309 | 1.479 | 0.317 | 47.803 | 46.324 | 44.845 | 12.7 | 19.1 |
| 2 | 11 | 2.309 | 1.479 | 0.317 | 59.614 | 58.135 | 56.656 | 15.9 | 23.4 |
| 2½ | 11 | 2.309 | 1.479 | 0.317 | 75.184 | 73.705 | 72.226 | 17.5 | 26.7 |
| 3 | 11 | 2.309 | 1.479 | 0.317 | 87.884 | 86.405 | 84.926 | 20.6 | 29.8 |
| 3½ | 11 | 2.309 | 1.479 | 0.317 | 100.330 | 98.851 | 97.372 | 22.2 | 31.4 |
| 4 | 11 | 2.309 | 1.479 | 0.317 | 113.030 | 111.551 | 110.072 | 25.4 | 35.8 |
| 5 | 11 | 2.309 | 1.479 | 0.317 | 138.430 | 136.951 | 135.472 | 28.6 | 40.1 |
| 6 | 11 | 2.309 | 1.479 | 0.317 | 163.830 | 162.351 | 160.872 | 28.6 | 40.1 |

**附表 A－3 非螺纹密封的管螺纹的基本尺寸和公差 GB/T 7307—2001**

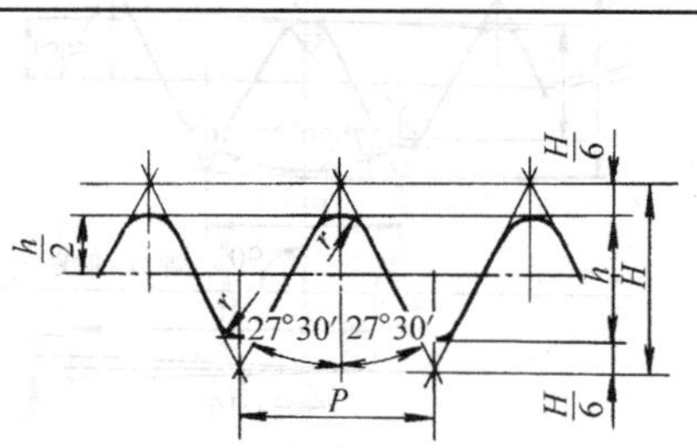


基本牙型

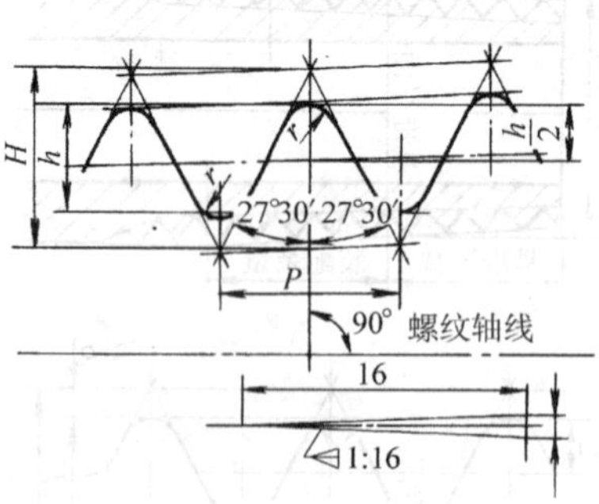


圆锥外螺纹的设计牙型

标记示例：

如 1½管螺纹标记为：G1½

（续）

| 1 | 2 | 3 | 4 | 5 | 6 | 7 | 8 |
|---|---|---|---|---|---|---|---|
| 尺寸代号 | 每25.4mm内的牙数 $n$ | 螺距 $P$/mm | 牙高 $h$/mm | 圆弧半径 $r\approx$/mm | 基本直径 | | |
| | | | | | 大径 $d=D$ /mm | 中径 $d_2=D_2$ /mm | 小径 $d_1=D_1$ /mm |
| 1/2 | 14 | 1.814 | 1.162 | 0.249 | 20.955 | 19.793 | 18.631 |
| 5/8 | 14 | 1.814 | 1.162 | 0.249 | 22.911 | 21.749 | 20.587 |
| 3/4 | 14 | 1.814 | 1.162 | 0.249 | 26.441 | 25.279 | 24.117 |
| 7/8 | 14 | 1.814 | 1.162 | 0.249 | 30.201 | 29.039 | 27.877 |
| 1 | 11 | 2.309 | 1.479 | 0.317 | 33.249 | 31.770 | 30.291 |
| 1⅛ | 11 | 2.309 | 1.479 | 0.317 | 37.897 | 36.418 | 34.939 |
| 1¼ | 11 | 2.309 | 1.479 | 0.317 | 41.910 | 40.431 | 38.952 |
| 1½ | 11 | 2.309 | 1.479 | 0.317 | 47.803 | 46.324 | 44.845 |
| 1¾ | 11 | 2.309 | 1.479 | 0.317 | 53.746 | 52.267 | 50.788 |
| 2 | 11 | 2.309 | 1.479 | 0.317 | 59.614 | 58.135 | 56.656 |

| 1 | 9 | 10 | 11 | 12 | 13 | 14 | 15 | 16 | 17 |
|---|---|---|---|---|---|---|---|---|---|
| 尺寸代号 | 外螺纹 | | | | | 内螺纹 | | | |
| | 大径公差 $T_d$ | | 中径公差 $T^*_{d2}$ | | | 中径公差 $T^*_{D2}$ | | 小径公差 $T_{D1}$ | |
| | 下偏差 /mm | 上偏差 /mm | 下偏差 A级 mm | 下偏差 B级 mm | 上偏差 /mm | 下偏差 /mm | 上偏差 /mm | 下偏差 /mm | 上偏差 /mm |
| 1/2 | −0.284 | 0 | −0.142 | −0.284 | 0 | | +0.142 | 0 | +0.541 |
| 5/8 | −0.284 | 0 | −0.142 | −0.284 | 0 | 0 | +0.142 | 0 | +0.541 |
| 3/4 | −0.284 | 0 | −0.142 | −0.284 | 0 | 0 | +0.142 | 0 | +0.541 |
| 7/8 | −0.284 | 0 | −0.142 | −0.284 | 0 | 0 | +0.142 | 0 | +0.541 |
| 1 | −0.360 | 0 | −0.180 | −0.360 | 0 | 0 | +0.180 | 0 | +0.640 |
| 1⅛ | −0.360 | 0 | −0.180 | −0.360 | 0 | 0 | +0.180 | 0 | +0.640 |
| 1¼ | −0.360 | 0 | −0.180 | −0.360 | 0 | 0 | +0.180 | 0 | +0.640 |
| 1½ | −0.360 | 0 | −0.180 | −0.360 | 0 | 0 | +0.180 | 0 | +0.640 |
| 1¾ | −0.360 | 0 | −0.180 | −0.360 | 0 | 0 | +0.180 | 0 | +0.640 |
| 2 | −0.360 | 0 | −0.180 | −0.360 | 0 | 0 | +0.180 | 0 | +0.640 |

# 附录 B　常用的标准件

**附表 B-1　六角头螺栓—A 和 B 级（GB/T 5782—2000）、六角头螺栓—全螺纹—A 和 B 级（GB/T 5783—2000）**

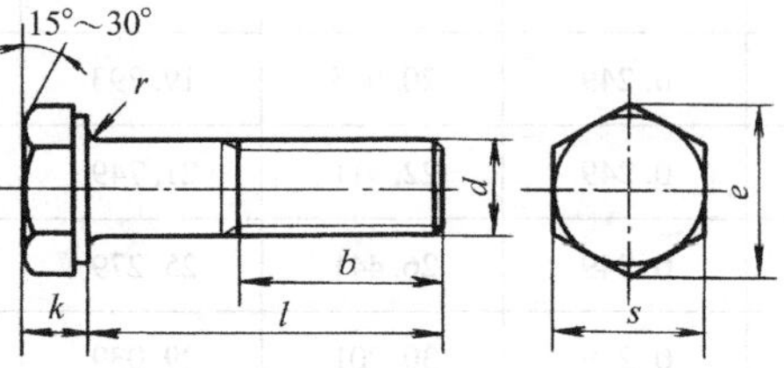


(GB/T 5782—2000)

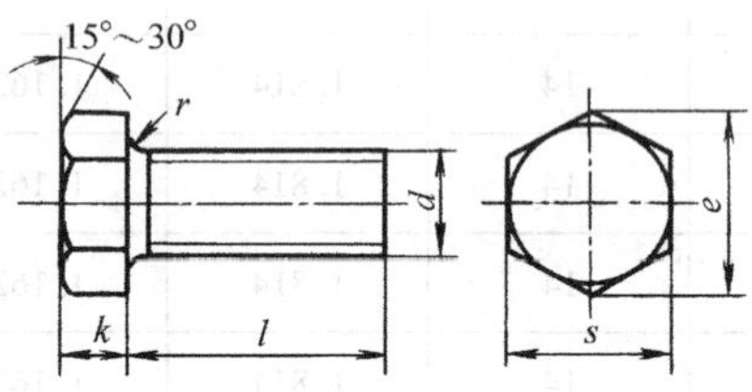


(GB/T 5783—2000)

标记示例：

螺纹规格 $d$ = M12，公称长度 $l$ = 80mm，性能等级为 8.8 级，表面氧化，A 级的六角螺栓：

螺栓 GB/T 5782—2000　M12 × 80

（mm）

| 螺纹规格 $d$ | | M3 | M4 | M5 | M6 | M8 | M10 | M12 | (M14) | M16 | (M18) | M20 | (M22) | M24 | (M27) | M30 | M36 | M42 | M48 |
|---|---|---|---|---|---|---|---|---|---|---|---|---|---|---|---|---|---|---|---|
| $s$ | | 5.5 | 7 | 8 | 10 | 13 | 16 | 18 | 21 | 24 | 27 | 30 | 34 | 36 | 41 | 46 | 55 | 65 | 75 |
| $k$ | | 2 | 2.8 | 3.5 | 4 | 5.3 | 6.4 | 7.5 | 8.8 | 10 | 11.5 | 12.5 | 14 | 15 | 17 | 18.7 | 22.5 | 26 | 30 |
| $r$ | | 0.1 | 0.2 | 0.2 | 0.25 | 0.4 | 0.4 | 0.6 | 0.6 | 0.6 | 0.6 | 0.8 | 1 | 0.8 | 1 | 1 | 1 | 1.2 | 1.6 |
| $e$ | | 6.1 | 7.7 | 8.8 | 11.1 | 14.4 | 17.8 | 20 | 23.4 | 26.8 | 30 | 33.5 | 37.7 | 40 | 45.2 | 50.9 | 60.8 | 72 | 82.6 |
| b（参考） | $l$≤125 | 12 | 14 | 16 | 18 | 22 | 26 | 30 | 34 | 38 | 42 | 46 | 50 | 54 | 60 | 66 | 78 | | |
| | 125 < $l$ ≤200 | 18 | 20 | 22 | 24 | 28 | 32 | 36 | 40 | 44 | 48 | 52 | 56 | 60 | 66 | 72 | 84 | 96 | 108 |
| | $l$ > 200 | 31 | 33 | 35 | 37 | 41 | 45 | 49 | 53 | 57 | 61 | 65 | 69 | 73 | 79 | 85 | 97 | 109 | 121 |
| GB/T 5782 $l$ | | 20 ~ 30 | 25 ~ 40 | 25 ~ 50 | 30 ~ 60 | 35 ~ 80 | 40 ~ 100 | 45 ~ 120 | 60 ~ 140 | 55 ~ 160 | 80 ~ 180 | 65 ~ 200 | 90 ~ 220 | 80 ~ 240 | 100 ~ 260 | 90 ~ 300 | 110 ~ 360 | 130 ~ 400 | 140 ~ 400 |
| GB/T 5783（全螺纹）$l$ | | 6 ~ 30 | 8 ~ 40 | 10 ~ 50 | 12 ~ 60 | 16 ~ 80 | 20 ~ 100 | 25 ~ 100 | 30 ~ 140 | 35 ~ 100 | 35 ~ 180 | 40 ~ 100 | 45 ~ 200 | 40 ~ 100 | 55 ~ 200 | 40 ~ 100 | 40 ~ 100 | 80 ~ 500 | 100 ~ 500 |
| $l$ 系列 | | 6，8，10，12，16，20，25，30，35，40，45，50，（55），60，（65），70，80，90，100，110，120，130，140，150，160，180，200，220，240，260，280，300，320，340，360，380，400，420，440，460，480，500 | | | | | | | | | | | | | | | | | |

注：1. A 级用于 $d$≤24 和 $l$≤10$d$ 或≤150mm 的螺栓，B 级用于 $d$ > 24 和 $l$ > 10$d$ 或 > 150mm 的螺栓（按较小值）。

2. 不带括号的为优先系列。

## 附表 B-2　双头螺柱 $b_m = d$（GB/T 897—1998），$b_m = 1.25d$（GB/T 898—1998），$b_m = 1.5d$（GB/T 899—1998），$b_m = 2d$（GB/T 900—1998）

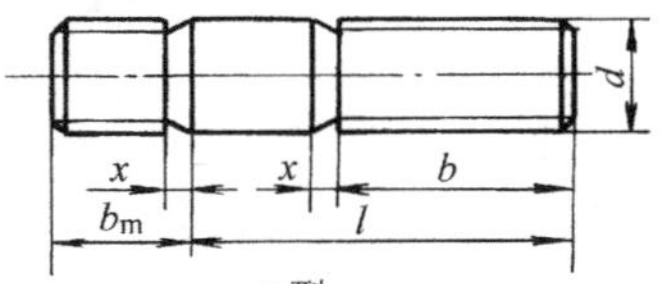

A型

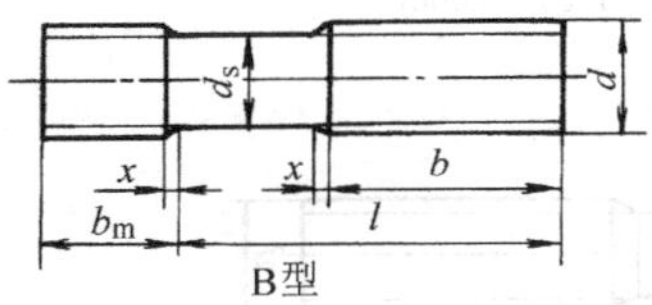

B型

标记示例：

1. 两端均为粗牙普通螺纹。$d = 10$mm，$l = 50$mm，性能等级为 4.8 级，不经表面处理，B 型，$b_m = d$ 的双头螺柱：

   螺柱　GB/T 897—1998　M10 × 50

2. 旋入机体一端为粗牙普通螺纹，旋螺母一端为螺距 $P = 1$mm 的细牙普通螺纹。$d = 10$mm，$l = 50$mm，性能等级为 4.8 级，不经表面处理，A 型，$b_m = d$ 的双头螺柱：

   螺柱　GB/T 897—1998　AM10 - M10 × 1 × 50

3. 旋入机体一端为过渡配合螺纹的第一种配合，旋螺母一端为粗牙普通螺纹。$d = 10$mm，$l = 50$mm，性能等级为 8.8 级，镀锌纯化，B 型，$b_m = d$ 的双头螺柱：

   螺柱　GB/T 897—1998　GM10 - M10 × 50 - 8.8 - Zn · D

（单位：mm）

| 螺纹规格 $d$ | $b_m$ | | | | $l/b$ |
|---|---|---|---|---|---|
| | GB/T 897—1998 | GB/T 898—1998 | GB/T 899—1998 | GB/T 900—1998 | |
| M2 | | | 3 | 4 | (12 ~ 16) /6，(18 ~ 25) /10 |
| M2.5 | | | 3.5 | 5 | (14 ~ 18) /8，(20 ~ 30) /11 |
| M3 | | | 4.5 | 6 | (16 ~ 20) /6，(22 ~ 40) /12 |
| M4 | | | 6 | 8 | (16 ~ 22) /8，(25 ~ 40) /14 |
| M5 | 5 | 6 | 8 | 10 | (16 ~ 22) /10，(25 ~ 50) /16 |
| M6 | 6 | 8 | 10 | 12 | (18 ~ 22) /10，(25 ~ 30) /14，(32 ~ 75) /18 |
| M8 | 8 | 10 | 12 | 16 | (18 ~ 22) /12，(25 ~ 30) /16，(32 ~ 90) /22 |
| M10 | 10 | 12 | 15 | 20 | (25 ~ 28) /14，(30 ~ 38) /16，(40 ~ 120) /30，130/32 |
| M12 | 12 | 15 | 18 | 24 | (25 ~ 30) /16，(32 ~ 40) /20，(45 ~ 120) /30，(130 ~ 180) /36 |
| (M14) | 14 | 18 | 21 | 28 | (30 ~ 35) /18，(38 ~ 45) /25，(50 ~ 120) /34，(130 ~ 180) /40 |
| M16 | 16 | 20 | 24 | 32 | (30 ~ 38) /20，(40 ~ 55) /30，(60 ~ 120) /38，(130 ~ 200) /44 |
| (M18) | 18 | 22 | 27 | 36 | (35 ~ 40) /22，(45 ~ 60) /35，(65 ~ 120) /42，(130 ~ 200) /48 |
| M20 | 20 | 25 | 30 | 40 | (35 ~ 40) /25，(45 ~ 65) /38，(70 ~ 120) /46，(130 ~ 200) /52 |
| (M22) | 22 | 28 | 33 | 44 | (40 ~ 45) /30，(50 ~ 70) /40，(75 ~ 120) /50，(130 ~ 200) /56 |
| M24 | 24 | 30 | 36 | 48 | (45 ~ 50) /30，(55 ~ 75) /45，(80 ~ 120) /54，(130 ~ 200) /60 |
| (M27) | 27 | 35 | 40 | 54 | (50 ~ 60) /35，(65 ~ 85) /50，(90 ~ 120) /60，(130 ~ 200) /66 |
| M30 | 30 | 38 | 45 | 60 | (60 ~ 65) /40，(70 ~ 90) /50，(95 ~ 120) /66，(130 ~ 200) /72，(210 ~ 250) /85 |
| M36 | 36 | 45 | 54 | 72 | (65 ~ 75) /45，(80 ~ 110) /60，120/78，(130 ~ 200) /84，(210 ~ 300) 97 |
| M42 | 42 | 52 | 63 | 84 | (70 ~ 80) /50，(85 ~ 110) /70，120/90，(130 ~ 200) /96，(210 ~ 300) 109 |
| M48 | 48 | 60 | 72 | 96 | (80 ~ 90) /60，(95 ~ 110) /80，120/102，(130 ~ 200) /108，(210 ~ 300) /121 |
| $l$（系列） | 12，(14)，16，(28)，20，(22)，25，(28)，30，(32)，35，(38)，40，45，50，55，60，65，70，75，80，85，90，95，100，110，120，130，140，150，160，170，180，190，200，210，220，230，240，250，260，280，300 | | | | |

注：1. $d_s \approx$ 螺纹中径。

2. $x_{max} = 1.5P$（螺距）。

## 附表 B－3　开槽圆柱头螺钉（GB/T 65—2000），开槽沉头螺钉（GB/T 68—2000），开槽盘头螺钉（GB/T 67—2000）

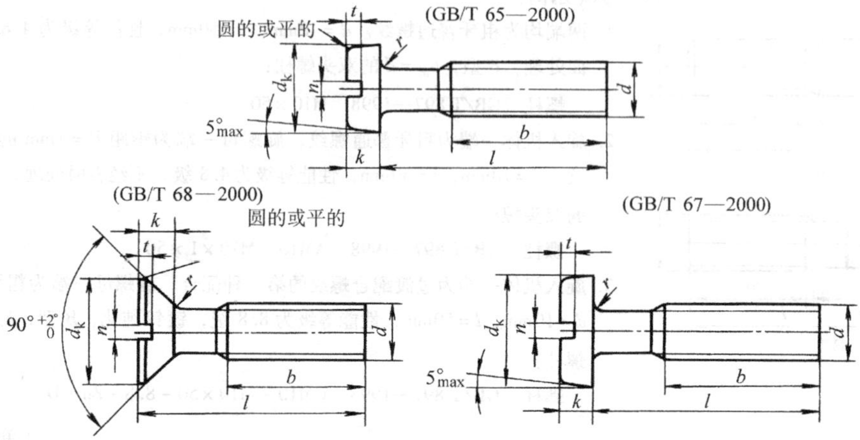


标记示例：

螺纹规格 $d$＝M5，公称长度 $l$＝20mm，性能等级为4.8级，不经表面处理的开槽圆柱头螺钉：

螺钉　GB/T 65—2000　M5×20

（单位：mm）

| 螺纹规格 $d$ | | M1.6 | M2 | M2.5 | M3 | M4 | M5 | M6 | M8 | M10 |
|---|---|---|---|---|---|---|---|---|---|---|
| GB/T 65 | $d_k$ | 3.0 | 3.8 | 4.5 | 5.5 | 7 | 8.5 | 10 | 13 | 16 |
| | $k$ | 1.1 | 1.4 | 1.8 | 2.0 | 2.6 | 3.3 | 3.9 | 5 | 6 |
| | $t$ | 0.45 | 0.6 | 0.7 | 0.85 | 1.1 | 1.3 | 1.6 | 2 | 2.4 |
| | $r$ | 0.1 | 0.1 | 0.1 | 0.1 | 0.2 | 0.2 | 0.25 | 0.4 | 0.4 |
| | $l$ | 2～16 | 3～20 | 3～25 | 4～30 | 5～40 | 6～50 | 8～60 | 10～80 | 12～80 |
| | 全螺纹时最大长度 | 16 | 20 | 25 | 30 | 40 | 40 | 40 | 40 | 40 |
| GB/T 67 | $d_k$ | 3.2 | 4 | 5 | 5.6 | 8 | 9.5 | 12 | 16 | 20 |
| | $k$ | 1 | 1.3 | 1.5 | 1.8 | 2.4 | 3 | 3.6 | 4.8 | 6 |
| | $t$ | 0.35 | 0.5 | 0.6 | 0.7 | 1 | 1.2 | 1.4 | 1.9 | 2.4 |
| | $r$ | 0.1 | 0.1 | 0.1 | 0.1 | 0.2 | 0.2 | 0.25 | 0.4 | 0.4 |
| | $l$ | 2～16 | 2.5～20 | 3～25 | 4～30 | 5～40 | 6～50 | 8～60 | 10～80 | 12～80 |
| | 全螺纹时最大长度 | 16 | 20 | 25 | 30 | 40 | 40 | 40 | 40 | 40 |
| GB/T 68 | $d_k$ | 3 | 3.8 | 4.7 | 5.5 | 8.4 | 9.3 | 11.3 | 15.8 | 18.3 |
| | $k$ | 1 | 1.2 | 1.5 | 1.65 | 2.7 | 2.7 | 3.3 | 4.65 | 5 |
| | $t$ | 0.32 | 0.4 | 0.5 | 0.6 | 1 | 1.1 | 1.2 | 1.8 | 2 |
| | $r$ | 0.4 | 0.5 | 0.6 | 0.8 | 1 | 1.3 | 1.5 | 2 | 2.5 |
| | $l$ | 2.5～16 | 3～20 | 4～25 | 5～30 | 6～40 | 8～50 | 8～60 | 10～80 | 12～80 |
| | 全螺纹时最大长度 | 16 | 20 | 25 | 30 | 40 | 45 | 45 | 45 | 45 |
| $n$ | | 0.4 | 0.5 | 0.6 | 0.8 | 1.2 | 1.2 | 1.6 | 2 | 2.5 |
| $b$ | | 25 | | | | 38 | | | | |
| $l$（系列） | | 2，2.5，3，4，5，6，8，10，12，（14），16，20，25，30，35，40，45，50，（55），60，（65），70，（75），80 | | | | | | | | |

## 附表 B－4　开槽锥端紧定螺钉（GB/T 71—1985），开槽平端紧定螺钉（GB/T 73—1985）开槽凹端紧定螺钉（GB/T 74—1985），开槽圆柱端紧定螺钉（GB/T 75—1985）

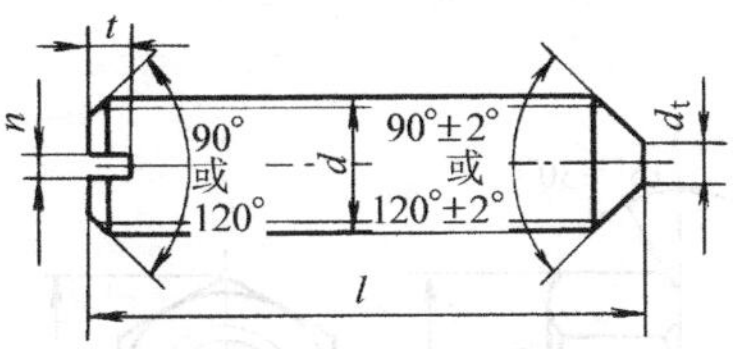


(GB/T 71—1985)

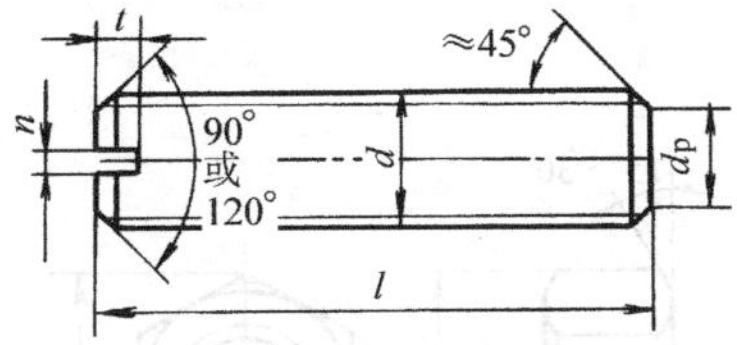


(GB/T 73—1985)

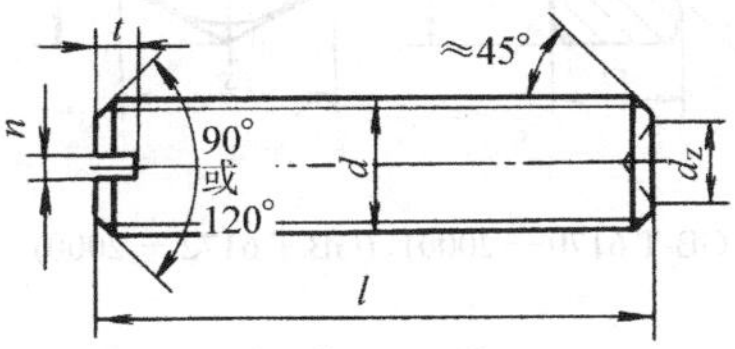


(GB/T 74—1985)

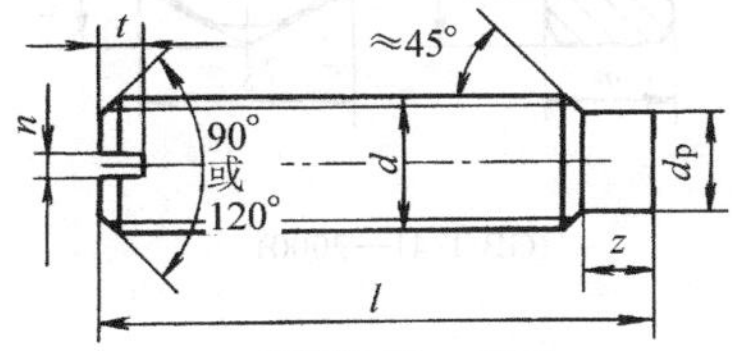


(GB/T 75—1985)

标记示例：

螺纹规格 $d$＝M5，公称长度 $l$＝12mm，性能等级为 14H 级，表面氧化的开槽锥端紧定螺钉：

螺钉　GB/T 71—1985　M5×12

（单位：mm）

| 螺纹规格 $d$ | | M1.2 | M1.6 | M2 | M2.5 | M3 | M4 | M5 | M6 | M8 | M10 | M12 |
|---|---|---|---|---|---|---|---|---|---|---|---|---|
| $n$ | | 0.2 | 0.25 | 0.25 | 0.4 | 0.4 | 0.6 | 0.8 | 1 | 1.2 | 1.6 | 2 |
| $t$ | | 0.5 | 0.7 | 0.8 | 1 | 1.1 | 1.4 | 1.6 | 2 | 2.5 | 3 | 3.6 |
| $d_z$ | | | 0.8 | 1 | 1.2 | 1.4 | 2 | 2.5 | 3 | 5 | 6 | 8 |
| $d_t$ | | 0.1 | 0.2 | 0.2 | 0.3 | 0.3 | 0.4 | 0.5 | 1.5 | 2 | 2.5 | 3 |
| $d_p$ | | 0.6 | 0.8 | 1 | 1.5 | 2 | 2.5 | 3.5 | 4 | 5.5 | 7 | 8.5 |
| $z$ | | | 1.1 | 1.3 | 1.5 | 1.8 | 2.3 | 2.8 | 3.3 | 4.3 | 5.3 | 6.3 |
| 公称长度 $l$ | GB/T 71 | 2～6 | 2～8 | 3～10 | 3～12 | 4～16 | 6～20 | 8～25 | 8～30 | 10～40 | 12～50 | 14～60 |
| | GB/T 73 | 2～6 | 2～8 | 2～10 | 2.5～12 | 3～16 | 4～20 | 5～25 | 6～30 | 8～40 | 10～50 | 12～60 |
| | GB/T 74 | | 2～8 | 2.5～10 | 3～12 | 3～16 | 4～20 | 5～25 | 6～30 | 8～40 | 10～50 | 12～60 |
| | GB/T 75 | | 2.5～8 | 3～10 | 4～12 | 5～16 | 6～20 | 8～25 | 8～30 | 10～40 | 12～50 | 14～60 |
| 公称长度 $l$≤右表内值时，GB/T 71 两端制成 120°，其他为开槽端制成 120°。公称长度 $l$＞右表内值时，GB/T 71 两端制成 90°，其他为开槽端制成 90° | GB/T 71 | 2 | 2.5 | 2.5 | 3 | 3 | 4 | 5 | 6 | 8 | 10 | 12 |
| | GB/T 73 | | 2 | 2.5 | 3 | 3 | 4 | 5 | 6 | 6 | 8 | 10 |
| | GB/T 74 | | 2 | 2.5 | 3 | 4 | 5 | 5 | 6 | 8 | 10 | 12 |
| | GB/T 75 | | 2.5 | 3 | 4 | 5 | 6 | 8 | 10 | 14 | 16 | 20 |
| $l$（系列） | | 2，2.5，3，4，5，6，8，10，12，（14），16，20，25，30，35，40，45，50，（55），60 | | | | | | | | | | |

**附表 B－5　1 型六角螺母－C 级（GB/T 41—2000），1 型六角螺母－A 和 B 级（GB/T 6170—2000），六角薄螺母－A 和 B 级倒角（GB/T 6172—2000）**

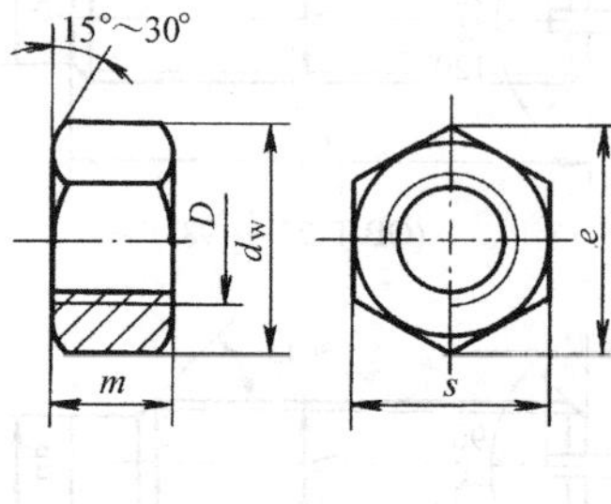


(GB/T 41—2000)

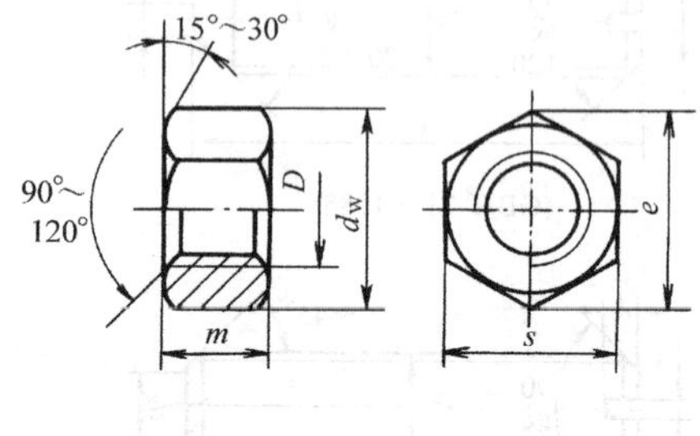


(GB/T 6170—2000)、(GB/T 6172—2000)

标记示例：

螺纹规格 $D$＝M12，性能等级为 5 级，不经表面处理，C 级的 1 型六角螺母：

螺母 GB/T 41—2000　M12

标记示例：

螺纹规格 $D$＝M12，性能等级为 10 级，不经表面处理，A 级的 1 型六角螺母：

螺母 GB/T 6170—2000　M12

螺纹规格 $D$＝M12，性能等级为 04 级，不经表面处理，A 级的六角薄螺母：

螺母 GB/T 6172—2000　M12

（单位：mm）

| 螺纹规格 $D$ | | M3 | M4 | M5 | M6 | M8 | M10 | M12 | (M14) | M16 | (M18) | M20 | (M22) | M24 | (M27) | M30 | M36 | M42 | M48 | M56 | M64 |
|---|---|---|---|---|---|---|---|---|---|---|---|---|---|---|---|---|---|---|---|---|---|
| $e$ | | 6 | 7.7 | 8.8 | 11 | 14.4 | 17.8 | 20 | 23.4 | 26.8 | 29.6 | 33 | 37.3 | 39.6 | 45.2 | 50.9 | 60.8 | 72 | 82.6 | 93.6 | 104.9 |
| $s$ | | 5.5 | 7 | 8 | 10 | 13 | 16 | 18 | 21 | 24 | 27 | 30 | 34 | 36 | 41 | 46 | 55 | 65 | 75 | 85 | 95 |
| $m$ | GB/T 6170 | 2.4 | 3.2 | 4.7 | 5.2 | 6.8 | 8.4 | 10.8 | 12.8 | 14.8 | 15.8 | 18 | 19.4 | 21.5 | 23.8 | 25.6 | 31 | 34 | 38 | 45 | 51 |
| | GB/T 6172 | 1.8 | 2.2 | 2.7 | 3.2 | 4 | 5 | 6 | 7 | 8 | 9 | 10 | 11 | 12 | 13.5 | 15 | 18 | 21 | 24 | 28 | 32 |
| | GB/T 41 | — | — | 5.6 | 6.1 | 7.9 | 9.5 | 12.2 | 13.9 | 15.9 | 16.9 | 18.7 | 20.2 | 22.3 | 24.7 | 26.4 | 31.5 | 34.9 | 38.9 | 45.9 | 52.4 |

注：1. 表中 $e$ 为圆整近似值。

2. 不带括号的为优先系列。

3. A 级用于 $D \leqslant 16$ 的螺母；B 级用于 $D > 16$ 的螺母。

**附表 B-6　平热圈—C 级（GB/T 95—2002），大垫圈—A 和 C 级（GB/T 96—2002），平垫圈—A 级（GB/T 97.1—2002）平垫圈　倒角型—A 级（GB/T 97.2—2002），小垫圈—A 级（GB/T 848—2002）**

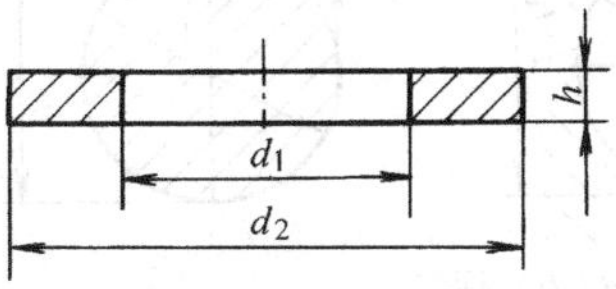

（GB/T 95—2002）*，（GB/T 96—2002）*
（GB/T 97.1—2002），（GB/T 848—2002）

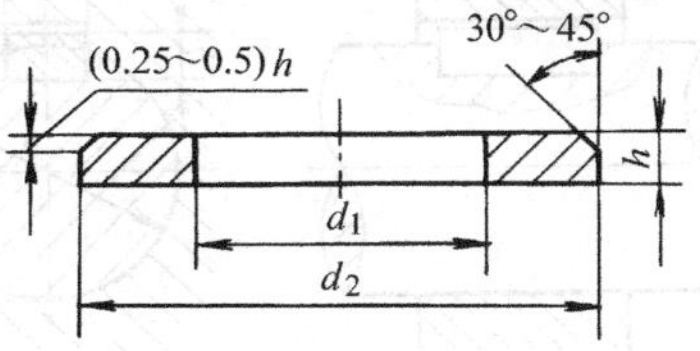

（GB/T 97.2—2002）

* 垫圈两端面无粗糙度符号

标记示例：

标准系列，公称尺寸 $d$ = 8mm，性能等级为 100HV 级，不经表面处理的平垫圈：

垫圈　GB/T 95—2002　8—100HV

标记示例：

标准系列，公称尺寸 $d$ = 8mm，性能等级为 140HV 级，倒角形，不经表面处理的平垫圈：

垫圈　GB/T 97.2—2002　8—140HV

（单位：mm）

| 公称尺寸（螺纹规格）$d$ | 标准系列 GB/T 95—2002，GB/T 97.1—2002，GB/T 97.2—2002 | | | | 大系列 GB/T 96—2002 | | | 小系列 GB/T 848—2002 | | |
|---|---|---|---|---|---|---|---|---|---|---|
| | $d_2$ | $h$ | $d_1$（GB/T 95） | $d_1$（GB/T 97.1，GB/T 97.2） | $d_1$ | $d_2$ | $h$ | $d_1$ | $d_2$ | $h$ |
| 1.6 | 4 | 0.3 | | 1.7 | | | | 1.7 | 3.5 | 0.3 |
| 2 | 5 | | | 2.2 | | | | 2.2 | 4.5 | |
| 2.5 | 6 | 0.5 | | 2.7 | | | | 2.7 | 5 | |
| 3 | 7 | | | 3.2 | 3.2 | 9 | 0.8 | 3.2 | 6 | 0.5 |
| 4 | 9 | 0.8 | | 4.3 | 4.3 | 12 | 1 | 4.3 | 8 | |
| 5 | 10 | 1 | 5.5 | 5.3 | 5.3 | 15 | 1.2 | 5.3 | 9 | 1 |
| 6 | 12 | 1.6 | 6.6 | 6.4 | 6.4 | 18 | 1.6 | 6.4 | 11 | |
| 8 | 16 | | 9 | 8.4 | 8.4 | 24 | 2 | 8.4 | 15 | 1.6 |
| 10 | 20 | 2 | 11 | 10.5 | 10.5 | 30 | 2.5 | 10.5 | 18 | |
| 12 | 24 | 2.5 | 13.5 | 13 | 13 | 37 | | 13 | 20 | 2 |
| 14 | 28 | | 15.5 | 15 | 15 | 44 | 3 | 15 | 24 | 2.5 |
| 16 | 30 | 3 | 17.5 | 17 | 17 | 50 | | 17 | 28 | |
| 20 | 37 | | 22 | 21 | 22 | 60 | 4 | 21 | 34 | 3 |
| 24 | 44 | 4 | 26 | 25 | 26 | 72 | 5 | 25 | 39 | 4 |
| 30 | 56 | | 33 | 31 | 33 | 92 | 6 | 31 | 50 | |
| 36 | 66 | 5 | 39 | 37 | 39 | 110 | 8 | 37 | 60 | 5 |

注：1. 表列 $d_1$，$d_2$，$h$ 均为公称值。

2. C 级垫圈表面粗糙度要求为√。

3. GB/T 848 主要用于带圆柱头的螺钉，其他用于标准的六角螺栓、螺钉和螺母。

4. 精装配系列适用于 A 级垫圈，中等装配系列适用于 C 级垫圈。

**附表 B－7　平键　键和键槽的剖面尺寸（GB/T 1095—1979），普通平键的型式尺寸（GB/T 1096—1979）**

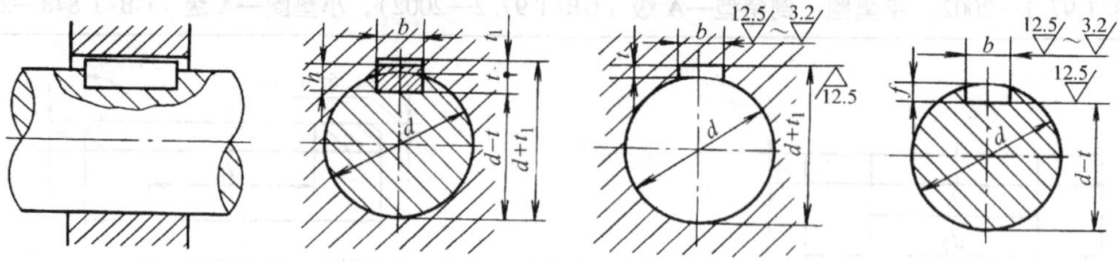

注：在工作图中，轴槽深用 $t$ 或（$d-t$）标注，轮毂槽深用（$d+t_1$）标注。

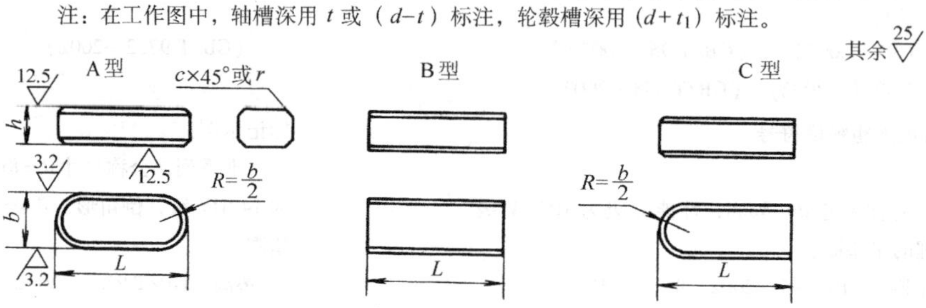

标　记　示　例

圆头普通平键（A 型）$b=16$mm，$h=10$mm，$L=100$mm：键　16×100　GB/T 1096—1979

平头普通平键（B 型）$b=16$mm，$h=10$mm，$L=100$mm：键　B16×100　GB/T 1096—1979

单圆头普通平键（C 型）$b=16$mm，$h=10$mm，$L=100$mm：键　C16×100　GB/T 1096—1979

（单位：mm）

| 轴 | 键 | | 键槽 | | | | | | | | | | | |
|---|---|---|---|---|---|---|---|---|---|---|---|---|---|---|
| 公称直径 $d$ | 公称尺寸 $b\times h$ | 长度 $L$ | 宽度 $b$ | | | | | | 深度 | | | | 半径 $r$ | |
| | | | 公称尺寸 $b$ | 极限偏差 | | | | | 轴 $t$ | | 毂 $t_1$ | | | |
| | | | | 较松键联结 | | 一般键联结 | | 较紧键联结 | | | | | | |
| | | | | 轴 H9 | 毂 D10 | 轴 N9 | 毂 JS9 | 轴和毂 P9 | 公称尺寸 | 极限偏差 | 公称尺寸 | 极限偏差 | 最小 | 最大 |
| 自 6～8 | 2×2 | 6～20 | 2 | +0.025<br>0 | +0.060<br>+0.020 | −0.004<br>−0.029 | ±0.0125 | −0.006<br>−0.031 | 1.2 | +0.1<br>0 | 1 | +0.1<br>0 | 0.08 | 0.16 |
| >8～10 | 3×3 | 6～36 | 3 | | | | | | 1.8 | | 1.4 | | | |
| >10～12 | 4×4 | 8～45 | 4 | +0.030<br>0 | +0.078<br>+0.030 | 0<br>−0.030 | ±0.015 | −0.012<br>−0.042 | 2.5 | | 1.8 | | | |
| >12～17 | 5×5 | 10～56 | 5 | | | | | | 3.0 | | 2.3 | | | |
| >17～22 | 6×6 | 14～70 | 6 | | | | | | 3.5 | | 2.8 | | | |
| >22～30 | 8×7 | 18～90 | 8 | +0.036<br>0 | +0.098<br>+0.040 | 0<br>−0.036 | ±0.018 | −0.015<br>−0.051 | 4.0 | +0.2<br>0 | 3.3 | +0.2<br>0 | 0.16 | 0.25 |
| >30～38 | 10×8 | 22～110 | 10 | | | | | | 5.0 | | 3.3 | | | |
| >38～44 | 12×8 | 28～140 | 12 | +0.043<br>0 | +0.120<br>+0.050 | 0<br>−0.043 | ±0.0215 | −0.018<br>−0.061 | 5.0 | | 3.3 | | 0.25 | 0.40 |
| >44～50 | 14×9 | 36～160 | 14 | | | | | | 5.5 | | 3.8 | | | |
| >50～58 | 16×10 | 45～180 | 16 | | | | | | 6.0 | | 4.3 | | | |
| >58～65 | 18×11 | 50～200 | 18 | | | | | | 7.0 | | 4.4 | | | |
| >65～75 | 20×12 | 56～220 | 20 | +0.052<br>0 | +0.149<br>+0.065 | 0<br>−0.052 | ±0.026 | −0.022<br>−0.074 | 7.5 | | 4.9 | | 0.40 | 0.60 |
| >75～85 | 22×14 | 63～250 | 22 | | | | | | 9.0 | | 5.4 | | | |
| >85～95 | 25×14 | 70～280 | 25 | | | | | | 9.0 | | 5.4 | | | |
| >95～110 | 28×16 | 80～320 | 28 | | | | | | 10.0 | | 6.4 | | | |
| >110～130 | 32×18 | 80～360 | 32 | +0.062<br>0 | +0.180<br>+0.080 | 0<br>−0.062 | ±0.031 | −0.026<br>−0.088 | 11.0 | +0.3<br>0 | 7.4 | +0.3<br>0 | 0.70 | 1.0 |
| >130～150 | 36×20 | 100～400 | 36 | | | | | | 12.0 | | 8.4 | | | |
| >150～170 | 40×22 | 100～400 | 40 | | | | | | 13.0 | | 9.4 | | | |
| >170～200 | 45×25 | 110～450 | 45 | | | | | | 15.0 | | 10.4 | | | |

注：1.（$d-t$）和（$d+t_1$）两组组合尺寸的极限偏差按相应的 $t$ 和 $t_1$ 的极限偏差选取，但（$d-t$）极限偏差应取负号（－）。

2. $L$ 系列：6，8，10，12，14，16，18，20，22，25，28，32，36，40，45，50，56，63，70，80，90，100，110，125，140，160，180……。

## 附表 B－8　圆柱销（GB/T 119.1—2000）

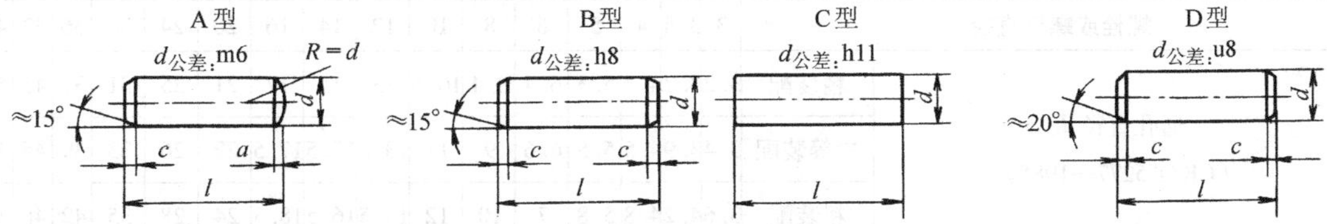


标记示例：

公称直径 $d=8$mm，长度 $l=30$mm，材料为 35 钢，热处理硬度 28～38HRC，表面氧化处理的 A 型圆柱销。

销　GB/T 119.1—2000　A8×30

（单位：mm）

| d（公称） | 2.5 | 3 | 4 | 5 | 6 | 8 | 10 | 12 | 16 | 20 | 25 | 30 |
|---|---|---|---|---|---|---|---|---|---|---|---|---|
| a≈ | 0.3 | 0.4 | 0.5 | 0.63 | 0.80 | 1.0 | 1.2 | 1.6 | 2.0 | 2.5 | 3.0 | 4.0 |
| c≈ | 0.4 | 0.5 | 0.63 | 0.80 | 1.2 | 1.6 | 2.0 | 2.5 | 3.0 | 3.5 | 4.0 | 5.0 |
| l | 6～24 | 8～30 | 8～40 | 10～50 | 12～60 | 14～80 | 18～95 | 22～140 | 26～180 | 35～200 | 50～200 | 60～200 |
| l（系列） | 6，8，10，12，14，16，18，20，22，24，26，28，30，32，35，40，45，50，55，60，65，70，75，80，85，90，95，100，120，140，160，180，200 | | | | | | | | | | | |

## 附表 B－9　开口销（GB/T 91—2000）

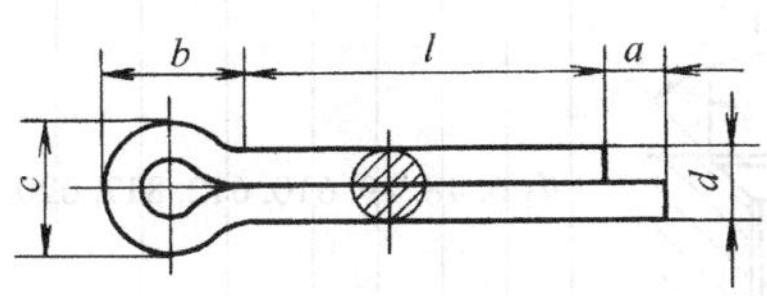


标记示例：

公称直径 $d=5$mm，长度 $l=50$mm，材料为低碳钢，不经表面处理的开口销。

销 GB/T 91—2000　5×50

（单位：mm）

| d（公称） | 0.6 | 0.8 | 1 | 1.2 | 1.6 | 2 | 2.5 | 3.2 | 4 | 5 | 6.3 | 8 | 10 | 12 |
|---|---|---|---|---|---|---|---|---|---|---|---|---|---|---|
| c | 1 | 1.4 | 1.8 | 2 | 2.8 | 3.6 | 4.6 | 5.8 | 7.4 | 9.2 | 11.8 | 15 | 19 | 24.8 |
| b≈ | 2 | 2.4 | 8 | 3 | 3.2 | 4 | 5 | 6.4 | 8 | 10 | 12.6 | 16 | 20 | 26 |
| a | 1.6 | 1.6 | 2.5 | 2.5 | 2.5 | 2.5 | 2.5 | 3.2 | 4 | 4 | 4 | 4 | 6.3 | 6.3 |
| l | 4～12 | 5～16 | 6～20 | 8～26 | 8～32 | 10～40 | 12～50 | 14～65 | 18～80 | 22～100 | 30～120 | 40～160 | 45～200 | 70～200 |
| l（系列） | 4，5，6，8，10，12，14，16，18，20，22，24，26，28，30，32，36，40，45，50，55，60，65，70，75，80，85，90，95，100，120，140，160，180，200 | | | | | | | | | | | | | |

注：销孔直径等于 d（公称）。

**附表 B－10　紧固件通孔及沉孔尺寸**（GB/T 5277—1985，GB/T 152.2～152.4—1988）

（单位：mm）

| 螺栓或螺钉直径 $d$ | | | 3 | 3.5 | 4 | 5 | 6 | 8 | 10 | 12 | 14 | 16 | 20 | 24 | 30 | 36 | 42 | 48 |
|---|---|---|---|---|---|---|---|---|---|---|---|---|---|---|---|---|---|---|
| 通孔直径 $d_h$（GB/T 5277—1985） | | 精装配 | 3.2 | 3.7 | 4.3 | 5.3 | 6.4 | 8.4 | 10.5 | 13 | 15 | 17 | 21 | 25 | 31 | 37 | 43 | 50 |
| | | 中等装配 | 3.4 | 3.9 | 4.5 | 5.5 | 6.6 | 9 | 11 | 13.5 | 15.5 | 17.5 | 22 | 26 | 33 | 39 | 45 | 52 |
| | | 粗装配 | 3.6 | 4.2 | 4.8 | 5.8 | 7 | 10 | 12 | 14.5 | 16.5 | 18.5 | 24 | 28 | 35 | 42 | 48 | 56 |
| 六角头螺栓和六角螺母用沉孔（GB/T 152.4—1988） | 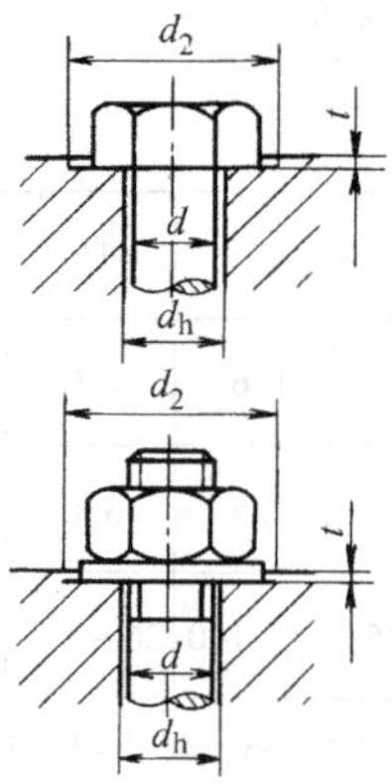 | $d_2$ | 9 | — | 10 | 11 | 13 | 18 | 22 | 26 | 30 | 33 | 40 | 48 | 61 | 71 | 82 | 98 |
| | | $t$ | 只要能制出与通孔轴线垂直的圆平面即可 | | | | | | | | | | | | | | | |
| 沉头用沉孔（GB/T 152.2—1988） | 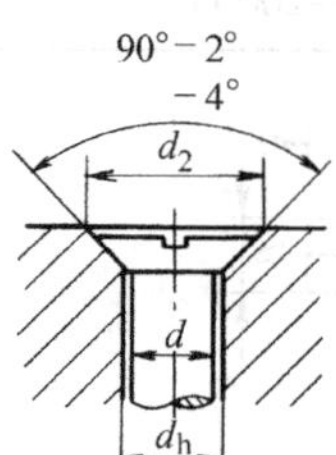 | $d_2$ | 6.4 | 8.4 | 9.6 | 10.6 | 12.8 | 17.6 | 20.3 | 24.4 | 28.4 | 32.4 | 40.4 | — | — | — | — | — |
| 开槽圆柱头用的圆柱头沉孔（GB/T 152.3—1988） | 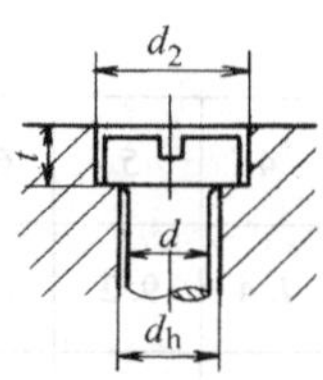 | $d_2$ | — | — | 8 | 10 | 11 | 15 | 18 | 20 | 24 | 26 | 33 | — | — | — | — | — |
| | | $t$ | — | — | 3.2 | 4 | 4.7 | 6 | 7 | 8 | 9 | 10.5 | 12.5 | — | — | — | — | — |
| 内六角圆柱头用的圆柱头沉孔（GB/T 152.3—1988） | 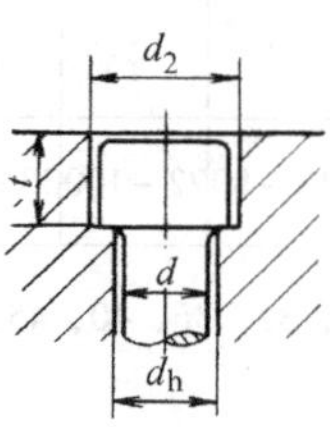 | $d_2$ | 6 | — | 8 | 10 | 11 | 15 | 18 | 20 | 24 | 26 | 33 | 40 | 48 | 57 | — | — |
| | | $t$ | 3.4 | — | 4.6 | 5.7 | 6.8 | 9 | 11 | 13 | 15 | 17.5 | 21.5 | 25.5 | 32 | 38 | — | — |

# 附录 C　极限与配合

**附表 C-1　尺寸至 500mm 基孔制优先、常用配合**（GB/T 1800—1999）

| 基准孔 | 轴 | | | | | | | | | | | | | | | | | | | | |
|---|---|---|---|---|---|---|---|---|---|---|---|---|---|---|---|---|---|---|---|---|---|
| | a | b | c | d | e | f | g | h | js | k | m | n | p | r | s | t | u | v | x | y | z |
| | 间隙配合 | | | | | | | | 过渡配合 | | | 过盈配合 | | | | | | | | | |
| H6 | | | | | | H6/f5 | H6/g5 | H6/h5 | H6/js5 | H6/k5 | H6/m5 | H6/n5 | H6/p5 | H6/r5 | H6/s5 | H6/t5 | | | | | |
| H7 | | | | | | H7/f6 | H7/g6 | H7/h6 | H7/js6 | H7/k6 | H7/m6 | H7/n6 | H7/p6 | H7/r6 | H7/s6 | H7/t6 | H7/u6 | H7/v6 | H7/x6 | H7/y6 | H7/z6 |
| H8 | | | | | H8/e7 | H8/f7 | H8/g7 | H8/h7 | H8/js7 | H8/k7 | H8/m7 | H8/n7 | H8/p7 | H8/r7 | H8/s7 | H8/t7 | H8/u7 | | | | |
| | | | | H8/d8 | H8/e8 | H8/f8 | | H8/h8 | | | | | | | | | | | | | |
| H9 | | | H9/c9 | H9/d9 | H9/e9 | H9/f9 | | H9/h9 | | | | | | | | | | | | | |
| H10 | | | H10/c10 | H10/d10 | | | | H10/h10 | | | | | | | | | | | | | |
| H11 | H11/a11 | H11/b11 | H11/c11 | H11/d11 | | | | H11/h11 | | | | | | | | | | | | | |
| H12 | | H12/b12 | | | | | | H12/h12 | 标注☆的配合为优先配合　其中　常用：59 种　优先：13 种 | | | | | | | | | | | | |

**附表 C-2　尺寸至 500mm 基轴制优先、常用配合**（GB/T 1801—1999）

| 基准轴 | 孔 | | | | | | | | | | | | | | | | | | | | |
|---|---|---|---|---|---|---|---|---|---|---|---|---|---|---|---|---|---|---|---|---|---|
| | A | B | C | D | E | F | G | H | Js | K | M | N | P | R | S | T | U | V | X | Y | Z |
| | 间隙配合 | | | | | | | | 过渡配合 | | | 过盈配合 | | | | | | | | | |
| h5 | | | | | | F6/h5 | G6/h5 | H6/h5 | Js6/h5 | K6/h5 | M6/h5 | N6/h5 | P6/h5 | R6/h5 | S6/h5 | T6/h5 | | | | | |
| h6 | | | | | | F7/h6 | G7/h6 | H7/h6 | Js7/h6 | K7/h6 | M7/h6 | N7/h6 | P7/h6 | R7/h6 | S7/h6 | T7/h6 | U7/h6 | | | | |
| h7 | | | | | E8/h7 | F8/h7 | | H8/h7 | Js8/h7 | K8/h7 | M8/h7 | N8/h7 | | | | | | | | | |
| h8 | | | | D8/h8 | E8/h8 | F8/h8 | | H8/h8 | | | | | | | | | | | | | |
| h9 | | | | D9/h9 | E9/h9 | F9/h9 | | H9/h9 | | | | | | | | | | | | | |
| h10 | | | | D10/h10 | | | | H10/h10 | | | | | | | | | | | | | |
| h11 | A11/h11 | B11/h11 | C11/h11 | D11/h11 | | | | H11/h11 | | | | | | | | | | | | | |
| h12 | | B12/h12 | | | | | | H12/h12 | 标注☆的配合为优先配合。其中　常用：47 种　优选：13 种 | | | | | | | | | | | | |

**附表 C－3　优选配合中轴的极限偏差（摘自 GB/T 1800.4—1999）　（单位：μm）**

| 基本尺寸/mm | | 公差带 | | | | | | | | | | | | |
|---|---|---|---|---|---|---|---|---|---|---|---|---|---|---|
| | | c | d | f | g | h | | | | k | n | p | s | u |
| 大于 | 至 | 11 | 9 | 7 | 6 | 6 | 7 | 9 | 11 | 6 | 6 | 6 | 6 | 6 |
| — | 3 | -60<br>-120 | -20<br>-45 | -6<br>-16 | -2<br>-8 | 0<br>-6 | 0<br>-10 | 0<br>-25 | 0<br>60 | +6<br>0 | +10<br>+4 | +12<br>+6 | +20<br>+14 | +24<br>+18 |
| 3 | 6 | -70<br>-145 | -30<br>-60 | -10<br>-22 | -4<br>-12 | 0<br>-8 | 0<br>-12 | 0<br>-30 | 0<br>-75 | +9<br>+1 | +16<br>+8 | +20<br>+12 | +27<br>+19 | +31<br>+23 |
| 6 | 10 | -80<br>-170 | -40<br>-76 | -13<br>-28 | -5<br>-14 | 0<br>-9 | 0<br>-15 | 0<br>-36 | 0<br>-90 | +10<br>+1 | +19<br>+10 | +24<br>+15 | +32<br>+23 | +37<br>+28 |
| 10 | 14 | -95<br>-205 | -50<br>-93 | -16<br>-34 | -6<br>-17 | 0<br>-11 | 0<br>-18 | 0<br>-43 | 0<br>-110 | +12<br>+1 | +23<br>+12 | +29<br>+18 | +39<br>+28 | +44<br>+33 |
| 14 | 18 | | | | | | | | | | | | | |
| 18 | 24 | -110<br>-240 | -65<br>-117 | -20<br>-41 | -7<br>-20 | 0<br>-13 | 0<br>-21 | 0<br>-52 | 0<br>-130 | +15<br>+2 | +28<br>+15 | +35<br>+22 | +48<br>+35 | +54<br>+41 |
| 24 | 30 | | | | | | | | | | | | | +61<br>+48 |
| 30 | 40 | -120<br>-280 | -80<br>-142 | -25<br>-50 | -9<br>-25 | 0<br>-16 | 0<br>-25 | 0<br>-62 | 0<br>-160 | +18<br>+2 | +33<br>+17 | +42<br>+26 | +59<br>+43 | +76<br>+60 |
| 40 | 50 | -130<br>-290 | | | | | | | | | | | | +86<br>+70 |
| 50 | 65 | -140<br>-330 | -100<br>-174 | -30<br>-60 | -10<br>-29 | 0<br>-19 | 0<br>-30 | 0<br>-74 | 0<br>-190 | +21<br>2 | +39<br>+20 | +51<br>+32 | +72<br>+53 | +106<br>+87 |
| 65 | 80 | -150<br>-340 | | | | | | | | | | | +78<br>+59 | +121<br>+102 |
| 80 | 100 | -170<br>-390 | 120<br>-207 | -36<br>-71 | -12<br>-34 | 0<br>-22 | 0<br>-35 | 0<br>-87 | 0<br>-220 | +25<br>+3 | +45<br>+23 | +59<br>+37 | +93<br>+71 | +146<br>+124 |
| 100 | 120 | -180<br>-400 | | | | | | | | | | | +101<br>79 | +166<br>+144 |
| 120 | 140 | -200<br>-450 | -145<br>-245 | -43<br>-83 | -14<br>-39 | 0<br>-25 | 0<br>-40 | 0<br>-100 | 0<br>-250 | +28<br>+3 | +52<br>+27 | +68<br>+43 | +117<br>+92 | +195<br>+170 |
| 140 | 160 | -210<br>-460 | | | | | | | | | | | +125<br>+100 | +215<br>+190 |
| 160 | 180 | -230<br>-480 | | | | | | | | | | | +133<br>+108 | +235<br>+210 |
| 180 | 200 | -240<br>-530 | -170<br>-285 | -50<br>-96 | -15<br>-44 | 0<br>-29 | 0<br>-46 | 0<br>-115 | 0<br>-290 | +33<br>+4 | +60<br>+31 | +79<br>+50 | +151<br>+122 | +265<br>+236 |
| 200 | 225 | -260<br>-550 | | | | | | | | | | | +159<br>+130 | +287<br>+258 |
| 225 | 250 | -280<br>-570 | | | | | | | | | | | +169<br>+140 | +313<br>+284 |
| 250 | 280 | -300<br>-620 | -190<br>-320 | -56<br>-108 | -17<br>-49 | 0<br>-32 | 0<br>-52 | 0<br>-130 | 0<br>-320 | +36<br>+4 | +66<br>+34 | +88<br>+56 | +190<br>+158 | +347<br>+315 |
| 280 | 315 | -330<br>-650 | | | | | | | | | | | +202<br>+170 | +382<br>+350 |
| 315 | 355 | -360<br>-720 | -210<br>-350 | -62<br>-119 | -18<br>-54 | 0<br>-36 | 0<br>-57 | 0<br>-140 | 0<br>-360 | +40<br>+4 | +73<br>+37 | +98<br>+62 | +226<br>+190 | +426<br>+390 |
| 355 | 400 | -400<br>-760 | | | | | | | | | | | +244<br>+208 | +471<br>+435 |
| 400 | 450 | -440<br>-840 | -230<br>-385 | -68<br>-131 | -20<br>-60 | 0<br>-40 | 0<br>-63 | 0<br>-155 | 0<br>-400 | +45<br>+5 | +80<br>+40 | +108<br>+68 | +272<br>+232 | +530<br>+490 |
| 450 | 500 | -480<br>-880 | | | | | | | | | | | +292<br>+252 | +580<br>+540 |

**附表 C－4　优先配合中孔的极限偏差（摘自 GB/T 1800.4—1999）　（单位：μm）**

| 基本尺寸 /mm | | 公差带 | | | | | | | | | | | | |
|---|---|---|---|---|---|---|---|---|---|---|---|---|---|---|
| | | C | D | F | G | H | | | | K | N | P | S | U |
| 大于 | 至 | 11 | 9 | 8 | 7 | 7 | 8 | 9 | 11 | 7 | 7 | 7 | 7 | 7 |
| — | 3 | +120<br>+60 | +45<br>+20 | +20<br>+6 | +12<br>+2 | +10<br>0 | +14<br>0 | +25<br>0 | +60<br>0 | 0<br>−10 | −4<br>−14 | −6<br>−16 | −14<br>−24 | −18<br>−28 |
| 3 | 6 | +145<br>+70 | +60<br>+30 | +28<br>+10 | +16<br>+4 | +12<br>0 | +18<br>0 | +30<br>0 | +75<br>0 | +3<br>−9 | −4<br>−16 | −8<br>−20 | −15<br>−27 | −19<br>−31 |
| 6 | 10 | +170<br>+80 | +76<br>+40 | +35<br>+13 | +20<br>+5 | +15<br>0 | +22<br>0 | +36<br>0 | +90<br>0 | +5<br>−10 | −4<br>−19 | −9<br>−24 | −17<br>−32 | −22<br>−37 |
| 10 | 14 | +205<br>+95 | +93<br>+50 | +43<br>+16 | +24<br>+6 | +18<br>0 | +27<br>0 | +43<br>0 | +110<br>0 | +6<br>−12 | −5<br>−23 | −11<br>−29 | −21<br>−39 | −26<br>−44 |
| 14 | 18 | | | | | | | | | | | | | |
| 18 | 24 | +240<br>+110 | +117<br>+65 | +53<br>+20 | +28<br>+7 | +21<br>0 | +33<br>0 | +52<br>0 | +130<br>0 | +6<br>−15 | −7<br>−28 | −14<br>−35 | −27<br>−48 | −33<br>−54 |
| 24 | 30 | | | | | | | | | | | | | −40<br>−61 |
| 30 | 40 | +280<br>+120 | +142<br>+80 | +64<br>+25 | +34<br>+9 | +25<br>0 | +39<br>0 | +62<br>0 | +160<br>0 | +7<br>−18 | −8<br>−33 | −17<br>−42 | −34<br>−59 | −51<br>−76 |
| 40 | 50 | +290<br>+130 | | | | | | | | | | | | −61<br>−86 |
| 50 | 65 | +330<br>+140 | +174<br>+100 | +76<br>+30 | +40<br>+10 | +30<br>0 | +46<br>0 | +74<br>0 | +190<br>0 | +9<br>−21 | −9<br>−39 | −21<br>−51 | −42<br>−72 | −76<br>−106 |
| 65 | 80 | +340<br>+150 | | | | | | | | | | | −48<br>−78 | −91<br>−121 |
| 80 | 100 | +390<br>+170 | +207<br>+120 | +90<br>+36 | +47<br>+12 | +35<br>0 | +54<br>0 | 87<br>0 | +220<br>0 | +10<br>−25 | −10<br>−45 | −24<br>−59 | −58<br>−93 | −111<br>−146 |
| 100 | 120 | +400<br>+180 | | | | | | | | | | | −66<br>−101 | −131<br>−166 |
| 120 | 140 | +450<br>+200 | +245<br>+145 | +106<br>+43 | +54<br>+14 | +40<br>0 | +63<br>0 | +100<br>0 | +250<br>0 | +12<br>−28 | −12<br>−52 | −28<br>−68 | −77<br>−117 | −155<br>−195 |
| 140 | 160 | +460<br>+210 | | | | | | | | | | | −85<br>−125 | −175<br>−215 |
| 160 | 180 | +480<br>+230 | | | | | | | | | | | −93<br>−133 | −195<br>−235 |
| 180 | 200 | +530<br>240 | +285<br>+170 | +122<br>+50 | +61<br>+15 | +46<br>0 | +72<br>0 | +115<br>0 | +290<br>0 | +13<br>−33 | −14<br>−60 | −33<br>−79 | −105<br>−151 | −219<br>−265 |
| 200 | 225 | +550<br>260 | | | | | | | | | | | −113<br>−159 | −241<br>−287 |
| 225 | 250 | +570<br>+280 | | | | | | | | | | | −123<br>−169 | −267<br>−313 |
| 250 | 280 | +620<br>+300 | +320<br>+190 | +137<br>+56 | +69<br>+17 | +52<br>0 | +81<br>0 | +130<br>0 | +320<br>0 | +16<br>−36 | −14<br>−66 | −36<br>−88 | −138<br>−190 | −295<br>−347 |
| 280 | 315 | +650<br>+330 | | | | | | | | | | | −150<br>−202 | −330<br>−382 |
| 315 | 355 | +720<br>+360 | +350<br>+210 | +151<br>+62 | +75<br>+18 | +57<br>0 | +89<br>0 | +140<br>0 | +360<br>0 | +17<br>−40 | −16<br>−73 | −41<br>−98 | −169<br>−226 | −369<br>−426 |
| 355 | 400 | +760<br>+400 | | | | | | | | | | | −187<br>−244 | −414<br>−471 |
| 400 | 450 | +840<br>+440 | +385<br>+230 | +165<br>+68 | +83<br>+20 | +63<br>0 | +97<br>0 | +155<br>0 | +400<br>0 | +18<br>−45 | −17<br>−80 | −45<br>−108 | −209<br>−272 | −467<br>−530 |
| 450 | 500 | +880<br>+480 | | | | | | | | | | | −229<br>−292 | −517<br>−580 |

# 附录D 金属材料与热处理

**附表 D-1 金属材料**

<table>
<tr><th>标 准</th><th>名称</th><th colspan="2">牌号</th><th>应 用 举 例</th><th>说 明</th></tr>
<tr><td rowspan="7">GB/T 700—1988</td><td rowspan="7">碳素结构钢</td><td rowspan="2">Q215</td><td>A级</td><td rowspan="2">金属结构件，拉杆、套圈、铆钉、螺栓、短轴、心轴、凸轮（载荷不大的）、垫圈，渗碳零件及焊接件</td><td rowspan="7">"Q"为碳素结构钢屈服点"屈"字的汉语拼音首位字母，后面数字表示屈服点数值。如Q235表示碳素结构钢屈服点为235N/mm²<br>新旧牌号对照：<br>Q215——A2<br>Q235——A3<br>Q275——A5</td></tr>
<tr><td>B级</td></tr>
<tr><td rowspan="4">Q235</td><td>A级</td><td rowspan="4">金属结构件，心部强度要求不高的渗碳或氰化零件，吊钩、拉杆、套圈、汽缸、齿轮、螺栓、螺母、连杆、轮轴、楔、盖及焊接件</td></tr>
<tr><td>B级</td></tr>
<tr><td>C级</td></tr>
<tr><td>D级</td></tr>
<tr><td colspan="2">Q275</td><td>轴、轴销、刹车杆、螺母、螺栓、垫圈、连杆、齿轮以及其他强度较高的零件</td></tr>
<tr><td rowspan="7">GB/T 699—1999</td><td rowspan="7">优质碳素结构钢</td><td colspan="2">10F<br>10</td><td>用作拉杆、卡头、垫圈、铆钉及用作焊接零件</td><td rowspan="7">牌号的两位数字表示平均碳的质量分类，45号钢即表示碳的质量分数为0.45%；<br>碳的质量分数≤0.25%的碳钢属低碳钢（渗碳钢）；<br>碳的质量分数在0.25%～0.6%之间的碳钢属中碳钢（调质钢）；<br>碳的质量分数大于0.6%的碳钢属高碳钢<br>沸腾钢在牌号后加符号"F"；<br>锰的质量分数较高的钢，须加注化学元素符号"Mn"</td></tr>
<tr><td colspan="2">15F<br>15</td><td>用于受力不大和韧性较高的零件、渗碳零件及紧固件（如螺栓、螺钉）、法兰盘和化工贮器</td></tr>
<tr><td colspan="2">35</td><td>用于制造曲轴、转轴、轴销、杠杆连杆、螺栓、螺母、垫圈、飞轮（多在正火、调质下使用）</td></tr>
<tr><td colspan="2">45</td><td>用作要求综合机械性能高的各种零件，通常经正火或调质处理后使用。用于制造轴、齿轮、齿条、链轮、螺栓、螺母、销钉、键、拉杆等</td></tr>
<tr><td colspan="2">65</td><td>用于制造弹簧、弹簧垫圈、凸轮、轧辊等</td></tr>
<tr><td colspan="2">15Mn</td><td>制作心部机械性能要求较高且须渗碳的零件</td></tr>
<tr><td colspan="2">65Mn</td><td>用作要求耐磨性高的圆盘、衬板、齿轮、花键轴、弹簧等</td></tr>
<tr><td rowspan="3">GB/T 3077—1999</td><td rowspan="3">合金结构钢</td><td colspan="2">30Mn2</td><td>起重机行车轴、变速箱齿轮、冷镦螺栓及较大截面的调质零件</td><td rowspan="3">钢中加入一定量的合金元素，提高了钢的力学性能和耐磨性，也提高了钢的淬透性，保证金属在较大截面上获得高的力学性能</td></tr>
<tr><td colspan="2">20Cr</td><td>用于要求心部强度较高、承受磨损、尺寸较大的渗碳零件，如齿轮、齿轮轴、蜗杆、凸轮、活塞销等，也用于速度较大、中等冲击的调质零件</td></tr>
<tr><td colspan="2">40Cr</td><td>用于受变载、中速、中载、强烈磨损而无很大冲击的重要零件，如重要的齿轮、轴、曲轴、连杆、螺栓、螺母</td></tr>
</table>

（续）

| 标　准 | 名称 | 牌号 | 应　用　举　例 | 说　明 |
|---|---|---|---|---|
| GB/T 3077—1999 | 合金结构钢 | 35SiMn | 可代替 40Cr 用于中小型轴类、齿轮等零件及 430℃以下的重要紧固件等 | 钢中加入一定量的合金元素，提高了钢的力学性能和耐磨性，也提高了钢的淬透性，保证金属在较大截面上获得高的力学性能 |
| | | 20CrMnTi | 强度韧性均高，可代替镍铬钢用于承受高速、中等或重负荷以及冲击、磨损等重要零件，如渗碳齿轮、凸轮等 | |
| GB/T 5676—1985 | 铸　钢 | ZG230－450 | 轧机机架、铁道车辆摇枕、侧梁、铁铮台、机座、箱体、锤轮、450°C 以下的管路附件等 | “ZG”为铸钢汉语拼音的首位字母，后面数字表示屈服点和抗拉强度。如 ZG230－450 表示屈服点 230N/mm$^2$、抗拉强度 450N/mm$^2$ |
| | | ZG310－570 | 联轴器、齿轮、气缸、轴、机架、齿圈等 | |
| GB/T 9439—1988 | 灰铸铁 | HT150 | 用于小负荷和对耐磨性无特殊要求的零件，如端盖、外罩、手轮、一般机床底座、床身及其复杂零件，滑台、工作台和低压管件等 | “HT”为灰铸铁的汉语拼音的首位字母，后面的数字表示抗拉强度。如 HT200 表示抗拉强度为 200N/mm$^2$ 的灰铸铁 |
| | | HT200 | 用于中等负荷和对耐磨性有一定要求的零件，如机床床身、立柱、飞轮、气缸、泵体、轴承座、活塞、齿轮箱、阀体等 | |
| | | HT250 | 用于中等负荷和对耐磨性有一定要求的零件，如阀壳、液压缸、气缸、联轴器、机体、齿轮、齿轮箱外壳、飞轮、衬套、凸轮、轴承座、活塞等 | |
| | | HT300 | 用于受力大的齿轮、床身导轨、车床卡盘、剪床床身、压力机的床身、凸轮、高压液压缸、液压泵和滑阀壳体、冲模模体等 | |
| GB/T 1176—1987 | 铸造锡青铜 | ZCuSn5Pb5Zn5 | 耐磨性和耐蚀性均好，易加工，铸造性和气密性较好。用于较高负荷，中等滑动速度下工作的耐磨、耐腐蚀零件，如轴瓦、衬套、缸套、油塞、离合器、蜗轮等 | “Z”为铸造汉语拼音的首位字母，各化学元素后面的数字表示该元素含量的百分数，如 ZCuAl10Fe3 表示含 Al8.5%～11%，Fe2%～4%，其余为 Cu 的铸造铝青铜 |
| | 铸造铝青铜 | ZCuAl10Fe3 | 力学性能高，耐磨性、耐蚀性、抗氧化性好，可焊接性好，不易钎焊，大型铸件自 700°C 空冷可防止变脆。可用于制造强度高、耐磨、耐蚀的零件，如蜗轮、轴承、衬套、管嘴、耐热管配件等 | |
| | 铸造铝黄铜 | ZCuZn25Al6Fe3Mn3 | 有很高的力学性能，铸造性良好、耐蚀性较好、有应力腐蚀开裂倾向，可以焊接。适用于高强耐磨零件，如桥梁支承板、螺母、螺杆、耐磨板、滑块和蜗轮等 | |

（续）

| 标　准 | 名称 | 牌号 | 应　用　举　例 | 说　明 |
|---|---|---|---|---|
| GB/T 1176—1987 | 铸造锰黄铜 | ZCu58Mn2Pb2 | 有较高的力学性能和耐蚀性，耐磨性较好，切削性良好。可用于一般用途的构件、船舶仪表等使用的外型简单的铸件，如套筒、衬套、轴瓦、滑块等 | “Z”为铸造汉语拼音的首位字母，各化学元素后面的数字表示该元素含量的百分数，如 ZCuAl10Fe3 表示含 Al8.5% ~11%，Fe2% ~4%，其余为 Cu 的铸造铝青铜 |
| GB/T 1173—1995 | 铸造铝合　金 | ZL102<br>ZL202 | 耐磨性中上等，用于制造负荷不大的薄壁零件 | ZL102 表示硅的质量分数为 10% ~13%、余量为铝的铝硅合金；ZL202 表示铜的质量分数为9% ~11%、余量为铝的铝铜合金 |
| GB/T 3190—1996 | 硬　铝 | ZA12<br>（LY12） | 焊接性能好，适于制作中等强度的零件 | LY12 表示铜的质量分数为 3.8% ~4.9%、镁的质量分数为1.2% ~1.8%、锰的质量分数为0.3% ~0.9%、余量为铝的硬铝 |
|  | 工　业纯　铝 | 1060<br>（L2） | 适于制作贮槽、塔、热交换器、防止污染及深冷设备等 | L2 表示杂质的质量分数≤0.4%的工业纯铝 |

**附表 D－2　非金属材料**

| 标　准 | 名　称 | 牌　号 | 说　　明 | 应　用　举　例 |
|---|---|---|---|---|
| GB/T 539—1995 | 耐油石棉橡胶板 |  | 有厚度 0.4 ~3.0mm 的十种规格 | 供航空发动机用的煤油、油滑油及冷气系统结合处的密封垫材料 |
| GB/T 5574—1994 | 耐酸碱橡胶板 | 2707<br>2807<br>2709 | 较高硬度<br>中等硬度 | 具有耐酸碱性能，在温度 -30 ~ +60℃的20%浓度的酸碱液体中工作，用作冲制密封性能较好的垫圈 |
|  | 耐油橡胶板 | 3707<br>3807<br>3709<br>3809 | 较高硬度 | 可在一定温度的机油、变压器油、汽油等介质中工作，适用冲制各种形状的垫圈 |
|  | 耐热橡胶板 | 4708<br>4808<br>4710 | 较高硬度<br>中等硬度 | 可在 -30 ~ +100℃、且压力不大的条件下，于热空气、蒸汽介质中工作，用作冲制各种垫圈和隔热垫板 |

**附表 D－3　常用的热处理名词解释**

| 名词 | 代号及标注示例 | 说　　明 | 应　　用 |
|---|---|---|---|
| 退火 | 5111 | 将钢件加热到临界温度以上。保温一段时间，然后缓慢冷却（一般在炉中冷却） | 用来消除铸、锻、焊零件的内应力，降低硬度，便于切削加工，细化金属晶粒，改善组织，增加韧性 |

（续）

| 名词 | 代号及标注示例 | 说　明 | 应　用 |
|---|---|---|---|
| 正火 | 5121 | 将钢件加热到临界温度以上 30～50℃，保温一段时间，然后在空气中冷却，冷却速度比退火快 | 用来处理低碳和中碳结构钢及渗碳零件，使其组织细化，增加强度与韧性，减少内应力，改善切削性能 |
| 淬火 | 5131（淬火回火 45～50HRC） | 将钢件加热到临界温度以上某一温度，保温一段时间，然后在水、盐水或油中（个别材料在空气中）急速冷却，使其得到高硬度 | 用来提高钢的硬度和强度极限。但淬火会引起内应力使钢变脆，所以淬火后必须回火 |
| 回火 | 5141 | 回火是将淬硬的钢件加热到临界点以下的某一温度，保温一段时间，然后冷却到室温 | 用来消除淬火后的脆性和内应力，提高钢的塑性和冲击韧性 |
| 调质 | 5151（调质至 220～250HBS） | 淬火后在 450～650℃进行高温回火，称为调质 | 用来使钢获得高的韧性和足够的强度。重要的齿轮、轴及丝杠等零件必须调质处理 |
| 表面淬火 | 5213（火焰淬火后回火至 52～58HRC） | 用火焰或高频电流将零件表面迅速加热至临界温度以上，急速冷却 | 使零件表面获得高硬度，而心部保持一定的韧性，使零件既耐磨又能承受冲击。表面淬火常用来处理齿轮等 |
| | 5212（高频淬火后回火至 50～55HRC） | | |
| 渗碳淬火 | 5310（渗碳层深 0.5，淬火硬度 56～62HRC） | 渗碳剂中将钢件加热到 900～950℃，保温一定时间，将碳渗入钢表面，深度约为 0.5～2mm，再淬火后回火 | 增加钢件的耐磨性能、表面强度、抗拉强度及疲劳极限<br>适用于低碳、中碳（$w_C<0.40\%$）结构钢的中小型零件 |
| 渗氮 | 5330（渗氮深度 0.3，硬度大于 850HV） | 渗氮是在 500～600℃通入氨的炉子内加热，向钢的表面渗入氮原子的过程。渗氮层为 0.025～0.8mm，渗氮时间需 40～50h | 增加钢件的耐磨性能、表面硬度、疲劳极限和抗蚀能力<br>适用于合金钢、碳钢、铸铁件，如机床主轴、丝杠以及在潮湿碱水和燃烧气体介质的环境中工作的零件 |
| 时效 | 时效处理 | 低温回火后，精加工之前，加热到 100～160℃，保持 10～40h。对铸件也可用天然时效（放在露天中 1 年以上） | 使工件消除内应力和稳定形状，用于量具、精密丝杆、床身导轨、床身等 |
| 发蓝发黑 | 发蓝或发黑 | 将金属零件放在很浓的碱和氧化剂溶液中加热氧化，使金属表面形成一层氧化铁所组成的保护性薄膜 | 防腐蚀、美观。用于一般联接的标准件和其他电子类零件 |
| 硬度 | HB（布氏硬度） | 材料抵抗硬的物体压入其表面的能力称"硬度"。根据测定的方法不同，可分布氏硬度、洛氏硬度和维氏硬度<br>硬度的测定是检验材料经热处理后的力学性能——硬度 | 用于退火、正火、调质的零件及铸件的硬度检验 |
| | HRC（洛氏硬度） | | 用于经淬火、回火及表面渗碳、渗氮等处理的零件硬度检验 |
| | HV（维氏硬度） | | 用于薄层硬化零件的硬度检验 |

# 附录 E　零件结构要素与加工规范

**附表 E-1　标准尺寸**（摘自 GB/T 2822—1981）　　（单位：mm）

| | |
|---|---|
| *R*10 | 1.00，1.25，1.60，2.00，2.50，3.15，4.00，5.00，6.30，8.00，10.0，12.5，16.0，20.0，25.0，31.5，40.0，50.0，63.0，80.0，100，125，160，200，250，15，400，500，630，800，1000 |
| *R*20 | 1.12，1.40，1.80，2.24，2.80，3.55，4.50，5.60，7.10，9.00，11.2，14.0，18.0，22.4，28.0，35.5，45.0，56.0，71.0，90.0，112，140，180，224，280，355，450，560，710，900 |
| *R*40 | 13.2，15.0，17.0，19.0，21.2，23.6，26.5，30.0，33.5，37.5，42.5，47.5，53.0，60.0，67.0，75.0，85.0，95.0，106，118，132，150，170，190，212，236，265，300，335，375，425，475，530，600，670，750，850，950 |

注：1. 本表仅摘录 1~1000mm 范围内优先数系 *R* 系列中的标准尺寸。

2. 使用时按优先顺序（*R*10，*R*20，*R*40）选取标准尺寸。

**附表 E-2　砂轮越程槽**（摘自 GB/T 6403.5—1986）　　（单位：mm）

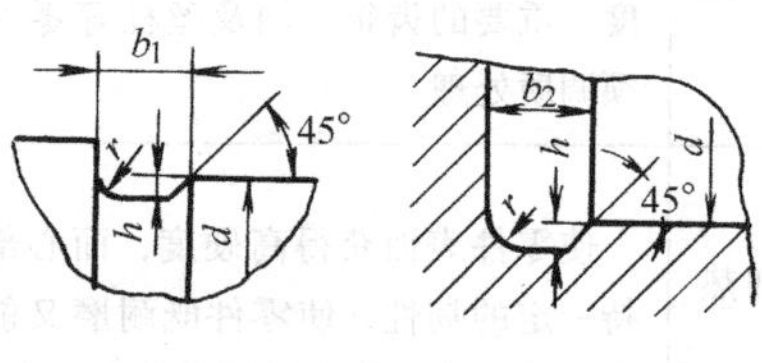


| $b_1$ | 0.6 | 1.0 | 1.6 | 2.0 | 3.0 | 4.0 | 5.0 | 8.0 | 10 |
|---|---|---|---|---|---|---|---|---|---|
| $b_2$ | 2.0 | 3.0 | | 4.0 | | 5.0 | | 8.0 | 10 |
| $h$ | 0.1 | 0.2 | | 0.3 | 0.4 | | 0.6 | 0.8 | 1.2 |
| $r$ | 0.2 | 0.5 | | 0.8 | 1.0 | | 1.6 | 2.0 | 3.0 |
| $d$ | ~10 | | | >10~50 | | >50~100 | | >100 | |

注：1. 越程槽内二直线相交处，不允许产生尖角。

2. 越程槽深度 $h$ 与圆弧半径 $r$，要满足 $r \leqslant 3h$。

3. 磨削具有数个直径的工作时，可使用同一规格的越程槽。

4. 直径 $d$ 值大的零件，允许选择小规格的砂轮越程槽。

5. 砂轮越程槽的尺寸公差和表面糙度根据该零件的结构、性能确定。

**附表 E-3　零件倒圆与倒角**（摘自 GB/T 6403.4—1986）　　（单位：mm）

型式

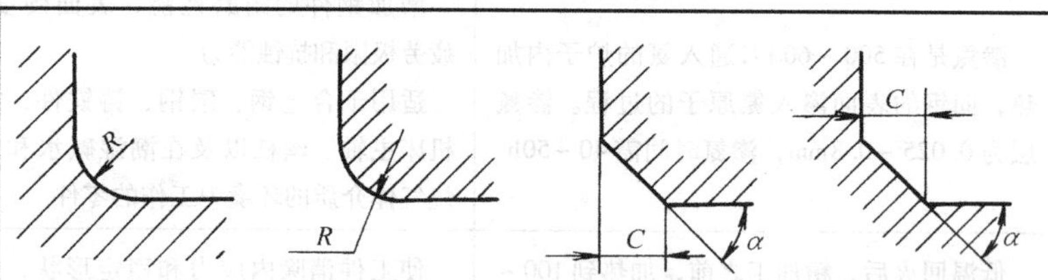


*R*、*C* 尺寸系列：

0.1，0.2，0.3，0.4，0.5，0.6，0.8，1.0，1.2，1.6，2.0，2.5，3.0，4.0，5.0，6.0，8.0，10，12，16，20，25，32，40，50

装配形式

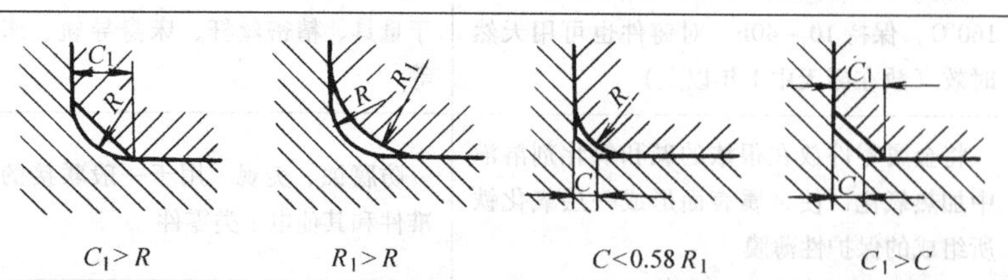


$C_1 > R$　　$R_1 > R$　　$C < 0.58R_1$　　$C_1 > C$

尺寸规定：

1. $R_1$、$C_1$ 的偏差为正；$R$、$C$ 的偏差为负

2. 左起第三种装配方式，$C$ 的最大值 $C_{max}$ 与 $R_1$ 关系如下

| $R_1$ | 0.1 | 0.2 | 0.3 | 0.4 | 0.5 | 0.6 | 0.8 | 1.0 | 1.2 | 1.6 | 2.0 | 2.5 | 3.0 | 4.0 | 5.0 | 6.0 | 8.0 | 10 | 12 | 16 | 20 | 25 |
|---|---|---|---|---|---|---|---|---|---|---|---|---|---|---|---|---|---|---|---|---|---|---|
| $C_{max}$ | — | 0.1 | 0.1 | 0.2 | 0.2 | 0.3 | 0.4 | 0.5 | 0.6 | 0.8 | 1.0 | 1.2 | 1.6 | 2.0 | 2.5 | 3.0 | 4.0 | 5.0 | 6.0 | 8.0 | 10 | 12 |

# 参 考 文 献


1 孙培先主编. 工程制图. 北京：机械工业出版社，2003

2 邹宜候，窦墨林主编. 机械制图. 北京：清华大学出版社，2001

3 中国纺织大学等编. 画法几何及工程制图. 上海：上海科学技术出版社，1997

4 大连理工大学编. 机械制图. 北京：高等教育出版社，2003

5 何铭心，钱可强主编. 机械制图. 北京：高等教育出版社，1997

6 孙培先，刘丽娟主编. 工程制图. 山东：石油大学出版社，2000

7 华中理工大学等编. 画法几何及机械制图. 北京：高等教育出版社，1995

8 孙培先编著. 画法几何与工程制图试卷汇编. 山东：石油大学出版社，2000

9 石光源，周积义等主编. 机械制图. 北京：高等教育出版社，1990

10 盛谷我主编. 工程制图学. 上海：上海交通大学出版社，1986

11 范波涛，张慧主编. 画法几何学. 北京：机械工业出版社，1998

12 国家标准. 技术制图与机械制图. 北京：中国标准出版社，1999